육군
부사관 RNTC
ALL Pass + AI면접

1권 집중학습편

SD에듀
(주)시대고시기획

2024 SD에듀 육군 부사관 RNTC ALL Pass + AI면접

Always **with you**

사람의 인연은 길에서 우연하게 만나거나 함께 살아가는 것만을 의미하지는 않습니다.
책을 펴내는 출판사와 그 책을 읽는 독자의 만남도 소중한 인연입니다.
SD에듀는 항상 독자의 마음을 헤아리기 위해 노력하고 있습니다. 늘 독자와 함께하겠습니다.

군의 중추 역할을 하는 부사관은 스스로 명예심과 자긍심을 갖고, 개인보다는 상대를 배려할 줄 아는 공동체 의식을 견지하며 매사 올바른 사고와 판단으로 건설적인 사고를 함으로써 군과 국가에 기여하는 전문성을 겸비한 인재를 말합니다. 이런 중요한 임무를 띠고 있는 만큼 우리 나라 육군은 경쟁력 있는 부사관을 선발하기 위해 그 과정에 심혈을 기울이고 있습니다.

특히 각 군은 특성에 맞는 적합한 인재를 선발하기 위해 지원자들을 별도의 KIDA 간부선발 도구 필기시험을 통해 평가합니다.

이에 SD에듀에서는 다년간 부사관 도서 시리즈 누적 판매 1위라는 출간 경험과 모집전형의 철저한 모니터링을 통하여 수험생들이 더욱 효과적인 학습을 할 수 있도록 본서를 출간하였 습니다.

본서가 모든 수험생에게 합격의 지름길을 제시하는 안내서가 되기를 바라며, 시험을 준비하는 모든 부사관 후보생에게 행운이 함께하기를 기원합니다.

본서의 특징

❶ 핵심이론+적중문제로 기본을 탄탄히!

군 수험 전문가들의 집단토론 및 교차검토 과정을 통해 '핵심이론'을 구성하였고, 입수 가능한 모든 문제 및 자료를 철저하게 분석하여 '적중문제'를 구성하였습니다.

❷ 최종모의고사 5회와 고난도 모의고사 1회로 실력 UP!

최신 출제 경향을 모니터링하여 출제 가능성이 높은 문제들로 모의고사를 구성하였고, OMR 답안카드를 수록하여 실제 시험과 유사하게 모의고사를 풀어볼 수 있도록 하였습니다.

❸ 수험에 적합하고 친절한 해설로 합격 굳히기!

실제 시험장에서 바로 적용할 수 있도록 친절하게 설명한 '전략 TIP'과 문제 관련 내용을 수험에 적합 하게 확장하여 학습할 수 있는 'Level UP'을 통해 합격에 가까워질 수 있습니다.

❹ 모바일 OMR 서비스 제공으로 신속 · 정확하게!

최종모의고사 상단의 QR 코드로 모바일 OMR 서비스를 이용할 수 있고, 시간 측정 · 자동 채점 · 점수 측정 및 분석으로 실전 감각을 유지할 수 있습니다.

수험생활을 하다 보면 실패와 좌절의 순간이 찾아와 벼랑 끝에 봉착할 날이 올 수도 있습니다. 하지만 이 기간을 묵묵히 버텨 이겨낸다면 분명히 좋은 결과가 있을 것이라 믿습니다.

그 과정이 힘들다는 것을 누구보다 잘 알기에, 본서는 합격의 지름길을 제시하는 나침판이 될 수 있도록 최선을 다했습니다.

시험을 준비하는 모든 부사관 수험생에게 합격의 행운이 함께하기를 기원하며, 여러분 모두 대한민국을 빛내는 멋진 육군 부사관이 되기를 염원합니다.

부사관수험기획실 씀

육군 부사관

부사관이란?

> 忠勇(충용) · 仁愛(인애) · 信義(신의)의 늘 푸른 젊은이들!
> 폭넓은 **시각**과 **심화된 전문성**을 겸비한 인재들!

스스로 명예심을 추구하여 빛남으로 자긍심을 갖고,
사회적인 인간으로서 지켜야 할 도리를 지각하면서 행동하며,
개인보다는 상대를 배려하는 공동체 의식을 견지하고,
매사 올바른 사고와 판단으로 건설적인 제안을 하고,
부대와 군에 기여하는 전문성을 겸비한 인재

부사관이 되는 길

❶ 민간인에서 지원: 고졸 이상(만 18~29세 이하 남·여)

❷ 현역에서 지원: 고졸 이상/현역 일병~병장

❸ 전문대학 군장학생 지원: 전문대 이상 대학(원)
  ※ 2학년 재학생(단, 3년제 학교는 3학년 재학생), 4년제 대학 4학년 재학생, 대학원은 2학년 재학생

❹ 임기제부사관에서 지원: 임기제부사관으로 6개월 이상 복무 후 단기하사 전환 지원 가능

❺ 예비역에서 지원: 예비역은 의무복무기간에 따라 1~3세(임관일 기준 만 30~32세)지원 연령 연장

복무기간

❶ 단기(의무)복무: 임관 후 4년

❷ 장기복무: 7년 이상 복무(단기복무+3년)

진급(계급별 최저 복무기간)

계급	하사 ➡ 중사	중사 ➡ 상사	상사 ➡ 원사
최저 복무기간	하사로서 2년	중사로서 5년	상사로서 7년

정년 전역(규정에 의한 정년 도달 시 전역)

계급	중사	상사	원사
연령	45세	53세	55세

○ 육군 부사관 혜택

❶ 국가공무원으로서 확실하고 안정된 직장 보장

부사관 임관교육을 마치고 하사로 임관 시 국가공무원으로 신분이 상승되고 장기복무를 지원하여 선발되면 안정된 평생직장 보장

❷ 최단 시간 내 목돈 마련 가능

숙식을 제공하고 의복비 과다지출 등이 불필요한 환경으로 높은 저축률로 짧은 시간 내 목돈 마련

❸ 다양한 복지 혜택으로 실질임금을 더욱 높게

숙소, 관사, 군인아파트를 제공하거나 특별분양 및 저금리 이자의 융자혜택으로 내 집 마련의 꿈 조기 달성 가능, 전국 군병원 무료이용, 맞춤형 보험 자동가입, 전국 휴양시설 이용, 군 운영 쇼핑센터에서 저렴한 쇼핑 가능

❹ 20년 이상 복무하고 전역 시 연금혜택 등으로 노후 보장

20년 이상 복무 후 전역하면 사망 시까지 연금수혜 및 국립묘지 안장 등 각종 혜택 부여

❺ 개인의 전공과 능력을 발휘할 수 있는 전문분야에서 근무

개인의 전공 및 자격에 따라 다양한 분야에서 전문화된 업무수행을 할 수 있으며, 일정 자격을 갖출 경우 장교 및 준사관 진출기회 부여

❻ 대학진학, 기술자격증 취득 등 자기발전의 기회 제공

전문대학, 사이버대학, 대학교, 대학원 진학 등 자기발전 기회 부여, 육군 주관 국가기술자격 검정시험 응시 가능

❼ 폭넓은 자녀교육 지원

장기복무자에게는 자녀의 중 · 고교 재학생 학비 전액지급, 대학진학 시 장학금 지급 및 전액 무이자로 국가에서 학비대출 지원

육군 부사관 / RNTC 선발 안내

※ 아래 내용은 변동 가능하니 시행처의 최신 공고를 확인해 주세요.

부사관 모집일정(예정)

	모집기수	접수	필기평가	신체/면접	최종 발표
민간 부사관 (남·여)	1기	23년 12월	1월	1월~3월	4월
	2기	3월	4월	4월~6월	7월
	3기	7월~8월	8월	9월~11월	11월

※ 상기 일정은 2024년도 연간계획을 토대로 예측한 것으로, 상세 일정은 변동될 수 있습니다.

지원자격(RNTC 공통적용)

❶ 사상이 건전하고 품행이 단정하며 체력이 강건한 대한민국 남/여

❷ 연령: 임관일 기준 만 18~29세(군 미필자 기준)

    ※ 예비역은 군 복무기간을 합산하여 만 1~3세까지 연장 적용(만 28~30세)

❸ 학력: 고등학교 졸업자 또는 동등 이상의 학력 소지자

    ※ 중학교 졸업자 중 지원계열 관련 「국가기술자격법」에 의한 자격증 소지자 지원 가능

❹ 신체조건: 신체등위 3급 이상, BMI 등위 2급 이상

    ※ BMI 등급 3급도 지원 가능하나 선발위원회에서 합·불 여부 판정

신장(cm)		1급	2급	3급	4급
남	여				
161 미만	155 미만	–	–	17 이상~33 미만	17 미만, 33 이상
161 이상	155 이상	20 이상~25 미만	18.5 이상~20 미만 25 이상~30 미만	17 이상~18.5 미만 30 이상~33 미만	17 미만, 33 이상

※ 시력(교정시력) 양안 모두 0.6 이상

※ 문신의 가로 및 세로 최장축의 길이를 곱한 문신의 합계면적이 $120cm^2$ 이하일 경우 지원 가능

모집과정

지원서 접수 ▶ 1차 전형 (필기시험) ▶ 2차 전형 (체력평가/신체검사/면접/신원조사) ▶ 최종 합격자 발표 ▶ 입영

지원접수

❶ 기수별 정해진 모집기간 이내에 '육군모집 홈페이지(https://www.goarmy.mil.kr:447)'에서 작성

❷ 지원서류: 지원자 구비서류는 1차 평가 합격 후 지역별 모병관실로 등기우편 발송

1차 전형

❶ 필기평가

구분	평가영역	문항 수
1교시(09:00~10:25/85분)	공간능력, 언어논리, 자료해석, 지각속도	93
2교시(10:40~11:40/60분)	상황판단, 직무성격	195

※ 공간, 지각, 상황판단: 예시문제 풀이 후 평가

❷ 인성검사: 필기평가 대상자가 지정 받은 일자에 개인 PC로 인성검사 실시(338문항)
 • 인성검사를 미실시할 경우 1차 평가 불합격

❸ 한국사능력검정시험 인증서 제출
 • 한국사능력검정시험 공인 인증서 유효기간: 필기 평가일 기준 4년 이내
 • 결과반영: 각 선발 과정별로 현 필기평가의 국사 배점을 기준으로 획득 급수별로 차등하여 점수를 부여

구분	심화 등급			기본 등급		
	1급	2급	3급	4급	5급	6급
장교, 준·부사관	각 선발 과정별 국사시험 배점의 만점			배점의 90%	배점의 80%	배점의 70%

2차 전형

❶ 신체검사: 종합판정 결과 1~3등급은 합격 처리

❷ 체력평가: 국민체력인증센터
 • 1차 합격자는 국민체력인증센터 인증서 또는 참가증 1부, 도표로 출력된 평가지 1부를 부사관 지원서류 제출 시 포함하여 등기우편 발송

❸ 면접평가

구분	AI면접	대면면접	
		1면접장(발표/토론)	2면접장(개별면접)
평가내용	대인관계 기술 및 행동역량 평가	군인으로서의 가치관, 품성과 자질 평가	인성검사(심층)
배점(50점)	10점	40점	합·불

※ AI면접평가 미응시자는 AI면접평가 배점(10점)에서 "0"점을 부여

합격전략 보고서

간부선발도구 시험 분석

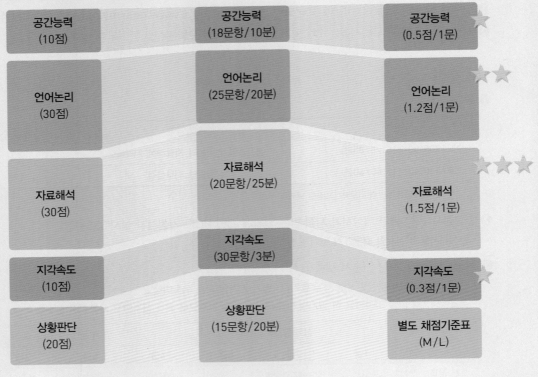

공간능력 (10점)	공간능력 (18문항/10분)	공간능력 (0.5점/1문) ★
언어논리 (30점)	언어논리 (25문항/20분)	언어논리 (1.2점/1문) ★★
자료해석 (30점)	자료해석 (20문항/25분)	자료해석 (1.5점/1문) ★★★
지각속도 (10점)	지각속도 (30문항/3분)	지각속도 (0.3점/1문) ★
상황판단 (20점)	상황판단 (15문항/20분)	별도 채점기준표 (M/L)

분석 1 언어논리와 자료해석이 탄탄해야 고득점 달성 가능!

단기간 집중학습 多유형 대비 고난도 대비

분석 2 공간능력과 지각속도는 반복 연습으로 만점 대비!

반복풀이 풀이노하우 감점주의

과목별 최신 출제경향 분석

❶ 공간능력(만점 가능 과목)

유형	• 입체도형&전개도/블록/겨냥도
분석	• 대체로 난도가 낮음 • 공간지각능력 학습 필요
핵심	• 입체도형-전개도 간 원리 숙지!

❷ 언어논리(고난도 대비 과목)

유형	• 어휘력&어법/독해/논리
분석	• 난도가 어려워지는 추세 • 다양한 주제의 지문 출제
핵심	• 독해력 향상에 집중!

❸ 자료해석(多유형 학습 과목)

유형	• 기초&응용수리/자료해석
분석	• 표&그래프 자료해석 문제 비중↑ • 출제유형의 다양화
핵심	• 빠른 연산과 유형 익힘이 필수!

❹ 지각속도(감점 조심 과목)

유형	• 대응 비교/개수 세기
분석	• 틀릴 경우 감점 • 시간이 촉박하여 실수 가능성↑
핵심	• 실전처럼 꾸준한 연습 필수!

이 책의 목차

CONTENTS

합격의 공식 Formula of pass ┃ SD에듀 www.sdedu.co.kr

육군
부사관
RNTC

| 집중학습편 |

Non-Commissioned-Officer

PART 1

부사관 1차 ALL PASS

CHAPTER 01 지적능력평가

① KIDA 간부선발도구란?

군 초급간부로서의 자질과 능력을 갖춘 인원을 선발하기 위해 한국국방연구원(KIDA)에서 자체 개발한 평가도구이다. 각 군의 사관학교(육사·해사·공사)를 제외한 모든 초급간부(장교·부사관) 선발에 이용되고 있다. KIDA 간부선발도구는 크게 인지능력적성평가(지적능력평가), 상황판단검사(평가), 직무성격검사(평가)로 구분할 수 있다. 인지능력적성평가(지적능력평가)는 언어논리, 자료해석, 공간능력, 지각속도 등의 세부 과목으로 구성되어 있으며 장교·부사관이 되기 위한 1차 필기평가의 핵심단계이다. 각 과목은 특정 지식을 암기하도록 요구하지 않으며 문제 내에 주어진 단서에 근거하여 해결할 수 있다. 세부적인 과목 구성은 다음과 같다.

지적능력평가	언어논리	25문항	30점	20분
	자료해석	20문항	30점	25분
	공간능력	18문항	10점	10분
	지각속도	30문항	10점	3분
상황판단평가		15문항	20점	20분
직무성격평가		180문항	면접 자료	30분

※ 명칭 구분: 지적능력평가(육군), 인지능력평가(공군), 인지능력적성평가(해군·해병대)

② 지적능력평가 Q&A

Q1. 필기평가 시 낙서를 하거나 틀리면 감점이 되나요?

공간능력 평가 시 문제지 낙서는 더 이상 부정행위로 간주되지 않습니다. 지각속도 평가 시 문제를 틀렸을 경우 감점 처리됩니다. 이외의 다른 과목에 대해서는 적용되지 않습니다.

Q2. 시간 내 문제를 다 풀었을 경우, 다른 과목을 풀어도 되나요?

시간 내 지정된 과목 이외에 다른 과목의 문제를 풀었을 경우 부정행위로 간주됩니다. 예를 들어 언어논리 평가 시간에 문제를 모두 풀었다고 해서 자료해석 문항을 풀면 퇴실조치될 수 있습니다.

Q3. 과거 육군 부사관 필기시험(1차 전형) 합격자도 차기에 시행하는 육군 부사관 필기시험을 다시 봐야 하나요?

과거에 육군 부사관 필기시험에 응시하여 합격했다면, 과거 필기평가 점수를 재활용할 수 있습니다. 지원서 작성 시 필기시험 성적 제출 여부란에 '제출'을 체크한 후, 본인의 필기평가 점수(해당 모병관실 유선 문의)를 기재하시면 됩니다. 단, 과거 취득 점수로 해당 기수의 응시자와 공동 경쟁을 하게 되는 것이므로 무조건 합격을 보장하지는 않습니다. 자세한 내용은 반드시 해당 기수의 모집공고를 통해 확인해야 합니다.

CHAPTER 01 지적능력평가

영역소개 01 언어논리

언어논리는 언어로 제시된 자료를 논리적으로 분석하고 추론하는 능력을 측정하기 위한 검사로, 어휘력 검사와 언어추리 및 독해력 검사로 구성되어 있다.

■ **어휘력**
    풍부한 어휘력을 바탕으로 이를 활용하여 문장 내에서 단어의 의미를 이해하고 추론할 수 있는 능력을 측정한다.
    ☑ 유의/반의어 찾기
    ☑ 적절한 어휘와 의미 찾기
    ☑ 문장 완성

대표유형 1

1_1 다음 문장의 문맥상 빈칸에 들어갈 단어로 가장 적절한 것은?

> 계속되는 이순신 장군의 공세에 (   )같던 일본 해군의 수비에도 구멍이 뚫리기 시작했다.

① 등용문 ② 청사진
③ 철옹성 ④ 풍운아
⑤ 불야성

해설

이순신 장군의 훌륭한 전술에 일본의 수비가 무너지기 시작했다는 내용으로 빈칸에는 '견고한 상태'를 가리키는 단어가 와야 한다. 이에 해당하는 단어는 쇠로 만든 항아리처럼 튼튼한 성, 깨트리기 힘든 사물이나 상태를 말하는 '철옹성'이다.

정답 ③

1_2 다음 중 아래의 밑줄 친 ⊙과 같은 의미로 사용된 것은?

> 우리는 매일 밤 잠자리에 들 때 피부를 감싸고 있는 옷들을 모두 벗을 뿐 아니라, 이와 비슷하게 자신의 의식도 벗어서 한쪽 구석에 치워 둔다고 할 수 있다.
> 신체적인 측면에서 보면 잠든다는 것은 평온하고 안락한 자궁 안의 시절로 되돌아가는 것이나 다름없다. 마찬가지로 잠자는 사람들의 정신 상태를 ⊙ <u>보면</u> 의식의 세계에서 거의 완전히 물러나 있으며, 외부에 대한 관심도 정지된 것으로 보인다.

① 한 사람이 이득을 <u>보면</u> 손해를 보는 사람도 반드시 생기기 마련이다.
② 지금 창밖을 <u>보면</u> 빨갛게 하늘을 물들이며 산 뒤로 넘어가는 해를 볼 수 있다.
③ 현재 우리나라의 현실을 <u>보면</u> 예전에 비해서 비약적 발전을 했다는 것을 알게 된다.
④ 남편이 시앗을 <u>보면</u> 돌부처 같은 마나님도 돌아앉기 마련이다.
⑤ 일요일에 장을 <u>보면</u> 일주일 동안 걱정 없이 끼니를 마련할 수 있다.

해설
제시문과 ③의 '보다'는 '대상의 상태를 알기 위해 살피다.'의 의미로 쓰였다.
① 어떤 일을 당하거나 겪거나 얻어 가지다.
② 눈으로 대상을 즐기거나 감상하다.
④ 부도덕한 이성 관계를 갖다.
⑤ ('장' 또는 '시장'과 같은 목적어와 함께 쓰여) 물건을 팔거나 사다.

정답 ③

---

01 낱말 간의 관계가 나머지와 다른 것은?

① 피아노 – 악기
② 사이다 – 음료수
③ 사과 – 과일
④ 개나리 – 봄
⑤ 한국어 – 언어

02 다음 문장의 밑줄 친 부분과 같은 의미로 쓰인 문장은?

> 친구들에게서 온 편지를 <u>책</u>으로 묶어 보관해 두었다.

① 적이 <u>책</u> 쪽으로 접근해 왔다.
② 일이 그 사람들만 잘못했다고 <u>책</u>을 하기는 어렵게 되었다.
③ 연락과 운송의 <u>책</u>을 맡다.
④ 백지로 <u>책</u>을 매어 낙서를 하거나 삽화를 그리거나 화보를 붙여 놓았다.
⑤ <u>책</u>이 오래되어 일부는 보수하고 일부는 다시 세우기로 했다.

■ **독해력**

글에서 사실을 확인하고 핵심 개념과 전체 글의 흐름(시간, 내용)을 파악해 줄거리를 요약하는 능력을 측정한다.

☑ 통일성을 해치는 문장 찾기

☑ 글의 내용을 토대로 추론하기

☑ 글의 주제 찾기

대표유형 2

2_1 다음 ㉠~㉤ 중 글의 통일성을 해치는 문장은?

> ㉠ 21세기의 전쟁은 기름을 확보하기 위해서가 아니라 물을 확보하기 위해서 벌어질 것이라는 예측이 있다. ㉡ 우리가 심각하게 인지하지 못하고 있지만 사실 물 부족 문제는 이미 심각한 수준이다. ㉢ 실제로 아프리카와 중동 등지에서는 약 3억 명이 심각한 물 부족을 겪고 있으며 2050년이 되면 전 세계 인구의 3분의 2가 물 부족 사태에 직면할 것이라는 예측도 나오고 있다. ㉣ 그러나 물 소비량은 생활수준이 향상되면서 급격하게 늘었다. 현재 우리가 사용하는 물의 양은 20세기 초보다 7배, 지난 20년 동안에는 2배가 증가했다. ㉤ 또한, 일부 건설 현장에서는 오염된 폐수를 정화 처리하지 않고 그대로 강으로 방류하는 잘못을 저지르고 있다.

① ㉠

② ㉡

③ ㉢

④ ㉣

⑤ ㉤

해설

글의 핵심어는 '물 부족 현상'이다. ㉤은 '수자원 오염'에 대한 내용이므로 '물 부족 현상'과 직접적인 관련성이 떨어진다. 따라서 글의 통일성을 해치는 문장은 ㉤이다.

정답 ⑤

2_2 다음 글에서 추론할 수 있는 내용으로 가장 적절한 것은?

> 문화 원형 콘텐츠이면서 관광 콘텐츠로서 박물관은 소장품의 전시를 통해 박물관의 재정과 자생력을 확보할 수 있다. 동시에 박물관은 지역 공동체나 국가의 홍보 및 경제 활성화의 원동력이며, 더 나아가 직업을 창출하고 고용을 증대시킨다.
> 이러한 맥락에서 프레이(Bruno Frey)는 메트로폴리탄 박물관, 보스턴 순수 미술관, 워싱턴의 국립 박물관, 시카고 미술원, 구겐하임 미술관, 프라도 박물관, 대영 박물관, 루브르 박물관, 에르미타주 박물관, 우피치 박물관, 스미소니언 박물관 등을 '슈퍼스타 박물관'이란 용어로 표현했으며, 이들 박물관의 문화 관광 효과가 지역뿐만 아니라 국가 경제에 미치는 파급 효과를 강조했다.

① 박물관은 그 나라의 미래의 모습을 보여주는 타임머신이다.
② 박물관은 우리가 살아왔던 발자취이자 우리의 정신문화의 현현(顯現)이다.
③ 박물관은 그 자체로 거대한 학교이면서 훌륭한 스승이다.
④ 박물관은 이 세상에서 가장 청정한 공장이다.
⑤ 박물관은 가장 오래된 공간이면서 가장 최신의 공간이다.

해설
제시문에서 ①·②·⑤의 내용은 찾을 수 없다. ③은 박물관이 갖는 경제적 측면이 아닌, 교육적 측면이 부각되었다.

정답 ④

03 다음 글에 대한 반론으로 가장 적절한 것을 고르면?

> 인공 지능 면접은 더 많이 활용되어야 한다. 인공 지능을 활용한 면접은 인터넷에 접속하여 인공 지능과 문답하는 방식으로 진행되는데, 지원자는 시간과 공간에 구애받지 않고 면접에 참여할 수 있는 편리성이 있어 면접 기회가 확대된다. 또한 회사는 면접에 소요되는 인력을 줄여, 비용 절감 측면에서 경제성이 크다. 실제로 인공 지능을 면접에 활용한 ○○회사는 전년 대비 2억 원 정도의 비용을 절감했다. 그리고 기존 방식의 면접에서는 면접관의 주관이 개입될 가능성이 큰 데 반해, 인공 지능을 활용한 면접에서는 빅데이터를 바탕으로 한 일관된 평가 기준을 적용할 수 있다. 이러한 평가의 객관성 때문에 많은 회사들이 인공 지능 면접을 도입하는 추세이다.

① 빅데이터는 사회에서 형성된 정보가 축적된 결과물이므로 왜곡될 가능성이 적다.
② 인공 지능을 활용한 면접은 기술적으로 완벽하기 때문에 인간적 공감을 떨어뜨린다.
③ 회사 관리자 대상의 설문 조사에서 인공 지능을 활용한 면접을 신뢰한다는 비율이 높게 나온 것으로 보아 기존의 면접 방식보다 지원자의 잠재력을 판단하는 데 더 적합하다.
④ 회사의 특수성을 고려해 적합한 인재를 선발하려면 오히려 해당 분야의 경험이 축적된 면접관의 생각이나 견해가 면접 상황에서 중요한 판단 기준이 되어야 한다.
⑤ 면접관의 주관적인 생각이나 견해로는 지원자의 잠재력을 판단하기 어렵다.

영역소개 02 　자료해석

자료해석은 주어진 조건과 표, 그래프 등에서 문제를 해결하는 데 필요한 정보를 파악하고 분석하는 능력을 알아보기 위한 검사이다. 식을 만들어 문제를 해결할 수 있는지 묻는 기초·응용수리 유형과 실생활에서 접할 수 있는 수치자료가 제시되었을 때 문제해결에 필요한 정보를 선별·적용할 수 있는지 묻는 자료해석 유형으로 개발되었다.

☑ 방정식, 부등식 등을 활용하는 응용수리
☑ 규칙을 찾는 수열 추리
☑ 경우의 수와 확률
☑ 표, 그래프의 해석과 계산

대표유형 1

1 　반도체 부품을 만드는 공장에는 구형기계와 신형기계 두 종류의 기계가 있다. 구형기계 3대와 신형기계 5대를 가동했을 때는 1시간에 부품을 1,050개를 생산할 수 있고, 구형기계 5대와 신형기계 3대를 가동했을 때는 1시간에 부품을 950개를 생산할 수 있다. 구형기계 1대와 신형기계 1대를 가동했을 때 1시간에 몇 개의 부품을 만들 수 있는가?

① 100개 　　　　　　　　　　 ② 150개
③ 250개 　　　　　　　　　　 ④ 300개

해설

구형기계와 신형기계가 1시간에 생산하는 부품의 개수를 각각 x개, y개라고 하자.
구형기계 3대와 신형기계 5대를 가동하면 1시간에 1,050개의 부품을 생산하므로
$3x+5y=1,050$ … ㉠
구형기계 5대와 신형기계 3대를 가동하면 1시간에 950개의 부품을 생산하므로
$5x+3y=950$ … ㉡
㉠과 ㉡을 연립하여 풀면 $x=100$, $y=150$
∴ 구형기계 1대와 신형기계 1대를 가동했을 때, 1시간에 생산하는 부품의 개수는
$100+150=250$(개)이다.

정답 ③

04 　어느 학교의 모든 학생이 n대의 버스에 나누어 타면 한 대에 45명씩 타야 하고, $(n+2)$대의 버스에 나누어 타면 한 대에 40명씩 타야 한다. 이 학교의 학생은 모두 몇 명인가?(단, 빈자리가 있는 버스는 없음)

① 600명 　　　　　　　　　　 ② 640명
③ 680명 　　　　　　　　　　 ④ 720명

2 다음은 국민주택기금 융자 현황에 관한 자료이다. 이에 대한 설명으로 옳은 것은?

〈주택구입을 위한 국민주택기금 융자가구 수 및 건당 융자금액〉

(단위: 호, 만 원)

※ (건당 융자금액) $=\dfrac{(융자총액)}{(융자가구\ 수)}$

① 건당 융자금액은 2010년부터 2015년까지 지속적으로 감소하였으나 2016년부터 증가하는 추세를 보였다.
② 2020년의 건당 융자금액은 전년대비 2.5% 이상 증가하였다.
③ 융자총액이 가장 적었던 해는 건당 융자금액이 가장 적었던 2014년이다.
④ 건당 융자금액이 전년 대비 가장 많이 증가한 해의 융자가구 수는 최저치를 보였다.

해설

2019년 건당 융자금액은 9,642만 원이고, 2020년 건당 융자금액은 9,904만 원이다.

∴ 2020년 건당 융자금액의 전년 대비 증가율은 $\dfrac{9,904-9,642}{9,642}\times100 ≒ 2.72(\%)$이다.

① 제시된 자료를 보면 건당 융자금액은 2011년에 증가했다가 2012년부터 2014년까지 감소했고, 2015년부터 지속적으로 증가했다.
③ (융자총액)=(건당 융자금액)×(융자가구 수)이다.
  • (2014년의 융자총액)=3,570×14,691=52,446,870(만 원)
  • (2015년의 융자총액)=3,667×5,822=21,349,274(만 원)
④ 제시된 자료를 보면 건당 융자금액이 전년 대비 가장 많이 증가한 해는 그래프의 기울기가 큰 2016년이다. 그러나 융자가구 수의 최저치는 2015년 5,822호로 옳지 않은 설명이다.

정답 ②

05 다음은 S초등학교 남학생 500명과 여학생 450명의 도서 선호 분야를 비율로 나타낸 자료이다. 다음 중 자료에 대한 설명으로 옳은 것은?

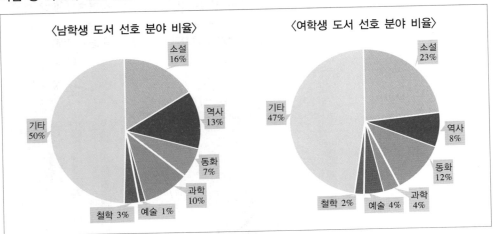

〈남학생 도서 선호 분야 비율〉
소설 16%
역사 13%
동화 7%
과학 10%
예술 1%
철학 3%
기타 50%

〈여학생 도서 선호 분야 비율〉
소설 23%
역사 8%
동화 12%
과학 4%
예술 4%
철학 2%
기타 47%

① 남학생과 여학생은 예술 분야보다 철학 분야를 더 선호한다.
② 과학 분야는 선호하는 여학생 비율이 선호하는 남학생 비율보다 높다.
③ 역사 분야는 선호하는 남학생 비율이 선호하는 여학생 비율의 2배 미만이다.
④ 동화 분야는 선호하는 여학생 비율이 선호하는 남학생 비율의 2배 이상이다.

3 다음은 2016 ~ 2020년 우리나라 20대 이상 여성취업자에 관한 자료이다. 이에 대한 설명으로 옳지 않은 것은?

〈연령대별 여성취업자〉

(단위: 천 명)

연도	전체 여성취업자	연령대		
		20대	50대	60대 이상
2016년	9,826	2,096	1,612	1,118
2017년	9,874	2,051	1,714	1,123
2018년	9,772	1,978	1,794	1,132
2019년	9,914	1,946	1,921	1,135
2020년	10,091	1,918	2,051	1,191

① 20대 여성취업자는 매년 감소하였다.
② 2020년 20대 여성취업자는 전년 대비 5% 이하 감소하였다.
③ 50대 여성취업자가 20대 여성취업자보다 많은 연도는 2020년 한 해이다.
④ 30 ~ 40대 여성취업자는 매년 증가하였다.

해설

조사대상이 20세 이상이므로 연도별 30 ~ 40대 여성취업자의 수를 구하면 다음과 같다.
• 2016년: $9,826-(2,096+1,612+1,118)=5,000$(천 명)
• 2017년: $9,874-(2,051+1,714+1,123)=4,986$(천 명)
• 2018년: $9,772-(1,978+1,794+1,132)=4,868$(천 명)
• 2019년: $9,914-(1,946+1,921+1,135)=4,912$(천 명)
• 2020년: $10,091-(1,918+2,051+1,191)=4,931$(천 명)
∴ 30 ~ 40대 여성취업자 수는 2018년까지 감소하다 2019년부터 증가하는 양상을 보인다.
①・③ 제시된 자료를 통해 확인할 수 있다.
② 2020년 20대 여성취업자 수의 전년 대비 감소율: $\dfrac{1,946-1,918}{1,946}\times100 ≒ 1.44(\%)$

정답 ④

06 다음은 계급별 징집병 급여에 관한 자료이다. 자료에 대한 설명으로 옳은 것은?

〈계급별 징집병 급여 추이〉

(단위: 천 원)

계급	2015년	2016년	2017년	2018년
병장	97.5	103.4	107.5	129.0
상병	88.0	93.3	97.0	116.4
일병	79.5	84.3	87.7	105.2
이병	73.5	77.9	81.0	97.2
인상률(%)	0	6.0	4.0	20.0

※ 인상률은 전년 대비 급여 인상률을 나타낸 비율

① 2018년 일병의 급여는 158,000원이다.
② 2017년 상병의 급여는 97,000원으로 전년 대비 6% 인상되었다.
③ 징집병 급여는 2018년 가장 높은 인상률을 보였다.
④ 2015년 대비 2018년 병장 급여의 인상률은 20%이다.

영역소개 03 공간능력

공간능력은 공간에 대한 이해력(공간시각화)과 심상 회전능력(공간관계)을 측정하기 위한 검사도구이다.
공간능력의 문제유형은 다음과 같이 총 3가지로 구성된다.

- ☑ 입체도형(정육면체)과 전개도가 일치하는 것을 찾아내는 유형
- ☑ 쌓인 블록의 개수를 세는 유형
- ☑ 특정 위치에서 바라보았을 때의 모양을 찾는 유형

대표유형 1

[1_1~1_2] 다음에 유의하여 물음에 답하시오.

- 입체도형을 펼쳐 전개도를 만들 때, 전개도에 표시된 그림(예 ▐▌, ▬ 등)은 회전의 효과를 반영함.
즉, 본 문제의 풀이 과정에서 보기의 전개도상에 표시된 "▐▌"와 "▬"은 서로 다른 것으로 취급함.
- 단, 기호 및 문자(예 ☎, ♨, ♣, K, H 등)의 회전에 의한 효과는 본 문제의 풀이 과정에 반영하지
않음. 즉, 입체도형을 펼쳐 전개도를 만들 때, "⬚"의 방향으로 나타나는 기호 및 문자도 보기에서
는 "⬚"의 방향으로 표시하며 동일한 것으로 취급함.

1_1 다음 입체도형의 전개도로 알맞은 것은?

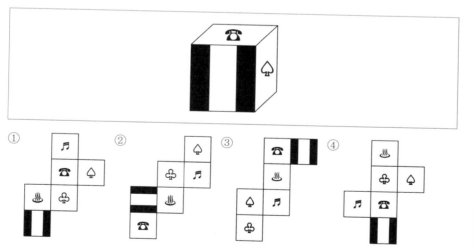

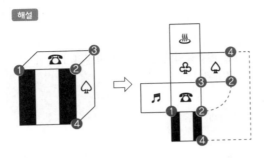

정답 ④

1_2 다음 전개도로 만든 입체도형에 해당하는 것은?

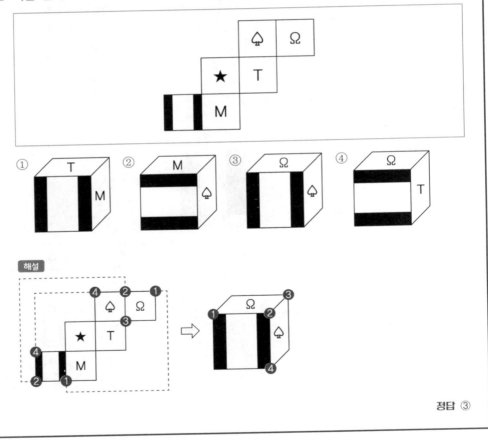

정답 ③

07 다음 입체도형의 전개도로 알맞은 것은?

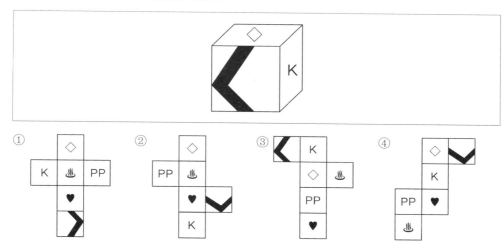

08 다음 전개도의 입체도형으로 알맞은 것은?

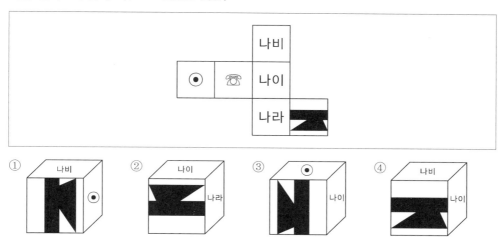

2 아래에 제시된 그림과 같이 쌓기 위해 필요한 블록의 수는?

※ 블록은 모양과 크기가 모두 동일한 정육면체임

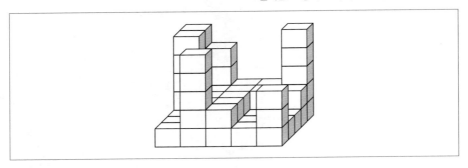

① 50개   ② 53개

③ 57개   ④ 62개

해설

[방법 1] 각 층에 쌓인 블록의 수를 이용한다.

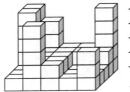

← 5층: 2+1+0+0+1=4개
← 4층: 2+2+0+0+1=5개
← 3층: 2+2+0+0+2=6개
← 2층: 2+5+5+2+3=17개
← 1층: 5+5+5+5+5=25개
∴ 4+5+6+17+25=57(개)

[방법 2] 각 열에 쌓인 블록의 수를 이용한다.

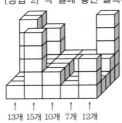

∴ 13+15+10+7+12=57(개)

↑   ↑   ↑   ↑   ↑
13개 15개 10개 7개 12개

정답 ③

09 아래에 제시된 그림과 같이 쌓기 위해 필요한 블록의 수를 고르시오.

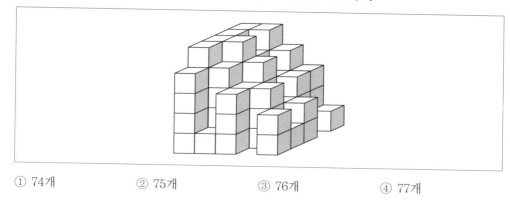

① 74개   ② 75개   ③ 76개   ④ 77개

3 아래에 제시된 블록들을 화살표 표시한 방향에서 바라보았을 때의 모양으로 알맞은 것을 고르시오.

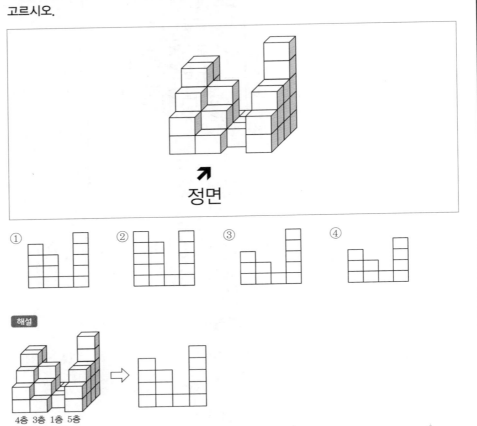

정면

① ② ③ ④

해설

4층 3층 1층 5층

정답 ①

10 아래에 제시된 블록들을 표시한 방향에서 바라봤을 때의 모양으로 알맞은 것을 고르시오.

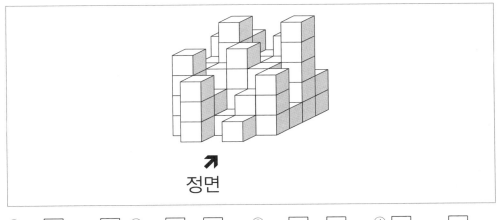

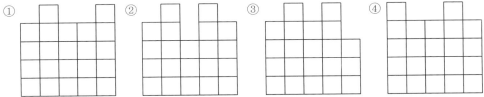

영역소개 04 지각속도

지각속도는 가독성과 인지능력을 측정하기 위한 검사이다. 지각속도의 문제유형은 다음과 같이 총 2가지로 구성된다.

☑ 문자, 숫자, 기호들의 짝이 제시되고 특정 문자에 해당하는 짝을 찾는 유형
☑ 제시된 문자군, 문장, 숫자군에서 특정 문자, 숫자, 기호의 개수를 세는 유형

※ 이 과목은 다른 과목과 달리 틀렸을 경우에 감점되며, 풀지 않은 문제는 0점으로 처리된다.

대표유형 1

다음 〈보기〉의 왼쪽과 오른쪽 기호의 대응을 참고하여 각 문제의 대응이 같으면 답안지에 '① 맞음'을, 틀리면 '② 틀림'을 선택하시오.

보기			
a = 강	b = 응	c = 산	d = 전
e = 남	f = 도	g = 길	h = 아

1	강 응 산 전 남 － a b h d e	① 맞음 ② 틀림

해설

a b h d e → a b c d e

정답 ②

---

11 다음 〈보기〉의 왼쪽과 오른쪽 기호의 대응을 참고하여 각 문제의 대응이 같으면 답안지에 '① 맞음'을, 틀리면 '② 틀림'을 선택하시오.

보기				
만둣국 = exercise	옹심이 = ease	칼국수 = enter	떡국 = early	냉모밀 = escape
감자전 = evil	수제비 = element	칼제비 = exist	물만두 = edge	콩국수 = earth

콩국수 떡국 물만두 칼제비 만둣국 － earth early element exist exercise	① 맞음 ② 틀림

다음의 〈보기〉에서 각 문제의 왼쪽에 표시된 굵은 글씨체의 기호, 문자, 숫자의 개수를 모두 세어 오른쪽에서 찾으시오.

〈보기〉	〈개수〉
2 **3** 78302064206820487203873073620 50	① 3개 ② 4개 ③ 5개 ④ 6개

해설

78**3**020642068204872038**7**30**7**362050 (4개)

정답 ②

12 다음의 〈보기〉에서 각 문제의 왼쪽에 표시된 굵은 글씨체의 기호, 문자, 숫자의 개수를 모두 세어 오른쪽에서 찾으시오.

〈보기〉	〈개수〉
ㅎ 노을에 빛나는 은모래같이 호수는 한포기 화려한 꽃밭이 되고	① 2개 ② 3개 ③ 4개 ④ 5개

CHAPTER 02 상황판단평가

① 상황판단평가 소개

초급간부 선발용 상황판단평가는 군에서 일어날 수 있는 다양한 가상 상황을 제시하고 지원자로 하여금 선택지 중에서 가장 할 것 같은 행동과 가장 하지 않을 것 같은 행동을 선택하게 하여, 지원자의 행동이 조직에서 요구하는 것과 일치하는지 여부를 판단한다. 상황판단평가는 인·적성 검사가 반영하지 못하는 해당 조직만의 직무 상황·추구하는 가치를 반영할 수 있으며, 성격요인과 과거에 겪었던 경험을 간접 측정할 수 있다.

② 상황판단평가 대표유형

> 당신은 소대장이며, 당신의 소대에는 음주와 관련한 문제가 있다. 특히 한 병사는 음주운전으로 인하여 민간인을 사망케 한 사고로 인해 아직도 감옥에 있고, 몰래 술을 마시고 소대원들끼리 주먹다툼을 벌인 사고도 있었다. 당신은 이 문제에 지대한 관심을 가지고 있으며, 병사들에게 문제의 심각성을 알리고 부대에 영향을 주기 위한 무엇인가를 하려고 한다.

이 상황에서 당신은 어떻게 행동하시겠습니까?

보 기
① 음주조사를 위해 수시로 건강 및 내무검사를 실시한다.
② 알코올 관련 전문가를 초청하여 알코올 중독 및 남용의 위험에 대한 강연을 듣는다.
③ 병사들을 엄격하게 대우한다. 사소한 것이라도 위반을 하면 가장 엄중한 징계를 할 것이라고 경고한다.
④ 전체 부대원에게 음주 운전 사망사건으로 인하여 감옥에 가 있는 병사에 대한 사례를 구체적으로 설명해준다.

M. 가장 할 것 같은 행동 (①)
L. 가장 하지 않을 것 같은 행동 (③)

※ 답안지(OMR 카드) 표시 방법

상황판단검사							
1	M	❶	②	③	④	⑤	⑥	⑦
	L	①	②	❸	④	⑤	⑥	⑦

CHAPTER 02 상황판단평가

01 상황판단평가 소개

지적능력평가에서 측정하기 힘든 직무관련 상황을 제시하고 각 상황에 대해 어떻게 반응할 것인지 묻는 상황판단평가이다. 직무성격평가와 마찬가지로 명확한 정답은 없지만 피해야 할 답은 있다.

[예시문항]

※ 다음 상황을 읽고 제시된 질문에 답하시오.

> 당신은 부소대장이다. 어느 날 소대장이 당신이 보기에 잘못된 것으로 보이는 결정을 내렸다. 당신은 결정을 취하할 수 있도록 설득하려 노력했으나, 그는 이미 확고한 결단을 내렸으니 따르라고 한다. 그러나 당신의 동료 부소대장들과 용사들도 모두 소대장이 잘못된 결정을 내린 것 같다는 것에 동의하고 있다.
>
> 이 상황에서 당신이 ⓐ 가장 할 것 같은 행동은 무엇입니까?
>   ⓑ 가장 하지 않을 것 같은 행동은 무엇입니까?

ⓐ 가장 할 것 같은 행동   (   )
ⓑ 가장 하지 않을 것 같은 행동   (   )

	선택지
1	중대장에게 가서 상황을 설명하고, 조언을 부탁한다.
2	소대로 돌아가서 나는 소대장의 결정에 찬성하니, 모두 명령을 따라야 한다고 설득한다.
3	용사들에게 나는 소대장의 결정에 찬성하지는 않지만, 어쩔 수 없으니 명령을 그냥 따르자고 말한다.
4	용사들에게 나는 소대장의 결정에 따르지 않는다는 것을 말하고, 이 상황에서 어떻게 처신해야 할지 조언을 구한다.
5	소대로 돌아가서 나는 소대장의 결정에 찬성하지는 않지만, 어쩔 수 없으니 명령을 일단 따르라고 이야기한다.
6	소대장에게 다시 가서 나는 그 결정이 문제가 있다고 생각하며, 부사관들을 비롯한 소대원들에게 잘못된 명령을 시행하라고 하기는 어렵다고 이야기한다.
7	한 시간 정도의 시간이 지난 후, 소대장에게 다시 가서 대안을 제시한다.

02 상황판단평가 모의연습

01 다음 상황을 읽고 제시된 질문에 답하시오.

> 평소에 술을 좋아하는 중대장이 업무가 없는 밤이면 불러서 술을 마시게 한다. 술을 즐기지 않는 당신은 그 술자리가 불편하다. 더욱이 술을 마시는 횟수가 늘어나면서 육체적, 정신적 피로가 쌓이자 정상적인 업무 시간에 지장이 생겼다.
>
> 이 상황에서 당신이 ⓐ 가장 할 것 같은 행동은 무엇입니까?
> ⓑ 가장 하지 않을 것 같은 행동은 무엇입니까?

ⓐ 가장 할 것 같은 행동   (   )
ⓑ 가장 하지 않을 것 같은 행동   (   )

	선택지
1	대대장에게 가서 상황을 설명하고 도움을 요청한다.
2	군인은 명령에 불복종할 수 없으므로 불만 없이 중대장의 지시에 따른다.
3	피할 수 없다면 즐긴다는 마음으로, 술을 즐길 수 있는 체질로 자신을 바꾼다.
4	다른 선임 부사관들에게 상황을 설명하고 도움을 요청한다.
5	중대장에게 직접 말해서 술자리의 어려움을 설명한다.
6	중대장에게 술자리에 참석할 수 없다고 정중하게 말한다.
7	다른 부대로 옮길 수 있게 상급부대에 요청한다.

		상황판단평가						
01	M	①	②	③	④	⑤	⑥	⑦
	L	①	②	③	④	⑤	⑥	⑦

02 다음 상황을 읽고 제시된 질문에 답하시오.

> 당신의 소대원 중 일병이 최근 여자 친구와의 불화로 힘들어하고 있다. 하루는 상사인 당신에게 찾아와 특별휴가를 부탁하면서 여자 친구를 만나고 올 수 있게 해달라고 사정한다.
>
> 이 상황에서 당신이 ⓐ 가장 할 것 같은 행동은 무엇입니까?
> ⓑ 가장 하지 않을 것 같은 행동은 무엇입니까?

ⓐ 가장 할 것 같은 행동　　　　　(　　　)
ⓑ 가장 하지 않을 것 같은 행동　　(　　　)

	선택지
1	소대장에게 가서 상황을 설명하고, 조언을 부탁한다.
2	친한 선임 장교에게 상황을 설명하고, 조언을 부탁한다.
3	일병의 괴로움을 헤아려서 특별휴가를 내어 준다.
4	일병의 선임병들을 불러서 상황을 설명하고, 해결책을 모색한다.
5	군 규정상 허용할 수 없는 부탁이라고 말하며 거절한다.
6	여자 친구에게 직접 연락해서 면회 올 것을 부탁한다.
7	정서적인 안정을 취하게 하고, 군 생활에 적응할 수 있게 도와준다.

상황판단평가								
02	M	①	②	③	④	⑤	⑥	⑦
	L	①	②	③	④	⑤	⑥	⑦

03 다음 상황을 읽고 제시된 질문에 답하시오.

> 당신은 부소대장이다. 중대장으로부터 정찰임무를 부여받고 일몰 전에 산을 정찰하다가 시간이 지체되면서 어두워지자 소대장은 효율적으로 정찰하고자 두 조로 나누어 자신과 당신이 따로 정찰하면서 하산해서 부대로 복귀하고자 한다. 그런데 당신은 부대에서 수년간 근무한 경험상, 소대장이 아직 지형지물을 파악하지 못해 매우 위험할 거라 판단하였다.
>
> 이 상황에서 당신이 ⓐ 가장 할 것 같은 행동은 무엇입니까?
> ⓑ 가장 하지 않을 것 같은 행동은 무엇입니까?

ⓐ 가장 할 것 같은 행동 　　　　　　　　　　（　　　　　）
ⓑ 가장 하지 않을 것 같은 행동 　　　　　　　（　　　　　）

	선택지
1	당신의 경험을 얘기하고, 지체되더라도 당신과 함께 정찰할 것을 제안한다.
2	일단 소대장의 명령을 따른 후 부대에 복귀하여, 두 조로 나누어 정찰한 것은 좋지 않은 방법이었다고 토로한다.
3	중대장에게 보고하여 소대장의 의견대로 정찰업무를 수행해도 되는지 물어보고 지시를 받는다.
4	소대장의 의견이 매우 위험한 것임을 알리고 그러한 지시를 받아들일 수 없다고 거부한다.
5	일단 소대장이 지시한 대로 행동하되 위험한 부분에 대해 설명하고 경험이 많은 분대장을 소대장에게 붙인다.
6	시간이 늦어 어두워졌으니 안전사고를 우려해 예방 차원에서 바로 하산하자고 한다.
7	중대장의 지시사항이니 무조건 정찰해야 한다고 한다.

상황판단평가								
03	M	①	②	③	④	⑤	⑥	⑦
	L	①	②	③	④	⑤	⑥	⑦

04 다음 상황을 읽고 제시된 질문에 답하시오.

> 당신은 임관을 하고 처음으로 부대에 배치를 받았다. 하지만 당신이 맡은 소대에는 제대를 앞둔
> 병장이 여러 명이고 나이도 당신과 비슷해서 병사들과의 관계가 서먹하다.
>
> 이 상황에서 당신이 ⓐ 가장 할 것 같은 행동은 무엇입니까?
> ⓑ 가장 하지 않을 것 같은 행동은 무엇입니까?

ⓐ 가장 할 것 같은 행동 　　　　　(　　　)
ⓑ 가장 하지 않을 것 같은 행동 　　(　　　)

	선택지
1	소대장에게 가서 상황을 설명하고, 조언을 부탁한다.
2	소대원들과 함께 축구나 농구 등을 하면서 친해진다.
3	소대원 회식 자리를 만들어서 서로 친해질 수 있는 시간을 갖는다.
4	병장들만 따로 불러서 자신의 어려움을 말하고 도움을 요청한다.
5	당연히 처음에는 서먹할 수 있는 것이므로, 충실히 업무를 수행하면서 지내다 보면 시간이 해결할 것이다.
6	병사들을 한 명씩 만나서 고충을 듣고 자신이 해결할 수 있는 일은 도와주면서 친해진다.
7	소대원과의 관계가 더 악화되기 전에 다른 부대로 옮길 수 있게 상급부대에 요청한다.

상황판단평가								
04	M	①	②	③	④	⑤	⑥	⑦
	L	①	②	③	④	⑤	⑥	⑦

05 다음 상황을 읽고 제시된 질문에 답하시오

> 당신은 비교적 평판이 좋은 부사관이다. 어느 날 회의를 하면서 토의를 하고 있는데 동료 K 부사관이 교묘하게 당신의 의견을 무시하고 심지어 당신의 의견이 틀렸다고 회의 참석자들에게 공개적으로 알리면서 당신을 비난하는 것 같다.
>
> 이 상황에서 당신이 ⓐ 가장 할 것 같은 행동은 무엇입니까?
> ⓑ 가장 하지 않을 것 같은 행동은 무엇입니까?

ⓐ 가장 할 것 같은 행동 　　　　　　　(　　　　　)
ⓑ 가장 하지 않을 것 같은 행동 　　　　(　　　　　)

	선택지
1	회의가 끝난 후 K 부사관과 따로 대화한다.
2	당신의 의견이 틀렸다고 할 때 바로 K 부사관에게 항변한다.
3	회의가 끝난 후 공개적인 자리에서 K 부사관을 비난한다.
4	그냥 내버려 둔다.
5	다른 사람들에게 회의 시 당신의 의견을 비난한 K 부사관에 대해 자초지종을 이야기한다.

상황판단평가								
05	M	①	②	③	④	⑤	⑥	⑦
	L	①	②	③	④	⑤	⑥	⑦

06 다음 상황을 읽고 제시된 질문에 답하시오.

> 상관인 D 중대장은 부소대장인 당신에게 부대 내 건물 수리에 필요한 병사 3명을 보내라고 지시하였다. 그러나 당신은 이미 D 중대장이 지시한 배수로 보수 업무를 병사들과 함께 수행하고 있다. 지금 D 중대장이 지시한 대로 병사 3명을 보내면 주어진 기한 내에 기존에 지시받은 배수로 보수 업무를 끝낼 수 없다. 하지만, D 중대장에게 병사를 보내야 한다.
>
> 이 상황에서 당신이 ⓐ 가장 할 것 같은 행동은 무엇입니까?
> ⓑ 가장 하지 않을 것 같은 행동은 무엇입니까?

ⓐ 가장 할 것 같은 행동   (   )
ⓑ 가장 하지 않을 것 같은 행동   (   )

	선택지
1	D 중대장에 상황을 설명하고, 어떤 일을 먼저 해야 할지 지시를 받는다.
2	D 중대장에게 상황을 설명하고, 배수로 보수 업무 기한을 연장한다.
3	다른 부대에 여유 병력이 있는지 파악 후 도움을 요청한다.
4	야근을 해서라도 혼자 배수로 보수 업무를 하고 건물 수리에 병사 3명을 보낸다.

상황판단평가								
06	M	①	②	③	④	⑤	⑥	⑦
	L	①	②	③	④	⑤	⑥	⑦

07 다음 상황을 읽고 제시된 질문에 답하시오.

> 당신이 부소대장으로 있는 소대는 겉으로 보기에는 서로 잘 협력하여 운영되는 것 같았지만 실제로는 예전부터 병사들의 월급 중 매달 2만 원씩 걷어서 복무를 마치고 전역하는 병장에게 주는 악습이 존재한다는 것을 알게 되었다. 병사들은 모두 부당하다는 것을 알지만 처음에는 선임병들이 시키기 때문에 어쩔 수 없이, 나중에는 본인이 낸 돈이 아까워서 이 악습을 끊지 못하고 있다.
>
> 이 상황에서 당신이 ⓐ 가장 할 것 같은 행동은 무엇입니까?
> ⓑ 가장 하지 않을 것 같은 행동은 무엇입니까?

ⓐ 가장 할 것 같은 행동 　　　　　　(　　　)
ⓑ 가장 하지 않을 것 같은 행동 　　　　(　　　)

	선택지
1	밖으로 새어나가면 간부도 관리책임을 져야 하므로 다른 간부들과 상의해서 부대 내에서 조용히 처리할 수 있는 방법을 강구한다.
2	중대장에게 부대 내 악습에 대해서 보고하고 관련자들을 처벌하며 부조리에 대한 교육을 실시한다.
3	모든 병사들을 집합시켜 얼차려를 주고 다시는 이런 일이 없도록 단속한다.
4	주도적인 일부 선임들을 선별해 다른 부대로 전출시킨다.
5	선임병들을 불러 큰 사건임을 인식시킨 후 약간의 희생을 감수하면 그동안의 악습을 폐지할 수 있고 사건을 상부에 보고하지 않겠다는 내용으로 설득한다.
6	병사들의 월급을 당신이 직접 관리하고 전역할 때 목돈을 만들어 줌으로써 이러한 악습이 발생하지 않도록 한다.
7	이전에 전역한 병사들까지 연락해서 받았던 돈을 회수하여 돌려준다.

		상황판단평가						
07	M	①	②	③	④	⑤	⑥	⑦
	L	①	②	③	④	⑤	⑥	⑦

08 다음 상황을 읽고 제시된 질문에 답하시오.

1중대의 부소대장인 당신은 중대장으로부터 중대의 공용화기 시범교육을 기획하라는 임무를 받았다. 중대급 교육인 만큼 모든 대대원들과 함께 아이디어를 기획해야 하는 임무이지만, 2, 3소대의 소대원들은 자신의 일이 아니라는 생각에 당신에게 잘 협조하지도 않고 지시사항을 잘 따르지도 않는다. 마침 2, 3소대 소대장들은 부재중이라 그들에게 도움을 요청하기도 어려운 상황이다.

이 상황에서 당신이 ⓐ 가장 할 것 같은 행동은 무엇입니까?
　　　　　　　　ⓑ 가장 하지 않을 것 같은 행동은 무엇입니까?

ⓐ 가장 할 것 같은 행동　　　　　　　　(　　　　　)
ⓑ 가장 하지 않을 것 같은 행동　　　　(　　　　　)

	선택지
1	우리 모두 같은 중대원임을 호소하고 설득하여 소속감과 일체감을 불어넣는다.
2	중대장에게 교육지원 참여 명단을 제출하여 그들이 속한 부대에 이익이나 불이익을 준다고 이야기한다.
3	타 소대의 주요간부 및 병을 잘 타일러 같이 준비할 수 있도록 분위기를 유도한다.
4	타 중대원들에게 간식 등의 포상을 제공한다.
5	병사들을 소대 분류 없이 통합하고 다시 계급별로 집단을 나누어 임무를 수행하도록 한다.
6	다른 부대의 시범교육사례 등을 참고하여 우수한 사례를 그대로 적용하고 임무를 마친다.
7	타 소대 소대장들의 자존심을 자극하여 휘하 병사들까지 참여하도록 유도한다.

상황판단평가								
08	M	①	②	③	④	⑤	⑥	⑦
	L	①	②	③	④	⑤	⑥	⑦

09 다음 상황을 읽고 제시된 질문에 답하시오.

> 당신이 부소대장으로 있는 소대에 A 일병은 병사들과 간부들 사이에서 '고문관'이라고 불릴 정도로 본인이 맡은 일에 대한 이해력이 부족하고 행동이 느리다. 평가훈련 중 A 일병이 속한 분대가 A 일병으로 인해 꼴찌를 하게 되었다. 그러자 해당 분대장이 찾아와 A 일병 때문에 매번 훈련성과가 안 나오고 분대 사기도 저하된다며 A 일병을 다른 부대로 전출시켜달라고 요구하였다.
>
> 이 상황에서 당신이 ⓐ 가장 할 것 같은 행동은 무엇입니까?
> ⓑ 가장 하지 않을 것 같은 행동은 무엇입니까?

ⓐ 가장 할 것 같은 행동 (   )
ⓑ 가장 하지 않을 것 같은 행동 (   )

	선택지
1	소대장에게 보고하여 A 일병을 다른 부대로 전출시킨다.
2	해당 분대장에게 A 일병이 원래 부족하니 분대장이 이해하라고 잘 타이른다.
3	A 일병을 잘 관리하고 지도하지 못한 분대장에게 책임을 묻는다.
4	A 일병의 문제를 극복할 수 있도록 당신이 직접 옆에서 지도하고 도와준다.
5	A 일병의 장점을 설명해 주며 분대장을 이해시킨다.
6	A 일병을 별도로 불러 얼차려를 실시하여 정신을 차리도록 교육한다.
7	중대장에게 상황을 설명하고 조언을 부탁한다.

		상황판단평가						
09	M	①	②	③	④	⑤	⑥	⑦
	L	①	②	③	④	⑤	⑥	⑦

10 다음 상황을 읽고 제시된 질문에 답하시오.

> 새로운 부대로 전근한 당신은 업무 도중에 부대 내의 비리를 발견했다. 비리 내용이 문제가 될 수 있지만 여러 간부가 관계되어 있는 일이라 당신 혼자서 끙끙대며 어찌해야 할지 고심하고 있다.
>
> 이 상황에서 당신이 ⓐ 가장 할 것 같은 행동은 무엇입니까?
>   ⓑ 가장 하지 않을 것 같은 행동은 무엇입니까?

ⓐ 가장 할 것 같은 행동   (   )
ⓑ 가장 하지 않을 것 같은 행동   (   )

	선택지
1	상급부대에 보고하고 조치를 기다린다.
2	비리와 관련이 없는 선임 간부에게 상황을 말하고 도움을 요청한다.
3	비리와 관련된 간부들에게 직접 말해서 시정을 요구한다.
4	정확한 증거를 확보하기 위해 혼자서 비리를 조사한다.
5	비리 내용이 군 전체에 직접적인 피해를 끼치는 것이 아니라고 판단되면 부대 전체를 위해 조용히 넘어간다.
6	상급부대에도 비리와 관계되어 있는 사람이 있을 수 있으므로 외부 언론사에 이 사실을 폭로한다.
7	비리에 대한 특별한 조치 없이 자신만 다른 부대로 옮길 수 있게 상급부대에 요청한다.

		상황판단평가						
10	M	①	②	③	④	⑤	⑥	⑦
	L	①	②	③	④	⑤	⑥	⑦

11 다음 상황을 읽고 제시된 질문에 답하시오.

> 당신은 부대에서 유류품을 관리하는 담당관 업무를 맡고 있다. 중대장이 여러 가지 개인적인 업무를 보면서 평소의 2배 가량의 연료를 소비하고, 당신을 불러 부대에서 관리하는 연료로 충당해 달라고 부탁했다.
>
> 이 상황에서 당신이 ⓐ 가장 할 것 같은 행동은 무엇입니까?
> ⓑ 가장 하지 않을 것 같은 행동은 무엇입니까?

ⓐ 가장 할 것 같은 행동 　　　　　(　　　)
ⓑ 가장 하지 않을 것 같은 행동 　　　(　　　)

	선택지
1	그 자리에서 잘못됐음을 밝히고 거절한다.
2	알았다고 이야기하고 돌아와서 국방부 홈페이지에 신고한다.
3	상부 기관에 이야기해 적절한 조치를 기다린다.
4	자신이 충당할 수 있는 한에서 요구를 수용한다.
5	군대에서의 명령은 절대적이므로 지시한 대로 시행한다.
6	당신이 직접 개인적인 자금으로 추가분을 충당한다.
7	당신의 승용차에 사용하는 연료도 충당할 수 있도록 요구한다.

상황판단평가								
11	M	①	②	③	④	⑤	⑥	⑦
	L	①	②	③	④	⑤	⑥	⑦

12 다음 상황을 읽고 제시된 질문에 답하시오.

> 어느 날 밤에 당신의 소대원 중 상병이 후임병들을 구타했다. 이 사실을 알고 있는 간부는 당신뿐이다.
>
> 이 상황에서 당신이 ⓐ 가장 할 것 같은 행동은 무엇입니까?
> ⓑ 가장 하지 않을 것 같은 행동은 무엇입니까?

ⓐ 가장 할 것 같은 행동　　　　　　　　(　　　　)
ⓑ 가장 하지 않을 것 같은 행동　　　　　(　　　　)

	선택지
1	소대장에게 보고하고 조치를 기다린다.
2	선임 간부에게 상황을 말하고 도움을 요청한다.
3	상병을 따로 불러서 이유를 묻고 다시는 그런 행위를 하지 않겠다는 약속을 받는다.
4	군대 내에서 있을 수 있는 일이므로 조용히 넘어간다.
5	때린 상병과 맞은 후임병들을 불러서 이유를 묻고 함께 해결방안을 찾는다.
6	기강이 해이해진 책임을 전체 소대원들에게 돌리고 전체 얼차려를 실시한다.
7	때린 상병에게만 얼차려를 실시한다.

상황판단평가								
12	M	①	②	③	④	⑤	⑥	⑦
	L	①	②	③	④	⑤	⑥	⑦

13 다음 상황을 읽고 제시된 질문에 답하시오.

> 당신은 부소대장 직책을 수행하고 있으며, 얼마 후면 전투력 측정이 있어 한동안 교육훈련에 전념해야 하는 상황이다. 당신이 이끄는 소대는 최근 복무를 마치고 전역을 한 병사들이 많아서 입대한 지 얼마 안 된 신병이 많은 상황이며 평소 교육훈련을 잘 못하기로 유명한 소대이다. 교육훈련 수준도 낮고 신병도 많아서 원활한 교육훈련이 어렵고 날씨마저 무덥고 습하여 교육훈련 여건도 좋지 못하다. 주어진 시간 안에 무언가 획기적인 방법을 찾지 못한다면 전투력 측정에서 좋지 못한 결과가 나올 것이 뻔하다.
>
> 그러나 이번만큼은 좋은 결과를 내어 소대의 명성을 높이고 싶은 것이 당신의 마음이다.
>
> 이 상황에서 당신이 ⓐ 가장 할 것 같은 행동은 무엇입니까?
> ⓑ 가장 하지 않을 것 같은 행동은 무엇입니까?

ⓐ 가장 할 것 같은 행동 　　　　　　　(　　　　　)
ⓑ 가장 하지 않을 것 같은 행동 　　　　(　　　　　)

	선택지
1	교육훈련 준비를 잘하여 소대원들이 재미있게 훈련할 수 있도록 한다.
2	매일 강제적으로 교육훈련을 한다.
3	전투력 측정에서 좋은 성과를 내지 못하면 1개월 동안 휴가를 제한한다고 한다.
4	전투력 측정에서 좋은 성과를 내면 소대 전원에게 포상휴가를 준다고 한다.
5	소대원들에게 부탁하여 일과시간 이후에도 계속 훈련을 할 수 있도록 한다.
6	여건이 매우 안 좋으므로 이번 측정에서는 좋은 성적을 포기한다.

상황판단평가								
13	M	①	②	③	④	⑤	⑥	⑦
	L	①	②	③	④	⑤	⑥	⑦

14 다음 상황을 읽고 제시된 질문에 답하시오.

> 당신은 부소대장 직책을 수행하던 중 후임병에게 성추행을 일삼는 병장을 발견하고 부대에 보고했는데, 부대 이미지 때문인지 아무런 조치가 없었다.
>
> 이 상황에서 당신이 ⓐ 가장 할 것 같은 행동은 무엇입니까?
> ⓑ 가장 하지 않을 것 같은 행동은 무엇입니까?

ⓐ 가장 할 것 같은 행동　　　　　　　(　　　　)
ⓑ 가장 하지 않을 것 같은 행동　　　(　　　　)

	선택지
1	상급부대에게 보고하고 가해자와 피해자를 신속하게 분리하고 조치를 기다린다.
2	평소 친한 선임 간부에게 조언을 구한다.
3	가해자 병장을 따로 불러서 이유를 묻고 다시는 그런 행위를 하지 않겠다는 약속을 받는다.
4	군대 내에서 있을 수 있는 일이므로 조용히 넘어간다.
5	가해자 병장을 다른 부대로 전출시킨다.
6	피해자 후임병을 다른 부대로 전출시킨다.
7	가해자 병장에게 얼차려를 실시한다.

상황판단평가								
14	M	①	②	③	④	⑤	⑥	⑦
	L	①	②	③	④	⑤	⑥	⑦

15 다음 상황을 읽고 제시된 질문에 답하시오.

> 당신은 1소대 부소대장이다. 5분 전투대기 부대 부소대장(이번 주), 주둔지 울타리 보수(수요일), 병력관리실태 수검(목요일), 개인화기 사격측정(다음 주 화요일), 매복작전(다음 주 수요일), 당직근무(다음 주 목요일) 등 임무가 산적해 있다.
> 어떻게 임무수행을 해야 할지 방법은 모르겠고 심적 부담만 가중되고 자신감도 떨어지고 있다.
>
> 이 상황에서 당신이 ⓐ 가장 할 것 같은 행동은 무엇입니까?
> ⓑ 가장 하지 않을 것 같은 행동은 무엇입니까?

ⓐ 가장 할 것 같은 행동 　　　　　　　（　　　　）
ⓑ 가장 하지 않을 것 같은 행동 　　　　（　　　　）

	선택지
1	선배 또는 친한 동료 소(부)대장에게 조언을 구하고 행동한다.
2	소대장 또는 중대장에게 면담을 요청하고 현재 나의 상태를 설명하고 도움을 요청한다.
3	업무의 우선순위를 정하여 해야 할 것과 하지 말아야 할 것을 정하고 실행한다.
4	나의 능력 밖이므로 스스로 포기한다.
5	일부 업무를 친한 동료에게 대신 해줄 것을 요청하거나 분대장에게 위임한다.

상황판단평가								
15	M	①	②	③	④	⑤	⑥	⑦
	L	①	②	③	④	⑤	⑥	⑦

CHAPTER 03 직무성격평가

① 직무성격평가 소개

초급간부 선발용 직무성격평가는 총 180문항으로 이루어져 있다. 초급간부에게 요구되는 역량과 관련된 성격요인을 측정할 수 있도록 개발되었다.

- 자신이 바라는 모습이나 바람직하다고 생각하는 모습으로 꾸며내어 응답하지 마시고, 평소에 자신의 생각대로 솔직하게 응답하는 것이 좋습니다.
- 총 180문항을 30분 내에 응답해야 하기 때문에 지나치게 깊이 고민하지 마시고, 머릿속에 떠오르는 대로 빠르게 응답하시기 바랍니다.
- 본 검사는 귀하의 의견이나 행동을 나타내는 문항으로 구성되어 있습니다. 각각의 문항을 읽고 보기 중에서 자기 자신에게 가장 가까운 것을 고르시기 바랍니다.

② 직무성격평가 대표유형

01 조직(학교나 부대) 생활에서 여러 가지 다양한 일을 해보고 싶다.

① 전혀 그렇지 않다. ② 그렇지 않다. ③ 보통이다. ④ 그렇다. ⑤ 매우 그렇다.

02 아무것도 아닌 일을 지나치게 걱정할 때가 있다.

① 전혀 그렇지 않다. ② 그렇지 않다. ③ 보통이다. ④ 그렇다. ⑤ 매우 그렇다.

03 조직(학교나 부대) 생활에서 작은 일에도 걱정을 많이 하는 편이다.

① 전혀 그렇지 않다. ② 그렇지 않다. ③ 보통이다. ④ 그렇다. ⑤ 매우 그렇다.

04 여행을 가기 전에 일정을 세세하게 계획한다.

① 전혀 그렇지 않다. ② 그렇지 않다. ③ 보통이다. ④ 그렇다. ⑤ 매우 그렇다.

05 조직(학교나 부대) 생활에서 매사에 마음이 여유롭고 느긋한 편이다.

① 전혀 그렇지 않다. ② 그렇지 않다. ③ 보통이다. ④ 그렇다. ⑤ 매우 그렇다.

03 직무성격평가

01 직무성격평가 수검요령

직무성격평가는 특별한 수검요령이 없다. 다시 말하면 모범답안이 없고, 정답이 없다는 이야기이다. 국어문제처럼 말의 뜻을 풀이하는 것도 아니다. 굳이 수검요령을 말하자면, 진실하고 솔직한 자신의 생각이라고 할 수 있을 것이다.

직무성격평가에서 가장 중요한 것은 첫째, 솔직한 답변이다. 경험을 통해서 축적된 자신의 생각과 행동을 거짓 없이 솔직하게 기재하는 것이다. 예를 들어, "나는 타인의 물건을 훔치고 싶은 충동을 느껴본 적이 있다"란 질문에 피검사자들은 많은 생각을 하게 된다.

생각해보라. 유년기에 또는 성인이 되어서도 타인의 물건을 훔친 적은 없더라도, 훔치고 싶은 마음의 충동은 누구나 조금이라도 느껴보았을 것이다. 그런데 이 질문에 고민을 하는 사람들은 '예'라고 대답하면 담당 검사관들이 나를 사회적으로 문제가 있는 사람으로 여기지는 않을까 하는 생각에 '아니오'라는 답을 기재하게 된다. 이런 솔직하지 않은 답변은 답변의 신뢰도와 솔직함을 나타내는 타당성 척도에 좋지 않은 영향을 주게 된다.

둘째, 일관성 있는 답변이다. 직무성격평가의 수많은 문항 중에는 비슷한 뜻의 질문이 여러 개 숨어 있다. 이 질문들은 피검사자의 솔직함과 심리적인 상태를 알아보기 위해 내포되어 있는 문항들이다. 가령 "나는 유년시절 타인의 물건을 훔친 적이 있다"라는 질문에 '예'라고 대답했는데, "나는 유년시절 타인의 물건을 훔치고 싶은 충동을 느껴본 적이 있다"라는 질문에는 '아니오'라는 답을 기재한다면 일관성 없이 '대충 기재하자'라는 식의 무성의한 답변이 되거나, 문제가 있는 사람으로 보일 수 있다.

직무성격평가는 많은 문항 수를 풀어나가기 때문에 피검사자들은 지루함과 따분함, 반복된 질문에 의한 인내력 상실 등이 나타날 수 있다. 하지만 인내를 가지고 착실하게 내 생각을 표현하는 것이 무엇보다 중요한 요령이 될 것이다.

02 직무성격평가 시 유의사항

(1) 충분한 휴식으로 불안을 없애고 정서적인 안정을 취한다. 심신이 안정되어야 자신의 마음을 제대로 표현할 수 있다.

(2) 생각나는 대로 솔직하게 응답한다. 자신을 너무 과대포장하지도, 너무 비하하지도 말라. 답변을 꾸며내면 앞뒤가 맞지 않게끔 구성돼 불리한 평가를 받게 되므로 솔직하게 답하도록 한다.

(3) 평가문항에 대해 지나치게 골똘히 생각해서는 안 된다. 지나치게 몰두하면 오히려 엉뚱한 답변이 나올 수 있으므로 불필요한 생각은 삼간다.

(4) 평가시간에 너무 신경 쓸 필요는 없다. 직무성격평가의 모든 문항에 답하기에 충분한 시간이다.

(5) 직무성격평가는 180개로 문항 수가 많아 몇몇 문항을 빠뜨리는 경우가 있는데, 가능한 한 모든 문항에 답해야 한다. 응답하지 않은 문항이 많을수록 평가자가 피검사자에 대해 정확한 평가를 내릴 수 없기 때문이다. 이는 피검사자에게 불리하게 작용할 수 있다.

NOTICE

"성격의 자기진단으로 자신의 장점과 단점을 파악한다"
직무성격평가는 정신의학에 의한 성격분석검사를 기초로 한 일종의 심리테스트로 직무성격평가를 통해 지원자의 성격이나 흥미, 대인관계 등을 분석한다. 평가결과에는 지원자가 자각하고 있는 부분과 자각하지 못한 부분도 나타나기 때문에 자각하고 싶지 않은 성격까지 면접담당자는 모두 파악하려는 것이다. 직무성격평가의 질문항목은 특별히 정해진 것은 없다.

---

001 조심스러운 성격이라고 생각한다.

① 전혀 그렇지 않다.　　② 그렇지 않다.　　③ 보통이다.　　④ 그렇다.　　⑤ 매우 그렇다.

002 신중한 편이라고 생각한다.

① 전혀 그렇지 않다.　　② 그렇지 않다.　　③ 보통이다.　　④ 그렇다.　　⑤ 매우 그렇다.

003 동작이 날쌘 편이다.

① 전혀 그렇지 않다.　　② 그렇지 않다.　　③ 보통이다.　　④ 그렇다.　　⑤ 매우 그렇다.

004 포기하지 않고 노력하는 것이 중요하다.

① 전혀 그렇지 않다.　　② 그렇지 않다.　　③ 보통이다.　　④ 그렇다.　　⑤ 매우 그렇다.

005 계획을 짜는 것을 좋아한다.

① 전혀 그렇지 않다.　　② 그렇지 않다.　　③ 보통이다.　　④ 그렇다.　　⑤ 매우 그렇다.

006   노력보다 결과가 중요하다.

① 전혀 그렇지 않다.   ② 그렇지 않다.   ③ 보통이다.   ④ 그렇다.   ⑤ 매우 그렇다.

007   자기 주장이 강하다.

① 전혀 그렇지 않다.   ② 그렇지 않다.   ③ 보통이다.   ④ 그렇다.   ⑤ 매우 그렇다.

008   자신의 의견을 상대에게 피력하기 어렵다.

① 전혀 그렇지 않다.   ② 그렇지 않다.   ③ 보통이다.   ④ 그렇다.   ⑤ 매우 그렇다.

009   좀처럼 결단하지 못하는 경우가 있다.

① 전혀 그렇지 않다.   ② 그렇지 않다.   ③ 보통이다.   ④ 그렇다.   ⑤ 매우 그렇다.

010   하나의 취미를 지속하는 편이다.

① 전혀 그렇지 않다.   ② 그렇지 않다.   ③ 보통이다.   ④ 그렇다.   ⑤ 매우 그렇다.

011   타인에게 간섭받는 것은 싫다.

① 전혀 그렇지 않다.   ② 그렇지 않다.   ③ 보통이다.   ④ 그렇다.   ⑤ 매우 그렇다.

012   행동으로 옮기기까지 시간이 걸린다.

① 전혀 그렇지 않다.   ② 그렇지 않다.   ③ 보통이다.   ④ 그렇다.   ⑤ 매우 그렇다.

013   다른 사람들이 하지 못하는 일을 하고 싶다.

① 전혀 그렇지 않다.   ② 그렇지 않다.   ③ 보통이다.   ④ 그렇다.   ⑤ 매우 그렇다.

014   해야 할 일은 신속하게 처리한다.

① 전혀 그렇지 않다.   ② 그렇지 않다.   ③ 보통이다.   ④ 그렇다.   ⑤ 매우 그렇다.

015   모르는 사람과 이야기하는 것은 용기가 필요하다.

① 전혀 그렇지 않다.   ② 그렇지 않다.   ③ 보통이다.   ④ 그렇다.   ⑤ 매우 그렇다.

016   지나치게 고민할 때가 있다.

① 전혀 그렇지 않다.   ② 그렇지 않다.   ③ 보통이다.   ④ 그렇다.   ⑤ 매우 그렇다.

017   다른 사람에게 항상 분주하다는 말을 듣는다.

① 전혀 그렇지 않다.   ② 그렇지 않다.   ③ 보통이다.   ④ 그렇다.   ⑤ 매우 그렇다.

018   매사에 얽매인다.

① 전혀 그렇지 않다.   ② 그렇지 않다.   ③ 보통이다.   ④ 그렇다.   ⑤ 매우 그렇다.

019   잘하지 못하는 게임은 하지 않으려고 한다.

① 전혀 그렇지 않다.   ② 그렇지 않다.   ③ 보통이다.   ④ 그렇다.   ⑤ 매우 그렇다.

020 어떠한 일이 있어도 출세하고 싶다.

① 전혀 그렇지 않다.　　② 그렇지 않다.　　③ 보통이다.　　④ 그렇다.　　⑤ 매우 그렇다.

021 막무가내라는 말을 들을 때가 많다.

① 전혀 그렇지 않다.　　② 그렇지 않다.　　③ 보통이다.　　④ 그렇다.　　⑤ 매우 그렇다.

022 남과 친해지려면 용기가 필요하다.

① 전혀 그렇지 않다.　　② 그렇지 않다.　　③ 보통이다.　　④ 그렇다.　　⑤ 매우 그렇다.

023 통찰력이 있다고 생각한다.

① 전혀 그렇지 않다.　　② 그렇지 않다.　　③ 보통이다.　　④ 그렇다.　　⑤ 매우 그렇다.

024 집에서 가만히 있으면 기분이 우울해진다.

① 전혀 그렇지 않다.　　② 그렇지 않다.　　③ 보통이다.　　④ 그렇다.　　⑤ 매우 그렇다.

025 매사에 느긋하고 차분하다.

① 전혀 그렇지 않다.　　② 그렇지 않다.　　③ 보통이다.　　④ 그렇다.　　⑤ 매우 그렇다.

026 좋은 생각이 떠올라도 실행하기 전에 여러모로 검토한다.

① 전혀 그렇지 않다.　　② 그렇지 않다.　　③ 보통이다.　　④ 그렇다.　　⑤ 매우 그렇다.

027 누구나 권력자를 동경하고 있다고 생각한다.

① 전혀 그렇지 않다.   ② 그렇지 않다.   ③ 보통이다.   ④ 그렇다.   ⑤ 매우 그렇다.

028 몸으로 부딪혀 도전하는 편이다.

① 전혀 그렇지 않다.   ② 그렇지 않다.   ③ 보통이다.   ④ 그렇다.   ⑤ 매우 그렇다.

029 내성적이라고 생각한다.

① 전혀 그렇지 않다.   ② 그렇지 않다.   ③ 보통이다.   ④ 그렇다.   ⑤ 매우 그렇다.

030 돌다리도 두드리고 건너는 타입이라고 생각한다.

① 전혀 그렇지 않다.   ② 그렇지 않다.   ③ 보통이다.   ④ 그렇다.   ⑤ 매우 그렇다.

031 굳이 말하자면 성격이 시원시원하다.

① 전혀 그렇지 않다.   ② 그렇지 않다.   ③ 보통이다.   ④ 그렇다.   ⑤ 매우 그렇다.

032 나는 끈기가 있다.

① 전혀 그렇지 않다.   ② 그렇지 않다.   ③ 보통이다.   ④ 그렇다.   ⑤ 매우 그렇다.

033 목표를 세우고 행동할 때가 많다.

① 전혀 그렇지 않다.   ② 그렇지 않다.   ③ 보통이다.   ④ 그렇다.   ⑤ 매우 그렇다.

034 일에는 결과가 중요하다고 생각한다.

① 전혀 그렇지 않다.　　② 그렇지 않다.　　③ 보통이다.　　④ 그렇다.　　⑤ 매우 그렇다.

035 활력이 있다.

① 전혀 그렇지 않다.　　② 그렇지 않다.　　③ 보통이다.　　④ 그렇다.　　⑤ 매우 그렇다.

036 인간관계가 폐쇄적이라는 말을 듣는다.

① 전혀 그렇지 않다.　　② 그렇지 않다.　　③ 보통이다.　　④ 그렇다.　　⑤ 매우 그렇다.

037 매사에 신중한 편이라고 생각한다.

① 전혀 그렇지 않다.　　② 그렇지 않다.　　③ 보통이다.　　④ 그렇다.　　⑤ 매우 그렇다.

038 눈을 뜨면 바로 일어난다.

① 전혀 그렇지 않다.　　② 그렇지 않다.　　③ 보통이다.　　④ 그렇다.　　⑤ 매우 그렇다.

039 난관에 봉착해도 포기하지 않고 열심히 한다.

① 전혀 그렇지 않다.　　② 그렇지 않다.　　③ 보통이다.　　④ 그렇다.　　⑤ 매우 그렇다.

040 실행하기 전에 재확인할 때가 많다.

① 전혀 그렇지 않다.　　② 그렇지 않다.　　③ 보통이다.　　④ 그렇다.　　⑤ 매우 그렇다.

041 리더로서 인정을 받고 싶다.

① 전혀 그렇지 않다.　　② 그렇지 않다.　　③ 보통이다.　　④ 그렇다.　　⑤ 매우 그렇다.

042 어떤 일이 있어도 의욕을 가지고 열심히 하는 편이다.

① 전혀 그렇지 않다.　　② 그렇지 않다.　　③ 보통이다.　　④ 그렇다.　　⑤ 매우 그렇다.

043 그룹 내에서는 누군가의 주도하에 따라가는 경우가 많다.

① 전혀 그렇지 않다.　　② 그렇지 않다.　　③ 보통이다.　　④ 그렇다.　　⑤ 매우 그렇다.

044 차분하다는 말을 자주 듣는다.

① 전혀 그렇지 않다.　　② 그렇지 않다.　　③ 보통이다.　　④ 그렇다.　　⑤ 매우 그렇다.

045 스포츠 선수가 되고 싶다고 생각한 적이 있다.

① 전혀 그렇지 않다.　　② 그렇지 않다.　　③ 보통이다.　　④ 그렇다.　　⑤ 매우 그렇다.

046 모두가 싫증을 내는 일에도 혼자서 열심히 한다.

① 전혀 그렇지 않다.　　② 그렇지 않다.　　③ 보통이다.　　④ 그렇다.　　⑤ 매우 그렇다.

047 휴일은 세부적인 일정을 세우고 보낸다.

① 전혀 그렇지 않다.　　② 그렇지 않다.　　③ 보통이다.　　④ 그렇다.　　⑤ 매우 그렇다.

048 완성된 것보다도 미완성인 것에 흥미가 있다.

① 전혀 그렇지 않다.　　② 그렇지 않다.　　③ 보통이다.　　④ 그렇다.　　⑤ 매우 그렇다.

049 잘 하지 못하는 것이라도 자진해서 한다.

① 전혀 그렇지 않다.　　② 그렇지 않다.　　③ 보통이다.　　④ 그렇다.　　⑤ 매우 그렇다.

050 의견이 다른 사람과는 어울리지 않는다.

① 전혀 그렇지 않다.　　② 그렇지 않다.　　③ 보통이다.　　④ 그렇다.　　⑤ 매우 그렇다.

051 무슨 일이든 생각을 먼저 해보지 않으면 만족하지 못한다.

① 전혀 그렇지 않다.　　② 그렇지 않다.　　③ 보통이다.　　④ 그렇다.　　⑤ 매우 그렇다.

052 다소 무리를 하더라도 쉽게 피로해지지 않는다.

① 전혀 그렇지 않다.　　② 그렇지 않다.　　③ 보통이다.　　④ 그렇다.　　⑤ 매우 그렇다.

053 굳이 말하자면 장거리주자에 어울린다고 생각한다.

① 전혀 그렇지 않다.　　② 그렇지 않다.　　③ 보통이다.　　④ 그렇다.　　⑤ 매우 그렇다.

054 여행을 가기 전에는 세세한 계획을 세운다.

① 전혀 그렇지 않다.　　② 그렇지 않다.　　③ 보통이다.　　④ 그렇다.　　⑤ 매우 그렇다.

055 내 능력을 살릴 수 있는 일을 하고 싶다.

① 전혀 그렇지 않다.　　② 그렇지 않다.　　③ 보통이다.　　④ 그렇다.　　⑤ 매우 그렇다.

056 주위 환경 변화에 민감하다.

① 전혀 그렇지 않다.　　② 그렇지 않다.　　③ 보통이다.　　④ 그렇다.　　⑤ 매우 그렇다.

057 다른 사람에게 자신이 소개되는 것을 좋아한다.

① 전혀 그렇지 않다.　　② 그렇지 않다.　　③ 보통이다.　　④ 그렇다.　　⑤ 매우 그렇다.

058 실행하기 전에 재고하는 경우가 많다.

① 전혀 그렇지 않다.　　② 그렇지 않다.　　③ 보통이다.　　④ 그렇다.　　⑤ 매우 그렇다.

059 몸을 움직이는 것을 좋아한다.

① 전혀 그렇지 않다.　　② 그렇지 않다.　　③ 보통이다.　　④ 그렇다.　　⑤ 매우 그렇다.

060 나는 완고한 편이라고 생각한다.

① 전혀 그렇지 않다.　　② 그렇지 않다.　　③ 보통이다.　　④ 그렇다.　　⑤ 매우 그렇다.

061 신중하게 생각하는 편이다.

① 전혀 그렇지 않다.　　② 그렇지 않다.　　③ 보통이다.　　④ 그렇다.　　⑤ 매우 그렇다.

062 큰일을 해보고 싶다.

① 전혀 그렇지 않다.　　② 그렇지 않다.　　③ 보통이다.　　④ 그렇다.　　⑤ 매우 그렇다.

063 계획을 생각하기보다 빨리 실행하고 싶어한다.

① 전혀 그렇지 않다.　　② 그렇지 않다.　　③ 보통이다.　　④ 그렇다.　　⑤ 매우 그렇다.

064 어색해지면 입을 다무는 경우가 많다.

① 전혀 그렇지 않다.　　② 그렇지 않다.　　③ 보통이다.　　④ 그렇다.　　⑤ 매우 그렇다.

065 하루의 행동을 반성하는 경우가 많다.

① 전혀 그렇지 않다.　　② 그렇지 않다.　　③ 보통이다.　　④ 그렇다.　　⑤ 매우 그렇다.

066 격렬한 운동도 그다지 힘들어하지 않는다.

① 전혀 그렇지 않다.　　② 그렇지 않다.　　③ 보통이다.　　④ 그렇다.　　⑤ 매우 그렇다.

067 새로운 일에 도전하는 것이 어렵다.

① 전혀 그렇지 않다.　　② 그렇지 않다.　　③ 보통이다.　　④ 그렇다.　　⑤ 매우 그렇다.

068 항상 앞으로의 일을 생각하지 않으면 진정이 되지 않는다.

① 전혀 그렇지 않다.　　② 그렇지 않다.　　③ 보통이다.　　④ 그렇다.　　⑤ 매우 그렇다.

069 인생에서 중요한 것은 높은 목표를 갖는 것이다.

① 전혀 그렇지 않다. ② 그렇지 않다. ③ 보통이다. ④ 그렇다. ⑤ 매우 그렇다.

070 무슨 일이든 선수를 쳐야 이긴다고 생각한다.

① 전혀 그렇지 않다. ② 그렇지 않다. ③ 보통이다. ④ 그렇다. ⑤ 매우 그렇다.

071 타인과의 교제에 소극적인 편이라고 생각한다.

① 전혀 그렇지 않다. ② 그렇지 않다. ③ 보통이다. ④ 그렇다. ⑤ 매우 그렇다.

072 복잡한 것을 생각하는 것을 좋아한다.

① 전혀 그렇지 않다. ② 그렇지 않다. ③ 보통이다. ④ 그렇다. ⑤ 매우 그렇다.

073 스포츠 활동을 좋아한다.

① 전혀 그렇지 않다. ② 그렇지 않다. ③ 보통이다. ④ 그렇다. ⑤ 매우 그렇다.

074 나는 참을성이 강하다.

① 전혀 그렇지 않다. ② 그렇지 않다. ③ 보통이다. ④ 그렇다. ⑤ 매우 그렇다.

075 결과가 그려지지 않으면 행동으로 옮기지 않을 때가 많다.

① 전혀 그렇지 않다. ② 그렇지 않다. ③ 보통이다. ④ 그렇다. ⑤ 매우 그렇다.

076 남들 위에 서서 일을 하고 싶다.

① 전혀 그렇지 않다.　　② 그렇지 않다.　　③ 보통이다.　　④ 그렇다.　　⑤ 매우 그렇다.

077 지금까지 가 본 적이 없는 곳에 가는 것을 좋아한다.

① 전혀 그렇지 않다.　　② 그렇지 않다.　　③ 보통이다.　　④ 그렇다.　　⑤ 매우 그렇다.

078 모르는 사람과 만나는 일은 마음이 무겁다.

① 전혀 그렇지 않다.　　② 그렇지 않다.　　③ 보통이다.　　④ 그렇다.　　⑤ 매우 그렇다.

079 실제로 행동하기보다 생각하는 것을 좋아한다.

① 전혀 그렇지 않다.　　② 그렇지 않다.　　③ 보통이다.　　④ 그렇다.　　⑤ 매우 그렇다.

080 목소리가 큰 편이라고 생각한다.

① 전혀 그렇지 않다.　　② 그렇지 않다.　　③ 보통이다.　　④ 그렇다.　　⑤ 매우 그렇다.

081 계획을 중도에 변경하는 것은 싫다.

① 전혀 그렇지 않다.　　② 그렇지 않다.　　③ 보통이다.　　④ 그렇다.　　⑤ 매우 그렇다.

082 호텔이나 여관에 묵으면 반드시 비상구를 확인한다.

① 전혀 그렇지 않다.　　② 그렇지 않다.　　③ 보통이다.　　④ 그렇다.　　⑤ 매우 그렇다.

083 목표는 높을수록 좋다.

① 전혀 그렇지 않다.   ② 그렇지 않다.   ③ 보통이다.   ④ 그렇다.   ⑤ 매우 그렇다.

084 기왕 하는 것이라면 온 힘을 다해 힘쓴다.

① 전혀 그렇지 않다.   ② 그렇지 않다.   ③ 보통이다.   ④ 그렇다.   ⑤ 매우 그렇다.

085 얌전한 사람이라는 말을 들을 때가 많다.

① 전혀 그렇지 않다.   ② 그렇지 않다.   ③ 보통이다.   ④ 그렇다.   ⑤ 매우 그렇다.

086 침착하게 행동하는 편이다.

① 전혀 그렇지 않다.   ② 그렇지 않다.   ③ 보통이다.   ④ 그렇다.   ⑤ 매우 그렇다.

087 활동적이라는 이야기를 자주 듣는다.

① 전혀 그렇지 않다.   ② 그렇지 않다.   ③ 보통이다.   ④ 그렇다.   ⑤ 매우 그렇다.

088 한 가지 일에 열중하는 것을 좋아한다.

① 전혀 그렇지 않다.   ② 그렇지 않다.   ③ 보통이다.   ④ 그렇다.   ⑤ 매우 그렇다.

089 쓸데없는 걱정을 할 때가 많다.

① 전혀 그렇지 않다.   ② 그렇지 않다.   ③ 보통이다.   ④ 그렇다.   ⑤ 매우 그렇다.

090 굳이 말하자면 야심가이다.

① 전혀 그렇지 않다.   ② 그렇지 않다.   ③ 보통이다.   ④ 그렇다.   ⑤ 매우 그렇다.

091 수비보다 공격하는 것에 자신이 있다.

① 전혀 그렇지 않다.   ② 그렇지 않다.   ③ 보통이다.   ④ 그렇다.   ⑤ 매우 그렇다.

092 친한 사람하고만 어울리고 싶다.

① 전혀 그렇지 않다.   ② 그렇지 않다.   ③ 보통이다.   ④ 그렇다.   ⑤ 매우 그렇다.

093 행동하기 전에 먼저 생각한다.

① 전혀 그렇지 않다.   ② 그렇지 않다.   ③ 보통이다.   ④ 그렇다.   ⑤ 매우 그렇다.

094 굳이 말하자면 활동적인 편이다.

① 전혀 그렇지 않다.   ② 그렇지 않다.   ③ 보통이다.   ④ 그렇다.   ⑤ 매우 그렇다.

095 불가능해 보이는 일이라도 포기하지 않고 계속한다.

① 전혀 그렇지 않다.   ② 그렇지 않다.   ③ 보통이다.   ④ 그렇다.   ⑤ 매우 그렇다.

096 일을 할 때는 꼼꼼하게 계획을 세우고 실행한다.

① 전혀 그렇지 않다.   ② 그렇지 않다.   ③ 보통이다.   ④ 그렇다.   ⑤ 매우 그렇다.

097 현실에 만족하지 않고 더욱 개선하고 싶다.

① 전혀 그렇지 않다.　　② 그렇지 않다.　　③ 보통이다.　　④ 그렇다.　　⑤ 매우 그렇다.

098 결심하면 바로 착수한다.

① 전혀 그렇지 않다.　　② 그렇지 않다.　　③ 보통이다.　　④ 그렇다.　　⑤ 매우 그렇다.

099 처음 만나는 사람과는 잘 이야기하지 못한다.

① 전혀 그렇지 않다.　　② 그렇지 않다.　　③ 보통이다.　　④ 그렇다.　　⑤ 매우 그렇다.

100 나는 냉정하다.

① 전혀 그렇지 않다.　　② 그렇지 않다.　　③ 보통이다.　　④ 그렇다.　　⑤ 매우 그렇다.

101 활발한 사람으로 인식되고 있다.

① 전혀 그렇지 않다.　　② 그렇지 않다.　　③ 보통이다.　　④ 그렇다.　　⑤ 매우 그렇다.

102 꾸준히 열심히 한다.

① 전혀 그렇지 않다.　　② 그렇지 않다.　　③ 보통이다.　　④ 그렇다.　　⑤ 매우 그렇다.

103 친구들로부터 신중한 사람이라는 말을 듣는다.

① 전혀 그렇지 않다.　　② 그렇지 않다.　　③ 보통이다.　　④ 그렇다.　　⑤ 매우 그렇다.

104 굳이 말하자면 다른 사람의 위에 서고 싶다.

① 전혀 그렇지 않다.　　② 그렇지 않다.　　③ 보통이다.　　④ 그렇다.　　⑤ 매우 그렇다.

105 기발한 발상을 한다는 말을 듣는다.

① 전혀 그렇지 않다.　　② 그렇지 않다.　　③ 보통이다.　　④ 그렇다.　　⑤ 매우 그렇다.

106 굳이 말하자면 소극적이다.

① 전혀 그렇지 않다.　　② 그렇지 않다.　　③ 보통이다.　　④ 그렇다.　　⑤ 매우 그렇다.

107 생각에 잠길 때가 많다.

① 전혀 그렇지 않다.　　② 그렇지 않다.　　③ 보통이다.　　④ 그렇다.　　⑤ 매우 그렇다.

108 밖을 분주하게 돌아다니는 것을 좋아한다.

① 전혀 그렇지 않다.　　② 그렇지 않다.　　③ 보통이다.　　④ 그렇다.　　⑤ 매우 그렇다.

109 모든 일은 착실하고 꾸준히 해야 한다.

① 전혀 그렇지 않다.　　② 그렇지 않다.　　③ 보통이다.　　④ 그렇다.　　⑤ 매우 그렇다.

110 실행하기 전에 신중히 계획하는 편이다.

① 전혀 그렇지 않다.　　② 그렇지 않다.　　③ 보통이다.　　④ 그렇다.　　⑤ 매우 그렇다.

111 막강한 권력을 손에 넣고 싶다.

① 전혀 그렇지 않다.　　② 그렇지 않다.　　③ 보통이다.　　④ 그렇다.　　⑤ 매우 그렇다.

112 동시에 많은 일을 해도 힘들지 않다.

① 전혀 그렇지 않다.　　② 그렇지 않다.　　③ 보통이다.　　④ 그렇다.　　⑤ 매우 그렇다.

113 사람들 앞에서 의견을 잘 발표하지 못한다.

① 전혀 그렇지 않다.　　② 그렇지 않다.　　③ 보통이다.　　④ 그렇다.　　⑤ 매우 그렇다.

114 세부적인 계획을 세우는 것을 좋아한다.

① 전혀 그렇지 않다.　　② 그렇지 않다.　　③ 보통이다.　　④ 그렇다.　　⑤ 매우 그렇다.

115 생각이 떠오르면 바로 실행한다.

① 전혀 그렇지 않다.　　② 그렇지 않다.　　③ 보통이다.　　④ 그렇다.　　⑤ 매우 그렇다.

116 일이 잘 되지 않아도 끝까지 열심히 한다.

① 전혀 그렇지 않다.　　② 그렇지 않다.　　③ 보통이다.　　④ 그렇다.　　⑤ 매우 그렇다.

117 무슨 일이든 계획이 필요하다.

① 전혀 그렇지 않다.　　② 그렇지 않다.　　③ 보통이다.　　④ 그렇다.　　⑤ 매우 그렇다.

118 지고는 못산다.

① 전혀 그렇지 않다.　　② 그렇지 않다.　　③ 보통이다.　　④ 그렇다.　　⑤ 매우 그렇다.

119 무슨 일이든 도전하는 것이 중요하다.

① 전혀 그렇지 않다.　　② 그렇지 않다.　　③ 보통이다.　　④ 그렇다.　　⑤ 매우 그렇다.

120 모임에서 아는 사람하고만 이야기를 하는 편이다.

① 전혀 그렇지 않다.　　② 그렇지 않다.　　③ 보통이다.　　④ 그렇다.　　⑤ 매우 그렇다.

121 다양한 종류의 책을 읽는 것을 좋아한다.

① 전혀 그렇지 않다.　　② 그렇지 않다.　　③ 보통이다.　　④ 그렇다.　　⑤ 매우 그렇다.

122 밖에서 몸을 움직이는 것을 좋아한다.

① 전혀 그렇지 않다.　　② 그렇지 않다.　　③ 보통이다.　　④ 그렇다.　　⑤ 매우 그렇다.

123 맡은 일에는 책임을 져야 한다.

① 전혀 그렇지 않다.　　② 그렇지 않다.　　③ 보통이다.　　④ 그렇다.　　⑤ 매우 그렇다.

124 계획적으로 행동하는 일이 많다.

① 전혀 그렇지 않다.　　② 그렇지 않다.　　③ 보통이다.　　④ 그렇다.　　⑤ 매우 그렇다.

125 자신의 분야에서 일인자가 되고 싶다.

① 전혀 그렇지 않다.　　② 그렇지 않다.　　③ 보통이다.　　④ 그렇다.　　⑤ 매우 그렇다.

126 적극적으로 행동한다.

① 전혀 그렇지 않다.　　② 그렇지 않다.　　③ 보통이다.　　④ 그렇다.　　⑤ 매우 그렇다.

127 마음을 터놓은 사람하고만 어울린다.

① 전혀 그렇지 않다.　　② 그렇지 않다.　　③ 보통이다.　　④ 그렇다.　　⑤ 매우 그렇다.

128 사려 깊다는 말을 듣는다.

① 전혀 그렇지 않다.　　② 그렇지 않다.　　③ 보통이다.　　④ 그렇다.　　⑤ 매우 그렇다.

129 친구들로부터 활발한 사람이라는 말을 듣는다.

① 전혀 그렇지 않다.　　② 그렇지 않다.　　③ 보통이다.　　④ 그렇다.　　⑤ 매우 그렇다.

130 나는 한 가지에 몰두하는 성격이다.

① 전혀 그렇지 않다.　　② 그렇지 않다.　　③ 보통이다.　　④ 그렇다.　　⑤ 매우 그렇다.

131 그 자리에서 바로 결심하지 못할 때가 있다.

① 전혀 그렇지 않다.　　② 그렇지 않다.　　③ 보통이다.　　④ 그렇다.　　⑤ 매우 그렇다.

132 혼자서 몰두할 수 있는 일을 선호한다.

① 전혀 그렇지 않다.　　② 그렇지 않다.　　③ 보통이다.　　④ 그렇다.　　⑤ 매우 그렇다.

133 무리를 해도 피로해지지 않는 편이다.

① 전혀 그렇지 않다.　　② 그렇지 않다.　　③ 보통이다.　　④ 그렇다.　　⑤ 매우 그렇다.

134 파티 등에 참석하는 것은 귀찮다.

① 전혀 그렇지 않다.　　② 그렇지 않다.　　③ 보통이다.　　④ 그렇다.　　⑤ 매우 그렇다.

135 친구들로부터 무슨 일이든 원리원칙을 따지는 성격이라는 말을 듣는다.

① 전혀 그렇지 않다.　　② 그렇지 않다.　　③ 보통이다.　　④ 그렇다.　　⑤ 매우 그렇다.

136 굳이 말하자면 몸을 움직이는 것을 좋아한다.

① 전혀 그렇지 않다.　　② 그렇지 않다.　　③ 보통이다.　　④ 그렇다.　　⑤ 매우 그렇다.

137 읽기 시작한 책은 마지막까지 읽지 않으면 직성이 풀리지 않는다.

① 전혀 그렇지 않다.　　② 그렇지 않다.　　③ 보통이다.　　④ 그렇다.　　⑤ 매우 그렇다.

138 앞으로의 일에 불안을 느낄 때가 많다.

① 전혀 그렇지 않다.　　② 그렇지 않다.　　③ 보통이다.　　④ 그렇다.　　⑤ 매우 그렇다.

139 커다란 목표를 향해 노력한다.

① 전혀 그렇지 않다.　　② 그렇지 않다.　　③ 보통이다.　　④ 그렇다.　　⑤ 매우 그렇다.

140 체력에 자신이 있다.

① 전혀 그렇지 않다.　　② 그렇지 않다.　　③ 보통이다.　　④ 그렇다.　　⑤ 매우 그렇다.

141 처음 만난 사람과 좀처럼 친해지지 못한다.

① 전혀 그렇지 않다.　　② 그렇지 않다.　　③ 보통이다.　　④ 그렇다.　　⑤ 매우 그렇다.

142 행동적이라기보다 사색적이다.

① 전혀 그렇지 않다.　　② 그렇지 않다.　　③ 보통이다.　　④ 그렇다.　　⑤ 매우 그렇다.

143 여럿이서 하는 일보다 혼자서 진행하는 일을 선호한다.

① 전혀 그렇지 않다.　　② 그렇지 않다.　　③ 보통이다.　　④ 그렇다.　　⑤ 매우 그렇다.

144 한 번 결심한 것을 고집하는 편이다.

① 전혀 그렇지 않다.　　② 그렇지 않다.　　③ 보통이다.　　④ 그렇다.　　⑤ 매우 그렇다.

145 거듭 주의를 기울인다.

① 전혀 그렇지 않다.　　② 그렇지 않다.　　③ 보통이다.　　④ 그렇다.　　⑤ 매우 그렇다.

146 목표가 높아야 의욕이 생긴다.

① 전혀 그렇지 않다.　　② 그렇지 않다.　　③ 보통이다.　　④ 그렇다.　　⑤ 매우 그렇다.

147 장보기는 빨리 끝내는 편이다.

① 전혀 그렇지 않다.　　② 그렇지 않다.　　③ 보통이다.　　④ 그렇다.　　⑤ 매우 그렇다.

148 자신의 기분을 그다지 겉으로 나타내지 않는다.

① 전혀 그렇지 않다.　　② 그렇지 않다.　　③ 보통이다.　　④ 그렇다.　　⑤ 매우 그렇다.

149 사물을 깊이 생각하려고 한다.

① 전혀 그렇지 않다.　　② 그렇지 않다.　　③ 보통이다.　　④ 그렇다.　　⑤ 매우 그렇다.

150 스포츠는 무엇이든 해보고 싶다.

① 전혀 그렇지 않다.　　② 그렇지 않다.　　③ 보통이다.　　④ 그렇다.　　⑤ 매우 그렇다.

151 다른 사람들로부터 참을성이 강하다는 말을 듣는다.

① 전혀 그렇지 않다.　　② 그렇지 않다.　　③ 보통이다.　　④ 그렇다.　　⑤ 매우 그렇다.

152 일은 먼저 계획을 세우는 것부터 시작하고 싶다.

① 전혀 그렇지 않다.　　② 그렇지 않다.　　③ 보통이다.　　④ 그렇다.　　⑤ 매우 그렇다.

153 무슨 일이든 기왕 하는 거라면 성공하고 싶다.

① 전혀 그렇지 않다.　　② 그렇지 않다.　　③ 보통이다.　　④ 그렇다.　　⑤ 매우 그렇다.

154 행동이 빠른 것에는 자신이 있다.

① 전혀 그렇지 않다.　　② 그렇지 않다.　　③ 보통이다.　　④ 그렇다.　　⑤ 매우 그렇다.

155 낯을 가린다는 말을 들은 적이 있다.

① 전혀 그렇지 않다.　　② 그렇지 않다.　　③ 보통이다.　　④ 그렇다.　　⑤ 매우 그렇다.

156 충분히 생각하지 않으면 안심이 되지 않는다.

① 전혀 그렇지 않다.　　② 그렇지 않다.　　③ 보통이다.　　④ 그렇다.　　⑤ 매우 그렇다.

157 적극적으로 행동하는 편이라고 생각한다.

① 전혀 그렇지 않다.　　② 그렇지 않다.　　③ 보통이다.　　④ 그렇다.　　⑤ 매우 그렇다.

158 끈기가 있다.

① 전혀 그렇지 않다.　　② 그렇지 않다.　　③ 보통이다.　　④ 그렇다.　　⑤ 매우 그렇다.

159 자존심이 강하다고 생각한다.

① 전혀 그렇지 않다.　　② 그렇지 않다.　　③ 보통이다.　　④ 그렇다.　　⑤ 매우 그렇다.

160 되도록 지도하는 역할을 하고 싶다.

① 전혀 그렇지 않다.　　② 그렇지 않다.　　③ 보통이다.　　④ 그렇다.　　⑤ 매우 그렇다.

161 결단력이 있다.

① 전혀 그렇지 않다.　　② 그렇지 않다.　　③ 보통이다.　　④ 그렇다.　　⑤ 매우 그렇다.

162 굳이 말하자면 차분하다고 생각한다.

① 전혀 그렇지 않다.　　② 그렇지 않다.　　③ 보통이다.　　④ 그렇다.　　⑤ 매우 그렇다.

163 결단하는 데 시간이 걸린다.

① 전혀 그렇지 않다.　　② 그렇지 않다.　　③ 보통이다.　　④ 그렇다.　　⑤ 매우 그렇다.

164 책상 앞에 있기보다는 밖에 나가고 싶다.

① 전혀 그렇지 않다.　　② 그렇지 않다.　　③ 보통이다.　　④ 그렇다.　　⑤ 매우 그렇다.

165 시간을 들여 차분하게 일에 매달리는 것을 좋아한다.

① 전혀 그렇지 않다.　　② 그렇지 않다.　　③ 보통이다.　　④ 그렇다.　　⑤ 매우 그렇다.

166 규칙적인 생활을 좋아한다.

① 전혀 그렇지 않다.　　② 그렇지 않다.　　③ 보통이다.　　④ 그렇다.　　⑤ 매우 그렇다.

167 야심가로 인식되고 있다.

① 전혀 그렇지 않다.　　② 그렇지 않다.　　③ 보통이다.　　④ 그렇다.　　⑤ 매우 그렇다.

168 곧잘 새로운 것에 도전한다.

① 전혀 그렇지 않다.　　② 그렇지 않다.　　③ 보통이다.　　④ 그렇다.　　⑤ 매우 그렇다.

169 사교적인 모임에 나가는 것을 좋아하지 않는다.

① 전혀 그렇지 않다.　　② 그렇지 않다.　　③ 보통이다.　　④ 그렇다.　　⑤ 매우 그렇다.

170 조용한 곳에서 생활하고 싶다.

① 전혀 그렇지 않다.　　② 그렇지 않다.　　③ 보통이다.　　④ 그렇다.　　⑤ 매우 그렇다.

171 체육 수업을 좋아했다.

① 전혀 그렇지 않다.　　② 그렇지 않다.　　③ 보통이다.　　④ 그렇다.　　⑤ 매우 그렇다.

172 다양한 장소를 여행하는 것을 좋아한다.

① 전혀 그렇지 않다.　　② 그렇지 않다.　　③ 보통이다.　　④ 그렇다.　　⑤ 매우 그렇다.

173 나는 돌다리도 두드려 보고 건너는 타입이라고 생각한다.

① 전혀 그렇지 않다.　　② 그렇지 않다.　　③ 보통이다.　　④ 그렇다.　　⑤ 매우 그렇다.

174 무슨 일이든 도전하는 편이다.

① 전혀 그렇지 않다.　　② 그렇지 않다.　　③ 보통이다.　　④ 그렇다.　　⑤ 매우 그렇다.

175 활력이 있다는 인상을 주고 싶다.

① 전혀 그렇지 않다.　　② 그렇지 않다.　　③ 보통이다.　　④ 그렇다.　　⑤ 매우 그렇다.

176 어린 시절에는 혼자 노는 경우가 많았다.

① 전혀 그렇지 않다.　　② 그렇지 않다.　　③ 보통이다.　　④ 그렇다.　　⑤ 매우 그렇다.

177 곧잘 생각에 잠기는 편이다.

① 전혀 그렇지 않다.　　② 그렇지 않다.　　③ 보통이다.　　④ 그렇다.　　⑤ 매우 그렇다.

178 다른 사람보다 빨리 걷는다.

① 전혀 그렇지 않다.　　② 그렇지 않다.　　③ 보통이다.　　④ 그렇다.　　⑤ 매우 그렇다.

179 매일 먹어도 질리지 않는 음식이 있다.

① 전혀 그렇지 않다.　　② 그렇지 않다.　　③ 보통이다.　　④ 그렇다.　　⑤ 매우 그렇다.

180 일에서 중요한 것은 신중함이라고 생각한다.

① 전혀 그렇지 않다.　　② 그렇지 않다.　　③ 보통이다.　　④ 그렇다.　　⑤ 매우 그렇다.

아이들이 답이 있는 질문을 하기 시작하면 그들이 성장하고 있음을 알 수 있다.

－존 J. 플롬프－

육군
부사관
RNTC

| 집중학습편 |
Non-Commissioned-Officer

PART 2

지적능력평가 ALL PASS

공간능력

① 공간능력 소개

- 공간능력은 총 18문제를 10분 동안 풀어야 하며, 3가지 유형으로 출제된다.
- 평균 1분당 2문제씩 풀어야 하므로 빠른 문제해결능력과 공간지각능력이 요구된다.
- 난도가 낮아서 시간 여유가 있지만, 실수가 없도록 꼼꼼히 살펴야 한다.

② 공간능력 유형분석

구분	입체도형&전개도	블록 개수 세기	겨냥도 찾기
학습방향	이해	연습	연습
난도분석	★★☆	★☆☆	★★☆
출제비중	10/18	4/18	4/18

③ 공간능력 만점비법

❶ 유형마다 자신만의 풀이방법을 찾아라!

공간능력은 짧은 시간 동안 많은 문제를 풀어야 하므로 신속성과 정확성이 필요하다. 따라서 핵심이론에서 제시한 방법 중 자신에게 가장 적합한 풀이방법을 찾아 연습하도록 한다.

❷ 쉬운 유형부터 풀어라!

공간능력은 10분에 18문제를 풀어야 하므로 철저한 시간배분이 필요하다. 수험자마다 차이가 있을 수 있지만 「블록 개수 세기」 ⇨ 「겨냥도 찾기」 ⇨ 「입체도형&전개도 일치」 순으로 풀어가는 것을 추천한다.

❸ 시간 배분 연습을 철저히 하라!

앞서 이야기한 것과 마찬가지로 시간 배분이 중요하다. 적중문제나 최종 모의고사를 풀 때, 1문제당 20초 이내에 해결할 수 있도록 연습한다. 또한, 틀린 문제가 없는지 검토하는 시간도 고려하여야 한다.

CHAPTER 01 공간능력 핵심이론

핵심이론 01 입체도형의 전개도 찾기 / 전개도를 보고 입체도형 찾기

이 유형은 제시된 입체도형 및 전개도를 보고 일치하는 '입체도형의 전개도' 또는 '전개도로 만들 수 있는 입체도형'을 찾는 것이다. 구체적인 접근 전략은 다음과 같다.

1. 유형 분석

(1) **입체도형이 주어졌을 때 알맞은 전개도 찾기**: 주어진 입체도형을 보고 알맞은 전개도를 찾는 문제이다. 입체도형은 정육면체이며, 정면·우측·상단에 그림, 기호, 문자 등의 정보가 제공된다. 세 면의 정보를 바탕으로 일치하는 전개도를 찾는다.

(2) **전개도가 주어졌을 때 알맞은 입체도형 찾기**: 주어진 전개도를 보고 알맞은 입체도형을 찾는 문제이다. (1)의 유형과 다른 점은 각 면에 해당하는 그림 정보가 총 6개 주어지므로 고려해야 할 것이 많다는 것이다.

2. 문제 접근 방법

(1) **입체도형과 전개도의 원리 이해**: 두 유형의 문제를 풀기 위해서는 전개도를 입체도형으로 연상하는 능력이 중요하다. 전개도에서 어떠한 면 또는 꼭짓점들이 서로 맞닿아 입체도형을 이루는지를 정확히 이해하여야 한다.

(2) **그림, 문자, 기호 등의 회전**: 입체도형을 전개도로 펼치거나 전개도를 입체도형으로 접을 때, 각 면에 있는 정보(그림, 문자, 기호 등)는 회전하게 된다. '그림(예 ▮, ◳ 등)'의 회전만을 고려하고, 문자 또는 기호 등의 회전은 고려하지 않는다는 것을 유의해야 한다.

> **TIP**
> 1. 시간 절약! 정답 발견 시 바로 다음 문제로 넘어가기
> 2. 다음의 11가지 예시 이외의 모양들은 주사위로 만들어질 수 없음을 명심하기
> 3. 회전효과가 반영되지 않는 문자와 기호들을 좌우로 굴리며 문제풀이에 이용하기
> 4. 서로 붙어 있는 그림으로 정답 유추하기

3. 전개도의 원리

전개도에 표시된 ①~⑧은 접었을 때 만나는 점을 의미한다. 즉, 전개도를 접으면 같은 숫자가 적힌 점끼리 만난다.

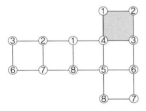
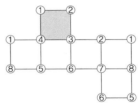

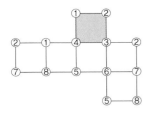
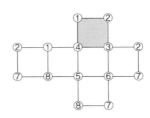

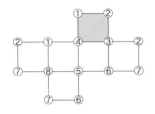
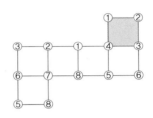

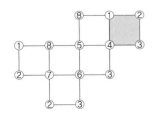
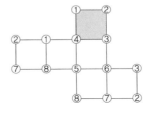

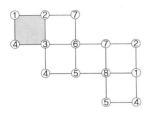
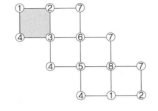

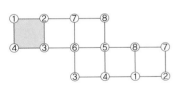

핵심이론 02　블록의 개수 세기

블록의 개수 세기 유형은 주어진 블록이 쌓인 모양을 보고 개별 블록의 개수를 세는 것으로, 공간능력의 다른 문제 유형과 비교했을 때 상대적으로 난도가 낮은 편이다. 구체적인 접근 전략은 다음과 같다.

1. 유형 분석

모양과 크기가 동일한 블록으로 쌓은 블록 더미가 주어진다. 보이는 블록뿐만 아니라 뒤에 보이지 않는 블록까지 빠짐없이 세야 한다.

2. 문제 접근 방법

다음 두 방법 중 자신이 빠르게 풀 수 있는 것을 택하여 연습하도록 한다.

(1) 층 단위 산법: 층을 기준으로 블록 개수를 세는 방법

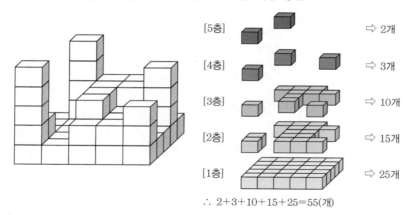

$\therefore 2+3+10+15+25=55$(개)

(2) 열 단위 산법: 열을 기준으로 블록 개수를 세는 방법

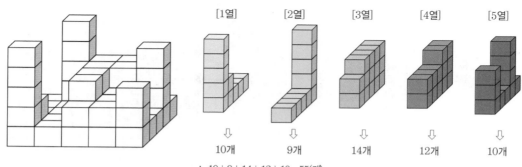

$\therefore 10+9+14+12+10=55$(개)

겨냥도 찾기 유형은 문제에서 주어진 블록 더미를 특정 방향(우측·좌측·정면·상단)에서 바라볼 때, 나타나는 모양을 찾는 문제이다. 구체적인 접근 전략은 다음과 같다.

1. 유형 분석

동일한 모양과 크기의 블록 더미를 제시된 특정 방향에서 볼 수 있어야 하기 때문에 정면을 제외한 나머지 측면(우측·좌측·상단)의 경우에는 회전해서 연상하는 능력이 요구된다.

2. 문제 접근 방법

다음 두 방법 중 자신이 빠르게 풀어나갈 수 있는 방법을 택하여 연습하도록 한다.

(1) **층 계산법**: 각 열에서 가장 높은 층을 세는 방법(상단일 경우: 행을 셈)

　※ 정면에서 바라볼 경우

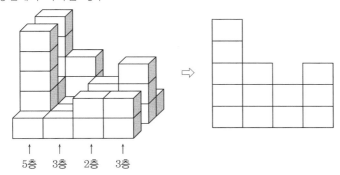

(2) **○, × 표시법**: 특정 방향에서 볼 때 블록의 유무를 ○, ×로 표시하는 방법

　※ 정면에서 바라볼 경우

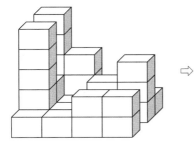

CHAPTER 01 공간능력 적중문제

☑ 정답 및 해설 p.008

[01~03] 다음에 유의하여 물음에 답하시오.

- 입체도형을 펼쳐 전개도를 만들 때, 전개도에 표시된 그림(예 █, ◨ 등)은 회전의 효과를 반영함. 즉, 본 문제의 풀이과정에서 보기의 전개도상에 표시된 "█"와 "◨"은 서로 다른 것으로 취급함.
- 단, 기호 및 문자(예 ☎, ⌂, ♨, K, H 등)의 회전에 의한 효과는 본 문제의 풀이과정에 반영하지 않음. 즉, 입체도형을 펼쳐 전개도를 만들 때, "囟"의 방향으로 나타나는 기호 및 문자도 보기에서는 "囟"의 방향으로 표시하며 동일한 것으로 취급함.

01 다음 입체도형의 전개도로 알맞은 것은?

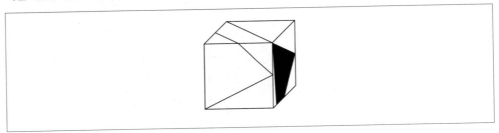

①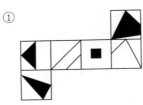

②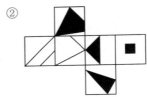

③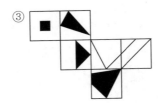

④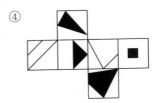

02 다음 입체도형의 전개도로 알맞은 것은?

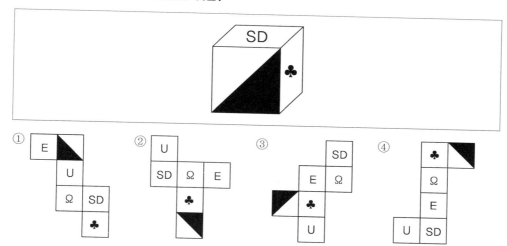

03 다음 입체도형의 전개도로 알맞은 것은?

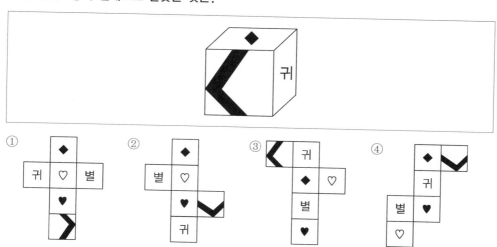

[04~06] 다음에 유의하여 물음에 답하시오.

- 전개도를 접을 때 전개도상의 그림, 기호, 문자가 입체도형의 겉면에 표시되는 방향으로 접음.
- 전개도를 접어 입체도형을 만들 때, 전개도에 표시된 그림(예 **▮**, **◰** 등)은 회전 효과를 반영함. 즉, 본 문제의 풀이과정에서 보기의 전개도상에 표시된 "**▮**"와 "**◰**"은 서로 다른 것으로 취급함.
- 단, 기호 및 문자(예 ☎, ☝, ♨, K, H)의 회전에 의한 효과는 본 문제의 풀이과정에 반영하지 않음. 즉, 전개도를 접어 입체도형을 만들 때, "**☎**"의 방향으로 나타나는 기호 및 문자도 보기에서는 "**☎**"의 방향으로 표시하며 동일한 것으로 취급함.

04 다음 전개도의 입체도형으로 알맞은 것은?

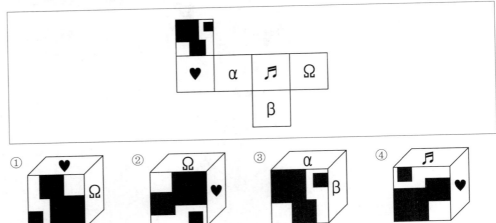

05 다음 전개도의 입체도형으로 알맞은 것은?

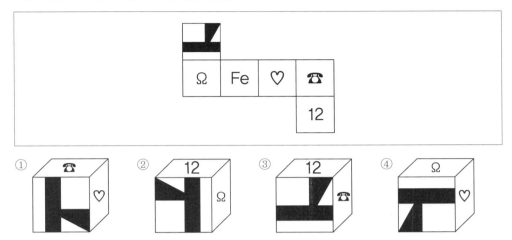

06 다음 전개도의 입체도형으로 알맞은 것은?

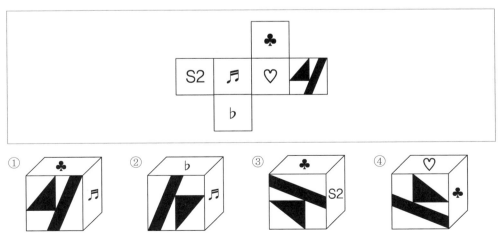

[07~09] 아래에 제시된 그림과 같이 쌓기 위해 필요한 블록의 수를 고르시오.

* 블록은 모양과 크기가 모두 동일한 정육면체임

07

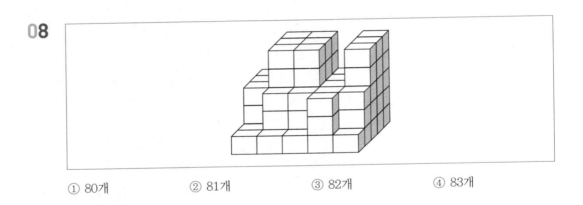

① 52개　　　　② 53개　　　　③ 54개　　　　④ 55개

08

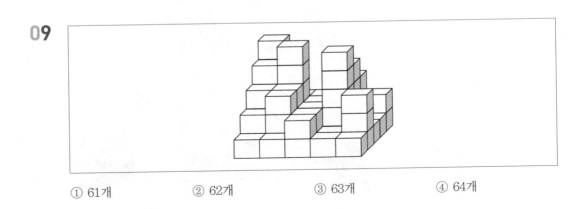

① 80개　　　　② 81개　　　　③ 82개　　　　④ 83개

09

① 61개　　　　② 62개　　　　③ 63개　　　　④ 64개

[10~11] 아래에 제시된 블록들을 표시한 방향에서 바라봤을 때의 모양으로 알맞은 것을 고르시오.

* 블록은 모양과 크기가 모두 동일한 정육면체임
* 바라보는 시선의 방향은 블록의 면과 수직을 이루며 원근에 의해 블록이 작게 보이는 효과는 고려하지 않음

10

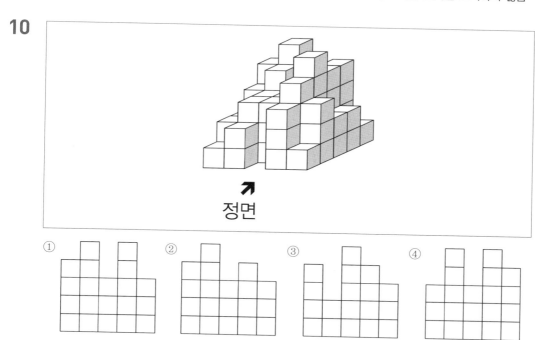

11

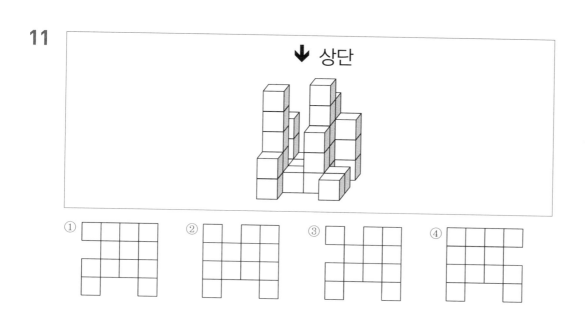

[12~14] 다음에 유의하여 물음에 답하시오.

- 입체도형을 펼쳐 전개도를 만들 때, 전개도에 표시된 그림(예 ◨, ◪ 등)은 회전의 효과를 반영함. 즉, 본 문제의 풀이과정에서 보기의 전개도상에 표시된 "◨"와 "⊟"은 서로 다른 것으로 취급함.
- 단, 기호 및 문자(예 ☎, ♤, ♨, K, H 등)의 회전에 의한 효과는 본 문제의 풀이과정에 반영하지 않음. 즉, 입체도형을 펼쳐 전개도를 만들 때, "☎"의 방향으로 나타나는 기호 및 문자도 보기에서는 "☎"의 방향으로 표시하며 동일한 것으로 취급함.

12 다음 입체도형의 전개도로 알맞은 것은?

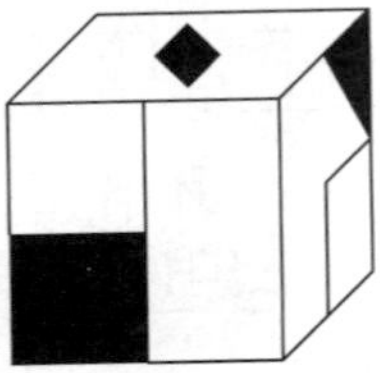

①

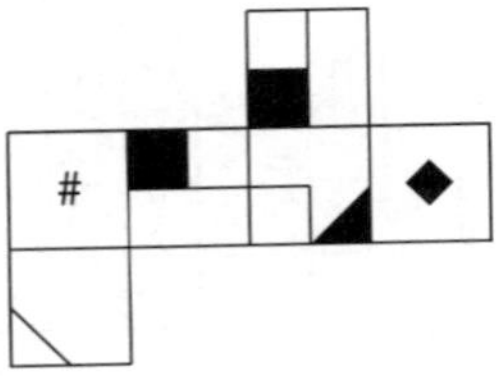

②

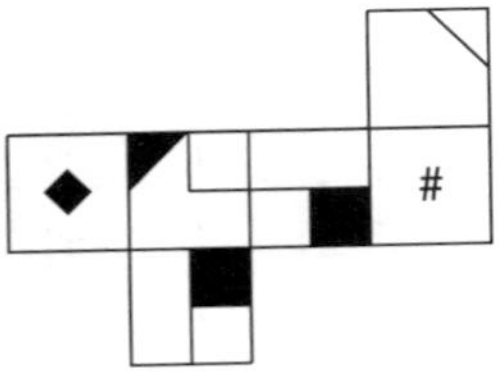

③

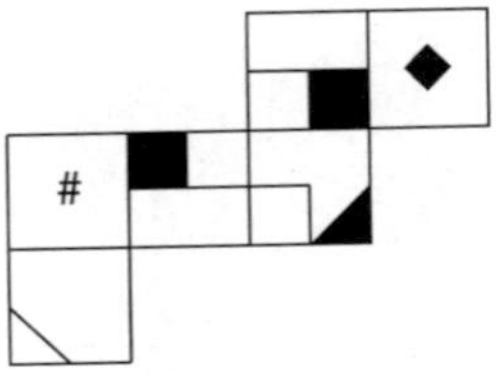

④

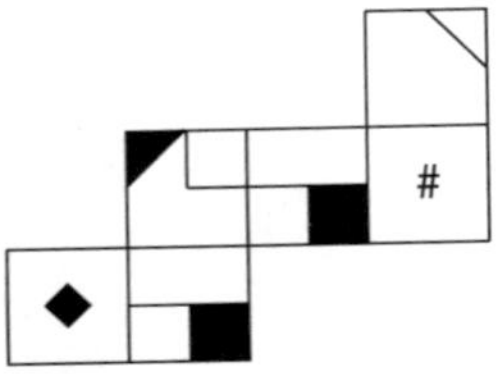

13 다음 입체도형의 전개도로 알맞은 것은?

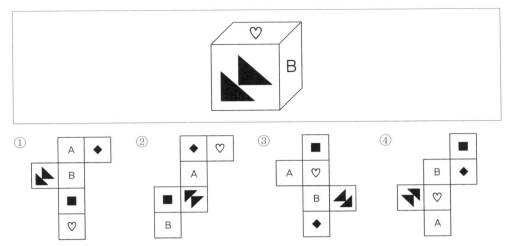

14 다음 입체도형의 전개도로 알맞은 것은?

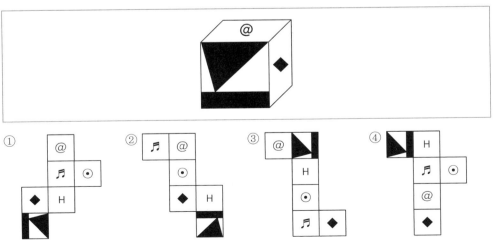

[15~17] 다음에 유의하여 물음에 답하시오.

- 전개도를 접을 때 전개도상의 그림, 기호, 문자가 입체도형의 겉면에 표시되는 방향으로 접음.
- 전개도를 접어 입체도형을 만들 때, 전개도에 표시된 그림(예 █, ▛ 등)은 회전 효과를 반영함. 즉, <u>본 문제의 풀이과정에서 보기의 전개도상에 표시된 "█"와 "▬"은 서로 다른 것으로 취급함.</u>
- 단, 기호 및 문자(예 ☎, ♨, ♨, K, H)의 회전에 의한 효과는 본 문제의 풀이과정에 반영하지 않음. 즉, <u>전개도를 접어 입체도형을 만들 때, "☎"의 방향으로 나타나는 기호 및 문자도 보기에서는 "☎"의 방향으로 표시하며 동일한 것으로 취급함.</u>

15 다음 전개도의 입체도형으로 알맞은 것은?

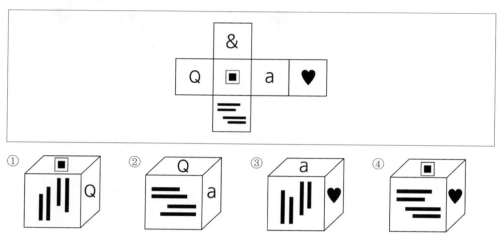

16 다음 전개도의 입체도형으로 알맞은 것은?

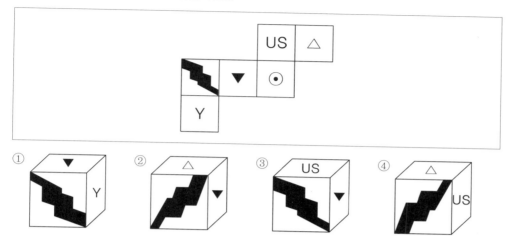

17 다음 전개도의 입체도형으로 알맞은 것은?

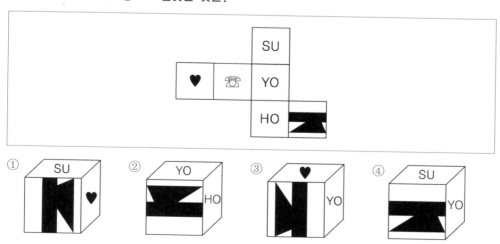

[18~20] 아래에 제시된 그림과 같이 쌓기 위해 필요한 블록의 수를 고르시오.

* 블록은 모양과 크기가 모두 동일한 정육면체임

18

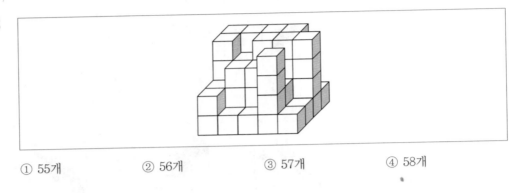

① 55개 ② 56개 ③ 57개 ④ 58개

19

① 68개 ② 69개 ③ 70개 ④ 72개

20

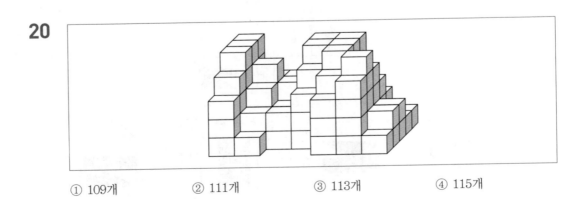

① 109개 ② 111개 ③ 113개 ④ 115개

[21~22] 아래에 제시된 블록들을 표시한 방향에서 바라봤을 때의 모양으로 알맞은 것을 고르시오.

* 블록은 모양과 크기가 모두 동일한 정육면체임
* 바라보는 시선의 방향은 블록의 면과 수직을 이루며 원근에 의해 블록이 작게 보이는 효과는 고려하지 않음

21

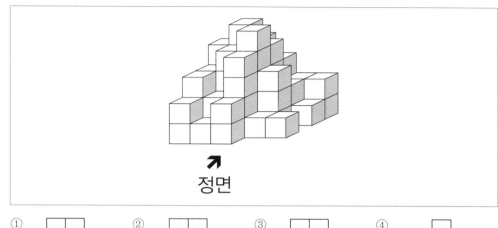

정면

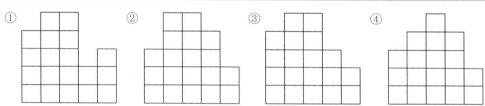

22

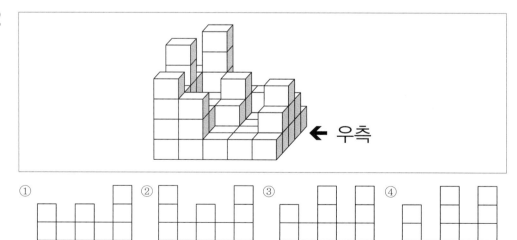

← 우측

[23~25] 다음에 유의하여 물음에 답하시오.

- 입체도형을 펼쳐 전개도를 만들 때, 전개도에 표시된 그림(예 █▌, ◰ 등)은 회전의 효과를 반영함. 즉, 본 문제의 풀이과정에서 보기의 전개도상에 표시된 "█▌"와 "◰"은 서로 다른 것으로 취급함.
- 단, 기호 및 문자(예 ☎, ☍, ♨, K, H 등)의 회전에 의한 효과는 본 문제의 풀이과정에 반영하지 않음. 즉, 입체도형을 펼쳐 전개도를 만들 때, "㉠"의 방향으로 나타나는 기호 및 문자도 보기에서는 "㉠"의 방향으로 표시하며 동일한 것으로 취급함.

23 다음 입체도형의 전개도로 알맞은 것은?

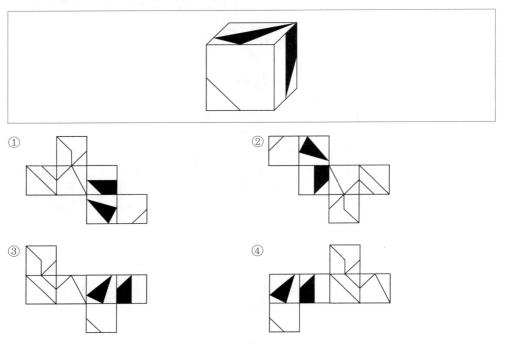

① ② ③ ④

24 다음 입체도형의 전개도로 알맞은 것은?

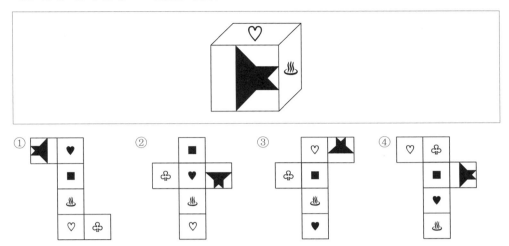

25 다음 입체도형의 전개도로 알맞은 것은?

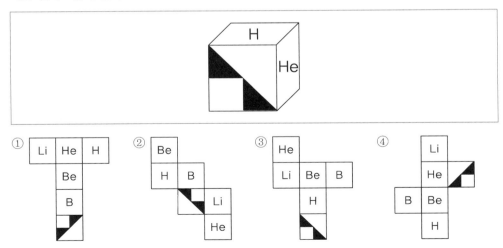

- 전개도를 접을 때 전개도상의 그림, 기호, 문자가 입체도형의 겉면에 표시되는 방향으로 접음.
- 전개도를 접어 입체도형을 만들 때, 전개도에 표시된 그림(예 ▊, ◼ 등)은 회전 효과를 반영함. 즉, 본 문제의 풀이과정에서 보기의 전개도상에 표시된 "▊"와 "◼"은 서로 다른 것으로 취급함.
- 단, 기호 및 문자(예 ☎, ♨, ♨, K, H)의 회전에 의한 효과는 본 문제의 풀이과정에 반영하지 않음. 즉, 전개도를 접어 입체도형을 만들 때, "☎"의 방향으로 나타나는 기호 및 문자도 보기에서는 "☎"의 방향으로 표시하며 동일한 것으로 취급함.

26 다음 전개도의 입체도형으로 알맞은 것은?

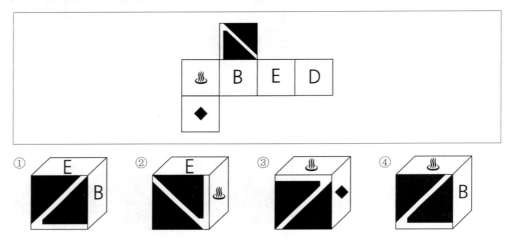

27 다음 전개도의 입체도형으로 알맞은 것은?

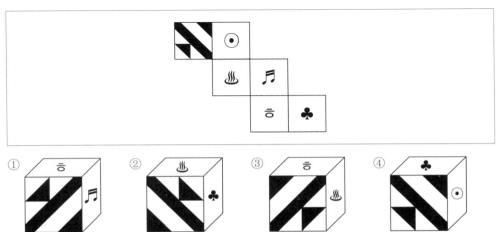

28 다음 전개도의 입체도형으로 알맞은 것은?

[29~31] 아래에 제시된 그림과 같이 쌓기 위해 필요한 블록의 수를 고르시오.

* 블록은 모양과 크기가 모두 동일한 정육면체임

29

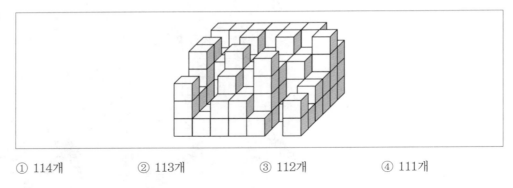

① 114개　　　　② 113개　　　　③ 112개　　　　④ 111개

30

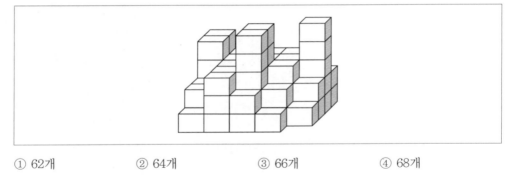

① 62개　　　　② 64개　　　　③ 66개　　　　④ 68개

31

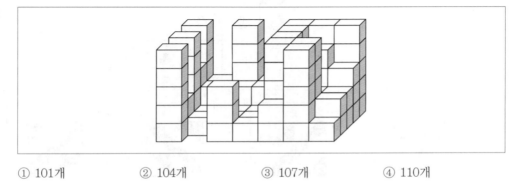

① 101개　　　　② 104개　　　　③ 107개　　　　④ 110개

[32~33] 아래에 제시된 블록들을 표시한 방향에서 바라봤을 때의 모양으로 알맞은 것을 고르시오.

* 블록은 모양과 크기가 모두 동일한 정육면체임

* 바라보는 시선의 방향은 블록의 면과 수직을 이루며 원근에 의해 블록이 작게 보이는 효과는 고려하지 않음

32

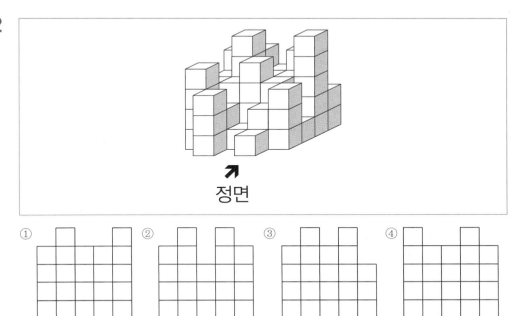

① ② ③ ④

33

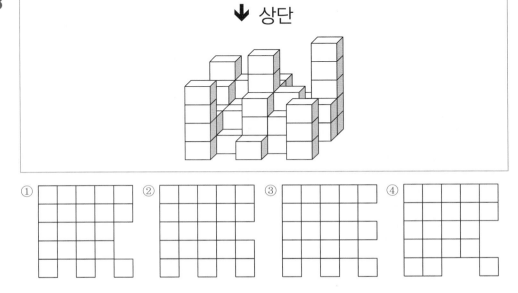

① ② ③ ④

CHAPTER 02 언어논리

① 언어논리 소개

- 언어논리는 총 25문제를 20분 동안 풀어야 하며, 언어능력을 평가하는 과목이다.
- 단시간에 실력을 향상시키기 어려우므로 꾸준한 학습이 필요하다.
- 평균 1문제당 약 0.8분 내에 풀어야 하므로 시간이 많이 부족하며, 다시 검토하기 어려우므로 한 문제를 풀 때 집중하여 정확히 풀도록 한다.

② 언어논리 유형분석

구분	어휘력(어법 포함)	독해력	논리력
학습방향	암기	이해	이해
난도분석	★★☆	★★★	★★★
출제비중	★★☆	★★★	★☆☆

③ 언어논리 만점비법

❶ 독해 문제를 먼저 해결하라!

지문을 읽고 주제 혹은 일치하는 내용을 찾는 독해 문제는 지문의 길이가 풀이 시간에 미치는 영향이 크다. 지문이 길고 생소한 내용일수록 문제를 푸는 데 오랜 시간이 걸리므로 정답률을 높이기 위해서는 시작과 함께 독해 문제를 해결하도록 한다. 그 다음 남은 시간을 활용해 다른 유형을 빠르게 풀어나가는 것이 좋다.

❷ 맞춤법과 어휘는 평소에 학습하라!

전문가적인 수준을 요하지는 않지만, 2~3개의 보기에서 고민하도록 출제된다. 따라서 맞춤법과 어휘가 확실하게 정립되지 않았을 경우 문제를 푸는 데 시간을 빼앗길 수 있으므로 평소에 문제를 풀다가 헷갈리는 부분들은 따로 정리해 자주 보는 것이 필요하다.

❸ 시간 배분 연습을 철저히 하라!

언어논리는 25문제를 20분 동안 풀어야 하므로 시간 배분이 중요하다. 따라서 평소에 시간을 고려하여 문제를 푸는 연습을 해야 한다. 실제 출제되는 문제유형별 문항 수는 다르지만 일반적으로 독해 문제는 12~13분 이내, 나머지 문제들은 7~8분 이내에 푸는 것을 추천한다.

CHAPTER 02 언어논리 핵심이론

핵심이론 01　어휘력

1. 어휘 관계

단어 관계		세부 내용
유의관계 (유의어)	개념	두 개 이상의 단어의 의미가 비슷한 관계
	특징	가리키는 대상의 범위가 다르거나, 느낌의 차이가 있음 → 상황에 따라 쓰임
	예	• 기필코 – 반드시 – 틀림없이 • 윤택(潤澤) – 풍부(豊富) • 찬성(贊成) – 동의(同意)
반의관계 (반의어)	개념	두 개 이상의 단어의 의미가 반대인 관계
	특징	① 두 단어 사이에 다른 요소는 모두 공통되고 오직 한 개의 요소만 달라야 함 ② 하나의 단어가 여러 개의 반의어를 가질 수 있음
	예	• 벗다 ↔ 입다(옷), 신다(신발), 쓰다(모자), 끼다(장갑) • 서다 ↔ 눕다(몸을 수평으로 하다), 가다(이동), 무뎌지다(날) • 아버지 ↔ 어머니
상하관계 (상위어 · 하위어)	개념	둘 이상의 단어 중 한 단어의 의미가 다른 단어에 포함되는 관계
	특징	① 상위어: 다른 단어의 의미를 포함하는 단어 ② 하위어: 다른 단어의 의미에 포함되는 단어
	예	• 과일 – 바나나, 포도, 감 • 동물 – 말, 소, 토끼 • 옷 – 코트, 바지, 치마
다의관계 (다의어)	개념	하나의 단어가 둘 이상의 관련된 의미를 가지고 있는 관계
	특징	① 하나의 중심의미(가장 기본적인 의미)와 여러 개의 주변의미(중심의미가 확장된 의미)로 이루어짐 ② 사전에서 번호로 구분됨
	예	• 다리 ┌ 중심의미: 사람이나 동물 몸통 아래 붙어 있는 신체의 부분 └ 주변의미: 물체의 아래쪽에 붙어서 그 물체를 받치거나 높이 있도록 버티어 놓은 부분 • 손 ┌ 중심의미: 사람의 팔목 끝에 달린 부분 └ 주변의미: 일손, 어떤 일을 하는 데 드는 힘이나 노력 • 보다 ┌ 중심의미: 눈으로 대상의 존재와 형태적 특징을 알다 └ 주변의미: 감상하다, 만나다

동음이의관계 (동음이의어)	개념	단어의 소리는 같으나 의미는 전혀 다른 관계
	특징	① 단어들의 의미 사이에는 연관성이 없으므로 문장의 맥락을 통해 의미를 구별할 수 있음 ② 사전에서 별개로 제시됨
	예	• 배: 배나무의 열매 / 사람이나 짐 따위를 싣고 물 위로 떠다니도록 만든 물건 / 사람의 신체 부위 • 철: 계절 / 생각 / 쇠 / 엮음 • 경사: 비탈 / 좋은 일

2. 한자어

(1) 개념: 한국어 속에서 쓰이는 한자 어휘를 말한다.

(2) 특징

① 고유어와 한자어가 공존하는 경우에는 높이는 말로 한자어가 선택되는 것이 일반적
② 대개 개념어·추상어로서 고유어에 비해 좀 더 정확하고 분화된 의미를 가짐

(3) 빈출 예시

간과(看過)	큰 관심 없이 대강 보아 넘김
간주(看做)	상태, 모양, 성질 따위가 그와 같다고 봄. 또는 그렇다고 여김
갈망(渴望)	간절히 바람
감명(感銘)	감격하여 마음에 깊이 새김. 또는 그 새겨진 느낌
감화(感化)	좋은 영향을 받아 생각이나 감정이 바람직하게 변화함. 또는 그렇게 변하게 함
개편(改編)	① 책이나 과정 따위를 고쳐 다시 엮음 ② 조직 따위를 고쳐 편성함
경시(輕視)	대수롭지 않게 보거나 업신여김
고무(鼓舞)	힘을 내도록 격려하여 용기를 북돋움
도모(圖謀)	어떤 일을 이루기 위하여 대책과 방법을 세움
동경(憧憬)	어떤 것을 간절히 그리워하여 그것만을 생각함
몰각(沒覺)	깨달아 인식하지 못함
반향(反響)	어떤 사건이나 발표 따위가 세상에 영향을 미치어 일어나는 반응
봉착(逢着)	어떤 처지나 상태에 부닥침
부합(符合)	사물이나 현상이 서로 꼭 들어맞음
비견(比肩)	서로 비슷한 위치에서 견줌. 또는 견주어짐
비호(庇護)	편들어서 감싸 주고 보호함
시사(示唆)	어떤 것을 미리 간접적으로 표현해 줌
양양(揚揚)	뜻한 바를 이룬 만족한 빛을 얼굴과 행동에 나타내는 기색
예기(豫期)	앞으로 닥쳐올 일에 대하여 미리 생각하고 기다림

유리(遊離)	따로 떨어짐
전가(轉嫁)	잘못이나 책임을 다른 사람에게 넘겨씌움
좌시(坐視)	참견하지 아니하고 앉아서 보기만 함
지엽(枝葉)	본질적이거나 중요하지 아니하고 부차적인 부분
지양(止揚)	더 높은 단계로 오르기 위하여 어떠한 것을 하지 아니함
지향(指向)	작정하거나 지정한 방향으로 나아감. 또는 그 방향
차치(且置)	내버려 두고 문제 삼지 아니함
추세(趨勢)	어떤 현상이 일정한 방향으로 나아가는 경향
추이(推移)	일이나 형편이 시간의 경과에 따라 변하여 나감. 또는 그런 경향
타개(打開)	매우 어렵거나 막힌 일을 잘 처리하여 해결의 길을 엶
타파(打破)	부정적인 규정, 관습, 제도 따위를 깨뜨려 버림
표명(表明)	의사나 태도를 분명하게 드러냄
피력(披瀝)	생각한 것을 털어놓고 말함
호도(糊塗)	명확하게 결말을 내지 않고 일시적으로 감추거나 흐지부지 덮어 버림
혼돈(混沌)	마구 뒤섞여 있어 갈피를 잡을 수 없음
회의(懷疑)	의심을 품음. 또는 마음속에 품고 있는 의심
회자(膾炙)	칭찬을 받으며 자주 사람의 입에 자주 오르내림
횡행(橫行)	아무 거리낌 없이 제멋대로 행동함

3. 관용어

(1) 개념: 두 개 이상의 단어로 이루어져 있으면서 그 단어들의 의미만으로는 전체의 의미를 알 수 없는, 특수한 의미를 나타내는 어구를 말한다.

(2) 특징

    ① 단어 각각의 의미대로 해석되지 않음
    ② 하나의 단어처럼 쓰이므로 중간에 다른 성분이 들어오기 힘듦
    ③ 그 나라의 전통이나 역사적 유래와 관련을 맺기 때문에 그 언어권의 사람이 아니면 이해하기 어려움

(3) 빈출 예시

심장을 찌르다	감정이나 마음을 세게 자극하다, 핵심을 찌르거나 공격하다.
깨가 쏟아지다	오붓하거나 몹시 아기자기하여 재미가 나다.
간을 녹이다	아양 따위로 상대방의 환심을 사다, 몹시 애타게 하다.
목이 빠지다	몹시 안타깝게 기다리다.
눈이 맞다	두 사람의 마음이나 눈치가 서로 통하다.
눈(에) 어리다	어떤 모습이 잊히지 않고 머릿속에 뚜렷하게 떠오르다.
입이 무겁다	다른 사람의 비밀을 함부로 말하지 않는다.
입(을) 맞추다	서로의 말이 일치하도록 하다.

입을 씻다	이익 따위를 혼자 차지하거나 가로채고서는 시치미를 떼다.
입이 짧다	음식을 심하게 가리거나 적게 먹다.
손이 닿다	능력이 미치다, 관계가 맺어지다.
손에 잡히다	마음이 차분해져 일할 마음이 내키고 능률이 나다.
손발(이) 맞다	함께 일을 하는 데에 마음이나 의견, 행동 방식 따위가 서로 맞다.
손(이) 여물다	일 처리나 언행이 옹골차고 야무지다.
손을 씻다	부정적인 일에 대하여 관계를 청산하다.
손이 달리다	일손이 모자라다.
코에 걸다	무엇을 자랑삼아 내세우다.
엉덩이를 붙이다	자리를 잡고 앉다.
발에 채다	여기저기 흔하게 널려 있다.
발이 저리다	지은 죄가 있어 마음이 조마조마하거나 편안하지 않다.
발바닥에 불이 일다	부리나케 여기저기 돌아다니다.
발이 묶이다	움직이지 못할 상황이 되다.
발을 끊다	오가지 않거나 관계를 끊다.
얼굴이 피다	살이 오르고 혈색이 좋아지다.
얼굴이 반쪽이 되다	병이나 고통 따위로 얼굴이 몹시 수척해지다.
얼굴이 뜨겁다	무안하거나 부끄러워 얼굴이 몹시 화끈하다.
머리를 맞대다	어떤 일을 의논하거나 결정하기 위하여 서로 마주 대하다.
머리를 싸매다	있는 힘을 다하여 노력하다.
국수를 먹다	결혼식을 올리다.

※ 속담과 한자성어는 부록 「필수 암기노트」를 참고해 주세요.

1. 한글 맞춤법

(1) 구별이 필요한 표기

	단 어	정의 · 예시
	가늠	어림잡다. 예 키가 가늠이 안 된다.
1	가름	나누다. 예 승패가 달리기에서 가름이 났다.
	갈음	대체하다. 예 새 책상으로 갈음하였다.
2	가르치다	지식을 익히게 하다. 예 선생님이 국어를 가르쳤다.
	가리키다	집어서 보이다. 예 손가락으로 문을 가리켰다.
3	거치다	경유하다. 예 부산을 거쳐 왔다.
	걷히다	거두어지다. 예 외상값이 잘 걷혔다.
4	그러므로	(=고로, 그래서) '결과' 예 그는 부지런하다. 그러므로 잘 산다.
	그럼으로	(=그렇게 함으로써) '방법' 예 그는 열심히 공부한다. 그럼으로(써) 은혜에 보답한다.
	느리다	걸리는 시간이 길다. 예 진도가 너무 느리다.
5	늘리다	양이나 부피를 크게 하다. 예 수출량을 늘린다.
	늘이다	길이를 길게 하다. 예 고무줄을 늘인다.
6	다리다	구김이 없게 하다. 예 옷을 다린다.
	달이다	액체 따위를 끓여서 진하게 만들다. 예 약을 달인다.
7	닫치다	문 등을 세게 닫다. 예 문을 힘껏 닫치고 나갔다.
	닫히다	문 등이 제자리로 가 막히다. 예 문이 바람에 닫혔다.
	마치다	끝내다. 예 일을 일찍 마쳤다.
8	맞추다	대상끼리 서로 비교하다. 예 일정을 맞추어 보았다.
	맞히다	정답을 고르다. 예 어려운 문제를 많이 맞혔다.
9	반드시	꼭 예 약속은 반드시 지켜라.
	반듯이	비뚤어지지 않게 예 고개를 반듯이 들어라.
10	받히다	머리나 뿔 따위로 세차게 부딪히다. 예 쇠뿔에 받혔다.
	밭치다	구멍이 뚫린 물건 위에 국수나 야채 따위를 올려 물기를 빼다. 예 면을 체에 밭치다.
11	안치다	밥, 떡, 찌개 따위를 만들기 위해 그 재료를 냄비나 솥에 넣고 불 위에 올리다. 예 밥을 안친다.
	앉히다	앉게 하다. 예 윗자리에 앉힌다.
12	아름	두 팔을 둥글게 모아서 만든 둘레 예 세 아름 되는 둘레
	알음	사람끼리 서로 아는 일 예 전부터 알음이 있는 사이다.
13	이따가	조금 지난 뒤에 예 이따가 와라.
	있다가	'있다'+연결어미 '-다가' 예 돈은 있다가도 없다.
14	조리다	양념을 한 고기 · 생선 따위를 바짝 끓여서 양념이 배어들게 하다. 예 생선을 맛있게 조렸다.
	졸이다	초조해하다. 예 마음을 졸이지 마라.
15	-(으)러	목적 예 나물 캐러 가자.
	-(으)려	의도 예 그들은 내일 일찍 떠나려 한다.
16	-(으)로서	자격 예 사람으로서 그럴 수는 없다.
	-(으)로써	수단 예 닭으로써 꿩을 대신했다.

(2) '-이'와 '-히'의 표기

① '-이'로 적는 것

(첩어 또는 준첩어) 명사 뒤	예 겹겹이, 길길이, 나날이, 다달이
'ㅅ' 받침 뒤	예 깨끗이, 버젓이, 번듯이, 지긋이
'ㅂ' 불규칙 용언의 어간 뒤	예 기꺼이, 너그러이, 외로이, 즐거이
'-하다'가 붙지 않는 용언의 어간 뒤	예 같이, 굳이, 깊이, 높이, 많이, 헛되이
부사 뒤	예 곰곰이, 더욱이, 오뚝이, 일찍이

② '-히'로 적는 것

'-하다'가 붙는 어근 뒤 ('ㅅ' 받침 뒤 제외)	예 급히, 딱히, 족히, 엄격히, 정확히, 꼼꼼히, 나른히, 능히

(3) 띄어쓰기

① 조사: 조사는 그 앞말에 붙여 쓰며, 조사가 둘 이상 겹치거나 어미 뒤에 붙을 때도 붙여 씀
   예 꽃이, 꽃밭에, 꽃이다 / 예 여기서부터입니다, 집에서처럼

② 의존 명사: 의존 명사는 띄어 씀 예 아는 것이 힘이다, 나도 할 수 있다.

> **더 알아보기**
>
> **조사와 의존 명사의 구분**
> - 들
>   - 보조사: 문장의 주어가 복수임을 나타낼 경우 예 이 방에서 텔레비전을 보고들 있어라.
>   - 접미사: 셀 수 있는 명사나 대명사에 붙어 복수의 뜻을 더하는 경우 예 너희들, 학생들, 그들, 사건들
>   - 의존 명사: 두 개 이상의 사물을 열거(이때의 '들'은 의존 명사 '등(等)'으로 바꾸어 쓸 수 있음)
>   예 쌀, 보리, 콩, 조, 기장 들을 오곡(五穀)이라 한다.
> - 뿐
>   - 보조사: 체언 뒤에 붙어서 한정의 뜻을 나타내는 경우 예 너뿐이다, 셋뿐이다.
>   - 의존 명사: 용언의 관형사형 뒤에서 '따름'이란 뜻을 나타내는 경우 예 웃을 뿐이다, 졌을 뿐이다.
> - 대로
>   - 보조사: 체언 뒤에 붙어서 '그와 같이'라는 뜻을 나타내는 경우 예 법대로, 약속대로
>   - 의존 명사: 용언의 관형사형 뒤에서 '그와 같이'란 뜻을 나타내는 경우
>   예 아는 대로 말한다, 약속한 대로 하세요.
> - 만큼
>   - 격 조사: 체언 뒤에 붙어서 '앞말과 비슷한 정도로'라는 뜻을 나타내는 경우
>   예 중학생이 고등학생만큼 잘 안다, 키가 전봇대만큼 크다.
>   - 의존 명사: 용언의 관형사형 뒤에서 '그런 정도로' 또는 '실컷'이란 뜻을 나타내는 경우
>   예 볼 만큼 보았다, 애쓴 만큼 얻는다.
> - 만
>   - 보조사: 체언에 붙어서 한정 또는 비교의 뜻을 나타내는 경우
>   예 하나만 알고 둘은 모른다, 이것은 그것만 못하다.
>   - 의존 명사: 시간의 경과를 나타내는 경우 예 떠난 지 사흘 만에 돌아왔다, 온 지 1년 만에 떠나갔다.
>   - 의존 명사: 횟수를 나타내는 말 뒤에 쓰여 '앞말이 가리키는 횟수를 끝으로'의 뜻을 나타내는 경우
>   예 세 번 만에 시험에 합격했다, 다섯 번 만이다.

③ 단위성 의존 명사
　　㉠ 단위를 나타내는 명사는 띄어 씀 예 한 개, 차 한 대, 소 한 마리, 옷 한 벌, 열 살, 연필 한 자루
　　㉡ 다만, 순서를 나타내는 경우나 숫자와 어울려 쓰이는 경우에는 붙여 쓸 수 있음
　　　　예 두시 삼십분 오초, 15동 507호
④ 수(數): 수(數)를 적을 적에는 '만(萬)' 단위로 띄어 씀
　　예 십이억 삼천사백오십육만 칠천팔백구십 − 12억 3456만 7890
⑤ 나열: 두 말을 이어 주거나 열거할 적에 쓰이는 다음의 말들은 띄어 씀
　　예 국장 겸 과장, 청군 대 백군, 책상·걸상 등

2. 외래어 표기법

제1항 외래어는 국어의 현용 24자모만으로 적는다.
　　→ 국어에 없는 외국어음을 적기 위해서 별도의 문자를 만들지 않는다.

제2항 외래어의 1 음운은 원칙적으로 1 기호로 적는다. 'f'의 경우, 'ㅍ, ㅎ'으로 소리 날 수 있지만, 'ㅍ'으로 적는다. 예 필름, 파이팅, 판타지, 피날레, 플랫폼

제3항 받침에는 'ㄱ, ㄴ, ㄹ, ㅁ, ㅂ, ㅅ, ㅇ'만을 쓴다.

제4항 파열음 표기에는 된소리를 쓰지 않는 것을 원칙으로 한다. 예 가스(gas), 댐(dam), 버스(bus)
　　그러나, 일본어·중국어 등에서 유래한 외래어 중에는 된소리를 쓰는 예외가 많이 존재한다.
　　예 빵(pang), 껌(gum)

제5항 이미 굳어진 외래어는 관용을 존중하되, 그 범위와 용례는 따로 정한다.
　　예 라디오, 카메라, 비타민

3. 표준어

(1) **복수 표준어**: 둘 다 표준어이고, 의미에도 차이가 없다.

간질이다	간지럽히다	윗자리	웃자리	남우세스럽다	남사스럽다
쌉싸래하다	쌉싸름하다	세간	세간살이	복사뼈	복숭아뼈
고운대	토란대	굽실	굽신	삐치다	삐지다
눈두덩	눈두덩이	만큼	만치	예쁘다	이쁘다
만날	맨날	허섭스레기	허접쓰레기	−고 싶다	−고프다

(2) 별도 표준어: 둘 다 표준어로 인정되나, 의미에 차이가 있다.

날개	나래	나래: '날개'의 문학적 표현으로 날개보다 부드러운 어감
냄새	내음	내음: 향기롭거나 나쁘지 않은 냄새로 한정됨
눈초리	눈꼬리	• 눈초리: 어떤 대상을 바라볼 때 눈에 나타나는 표정 • 눈꼬리: 눈의 귀 쪽으로 째진 부분
떨어뜨리다	떨구다	떨구다: 시선을 아래로 향하다
메우다	메꾸다	메꾸다: '무료한 시간을 적당히 흘러가게 하다.'라는 뜻이 있음
어수룩하다	어리숙하다	• 어수룩하다: 순박함, 순진함 • 어리숙하다: 어리석음
거치적거리다	걸리적거리다	
끼적거리다	끄적거리다	
두루뭉술하다	두리뭉실하다	
새치름하다	새초롬하다	자음 또는 모음의 차이로 인한 어감 차이
오순도순	오손도손	
찌뿌듯하다	찌뿌둥하다	
꾀다	꼬시다	꼬시다: '꾀다'를 속되게 이르는 말
사그라지다	사그라들다	• 사그라지다: 삭아서 없어지다 • 사그라들다: 삭아서 없어져 가다
잎사귀	잎새	• 잎사귀: 낱낱의 잎 • 잎새: 나무의 잎사귀. 주로 문학적 표현에 쓰임
개개다	개기다	• 개개다: 성가시게 달라붙어 손해를 끼침 • 개기다: (속되게) 명령·지시를 따르지 않고 반항함

(3) 주요 표준어

① 접두사 '수-'

ㄱ 수컷을 이르는 접두사는 '수-'로 통일 예 수꿩, 수놈, 수소, 수은행나무

ㄴ '수-'+거센소리 예 수캉아지, 수캐, 수컷, 수탉, 수탕나귀, 수퇘지, 수평아리

ㄷ '숫-'을 사용하는 예외 예 숫양, 숫염소, 숫쥐

② 접두사 '윗-'

ㄱ 아래와 위의 대립이 있는 경우의 '웃-' 및 '윗-'은 '윗-'으로 통일 예 윗니, 윗도리, 윗변, 윗입술

ㄴ 된소리나 거센소리 앞에서는 '위-' 예 위쪽, 위채, 위층, 위턱

ㄷ 아래와 위의 대립이 없는 단어는 '웃-' 예 웃돈, 웃어른, 웃옷(겉옷)

핵심이론 03 독해력

1. 중의적 표현

(1) 개념: 하나의 표현이 둘 이상의 의미로 해석될 때, 그 표현은 '중의성이 있다'고 한다.

(2) 특징: 해학이나 풍자 등에 활용된다.

(3) 종류

① **어휘적 중의성:** 동음이의어나 다의어에 의해 나타난다.
    예 • 저 배를 보아라. → 배(船, 선박), 배(腹, 복부), 배(梨, 배나무 열매)
        • 손 좀 봐야겠다. → 손(신체의 손), 손(수리하다), 손(혼내다)
        • 오다 → 느낌이 오다, 기회가 오다, 가을이 오다.

② **구조적 중의성:** 문장의 구조로 인해서 두 가지 이상의 의미로 해석되는 것. 주로 수식어나 접속어 등에 의해 나타난다.
    예 • 예쁜 친구의 동생 → 친구가 예쁘다, 친구의 동생이 예쁘다.

        • 나는 철수와 영희를 만났다. ┌ 나는 철수와 영희를 한꺼번에 만났다.
                                      └ 나는 철수와 영희, 두 사람을 따로 만났다.

③ **비유적 중의성 :** 은유나 직유 등 비유적인 표현으로 인해 두 가지 이상의 의미로 해석되는 경우이다.
    예 그는 곰이다. → 미련한 구석이 있다, 별명이 곰이다, 행동이 느리다.

2. 접속어

(1) 개념: 단어와 단어, 문장과 문장, 문단과 문단을 '연결'하는 문장 성분

(2) 특징

① 문장 간의 관계 또는 문단 간의 관계를 파악하는 데 힌트가 된다.
② 접속어의 성격을 구분해서 알아두기만 해도 글 전체의 핵심을 훨씬 쉽고 빠르게 파악할 수 있다.

(3) 종류

구분	내용	예
순접	앞의 내용을 이어서 받아 연결	그리하여, 그리고, 이와 같이
역접	앞의 내용과 반대의 내용을 연결	그러나, 그렇지만, 하지만, 그래도, 반면에
인과	앞뒤 문장이 원인과 결과의 관계일 때	그래서, 따라서, 그러므로, 왜냐하면
요약	앞의 내용을 간추려 말하면서 연결	즉, 다시 말하면, 요컨대
대등	앞뒤 내용을 나란히 연결	또는, 혹은, 및, 한편
전환	앞의 내용과는 다른 새로운 사실이나 생각을 연결	그런데, 한편, 아무튼, 그러면
예시	앞의 내용에 대한 구체적인 예를 들어 설명하면서 연결	예컨대, 이를테면, 예를 들어

3. 내용 전개 방식

(1) 개념: 화자나 필자가 자신의 생각이나 감정을 나타낼 때 사용하는 문장 배열 방식

(2) 특징

① 접속어가 글의 내용을 빠르게 파악하는 데 도움을 준다면, 내용 전개 방식은 글을 전체적으로 이해해야 파악할 수 있으며 글의 성격을 파악하는 데 도움을 준다.

② 주제와 연결되는 경우가 많다.

(3) 종류

① **지정:** 'A는 B이다' 형식으로 대상의 속성을 밝힘

　　예 5월은 계절의 여왕이다.

② **정의:** 'A는 B이다' 형식으로 화제의 본질적인 개념을 규정함

　　예 사랑이란 어떤 사람이나 존재를 몹시 아끼고 귀중히 여기는 마음이다.

③ **분류:** 대상을 일정한 기준에 따라 구분하여 설명함

　　예 언어활동은 말하고, 듣고, 읽고, 쓰는 네 가지로 구분된다.

④ **분석:** 대상을 구성 요소별로 나누어 설명함

　　예 시계는 시침, 분침으로 이루어져 있다.

⑤ **비교:** 두 대상의 공통점을 들어 설명함

　　예 축구와 농구는 공으로 하는 스포츠이다.

⑥ **대조:** 두 대상의 차이점을 들어 설명함

　　예 축구는 골키퍼가 있고 농구는 골키퍼가 없다.

⑦ **과정:** 어떤 일의 시작에서부터 끝까지를 진행 과정에 따라 설명함

　　예 라면을 끓이는 방법은 간단하다. 냄비에 물을 받아 물이 끓으면 면과 스프를 넣는다. 기호에 따라 계란 등을 첨가한 뒤 면이 다 익으면 불을 끈다.

⑧ **예시:** 구체적인 사례를 들어 설명함

　　예 과일의 예로는 사과, 복숭아, 포도가 있다.

⑨ **열거:** 의미상 연관이 있는 사실을 하나하나 늘어놓음

　　예 나는 바나나, 딸기, 귤을 좋아한다.

⑩ **인과:** 원인을 들어 결과를 설명함

　　예 그녀는 꿈을 위해 노력한다는 생각에 자신의 몸을 돌보지 않았다. 이로 인해 꿈을 이루기 전에 몸이 망가졌고 결국 꿈을 이루지 못했다.

⑪ **인용:** 명언(名言), 속담 등을 가져와서 설명함

　　예 나폴레옹이 말했다. "잠자는 사자를 건드리지 마라."

⑫ **서사:** 사물·행동·사건의 추이를 표현함. 즉, 시간 개념이 전제됨. 주로 소설에서 인물의 행동이나 사건의 전개 과정을 이야기할 때 사용됨

　　예 눈에 모래가 들어갔다. 땀과 먼지로 눈이 매웠다. 마지막이다! 눈을 떴다.

⑬ **묘사:** 배경·분위기·사물이나 인물 등을 감각적으로 표현함. 주로 문학 작품에 사용되지만 비문학 지문에도 사용됨

　　예 해가 지는 시간의 하늘은 마치 갈색 물감을 풀어놓은 것 같았다.

다음 글의 밑줄 친 부분과 일치하는 사례로 적절하지 않은 것은?

1 '인문적'이라는 말은 / '인간다운(Humane)'이라는 뜻으로 해석할 수 있는데, / 유교 문화는 이런 관점에서 인문적이다. / 유교의 핵심적 본질은 / '인간다운' 삶의 탐구이며, / 인간을 인간답게 만드는 덕목을 제시하는 데 있다. / '인간다운 것'은 [인간을 다른 모든 동물과 차별할 수 있는, / 그래서 오직 인간에게서만 발견할 수 있는 / 이상적 본질과 속성]을 말한다. / 이러한 의도와 노력은 서양에서도 있었다. / 그러나 그 본질과 속성을 규정하는 동서의 관점은 다르다. / 그 속성은 그리스적 서양에서는 '이성(理性)'으로, / 유교적 동양에서는 '인(仁)'으로 / 각기 달리 규정된다. / 이성이 지적 속성인 데 비해서/ 인은 도덕적 속성이다. / 인은 인간으로서 가장 중요한 덕목이며 / 근본적 가치이다.

2 '인(仁)'이라는 말은 다양하게 정의되며, / 그런 정의에 대한 여러 논의가 있을 수 있기는 하다. / 하지만 '인(仁)'의 핵심적 의미는 / 어쩌면 놀랄 만큼 단순하고 명료하다. / 그것은 '사람다운 심성'을 가리키고, / 사람다운 심성이란 / [남을 측은히 여기고 / 그의 인격을 존중하여 / 자신의 욕망과 충동을 자연스럽게 억제하는 / 착한 마음씨]이다. / 이때 '남'은 인간만이 아닌 / 자연의 모든 생명체로 확대된다. / 그러므로 '인'이라는 심성은 / 곧 ["낚시질은 하되 그물질은 안 하고, 주살을 쏘되 잠든 새는 잡지 않는다(釣而不網, 弋不射宿)."]에서 / 그 분명한 예를 찾을 수 있다.

3 유교 문화가 이런 뜻에서 '인문적'이라는 것은 / 유교 문화가 ① 가치관의 측면에서 / 외형적이고 물질적이기에 앞서 / 내면적이고 정신적이며, / ② 태도의 시각에서 / 자연 정복적이 아니라 자연 친화적이며, / ③ 윤리적인 시각에서 / 인간 중심적이 아니라 생태 중심적임을 말해준다.

① 도토리, 산딸기 등의 채취량을 제한해 야생동물이 먹이로 삼게 한다.
② 그물눈이나 망의 크기를 조절해 새끼 물고기는 잡히지 않게 한다.
③ 농가에서 까치 따위의 날짐승의 먹이로 따지 않고 몇 개 남겨 두는 감을 까치밥이라고 한다.
④ 아프리카에서는 농작물에 피해를 입혀서 코끼리를 총으로 쏴서 죽이는 사건이 종종 일어난다.
⑤ 어부들은 꽃게잡이로 잡힌 새끼 꽃게를 바다에 놓아준다.

해설

④는 인간의 욕망을 채우기 위해 생명체를 죽이는 행위이다. 반면, ①·②·③·⑤는 '인(仁)'이라는 심성이 자연의 모든 생명체로 확대된 경우로 볼 수 있다.
1 단락 주요 개념의 확장: 유교적 동양(인)＝착한 마음씨, 모든 생명체, 내면적, 정신적, 자연 친화적, 생태 중심적 ↔ 그리스적 서양(이성)＝외형적, 물질적, 자연 정복적, 인간 중심적

정답 ④

TIP

1. 시간 단축을 위해 문제의 발문을 먼저 보고, 지문 읽기
2. 지문이 두 단락 이상일 경우 단락을 구분하고, 의미 단위로 끊어 읽기
3. 접속어가 나오면 앞뒤 문장에 유의하며 읽기
4. 문맥상 같은 의미의 키워드는 'O', 이와 대립적인 의미는 '△' 기호 등으로 표기하기
5. 정의 및 예시 부분은 괄호로 묶고, 분류가 나열될 경우 번호를 매기며 읽기

핵심이론 04 **논리력**

1. 논리 구조

(1) 개념: 문장이 모여서 문단을 이루고, 문단들이 연결되어 하나의 글이 완성된다. 문장과 문장의 관계, 문단과 문단의 관계, 글 전체의 흐름을 글의 '구조'라고 한다.

(2) 문장·문단의 종류 및 기능
- ① 내용에 따른 분류
  - ㉠ 주지(중심) 문장·문단: 필자가 말하고자 하는 핵심 내용이 담긴 문장·문단으로 보조 문장·문단에 의해 내용이 뒷받침됨
  - ㉡ 보조(뒷받침) 문장·문단: 중심 문장·문단의 내용을 뒷받침해 주는 문장·문단으로 중심 문장·문단의 내용을 효과적으로 드러내기 위해 구성됨
- ② 위치에 따른 분류
  - ㉠ 도입(導入) 문장·문단
    - 글을 쓰는 목적이 제시됨
    - 논의 방향, 목적 등만 소개되고 구체적인 논의는 등장하지 않음
    - 대개 포괄적이고 추상적으로 제시됨
  - ㉡ 전개(展開) 문장·문단
    - 도입 부분의 내용이 본격적으로 전개됨
    - 논제나 대상에 대한 구체적인 주장이나 설명이 제시됨
    - 필자가 말하고자 하는 내용이 드러남
  - ㉢ 요약(要約) 문장·문단
    - 논제에 대한 주장이나 대상에 대한 설명이 마무리되면서 주제가 제시됨
    - 필자의 관점이 가장 분명히 드러나는 부분임

2. 논증(추론)

(1) 개념: 대상에 대한 필자의 주장을 근거를 들어 증명하는 방식이다.

(2) 분류
- ① 연역 논증
  - ㉠ 개념: 전제(들)가 결론을 필연적으로 뒷받침하는 것. 결론이 전제(들)로부터 절대적인 필연성을 가지고 도출된다고 여기는 논증 방식
  - ㉡ 특징: 전제들이 모두 참이면 결론은 무조건 참이 되고, 결론이 거짓이면 전제 중 최소한 하나는 반드시 거짓이 됨. 하나의 전제로부터 새로운 결론을 도출할 때는 전제가 참이면 그 전제의 대우 명제는 무조건 참이 됨(P이면 Q이다. → ~Q이면 ~P이다.)
    - 예 모든 인간은 죽는다. 소크라테스는 인간이다. → 그러므로 소크라테스는 죽는다.
      - ⇨ 전제들이 모두 참이므로 결론도 참이다.

② 귀납 논증
- ㉠ 개념: 전제들이 결론을 개연적인 방식으로 뒷받침하는 것. 관찰과 실험에서 얻은 특수한 사실로부터 보편적 진리를 추론해 내는 논증 방식
- ㉡ 특징: 대상들 사이의 공통점을 결론으로 삼기 때문에 전제와 결론 사이의 필연적 관계를 따지기보다는 개연성(관찰된 어떤 사실이 같은 조건 아래서 계속 관찰될 수 있는가), 유관성(추론에 사용된 자료가 관찰하려는 사실과 관련되는가), 표본성(추론을 위한 자료의 표본 추출이 공정하게 이루어졌는가)을 중시함
- ㉢ 분류
  - 일반화: 개별 사례에 비추어 나머지도 같을 것이라고 추론하여 결론에 이르는 방법
  - 통계적 귀납 추론: 어떤 집합의 구성 요소 중 일부를 관찰하여 전체에 대하여 결론을 내리는 방법으로 여론 조사가 대표적임. 충분한 자료를 수집한 후에 일반화해야 하며 대표적인 사례를 선정해야 함
  - 인과적 귀납 추론: 대상의 일부 현상들이 지닌 원인과 결과 관계를 인식하여 이를 바탕으로 결론을 이끌어 내는 추론 방법
  - 유비 추론: 두 대상의 속성이 동일하다는 사실에 근거해서 그것들의 다른 속성도 동일할 것이라고 결론을 내는 추론 방식. 생소한 가설의 추론·성립에 도움을 주는 방법이지만, 결론이 확실하지 못하다는 단점이 있음
    - 예 철수는 체력이 강하고, 지구력·순발력이 뛰어난 훌륭한 축구 선수이다. 영수도 체력이 강하고 지구력·순발력이 뛰어나다. 그러므로 영수도 훌륭한 축구 선수가 될 것이다.
③ 변증법적 논증: 대립되는 견해를 통해 새로운 결론을 도출해 내는 논증 방식. 두 개의 대립되는 개념 'A(정)'와 'B(반)'가 있을 때, 새로운 '결론(합)'을 이끌어 내는 논증 방식
  - 예 환경을 보전하자(정) ↔ 개발을 하자(반) → 환경 보전과 조화를 이루는 개발을 하자(합)

3. 논리의 오류

(1) **힘(위협, 공포)에 호소하는 오류**: 힘으로 상대를 위협함으로써 자신의 주장에 동의하게 하는 오류
  - 예 우리의 요구를 받아들이지 않으면, 그 대가를 치러야 할 것입니다.

(2) **인신공격의 오류(사람에 호소하는 오류)**: 주장 자체가 아닌, 그 (주장을 하는) 사람을 공격하는 오류
  - 예 그 과학자의 주장은 신뢰할 수 없다. 왜냐하면 마약을 한 적이 있기 때문이다.

(3) **피장파장의 오류(역공격의 오류)**: 자신이 비판받는 것이 상대방도 마찬가지라고 말할 때 생기는 오류
  - 예 "내가 뭘 잘못했다는 거야? 전에 보니까 넌 더하던데."

(4) **무지로부터의 논증**: 어떤 명제가 참 또는 거짓이라는 것이 증명되지 않았다는 것을 근거로 그 명제를 거짓 또는 참이라고 주장하는 오류
  - 예 귀신은 분명히 있다. 왜냐하면 귀신이 없다는 것을 증명한 사람이 없기 때문이다.

(5) **허수아비 공격의 오류**: 상대방의 주장을 재구성해서 비판하는 오류
  - 예 국방력을 강화해야 한다는 대통령의 연설문을 보아 무력으로 북한을 제압하겠다는 주장이다.

(6) **발생학적 오류**: 어떤 사상·사람·제도 등의 원천이 어떤 속성을 가지고 있기 때문에 그것들도 같은 속성을 가지고 있다고 추론하는 오류

　例 유도는 일본에서 시작되었기 때문에, 유도를 배우면 왜색에 물들기 쉽다.

(7) **원천봉쇄의 오류(우물에 독 뿌리기)**: 주장에 대한 반박을 원천적으로 봉쇄하는 오류

　例 제 주장에 찬성하지 못하시는 분은 애사심이 없는 분이 확실합니다.

(8) **연민·동정에 호소하는 오류**: 상대방의 동정심을 유발해 자기의 주장을 받아들이게 하는 오류

　例 사장님, 제가 해고를 당하면 제 처자식은 굶어죽습니다. 선처 부탁드립니다.

(9) **대중에 호소하는 오류**: 대중의 심리를 자극해서 사람들이 자기의 주장에 동의하도록 하는 오류

　例 이 소설은 좋은 소설이야. 몇 주째 판매량 1위니까.

(10) **잘못된 권위에 호소하는 오류**: 자신의 주장을 강화하기 위해 인용한 권위자나 기관이 주장과 관련이 없을 때 생기는 오류

　例 교황이 천동설이 옳다고 했다. 따라서 천체들이 지구를 돌고 있는 것이 틀림없다.

(11) **우연의 오류(원칙 혼동의 오류)**: 일반적인 규칙·사실을 예외적인 경우나 우연한 상황에 적용하는 오류

　例 악인은 다른 사람을 아프게 하는 존재이므로, 외과 의사는 악인이다.

(12) **성급한 일반화의 오류**: 특수한 경우에만 참인 것을 보편적인 원리로 삼아서 일반적인 경우에까지 적용시키는 오류

　例 하나를 보면 열을 안다고 했어. 지금 행동을 보니 아주 형편없는 애구나.

(13) **거짓 원인의 오류(원인 오판의 오류)**: 어떤 두 사건이 우연히 일치할 때, 한 사건을 다른 사건의 원인이라고 단정하는 오류

　例 검은 고양이가 내 앞을 지나갔다. 그리고 5분 후에 나는 교통사고를 당했다. 즉, 내 사고는 검은 고양이 때문이다.

(14) **논점 일탈의 오류**: 논점에서 벗어나서 논점과 관련성이 없는 주장을 할 때 생겨나는 오류

　例 여행이 뭐라고 계속 싸우고 있니? 이럴 시간 있으면 공부나 해!

(15) **복합 질문의 오류**: 둘 이상의 질문을 하나의 질문처럼 보이게 해서 상대방을 질문자의 의도대로 이끌어 갈 때 생기는 오류

　例 "당신은 훔친 돈을 모두 탕진했습니까?" – "예", "아니요" 어느 쪽으로 답해도 돈을 훔친 것을 인정하게 된다.

(16) **흑백 사고의 오류**: 양 극단의 가능성만 있고 다른 가능성은 없다고 생각함으로써 생기는 오류

　例 넌 나를 좋아하지 않는 것 같아. 그러니까 넌 나를 싫어하는 게 분명해.

(17) **의도 확대의 오류**: 어떠한 행위가 의도하지 않은 결과를 유발시켰을 때, 결과를 의도된 행위라고 간주하는 오류

　例 그 사람을 피하려다가 교통사고가 나서 사람이 죽었는데, 그런 살인자를 벌금만 받고 풀어 주는 법이 어디 있어요?

(18) 잘못된 유비 추론(잘못된 비유의 오류): 어떤 것을 다른 것에 비유해서 설명하거나 정당화했는데, 그 유사성이 별로 크지 않을 때 생기는 오류

　예 컴퓨터와 사람은 유사한 점이 많아. 그러니까 컴퓨터도 사람처럼 감정이 있을 거야.

(19) 순환 논증의 오류: 어떤 주장을 논증함에 있어서 주장과 같은 명제를 논거로 삼을 때 생기는 오류

　예 그 사람은 나쁜 사람이니까 사형을 당해야 해. 사형을 당하는 것을 보니 나쁜 놈이네.

(20) 사적 관계에 호소하는 오류: 상대방과의 친분을 근거로 주장을 받아들이게 하는 오류

　예 이번 선거 좀 도와 줘. 우린 친구잖아.

(21) 애매어로 인한 오류: 동일한 단어가 여러 가지 의미로 사용될 때 생기는 오류

　예 꼬리가 길면 잡힌다. 다람쥐는 꼬리가 길다. 그러므로 다람쥐는 잡힌다.

(22) 강조의 오류: 문장의 한 부분을 강조하는 데서 생기는 오류

　예 "밤늦게 술 마시고 돌아다니지 마라." - "낮에는 마셔도 돼요?"

(23) 결합 · 합성의 오류: 부분이나 개별적 요소가 지닌 성질이나 특성이 전체 또는 부분의 집합에도 있다고 추론할 때 생기는 오류

　예 그 나라 사람들은 모두 도덕적이고 친절하다. 그러므로 그 국가도 도덕적이고 친절할 것이다.

CHAPTER 02 언어논리 적중문제

☑ 정답 및 해설 p.012

01 어휘력

01 다음 중 유의어끼리 바르게 짝 지어진 것은?

① 도모 – 계획
② 비극 – 희극
③ 상이 – 동일
④ 지양 – 지향
⑤ 성은 – 망극

02 다음 중 낱말 간의 관계가 아래 단어들의 의미 구성과 같은 것은?

> 시비, 영고, 성쇠

① 길흉 – 화복
② 돌연 – 변이
③ 간단 – 명료
④ 선남 – 선녀
⑤ 당착 – 모순

03 다음 밑줄 친 단어와 가장 가까운 의미로 사용된 것은?

> 금메달을 딴 그는 기쁨에 <u>찬</u> 얼굴로 눈물을 흘렸다.

① 그의 연설 내용은 신념과 확신에 <u>차</u> 있었다.
② 팔목에 수갑을 <u>찬</u> 죄인이 구치소로 이송되었다.
③ 출발 신호와 함께 선수들은 출발선을 <u>차며</u> 힘차게 내달렸다.
④ 기자 회견장은 취재 기자들로 가득 <u>차서</u> 들어갈 틈이 없었다.
⑤ 오늘 갑자기 날씨가 매우 <u>차다</u>.

04 다음 문장을 각 표현 방법에 맞는 것끼리 바르게 짝 지은 것은?

> ㄱ. 공부를 10분이나 하다니, 그러다 1등 하는 것 아니니?
> ㄴ. 일등을 향한 너의 고요한 외침은 나를 눈물 짓게 하였다.
> ㄷ. (저금을 안 하는 친구에게) 그러다 금방 부자 되겠다.
> ㄹ. 내 인생을 망치러 온 나의 구원자

	반어법	역설법
①	ㄱ	ㄴ, ㄷ, ㄹ
②	ㄱ, ㄴ	ㄷ, ㄹ
③	ㄱ, ㄷ	ㄴ, ㄹ
④	ㄱ, ㄹ	ㄴ, ㄷ
⑤	ㄴ, ㄷ	ㄱ, ㄹ

05 다음 중 〈보기〉의 밑줄 친 단어의 의미와 가장 가까운 것은?

> **보기**
>
> 선거관리위원회는 공정 선거의 중립성을 <u>지켜야</u> 한다.

① 군인들이 국경을 <u>지키고</u> 있다.
② 교통 법규를 잘 <u>지킵시다</u>.
③ 부모님의 유산을 <u>지키려고</u> 노력했다.
④ 내 친구는 약속을 잘 <u>지키지</u> 않는다.
⑤ 그는 1등 자리를 <u>지키기</u> 위해 열심히 공부했다.

06 다음 중 밑줄 친 부분을 한자어로 바르게 바꾼 것은?

> 질문이 있는 사람은 내가 말하는 중이라도 <u>거리낌</u> 없이 질문해 주기 바란다.

① 기탄(忌憚) ② 오해(誤解)
③ 지장(支障) ④ 경황(景況)
⑤ 여과(濾過)

07 다음 중 밑줄 친 단어의 뜻풀이가 적절하지 않은 것은?

① 그의 결심은 <u>추호(秋毫)</u>도 흔들리지 않았다. : 매우 적거나 조금인 것
② 노사 양측의 견해차를 어떻게 좁히느냐가 <u>초미(焦眉)</u>의 관심사이다. : 매우 급함
③ 그의 시가 <u>회자(膾炙)</u>되고 있다. : 많은 사람이 줄을 지어 길게 늘어선 모양
④ 수십 년을 쌓아 온 그녀의 <u>아성(牙城)</u>을 무너뜨릴 수는 없었다. : 아주 중요한 근거지
⑤ 주민들은 사건의 진상 <u>규명(糾明)</u>을 촉구하였다. : 어떤 사실을 자세히 따져서 바로 밝힘

08 다음 중 한자성어를 활용한 표현이 적절하지 않은 것은?

① 이렇게 착한 아내를 맞게 된 것은 천우신조(天佑神助)가 아닐 수 없어.
② 마부위침(磨斧爲針)의 자세로 한번 시작한 도전을 끝까지 마무리할 것이다.
③ 건강에 좋다는 음식도 너무 많이 먹으면 과유불급(過猶不及)이니 적정량을 섭취해야 해.
④ 두 번은 지지 않아. 반드시 아비규환(阿鼻叫喚)처럼 널 이기고 말 거야.
⑤ 은아는 입사 시험에 합격하여 금의환향(錦衣還鄉)하는 기분으로 고향에 갔다.

09 다음 글의 밑줄 친 부분의 의미를 가진 한자성어는?

> 노작(勞作)의 결정체인 서적을 읽으면, 저자의 장구한 기간의 체험이나 연구를 독자는 극히 짧은 시일에 자기 것으로 만들 수 있게 된다. 그뿐만 아니라, 서적에서 얻은 지식이나 암시에 의하여 <u>그 저자보다 한 걸음 더 나아가는</u> 새로운 지식을 터득하게 되는 일이 많다. 그렇기 때문에 서적은 어두운 거리에 등불이 되는 것이며 험한 나루에 훌륭한 배가 된다.

① 甲男乙女(갑남을녀)
② 靑出於藍(청출어람)
③ 溫故知新(온고지신)
④ 他山之石(타산지석)
⑤ 惡傍逢雷(악방봉뢰)

10 ㉠, ㉡과 바꿔 쓸 수 있는 한자어로 적절한 것은?

> • 주일 대사가 협상을 마치고 ㉠ 본국으로 돌아왔다.
> • 외교통상부에서 성명을 내는 등, ㉡ 상응하는 조치를 취하고 있다.

	㉠	㉡
①	귀국(歸國)	옹호(擁護)
②	귀국(歸國)	대처(對處)
③	귀국(歸國)	대비(對備)
④	소환(召還)	옹호(擁護)
⑤	소환(召還)	대처(對處)

11 다음 제시문의 빈칸에 들어갈 속담으로 적절한 것은?

> 이제 북방 오랑캐 궁성을 침노하여 임금의 위태함이 경각에 있으니 대장부 급한 마음 (   ) 같은지라. 너는 힘을 다하여 한양을 순식간에 득달(得達)하여라.

① 임자 없는 용마(龍馬)
② 일각(一刻)이 여삼추(如三秋)
③ 잔솔밭에서 바늘 찾기
④ 냉수 먹고 이 쑤시기
⑤ 나중 난 뿔이 우뚝하다

12 다음 중 관용 표현의 뜻을 잘못 풀이한 것은?
① 입을 맞추다 - 서로 말이나 의견이 같도록 하다.
② 입을 모으다 - 여러 사람이 같은 의견을 말하다.
③ 손을 끊다 - 교제나 거래 따위를 중단하다.
④ 얼굴을 깎다 - 부끄러움을 모르고 염치가 없다.
⑤ 초로와 같다 - 인생 따위가 덧없다.

13 다음 밑줄 친 부분과 같은 의미로 쓰인 것은?

> 선생님과 작은 오해로 생긴 <u>틈</u>은 걷잡을 수 없이 커졌다.

① 그들이 얼마나 돈독한지 내가 낄 틈이 없더라.
② 쉴 틈 없이 바로 일을 시작했다.
③ 그에게 절대 공격당할 틈을 보이지 마.
④ 문틈으로 찬 공기가 들어왔다.
⑤ 그는 그렇게 바쁜데 어느 틈에 공부를 했는지 모르겠다.

02 어법

14 다음 중 맞춤법이 옳은 것은?

① 웃어른
② 웃목
③ 웃니
④ 웃마을
⑤ 웃사람

15 다음 중 맞춤법에 어긋나는 것은?

① 솔직히 말해서 나는 돈이 좋다.
② 여자는 화장을 하지 않아 모자를 깊숙이 내려 썼다.
③ 남자는 일이 마무리되는 대로 속히 돌아가겠다고 약속했다.
④ 철원 평야에 나지막히 들어선 야산에서 서바이벌 게임을 즐겼다.
⑤ 밤새 비가 왔는지 땅이 촉촉이 젖어 있었다.

16 다음 중 밑줄 친 단어의 표기가 옳은 것은?

① 신년도에는 보다 알찬 계획을 수립해야겠다.

② 과거 조선시대의 남존녀비 사상의 시작은 유교의 제사의식이라고 할 수 있다.

③ 부정했던 그 관리가 은익한 재산이 드러나기 시작했다.

④ 허 생원은 자신을 위해서는 엽전 한 잎 쓰지 않았다.

⑤ 그 후부터는 년도 표기를 생략했기 때문에 문서를 정리하기 힘들었다.

17 다음 중 표준 발음이 아닌 것은?

① 줄넘기[줄럼끼]   ② 갈 놈[갈롬]

③ 입원료[이뷘뇨]   ④ 난로[날ː노]

⑤ 상견례[상견녜]

18 다음 밑줄 친 말의 띄어쓰기가 올바르지 않은 것은?

① 그는 능력을 인정받아 회사에서 국장 겸 이사로 승진하였다.

② 음식을 남기면 환경부담금이 부과됩니다. 먹을 만큼만 가져가세요.

③ 설탕을 너무 많이 넣지 마. 26그램이면 적당해.

④ 저기를 좀 봐. 집 한채와 소 한마리의 모습은 정말 그림 같지 않니?

⑤ 이말 저말 할 것 없다. 그냥 시키는 대로 해.

19 다음 밑줄 친 말 중 상황에 따라 붙여쓰기가 허용되는 것이 아닌 것은?

① 어차피 우린 친구인데 내것 네것을 따질 필요가 있니?

② 그는 한잔 술에 시름을 잊는 나그네였다.

③ 다음 금액을 수령했음을 증명함. 일금: 삼십일만오천육백칠십팔원정.

④ 벌써 한잎 두잎 낙엽이 지는 것을 보니 가을이 깊어졌나 보다.

⑤ 그 사람이 이번에 장관겸부총리로 임명되었다.

20 다음 문장 중 고칠 부분이 없는 것은?

① 5년 만에 돌아온 고향에 도착하여 배웅 나온 가족들과 인사하는데 눈물을 참을 수 없었다.

② 우리 많이 늦었어. 빨리 옷과 가방을 메렴.

③ 나는 피자를 오빠는 우유를 마셨다.

④ 이 가게는 거기보다 맛과 가격 모두 저렴하다.

⑤ 바야흐로 크리에이터의 시대가 열렸다.

21 다음 문장의 외래어를 표기한 것으로 알맞은 것은?

> 화려한 <u>Accessory</u>가 나를 유혹했다.

① 악세서리　　　　　　　　　② 악세사리

③ 액세서리　　　　　　　　　④ 액세사리

⑤ 액셀서리

22 다음 밑줄 친 외래어를 옳게 표기한 것끼리 짝 지은 것은?

> 그녀는 오렌지를 갈아서 <u>Juice</u>를 만들었다. 그때 크리스마스 <u>Carol</u>이 들려오기 시작했다.

① 쥬스 – 캐롤　　　　　　　② 주스 – 캐롤

③ 쥬스 – 캐럴　　　　　　　④ 주스 – 캐럴

⑤ 주우스 – 캐롤

23 다음 문장 중 고칠 부분이 있는 것은?

① 불조심하는 것은 강조할 만하다.

② 오늘은 하루 종일 축구 경기를 볼 예정으로 있다.

③ 그 소식을 동생에게서 들었다.

④ 이것은 환경의 변화로 보인다.

⑤ 그 부부는 슬하에 딸 둘을 두었다.

24 다음 중 두 가지 이상의 의미로 해석되지 않는 문장은?

① 어머니의 그림이 계속 생각난다.
② 예쁜 승아와 태리가 만났다.
③ 아버지는 축구보다 농구를 더 잘하신다.
④ 아버지는 웃으면서 들어오는 나에게 인사했다.
⑤ 나는 어제 누나와 누나의 친구를 만났다.

25 다음 글의 빈칸에 알맞은 접속어는?

> 문학이 보여주는 세상은 실제 세상 그 자체가 아니며, 실제 세상을 잘 반영하여 작품으로 들여 놓은 것이다. (　　　) 문학 작품 안에 있는 세상이나 실제로 존재하는 세상이나 그 본질은 다를 바가 없다.

① 그러나 　　　　　　　　　　② 그렇기 때문에
③ 그래서 　　　　　　　　　　④ 그러므로
⑤ 요컨대

26 다음 글에 대한 평가로 가장 적절한 것은?

> 대중문화는 매스미디어의 급속한 발전과 더불어 급속히 대중 속에 파고든, 젊은 세대를 중심으로 이루어진 문화를 의미한다. 그들은 TV 속에서 그들의 우상을 찾아 이를 모방하는 것으로 대리 만족을 느끼고자 한다. 그러나 대중문화라고 해서 반드시 젊은 사람을 중심으로 이루어지는 것은 아니다. 넓은 의미에서의 대중문화는 남녀노소 누구나가 느낄 수 있는 우리 문화의 대부분을 뜻한다. 따라서 대중문화가 우리 생활에서 차지하는 비중은 가히 상상을 초월하며 우리의 사고 하나하나가 대중문화와 떼어놓고 생각할 수 없는 것이다.

① 앞, 뒤에서 서로 모순되는 설명을 하고 있다.
② 충분한 사례를 들어 자신의 주장을 뒷받침하고 있다.
③ 사실과 다른 내용을 사실인 것처럼 논거로 삼고 있다.
④ 말하려는 내용 없이 지나치게 기교를 부리려고 하였다.
⑤ 적절한 비유를 들어 중심 생각을 효과적으로 전달했다.

27 다음 글을 바탕으로 한 편의 글을 쓴다고 할 때, 이어질 내용의 주제로 가장 적절한 것은?

> 바다거북은 모래사장 아래 25 ~ 90cm 되는 곳에 알을 낳는다. 새끼 거북들이 모래 틈을 헤집고 통로를 내기란 어려운 일이라서 땅 위로 올라왔을 때는 체질량의 20%를 잃는다. 이때에는 곧장 수분을 섭취해야 하며 그러지 못하면 탈수 증상으로 죽기도 한다. 그러나 그러한 갈증은 뜨거운 해변의 모래를 가로질러 바다로 향해 가게 하는 힘이 된다.

① 가혹한 현실은 이상의 실현에 큰 장애가 된다.
② 장애 요인이 목표 달성의 원동력이 될 수도 있다.
③ 주어진 현실에 상관없이 꿈을 향해 매진해야 한다.
④ 무조건 높은 꿈보다 실현 가능한 꿈을 꾸어야 한다.
⑤ 태생적인 한계를 극복하기 위해 최선을 다해야 한다.

28 문맥상 빈칸에 들어갈 수 있는 속담으로 알맞은 것은?

> 모든 사업에는 새로운 아이디어와 치밀한 사업 계획이 기본이 되는 것인데, 그것은 남다른 안목이 있어야만 훌륭한 것이 될 수 있기 때문이다. (　　　)이/라는 말이 있는데, 이 역시 이와 같은 안목의 중요성을 강조한 말이다.

① 눈으로 우물 메우기
② 눈 뜬 장님
③ 눈 먼 고양이 달걀 어루듯 한다
④ 눈 가리고 아웅
⑤ 잔솔밭에서 바늘 찾기

29 다음 밑줄 친 부분과 같은 의미의 속담은?

> 모든 사람이 행복하기를 원하지만 실제로 행복을 얻는 사람은 비교적 적은 편이다. 사람들이 행복을 열심히 추구하는 데도 그것을 얻지 못하는 데는 여러 가지 이유가 있지만 가장 근본적인 이유는 행복의 조건에 대한 무지라고 생각된다.
> 행복의 본질은 삶에 대한 깊은 만족과 마음의 평화에 있으며, 그것을 얻기 위해서는 몇 가지 갖추어야 할 조건들이 있다. 행복의 조건이 무엇인지 모르고 행복의 조건을 갖추고자 하는 노력도 게을리하면서 엉뚱한 방향으로 행복을 추구하려 하기 때문에 행복을 얻지 못하는 경우가 많은 것이다. <u>행복을 얻으려면 행복의 조건을 바르게 알고, 바른길에서 행복을 찾아야 한다.</u>

① 우물에서 숭늉 찾기
② 빈 수레가 요란하다
③ 참새 그물에 기러기 걸린다
④ 호랑이 없는 골에 토끼가 왕 노릇 한다
⑤ 호랑이 굴에 가야 호랑이 새끼를 잡는다

30 다음 글의 제목으로 가장 적절한 것은?

> 반대는 필수불가결한 것이다. 지각 있는 대부분의 사람이 그러하듯 훌륭한 정치가는 항상 열렬한 지지자보다는 반대자로부터 더 많은 것을 배운다. 만약 반대자들이 위험이 있는 곳을 지적해 주지 않는다면, 그는 지지자들에 떠밀려 파멸의 길을 걷게 될 수 있기 때문이다. 따라서 현명한 정치가라면 그는 종종 친구들에게 벗어나기를 기도할 것이다. 친구들이 자신을 파멸시킬 수도 있다는 것을 알기 때문이다. 그리고 비록 고통스럽다 할지라도 반대자 없이 홀로 남겨지는 일이 일어나지 않기를 기도할 것이다. 반대자들이 자신을 이성과 양식의 길에서 멀리 벗어나지 않도록 해준다는 사실을 알기 때문이다. 자유의지를 가진 국민의 범국가적 화합은 정부의 독단과 반대당의 혁명적 비타협성을 무력화시키는 정치 권력의 충분한 균형에 의존하고 있다. 그 균형이 어떤 상황 때문에 강제로 타협하게 되지 않는 한, 모든 시민이 어떤 정책에 영향을 미칠 수는 있으나 누구도 혼자 정책을 지배할 수 없다는 것을 느끼게 되지 않는 한, 그리고 습관과 필요에 의해 서로 조금씩 양보하지 않는 한, 자유는 유지될 수 없기 때문이다.

① 민주주의와 사회주의
② 반대의 필요성과 민주주의
③ 민주주의와 일방적인 의사소통
④ 권력을 가진 자와 혁명을 꿈꾸는 집단
⑤ 혁명의 정의

31 다음 글의 주제로 알맞은 것은?

서양에서는 아리스토텔레스가 중용을 강조했다. 하지만 우리의 중용과는 다르다. 아리스토텔레스가 말하는 중용은 균형을 중시하는 서양인의 수학적 의식에 기초했으며 또한 우주와 천체의 운동을 완벽한 원과 원운동으로 이해한 우주관에 기초한 것이다. 그러므로 그것은 명백한 대칭과 균형의 의미를 갖는다. 팔씨름에 비유해 보면 아리스토텔레스는 똑바로 두 팔이 서 있을 때 중용이라고 본데 비해 우리는 팔이 한 쪽으로 완전히 기울었다 해도 아직 승부가 나지 않았으면 중용이라고 보는 것이다. 비대칭도 균형을 이루면 중용을 이룰 수 있다는 생각은 분명 서양의 중용관과는 다르다.

이러한 정신은 병을 다스리고 약을 쓰는 방법에도 나타난다. 서양의 의학은 병원체와의 전쟁이고 그 대상을 완전히 제압하는 데 반해, 우리 의학은 각 장기간의 균형을 중시한다. 만약 어떤 이가 간장이 나쁘다면 서양 의학은 그 간장의 능력을 회생시키는 방향으로만 애를 쓴다. 그런데 우리는 만약 더 이상 간장 기능을 강화할 수 없다고 할 때 간장과 대치되는 심장의 기능을 약하게 만드는 방법을 쓰는 것이다. 한쪽의 기능이 치우치면 병이 심해진다고 보기 때문이다. 우리는 의학 처방에 있어서조차 중용관에 기초해서 서양의 그것과는 다른 가치관과 세계관을 적용하면서 살아온 것이다.

① 아리스토텔레스의 중용의 의미
② 서양 의학과 우리 의학의 차이
③ 서양과 우리의 가치관
④ 서양 중용관과 우리 중용관의 차이
⑤ 균형을 중시하는 중용

32 다음 글의 내용과 일치하는 것은?

> 뉴턴은 빛이 눈에 보이지 않는 작은 입자라고 주장하였고, 이것은 그의 권위에 의지하여 오랫동안 정설로 여겨졌다. 그러나 19세기 초에 토마스 영의 겹실틈 실험은 빛의 파동성을 증명하였다. 겹실틈 실험은 먼저 한 개의 실틈을 거쳐 생긴 빛이 다음에 설치된 두 개의 겹실틈을 지나가게 하여 스크린에 나타나는 무늬를 관찰하는 것이다. 이때 빛이 파동이냐 입자이냐에 따라 결괏값이 달라진다. 즉, 빛이 입자라면 일자 형태의 띠가 두 개 나타나야 하는데, 실험 결과 스크린에는 예상과 다른 무늬가 나타났다. 마치 두 개의 파도가 만나면 골과 마루가 상쇄와 간섭을 일으키듯이, 보강 간섭이 일어난 곳은 밝아지고 상쇄 간섭이 일어난 곳은 어두워지는 간섭무늬가 연속적으로 나타난 것이다.
>
> 그러나 19세기 말부터 빛의 파동성으로는 설명할 수 없는 몇 가지 실험적 사실이 나타났다. 1905년에 아인슈타인은 빛은 광량자라고 하는 작은 입자로 이루어졌다는 광량자설을 주장하였다. 빛의 파동성은 명백한 사실이었으므로 이것은 빛이 파동이면서 동시에 입자인 이중적인 본질을 가지고 있다는 것을 의미하는 것이었다.

① 뉴턴의 가설은 그의 권위에 의해 현재까지도 정설로 여겨진다.
② 겹실틈 실험은 한 개의 실틈을 거쳐 생긴 빛이 다음 설치된 두 개의 겹실틈을 지나가게 해서 그 틈을 관찰하는 것이다.
③ 겹실틈 실험 결과, 일자 형태의 띠가 두 개 나타났으므로 빛은 입자이다.
④ 토마스 영의 겹실틈 실험은 빛의 파동성을 증명하였지만, 이는 아인슈타인에 의해서 거짓으로 판명 났다.
⑤ 아인슈타인의 광량자설은 뉴턴과 토마스 영의 가설을 모두 포함한다.

33 다음 글에 대한 설명으로 가장 적절한 것은?

> 이튿날 옥단춘은 혈룡에게 뜻밖의 말을 하였다. "오늘은 평양 감사가 봄놀이로 연광정에서 잔치를 한다는 영이 내렸습니다. 내 아직 기생의 몸으로서 감사의 영을 거역하고 안 나갈 수 없으니 서방님은 잠시 용서하시고 집에 계시면 속히 돌아오겠습니다." 말을 하고 난 후에 옥단춘은 연광정으로 나갔다. 그 뒤에 이혈룡도 집을 나와서 비밀 수배한 역졸을 단속하고 연광정의 광경을 보려고 내려갔다. 이때 평양 감사 김진희는 도내 각 읍의 수령을 모두 청하여 큰 잔치를 벌였는데, 그 기구가 호화찬란하고 진수성찬의 배반(杯盤)이 낭자하였다. 이때는 춘삼월 호시절이었다. 좌우산천을 둘러보니 꽃이 피어 온통 꽃산이 되었고 나뭇잎은 피어서 온통 청산으로 변해 있었다.
>
> – 작자 미상, 「옥단춘전」

① 배경을 세밀하게 묘사하여 사건의 분위기를 조성하고 있다.
② 등장인물의 성격 변화를 통해 갈등과 긴장감을 극대화하고 있다.
③ 서술자가 직접 개입하여 인물의 행동과 심리를 드러내고 있다.
④ 과장과 희화화 수법을 활용하여 등장인물의 성격을 부각시키고 있다.
⑤ 과거와 현재를 오가며 이야기가 진행되고 있다.

34 다음 중 (가)의 위치로 가장 자연스러운 것은?

> (가) 두 손으로 따뜻한 볼을 쓸어 보면 손바닥에도 파란 물감이 묻어난다.

> (①) 여기저기서 단풍잎 같은 슬픈 가을이 뚝뚝 떨어진다. 단풍잎 떨어져 나온 자리마다 봄을 마련해 놓고 나뭇가지 우에 하늘이 펼쳐 있다. (②) 가만히 하늘을 들여다보려면 눈썹에 파란 물감이 든다. (③) 다시 손바닥을 들여다본다. (④) 손금에는 맑은 강물이 흐르고, 맑은 강물이 흐르고, 강물 속에는 사랑처럼 슬픈 얼굴―아름다운 순이의 얼굴이 어린다. (⑤) 소년은 황홀히 눈을 감아 본다. 그래도 맑은 강물은 흘러 사랑처럼 슬픈 얼굴―아름다운 순이의 얼굴을 어린다.
>
> – 윤동주, 「소년」

나이가 들면서 크고 작은 신체적 장애가 오는 것은 동서고금의 진리이고 어쩔 수 없는 사실이다. 노화로 인한 신체적 장애는 사십 대 중반의 갱년기를 넘기면 누구에게나 나타날 수 있는 현상이다.

원시가 된다든가, 치아가 약해진다든가, 높은 계단을 빨리 오를 수 없다든가, 귀가 잘 안 들려서 자신도 모르게 큰 소리로 이야기한다든가, 기억력이 감퇴하는 것 등이 그 현상이다. 노인들에게 '당신들도 젊은이들처럼 할 수 있다.'라고 헛된 자존심을 부추길 것이 아니라, (㉠) 우리가 장애인들에게 특별한 배려를 하는 것은 그들의 인권을 위해서이다. 그것은 건강한 사람과 동등하게 그들을 인간으로 대하는 태도이다. 늙음이라는 신체적 장애를 느끼는 노인들에 대한 배려도 그들의 인권을 보호하는 차원에서 이루어져야 할 것이다.

집안의 어르신을 잘 모시는 것을 효도의 관점에서만 볼 것이 아니라, 인권의 관점에서 볼 줄도 알아야 한다. 노부모에 대한 효도가 좀 더 보편적 차원의 성격을 갖지 못한다면, 앞으로의 세대들에게 설득력을 얻기 어려울 것이다. 나는 장애인을 위한 자원봉사에는 열심히 한 젊은이가 자립 능력이 없는 병약한 노부모 모시기를 거부하며 효도의 ㉡ 시대착오적 측면을 비판하는 경우를 보았다. 이렇게 인권의 사각지대는 가정 안에도 있을 수 있다. 보편적 관점에서 보면, 노부모를 잘 모시는 것은 효도의 차원을 넘어선 인권 존중이라고 할 수 있다. 인권 존중은 가까운 곳에서부터 시작되어야 하고, 인권은 그것이 누구의 인권이든, 언제 어디서든 존중되어야 한다.

35 ㉠에 들어갈 말로 가장 적절한 것은?

① 모든 노인들을 가족처럼 공경해야 한다.
② 노인 스스로 그 문제를 해결할 수 있도록 한다.
③ 노인들에게 실질적으로 경제적인 도움을 주어야 한다.
④ 노인성 질환 치료를 위해 노력해야 한다.
⑤ 노인들의 신체적 장애로 인한 부담을 사회가 나누어 가져야 한다.

36 ㉡의 사례로 적절하지 않은 것은?

① 정민주 씨는 투표할 때마다 반드시 입후보자들의 출신 고교를 확인한다.
② 차사랑 씨는 직장에서 승진하였기에 자가용 자동차를 고급 차로 바꾸었다.
③ 이규제 씨는 학생들의 효율적인 생활지도를 위해 두발 규제를 제안했다.
④ 한지방 씨는 생활비를 아끼기 위해 직장에 도시락을 싸가기로 했다.
⑤ 장부장 씨는 직원들의 창의적 업무 수행을 위해 직원들의 복장을 통일된 정장 차림으로 할 것을 건의하였다.

37 다음 ㈀ ～ ㈄을 가장 자연스럽게 배열한 것은?

> 어떤 문화의 변동은 외래문화의 압도적 영향이나 이식에 의해 일방적으로 이루어지는 것이 아니라, 수용 주체의 창조적·능동적 측면과 관련되어 이루어지는 매우 복합적인 것이다.
> ㈀ 그리하여 외래문화 중에서 이러한 결핍 부분의 충족에 유용한 부분만을 선별해서 선택적으로 수용하게 된다.
> ㈁ 이러한 수용 주체의 창조적·능동적 측면은 문화 수용과 변동에서 무엇보다 우선시되는데, 이것이 외래문화 요소의 수용을 결정짓는다.
> ㈂ 즉, 어떤 문화의 내부에 결핍 요인이 있을 때, 그 문화의 창조적·능동적 측면은 이를 자체적으로 극복하려 노력하지만, 이러한 극복이 내부에서 성취될 수 없을 때, 외래 요소의 수용을 통해 이를 이루고자 한다.
> 다시 말해, 외래문화는 수용 주체의 내부 요인에 따라 수용 또는 거부되는 것이다.

① ㈀ － ㈁ － ㈂
② ㈀ － ㈂ － ㈁
③ ㈁ － ㈀ － ㈂
④ ㈁ － ㈂ － ㈀
⑤ ㈂ － ㈁ － ㈀

38 다음 문장을 논리적 순서대로 알맞게 배열한 것은?

> (A) 또한, 내과 교수팀은 "이번에 발표된 치료성적은 치료 중인 많은 난치성 결핵 환자들에게 큰 희망을 줄 수 있을 것"이라고 발표했다.
> (B) A병원 내과 교수팀은 결핵 및 호흡기학회에서 그동안 치료가 매우 어려운 것으로 알려진 난치성 결핵의 치료 성공률을 세계 최고 수준인 80%로 높였다고 발표했다.
> (C) 완치가 거의 불가능한 난치성 결핵균에 대한 치료성적이 우리나라가 세계 최고 수준인 것으로 발표되어 치료 중인 환자와 가족들에게 희소식이 되고 있다.
> (D) 내과 교수팀은 지난 10년간 A병원에서 치료한 결핵 환자 155명의 치료성적을 분석한 결과, 치료 성공률이 49%에서 57%, 현재는 80%에 이르렀다고 발표했다.

① (A) － (B) － (C) － (D)
② (C) － (B) － (D) － (A)
③ (C) － (A) － (D) － (B)
④ (A) － (D) － (C) － (B)
⑤ (B) － (C) － (A) － (D)

39 (가) ~ (라)를 논리적 순서로 배열할 때 가장 적절한 것은?

'국어 순화'를 달리 이르는 말로 '우리말 다듬기'라는 말이 쓰이고 있다. '국어 순화'라는 말부터 순화해야 한다는 지적이 있었던 상황에서 '우리말 다듬기'라는 말은 그 의미를 쉽게 짐작할 수 있다. 이러한 점에서 '우리말 다듬기'는 국어 순화의 기본 정신에 걸맞은 말이라고 할 수 있다.

(가) 우리말 다듬기는 국어 속에 있는 잡스러운 것을 없애고 순수성을 회복하는 것과 복잡한 것을 단순하게 하는 것이다.

(나) 또한, 그것은 복잡한 것으로 알려진 어려운 말을 쉬운 말로 고치는 일도 포함한다.

(다) 따라서 우리말 다듬기란 한마디로 고운 말, 바른 말, 쉬운 말을 가려 쓰는 것을 말한다.

(라) 따라서 우리말 다듬기는 잡스러운 것으로 여겨지는 들어온 말 및 외국어를 고유어로 재정리하는 것과 비속한 말이나 틀린 말을 고운 말, 표준말로 바르게 하는 것을 의미한다.

즉, 우리말 다듬기는 '순우리말(토박이말)'이 아니거나 '쉬운 우리말'이 아닌 말을 순우리말이나 쉬운 우리말로 바꾸어 쓰는 '순우리말 쓰기'나 '쉬운 우리말 쓰기'를 아우르는 말이다. 그러나 우리말 다듬기의 범위를 넓게 잡으면 '바른 우리말 쓰기', '고운 우리말 쓰기'까지도 포함할 수 있다. '바른 우리말 쓰기'는 규범이나 어법에 맞지 않는 말이나 표현을 바르게 고치는 일을 가리키고, '고운 우리말 쓰기'는 비속한 말이나 표현을 우아하고 아름다운 말로 고치는 일을 가리킨다.

① (가) – (나) – (다) – (라)
② (가) – (다) – (라) – (나)
③ (가) – (라) – (나) – (다)
④ (가) – (라) – (다) – (나)
⑤ (가) – (다) – (나) – (라)

40 다음 제시된 문장을 순서에 알맞게 배열한 것은?

㉠ 가령 해당 주민을 다른 지역으로 일시 대피시키는 소개의 경우 주민의 불안감 증대, 소개 과정의 혼란 등의 부작용이 예상되기 때문입니다.

㉡ 이러한 조치를 취하게 되면 방사능 피폭선량을 줄일 수는 있지만 그 부작용도 고려해야 합니다.

㉢ 방사능 비상사태 시 영향 지역 내 주민의 방사능 피폭을 줄이기 위한 조치로 옥내 대피, 갑상선 보호제 투여, 이주 등이 있습니다.

㉣ 따라서 보호 조치의 기본 원칙은 그 조치로 인한 이로움이 동반되는 해로움보다 커야 한다는 것입니다.

① ㉠ – ㉢ – ㉡ – ㉣
② ㉡ – ㉠ – ㉢ – ㉣
③ ㉢ – ㉡ – ㉠ – ㉣
④ ㉢ – ㉠ – ㉣ – ㉡
⑤ ㉢ – ㉡ – ㉣ – ㉠

41 다음 빈칸에 들어갈 문장으로 가장 적절한 것은?

> 과거, 민화를 그린 사람들은 정식으로 화업을 전문으로 하는 사람이 아니었다. 대부분 타고난 그림 재주를 밑천으로 그림을 그려 가게에 팔거나 필요로 하는 사람에게 그려주고 그 대가로 생계를 유지했던 사람들이었다. 그들은 민중의 수요를 충족시키기 위해 정형화된 내용과 상투적 양식의 그림을 반복적으로 그렸다.
>
> 민화는 당초부터 세련된 예술미 창조를 목표로 하는 그림이 아니었다. 단지 이 세상을 살아가는 데 필요한 진경(珍景)의 염원과 장식 욕구 충족을 위한 그림이었다. 그래서 표현 기법이 비록 유치하고 상투적이라 해도 화가나 감상자(수요자) 모두에게 큰 문제가 되지 않았다. ⎯⎯⎯⎯⎯⎯⎯⎯⎯⎯⎯⎯⎯⎯⎯ 다시 말해 민화는 필력보다 소재와 그것에 담긴 뜻이 더 중요한 그림이다. 문인 사대부들이 독점 향유해 온 소재까지도 서민들은 자기 방식으로 해석하고 번안하여 그 속에 현실적 욕망을 담아 생활 속에 향유했다. 민화에 담은 주된 내용은 세상에 태어나 죽을 때까지 많은 자손을 거느리고 부귀를 누리면서 편히 오래 사는 것이었다.

① '어떤 기법을 쓰느냐.'에 따라 민화는 색채가 화려하거나 단조로울 수 있다.

② '어떤 기법을 쓰느냐.'보다 '무엇을 어떤 생각으로 그리느냐.'를 중시하는 것이 민화였다.

③ '어떤 기법을 쓰느냐.'보다 '감상자가 작품에 만족 하는지.'를 중시하는 것이 민화였다.

④ '어떤 기법을 쓰느냐.'에 따라 세련된 그림이 나올 수도 있고, 투박한 그림이 나올 수 있다.

⑤ '어떤 기법을 쓰느냐.'와 '무엇을 어떤 생각으로 그리느냐.'가 모두 중시하는 것이 민화다.

42 다음 글의 흐름으로 보아 빈칸에 들어갈 내용으로 가장 적절한 것은?

동물들은 홍채에 있는 근육의 수축과 이완을 통해 눈동자를 크게 혹은 작게 만들어 눈으로 들어오는 빛의 양을 조절하므로 눈동자 모양이 원형인 것이 가장 무난하다. 그런데 고양이와 늑대와 같은 육식동물은 세로로, 양이나 염소와 같은 초식동물은 가로로 눈동자 모양이 길쭉하다. 특별한 이유가 있는 것일까?

육상동물 중 모든 육식동물의 눈동자가 세로로 길쭉한 것은 아니다. 주로 매복형 육식동물의 눈동자가 세로로 길쭉하다. 이는 숨어서 기습을 하는 사냥 방식과 밀접한 관련이 있는데, 세로로 길쭉한 눈동자가 _____ 일반적으로 매복형 육식동물은 양쪽 눈으로 초점을 맞춰 대상을 보는 양안시로, 각 눈으로부터 얻는 영상의 차이인 양안시차를 하나의 입체 영상으로 재구성하면서 물체와의 거리를 파악한다. 그런데 이러한 양안시차뿐만 아니라 거리지각에 대한 정보를 주는 요소로 심도 역시 중요하다. 심도란 초점이 맞는 공간의 범위를 말하며, 심도는 눈동자의 크기에 따라 결정된다. 즉, 눈동자의 크기가 커져 빛이 많이 들어오게 되면, 커지기 전보다 초점이 맞는 범위가 좁아진다. 이렇게 초점의 범위가 좁아진 경우를 '심도가 얕다.'고 하며, 반대인 경우를 '심도가 깊다.'고 한다.

① 사냥감과의 경로를 정확히 파악하는 데 효과적이기 때문이다.
② 사냥감의 위치를 정확히 파악하는 데 효과적이기 때문이다.
③ 사냥감의 움직임을 정확히 파악하는 데 효과적이기 때문이다.
④ 사냥감과의 거리를 정확히 파악하는 데 효과적이기 때문이다.
⑤ 사냥감의 주변 동태를 정확히 파악하는 데 효과적이기 때문이다.

43 다음 중 빈칸에 들어갈 문장으로 가장 논리적인 것은?

철수와 민종이의 몸무게는 같다.
하늘이와 숙희의 몸무게도 같다.
그러므로 _____

① 남자의 몸무게는 여자의 몸무게보다 많다.
② 여자의 몸무게는 남자의 몸무게보다 많다.
③ 네 사람의 몸무게는 모두 같다.
④ 네 사람의 몸무게가 같은지 알 수 없다.
⑤ 네 사람 중 세 사람의 몸무게가 같을 수 있다.

44 다음 중 ㉠ ~ ㉢에 들어갈 말이 순서대로 바르게 된 것은?

> 직장인들이 꼭 알아 두어야 할 글쓰기 전략의 핵심 사항 몇 가지를 소개하면 다음과 같다.
> 첫째, (㉠   )
> 보고서, 제안서와 같은 사내 업무 문서는 물론이고 제품 설명서나 안내문, 그리고 보도 자료 같은
> 홍보 문서에 이르기까지 모든 업무 문서는 보고를 받는 사람, 혹은 이를 읽을 독자가 있다. 이들을
> 고려하지 않고 문서를 작성한다는 것은 내 맘대로 써서 보고할 테니 알아서 보라는 것과 다를 바
> 없다.
> 둘째, (㉡   )
> 예컨대 중간 관리자나 실무자가 경영자에게 보고서를 제출할 때는 설득의 관점에서 문서를 작성
> 해야 한다. 반면 경영자나 중간 관리자가 실무자를 상대로 지시 문서를 작성할 때는 교육의 관점에
> 서 글을 쓰는 것이 좋다.
> 셋째, (㉢   )
> 해결책 없는 보고서를 제출하는 이들이 있다. 말 그대로 '보고'만 하는 것이다. 하지만 이는 보고
> 서에 '무능력'이라는 꼬리표를 붙여 제출하는 것과도 같다. 상사는 어떠한 내용의 단순 보고만을 원
> 하지 않는다.

① ㉠ 상대방이 누구인지 살펴라.
  ㉡ 직급에 따라 설득 논리를 차별화하라.
  ㉢ 반드시 해결책을 제시하라.
② ㉠ 상대방이 누구인지 살펴라.
  ㉡ 반드시 해결책을 제시하라.
  ㉢ 직급에 따라 설득 논리를 차별화하라.
③ ㉠ 반드시 해결책을 제시하라.
  ㉡ 상대방이 누구인지 살펴라.
  ㉢ 직급에 따라 설득 논리를 차별화하라.
④ ㉠ 반드시 해결책을 제시하라.
  ㉡ 직급에 따라 설득 논리를 차별화하라.
  ㉢ 상대방이 누구인지 살펴라.
⑤ ㉠ 직급에 따라 설득 논리를 차별화하라.
  ㉡ 상대방이 누구인지 살펴라.
  ㉢ 반드시 해결책을 제시하라.

45 다음 명제들이 참일 때, 커피를 좋아하는 사람에 대한 설명으로 옳은 것은?

> • 커피를 좋아하는 사람은 홍차를 좋아하지 않는다.
> • 우유를 좋아하는 사람은 홍차를 좋아한다.
> • 우유를 좋아하지 않는 사람은 녹차를 좋아한다.
> • 우유를 좋아하는 사람은 호기심이 많다.
> • 녹차를 좋아하지 않는 사람은 시간을 잘 지킨다.

① 홍차를 좋아한다.　　　　　　　　② 녹차를 좋아한다.
③ 우유를 좋아한다.　　　　　　　　④ 시간을 잘 지킨다.
⑤ 호기심이 많다.

46 마지막 명제가 참일 때, 다음 빈칸에 들어갈 알맞은 문장은?

> 바이올린을 좋아하지 않는 사람은 플루트를 좋아하지 않는다.
> (　　　　　　　　　　　　　　　　　　　　　)
> 그러므로 콘트라베이스를 좋아하는 사람은 바이올린을 좋아한다.

① 바이올린을 좋아하는 사람은 콘트라베이스를 좋아한다.
② 콘트라베이스를 좋아하지 않는 사람은 플루트를 좋아하지 않는다.
③ 바이올린을 좋아하지 않는 사람은 콘트라베이스를 좋아한다.
④ 콘트라베이스를 좋아하는 사람은 플루트를 좋아한다.
⑤ 플루트를 좋아하는 사람은 콘트라베이스를 좋아한다.

47 〈보기〉와 같은 명제가 참일 때, 무조건 참인 명제는?

> **보기**
> 흑인은 체력이 좋다.

① 체력이 좋으면 흑인이다.
② 한국인은 체력이 좋지 않다.
③ 체력이 좋지 않으면 흑인이 아니다.
④ 백인은 체력이 약한 편이다.
⑤ 흑인이 아니면 체력이 좋지 않다.

48 다음 글과 같은 방식의 논리적 오류를 범하고 있는 것은?

> 甲학교와 乙학교의 수학 시험 결과, 언제나 甲학교의 수학 시험 점수가 乙학교의 점수보다 더 높은 것으로 나타났다. 이 결과로부터 甲학교의 학생인 철수가 乙학교의 학생인 영희보다 수학을 더 잘한다는 것을 알 수 있다.

① 모든 구리는 전도성이 있다. 내 앞에 놓인 물체는 구리다. 따라서 이 물체는 전도성이 있을 것이다.
② 이 회사는 매우 전문적이고 뛰어난 회사임이 틀림없다. 회사의 사원들 각자가 전문적이고 뛰어난 사람들로 구성되었기 때문이다.
③ 세계에서 이 카메라가 가장 가볍고 성능이 좋다. 그러므로 이 카메라의 각 부품들 역시 세계에서 가장 가볍고 성능이 좋을 것임에 틀림없다.
④ 사교성을 측정하는 심리 검사에서 나는 평균보다 높은 점수를 받았고 준영이는 평균보다 낮은 점수를 받았다. 즉, 내가 준영이보다 사교적이다.
⑤ 신(神)은 존재한다. 그 어떤 학자도 신이 없음을 증명하지 못했기 때문이다.

49 다음 글과 같은 방식의 논리적 오류를 범하고 있는 것은?

> 모래알 하나하나는 가볍다. 그러므로 한 트럭의 모래도 가볍다.

① 비가 오면 땅이 젖는다. 땅이 젖어 있다. 따라서 비가 온 것이다.
② 바보 중에는 착한 사람이 없다. 그러므로 천재 중에도 착한 사람은 없다.
③ 수창이는 IQ가 높고 머리가 좋다. 그러므로 좋은 대학교에 갈 것이다.
④ 태우야, 어서 공부해라. 공부 안 하면 나쁜 어린이가 된단다.
⑤ 이 회사의 사원들은 각자 전문적이고 뛰어난 사람들이다. 그러므로 이 회사는 매우 전문적이고 뛰어난 회사임에 틀림없다.

50 다음 글을 읽고 추론한 내용으로 적절하지 않은 것은?

선거 기간 동안 여론 조사 결과의 공표를 금지하는 것이 사회적 쟁점이 되고 있다. 조사 결과의 공표가 유권자 투표 의사에 영향을 미쳐 선거의 공정성을 훼손한다는 주장과 공표 금지가 선거 정보에 대한 언론의 접근을 제한하여 알 권리를 침해한다는 주장이 맞서고 있기 때문이다.

찬성론자들은 먼저 '밴드왜건 효과'와 '열세자 효과' 등의 이론을 내세워 여론 조사 공표의 부정적인 영향을 부각시킨다. 밴드왜건 효과에 의하면, 선거일 전에 여론 조사 결과가 공표되면 사표(死票) 방지 심리로 인해 표심이 지지도가 높은 후보 쪽으로 이동하게 된다. 이와 반대로 열세자 효과에 따르면, 열세에 있는 후보자에 대한 동정심이 발동하여 표심이 그쪽으로 움직이게 된다. 각각의 이론을 통해 알 수 있듯이, 여론 조사 결과의 공표가 어느 쪽으로든 투표 행위에 영향을 미치게 되고 선거일에 가까워질수록 공표가 갖는 부정적 효과가 극대화되기 때문에 이를 금지해야 한다는 것이다. 이들은 또한 공정한 여론 조사가 진행될 수 있는 제반 여건이 아직은 성숙되지 않았다는 점도 강조한다. 또한 금권, 관권 부정 선거와 선거 운동의 과열 경쟁으로 인한 폐해를 이유로 든다.

이와 달리 반대론자들은 표현의 자유를 실현하는 수단으로서 알 권리의 중요성을 강조한다. 알 권리는 국민이 의사를 형성하는 데 전제가 되는 권리인 동시에 국민 주권 실천 과정에 참여하는 데 필요한 정보와 사상 및 의견을 자유롭게 구할 수 있음을 강조하는 권리이다. 그리고 이 권리는 언론 기관이 '공적 위탁 이론'에 근거해 국민으로부터 위임받아 행사하는 것이므로 정보에 대한 언론의 접근이 보장되어야 충족된다. 후보자의 지지도나 당선 가능성 등에 관한 여론의 동향 등은 이 알 권리의 대상에 포함된다. 따라서 언론은 위임받은 알 권리를 국민의 뜻에 따라 대행하는 것이기 때문에, 여론 조사 결과의 공표를 금지하는 것은 결국 표현의 자유를 침해하여 위헌이라는 논리이다. 또 이들은 조사 결과의 공표가 선거의 공정성을 방해한다는 분명한 증거가 제시되지 않고 있기 때문에 조사 결과의 공표가 선거에 부정적인 영향을 미친다는 점이 확실하게 증명되지 않았음도 강조한다.

우리나라 현행 선거법은 선거일 전 6일부터 선거 당일까지 조사 결과의 공표를 금지하고 있다. 선거 기간 내내 공표를 제한했던 과거와 비교해 보면 금지 기간이 대폭 줄었음을 알 수 있다. 이 점은 공표 금지에 대한 찬반 논쟁이 시사하는 바가 크다.

① 언론 기관이 알 권리를 대행하기도 한다.
② 알 권리는 법률에 의해 제한되기도 한다.
③ 알 권리가 제한되면 표현의 자유가 약화된다.
④ 알 권리에는 정보 수집의 권리도 포함되어 있다.
⑤ 공표 금지 기간이 길어질수록 알 권리는 강화된다.

CHAPTER 03 자료해석

① 자료해석 소개

- 자료해석은 총 20문제를 25분 동안 풀어야 하며, 수리능력을 평가하는 과목이다.
- 어려운 공식을 이용하는 문제는 출제되지 않지만, 다양한 유형에 익숙해져야 한다.
- 평균 1문제당 약 1분 15초 이내에 풀어야 하므로 시간적으로 여유가 있지만, 표나 그래프 등이 주어지는 문제의 경우에는 매우 촉박할 수 있다.

② 자료해석 유형분석

구분	기초수리	응용수리	자료해석
학습방향	암기	이해	연습
난도분석	★★☆	★★☆	★★★
출제비중	★☆☆	★★☆	★★★

③ 자료해석 만점비법

❶ 기초·응용수리에서 시간을 아껴라!
기초수리와 응용수리는 문제유형이 유사하여 많은 문제를 풀어보면 금방 익숙해질 수 있다. 간단한 공식을 이용해 응용하는 문제가 많이 출제되므로 핵심이론을 꼼꼼히 학습해야 한다.

❷ 자료해석은 전략적으로 풀어라!
표 또는 그래프가 주어지는 자료해석 유형은 보기 4개의 정오를 판단하고 정답을 도출해야 하므로 풀이시간이 많이 걸린다. 그러므로 핵심이론의 자료해석 풀이방법을 꼼꼼히 학습하여 자신만의 풀이 전략을 터득해야 한다.

❸ 시간 배분 연습을 철저히 하라!
자료해석은 20문제를 25분 동안 풀어야 한다. 다른 과목에 비해 시간이 많아 보일 수 있지만, 자료해석 문제는 풀이시간이 오래 걸리므로, 최대한 기초·응용수리 문제를 빠르게 풀어 시간을 확보한 후 자료해석 문제를 푸는 데 투자해야 한다.

CHAPTER 03 자료해석 핵심이론

핵심이론 01   기초·응용수리

1. 방정식

(1) 일차방정식

① 등식과 방정식
    ㉠ 등식: 등호(=)를 사용하여 두 수나 식이 서로 같음을 나타낸 식
    ㉡ 방정식: 미지수의 값에 따라 참이 되기도 하고 거짓이 되기도 하는 등식
    ㉢ 항등식: 미지수에 어떤 값을 대입해도 항상 참이 되는 등식
    ㉣ 등식의 성질

> $a = b$일 때
> - 등식의 양변에 같은 수를 더하여도 등식은 성립한다. $\Rightarrow$ $a + c = b + c$
> - 등식의 양변에 같은 수를 빼어도 등식은 성립한다. $\Rightarrow$ $a - c = b - c$
> - 등식의 양변에 같은 수를 곱하여도 등식은 성립한다. $\Rightarrow$ $a \times c = b \times c$
> - 등식의 양변을 0이 아닌 같은 수로 나누어도 등식은 성립한다. $\Rightarrow$ $a \div c = b \div c$ (단, $c \neq 0$)

② 일차방정식의 풀이

    예 $2x - \dfrac{4}{7} = \dfrac{2}{7}(5x + 4)$

ⅰ) 계수가 분수나 소수이면 양변에 적당한 수를 곱하여 계수를 모두 정수로 고친다.	양변에 7을 곱하면 $14x - 4 = 2(5x + 4)$
ⅱ) 괄호가 있으면 분배법칙을 이용하여 괄호를 푼다.	$14x - 4 = 10x + 8$
ⅲ) x를 포함한 항은 좌변으로, 상수항은 우변으로 이항한다.	$14x - 10x = 8 + 4$
ⅳ) 양변을 정리하여 $ax = b \ (a \neq 0)$ 꼴로 고친다.	$4x = 12$
ⅴ) x의 계수 a로 양변을 나눈다.	$x = \dfrac{12}{4} = 3$

(2) 연립방정식

① 연립방정식: 미지수가 2개인 두 일차방정식을 한 쌍으로 묶어 나타낸 것
② 연립방정식을 푼다: 두 방정식을 모두 참이 되게 하는 순서쌍 (x, y)을 구하는 것

③ 연립방정식의 풀이

　㉠ 가감법 또는 대입법을 이용한다.

　　• 가감법: 두 일차방정식을 더하거나 빼서 한 미지수를 없앤 후 연립방정식의 해를 구하는 방법

　　　예 $\begin{cases} 2x+3y=8 & \cdots ⓐ \\ x+4y=14 & \cdots ⓑ \end{cases}$ $\xRightarrow{ⓑ \times 2}$ $\begin{cases} 2x+3y=8 \\ 2x+8y=28 \end{cases}$

　　• 대입법: 두 일차방정식 중 한 방정식을 하나의 미지수에 대하여 정리한 후, 이를 다른 방정식에 대입하여 해를 구하는 방법

　　　예 $\begin{cases} x=y+4 & \cdots ⓐ \\ 3x+2y=13 & \cdots ⓑ \end{cases}$ $\xRightarrow{ⓐ를 ⓑ에 대입}$ $3(y+4)+2y=13$

　㉡ 괄호가 있는 경우 분배법칙을 이용하여 괄호를 풀고 동류항을 정리한다.

　㉢ 계수가 소수나 분수인 경우 양변에 적당한 수를 곱하여 계수를 정수로 고친다.

2. 부등식

(1) 일차부등식

① 부등식: 부등호 $<$, $>$, $\leq$, $\geq$를 사용하여 수 또는 식의 대소 관계를 나타낸 식

② 부등식의 성질

> $a<b$일 때
>
> • 부등식의 양변에 같은 수를 더하거나 빼어도 부등호의 방향은 바뀌지 않는다.
>
> 　$\Rightarrow a+c<b+c$, $a-c<b-c$
>
> • 부등식의 양변에 같은 양수를 곱하거나 같은 양수로 나누어도 부등호의 방향은 바뀌지 않는다.
>
> 　$\Rightarrow ac<bc$, $\dfrac{a}{c}<\dfrac{b}{c}$ (단, $c>0$)
>
> • 부등식의 양변에 같은 음수를 곱하거나 같은 음수로 나누면 부등호의 방향이 바뀐다.
>
> 　$\Rightarrow ac>bc$, $\dfrac{a}{c}>\dfrac{b}{c}$ (단, $c<0$)

③ 일차부등식의 풀이

　예 $\dfrac{2x+1}{3} \leq \dfrac{3x+2}{2}+1$

ⅰ) 계수가 분수나 소수이면 양변에 적당한 수를 곱하여 정수로 고친다.	양변에 6을 곱하면 $2(2x+1) \leq 3(3x+2)+6$
ⅱ) 괄호가 있으면 분배법칙을 이용하여 괄호를 풀고 정리한다.	$4x+2 \leq 9x+12$
ⅲ) x를 포함한 항은 좌변으로, 상수항은 우변으로 이항한다.	$4x-9x \leq 12-2$
ⅳ) 양변을 정리하여 $ax>b$, $ax<b$, $ax \geq b$, $ax \leq b$ $(a \neq 0)$의 꼴로 고친다.	$-5x \leq 10$
ⅴ) x의 계수 a로 양변을 나눈다. 이때 $a<0$이면 부등호의 방향이 바뀐다.	$x \geq -2$

(2) 연립부등식

① 연립부등식: 두 개 이상의 일차부등식을 한 쌍으로 묶어 나타낸 것
② 연립부등식의 해: 연립부등식에서 각 부등식의 공통인 해
③ 연립부등식의 풀이

    ㉠ 각 부등식을 풀고, 해를 수직선 위에 나타내어 공통 부분을 구한다.

$$\boxed{예}\begin{cases} 6x < 7x+4 & \cdots\ \text{ⓐ} \\ 3x+1 \le 2x+3 & \cdots\ \text{ⓑ} \end{cases} 에서$$

       부등식 ⓐ를 풀면 $x > -4$, 부등식 ⓑ를 풀면 $x \le 2$

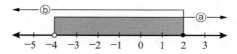

       따라서 구하는 해는 $-4 < x \le 2$

    ㉡ $A < B < C$ 꼴의 연립부등식은 $\begin{cases} A < B \\ B < C \end{cases}$ 꼴로 고쳐서 푼다.

(3) 부등식의 사칙연산

> $a < x < b,\ c < y < d$이고 $a,\ b,\ c,\ d > 0$일 때
> - $a+c < x+y < b+d$
> - $a-d < x-y < b-c$
> - $ac < xy < bd$
> - $\dfrac{a}{d} < \dfrac{x}{y} < \dfrac{b}{c}$

3. 방정식 · 부등식의 활용

(1) 방정식 · 부등식의 활용 문제를 푸는 순서

  $\boxed{예}$ 어떤 정수의 3배에서 1을 빼면 그 정수보다 7만큼 클 때, 어떤 정수는?

ⅰ) 구하려는 값을 미지수 x로 놓는다.	어떤 정수: x
ⅱ) 문제의 뜻에 맞게 방정식을 세운다.	(어떤 정수의 3배)$-1=$(어떤 정수)$+7$ ⇨ $3x-1 = x+7$
ⅲ) 방정식을 푼다.	$3x-1 = x+7,\ 2x=8\ \rightarrow\ x=4$
ⅳ) 구한 해가 문제의 뜻에 맞는지 확인한다.	$3\times 4-1 = 11,\ 4+7 = 11$

(2) 거리 · 속력 · 시간

> 거리를 s, 속력을 v, 시간을 t라 할 때,
> $s = vt$, $v = \dfrac{s}{t}$, $t = \dfrac{s}{v}$

(3) 일의 양: 전체 작업량을 1로 놓고, 단위 시간 동안 한 일의 양을 기준으로 식을 세워 해결한다.

예 어떤 일을 홍길동이 하면 5일이 걸릴 때, 홍길동이 하루에 할 수 있는 일의 양은 $\frac{1}{5}$ 이다.

(4) 농도

① $(\text{소금물의 농도}) = \dfrac{(\text{소금의 양})}{(\text{소금물의 양})} \times 100(\%)$

② $(\text{소금의 양}) = \dfrac{(\text{소금물의 농도})}{100} \times (\text{소금물의 양})$

예 5%의 소금물 800g에 들어 있는 소금의 양은?

$\Rightarrow \dfrac{5}{100} \times 800 = 40(\text{g})$

(5) 나이: 문제에서 제시된 조건의 나이가 현재인지, 과거인지를 확인한 후 구하려는 사람의 나이를 x 라 하여 식을 세워 해결한다.

예 현재 A의 나이가 30세, B의 나이가 10세라면 A 나이가 B 나이의 2배가 되는 것은 몇 년 후인가?

$\Rightarrow 30 + x = 2(10 + x)$ $\therefore x = 10$ 따라서 10년 후이다.

(6) 증가 · 감소

① x 가 a%만큼 증가: $\left(1 + \dfrac{a}{100}\right)x$

② x 가 a%만큼 감소: $\left(1 - \dfrac{a}{100}\right)x$

예 K공장의 9월 생산량은 전달에 비해 5% 감소하여 전체 760개를 생산하였다. 8월의 생산량은?

$\Rightarrow \left(1 - \dfrac{5}{100}\right)x = 760$ $\therefore x = 800$

(7) 금액

① (정가) = (원가) + (이익)

② (이익) = (판매 가격) − (원가)

③ a원에서 b%만큼 할인한 가격: $\left(1 - \dfrac{b}{100}\right)a$

(8) 날짜 · 요일

① 1일 = 24시간 = 1,440분 = 86,400초

② 월별 일수

31일	30일	28일 또는 29일
1월, 3월, 5월, 7월, 8월, 10월, 12월	4월, 6월, 9월, 11월	2월

③ 날짜, 요일 관련 문제는 대부분 나눗셈의 나머지를 이용

예 8월 19이 월요일이라면, 30일 후는 무슨 요일인가?

$\Rightarrow$ 일주일은 7일이므로 $30 \div 7 = 4 \cdots 2$ 따라서 월요일에서 이틀 후인 수요일이다.

(9) 시계

① 시침이 1시간 동안 이동하는 각도

$$\Rightarrow \frac{(\text{시침이 한 바퀴 돌 때의 각도})}{(\text{시침이 한 바퀴 돌 때의 시간})} = \frac{360°}{12} = 30°$$

② 시침이 1분 동안 이동하는 각도

$$\Rightarrow \frac{(\text{시침이 1시간 동안 이동하는 각도})}{1\text{시간}(60\text{분})} = \frac{30°}{60} = 0.5°$$

③ 분침이 1분 동안 이동하는 각도

$$\Rightarrow \frac{(\text{분침이 한 바퀴 돌 때의 각도})}{(\text{분침이 한 바퀴 돌 때의 시간})} = \frac{360°}{60} = 6°$$

예 현재 시계는 1시 20분을 가리키고 있다. 이때 분침과 시침의 각도는? (단, 90°보다 작을 것)

⇨ 12시를 기준으로 분침은 $6° \times 20 = 120°$, 시침은 $30° + (0.5° \times 20) = 40°$

∴ $120° - 40° = 80°$

(10) 수

① 연속한 두 자연수: x, $x+1$

② 연속한 세 자연수: $x-1$, x, $x+1$

③ 연속한 두 짝수(홀수): x, $x+2$

④ 연속한 세 짝수(홀수): $x-2$, x, $x+2$

⑤ 십의 자리의 숫자가 x, 일의 자리의 숫자가 y인 두 자리 자연수: $10x+y$

⑥ 백의 자리의 숫자가 x, 십의 자리의 숫자가 y, 일의 자리의 숫자가 z인 세 자리 자연수: $100x+10y+z$

4. 경우의 수

(1) 경우의 수

① 사건: 동일한 조건에서 반복할 수 있는 실험이나 관찰에 의하여 나타나는 결과

② 경우의 수: 어떤 사건이 일어나는 경우의 가짓수

(2) 합의 법칙과 곱의 법칙

① 합의 법칙: 두 사건 A, B가 동시에 일어나지 않을 때, 사건 A가 일어나는 경우의 수가 m이고, 사건 B가 일어나는 경우의 수가 n이면, 사건 A 또는 B가 일어나는 경우의 수는 $m+n$이다.

※ '또는', '~이거나' 등의 표현이 있으면 합의 법칙을 이용한다.

② 곱의 법칙: 두 사건 A, B에 대하여 사건 A가 일어나는 경우의 수가 m이고, 그 각각의 경우에 대하여 사건 B가 일어나는 경우의 수가 n이면, 두 사건 A와 B가 동시에, 일어나는 경우의 수는 $m \times n$이다.

※ '이고', '동시에', '연이어(잇달아)' 등의 표현이 있으면 곱의 법칙을 이용한다.

5. 순열과 조합

(1) 순열(Permutation)

① 순열의 정의: 서로 다른 n개에서 $r(0 < r \leq n)$개를 택하여 일렬로 나열하는 것을 n개에서 r개를 택하는 순열이라고 하고, 이 순열의 수를 기호 $_n\mathrm{P}_r$로 나타냄

② 순열의 수

   ㉠ $_n\mathrm{P}_r = n(n-1)(n-2) \cdots (n-r+1)$ (단, $0 < r \leq n$)

                   └──── r개 ────┘

   ㉡ $n! = n(n-1)(n-2) \cdots 3 \times 2 \times 1$

      ※ $n!$은 'n 팩토리얼(Factorial)' 또는 'n의 계승'이라고 읽으며, 이것은 1부터 n까지의 자연수를 차례대로 곱한 것을 의미

   ㉢ $_n\mathrm{P}_r = \dfrac{n!}{(n-r)!}$ (단, $0 \leq r \leq n$)

   ㉣ $_n\mathrm{P}_n = n!$, $_n\mathrm{P}_0 = 1$, $0! = 1$

(2) 조합(Combination)

① 조합의 정의: 서로 다른 n개에서 순서를 생각하지 않고 $r(0 < r \leq n)$개를 택하는 것을 n개에서 r개를 택하는 조합이라고 하고, 이 조합의 수를 기호 $_n\mathrm{C}_r$로 나타냄

② 조합의 수

   ㉠ $_n\mathrm{C}_r = \dfrac{_n\mathrm{P}_r}{r!} = \dfrac{n!}{r!\,(n-r)!}$ (단, $0 \leq r \leq n$)

   ㉡ $_n\mathrm{C}_0 = 1$, $_n\mathrm{C}_n = 1$

   ㉢ $_n\mathrm{C}_r = {}_n\mathrm{C}_{n-r}$ (단, $0 \leq r \leq n$)

   ㉣ $_n\mathrm{C}_r = {}_{n-1}\mathrm{C}_r + {}_{n-1}\mathrm{C}_{r-1}$ (단, $1 \leq r \leq n$)

③ 특정한 조건이 있는 조합

   ㉠ 서로 다른 n개에서 특정한 p개를 포함하여 r개를 뽑는 방법의 수 ⇨ $_{n-p}\mathrm{C}_{r-p}$

   ㉡ 서로 다른 n개에서 특정한 p개를 제외하고 r개를 뽑는 방법의 수 ⇨ $_{n-p}\mathrm{C}_r$

   ㉢ '적어도~'의 조건이 있는 조합의 수 ⇨ (전체 경우의 수)−(모두 ~가 아닌 경우의 수)

6. 확률

(1) 확률의 정의: 어떤 시행에서 일어날 수 있는 모든 경우의 수가 n이고, 각 경우가 일어날 가능성이 모두 같을 때, 사건 A가 일어나는 경우의 수가 a이면 사건 A가 일어날 확률 $P(A)$는 다음과 같다.

$$P(A) = \frac{(\text{사건 } A\text{가 일어나는 경우의 수})}{(\text{일어날 수 있는 모든 경우의 수})} = \frac{a}{n}$$

(2) 확률의 성질

① 임의의 사건 A가 일어날 확률을 $P(A)$라고 하면 $0 \le P(A) \le 1$임

② 반드시 일어나는 사건의 확률은 1이고, 절대로 일어날 수 없는 사건의 확률은 0임

(3) 확률의 덧셈과 곱셈: 사건 A가 일어날 확률을 p, 사건 B가 일어날 확률을 q라 하면

① 사건 A, B가 동시에 일어나지 않을 때 사건 A 또는 사건 B가 일어날 확률: $p+q$

② 사건 A, B가 서로 영향을 주지 않을 때 두 사건 A, B가 동시에 일어날 확률: $p \times q$

(4) 여사건의 확률

① 정의: 사건 A에 대하여 A가 일어나지 않는 사건을 A의 여사건이라 하고 기호 A^C로 나타냄

② 여사건의 확률: $P(A^C) = 1 - P(A)$

(5) 기댓값의 계산

① 사건 A가 일어날 확률을 p, 이때 받는 상금을 a원이라고 하면 기댓값은 $a \times p$(원)

② 동시에 일어나지 않는 두 사건 A, B에 대하여 상금의 기댓값은 (사건 A에 대한 기댓값)+(사건 B에 대한 기댓값)

7. 통계

(1) 도수분포표

① 정의: 주어진 자료를 몇 개의 계급으로 나누고, 각 계급에 속하는 도수를 조사하여 만든 표

② 계급값: 도수분포표에서 각 계급을 대표하는 값으로 각 계급의 중앙의 값, 즉 계급의 양 끝 값의 합의 $\frac{1}{2}$인 값

(2) 히스토그램과 도수분포다각형

① 히스토그램의 정의: 도수분포표를 보고 가로축에는 계급을, 세로축에는 도수를 표시하여 직사각형 모양으로 나타낸 그래프

② 도수분포다각형의 정의: 히스토그램에서 각 직사각형의 윗변의 중앙에 점을 찍고 차례대로 선분으로 연결하여 그린 그래프

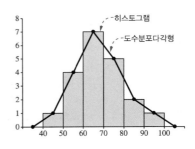

(3) 상대도수

① 상대도수: 전체 도수에 대한 각 계급의 도수의 비율

$$(어떤 \ 계급의 \ 상대도수) = \frac{(그 \ 계급의 \ 도수)}{(도수의 \ 총합)}$$

② 각 계급의 상대도수는 0 이상 1 이하이고 그 합은 항상 1이다.

③ 도수의 총합이 다른 둘 이상의 자료의 분포 상태를 비교할 때 이용한다.

예 〈상대도수의 분포표〉

점수	도수	상대도수
$50^{이상} \sim 60^{미만}$	22	0.36
60 $\sim$ 70	9	0.15
70 $\sim$ 80	6	0.1
80 $\sim$ 90	10	0.17
90 $\sim$ 100	13	0.22
합계	60	1

(4) 자료의 비교

① 대푯값: 자료 전체의 중심 경향이나 특징을 대표적으로 나타내는 값

ㄱ 평균: 전체 변량의 총합을 변량의 개수로 나눈 값

$$(평균) = \frac{(전체 \ 변량의 \ 총합)}{(변량의 \ 개수)}$$

ㄴ 중앙값: 자료의 변량을 작은 값부터 크기순으로 나열할 때 중앙에 위치하는 값으로, 변량의 개수가 홀수이면 중앙에 있는 값이, 변량의 개수가 짝수이면 중앙에 있는 두 값의 평균이 중앙값임

ㄷ 최빈값: 자료의 변량 중에서 가장 많이 나타나는 값으로, 자료에 따라 2개 이상일 수도 있음

② 산포도: 변량이 흩어져 있는 정도를 하나의 수로 나타낸 값

ㄱ 편차: 어떤 자료의 각 변량에서 평균을 뺀 값으로, 편차의 총합은 항상 0

ㄴ 분산: 편차의 제곱의 평균

$$(분산) = \frac{\{(편차)^2의 \ 총합\}}{(변량의 \ 개수)}$$

ㄷ 표준편차: 분산의 양의 제곱근

$$(표준편차) = \sqrt{(분산)}$$

8. 도형

(1) 다각형의 성질

① 삼각형

ㄱ 가장 긴 변의 길이가 나머지 두 변의 길이의 합보다 작음

ㄴ 세 내각의 크기의 합은 $180°$

ㄷ 한 외각의 크기는 그와 이웃하지 않은 두 내각의 크기의 합과 같음

② n각형 (단, $n \geq 3$인 자연수)

ㄱ n각형의 내각의 크기의 합: $180° \times (n-2)$

ㄴ n각형의 대각선의 개수: $\dfrac{n(n-3)}{2}$

ㄷ n각형의 외각의 크기의 합: $360°$

ㄹ n각형의 한 꼭짓점에서 그을 수 있는 대각선에 의하여 만들어지는 삼각형의 개수: $n-2$

(2) 평면도형의 넓이

① 삼각형의 넓이: $S = \dfrac{1}{2}ah$ (a: 밑변의 길이, h: 높이)

② 정사각형의 넓이: $S = a^2$ (a: 한 변의 길이)

③ 평행사변형의 넓이: $S = ah$ (a: 밑변의 길이, h: 높이)

④ 사다리꼴의 넓이: $S = \dfrac{(a+b)}{2}h$ (a: 윗변의 길이, b: 아랫변의 길이, h: 높이)

⑤ 원

　㉠ 원주: $l = 2\pi r$ (r: 반지름의 길이)

　㉡ 원의 넓이: $S = \pi r^2$ (r: 반지름의 길이)

⑥ 부채꼴

　㉠ 부채꼴의 호의 길이: $l = 2\pi r \times \dfrac{x}{360}$ (r: 반지름의 길이, x: 중심각)

　㉡ 부채꼴의 넓이: $S = \pi r^2 \times \dfrac{x}{360} = \dfrac{1}{2}rl$ (r: 반지름의 길이, l: 호의 길이)

(3) 입체도형의 부피와 겉넓이

① 기둥의 부피와 겉넓이

　㉠ 각기둥

　　• 부피(V) $= Ah$ (A: 밑넓이, h: 높이)

　　• 겉넓이(S) $=$ (밑넓이)$\times 2 +$(옆넓이)

　㉡ 원기둥(r: 밑면의 반지름의 길이, h: 높이)

　　• 부피(V) $= \pi r^2 h$

　　• 겉넓이(S) $= 2\pi r^2 + 2\pi rh = 2\pi r(r+h)$

② 뿔의 부피와 겉넓이

　㉠ 각뿔

　　• 부피(V) $= \dfrac{1}{3}Ah$ (A: 밑넓이, h: 높이)

　　• 겉넓이(S) $=$ (밑넓이)$+$(옆넓이)

　㉡ 원뿔(r: 밑면의 반지름의 길이, l: 모선의 길이, h: 높이)

　　• 부피(V) $= \dfrac{1}{3}\pi r^2 h$

　　• 겉넓이(S) $= \pi r^2 + \pi rl = \pi r(r+l)$

③ 구의 부피와 겉넓이(r: 구의 반지름의 길이)

　㉠ 부피(V) $= \dfrac{4}{3}\pi r^3$

　㉡ 겉넓이(S) $= 4\pi r^2$

9. 수열

(1) 등차수열: 첫째항부터 차례로 일정한 수를 더하여 만든 수열

예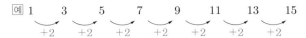

(2) 등비수열: 첫째항부터 차례로 일정한 수를 곱하여 만든 수열

예

(3) 계차수열: 항과 그 바로 앞의 항의 차를 계차라고 하며, 이 계차들로 이루어진 수열

예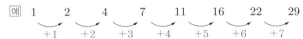

(4) 피보나치 수열: 앞의 두 항의 합이 그 다음 항을 이루는 수열

$$a_{n+2} = a_{n+1} + a_n \ (\text{단}, \ a_1 = 1, \ a_2 = 1, \ n \geq 1)$$

예   1   1 $\underset{1+1}{2}$ $\underset{1+2}{3}$ $\underset{2+3}{5}$ $\underset{3+5}{8}$ $\underset{5+8}{13}$ $\underset{8+13}{21}$

(5) 건너뛰기 수열: 두 개 이상의 수열이 일정한 간격을 두고 번갈아 가며 나타나는 수열

예   1   1   3   7   5   13   7   19

• 홀수항: 1   3   5   7   • 짝수항: 1   7   13   19
        +2   +2   +2   +6   +6   +6

(6) 여러 가지 수열

  ① 제곱형 수열

     예 $\dfrac{1}{1^2}$ $\dfrac{4}{2^2}$ $\dfrac{9}{3^2}$ $\dfrac{16}{4^2}$ $\dfrac{25}{5^2}$ $\dfrac{36}{6^2}$ $\dfrac{49}{7^2}$ $\dfrac{64}{8^2}$

  ② 표·도형 수열: 나열식 수열 추리와 크게 다르지 않은 유형이며, 수가 들어갈 위치에 따라 시계방향이나 행, 열의 관계를 유추하여야 함

     예

1	9	12	6
3	11	14	8

⇨ (위의 숫자)+2=(아래의 숫자)

  ③ 문자수열

숫자	1	2	3	4	5	6	7	8	9	10	11	12	13
알파벳	A	B	C	D	E	F	G	H	I	J	K	L	M
한글	ㄱ	ㄴ	ㄷ	ㄹ	ㅁ	ㅂ	ㅅ	ㅇ	ㅈ	ㅊ	ㅋ	ㅌ	ㅍ
한자	一	二	三	四	五	六	七	八	九	十			
로마자	i	ii	iii	iv	v	vi	vii	viii	ix	x			

숫자	14	15	16	17	18	19	20	21	22	23	24	25	26
알파벳	N	O	P	Q	R	S	T	U	V	W	X	Y	Z
한글	ㅎ												
한자													
로마자													

핵심이론 02 자료해석

1. 자료해석 문제의 구조

질문 다음은 1 ～ 9월 지역별 톨게이트 이용 현황을 나타낸 자료이다. 다음 설명 중 옳지 않은 것은?

⇨ 주어진 자료에 대한 소개와 문제가 제시된다.

자료

〈지역별 톨게이트 이용 현황〉

(단위: 만 명)

구분	서울	인천	경기	대전
1월	556	382	415	375
2월	915	796	711	559
3월	674	452	529	456
4월	519	625	552	369
5월	741	458	544	598
6월	685	854	445	322
7월	813	541	585	421
8월	947	896	755	712
9월	633	689	741	654

※ 서울, 인천, 경기, 대전 지역을 전체로 봄

⇨ 선지 해결을 위한 제목, 단위, 항목(변수), 데이터, 각주, 정보박스 등이 제시된다.

선지 ① 전체 톨게이트 이용량이 가장 적었던 달은 1월이다.
② 전체 톨게이트 이용량이 두 번째로 많았던 달은 8월이다.
③ 경기 지역은 8월에 톨게이트 이용량이 가장 많았다.
④ 대전 지역의 1 ～ 9월 톨게이트 이용량은 4,466만 명이다.

⇨ 선지는 대부분 선다형이 출제된다.

2. 자료의 종류

(1) 일반적 자료: 동일한 시점에서 여러 개의 항목(사람, 집단, 국가 등)을 측정한 것으로 최댓값과 최솟값, 대소 비교 및 순서 비교, 비중 계산, 항목 간의 관계 등을 알 수 있다.

예 〈2020년 국가별 온실가스 집약도 및 GDP〉

국가	온실가스 집약도	GDP(십억 달러)
중국	1,023	1,198
한국	729	511
미국	720	9,764
일본	400	4,649
전 세계	715	31,420

(2) 시계열 자료: 하나의 항목을 여러 시점에 따라 측정한 것으로 연도별, 반기별, 분기별, 월별, 주별, 일별 등 다양한 시간 단위로 제공된다. 증가(감소)하는 추세인지, 어느 정도 증가(감소)했는지, 전년(전분기) 대비 증가(감소)했는지 등을 알 수 있다.

예 〈한·일 1인당 쌀 소비 자료〉

구분	한국인 1인당 쌀 연간 소비량(석/인)	일본인 1인당 쌀 연간 소비량(석/인)
1919년	0.52	1.10
1920년	0.54	1.13
1921년	0.45	1.11
1922년	0.47	1.08

(3) 그래프 자료

① 꺾은선그래프

㉠ 시간적 추이(시계열 변화)를 표시하는 데 적합

㉡ 선의 기울기를 통해 변화의 정도를 쉽게 파악할 수 있음

예 〈중학교 장학금, 학비감면 수혜현황〉

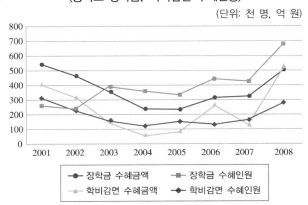
(단위: 천 명, 억 원)

② 막대그래프
　　㉠ 비교하고자 하는 수량을 막대 모양으로 나타내고, 그 길이를 비교하여 각 수량의 대소 관계를
　　　나타내는 데 적합
　　㉡ 가장 간단한 형태로 내역·비교·경과·도수 등 계열의 크기 변화 및 차이를 한눈에 파악하는
　　　용도로 사용

　　예　　　　　　　〈연도별 암 발생 추이〉

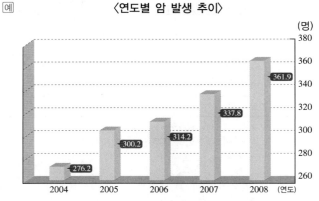

③ 원그래프: 내역이나 내용의 구성비를 분할하여 나타내는 데 적합
　　예　　〈C국의 가계 금융자산 구성비〉

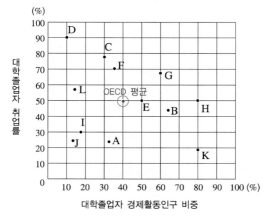

④ 점그래프
　　㉠ 지역분포를 비롯하여 도시, 지방, 기업, 상품 등의 평가나 위치, 성격을 표시하는 데 적합
　　㉡ 가로축과 세로축에 두 요소를 두고, 확인하고자 하는 것이 전체에서 어떤 위치에 있는가를 알고
　　　자 할 때 사용

　　예　　　〈OECD 국가의 대학졸업자 취업률 및 경제활동인구 비중〉

⑤ **누적막대그래프:** 합계와 각 부분의 크기를 백분율 또는 실수로 나타내고 시간적 변화를 보는 데 적합

예

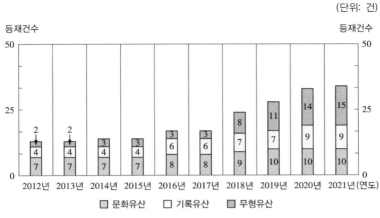

〈우리나라 세계유산 현황〉

(단위: 건)

⑥ **방사형그래프**

㉠ 비교하는 수량을 직경 또는 반경으로 나누어 원의 중심에서의 거리에 따라 각 수량의 관계를 나타내는 그래프

㉡ 다양한 요소를 비교하거나 경과를 나타내는 데 적합

예

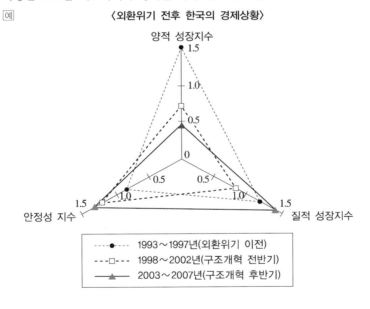

〈외환위기 전후 한국의 경제상황〉

3. 자료의 분석

(1) 절대 자료: 개수, 인원수와 같이 각 수치가 그것의 실제 크기를 나타내는 자료이다.

예 〈관람산업의 업종유형별 업체 수 및 취업자 수〉

구분	업체 수(개)	취업자 수(명)
유원지	117	9,809
테마파크	46	36,794
동물원	27	1,743
수족관	10	774
기타	46	2,601

(2) 비율 자료: 전체를 100%로 두었을 때, 각 부분의 상대적인 크기를 %로 표시한 자료이다.

예 〈후보자 지지도(단위: %)〉

구분	A 후보	B 후보	C 후보	D 후보	무응답
20 ~ 30대	9.2	45.0	30.0	14.4	1.4
40 ~ 50대	20.6	30.2	40.4	6.4	2.4
60대 이상	64.8	2.4	27.2	4.6	1.0

(3) 지수 자료: 특정 대상이나 특정 시점의 값을 100으로 두었을 때, 비교하는 값의 상대적인 크기를 나타낸 자료이다.

예 〈한국과 일본의 기술경쟁력 비교(한국: 100)〉

비교 국가	구분	분류	제품설계	소재관련	부품관련
일 본		전 체	126	126	123
	기업규모별	대기업	128	128	124
		중소기업	124	122	120
	업종별	조 선	110	115	120
		정보통신	121	112	119
		자동차/부품	123	125	123

(4) a당 b(a 대비 b) 자료: 1인당 학생 수와 같은 자료로, 특정 기준에 대해 계산된 값을 나타낸 자료이다. 이는 절대적 자료와 동일한 것처럼 보이지만 실제로는 상대적 자료임에 유의하여야 한다.

예 〈주요국의 교원 1인당 학생 수(단위: 명)〉

구분	유치원	초등학교	중학교	고등학교
미국	18.7	15.8	16.3	14.1
일본	18.8	20.9	16.8	14.0
한국	23.1	32.1	21.5	20.9
OECD 평균	15.5	17.7	15.0	13.9

4. 선지의 유형

(1) 자료읽기 유형

① 선지에서 핵심 메시지를 파악한 뒤, 해당되는 자료를 찾아서 일치 여부를 확인하는 유형

② 특별한 계산 없이 읽으면서 해결할 수 있어 쉬운 편이나, 관련된 자료를 빨리 확인해야 하므로 각종 표와 그래프에 익숙해질 필요가 있음

③ 최댓값, 최솟값, 대소 비교, 순서 비교, 증감 추세 등이 주로 출제됨

(2) 자료계산 유형

① 주어진 수치 정보를 단순히 확인하는 것을 넘어서, 공식을 적용하거나 혹은 계산을 통해 새로운 정보를 파악해야 하는 유형

② 자료와 함께 각주 등에서 공식을 제공하지만 지나치게 많은 양을 계산하도록 요구하는 경우에는 나중으로 미뤄두는 것이 좋음

③ 변화폭, 변화율, 구성비 등이 주로 출제됨

(3) 추론·판단 유형

① 주어진 자료를 단순히 읽는 것이 아니라 심층적인 분석을 요구하는 유형

② 특이한 구조의 표가 제시되거나 복수의 자료가 주어지는 경우에는 그것들 간에 특별한 관계가 있는지 확인하는 문제가 출제되는데, 상관관계, 인과관계, 상하관계 등이 주로 출제됨

(4) 가정형

① '만일 ~라면'의 방식으로 전제를 적용했을 때 맞는 진술인지 틀린 진술인지를 판단하는 유형

② 가정하는 부분에 대해 정오 판단을 해서는 안 되며, 그 뒷부분이 옳은지 그른지를 판단

③ 원래 주어진 조건을 변경하는 가정, 표에 제시된 수치를 바꾸는 가정, 특정한 변수를 고정시키는 가정이 주로 출제됨

CHAPTER 03 **자료해석** 적중문제

☑ 정답 및 해설 p.019

01 기초수리 · 응용수리

01 현재 A와 B의 나이의 합은 44살이고, 10년 후 A의 나이는 B의 나이의 3배가 된다고 한다. 현재 A의 나이는?

① 35살   ② 36살

③ 37살   ④ 38살

02 헬스클럽 이용권을 구입하려고 한다. A 이용권은 한 달에 5만 원을 내면 한 번 이용할 때마다 1,000원을 내야 하고, B 이용권은 한 달에 2만 원을 내면 한 번 이용할 때마다 5,000원을 내야 한다. A 이용권을 B 이용권보다 싸게 이용할 수 있는 최소 한 달 이용 횟수로 옳은 것은?

① 5번   ② 8번

③ 11번   ④ 14번

03 두 기업 A, B의 작년 상반기 매출액의 합은 70억 원이었다. 올해 상반기 두 기업 A, B의 매출액은 작년 상반기에 비해 각각 10%, 20% 증가하였고, 매출액 증가량의 비는 2 : 3이라고 한다. 두 기업 A, B의 올해 상반기 매출액의 합은?

① 80억 원   ② 81억 원

③ 82억 원   ④ 83억 원

04 어떤 일을 현진이가 혼자 하면 60일이 걸리고, 세종이가 혼자 하면 80일이 걸린다. 이 일을 현진이와 세종이가 함께 하다가 도중에 세종이가 쉬게 되어 현진이 혼자 일을 마무리하는 데 45일이 걸렸다고 한다. 세종이가 쉰 기간은?

① 19일   ② 21일
③ 23일   ④ 25일

05 다음과 같은 규칙으로 블록을 쌓을 때, 6번째에 필요한 블록의 수는?

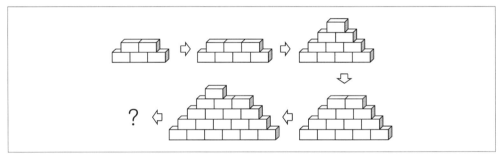

① 22개   ② 25개
③ 27개   ④ 30개

06 다음과 같이 일정한 규칙으로 수가 나열되어 있을 때, 빈칸에 알맞은 수는?

| 2 | 512 | 20 | 256 | 200 | 64 | 2000 | ( ) | ⋯ |

① 8   ② 16
③ 48   ④ 164

07 100원짜리 동전 한 개와 500원짜리 동전 한 개를 동시에 던져서 같은 면이 나오면 500원을 받고, 다른 면이 나오면 100원을 주기로 하였다. 이때 한 번 던질 때의 기댓값은?

① 100원   ② 200원
③ 300원   ④ 400원

08 A 부대 헌병대에서 올해 상반기 사격을 진행했다. 헌병대는 총 15명이고, 전체 헌병대의 사격점수 평균이 72점이다. 평균 50점과 평균 60점을 기록한 병사 수가 같다고 할 때, 평균 60점을 기록한 병사 수는?

〈헌병대 상반기 사격 평균점수 현황〉

(단위: 명)

구분	50점	60점	70점	80점	90점	100점
병사 수			5	4		1

① 1명   ② 2명
③ 3명   ④ 4명

09 톱니 수가 각각 72개, 48개인 두 톱니바퀴 A, B가 서로 맞물려 돌아가고 있다. 두 톱니바퀴가 같은 톱니에서 처음으로 다시 맞물리려면 두 톱니바퀴 A, B는 각각 몇 번 회전해야 하는가?

① A: 2번, B: 2번   ② A: 2번, B: 3번
③ A: 3번, B: 4번   ④ A: 4번, B: 5번

10 부대 내 헌병대에 간부 A, B, C, D가 있다. 간부 B, C의 나이의 합은 간부 A, D 나이의 합보다 5살 적고, 간부 A는 C보다 2살 많으며, 간부 D보다 5살 어리다. 간부 A의 나이가 30살일 때, 간부 B의 나이는?

① 28살   ② 30살
③ 32살   ④ 34살

11 만기전역 후 푸드 트럭을 운영하기로 계획 중인 S 병장은 다음 표를 통해 푸드 트럭 메뉴를 한 가지로 선정하려고 한다. 어떤 메뉴를 고르는 것이 가장 좋은가?

메뉴	월간 판매량(개)	생산 단가(원)	판매 가격(원)
핫바	500	3,500	4,000
샌드위치	300	5,500	6,000
컵밥	400	4,000	5,000
햄버거	200	6,000	7,000

① 핫바   ② 샌드위치
③ 컵밥   ④ 햄버거

12 다음 그림의 A, B, C, D에 빨강, 주황, 노랑, 초록의 4가지 색을 칠하려고 한다. 같은 색을 여러 번 사용할 수 있으나 서로 같은 색이 이웃하지 않도록 칠하는 경우의 수는?

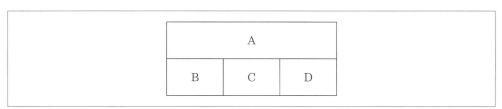

① 24   ② 30
③ 36   ④ 48

13 다음은 어떤 그룹에 속해 있는 사람들의 던지기 기록을 도수분포다각형으로 나타낸 것이다. 기록이 30m 이상 40m 미만인 사람은 모두 몇 명인가?

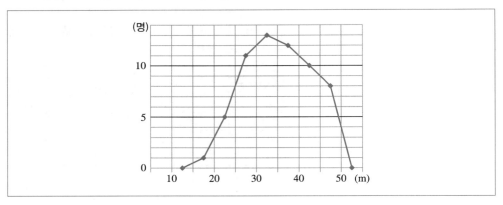

① 13명

② 20명

③ 25명

④ 30명

14 다음은 전국의 만 20세 이상 성인 남녀 1,200명(지역별 인구 비례 무작위 추출)을 대상으로 실시한 설문 조사의 결과이다. 〈보기〉 중 옳은 내용을 모두 고른 것은?

국민들은 자신들의 일상생활에 대해 '만족' 39.4%, '불만족' 20.7%로 평가해 지난해의 '만족' 33.3%, '불만족' 26.2%보다 '만족'이 늘었다. 삶의 질이 '선진국 진입 수준'이란 응답(30.3%)도 지난해(16.4%)보다 13.9%p 높아졌다. '중진국 수준'이라는 응답은 62.1%로 여전히 가장 많았다. '후진국 수준'이라고 답한 사람은 7.1%, '선진국 수준'이라고 답한 사람은 0.5%에 불과했다.

생활형편이 1년 전보다 '나아졌다'는 응답은 22.7%로 '어려워졌다'는 응답인 19.2%보다 높게 나타났다. 지난해 조사의 경우 '어려워졌다'(35.8%)는 응답이 '나아졌다'(16.3%)는 응답보다 높았다.

주관적 계층의식은 상층 2.3%, 중류층 78.9%, 하층 18.8%로 나뉘었다. 1년 전보다 상층과 하층(1년 전 각각 1.9%와 16.2%)의 소속감이 늘고, 중류층(1년 전 81.8%)의 소속감이 줄었다.

> **보기**
> ㉠ 올해는 작년에 비해 경제 상황이 개선되었을 것이다.
> ㉡ 우리나라 국민은 스스로를 중류층이라고 생각하는 경향이 강하다.
> ㉢ 경제 상황이 개선되면서 작년에 비해 빈부 격차도 줄어들었을 것이다.

① ㉠

② ㉠, ㉡

③ ㉠, ㉢

④ ㉡, ㉢

15 다음은 주택전세가격 동향을 지역별로 나타낸 그래프이다. 이 그래프에 대한 설명으로 옳지 않은 것은?

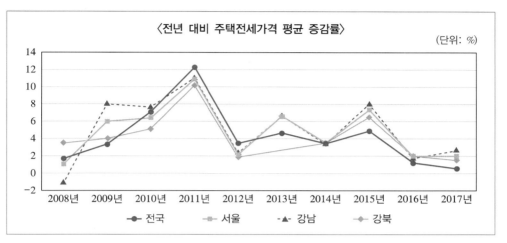

① 전국 주택전세가격은 2008년부터 2017년까지 매년 증가하고 있다.
② 2011년 강북의 주택전세가격은 2009년과 비교하여 20% 이상 증가했다.
③ 2014년 이후 서울의 주택전세가격 증가율은 전국 평균 증가율보다 높다.
④ 강남 지역의 전년 대비 주택전세가격 증가율이 가장 높은 시기는 2011년이다.

16 다음은 성별에 따른 사망 원인의 순위를 나타낸 그래프이다. 이 그래프에 대한 해석 중 옳지 않은 것은?

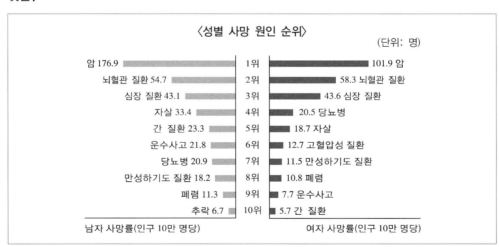

① 남녀 모두 암이 가장 높은 순위의 사망원인이다.
② 암으로 사망할 확률은 남성이 여성보다 높다.
③ 뇌혈관 질환으로 사망할 확률은 남성이 여성보다 높다.
④ 간 질환은 여성보다 남성에게 더 높은 순위의 사망원인이다.

17 다음은 연도별 국내 출생아 및 혼인 현황에 대한 자료이다. 〈조건〉에 따라 (ㄱ), (ㄴ), (ㄷ)에 알맞은 수를 바르게 나열한 것은?

〈연도별 국내 출생아 및 혼인 현황〉

(단위: 명)

구분	2011년	2012년	2013년	2014년	2015년	2016년	2017년	2018년	2019년
출생아 수	471,265	484,550	436,455	435,435	438,420	406,243	357,771	326,882	(ㄷ)
합계출산율	(ㄱ)	1.297	1.187	1.205	1.239	1.172	1.052	0.977	0.918
출생성비	105.7	105.7	105.3	105.3	(ㄴ)	105.0	106.3	105.4	105.5
혼인 건수(건)	329,087	327,073	322,807	305,507	302,828	281,635	264,455	257,622	239,159

※ 합계출산율은 한 여자가 가임기간(15 ~ 49세)에 낳을 것으로 기대되는 평균 출생아 수이다.

※ (출생성비)= $\dfrac{\text{(남자 출생아)}}{\text{(여자 출생아)}} \times 100$ 은 여자 출생아 100명당 남자 출생아 수이다.

조건

• 출생아 수는 2016년부터 2019년까지 전년 대비 감소하는 추세이고, 그중 2019년도의 전년 대비 감소한 출생아 수가 가장 적다.
• 2011년부터 2019년까지의 연도별 합계출산율에서 2011년의 합계출산율이 두 번째로 많다.
• 2013년부터 3년 동안의 출생성비는 동일하다.

	(ㄱ)	(ㄴ)	(ㄷ)
①	1.204	105.0	295,610
②	1.237	105.0	295,610
③	1.244	105.3	302,676
④	1.244	105.3	302,676

18 다음은 시·도별 인구변동 현황에 관한 자료이다. 〈보기〉 중 옳은 내용을 모두 고른 것은?

〈시·도별 인구변동 현황〉

(단위: 천 명)

구분	2016년	2017년	2018년	2019년	2020년	2021년	2022년
서울	10,173	10,167	10,181	10,193	10,201	10,208	10,312
부산	3,666	3,638	3,612	3,587	3,565	3,543	3,568
대구	2,525	2,511	2,496	2,493	2,493	2,489	2,512
인천	2,579	2,600	2,624	2,665	2,693	2,710	2,758
광주	1,401	1,402	1,408	1,413	1,423	1,433	1,455
대전	1,443	1,455	1,466	1,476	1,481	1,484	1,504
울산	1,081	1,088	1,092	1,100	1,112	1,114	1,126
경기	10,463	10,697	10,906	11,106	11,292	11,460	11,787

보기

㉠ 서울 인구와 경기 인구의 차는 2016년보다 2022년에 더 컸다.
㉡ 2022년 인구가 2016년보다 감소한 지역은 부산뿐이다.
㉢ 2017 ~ 2022년 중 광주의 전년 대비 인구가 가장 많이 증가한 해는 2022년이다.
㉣ 대구의 인구는 2016년부터 꾸준히 감소했다.

① ㉠, ㉡

② ㉠, ㉢

③ ㉠, ㉡, ㉢

④ ㉡, ㉢, ㉣

〈의료보장별 심사실적〉

(단위: 천 건, 억 원)

구분		2020년 상반기		2021년 상반기	
		명세서 건수	진료비	명세서 건수	진료비
건강보험	입원	8,130	163,792	8,028	172,240
	외래	640,498	263,428	600,779	283,354
의료급여	입원	1,361	24,012	1,388	25,666
	외래	37,966	19,923	37,376	21,802
보훈	입원	38	1,182	30	1,046
	외래	1,902	1,598	1,728	1,605
자동차보험	입원	559	6,347	545	6,222
	외래	9,154	5,131	9,023	5,403

19 전년 동기 대비 2021년 상반기 보훈분야의 전체 명세서 건수의 감소율은 약 몇 %인가?

① 6%
② 7%
③ 8%
④ 9%

20 2021년 상반기 입원 진료비 중 두 번째로 비싼 분야의 전년 동기 대비 증가액을 바르게 구한 것은?

① 1,654억 원
② 1,754억 원
③ 1,854억 원
④ 1,945억 원

21 다음은 2020년 지하수 관측현황과 연도별 지하수 주요 관측지표에 관한 자료이다. 이에 대한 〈보기〉의 설명 중 옳은 것을 모두 고른 것은?

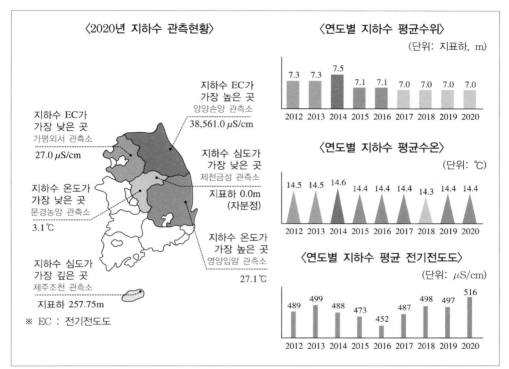

보기

㉠ 지하수 평균수위는 2017년부터 2020년까지 변동이 없었다.
㉡ 2020년 지하수 온도가 가장 높은 곳의 지하수 온도와 평균 수온의 차이는 12.7℃이다.
㉢ 2020년 지하수 전기전도도가 가장 높은 곳의 지하수 전기전도도는 평균 전기전도도의 76배 이상이다.

① ㉠, ㉡   ② ㉠, ㉢
③ ㉡, ㉢   ④ ㉠, ㉡, ㉢

22 다음은 세계 주요 터널 화재 사고 A ~ F에 대한 자료이다. 이에 대한 설명으로 옳은 것은?

〈세계 주요 터널 화재 사고 통계〉

사고	터널길이(km)	화재규모(MW)	복구비용(억 원)	복구기간(개월)	사망자(명)
A	50.5	350	4,200	6	1
B	11.6	40	3,276	36	39
C	6.4	120	72	3	12
D	16.9	150	312	2	11
E	0.2	100	570	10	192
F	1.0	20	18	8	0

① 터널길이가 길수록 사망자가 많다.
② 화재규모가 클수록 복구기간이 길다.
③ 사고 A를 제외하면 복구기간이 길수록 복구비용이 크다.
④ 사망자가 30명 이상인 사고를 제외하면 화재규모가 클수록 복구비용이 크다.

23 다음은 2022년 G 시 5개 구 주민의 돼지고기 소비량에 대한 자료이다. 〈조건〉을 이용하여 변동계수가 3번째로 큰 구를 바르게 구한 것은?

〈5개 구 주민의 돼지고기 소비량 통계〉

(단위: kg)

구분	평균(1인당 소비량)	표준편차
A	( )	5.0
B	( )	4.0
C	30.0	6.0
D	12.0	4.0
E	( )	8.0

※ (변동계수) $= \dfrac{(표준편차)}{(평균)} \times 100(\%)$

조건

• A 구의 1인당 소비량과 B 구의 1인당 소비량을 합하면 C 구의 1인당 소비량과 같다.
• A 구의 1인당 소비량과 D 구의 1인당 소비량을 합하면 E 구의 1인당 소비량의 2배와 같다.
• E 구의 1인당 소비량은 B 구의 1인당 소비량보다 6.0kg 더 많다.

① A 구   ② B 구
③ C 구   ④ D 구

24 다음은 4대 유통업태의 성별, 연령대별 구매액 비중에 대한 자료이다. 〈보기〉의 설명 중 옳은 것을 모두 고른 것은?

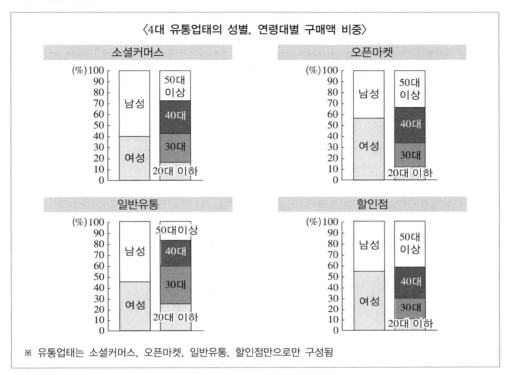

〈4대 유통업태의 성별, 연령대별 구매액 비중〉

※ 유통업태는 소셜커머스, 오픈마켓, 일반유통, 할인점만으로만 구성됨

보기

㉠ 유통업태별 전체 구매액 중 50대 이상 연령대의 구매액 비중이 가장 큰 유통업태는 할인점이다.
㉡ 유통업태별 전체 구매액 중 여성의 구매액 비중이 남성보다 큰 유통업태에서 40세 이상의 구매액 비중이 각각 60% 이상이다.
㉢ 4대 유통업태마다 50대 이상 연령대의 구매액 비중은 20대 이하보다 크다.
㉣ 유통업태별 전체 구매액 중 40세 미만의 구매액 비중이 50% 미만인 유통업태에서는 여성의 구매액 비중이 남성보다 크다.

① ㉠, ㉡   ② ㉠, ㉢
③ ㉡, ㉢   ④ ㉠, ㉡, ㉣

25 다음은 연도별 우리나라 국민의 해외이주현황을 조사한 자료이다. 이 자료를 이해한 것으로 적절한 것은?

〈해외이주현황〉

(단위: 명)

구분	2012년	2013년	2014년	2015년	2016년	2017년	2018년	2019년	2020년
미국	14,032	12,829	13,171	12,447	14,004	10,843	3,185	2,487	2,434
캐나다	2,778	2,075	3,483	2,721	2,315	1,375	457	336	225
호주	1,835	1,846	1,749	1,608	1,556	906	199	122	107
뉴질랜드	942	386	645	721	780	570	114	96	96
기타	3,421	3,810	3,377	3,521	3,973	1,629	4,763	4,326	4,269
합계	23,008	20,946	22,425	21,018	22,628	15,323	8,718	7,367	7,131

① 전체 해외이주민 수는 해마다 감소하고 있다.
② 기타를 제외한 2020년 4개국의 해외이민자 수의 합은 2017년 대비 약 80% 이상 감소했다.
③ 기타를 제외한 4개국의 2019년 대비 2020년 해외이주민 수의 감소율이 가장 큰 나라는 캐나다이다.
④ 2013 ~ 2020년 중 호주의 전년 대비 해외이주민 수의 감소폭이 가장 큰 해는 2017년이다.

26 다음은 1년 동안 어느 병원을 찾은 당뇨병 환자에 대한 자료이다. 이 표에 대한 해석으로 옳지 않은 것은?

〈당뇨병 환자 수〉

(단위: 명)

나이 \ 당뇨병	경증		중증	
	여자	남자	여자	남자
50세 미만	9	13	8	10
50세 이상	10	18	8	24

① 여자 환자 중에서 중증인 환자의 비율은 $\frac{16}{35}$ 이다.
② 경증 환자 중 남자 환자의 비율은 중증 환자 중 남자 환자의 비율보다 높다.
③ 50세 이상 환자 수는 50세 미만 환자 수의 1.5배이다.
④ 중증인 여자 환자의 비율은 전체 당뇨병 환자 수의 16%이다.

27 다음은 품목별 한우의 2022년 10월 평균가격과 전월·전년 동월·직전 3개년 동월 평균가격을 제시한 자료이다. 이에 대한 설명으로 옳은 것은?

〈2022년 10월 기준 품목별 한우 평균가격〉

(단위: 원/kg)

품 목		2022년 10월 평균가격	전월 평균가격	전년 동월 평균가격	직전 3개년 동월 평균가격
구 분	등 급				
거세우	1등급	17,895	18,922	14,683	14,199
	2등급	16,534	17,369	13,612	12,647
	3등급	14,166	14,205	12,034	10,350
비거세우	1등급	18,022	18,917	15,059	15,022
	2등급	16,957	16,990	13,222	12,879
	3등급	14,560	14,344	11,693	10,528

※ 거세우, 비거세우의 등급은 1등급, 2등급, 3등급만 있음

① 거세우의 각 등급에서 2022년 10월 평균가격은 비거세우 같은 등급의 2022년 10월 평균가격보다 모두 높다.
② 모든 품목에서 전월 평균가격은 2022년 10월 평균가격보다 높다.
③ 2022년 10월 평균가격, 전월 평균가격, 전년 동월 평균가격, 직전 3개년 동월 평균가격은 비거세우 1등급이 다른 모든 품목에 비해 높다.
④ 전년 동월 평균가격 대비 2022년 10월 평균가격 증감률이 가장 큰 품목은 비거세우 2등급이다.

28 다음은 2019 ~ 2020년 AR(증강현실)과 VR(가상현실)의 분야별 특허출원건수에 관한 자료이다. VR의 전체 특허출원건수에서 상위 세 분야가 차지하는 비중을 계산한 것으로 올바른 것은?(단, 소수점 이하 셋째 자리에서 반올림함)

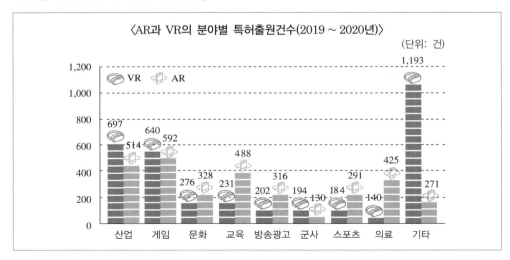

〈AR과 VR의 분야별 특허출원건수(2019 ~ 2020년)〉

① 67.34%
② 69.21%
③ 71.08%
④ 72.95%

29. 국방부에서 병사들에게 자기계발 교육비용을 일부 지원하기로 하였다. K 부대 정보통신대대 소속 A ~ E 5명의 병사들이 아래 자료와 같이 교육프로그램을 신청하였을 때, 국방부에서 정보통신대대 병사들에게 지원하는 총 교육비용은?

〈자기계발 수강료 및 지원 금액〉

구 분	영어회화	컴퓨터 활용	세무회계
수강료	7만 원	5만 원	6만 원
지원 금액 비율	50%	40%	80%

〈신청한 교육프로그램〉

구 분	영어회화	컴퓨터 활용	세무회계
A	○		○
B	○	○	
C		○	○
D	○		
E		○	

① 307,000원 ② 308,000원
③ 309,000원 ④ 310,000원

30. 다음은 개인정보 침해신고 상담 건수에 관한 자료이다. 이에 대한 설명으로 옳은 것은?

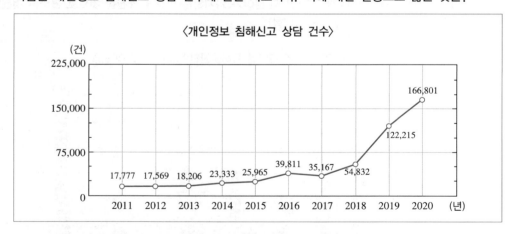

〈개인정보 침해신고 상담 건수〉

① 전년 대비 개인정보 침해신고 상담 건수의 증가량이 가장 많았던 해는 2019년으로 2018년보다 67,383건 증가하였다.
② 2018년 개인정보 침해신고 상담 건수는 전년 대비 약 45.9% 증가하였다.
③ 개인정보 침해신고 상담 건수는 지속적으로 증가하고 있다.
④ 2019년 개인정보 침해신고 상담 건수는 2011년 상담 건수의 10배를 초과했다.

CHAPTER 04 지각속도

① 지각속도 소개

- 지각속도는 총 30문제를 3분 동안 풀어야 하며, 2가지 유형으로 출제된다.
- 평균 6초당 1문제씩 풀어야 하므로, 빠른 인지능력을 요구한다.
- 틀릴 경우 감점이 되므로, 모두 다 푸는 것보다 정확히 푸는 것이 중요하다.

② 지각속도 유형분석

구분	대응 비교	개수 세기
학습방향	연습	연습
난도분석	★★☆	★☆☆
출제비중	20/30	10/30

③ 지각속도 만점비법

❶ 유형마다 자신만의 풀이방법을 찾아라!
지각속도는 어렵지 않지만 짧은 시간 동안 많은 문제를 풀어야 하므로 신속하게 풀 수 있는 자신만의 풀이방법을 터득해야 한다. 핵심이론에서 제시한 방법 중 자신에게 적합한 것을 선택하여 연습하는 것을 추천한다.

❷ 개수 세기 유형부터 풀어라!
개수 세기 문제는 총 30문제 중 10문제가 출제된다. 다른 유형에 비해 빠르게 해결할 수 있으므로 먼저 푸는 것을 추천한다.

❸ 시간 내에 모두 푸는 것보다 정확히 맞히는 연습을 하라!
만점을 받기 어려운 과목이다. 고득점을 받는 자는 20 ~ 25개 사이를 맞힌다. 모두 풀려는 것보다 정확히 풀어 감점을 피하도록 연습하는 것이 중요하다.

CHAPTER 04 **지각속도** 핵심이론

핵심이론 01 　대응 비교

대응 비교 유형은 8 ~ 10개 정도의 짝(문자·숫자·기호 등)을 참고하여 각 문제의 대응이 일치하는지 여부를 판단하는 문제이다. 구체적인 접근 전략은 다음과 같다.

1. 유형 분석

네모 박스에 문자·숫자·기호 등으로 구성된 일련의 짝들이 제시된다. 나열된 대응 관계를 파악하고, 문제에서 제시한 것을 비교하여 일치 여부를 판단하여야 한다. 총 20문제가 출제되며 5문제씩 4Set로 나누어져 있다.

2. 문제 접근방식

다음의 두 방법 중 자신이 빠르게 풀어나갈 수 있는 방법을 택하여 연습하도록 한다.

Apr = 8중대	Aug = 5중대	Sep = 2대대	Oct = 5분대	Jan = 7연대
Nov = 1분대	Jul = 3대대	May = 3소대	Dec = 1소대	Jun = 3연대

(1) 왼쪽을 기준으로 오른쪽에 나열된 문자·숫자·기호 등이 올바르게 대응하는지 일일이 체크하며, 순서대로 풀어나간다.

01 　　May Jun Sep Aug Jan 　－　 ③소대 ③연대 ②대대 5분대 7연대 　｜　① 맞음 　② 틀림

(2) 네모 박스에 있는 대응 하나를 택하여, 아래 5문제를 한꺼번에 확인한다.

Apr = 8중대	Aug = 5중대	Sep = 2대대	Oct = 5분대	Jan = 7연대

01	May Jun Sep Aug Jan	–	3소대 3연대 2대대 5분대 7연대	① 맞음 | ② 틀림
02	Aug Jul Dec Apr Nov	–	5중대 3대대 1소대 (8중대) 1분대	① 맞음 | ② 틀림
03	Nov Apr Jun May Oct	–	1분대 5중대 3연대 3소대 5분대	① 맞음 | ✓ 틀림
04	Jul Oct Dec Jan Sep	–	3대대 5분대 1소대 7연대 2대대	① 맞음 | ② 틀림
05	Aug Jun Apr May Jan	–	5중대 3연대 8소대 3대대 7연대	① 맞음 | ✓ 틀림

핵심이론 02 개수 세기

개수 세기 유형은 왼쪽에 제시된 굵은 글씨체를 오른쪽에 나열된 보기 중에서 찾아 그 개수를 세는 문제이다. 구체적인 접근 전략은 다음과 같다.

1. 유형 분석

왼쪽에 굵은 글씨체로 표시된 문자·숫자·기호 등을 오른쪽에 나열된 보기 중에서 찾아 그 개수를 세는 문제이다. 총 10문제가 출제되며, 난도는 어렵지 않으나 정답이 10개 이상인 것이 많아 실수하기 쉽다.

2. 문제 접근방식

왼쪽에 제시된 굵은 글씨체(문자·숫자·기호 등)를 오른쪽에 나열된 것에서 찾는다.

		〈보기〉	〈개수〉
01	5	1 9 4 1 3 5 1 6 8 4 5 5 1 6 5 4 4 5 4 8 9 7 9 8 7 4 4	① 4개 ✓ 5개 ③ 6개 ④ 7개

CHAPTER 04 **지각속도** 적중문제

지각속도는 실전과 같은 상황에서 다수의 문제를 풀어보는 연습이 필요합니다.
실전테스트를 통해 시간 배분을 고려하고 정확도를 높여 고득점을 달성하세요.

실전테스트 01	30문항 / 3분	■ 맞은 개수: _____ ■ 틀린 개수: _____

☑ 정답 및 해설 p.025

[01~05] 다음 〈보기〉의 왼쪽과 오른쪽 기호의 대응을 참고하여 각 문제의 대응이 같으면 답안지에 '①
맞음'을, 틀리면 '② 틀림'을 선택하시오.

> **보기**
>
> 물리 = attack   생물 = arm   수학 = air   경제 = ask   한국지리 = area
> 지구과학 = again   화학 = age   한국사 = art   윤리 = aim   세계지리 = alarm

01	생물 한국사 지구과학 윤리 경제	– arm art again aim ask	① 맞음 ② 틀림
02	화학 물리 한국지리 수학 생물	– age attack area air arm	① 맞음 ② 틀림
03	세계지리 경제 윤리 한국사 물리	– alarm ask age art attack	① 맞음 ② 틀림
04	한국지리 지구과학 화학 세계지리 생물	– area again age attack arm	① 맞음 ② 틀림
05	물리 윤리 한국사 경제 화학	– attack aim art ask age	① 맞음 ② 틀림

[06~15] 다음 〈보기〉의 왼쪽과 오른쪽 기호의 대응을 참고하여 각 문제의 대응이 같으면 답안지에 '①맞음'을, 틀리면 '② 틀림'을 선택하시오.

보기

대령 = ♘	수령 = ♕	망령 = ♟	연령 = ♙	혼령 = ♗
명령 = ♙	발령 = ♝	요령 = ♜	유령 = ♖	법령 = ♛

06	명령 법령 유령 연령 수령 － ♙ ♛ ♖ ♙ ♕	① 맞음 ② 틀림
07	요령 혼령 대령 망령 연령 － ♜ ♗ ♘ ♟ ♙	① 맞음 ② 틀림
08	법령 명령 혼령 수령 유령 － ♛ ♙ ♜ ♗ ♖	① 맞음 ② 틀림
09	요령 대령 연령 명령 혼령 － ♜ ♘ ♙ ♙ ♗	① 맞음 ② 틀림
10	유령 수령 발령 망령 대령 － ♖ ♕ ♝ ♟ ♘	① 맞음 ② 틀림

보기

232 = ☆	322 = ◉	413 = ◆	532 = □	624 = ※
133 = ▽	333 = ●	421 = ♫	554 = ∬	611 = ▲

11	232 322 554 413 532 － ☆ ◉ ∬ ◆ □	① 맞음 ② 틀림
12	624 133 333 421 611 － ※ ☆ ● ♫ ▲	① 맞음 ② 틀림
13	322 532 133 333 421 － ◉ □ ▽ ● ♫	① 맞음 ② 틀림
14	554 413 532 624 133 － ∬ □ ◆ ※ ▽	① 맞음 ② 틀림
15	611 232 322 532 421 － ▲ ☆ ◉ □ ♫	① 맞음 ② 틀림

[16~20] 다음 〈보기〉의 왼쪽과 오른쪽 기호의 대응을 참고하여 각 문제의 대응이 같으면 답안지에 '① 맞음'을, 틀리면 '② 틀림'을 선택하시오.

> **보기**
>
> 풍뎅이 = d9g   개미 = w5f   대벌레 = s7x   매미 = a8q   베짱이 = n3k
> 귀뚜라미 = d9m   여치 = 14s   사슴벌레 = i2z   물방개 = u1y   풀무치 = v0u

번호	문제		보기
16	개미 베짱이 귀뚜라미 여치 매미 − w5f n3k d9m 14s a8q		① 맞음 ② 틀림
17	풀무치 풍뎅이 대벌레 물방개 베짱이 − v0u d9g s7x u1y d9m		① 맞음 ② 틀림
18	사슴벌레 여치 풀무치 개미 대벌레 − i2z u1y v0u w5f s7x		① 맞음 ② 틀림
19	풍뎅이 개미 매미 귀뚜라미 풀무치 − d9g w5f a8q d9m v0u		① 맞음 ② 틀림
20	베짱이 여치 대벌레 사슴벌레 개미 − n3k 14s s7x v0u w5f		① 맞음 ② 틀림

[21~30] 다음의 〈보기〉에서 각 문제의 왼쪽에 표시된 굵은 글씨체의 기호, 문자, 숫자의 개수를 모두 세어 오른쪽에서 찾으시오.

		〈보기〉	〈개수〉
21	ㄱ	제한이란 개인의 재산권 사용 또는 그로 인한 수익을 한정하는 것을 의미한다.	① 2개 ② 3개 ③ 4개 ④ 5개
22	8	894132659898446556156989845616546489984465665448	① 8개 ② 9개 ③ 10개 ④ 11개
23	n	Autumn is a second spring when every leaf is a flower.	① 3개 ② 4개 ③ 5개 ④ 6개
24	⇨	⇨⇨⇨▷⇨▷⇨▷⇨⇨→⇨▷⇨▷⇨⇨▷⇨▷⇨⇨⇨▷⇨⇨▷⇨⇨→▷⇨⇨⇨→⇨⇨▷⇨▷	① 6개 ② 7개 ③ 8개 ④ 9개
25	6	51615168496152132168498798416549874185416549874185 565698549	① 6개 ② 7개 ③ 8개 ④ 9개
26	e	When I was younger, I could remember anything, whether it had happened or not.	① 8개 ② 9개 ③ 10개 ④ 11개
27	ㄴ	모든 어린이는 예술가이다. 문제는 어떻게 하면 이들이 커서도 예술가로 남을 수 있게 하느냐이다.	① 8개 ② 9개 ③ 10개 ④ 11개
28	📖	✂📖🖼📕✂📖🖼📗📘📖🖼📙📖🖼📗✂📖🖼✂📗📘📕📖✂	① 5개 ② 6개 ③ 7개 ④ 8개
29	6	98649645163621866915615368986514464634166 84696318	① 12개 ② 13개 ③ 14개 ④ 15개
30	ㄱ	무언가를 열렬히 원한다면 그것을 얻기 위해 전부를 걸만큼의 배짱을 가져라.	① 4개 ② 5개 ③ 6개 ④ 7개

[01~10] 다음 〈보기〉의 왼쪽과 오른쪽 기호의 대응을 참고하여 각 문제의 대응이 같으면 답안지에 '① 맞음'을, 틀리면 '② 틀림'을 선택하시오.

> **보기**
>
> | ars = 선 | gsd = 안 | hea = 간 | ags = 내 | qjf = 와 |
> |---|---|---|---|---|
> | wfs = 경 | afd = 위 | wgc = 래 | wcs = 왜 | jyp = 상 |

01	ars wgc hea ags wfs	– 선 래 간 내 경	① 맞음 ② 틀림
02	wfs afd gsd wgc qjf	– 경 위 안 래 와	① 맞음 ② 틀림
03	jyp wfs afd gsd wcs	– 상 경 위 안 왜	① 맞음 ② 틀림
04	gsd wfs ars jyp ags	– 내 경 선 상 안	① 맞음 ② 틀림
05	wfs jyp gsd wgc qjf	– 경 위 안 래 와	① 맞음 ② 틀림

> **보기**
>
> | 우유 = mean | 두유 = make | 우리 = manage | 두리 = meet | 도마 = move |
> |---|---|---|---|---|
> | 두부 = mind | 여가 = miss | 다과 = mess | 우주 = mark | 요가 = match |

06	두리 요가 두부 우유 다과	– meet mark mind mean mess	① 맞음 ② 틀림
07	우주 도마 우리 두유 여가	– mark move manage make miss	① 맞음 ② 틀림
08	요가 다과 두유 우주 두부	– match mess make mark mind	① 맞음 ② 틀림
09	다과 우리 두리 도마 우유	– mess manage meet miss mean	① 맞음 ② 틀림
10	여가 요가 두부 우리 우주	– miss match mind manage mark	① 맞음 ② 틀림

[11~20] 다음 〈보기〉의 왼쪽과 오른쪽 기호의 대응을 참고하여 각 문제의 대응이 같으면 답안지에 '① 맞음'을, 틀리면 '② 틀림'을 선택하시오.

> **보기**
>
> 낙엽송 = ◀　　　송진 = ♤　　　솔향기 = ▨　　　솔잎 = ▼　　　육송 = ■
> 솔방울 = ▷　　　낙엽 = ☆　　　열매 = ▥　　　산철쭉 = ▽　　　해송 = ★

11	낙엽송 송진 낙엽 열매 산철쭉　–　◀ ♤ ☆ ▥ ▽	① 맞음　② 틀림
12	해송 육송 솔잎 솔방울 송진　–　★ ■ ▼ ▷ ♤	① 맞음　② 틀림
13	송진 낙엽송 솔향기 산철쭉 육송　–　♤ ◀ ▨ ▽ ■	① 맞음　② 틀림
14	솔방울 낙엽 열매 송진 솔잎　–　▷ ☆ ▥ ♤ ▽	① 맞음　② 틀림
15	솔잎 산철쭉 낙엽송 솔방울 낙엽　–　▼ ▷ ◀ ▽ ☆	① 맞음　② 틀림

> **보기**
>
> 아메리카노 = △　　　녹차 = ▶　　　홍차 = ◤　　　페퍼민트 = ◥　　　민트초코 = ▼
> 핫초코 = ▽　　　카페라떼 = ▷　　　카페모카 = ▴　　　카푸치노 = ▲　　　카페오레 = ◁

16	아메리카노 카페모카 카푸치노 핫초코 녹차　–　△ ▴ ▲ ▽ ▶	① 맞음　② 틀림
17	카페오레　핫초코 홍차 카푸치노 페퍼민트　–　◁ ▽ ◤ △ ◥	① 맞음　② 틀림
18	아메리카노 녹차 카페오레 민트초코 홍차　–　△ ▶ ◁ ▼ ◤	① 맞음　② 틀림
19	핫초코 카푸치노 아메리카노 페퍼민트 녹차　–　▽ ▲ △ ◤ ▶	① 맞음　② 틀림
20	홍차 녹차 카페모카 핫초코 민트초코　–　◤ ◁ ▴ ▽ ▼	① 맞음　② 틀림

[21~30] 다음의 〈보기〉에서 각 문제의 왼쪽에 표시된 굵은 글씨체의 기호, 문자, 숫자의 개수를 모두 세어 오른쪽에서 찾으시오.

		〈보기〉	〈개수〉
21	ㅣ	절망으로부터 도망칠 유일한 피난처는 자아를 세상에 내동댕이치는 일이다.	① 3개 ② 5개 ③ 7개 ④ 9개
22	8	8128452950248946825162138234580248946851 10249465870	① 6개 ② 7개 ③ 8개 ④ 9개
23	o	I believe I can soar. I see me running through that open door.	① 5개 ② 6개 ③ 7개 ④ 8개
24	⇨	⇨⇨⇨⇨⇨⇨⇨⇨⇨⇨⇨⇨⇨⇨⇨⇨⇨⇨⇨⇨⇨⇨ ⇨⇨⇨⇨⇨⇨⇨⇨⇨⇨⇨⇨⇨⇨	① 5개 ② 6개 ③ 7개 ④ 8개
25	찾	착착찾착찬찾찻추찾축춤찾차충축챙찾찬찻찾착첵찾 채책챈찾차챙찾충찬찻체춤찾	① 10개 ② 11개 ③ 12개 ④ 13개
26	6	4896060278945268231657550262583062206116 23662450983664	① 9개 ② 10개 ③ 11개 ④ 12개
27	ㅇ	만안양장점 옆 석수양장점의 치마는 만안양장점의 치마보다 비싸고	① 11개 ② 12개 ③ 13개 ④ 14개
28	▦	▤▥▨▦▩▥▤▦▦▩▥▤▨■▩▨▦▥▤■▥▩▥▦▩ ▦▥■▨▥▤▩▨▤▤▥▨▥▤▥▤■	① 8개 ② 9개 ③ 10개 ④ 11개
29	7	8965724580172713677458927312557321537512 0275548793127	① 10개 ② 11개 ③ 12개 ④ 13개
30	e	Let us make one point, that we meet each other with a smile, when it is difficult to smile. Smile at each other, make time for each other in your family.	① 15개 ② 16개 ③ 17개 ④ 18개

■ 맞은 개수: _____
■ 틀린 개수: _____

☑ 정답 및 해설 p.027

[01~10] 다음 〈보기〉의 왼쪽과 오른쪽 기호의 대응을 참고하여 각 문제의 대응이 같으면 답안지에 '①
맞음'을, 틀리면 '② 틀림'을 선택하시오.

> **보기**
>
> | | | | | |
> |---|---|---|---|---|
> | 맑음 = ★ | 눈 = ☔ | 비 = ↖ | 황사 = ☼ | 바람 = ♡ |
> | 흐림 = ☽ | 안개 = ☺ | 소나기 = ☆ | 태풍 = ☉ | 폭우 = ☎ |

01	안개 소나기 태풍 폭우 바람	☺ ☆ ☉ ☎ ★	① 맞음 ② 틀림
02	맑음 비 황사 바람 폭우	★ ↖ ☉ ♡ ☎	① 맞음 ② 틀림
03	흐림 눈 비 바람 태풍	☽ ☔ ↖ ♡ ☉	① 맞음 ② 틀림
04	황사 소나기 태풍 눈 흐림	☼ ☆ ☉ ☔ ☽	① 맞음 ② 틀림
05	폭우 눈 맑음 안개 황사	☎ ☔ ★ ☺ ☼	① 맞음 ② 틀림

> **보기**
>
> | | | | | |
> |---|---|---|---|---|
> | 하나무라 = 24 | 아누비스 = 53 | 도라도 = 31 | 눔바니 = 46 | 일리오스 = 40 |
> | 할리우드 = 37 | 리알토 = 67 | 하바나 = 94 | 볼스카야 = 15 | 오아시스 = 28 |

06	하나무라 아누비스 하바나 볼스카야 오아시스	24 53 94 15 28	① 맞음 ② 틀림
07	아누비스 도라도 할리우드 하바나 볼스카야	53 31 38 94 15	① 맞음 ② 틀림
08	일리오스 할리우드 아누비스 눔바니 하나무라	46 37 53 40 24	① 맞음 ② 틀림
09	오아시스 볼스카야 하나무라 도라도 할리우드	28 15 24 31 37	① 맞음 ② 틀림
10	볼스카야 일리오스 눔바니 리알토 하나무라	24 40 46 67 15	① 맞음 ② 틀림

PART 2 지적능력평가 ALL PASS

[11~20] 다음 〈보기〉의 왼쪽과 오른쪽 기호의 대응을 참고하여 각 문제의 대응이 같으면 답안지에 '① 맞음'을, 틀리면 '② 틀림'을 선택하시오.

> **보기**
>
> | 금장 = qw | 동장 = ty | 원장 = op | 부장 = df | 안장 = jk |
> |---|---|---|---|---|
> | 은장 = er | 사장 = ui | 과장 = as | 춘장 = gh | 시장 = kl |

11	금장 과장 춘장 시장 은장 – qw jk gh kl er	① 맞음 ② 틀림
12	동장 금장 안장 부장 사장 – ty er jk df kl	① 맞음 ② 틀림
13	원장 안장 동장 부장 춘장 – op jk ty df gh	① 맞음 ② 틀림
14	과장 사장 금장 안장 은장 – as ui qw jk er	① 맞음 ② 틀림
15	시장 안장 사장 부장 은장 – ui jk kl df er	① 맞음 ② 틀림

> **보기**
>
> | RET = 도토리 | GET = 사과 | HET = 배 | PET = 석류 | JET = 감 |
> |---|---|---|---|---|
> | NET = 은행 | BET = 포도 | SET = 밤 | WET = 모과 | MET = 대추 |

16	GET PET HET MET JET – 사과 석류 배 대추 감	① 맞음 ② 틀림
17	SET BET RET WET NET – 밤 포도 대추 모과 은행	① 맞음 ② 틀림
18	HET RET PET SET MET – 배 도토리 석류 밤 대추	① 맞음 ② 틀림
19	GET SET HET BET WET – 사과 밤 배 포도 모과	① 맞음 ② 틀림
20	PET JET MET RET NET – 석류 감 대추 도토리 배	① 맞음 ② 틀림

[21~30] 다음의 〈보기〉에서 각 문제의 왼쪽에 표시된 굵은 글씨체의 기호, 문자, 숫자의 개수를 모두 세어 오른쪽에서 찾으시오.

		〈보기〉	〈개수〉
21	3	02345120625312450320615042033215243	① 3개　② 4개　③ 5개　④ 6개
22	ㅇ	내 경험으로 미루어 보건데, 단점이 없는 사람은 장점도 거의 없다.	① 6개　② 7개　③ 8개　④ 9개
23	7	6857957049470027234751672897034573625390 998123342345344	① 6개　② 7개　③ 8개　④ 9개
24	t	A trouble shared is a trouble halved. Whenever you are in trouble, talks together	① 5개　② 6개　③ 7개　④ 8개
25	Ö	ÄÏÜËÖÜÖÜÄÜËÖÜËÖÄÏÖÏÏËÖÄÜÏÖÜÖÏ	① 7개　② 8개　③ 9개　④ 10개
26	광	광과관가간광곽괄곽광콩광과괄갈관과곽괄광관곽광 가교쾅콰광쾅광강	① 5개　② 6개　③ 7개　④ 8개
27	8	8812384905674637488234261526450809904568 3792338452618758	① 8개　② 9개　③ 10개　④ 11개
28	a	He surely was happy that he won the company award.	① 6개　② 7개　③ 8개　④ 9개
29	ㄴ	콩 심은 데 콩 나고 팥 심은 데 팥 난다더니 너는 누구 닮아서 그러는지 몰라	① 10개　② 11개　③ 12개　④ 13개
30	e	The memory chips were sold to companies like Dell and Apple.	① 7개　② 8개　③ 9개　④ 10개

[01~10] 다음 〈보기〉의 왼쪽과 오른쪽 기호의 대응을 참고하여 각 문제의 대응이 같으면 답안지에 '① 맞음'을, 틀리면 '② 틀림'을 선택하시오.

보기

QQ = 체리	EE = 미미	TT = 세리	UU = 마네	PP = 마스
WW = 레미	RR = 쥬쥬	YY = 메이	OO = 마리	AA = 큐브

01	YY QQ UU WW TT － 메이 마리 마네 레미 체리	① 맞음	② 틀림
02	UU WW PP RR QQ － 마네 레미 마스 쥬쥬 체리	① 맞음	② 틀림
03	OO UU EE WW AA － 마리 마네 미미 레미 큐브	① 맞음	② 틀림
04	AA QQ EE TT WW － 큐브 체리 미미 세리 레미	① 맞음	② 틀림
05	WW AA EE TT RR － 메이 큐브 미미 세리 쥬쥬	① 맞음	② 틀림

보기

◨ = 사단	◧ = 대대	☐ = 분대	⊟ = 해군	⊞ = 육군
⊡ = 연대	◢ = 중대	◤ = 해병대	▤ = 소대	▦ = 공군

06	⊡ ◤ ◨ ◧ ◢ － 해군 해병대 사단 대대 중대	① 맞음	② 틀림
07	☐ ⊟ ⊞ ◤ ◨ － 분대 해군 육군 해병대 사단	① 맞음	② 틀림
08	◨ ◢ ▦ ▤ ⊡ － 사단 해병대 공군 소대 연대	① 맞음	② 틀림
09	⊟ ☐ ◨ ⊡ ◤ － 해군 분대 대대 연대 해병대	① 맞음	② 틀림
10	⊞ ◧ ▦ ◢ ⊟ － 소대 대대 공군 해병대 해군	① 맞음	② 틀림

[11~20] 다음 〈보기〉의 왼쪽과 오른쪽 기호의 대응을 참고하여 각 문제의 대응이 같으면 답안지에 '① 맞음'을, 틀리면 '② 틀림'을 선택하시오.

> **보기**
>
> | | | | | |
> |---|---|---|---|---|
> | 제주도 = 동 | 전라도 = 돈 | 경상도 = 흙 | 독도 = 등 | 서울 = 양 |
> | 울릉도 = 물 | 경기도 = 솔 | 강원도 = 칡 | 충청도 = 말 | 부산 = 개 |

11	제주도 강원도 충청도 부산 서울	– 동 물 말 개 양	① 맞음 ② 틀림
12	서울 제주도 경상도 울릉도 부산	– 양 동 흙 물 개	① 맞음 ② 틀림
13	울릉도 부산 강원도 전라도 독도	– 물 개 칡 등 돈	① 맞음 ② 틀림
14	독도 서울 울릉도 경기도 강원도	– 등 양 물 솔 칡	① 맞음 ② 틀림
15	전라도 제주도 강원도 충청도 서울	– 돈 동 칡 말 양	① 맞음 ② 틀림

> **보기**
>
> | | | | | |
> |---|---|---|---|---|
> | genji = ◈ | orisa = ◉ | echo = ◑ | hanzo = ◀ | mercy = ♨ |
> | reaper = ▣ | zarya = ◐ | ashe = ▶ | sigma = ☎ | moira = ■ |

16	genji reaper zarya echo hanzo	– ◈ ▣ ◐ ◑ ◀	① 맞음 ② 틀림
17	orisa echo mercy zarya ashe	– ◉ ◑ ♨ ◐ ☎	① 맞음 ② 틀림
18	ashe sigma moira genji mercy	– ▶ ☎ ■ ◈ ◉	① 맞음 ② 틀림
19	moira hanzo orisa ashe reaper	– ■ ☎ ◑ ▶ ▣	① 맞음 ② 틀림
20	genji ashe mercy zarya orisa	– ◈ ▶ ♨ ◐ ◉	① 맞음 ② 틀림

[21~30] 다음의 〈보기〉에서 각 문제의 왼쪽에 표시된 굵은 글씨체의 기호, 문자, 숫자의 개수를 모두 세어 오른쪽에서 찾으시오.

		〈보기〉	〈개수〉
21	ㄴ	모든 언행을 칭찬하는 자보다 결점을 친절하게 말해주는 친구를 가까이하라.	① 7개 ② 8개 ③ 9개 ④ 10개
22	2	12895742800453226248622795756428922411105 8574857288	① 9개 ② 10개 ③ 11개 ④ 12개
23	o	This allows you to replace existing group members.	① 4개 ② 5개 ③ 6개 ④ 7개
24	5	483954835048120509837856432045890935845 23000352178	① 5개 ② 6개 ③ 7개 ④ 8개
25	+	+=÷±×±=÷+±×÷±=÷+±×=÷+±=×÷ +×÷±=±+÷×±=÷+±	① 6개 ② 7개 ③ 8개 ④ 9개
26	0	4570696804743607052501703644808057403974 57580630407	① 11개 ② 12개 ③ 13개 ④ 14개
27	슈	소수슈슈쇼셔사샤시세쉬슈쉐셔소셔슈쉬슈쉐쇼슈시 소쉐셔셔소슈샤시쇼사슈쇼셔시슈쉬슈셔슈	① 10개 ② 11개 ③ 12개 ④ 13개
28	k	fghjdkyeuhkfgwkgddffhekugipqpkasxkcdvcfbn zmxnsdgk	① 6개 ② 7개 ③ 8개 ④ 9개
29	ㅏ	인간의 감정은 누군가를 만날 때나 헤어질 때 가장 순수하며 가장 빛난다.	① 10개 ② 11개 ③ 12개 ④ 13개
30	o	To open a group member's calendar from a group calendar.	① 5개 ② 6개 ③ 7개 ④ 8개

실전테스트 05

30문항 / 3분

■ 맞은 개수: _____
■ 틀린 개수: _____

☑ 정답 및 해설 p.030

[01~10] 다음 〈보기〉의 왼쪽과 오른쪽 기호의 대응을 참고하여 각 문제의 대응이 같으면 답안지에 '①
맞음'을, 틀리면 '② 틀림'을 선택하시오.

보기				
五 = 강청색	八 = 담묵색	三 = 분백색	一 = 황색	六 = 취벽색
十 = 하늘색	二 = 풀색	七 = 유색	九 = 감색	四 = 자금색

01	八 五 十 二 四 –	담묵색 분백색 하늘색 풀색 자금색	① 맞음 ② 틀림
02	九 六 三 一 七 –	감색 취벽색 분백색 황색 유색	① 맞음 ② 틀림
03	五 二 九 八 六 –	강청색 풀색 감색 담묵색 취벽색	① 맞음 ② 틀림
04	三 四 十 二 一 –	분백색 자금색 하늘색 풀색 황색	① 맞음 ② 틀림
05	七 五 八 三 九 –	풀색 강청색 담묵색 취벽색 감색	① 맞음 ② 틀림

보기				
태권도 = play	합기도 = point	주짓수 = port	레슬링 = part	택견 = push
유도 = pass	공수도 = post	검도 = pack	씨름 = past	킥복싱 = pure

06	태권도 유도 레슬링 씨름 택견 –	play pass part post push	① 맞음 ② 틀림
07	레슬링 주짓수 씨름 검도 킥복싱 –	part port past pack pure	① 맞음 ② 틀림
08	합기도 택견 태권도 공수도 레슬링 –	point push play post part	① 맞음 ② 틀림
09	검도 씨름 합기도 유도 레슬링 –	pack past port pass part	① 맞음 ② 틀림
10	유도 레슬링 태권도 주짓수 킥복싱 –	pass port play part pure	① 맞음 ② 틀림

[11~20] 다음 〈보기〉의 왼쪽과 오른쪽 기호의 대응을 참고하여 각 문제의 대응이 같으면 답안지에 '① 맞음'을, 틀리면 '② 틀림'을 선택하시오.

67 = ★	34 = ♠	90 = ☉	83 = ☂	65 = ☎
11 = ▷	61 = ♨	79 = ▦	25 = ▽	38 = ☾

11	90 61 25 65 38 － ☉ ♨ ▽ ☎ ♠	① 맞음 ② 틀림
12	11 25 34 67 90 － ▷ ▽ ♠ ★ ☉	① 맞음 ② 틀림
13	83 90 61 25 38 － ☂ ☉ ♨ ▽ ☾	① 맞음 ② 틀림
14	65 11 67 90 34 － ☎ ▷ ★ ☉ ♠	① 맞음 ② 틀림
15	61 83 79 38 34 － ☾ ☂ ▦ ☉ ♠	① 맞음 ② 틀림

국어 = 북	사회 = 보	영어 = 바	미술 = 베	체육 = 벼
수학 = 부	과학 = 버	도덕 = 비	음악 = 복	역사 = 배

16	음악 국어 수학 영어 미술 － 복 보 부 바 베	① 맞음 ② 틀림
17	역사 수학 과학 국어 음악 － 배 부 버 북 복	① 맞음 ② 틀림
18	체육 영어 수학 과학 음악 － 벼 바 부 버 복	① 맞음 ② 틀림
19	사회 미술 역사 과학 수학 － 보 비 배 버 복	① 맞음 ② 틀림
20	미술 국어 도덕 수학 음악 － 베 북 비 부 북	① 맞음 ② 틀림

[21~30] 다음의 〈보기〉에서 각 문제의 왼쪽에 표시된 굵은 글씨체의 기호, 문자, 숫자의 개수를 모두 세어 오른쪽에서 찾으시오.

		〈보기〉	〈개수〉
21	**2**	4256998275851320014565748545284631205882689422	① 6개 ② 7개 ③ 8개 ④ 9개
22	**겍**	객겍겜켁겍곅걕걱곕겍곅객곅캑켐켁곅겍겜겍겐갬겜켐켁겍객캑켐겍객곅깩걱객겍	① 6개 ② 7개 ③ 8개 ④ 9개
23	**9**	0915499789457982344225967895132045348365 91209	① 6개 ② 7개 ③ 8개 ④ 9개
24	**t**	Let no one ever come to you without leaving better and happier.	① 5개 ② 6개 ③ 7개 ④ 8개
25	**ㅇ**	하늘이 망해놓은 화이니 다시 바랄 게 없구나.	① 4개 ② 5개 ③ 6개 ④ 7개
26	**◑**	◐○◑◎●◑♧◉♤♡◐◎◉◈◑◎◐○◑●♤◑♡◉♧◐♧◎◉	① 5개 ② 6개 ③ 7개 ④ 8개
27	**a**	If I had to live my life again, I'd make the same mistakes, only sooner.	① 5개 ② 6개 ③ 7개 ④ 8개
28	**5**	0148597563521125489597285193510052465872 30212	① 8개 ② 9개 ③ 10개 ④ 11개
29	**e**	Catlett heard the stories of slaves from her grandmother.	① 4개 ② 5개 ③ 6개 ④ 7개
30	**ㅏ**	갈라진 두 길이 있었지, 그리고 나는 사람들이 덜 다닌 길을 택했고, 그것이 모든 것을 바꾸어 놓았네.	① 7개 ② 8개 ③ 9개 ④ 10개

☑ 정답 및 해설 p.031

[01~10] 다음 〈보기〉의 왼쪽과 오른쪽 기호의 대응을 참고하여 각 문제의 대응이 같으면 답안지에 '① 맞음'을, 틀리면 '② 틀림'을 선택하시오.

> 보기
>
> gmgm = ☮   rkfk = ☂   wnsh = ↖   gdrs = ⊠   hrg = ♡
> slrk = ◼   gogo = ★   gh = ☆   dfs = ☉   kuj = ☎

01	gmgm rkfk hrg slrk gogo	–	☮ ☂ ♡ ◼ ★	① 맞음 ② 틀림
02	rkfk gdrs wnsh hrg gmgm	–	☎ ⊠ ↖ ♡ ☮	① 맞음 ② 틀림
03	gh gogo dfs hrg slrk	–	☆ ★ ☉ ♡ ◼	① 맞음 ② 틀림
04	slrk gmgm dfs gh rkfk	–	◼ ☮ ☉ ☆ ☂	① 맞음 ② 틀림
05	gogo kuj gdrs wnsh dfs	–	★ ☎ ◼ ↖ ♡	① 맞음 ② 틀림

> 보기
>
> 떡볶이 = take   튀김 = talk   라면 = time   참치김밥 = thin   만두 = term
> 순대 = turn   볶음밥 = tone   쫄면 = trap   치즈김밥 = type   어묵 = true

06	떡볶이 순대 쫄면 치즈김밥 만두	–	take turn trap type term	① 맞음 ② 틀림
07	볶음밥 만두 라면 떡볶이 순대	–	term tone time take turn	① 맞음 ② 틀림
08	라면 참치김밥 어묵 튀김 순대	–	time thin true talk turn	① 맞음 ② 틀림
09	튀김 순대 쫄면 치즈김밥 떡볶이	–	talk turn true type take	① 맞음 ② 틀림
10	쫄면 떡볶이 어묵 만두 튀김	–	trap take true term talk	① 맞음 ② 틀림

[11~20] 다음 〈보기〉의 왼쪽과 오른쪽 기호의 대응을 참고하여 각 문제의 대응이 같으면 답안지에 '① 맞음'을, 틀리면 '② 틀림'을 선택하시오.

> **보기**
>
> | | | | | |
> |---|---|---|---|---|
> | 콜라 = ⇓ | 식혜 = ⇑ | 탄산수 = ⇌ | 생수 = ↘ | 결명자차 = ↕ |
> | 사이다 = ⇒ | 보리차 = ⇕ | 수정과 = ⇛ | 주스 = ← | 맥주 = ⇓ |

11	맥주 수정과 주스 보리차 식혜 – ⇓ ⇛ ← ⇌ ⇑	① 맞음 ② 틀림
12	수정과 주스 생수 식혜 맥주 – ⇛ ← ↘ ⇑ ⇓	① 맞음 ② 틀림
13	생수 사이다 탄산수 보리차 주스 – ↘ ⇒ ⇌ ↕ ←	① 맞음 ② 틀림
14	결명자차 보리차 주스 콜라 수정과 – ↕ ⇕ ← ⇓ ⇛	① 맞음 ② 틀림
15	보리차 사이다 식혜 맥주 콜라 – ⇕ ⇒ ⇑ ⇓ ⇓	① 맞음 ② 틀림

> **보기**
>
> | | | | | |
> |---|---|---|---|---|
> | flower = 36 | music = 24 | party = 70 | camera = 11 | dance = 08 |
> | sing = 83 | invite = 92 | present = 47 | drive = 65 | balloon = 59 |

16	drive balloon invite music flower – 65 59 92 24 36	① 맞음 ② 틀림
17	camera party dance sing present – 11 70 08 83 47	① 맞음 ② 틀림
18	music dance flower present drive – 24 92 36 47 70	① 맞음 ② 틀림
19	invite sing music party balloon – 92 83 65 70 59	① 맞음 ② 틀림
20	party camera present balloon flower – 70 11 47 59 36	① 맞음 ② 틀림

[21~30] 다음의 〈보기〉에서 각 문제의 왼쪽에 표시된 굵은 글씨체의 기호, 문자, 숫자의 개수를 모두 세어 오른쪽에서 찾으시오.

		〈보기〉	〈개수〉
21	**2**	19282427849429585960023647587298567260 21892560	① 6개 ② 7개 ③ 8개 ④ 9개
22	**ㅎ**	지금 적극적으로 실행되는 괜찮은 계획이 다음 주의 완벽한 계획보다 괜찮다.	① 4개 ② 5개 ③ 6개 ④ 7개
23	**3**	908713245657346578903129909368673576395 3960495866	① 6개 ② 7개 ③ 8개 ④ 9개
24	**g**	A freight train leaves town every morning, going south.	① 4개 ② 5개 ③ 6개 ④ 7개
25	◷	◴◖◎◓◑◔◐◓◖◪◓◗◉◎◍◔◐◓◕◪ ◷◓◖◪◍◓◔◎◔◔◑◕◓◖◓◖◑◖◐	① 9개 ② 10개 ③ 11개 ④ 12개
26	**남**	난나냐낭나냠넌남난남난나남난나난냠남나난나 냔넌넘난남난나난남나	① 5개 ② 6개 ③ 7개 ④ 8개
27	**8**	902615864821036467588615842039452148082 6231	① 6개 ② 7개 ③ 8개 ④ 9개
28	**o**	Our team handed in an outstanding proposal to the committee.	① 6개 ② 7개 ③ 8개 ④ 9개
29	**ㄴ**	오늘 누군가가 그늘에 앉아 쉴 수 있는 이유는 오래 전에 누군가가 나무를 심었기 때문이다.	① 11개 ② 12개 ③ 13개 ④ 14개
30	**a**	Are you having problems again with your team?	① 5개 ② 6개 ③ 7개 ④ 8개

실전테스트 07 | 30문항 / 3분 | ■ 맞은 개수: _____
■ 틀린 개수: _____

☑ 정답 및 해설 p.032

[01~10] 다음 〈보기〉의 왼쪽과 오른쪽 기호의 대응을 참고하여 각 문제의 대응이 같으면 답안지에 '① 맞음'을, 틀리면 '② 틀림'을 선택하시오.

보기				
dear = ◉	miss = ◈	move = ▣	sun = ◐	eat = ◑
pen = ♧	soon = ♠	go = ◁	enjoy = ☎	run = 🐚

01	dear soon enjoy sun pen	–	◉ ♠ ☎ ◐ ♧	① 맞음 ② 틀림
02	miss sun run eat go	–	◈ ◐ 🐚 ◑ ◁	① 맞음 ② 틀림
03	soon go eat dear run	–	♠ ◁ ◐ ◉ 🐚	① 맞음 ② 틀림
04	enjoy pen move sun go	–	☎ ♧ ▣ ◐ ◁	① 맞음 ② 틀림
05	run pen eat move enjoy	–	🐚 ♠ ◑ ◈ ☎	① 맞음 ② 틀림

보기				
빨강 = 도미	주황 = 참돔	파랑 = 조개	고동 = 꽃게	황금 = 소라
노랑 = 광어	초록 = 연어	보라 = 문어	하늘 = 우럭	검정 = 방어

06	보라 노랑 검정 황금 주황	–	문어 광어 방어 소라 참돔	① 맞음 ② 틀림
07	빨강 고동 하늘 초록 검정	–	도미 꽃게 우럭 광어 방어	① 맞음 ② 틀림
08	파랑 주황 노랑 황금 보라	–	조개 참돔 광어 소라 문어	① 맞음 ② 틀림
09	초록 하늘 주황 빨강 검정	–	광어 우럭 참돔 도미 방어	① 맞음 ② 틀림
10	파랑 황금 주황 빨강 노랑	–	조개 소라 참돔 도미 방어	① 맞음 ② 틀림

[11~20] 다음 〈보기〉의 왼쪽과 오른쪽 기호의 대응을 참고하여 각 문제의 대응이 같으면 답안지에 '① 맞음'을, 틀리면 '② 틀림'을 선택하시오.

| ☆ = 억새 | ☀ = 바람 | 乙 = 쇠소깍 | ☛ = 용두암 | ☉ = 만장굴 |
| ☑ = 오름 | ♡ = 해안 | ♫ = 일출봉 | ≋ = 함덕 | ♈ = 애월 |

11	乙 ☛ ☆ ☀ ♡ – 쇠소깍 용두암 억새 바람 해안	① 맞음 ② 틀림
12	☀ ☉ ♫ ☛ ☑ – 바람 만장굴 일출봉 용두암 오름	① 맞음 ② 틀림
13	♡ ☛ ♈ ≋ ☆ – 만장굴 용두암 애월 함덕 억새	① 맞음 ② 틀림
14	♈ ≋ ☑ ♡ ☀ – 애월 일출봉 억새 해안 바람	① 맞음 ② 틀림
15	乙 ♈ ☉ ☆ ♫ – 쇠소깍 애월 만장굴 억새 일출봉	① 맞음 ② 틀림

| 베릿네 = △ | 제지기 = ◇ | 소머리 = ♡ | 따라비 = ◎ | 동거문 = ⚘ |
| 문도지 = □ | 왕이메 = ▽ | 백약이 = ○ | 느지리 = ⚶ | 다랑쉬 = ☆ |

16	다랑쉬 왕이메 느지리 따라비 베릿네 – ☆ ▽ ♡ ◎ △	① 맞음 ② 틀림
17	동거문 문도지 제지기 베릿네 소머리 – ⚘ □ ◇ △ ♡	① 맞음 ② 틀림
18	따라비 다랑쉬 왕이메 백약이 문도지 – ◎ ◇ ▽ ○ □	① 맞음 ② 틀림
19	베릿네 소머리 제지기 다랑쉬 느지리 – △ ♡ ◇ ☆ ⚶	① 맞음 ② 틀림
20	왕이메 동거문 백약이 문도지 소머리 – ▽ ⚘ ○ □ △	① 맞음 ② 틀림

[21~30] 다음의 〈보기〉에서 각 문제의 왼쪽에 표시된 굵은 글씨체의 기호, 문자, 숫자의 개수를 모두 세어 오른쪽에서 찾으시오.

		〈보기〉	〈개수〉
21	**2**	65189203456987205618420631594625871302	① 3개　② 4개　③ 5개　④ 6개
22	**⊙**	☁☢⊙☀⛱☂☀☼🗡⊙☂☂☢☀⊙☂⊙☀⊙☼🗡⊙☁☢☢⊙☂⊙☀⊙ 🗡☂☢☼⊙☂☂🍄☁☢⊙☼☀☢☀☁☀🍄☁☀☼🗡🗡⊙	① 9개　② 10개　③ 11개　④ 12개
23	**쿄**	쿄쿄코쿄쿄켜괴쿠쿄캬캐쿄커쿄켜케쿄켁쿄칵키쿄킴쿄 큐크쿄크캬캐쿄	① 9개　② 10개　③ 11개　④ 12개
24	**1**	113158991708968571487231859814096196186 8687625364768980791	① 9개　② 10개　③ 11개　④ 12개
25	**ㄹ**	사랑이란 서로 마주보는 것이 아니라 둘이서 똑같은 방향을 보는 것이라고 인생은 우리에게 알려 주었다.	① 7개　② 8개　③ 9개　④ 10개
26	**Ω**	⌐Ω♯Ω🎜☀♲Ω♯⌐Ω♯Ω♲⌐♂Ω♯Ω☀☀⌐ΩΩ ♲♲⌐♂Ω☀☀♂♯Ω♂♯☀☀⌐ΩΩ	① 11개　② 12개　③ 13개　④ 14개
27	**i**	I heard the dog barking his head off early in the morning.	① 5개　② 6개　③ 7개　④ 8개
28	**o**	A tall man who looks like a lot of the other tall men around here has a question mark over his head.	① 6개　② 7개　③ 8개　④ 9개
29	**ㄱ**	교육이란 화를 내거나 자신감을 잃지 않고도 거의 모든 것에 귀 기울일 수 있는 능력이다.	① 7개　② 8개　③ 9개　④ 10개
30	**w**	However, they are poisonous so people should swim away when they see one in the water.	① 5개　② 6개　③ 7개　④ 8개

많이 보고 많이 겪고 많이 공부하는 것은 배움의 세 기둥이다.

– 벤자민 디즈라엘리 –

육군
부사관
RNTC

| 집중학습편 |

Non-Commissioned-Officer

PART 3

부사관 2차 ALL PASS

CHAPTER

01 육군 면접준비

※ 아래 서술된 시뮬레이션의 내용은 SD에듀에서 독점 획득한 것으로, 내용의 전체 또는 일부를 출판이나 방송을 위해 재작성하여 직접 또는 간접적인 방법으로 미디어에 재배포하는 경우 저작권법에 의거 민·형사상의 처벌을 받을 수 있습니다.

01 부사관 면접 절차 시뮬레이션(면접장별 평가기준 및 평가절차)

1. 개별면접(1 : n)

(1) 평가방법 및 절차

① 면접위원별 질의분야(지원동기, 성장환경, 희생정신, 국가·안보관)를 분장한다.

② 면접 참고자료를 확인하여 지원동기 담당 면접관부터 질의 및 지원자 답변을 실시한다. 지원자는 30초 이내로 발표해야 하며, 시간 초과 시 통제에 따라야 한다.

③ 이후 성장환경, 희생정신, 국가·안보관 담당 면접관 순서로 면접이 진행된다.

④ 면접 종료 시 면접관련 점수를 종합하여 면접위원이 서명을 실시한다.

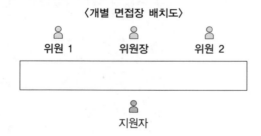

〈개별 면접장 배치도〉

(2) 개별면접 면접평가표

수험번호	성명

지원동기 / 성장환경 / 희생정신 / 국가관 / 안보관

□ 평가표(160점) : 각 항목별로 점수 부여

평가항목	탁월(30)	우수(27)	보통(24)	미흡(21)	저조(18)	지연자(10)
지원동기(30점)			○			
성장환경(30점)				○		
희생정신(30점)		○				
국가관(30점)			○			
평가항목	**탁월(40)**	**우수(36)**	**보통(32)**	**미흡(28)**	**저조(24)**	**지연자(15)**
안보관(40점)			○			

※ 평가요소 및 기준

구분	지원동기	성장환경	희생정신	국가관 / 안보관
탁월	• 적성 고려 본인의 자발적 지원 • 부모 및 본인 모두 희망	• 안정적인 환경에서 성장 • 리더 직책 유경험 • 모범적인 학교생활 • 대내외 표창수상	• 희생정신에 대한 이해, 공감, 실천적 의지 정도 우수 • 남다른 봉사활동 경험	• 국가관 및 안보관 탁월 • 질문에 대한 이해 및 답변대응 우수
우수	• 가정형편 및 적성을 고려 지원 • 본인이 희망하여 부모 설득 후 지원	• 원만한 성장 환경 • 환경제한 요소 극복 • 상기 항목 중 보통 수준	• 보통 수준의 희생과 봉사정신 • 통상적인 정도의 봉사활동 경험	• 보통 수준의 국가관 및 안보관 • 답변이 빠르지만 장황하고 비논리적
미흡	• 교수 등 군인 이외의 진출을 위한 지원 • 대학 졸업목적 • 부모의 권유로 지원	• 갈등 상황에서 성장 • 평범하고 무난한 품성 • 리더 경험 부재 • 조직활동 동참 미흡	• 개인주의 위주의 사고 • 낮은 수준 정도의 봉사활동	• 국가관 및 안보관 모호 • 질문에 대한 의견 없음
저조	• 자신의 적성과 의사에 반한 지원 • 부모의 강권으로 본인 지원	• 평범한 성적 • 부모 주벽, 폭력, 도벽 보유 • 장기결석, 징계 경험자, 가출경험	• 부정적인 사회 인식 및 희생정신 부족 • 타인을 위한 봉사활동 미경험자	• 부정적인 국가관 및 안보관 보유 • 질문에 대한 이해 부족 • 특이한 사고
지연자	• 주관 없는 지원 결정 및 지원동기 기술	• 특이종교 / 배타적 종교관 • 폭력 성향 보유자 • 가스흡입 등 일탈의 사회문제 경험	• 극단적 이기주의 등 특이 사고	• 사회주의 동경 • 병역기피에 긍정적 • 한미동맹의 부정적 견해 • 주적의식 모호

점수(160)	128	평가관 성명 : 서명 :
종합판정	☑ 합격 ☐ 재고	

특이사항	※ 재고사유 기술

2. 신체균형 / 자세 · 발성 / 발음

(1) 면접장 배치도

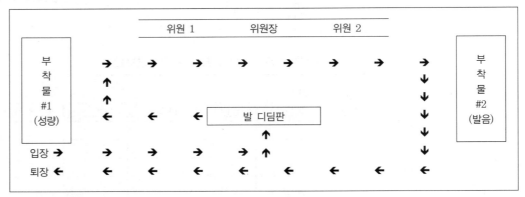

(2) 신체균형 / 자세 · 발성 / 발음 면접장 면접 진행 시나리오

순 서	평가위원 진행 및 지원자 행동
#1 성량	"우향우 하셔서 지금 여기가 산 정상이라고 생각하고 벽면에 있는 4단계 문장 중 ○단계 문장을 가장 크고 우렁찬 소리로 2회 외쳐 보십시오."
#2 발음	• "이제 뒤로 돌아서 서 주십시오. 벽면에 있는 「속도 / 어조」 항목의 ○안 문장을 심사위원이 들을 수 있는 목소리로 적절한 속도와 억양을 고려하여 읽어 보십시오. 잘 보이지 않으면 앞으로 다가가서 읽어도 좋습니다." • "다음은 「발음」 ○안 문장을 또박또박 빠르게 2회 읽어 보십시오." • "수고하셨습니다. 이제 발 디딤판으로 위치해 주십시오."
#3 신체 균형 / 자세	• "다시 우향우 하셔서 반듯이 서 보십시오." • "발뒤꿈치를 붙이고, 무릎은 굽히지 않은 상태에서 양 무릎을 붙여 보십시오." • "주먹을 꼭 말아 쥐고, 팔을 곧게 뻗어서 어깨 높이까지 수평으로 올려 보십시오." • "좌(우)측에 있는 점(임의 물건)을 고개를 돌리지 말고 눈만 돌려 보십시오." • "무릎을 높이 올리면서 최대한 빠른 속도로 제자리에서 달려 보십시오." • "양손을 옆구리에 대고 쪼그려 앉았다 일어서기를 3회 실시해 보십시오." • "바닥의 화살표를 따라 바른걸음으로 1바퀴 걸어 보십시오."
기 타	※ 신체검사 시 발견된 사항 및 면접 간 특이사항 확인(구두 질문) "수고하셨습니다. 이제 출입문으로 나가시면 됩니다. 좋은 결과 기대하겠습니다."

(3) 신체균형 / 자세 · 발성 / 발음 면접장 면접평가표

수험번호	성명

신체균형 / 자세 · 발성 / 발음 면접장

□ 평가표(60점) : 각 항목별로 점수 부여

평가항목	탁월(30)	우수(27)	보통(24)	미흡(21)	저조(18)	지연자(10)
신체균형 / 자세(30점)			○			
발성 / 발음(30점)		○				

※ 평가요소 및 기준

구분	평가기준	평가 감점요소	
		신체균형 / 자세	발성 / 발음
탁월	• 평가 감점요소 없음	• 심한 신체 불균형 　– 이목구비 비대칭 　– 안면 돌출형 / 주걱턱 　– 신체 / 안면 비대칭 • 기형적 보행 / 뜀걸음자세 　– 제자리 뛰기, 앉았다 일어 　서기, 보행 시 평가	• 발음장애(발언부전 / 불능) • 혀 짧은 소리, 비염 • 구강구조 결함으로 인한 발성 불량 • 작은 성량, 발음 부정확
우수	• 평가 감점요소 없으나 탁월하지 않은 경우		
기준	• 평가 감점요소 중 1개 요소 경미		
미흡	• 평가 감점요소 중 2개 요소 경미		
저조	• 평가 감점요소 중 3개 요소 경미 • 평가 감점요소 중 1개라도 정도가 매우 심한 경우		
지연자 (불합격)	• 평가 감점요소 중 1개라도 해당 시	• 기형적 체형 및 신체 기능성 장애 ① 치유(성형) 불가능한 심한 흉터 / 사시 ② 외부에 쉽게 노출되는 큰 반점 ③ 심한 내반슬(○형 다리) / 외반슬(×형 다리) ④ 발음장애 : 발음 부전 또는 불능	

점수 (60)	51	평가관　　성명 :　　　　　서명 :
종합 판정	☑ 합격　　　　☐ 재고	

특이 사항	※ 재고사유 기술

3. 인성 / 품성, 종합판정

(1) 평가방법 및 절차

① 반드시 1명 단위로 평가된다.

② 면접장 입실 전 면접 문항(6개 영역)을 제공받아 면접을 준비한다.

③ 면접위원은 KIDA에서 제공한 질문을 통해 면접평가를 실시한다.

④ 면접장별 평가 결과와 인성/품성 평가 결과를 합산하여 종합판정을 실시한다(합·불·재고 판정).
   이때, 4개 이상 재고로 판정된 지원자는 인성/품성 면접 점수가 0점으로 처리된다.

〈면접장 배치도〉

위원 1   위원장   위원 2

지원자

(2) 가산점 평가지

수험번호	성명

가산 / 감점

□ 가산 / 감점 점수

항목				점수	적용기준			부여점수
가산점 (7종)	외국어	영어	지필		TEPS	TOEIC	TOEFL	+1
			구술		OPIc	TEPS Speaking	TOEIC Speaking	
		제2외국어			JPT	JLPT	HSK	+1
	무도 단증							
	전산 자격증							
	안보학 관련 과목 학점 이수							+1
	국위선양자 / 대회입상자	체육						
		문화 / 예술						
	전문자격증							
	리더십 분야	강의 수강						
		국가 등록						
감점	고교생활기록부							−1

(3) 직무성격검사 결과표

<table>
<tr><td colspan="7" align="center">직무성격검사 결과표</td></tr>
<tr><td>수험번호</td><td></td><td>성명</td><td></td><td>검사일시</td><td colspan="2">2022년 ○○월 ○○일</td></tr>
</table>

타당도

검사에 성실하고 솔직하게 응답한 정도로 결과의 신뢰와 타당한지를 나타냄

타당도 여부		해석
Valid	V	검사에 주의를 기울여 성실하고 솔직하게 응답하며, 검사 결과가 신뢰가고, 타당하다고 볼 수 있음
Invalid		검사에 주의 깊게 임하지 않았거나 불성실하게 응답 또는 자신을 지나치게 긍정적으로 보이도록 왜곡했을 가능성이 있음

역량척도

초급간부에게 필요한 역량을 종합한 결과와 각 역량에 대한 설명 및 결과를 나타냄

구분	설명	등급	매우 낮음	낮음	보통	높음	매우 높음
종합	초급간부에게 필요한 5개 역량의 종합적인 결과	70			V		
지휘통솔	조직목표에 부합하는 행동을 계획 및 지시하고, 조직 내 갈등을 적절하게 해결하며, 부대 응집력을 높이는 정도	50			V		
대인관계	타인을 이해 및 존중하고, 원활하게 의사소통하며, 대인관계에서 신뢰를 구축하는 정도	60			V		
문제해결	문제발생 시 중요사항을 파악하고, 결정이 미칠 영향력을 고려한 후 해결방법을 도출하여 계획을 실행하는 정도	60			V		
적극성	목표달성과 수행을 위해 더 나은 대안을 창출하고자 앞장서고, 자신감있게 업무를 추진하는 정도	70			V		
성실성	업무를 성실하고, 긍정적인 자세로 수행하는 정도	80				V	

성격척도

성격특성 파악을 돕기 위해서 성격 6요인과 각 하위척도에 대한 설명 및 결과를 나타냄

구분	설명	T 점수	매우 낮음	낮음	보통	높음	매우 높음
Ⅰ. 정서적 안정성	정서적으로 안정되어 있는 정도						
1) 긍정성	상황이나 미래에 대해 긍정적이고 낙관적인 성향						
2) 정서성	침착하며 좌절감이 없는 성향						
3) 자아통제성	자기의 감정과 행동을 잘 통제하는 성향						
Ⅱ. 원만성	타인과 조화로운 관계를 유지하는 정도						
1) 호감성	대인관계에서 친절하며 수동적인 태도를 보이려는 성향						
Ⅲ. 개방성	새로운 가치를 수용하고, 논리적으로 생각하는 정도						
1) 지적호기심	지적흥미를 적극적으로 추구하고 생각이 넓고 새로운 것들도 기꺼이 받아들이는 성향						
2) 분석성	논리적 접근방법을 통해 문제를 해결하려는 성향						
3) 융통성	상대방이나 상황에 맞춰 행동을 변화시키며, 유연하게 적용하는 성향						
Ⅳ. 성실성	맡은 일을 책임감있게 완수하려는 정도						
1) 완결성	부여된 임무나 업무를 해결하고 마무리 짓고자 하는 성향						
2) 계획성	업무활동 시 계획을 수립하고 이행하는 정도						
3) 책임성	자신의 임무나 의무를 중요하게 생각하고 열심히 하려는 성향						
4) 성취성	높은 목표를 설정하고, 성공하기 위해 노력하려는 성향						
Ⅴ. 외향성	타인과의 상호작용을 좋아하고, 외부환경을 이끌어가려는 정도						
1) 친화성	대인관계에서 친밀함과 온정을 표현하는 정도						
2) 주도성	자발적으로 업무를 수행하거나 이끌어가려는 성향						
3) 통솔성	환경을 통제하고, 타인에게 영향력을 행사하려는 성향						
Ⅵ. 정직성	규칙과 원칙을 지키고 솔직한 성향						
1) 규범성	규칙과 원칙을 지키려는 성향						

(4) 인성 · 품성 면접평가표

수험번호	성명

종합판정 / 인성 · 품성

☐ 평가표(90점) : 각 항목별로 점수 부여

평가항목	착안점	탁월 (10)	우수 (9)	보통 (8)	미흡 (7)	저조 (6)	지연자 (2)
검사결과 (10점)	• 인성검사 결과 부정적 결과가 있는가? • 직무성격검사 결과 부정적 결과가 있는가?				○		

평가항목	착안점	탁월 (20)	우수 (18)	보통 (16)	미흡 (14)	저조 (12)	지연자 (3)
인성 / 품성 (20점)	• 긍정적 사고와 올바른 인성 / 품성을 갖추었는가? • 질문에 대한 답변 시 부정적 요소는 없는가?			○			

평가항목	착안점	탁월 (30)	우수 (27)	보통 (24)	미흡 (21)	저조 (18)	지연자 (10)
종합판정 (60점)	• 전반적으로 우수하게 평가받았는가? • 부정적인 평가를 받은 내용은 없는가?		○				
	• 부사관으로써 갖추어야 할 자질을 골고루 갖추었는가? • 종합적 자질 분석				○		

점수 (90)	71	평가관 성명 : 서명 :
종합 판정	☑ 합격 ☐ 재고	

특이 사항	※ 재고사유 기술

(5) 최종판정 평가표

수험번호	성명

최종판정

□ 평가표

면접장	득점					재고	재고사유
	A	B	C	D	평균	1개	발음 부정확, 표현 부족
제1시험장	61	70	65	✕	65.3	0개	
제2시험장	128	118	120	110	119	0개	
제3시험장	51	53	48	✕	50.7	0개	
제4시험장	71	65	70	✕	68.7	0개	
계	303.7			가점 (−)	−1.0	감점 (+)	+3.0	최종점수	305.7

※ 간사(기록관)가 시험장 및 평균점수를 기록(소수점 이하 둘째 자리에서 반올림)
※ 가산점·감점은 면접장별 평균점수를 합산한 점수에 추가하여 반영함
※ 재고 불합격자는 최종점수 판에 '0'점을 기록

□ 각 시험장 재고자에 대한 최종 합·불 판정
　① 누적 재고 4개 이상 시 불합격
　② 누적 재고 3개 이하 시 4면접장 위원(3명) 합격 또는 불합격 판정

최종판정	☐ 합격	Ⅴ 불합격

※ 심의결과 : 재적위원 (3)명 중 합격 (1)명, 불합격 (2)명
※ 재고 불합격 판정 시 사유기술 :

확인관 : 면접시험위원장　　　　　　**성명**　　　　　　**(서명)**

※ 육군 기준 장교 면접은 제1~4면접장, 부사관 면접은 제1~2면접장에서 진행하고, 면접 평가 요소는 유사하며 각 군의 사정에 의해 면접장소는 변화될 수 있습니다.

02 면접 주요사항

1. 면접 대비사항

(1) 부사관에 대한 사전지식을 충분히 갖는다: 필기시험에서 합격 또는 서류전형에서의 합격통지가 온 후 면접시험 날짜가 정해지는 것이 보통이다. 이때 수험자는 면접시험을 대비해 사전에 부사관에 대한 폭넓은 지식을 가질 필요가 있다.

(2) 충분한 수면을 취한다: 충분한 수면으로 안정감을 유지하고 첫 출발의 신선한 마음가짐을 갖는다.

(3) 얼굴을 생기 있게 한다: 첫인상은 면접에서 가장 결정적인 당락요인이다. 면접관들이 가장 좋아하는 인상은 얼굴에 생기가 있고 눈동자가 살아 있는 사람, 즉 기가 살아 있는 사람이다.

(4) 아침에 그날의 신문을 읽는다: 그날의 뉴스가 질문 대상에 오를 수가 있다. 특히 경제면, 정치면, 문화면 등을 유의해서 보아둘 필요가 있다.

2. 면접 시 옷차림

(1) 간결하고 단정하게 꾸민다: 면접에서 옷차림은 간결하고 단정한 느낌을 주는 것이 가장 중요하다. 지나치게 화려한 색상이나, 노출이 심한 옷은 자칫 면접관의 눈살을 찌푸리게 할 수 있다. 단정한 차림을 유지하면서 자신만의 독특한 멋을 연출하는 것, 분위기를 파악했다는 센스를 보여주는 것이 옷차림의 포인트다.

(2) 복장점검
- 구두는 잘 닦여 있는가?
- 옷은 깨끗이 다려져 있으며 바지의 길이는 적당한가?
- 손톱은 길지 않고 깨끗한가?
- 머리는 흐트러짐 없이 단정한가?

3. 면접요령

(1) 첫인상을 중요시해야 한다: 면접관에게 좋은 인상을 주지 않으면 어떠한 이야기를 해도 지원자의 마음이 충분히 전달되지 않을 가능성이 높다. 면접관이 '저 친구는 표정이 없고 무엇을 생각하고 있는지 전혀 알 길이 없다'고 생각하면 최악의 상태다. 우선 청결한 복장, 바른 자세로 자신감 있게 들어가야 한다. 건강하고 반듯한 이미지를 주어야 하기 때문이다.

(2) 좋은 표정을 짓는다: 말을 할 때의 표정은 중요한 사항 중 하나다. 거울 앞에서 웃는 연습을 해본다. 웃는 얼굴은 상대를 편안하게 만들고 특히 면접 등 긴장된 분위기에서는 천금의 값이 있다 할 것이다. 그렇다고 계속 웃고만 있을 필요는 없다. 자기의 말을 진정으로 전하고 싶을 때는 진지한 얼굴로 면접관의 눈을 바라보며 얘기한다. 면접을 볼 때 눈을 감고 있으면 안 좋은 이미지를 주게 되므로 지양해야 한다.

(3) 결론부터 이야기한다: 자기의 의사나 생각을 면접관에게 정확하게 전달하기 위해서는 먼저 무엇을 말하고자 하는가를 명확히 해야 한다. 대답할 때, 결론을 먼저 이야기하고 그에 따르는 설명과 이유를 덧붙이는 두괄식 화법을 사용하면 논지(論旨)가 명확해지고 이야기가 깔끔하게 정리된다. 한 가지 사실을 이야기하거나 설명하는 데는 3분이면 충분하다. 말하고자 하는 바를 적당한 길이로 요약해서 이야기하면 면접관의 이해도와 집중도를 높일 수 있다.

(4) 질문의 요지를 파악한다: 간결한 답변만으로는 면접에서 합격할 수 없다. 면접관의 질문을 제대로 파악하지 못해 적절한 대답을 하지 못하면 면접자가 지원자의 인품이나 사고방식 등을 파악하는 데 어려움이 있을 수밖에 없다. 따라서 면접관이 무엇을 묻고 싶은지, 어떤 말을 듣고 싶어 하는지 질문의 요지를 파악하여 답을 할 수 있어야 한다.

<면접에서 고득점을 받을 수 있는 성공요령>
1. 자기 자신을 겸허하게 판단하라.
2. 실전과 같은 연습으로 감각을 익혀라.
3. 단답형 답변보다는 구체적으로 이야기를 풀어나가라.
4. 거짓말을 하지 마라.
5. 면접하는 동안 대화의 흐름을 유지하라.
6. 친밀감과 신뢰를 구축하라.
7. 상대방의 말을 성실하게 들어라.
8. 끝까지 긴장을 풀지 마라.

03 면접 시 주의사항

1. 지각은 있을 수 없다

면접 당일에 지각하는 것은 있을 수 없는 일이다. 신용사회에서 약속을 못 지키는 사람은 절대로 좋은 평가를 받을 수 없다. 지정시간보다 20∼30분쯤 전에 면접장에 도착해 마음을 가라앉히고 분위기에 적응하는 등의 준비를 해야 한다.

2. 손가락을 움직이지 마라

면접 시에 손가락을 까딱거리거나 만지작거리는 행동은 유난히 눈에 띌 뿐만 아니라 면접관의 눈에 거슬리기 마련이다. 다리를 떠는 행동은 말할 것도 없다. 불안정하거나 산만하다는 느낌을 줄 수 있으므로 주의할 필요가 있다.

3. 너무 큰 소리로 말하지 마라

질문에 답변할 때 적정한 크기의 소리와 어조로 이야기하는 것이 좋다. 듣기에 편안한 목소리 톤과 명확한 의사전달은 면접관에게 좋은 인상을 남길 수 있다.

4. 성의 있는 응답 자세를 보여라

사소한 질문에도 성의 있는 응답 자세는 면접관에게 성실하다는 인상을 심어준다.

5. 기타 사항

- 앉으라고 할 때까지 앉지 마라. 의자로 재빠르게 다가와 앉으면 무례한 사람처럼 보이기 쉽다.
- 응답 시 너무 말을 꾸미지 마라.
- 질문이 떨어지자마자 바쁘게 대답하지 마라.
- 혹시 잘못 대답하였다고 해서 혀를 내밀거나 머리를 긁지 마라.
- 머리카락에 손대지 마라. 주의가 산만해 보일 수 있다.
- 면접실에 타인이 들어올 때 절대로 일어서지 마라.
- 정부 정책에 대해 비난하지 마라.
- 면접관 책상에 있는 서류를 보지 마라.
- 농담하지 마라. 쾌활한 것은 좋지만 지나치게 경망스러운 태도는 의지가 부족해 보인다.
- 질문에 대답할 말이 생각나지 않는다고 천장을 쳐다보거나 고개를 숙이고 바닥을 내려다보지 마라.
- 면접관이 서류를 검토하는 동안 말하지 마라.
- 과장이나 허세로 면접관을 압도하려 하지 마라.
- 은연중에 연고를 과시하지 마라.

6. 면접준비 Key Point

너무 자기 과시를 하지 않는 편이 좋다. 대답은 자신이 말하고 싶은 내용을 간단히 말해야 한다. 요점이 없는 발언을 한다거나 대답을 질질 끄는 태도는 좋지 않다. 또 말하는 중에 내용이 주제에서 벗어나거나 자기중심적으로만 말하는 것도 피해야 한다. 집단 면접에 대비하기 위해서는 평소에 자신의 논리력을 개발하는 데 힘써야 하며, 다른 사람 앞에서 자신의 의견을 조리 있게 개진할 수 있는 발표력을 갖추는 데에도 많은 노력을 기울여야 한다.

(1) 실력에는 큰 차이가 없다는 것을 기억하라: 서류전형을 통과했다면 기본적인 능력에 있어서만큼은 인정을 받은 것이다. 동료 응시자가 뛰어난 것 같다고 해서 위축될 필요는 없다. 자신감을 가지고 당당하게 임하는 것이 무엇보다 중요하다.

(2) 동료 응시자들과 서로 협조하라: 집단면접의 경우 동료 응시자들과 이심전심으로 협력해야만 좋은 면접 분위기를 연출할 수 있다. 경쟁자로만 인식하지 말고 가급적 서로 배려해 줄 수 있도록 한다. 특히 입실할 때나 퇴실할 때 순서를 잘 지키고 혼자만 먼저 앉는 등의 행동은 하지 않도록 한다.

(3) 답변하지 않을 때의 자세가 중요하다: 응시자 대부분이 답변 중에는 긴장하여 바른 자세를 유지하지만, 답변이 끝나고 면접관의 시선이 다른 응시자에게 향하면 자세가 흐트러진다. 하지만 자기 차례가 끝났다고 면접이 끝난 것이 아니고, 태도는 계속해서 평가되고 있으므로 동료 응시자의 답변 내용을 경청하면서 바른 자세를 유지하도록 한다.

7. 면접 전 마지막 체크 사항

- 약속된 면접시간 30분 전에 도착하도록 스케줄이 계획되어 있다.
- 면접실에 들어가서 공손히 인사한 후 또렷한 목소리로 자기 수험번호와 성명을 말할 수 있다.
- 앉으라고 할 때까지는 의자에 앉지 않는다는 것을 알고 있다.
- 자신에 대해 3분간 이야기할 수 있는 준비가 되어 있다.
- 자신의 긍정적인 면을 상대방에게 바르게 전달할 수 있다.

04 육군 면접

1. 면접 개관

육군 부사관 면접은 표현력, 국가관, 리더십, 태도, 예절, 품성, 성장환경 등을 확인하여 기본 자질과 교양, 가치관 등을 종합적으로 평가한다. 부사관 면접은 올바른 국가관과 가치관이 성립되어 있는지를 주요 평가요소로 한다. 따라서 부사관 훈련의 목적이 부사관으로서 기본소양 함양, 병 기본훈련, 병과 기초전투기술 행동화 체득, 부하지도(체력, 사격술, 생존) 및 부대관리 능력 배양, 업무담당관 전문 직무지식 구비(행동으로 지도할 수 있는 능력 배양) 등을 통해 전장에서 싸워 이길 수 있는 전투 전문가, 즉 부대관리 전문가를 육성하는 데 있는 만큼 평소 본인의 가치관을 솔직하게 표현하는 것이 중요할 것이다. 또한, 질문에 대해 대답할 때는 면접관을 향해 큰 소리로 자신감 있게 말해야 한다.

2. 평가 및 배점

(1) 평가항목

구분	제1면접장 (개별면접)	제2면접장 (개별면접 및 집단 토론 면접)	제3면접장 (개별면접)
평가요소	신체균형, 발성/발음, 지원동기/사회성, 예절/태도, 표현력/논리성, 이해력/판단력	국가관/안보관, 리더십/상황판단, 사회성, 표현력/논리성, 이해력/판단력	인성평가

(2) 등급별 점수

구분	A	B	C	D	E
평가	탁월	우수	보통	저조	부적격
배점(%)	100	85	70	55	40

※ 선발과정별 면접평가 배점이 다를 수 있으므로 자세한 사항은 모집요강을 참고하시기 바랍니다.

3. 주요 평가요소

(1) 부사관으로서의 정신자세

(2) 전문지식과 응용능력

(3) 정확성과 논리성

(4) 용모, 예의, 품행 및 성실성

(5) 창의력, 의지력, 기타 발전 가능성

CHAPTER 02 육군 기출면접

01 빈출 질문과 예시 답변

Q1. 자기소개를 해보시오.

안녕하십니까? ○○지역, 수험번호 ○○○○○○, 일반 계열에 지원한 ○○○입니다. 출신학교는 ○○대학 ○○학과입니다. 가족 부양자는 아버지이시며, 어머니와 여동생이 있습니다.

Q2. 지원동기를 말해보시오.

군인이라는 직업이 제 가치관과 적성에 맞는다고 판단하여 꿈을 키워왔고, 제가 가야 할 길이라고 생각하여 지원하게 되었습니다. 군 생활을 통해 제 한계를 시험해보고 싶고 부하들을 리더십으로 이끄는 부사관이 되어 군에 중요한 인재가 되고 싶습니다.

> ※ 일반적인 지원동기 예문이다. 추가로 왜 군에 지원했는지를 첨부하면 더 좋은 답변이 이루어진다.

Q3. 연평도 포격 도발 사건에 대해 어떻게 생각하는가?

연평도 포격 도발 사건은 2010년 11월 23일 북한이 대연평도를 향해 무차별 포격을 가한 사건으로 해병대원 전사자 2명, 부상자 16명, 민간인 사망자 2명 등 연평도 일대의 인적 피해와 물적 피해를 가져다 준 사건입니다.

> ※ 정부의 발표가 자신의 의견과 다르다고 해서 이를 부정하는 답변은 좋지 않다. 북한의 기습이었다는 것을 유념하고 정부와 군을 신뢰한다는 인상을 심어주어야 한다.

Q4. 임관 후 포부를 말해보시오.

임관하게 된다면 신입 간부로서 당차고 열심히 배우는 모습을 보여드리겠습니다. 또한 병사들에게 모범이 되는 간부로서 본이 될 수 있도록 솔선수범하고 선임에게는 꾸준히 배우도록 노력하겠습니다.

Q5. 6 · 25 전쟁은 북침인가? 남침인가?

6 · 25 전쟁은 1950년 6월 25일 새벽 4시경 북한의 전면적인 남침으로 한반도 전체에서 벌어진 전쟁입니다.

Q6. 한미동맹에 대해 어떻게 생각하는가?

대한민국과 미국은 단순히 군사적인 측면뿐만 아니라 정치, 경제, 문화, 예술 등 사회 전반적인 측면에서 긴밀한 동맹 관계입니다. 특히 북한과의 관계를 볼 때 다양한 문제발생에 대처하기 위해 대한민국과 미국은 더욱 굳건한 동맹을 맺어야 한다고 생각합니다.

Q7. 우리나라의 주적은 어디인가?

북한입니다. 북한은 현재 군사적 주적이지만, 동포이기도 하기에 가능한 인도적인 지원을 해주어야한다고 생각합니다. 하지만 대한민국의 국민과 재산을 위협할 경우 응징해야 할 대상이기도 합니다.

> ※ 간결하게 대답하기 위해서는 위와 같은 답변이 군인의 의지를 보여주기에 충분할 것이다. 그러나 2020년에 출판된 『2020 국방백서』를 보면 '우리 군은 대한민국의 주권, 국토, 국민, 재산을 위협하고 침해하는 세력을 우리의 적으로 간주한다.'라고 되어 있다. 이러한 사실에 유의하여 면접에 임하는 것이 좋다. 윤석열 정부의 「국방백서 4.0」이 출간될 예정이므로 바뀐 표현은 다시 한 번 확인하는 것이 좋다.

Q8. 병사가 자신을 무시하거나 명령에 불복종할 경우 어떻게 대처하겠는가?

군은 상명하복의 단체이므로, 상관이 명령을 내리면 부하는 그 명령을 따라야 합니다. 따르지 않을 경우 그 이유를 물어 자신의 명령이 잘못되었다면 다른 명령을 내리고, 그렇지 않다면 명령 불복종이므로 이에 따른 징계 등 처벌을 해야 합니다.

Q9. 자신의 국가관에 대해 말해보시오.

국가는 개인의 자유와 권리를 보장해주고, 북한 등 적의 위협으로부터 안전하게 지켜주는 존재입니다.

> ※ 평소 자신이 직업군인으로서 가지고 있던 국가관에 대해 짧고 인상적으로 이야기할 수 있도록 준비한다. 면접을 위해 급조된 국가관이란 인상을 주지 않도록 한다.

Q10. 군인이 가져야 할 태도 및 자세에 대해 말해보시오.

국가에 대한 충성심과 우리 역사에 대해 자부심을 품고 대한민국의 정통성을 지키려는 노력과 함께 민주주의 국가 시민으로서 자질을 키워나가는 노력을 기울여야 합니다.

Q11. 북한의 핵 보유에 대해 어떻게 생각하는가?

북한의 핵 보유는 동북아시아 지역 안보에 심각한 위기를 가져올 가능성이 크며, 우리 국민의 안전을 위협하는 정치·군사적 수단이기 때문에 절대 용납할 수 없는 행위입니다.

Q12. 일본의 독도영유권 주장에 대한 생각을 말해보시오.

일본은 독도를 분쟁지역으로 만들려는 노력을 일삼고 있습니다. 역사·지리적으로 우리의 영토임을 분명히 인식하고 국제적으로 합법적인 점유하고 있는 우리의 입장을 분명히 하여 일본의 전략에 말려 들지 않도록 주의하는 자세가 필요합니다.

Q13. 통일을 달성하기 위한 군의 역할에 대해 말해보시오.

우리 군은 정치·경제적인 통일의 노력에 발맞춰 북한의 도발적 행위에 대해 경계하는 자세를 견지해 야 합니다. 튼튼한 국방력을 바탕으로 평화 통일에 방해가 되는 군사적 위험요소들을 대비하는 자세 가 필요합니다.

Q14. 종북세력에 대해 어떻게 생각하는가?

종북세력은 내부적인 사회 불안 및 갈등을 유발하는 안보적 위험요소입니다. 사회 분열이 발생하지 않도록 대한민국 헌법 정신을 토대로 올바른 국가관을 정립시켜야 합니다.

Q15. 북한의 NLL(북방한계선) 주장에 대해 어떻게 생각하는가?

NLL은 남북한 간 해양 경계선을 말합니다. 설정된 이후 북한 측에서는 이의제기가 없었고, 20여 년간 관행으로 준수하였기 때문에 북한의 주장과 요구는 명백한 정전 협정 정신 위반에 해당합니다.

Q16. 조선시대에 있었던 전쟁을 간단히 설명해보시오.

- 임진왜란: 조선 중기 일본군의 침입으로 2차례에 걸쳐 발발한 전쟁입니다. 이순신 장군 등 수군의 승리로 전세가 전환되었고 곽재우 등 의병의 활약과 조·명 연합군의 승전에 힘입어 승리하였습니다. 임진왜란은 조선 전기와 후기를 나누는 중요한 기준이 됩니다.
- 병자호란: 정묘호란 이후 청의 2차 침입으로 발생한 전쟁입니다. 조선은 전쟁에서 패하였고, 남한산성으로 피신했던 인조는 삼전도의 예를 행하며 굴욕적으로 항복했습니다. 이후 조선은 청과 군신 관계를 맺게 되었으며, 많은 사회 문제가 야기되었습니다.

Q17. 국기에 대한 맹세문을 말해보시오.

나는 자랑스러운 태극기 앞에 자유롭고 정의로운 대한민국의 무궁한 영광을 위하여 충성을 다할 것을 굳게 다짐합니다.

Q18. 애국가 ○절을 제창해보시오.

1. 동해물과 백두산이 마르고 닳도록 하느님이 보우하사 우리나라 만세
2. 남산 위에 저 소나무, 철갑을 두른 듯 바람서리 불변함은 우리 기상일세
3. 가을 하늘 공활한데 높고 구름 없이 밝은 달은 우리 가슴 일편단심일세
4. 이 기상과 이 맘으로 충성을 다하여 괴로우나 즐거우나 나라 사랑하세
후렴. 무궁화 삼천리 화려강산 대한 사람, 대한으로 길이 보전하세

02 반드시 나온다! 면접 기출질문 List

※ 다음은 육군 부사관 / RNTC에 대한 기출문항으로 면접 시 참고하시길 바랍니다.

2022년

1. 개별면접

- 우리나라에게 피해를 주는 두 국가와 그 이유(적국)
- 내가 육군 부사관 / RNTC가 될 만한 역량 중 뛰어난 것이 무엇인가?
- 희생정신이 무엇인가(단체생활에서 희생한 경험, 희생정신이 돋보이는 직업은 무엇이라고 생각하나)?
- 대한민국이 살만한 나라인가(정치, 경제 등 여러 분야)?
- 군 희생정신이 무엇이라고 생각하는지
- 한반도 통일이 이루어져야 한다고 생각하는지
- 젊은 청년으로서 통일을 위해서 무엇을 할 수 있다고 생각하는지
- 우리나라 대통령 중 존경하는 사람과 이유
- 우리나라가 6·25 전쟁 후 빠르게 회복할 수 있었던 이유
- 안보란 무엇이라고 생각하나요?
- 38선과 휴전선의 차이를 알고 있는지
- 태극기의 의미를 알고 있는가?
- 국민의례를 말해볼 수 있는가?
- 6·25 전쟁에 대해 말해보시오.
- 대한민국은 살기 좋은가?
- 자유민주주의의 의의를 아는 대로 말해보아라
- 군인이란 무엇인가?
- 연평해전이란(알고 느낀 점)?

2. 인성 / 품성

- 어떤 군인이 되고 싶은가?
- 살면서 가장 힘들었던 경험이 무엇이며, 어떻게 극복하였는지
- 군 생활은 말처럼 쉬운 것이 아닌데, 정신력이나 체력이 버텨주지 않을 때 어떻게 할 것인가?
- 한국 군 위상은 어디에 있다고 생각하고, 한국 군이 발전하기 위해서 어떻게 해야 하는지
- 리더로서 활동한 경험이 있나요?(→ 리더로서 활동할 때 자신의 말에 잘 따르지 않는 사람은 어떻게 대처했나요?)
- 인생에서 가장 힘들었던 경험과 행복했던 경험
- 인생에서 가장 스트레스를 받았던 경험과 이를 해결한 방법
- 지원동기
- 직업군인이 되고 싶은가?
- 가장 기억에 남는 경험이 있는가?
- 좌우명이 어떻게 되는지

1. 개별면접

- 육군 부사관 / RNTC에 지원한 이유가 무엇인가?
- 육군 부사관이 자신과 어울린다고 생각한 이유가 있는가?
- 육군 부사관이 되기 위해서 개인적으로 노력한 점이 있다면 무엇인가?
- 학군 부사관 후보생이 되어서 임관 전까지의 자신의 목표에 대해서 말해보시오.
- 바람직한 부사관의 모습에 대해 말해보시오.
- 군대와 전쟁이 나오는 영화 중 가장 기억의 남는 작품은 무엇이며, 그 이유에 대하여 말해보시오.
- 부사관생활을 통해서 성취하고자 하는 목표가 무엇이며, 부사관생활을 통해서 얻어야 하는 이유가 무엇 인지 말해보시오.
- 육군 부사관 / RNTC 지원에 가장 큰 영향을 준 인물이나 이유에 대해 말해보시오.
- 다시 태어난다면 태어나고 싶은 국가와 그 이유에 대하여 말해보시오.
- 만약 본인이 입단하여 교육수료 후 부사관으로 임관하게 된다면, 목표로 하는 계급과 그 이유에 대해 말해보시오.
- 지원자의 장단점을 말해보시오.
- 리더십을 키우는 자신만의 방법이 있는가?
- 어린 시절 꿈은 무엇이 있는가?
- 지금까지 읽어본 책 중에서 가장 인상 깊은 책이 무엇이며, 이유는 무엇인가?
- 학교 동아리 활동으로 무엇을 했는가?
- 학창 시절에 가장 기뻤던 일과 슬펐던 일은 무엇인가?
- 학창 시절에 가장 뿌듯했던 일과 후회되는 일은 무엇인가?
- 20대에 꼭 한번 해보고 싶은 일이 있는가?
- 대인관계에서 가장 중요하게 생각하는 것은 무엇인가?
- 당신만의 스트레스 해소법이 있는가?
- 봉사활동 경험과 느낀 점을 말해보시오.
- 앞으로 해보고 싶은 봉사활동이 있는지 말해보시오.
- 군인에게 희생정신이란 무엇인지 말해보시오.
- 국가의 3요소를 설명하고, 국가가 왜 필요한지에 대하여 말해보시오.
- 봉사활동을 부정적으로 생각하는 동료를 어떻게 권유하겠는가?
- 화재 진압 중 순직한 소방관들의 행동에 대해 어떻게 생각하는가?
- 연평도 포격 도발 시 끝까지 싸운 군인들에 대해 어떻게 생각하는가?
- 원룸 화재 시 이웃들의 생명을 구하고 희생하신 초인종 의인에 대해 어떻게 생각하는가?
- 세월호 침몰 사건 후 생존자 구조 활동에 참여한 민간인 잠수부와 자원 봉사자들을 보고 느낀 점을 말해보 시오.
- 군인으로서 민간인 구출작전 시 군인의 희생이 불가피할 경우 어떻게 하겠는가?
- 역사적으로 힘이 강했을 때와 약했을 때 어떤 일이 발생했는지 사례를 들어 설명해 보시오.
- 국제사회가 한반도의 유일한 합법적인 정부로 대한민국을 인정한 이유가 무엇인지 말해보시오.
- 호국보훈을 실천하기 위해 지금 우리가 해야 할 일이 무엇인지 말해보시오.

- 6·25 전쟁 때 조국을 지킨 우리의 할아버지·할머니 세대가 대한민국 발전을 위해 어떤 노력을 하셨는지 말해보시오.
- 자유민주주의와 시장경제체제의 어떠한 특성이 대한민국의 비약적인 경제 발전을 이끌는지 말해보시오.
- 세계 속의 대한민국을 위해 군은 어떤 역할을 해야 하는지 말해보시오.
- 20세기 말 냉전시대의 종료와 함께 공산주의가 자유민주주의에 패배한 이유는 무엇인지 말해보시오.
- 대한민국의 자유민주주의가 북한의 공산주의의 비해 우월한 점이 무엇인지 말해보시오.
- 일본이 독도 영유권 주장을 위해 내세우는 샌프란시스코 평화조약에 어떤 맹점이 있는지 말해보시오.
- 우리 영토를 지켜내기 위해서 각자 해야 할 일이 무엇인지 말해보시오.
- 연평해전의 영웅들을 기억해야 하는 이유가 무엇인지 말해보시오.
- '평화는 강한 힘이 뒷받침되어야 얻을 수 있다'는 교훈의 의미가 무엇인지 말해보시오.
- 한미연합 훈련을 통해 한미 간의 공조체제를 강화해야 하는 이유가 무엇인지 말해보시오.
- 통일은 왜 필요한가?
- '힘없는 평화는 불가능하다'는 말의 의미에 대해 자신의 생각을 말해보시오.
- 연평도 포격도발을 설명하시오.
- 천안함 피격사건의 경과와 북한의 공격임을 확증하는 이유는 무엇인지 말해보시오.
- 세계적으로 이미 냉전이 종식된 상황에서 한반도에 전쟁이 일어날 수 있다고 생각하는가? 이에 대해 자신의 생각을 말해보시오.
- 6·25 전쟁은 남침인가? 북침인가? 그리고 그 이유는 무엇인지 말해보시오.
- 한미동맹의 필요성을 과거, 현재, 미래로 나누어서 설명해보시오.
- 북한이 주한미군 철수를 원하는 이유는 무엇인가?
- 친구와 싸운 적이 있는가?
- 자주 국방이란 무엇이라고 생각하는가?
- 우리나라와 북한과의 경제 격차를 아는가?
- 학생 신분으로서 애국심을 보여줄 수 있는 행동으로는 무엇이 있는가?
- 친북세력에 대해서 어떻게 생각하는가?
- 우리나라의 주적이 누구라고 생각하는가?
- 해외파병의 기회가 주어진다면 어떻게 하겠는가?
- 부모님을 제3자 입장에서 객관적으로 평가해보시오.
- 자신에게 100만 원이 생긴다면 무엇을 할 것인가?
- 중요한 시험을 앞두고 지인으로부터 도와달라는 부탁을 받았다. 지인을 도와준다면 시험을 망칠 수도 있는 상황이다. 어떻게 대처하겠는가?

2. 신체균형 / 자세 · 발성 / 발음

□ **성량 평가**
- 위국헌신! 군인본분! 우리의 사명!!
- 자유롭게 꿈꾸고 거침없이 도전하라!
- 내가 있는 이 곳! 자랑스러운 나의 조국!

□ **속도 / 어조 평가**
- 창랑의 물이 맑거든
  내 갓끈을 씻을 것이오
  창랑의 물이 흐리거든
  내 발을 씻으리다
- 봄잠에 빠져 날 새는 줄 몰랐더니
  곳곳에 지저귀는 새소리 들리누나
  밤사이 비바람 거세었으니
  꽃들이 제법 많이 졌으리라
- 냇물 맑으니 하얀 돌 드러나고
  날씨 차가우니 단풍은 드물구나
  산길에는 비가 오지 않았건만
  비취빛 하늘이 옷깃을 적셔오네

□ **발음 평가 1**
- 칠월칠일은 평창친구 친정 칠순 잔칫날
  팔월팔일은 팔당친구 시댁 팔순 잔칫날
- 한영양장점 옆 한양양장점
  한양양장점 옆 한영양장점
- 청단풍잎 홍단풍잎 흑단풍잎 백단풍잎
  시골 찹쌀 햇찹쌀 도시 찹쌀 촌찹쌀

□ **발음 평가 2**
- 남자단식 2번 시드는 로저 페더러가 받았고 이어 노박 조코비치, 앤디 머레이, 로빈 소더링, 니콜라이 다비덴코, 토마스 베르디히, 페르난도 베르다스코가 뒤를 이었습니다.
- 정보는 이달 신설될 증권선물위원회 위원장을 금융감독위원회 위원장이 금융감독위원회 상근위원 중에 추천해 대통령이 임명하도록 했던 당초 방침을 수정했습니다.
- 오늘부터 여행유의를 의미하는 1단계에서 2단계로 조정된 지역은 방콕·논타부리주 전역과 빠툼타니주 랏룸께오구, 사뭇쁘라칸주 방필구 지역입니다.

3. 인성 / 품성

1. 감정적, 정신적으로 매우 힘든 스트레스 상황에서, 훌륭하게 대처하여 스스로 만족스러웠던 경험이 있다면 말해보시오.
   1-1. 어떤 상황이 발생했으며 그 당시 어떠한 감정을 느꼈고, 어떤 태도를 취했는가?
   1-2. 상황이 발생한 주원인은 무엇이었는가?
   1-3. 상황에 대해서 어떻게 대처했는가?
   1-4. 본인이 취한 행동은 어떠한 결과를 가지고 왔으며, 다른 사람들은 그 상황과 당신에 대해 어떻게 이야기했는가?

2. 다른 사람들과의 인간관계에서 갈등을 겪었던 경험과 그것을 어떻게 극복해 나갔는지 말해보시오.
   2-1. 어떤 일 때문에 갈등을 겪게 되었는지 말해보시오.
   2-2. 그러한 갈등을 해결하기 위해서 어떤 노력을 하였는가?
   2-3. 극복해 나가는 중에 가장 어려웠던 점은 무엇이며, 다른 사람의 도움을 받았는가(받지 않았다면 그 이유는 무엇인가)?
   2-4. 이러한 경험은 본인에게 이후 어떠한 영향을 주었는가?

3. 아르바이트를 포함한 사회생활, 또는 학교생활을 하면서 불확실한 상황이나 애매모호한 상황 때문에 스트레스를 받았던 경험을 말해보시오.
   3-1. 구체적으로 어떤 상황이 본인의 심경을 힘들게 했고, 어떤 태도를 취했는가?
   3-2. 자신의 감정을 조절하거나 자제, 스트레스를 최소화하기 위해 어떠한 노력을 했는가?
   3-3. 앞으로 이러한 유사한 스트레스를 받게 된다면 어떻게 극복할 것인가?
   3-4. 이 경험들을 통해 무엇을 배울 수 있었는가?

4. 일과 관련한 경험(공부, 프로젝트, 인턴과정 등) 중 힘들었던 경험을 이야기해보시오.
   4-1. 구체적으로 어떤 점에서 가장 힘들게 느껴졌는가?
   4-2. (그럼에도) 왜 그 일을 하려고 노력했는가?
   4-3. 구체적인 목표나 실행방안이 있었는가?
   4-4. 그 경험들을 통해 무엇을 배웠는가?

5. 지금까지 자신과 대립되는 입장을 가진 사람과 의견을 조율하거나, 사람들을 설득시켜야 했던 경험이 있다면 말해보시오.
   5-1. 그 상황에서 당신과 가장 대립되는 상대의 의견은 무엇이었으며, 그 상황에서 가장 핵심이 되는 논점은 무엇이었는가?
   5-2. 그 사람을 설득하여 원하는 결론으로 이끌기 위해 어떤 방법을 사용하였는가?
   5-3. 최종 합의 사항이, 처음 당신의 주장과 얼마나 차이가 있었는가?
   5-4. 설득(협상)결과 도출된 안은 무엇이었는가?

6. 친했던 친구와 거리가 멀어졌다가 다시 친구관계를 회복하기 위해 노력했던 경험에 대해서 말해보시오.
   6-1. 어떠한 상황에서 거리가 멀어졌고 그 주요원인은 무엇이었는가?
   6-2. 본인은 친구와의 관계회복을 위해서 어떤 노력을 하였는가?
   6-3. 친구와의 관계는 다시 회복되었는가(회복되지 않았다면 그 이유는 무엇이라고 생각하는가)? 어떻게 해서 잘 회복될 수 있었다고 생각하는가?
   6-4. 이러한 경험을 통해 무엇을 배울 수 있었는가?

7. 본인이 낯선 사람들과 처음 교류를 하게 되면서 힘들었던 경험이 있다면 이야기해보시오.
   7-1. 교류하게 된 계기 및 장소는 무엇이었고, 힘들었던 이유는 무엇인가?
   7-2. 이후 친해지거나 관계를 좋게 하기 위해서 본인은 어떠한 노력을 하였는가?
   7-3. 교류과정에서 갈등은 없었는가(없었다면 그 이유는 무엇인가)? 갈등이 발생하게 된 이유는 무엇이라고 생각하는가?
   7-4. 이러한 경험은 본인에게 어떠한 영향을 주었다고 생각하는가?

8. 단체 활동 또는 조별과제를 하던 중 갈등을 겪었거나 힘들었던 경험을 이야기해보시오.
   8-1. 어떤 상황이었고, 수행해야 했던 일은 무엇인가?
   8-2. 수행하면서 구성원들이 힘들어한 이유는 무엇이며, 난관을 극복하기 위해 어떠한 노력을 했는가? 예를 들어 구성원 간 업무분담은 어떻게 했고, 갈등 발생 시 관리 및 동기부여는 어떻게 했는지 본인의 경험에 근거해서 설명해보시오.
   8-3. 결과는 어떠했는가?
   8-4. 그 당시 경험에 비추어 본인이 반성할 점 또는 잘한 점에 대해서 이야기해보시오.

9. 본인의 취약한 부분을 깨닫고 전문성(전공, 어학, 자격증)을 개발하기 위해 실천했던 경험이 있다면 말해보시오.
   9-1. 다른 사람들과 비교해볼 때 본인이 가진 전문성과 취약점은 무엇이라고 생각하는가?
   9-2. 전문성 개발을 위해 세운 계획 또는 목표가 있는가?
   9-3. 전문성을 기르기 위해 어떠한 노력과 어느 정도의 시간적 투자를 했었는가?
   9-4. 당신의 전문성은 다른 친구들과 비교했을 때 어느 정도의 수준인가?

10. 다른 사람들이 아무도 모르는 상황에서도 본인의 실수에 대해서 책임을 졌던 경험이 있는가?
    10-1. 책임을 졌던 상황에 대해 말해보시오.
    10-2. 그 상황에서 구체적으로 어떤 행동을 했고, 그렇게 행동한 이유는 무엇인가?
    10-3. 결과는 어떠했으며 그러한 경험을 통해 깨달은 점(배운 점)이 있다면 무엇인가?
    10-4. 지금 말한 일 외에 소속된 조직에서 다른 사람의 모범이 되었던 일이나 조직 활동과 관련해 자기 자신에게 칭찬해 주고 싶은 일이 있다면 무엇인가? 간단한 사례를 들어 말해보시오.

11. 나의 평소 생각, 가치관과 다른 타인의 생각이나 다른 의견을 수용하게 된 경험에 대해서 이야기해보시오.
　　11-1. 나의 생각과 다른 사람의 생각 또는 사상은 어떻게 달랐는가?
　　11-2. 상반되는 생각과 다른 견해를 수용하게 된 계기 또는 이유는 무엇이었는가?
　　11-3. 내가 소신이 없다고 생각하거나, 나의 생각을 지적받은 것에 대해 기분이 나쁘지는 않았는가?
　　11-4. 이러한 경험은 본인에게 어떠한 영향을 주었는가?

12. 본인의 가치관, 성격 형성에 가장 많은 영향을 주었다고 생각되는 환경, 사람, 계기에 대해서 말해보시오.
　　12-1. 구체적으로 어떠한 영향을 받았으며, 특별한 계기가 있었는가?
　　12-2. 이전과 비교했을 때 나의 삶 또는 일상생활은 어떻게 달라졌는가?
　　12-3. 주변인들에게는 어떠한 영향을 주었는가? 갈등을 빚거나 힘들었던 점은 없었는가?
　　12-4. 본인이 좀 더 변화하고 싶은 부분은 무엇이며, 그 이유는 무엇인지 이야기해보시오. 없다면 그 이유는 무엇인가?

13. 본인이 책임을 지고 어떠한 일을 완수해야 했던 경험에 대해서 이야기해보시오.
　　13-1. 구체적으로 어떤 일이었고, 왜 맡게 되었는가?
　　13-2. 일을 진행하는 과정에서 어떠한 어려움이 있었고, 해결하기 위해서 노력은 어떻게 했는가?
　　13-3. 그 일을 달성하기 위해 본인이 취했던 행동을 구체적으로 말해보시오.
　　13-4. 이러한 경험은 본인에게 어떠한 교훈을 주었는가?

14. 지금까지 살아오면서 가장 성취감을 느꼈던 경험을 이야기해보시오.
　　14-1. 어떤 점에서 성취감을 느꼈는가?
　　14-2. 그 일을 이루기 위해 수립한 목표가 있었다면 이야기해보시오.
　　14-3. 본인이 목표달성을 위해 구체적으로 노력한 것이 있으면 이야기해보시오.
　　14-4. 그 경험을 통해서 무엇을 배웠으며, 배운 점들은 어떻게 활용하고 있는가?

15. 상대적으로 경험이 부족하거나 어려운 일을 맡아서 그 일을 해냈던 경험을 이야기해보시오.
　　15-1. 그 상황을 극복하기 위해 특별한 목표를 세운 경험이 있다면 이야기해보시오.
　　15-2. 일을 성취하기 위해 어떤 단계와 과정을 거쳤는가?
　　15-3. 부족한 경험을 보완하기 위해 구체적으로 어떤 노력을 하였으며, 다른 사람들의 도움을 받았는가(받지 않았다면 이유가 무엇인가)?
　　15-4. 일을 하는 과정에서 특히 어떤 점이 힘들었으며, 그 상황을 어떻게 극복하였고, 무엇을 배웠는가?

16. 자신이 잘 모르거나 익숙하지 않은 일을 맡았지만 자신의 경험, 인맥, 지식 등을 활용하여 완수했던 경험이 있는가?
　　16-1. 맡았던 일은 어떤 일이었고, 어떤 상황이었는가?
　　16-2. 일을 처리하기 위해 본인이 취했던 행동과 어떤 점이 가장 힘들었는지 말해보시오.
　　16-3. 그때는(힘들 때는) 어떻게 했으며, 힘든 상황에서도 계속 진행했던 이유는 무엇이며, 결과는 어떠했는가?
　　16-4. 그 일을 계속 하는 동안 본인의 도전정신이 가장 잘 발휘되었던 행동은 무엇이라고 생각하는가?

17. 자신이 경험했던 활동 중 가장 활발하게 했던 경험에 대해 이야기해보시오.
    17-1. 구체적으로 어떤 활동이었으며 하게 된 이유는 무엇인가?
    17-2. 경험을 통해서 본인이 얻고자 하는 것은 무엇인가?
    17-3. 진행 전·중·후에서 잘했던 점과 부족했던 점은 어떤 것이 있었는가?
    17-4. 경험 이후 자기 자신에 대해 느낀 점은 어떤 것이 있었는가?

18. 최근 2~3년 사이에 도전했던 일들 중 가장 의미 있던 일에 대해 이야기해보시오.
    18-1. 어떤 계기로 그런 도전을 했는가?
    18-2. 그렇다면 그 도전을 통해 구체적으로 무엇을 얻고자 했는가?
    18-3. 그러한 일을 통해 특별히 배운 것이 있다면 어떤 것인가?
    18-4. 그렇게(도전을 통해) 배운 점들을 어떻게 활용하고 있는가?

19. 자신이 경험했던 활동 중 자신이 주도했던 활동에 대해 이야기해보시오.
    19-1. 구체적으로 어떤 일을 했는가?
    19-2. 진행하는 과정에서 아쉬웠던 경우가 있었는가?
    19-3. 목표를 달성하기 위해 어떤 장단기 계획을 세웠으며, 다른 사람들의 도움을 받기도 했는가?
          어떤 이유로 도움을 받게 되었는가(받지 않았다면 이유가 무엇인가)?
    19-4. 어떻게 다른 사람에게 도움을 구할 수 있었으며, 그 일을 통해 얻은 교훈이나 노하우가 있다면
          무엇인가? 그 노하우를 다른 사람과 공유한 경험이 있는가?

20. 본인이 자신의 능력(학업이나 외국어 실력, 지성)을 개발하기 위해 목표를 세우고 달성한 경험을 이야
    기해보시오.
    20-1. 그 목표를 세운 특별한 계기는 무엇인가?
    20-2. 그 목표를 달성하기 위해 구체적으로 어떤 활동을 하였는가?
    20-3. 그 목표가 본인에게 얼마나 도전적인 것이었는가?
    20-4. 그 능력을 추가적으로 개발하기 위해 어떤 노력을 하고 있는가?

21. 본인의 정직한 태도·행동으로 인해 피해를 보았던 경험에 대해서 말해보시오.
    21-1. 왜 피해를 보면서까지 정직한 태도 및 행동을 하게 되었는가?
    21-2. 당시 느낀 점은 어떠했으며, 피해를 극복하기 위해서 어떤 노력을 하였는가(없었다면 그 이유는
          무엇인가)?
    21-3. 그 결과는 어떠했는가?
    21-4. 이와 비슷한 상황에 또다시 직면하게 된다면 어떻게 대처할 것인지 이야기해보시오.

22. 단체나 학교에서 팀 활동 또는 친구와 같이 행동을 하다가 규율 또는 원칙을 지키기 어려웠던 경험이
    있는가?
    22-1. 어떤 단체(조직)였고, 어떤 상황이었는가? 구체적으로 어떤 행동을 하였는가?
    22-2. 그 일을 처리하는 과정에서 겪었던 갈등과 다른 사람과의 마찰이 있었다면 이야기해보시오.
    22-3. 결과는 어떠했는가?
    22-4. 그러한 경험을 통해 깨달은 점(배운 점)이 있다면 무엇인가?

23. 조직(학급, 과제 팀, 동아리, 직장 등)이나 본인의 신념과 원칙, 양심을 지키기 위해 양보를 하거나 희생해 본 경험이 있는가?

    23-1. 어떤 조직이었고, 양보(희생)하게 된 상황에 대해 말해보시오.

    23-2. 그 상황에서 구체적으로 어떤 행동을 했고, 그렇게 행동한 이유는 무엇인가?

    23-3. 결과는 어떠했으며, 그러한 경험을 통해 깨달은 점(배운 점)이 있다면 무엇인가?

    23-4. 지금 말한 일 외에 조직 구성원으로서 다른 사람의 모범이 되었던 일이나 조직 활동과 관련하여 자기 자신에게 칭찬해 주고 싶은 일이 있다면 무엇인가? (간단한 본인의 사례를 들어서 말해 주세요.)

24. 부정하거나 정직하지 못한 행위를 직접 보고 실망했던 경험에 대해서 이야기해보시오.

    24-1. 구체적으로 어떠한 행위였는지 이야기해보시오.

    24-2. 당시 그러한 행위에 대해서 본인은 어떻게 행동을 하였는가?

    24-3. 그 결과는 어떠했는가?

    24-4. 그러한 경험은 본인에게 이후 어떠한 영향을 주었는가?

CHAPTER 03 육군 인성검사

01 인성검사 소개

육군에서는 1차 필기 전형에서 50분간 총 338개 문항으로 인성검사를 실시하고, 검사 결과는 2차 전형인 대면면접 평가 시 확인하고 있다. 이 인성검사는 개인의 성격유형, 정서적 측면, 행동적 측면, 의욕적 측면 등으로 나누어 문항을 구성하고 있는 객관적 성격검사이다. 진단적 도구로서의 유용성과 다양한 장면에서의 활용가능성을 인정받고 있으며, 비정상적인 행동과 증상을 객관적으로 측정하여 임상진단에 관한 정보를 제공해 주는 것이 주목적이다.

[인성검사 유의사항]

❶ 검사시간은 50분이다. 그러나 다른 심리검사에 비해 검사문항이 월등히 많으므로 수검자가 피로나 권태를 느낄 수 있기 때문에, 시작 전에 충분한 휴식을 취하고 검사에 임해야 한다.

❷ 인성검사는 개인마다 가지고 있는 공통된 특성을 평가하는 것이다. 또한 객관적 방식에 의해 개인이 일정한 형식에 반응하도록 구성되어 있다. 따라서 정답이 없다. 문항을 읽고 이해한 후에 유리한 방향 등에 대한 고민을 하지 말고 반응에 대한 답안을 바로 체크해야 한다. 시간낭비이다.

▣ 성격유형: 직관 – 감각

사물에 대해 독창적인 발상이 가능한가? 상식적인 판단이 가능한가?

> **예제** 다음 A, B 중 자신에게 가깝다고 생각하는 것을 선택하시오.
>
> (1) A 꿈이 있는 사람이 좋다.
>   B 현실적인 사람이 좋다.
> (2) A 새로운 방법을 모색하는 편이다.
>   B 경험을 중시하는 편이다.
> (3) A 자기 나름대로의 방법을 생각한다.
>   B 정해진 방식을 따른다.

※ 위의 질문을 통해 다음과 같은 판단을 내릴 수 있다.
- A가 많은 사람 → 직관적인 성격
- B가 많은 사람 → 감각적인 성격

▣ **성격유형: 감정 – 사고**

무엇인가를 판단할 때 감정적인가? 논리적인가?

> **예제** 다음 A, B 중 자신에게 가깝다고 생각하는 것을 선택하시오.
>
> (1) A 어려움에 처한 사람을 보면 동정한다.
>　　 B 어려움에 처한 사람을 보면 그 이유를 생각해 본다.
> (2) A 무언가를 결정할 때는 자신의 감정에 따르는 편이다.
>　　 B 무언가를 결정할 때는 논리적으로 생각하는 편이다.

※ 위의 질문을 통해 다음과 같은 판단을 내릴 수 있다.
- A가 많은 사람 → 감정형 성격
- B가 많은 사람 → 사고형 성격

▣ **성격유형: 내향 – 외향**

관심이 있는 것이 자신의 안에 있는가? 밖에 있는가?

> **예제** 다음 A, B 중 자신에게 가깝다고 생각하는 것을 선택하시오.
>
> (1) A 충분히 생각하고 행동하는 경우가 많다.
>　　 B 생각하기보다 먼저 행동을 하는 경우가 많다.
> (2) A 친한 친구하고만 어울리는 편이다.
>　　 B 처음 만난 사람에게도 친근하게 다가가는 편이다.
> (3) A 소극적인 편이라는 말을 자주 듣는다.
>　　 B 사교적인 편이라는 말을 자주 듣는다.

※ 위의 질문을 통해 다음과 같은 판단을 내릴 수 있다.
- A가 많은 사람 → 내향적인 성격
- B가 많은 사람 → 외향적인 성격

■ 성격유형: 지각 - 판단

환경에 대한 대처가 유연한가? 계획을 세우고 수행하는가?

예제 다음 A, B 중 자신에게 가깝다고 생각하는 것을 선택하시오.

(1) A 혼자 행동하는 것을 좋아한다.

　　B 동료와 행동하는 것을 좋아한다.

(2) A 쇼핑은 생각났을 때 하는 편이다.

　　B 쇼핑은 미리 예산을 세우고 하는 편이다.

(3) A 전통에 얽매이지 않는다.

　　B 전통을 중시한다.

※ 위의 질문을 통해 다음과 같은 판단을 내릴 수 있다.

· A가 많은 사람 → 지각형 성격

· B가 많은 사람 → 판단형 성격

■ 정서적 측면: 자책성(自責性)

자신의 탓을 하는 경우가 많은가?

예제 다음 질문에 YES, NO로 대답하시오.

(1) 무슨 일이 생기면 자신 때문이라고 생각한다.

(2) 지나치게 걱정하는 경우가 많다.

(3) 곧잘 후회하는 편이다.

※ 위의 질문을 통해 다음과 같은 판단을 내릴 수 있다.

· YES가 많은 사람 → 자책성이 강한 성격

· NO가 많은 사람 → 자책성이 약한 성격

■ 정서적 측면: 기분성(氣分性)

기분의 변화가 잦은가?

> **예제** **다음 질문에 YES, NO로 대답하시오.**
>
> (1) 주위의 의견에 휘둘리기 쉽다.
> (2) 쉽게 뜨거워지고 쉽게 식는 편이다.
> (3) 쉽게 감정에 치우치는 편이다.

※ 위의 질문을 통해 다음과 같은 판단을 내릴 수 있다.
- YES가 많은 사람 → 기분성이 강한 성격
- NO가 많은 사람 → 기분성이 약한 성격

■ 정서적 측면: 독자성(獨自性)

개성이 강한가? 약한가?

> **예제** **다음 질문에 YES, NO로 대답하시오.**
>
> (1) 인간관계가 귀찮다고 생각하는 경우가 많다.
> (2) 남들의 반대를 받아도 신경 쓰지 않는다.
> (3) 자신의 의견을 가지고 있다.
> (4) 남은 남, 나는 나라고 생각한다.
> (5) 외출할 때는 혼자인 경우가 많다.

※ 위의 질문을 통해 다음과 같은 판단을 내릴 수 있다.
- YES가 많은 사람 → 독자성이 강한 성격
- NO가 많은 사람 → 독자성이 약한 성격

■ 정서적 측면: 자신성(自信性)

자신에게 자신을 가지고 있는가?

> **예제** **다음 질문에 YES, NO로 대답하시오.**
>
> (1) 남들 앞에서 의견을 발표하는 데 자신이 있다.
> (2) 남에게 주의를 받으면 화가 난다.
> (3) 다른 사람을 설득할 자신이 있다.
> (4) 융통성이 없고 뻣뻣하다는 이야기를 자주 듣는다.
> (5) 자신의 의견을 확실히 말한다.

※ 위의 질문을 통해 다음과 같은 판단을 내릴 수 있다.
- YES가 많은 사람 → 자신성이 강한 성격
- NO가 많은 사람 → 자신성이 약한 성격

■ 행동적 측면: 내성성(內省性)

사물을 깊이 생각할 수 있는가?

> **예제** **다음 A, B 중 자신에게 가깝다고 생각하는 것을 선택하시오.**
>
> (1) A 이론을 내세우는 편이다.
>   B 행동파인 편이다.
> (2) A 결단이 늦다.
>   B 즉시 결단한다.
> (3) A 계획을 세우고 행동하는 것을 좋아한다.
>   B 생각한 것을 바로 행동으로 옮기는 것을 좋아한다.

※ 위의 질문을 통해 다음과 같은 판단을 내릴 수 있다.
- A가 많은 사람 → 내성성이 강한 성격
- B가 많은 사람 → 내성성이 약한 성격

■ 행동적 측면: 신체적 활동성

신체적 움직임이 많은가?

> **예제** 다음 A, B 중 자신에게 가깝다고 생각하는 것을 선택하시오.
>
> (1) A 휴일에는 주로 외출하는 편이다.
>   B 휴일은 집에서 지내는 편이다.
> (2) A 활동적인 편이다.
>   B 조용히 지내는 것을 좋아하는 편이다.
> (3) A 몸을 움직이는 것을 좋아한다.
>   B 가만히 있는 것을 좋아한다.

※ 위의 질문을 통해 다음과 같은 판단을 내릴 수 있다.
  • A가 많은 사람 → 신체적 활동성이 강한 성격
  • B가 많은 사람 → 신체적 활동성이 약한 성격

■ 행동적 측면: 지속성(持續性)

꾸준히 지속할 수 있는가?

> **예제** 다음 A, B 중 자신에게 가깝다고 생각하는 것을 선택하시오.
>
> (1) A 사물에 대해 끈질긴 편이다.
>   B 사물에 대해 간단히 결론 내리는 편이다.
> (2) A 한번 시작한 일은 끝까지 해내고 만다.
>   B 선택지는 항상 복수로 가지고 있다.
> (3) A 노력파라고 생각한다.
>   B 임기응변에 강하다고 생각한다.

※ 위의 질문을 통해 다음과 같은 판단을 내릴 수 있다.
  • A가 많은 사람 → 지속성이 강한 성격
  • B가 많은 사람 → 지속성이 부족한 성격

◼ 행동적 측면: 신중성(愼重性)

결단이나 행동이 신중한가? 신속한가?

> **예제** 다음 A, B 중 자신에게 가깝다고 생각하는 것을 선택하시오.
>
> (1) A 예측이 서지 않으면 불안하다.
>   B 예측이 서지 않아도 신경 쓰이지 않는다.
> (2) A 행동하기 전에 다시 생각하는 일이 많다.
>   B 충동적으로 행동하는 경우가 많다.
> (3) A 여행은 사전계획을 세우고 간다.
>   B 마음 가는 대로 하는 여행이 좋다.

※ 위의 질문을 통해 다음과 같은 판단을 내릴 수 있다.
 • A가 많은 사람 → 신중성이 강한 성격
 • B가 많은 사람 → 신중성이 부족한 성격

◼ 의욕적 측면: 달성 의욕

목표를 향해 어떤 자세로 임하는가?

> **예제** 다음 A, B 중 자신에게 가깝다고 생각하는 것을 선택하시오.
>
> (1) A 도전하는 일을 하고 싶다.
>   B 견실한 일을 하고 싶다.
> (2) A 주위로부터 야심가라는 말을 듣는다.
>   B 욕심이 없다는 말을 듣는다.
> (3) A 무언가 큰일을 하고 싶다.
>   B 남들만큼만 할 수 있으면 된다.

※ 위의 질문을 통해 다음과 같은 판단을 내릴 수 있다.
 • A가 많은 사람 → 달성 의욕이 강한 성격
 • B가 많은 사람 → 달성 의욕이 약한 성격

■ 의욕적 측면: 활동 의욕

얼마나 열정적인가?

예제 다음 A, B 중 자신에게 가깝다고 생각하는 것을 선택하시오.

　(1) A 공격적인 편이다.
　　　B 수비적인 편이다.
　(2) A 자처해서 행동하는 편이다.
　　　B 누군가의 뒤를 따라 행동하는 편이다.
　(3) A 이것저것 생각하기보다 먼저 행동한다.
　　　B 생각하고 행동한다.

※ 위의 질문을 통해 다음과 같은 판단을 내릴 수 있다.
- A가 많은 사람 → 활동 의욕이 강한 성격
- B가 많은 사람 → 활동 의욕이 부족한 성격

02 인성검사 모의연습

● 1단계 검사

※ 다음 질문을 읽고 해당하는 것에 ○표 하시오.

번호	질문	응답	
1	장래의 일을 생각하면 불안해질 때가 있다.	예	아니오
2	소외감을 느낄 때가 있다.	예	아니오
3	훌쩍 여행을 떠나고 싶을 때가 자주 있다.	예	아니오
4	복잡한 문제가 생기면 뒤로 미루는 편이다.	예	아니오
5	자신의 권리를 주장하는 편이다.	예	아니오
6	나는 낙천가라고 생각한다.	예	아니오
7	싸움을 한 적이 없다.	예	아니오
8	병은 없는지 걱정할 때가 있다.	예	아니오
9	다른 사람의 충고를 기분 좋게 듣는 편이다.	예	아니오
10	다른 사람에게 의존적일 때가 많다.	예	아니오
11	타인에게 간섭받는 것은 싫다.	예	아니오
12	자의식 과잉이라는 생각이 들 때가 있다.	예	아니오
13	수다 떠는 것을 좋아한다.	예	아니오
14	잘못된 일을 한 적이 한 번도 없다.	예	아니오
15	신경이 예민한 편이라고 생각한다.	예	아니오
16	쉽게 침울해진다.	예	아니오
17	쉽게 싫증을 낸다.	예	아니오
18	옆에 사람이 있으면 싫다.	예	아니오
19	토론에서 이길 자신이 있다.	예	아니오
20	친구들과 남의 이야기를 하는 것을 좋아한다.	예	아니오
21	푸념을 한 적이 없다.	예	아니오
22	당황하면 갑자기 땀이 나서 신경 쓰일 때가 있다.	예	아니오
23	친구들은 나를 진지한 사람으로 생각하고 있다.	예	아니오
24	감정적으로 될 때가 많다.	예	아니오
25	다른 사람의 일에 관심이 없다.	예	아니오

번호	질문	응답	
26	다른 사람으로부터 지적받는 것이 싫다.	예	아니오
27	지루하면 마구 떠들고 싶어진다.	예	아니오
28	부모에게 불평을 한 적이 한 번도 없다.	예	아니오
29	항상 천재지변을 당하지 않을까 걱정하고 있다.	예	아니오
30	때로는 후회할 때도 있다.	예	아니오
31	다른 사람에게 위해를 가할 것 같은 기분이 들 때가 있다.	예	아니오
32	진정으로 마음을 허락할 수 있는 사람은 없다고 생각한다.	예	아니오
33	기다리는 것에 짜증내는 편이다.	예	아니오
34	친구들로부터 줏대 없는 사람이라는 말을 듣는다.	예	아니오
35	사물을 과장해서 말한 적이 없다.	예	아니오
36	다른 사람의 감정에 민감하다.	예	아니오
37	다른 사람으로부터 배려심이 많다는 말을 자주 듣는다.	예	아니오
38	사소한 일로 우는 일이 많다.	예	아니오
39	반대에 부딪혀도 자신의 의견을 바꾸는 일은 없다.	예	아니오
40	누구와도 편하게 이야기할 수 있다.	예	아니오
41	가만히 있지 못할 정도로 침착하지 못할 때가 있다.	예	아니오
42	다른 사람을 싫어한 적은 한번도 없다.	예	아니오
43	나라를 위해 나를 희생할 수도 있다.	예	아니오
44	자주 깊은 생각에 잠긴다.	예	아니오
45	이유도 없이 다른 사람과 부딪힐 때가 있다.	예	아니오
46	타인의 일에는 별로 관여하고 싶지 않다고 생각한다.	예	아니오
47	무슨 일이든 자신을 가지고 행동한다.	예	아니오
48	유명인과 서로 아는 사람이 되고 싶다.	예	아니오
49	지금까지 후회를 한 적이 없다.	예	아니오
50	굳이 말하자면 자의식 과잉이다.	예	아니오
51	자신을 쓸모없는 인간이라고 생각할 때가 있다.	예	아니오

번호	질문	응답	
52	주위의 영향을 받기 쉽다.	예	아니오
53	지인을 만나고 싶지 않을 때가 많다.	예	아니오
54	다수의 반대가 있더라도 자신의 생각대로 행동한다.	예	아니오
55	번화한 곳에 외출하는 것을 좋아한다.	예	아니오
56	지금까지 다른 사람의 마음에 상처 준 일이 없다.	예	아니오
57	작은 소리도 신경 쓰인다.	예	아니오
58	자질구레한 걱정이 많다.	예	아니오
59	이유 없이 화가 치밀 때가 있다.	예	아니오
60	융통성이 없는 편이다.	예	아니오
61	다른 사람보다 기가 세다.	예	아니오
62	다른 사람보다 쉽게 우쭐해진다.	예	아니오
63	다른 사람을 의심한 적이 한 번도 없다.	예	아니오
64	다른 사람이 자신을 어떻게 생각하는지 궁금할 때가 많다.	예	아니오
65	침울해지면 아무것도 손에 잡히지 않는다.	예	아니오
66	어린 시절로 돌아가고 싶을 때가 있다.	예	아니오
67	아는 사람을 발견해도 피해버릴 때가 있다.	예	아니오
68	기가 센 편이다.	예	아니오
69	성격이 밝다는 말을 듣는다.	예	아니오
70	다른 사람을 부러워한 적이 거의 없다.	예	아니오
71	쓸데없는 걱정을 잘한다.	예	아니오
72	후회할 때가 많다.	예	아니오
73	자극적인 것을 좋아한다.	예	아니오
74	자신의 일로 다른 사람에게 의지하지 않는다.	예	아니오
75	다른 사람보다 자신이 더 잘한다고 느낄 때가 많다.	예	아니오
76	기분이 산만해질 때가 많다.	예	아니오
77	거짓말을 한 적이 한 번도 없다.	예	아니오

번호	질문	응답	
78	매일 자신을 위협하는 일이 일어난다.	예	아니오
79	다른 사람과 교섭을 잘하지 못한다.	예	아니오
80	아무 이유 없이 물건을 부수고 싶어진다.	예	아니오
81	혼자 있는 것이 여럿이 있는 것보다 마음이 편하다.	예	아니오
82	다른 사람보다 뛰어나다고 생각한다.	예	아니오
83	경솔한 행동을 할 때가 많다.	예	아니오
84	타인에게 상처 입히는 말을 한 적이 없다.	예	아니오
85	사람들 앞에서 얼굴이 붉어지지는 않는지 걱정될 때가 많다.	예	아니오
86	너그럽다는 말을 자주 듣는다.	예	아니오
87	눈물이 잘 나는 편이다.	예	아니오
88	1년 후에는 지금과 다르게 살고 싶다.	예	아니오
89	주위 사람에게 정이 떨어질 때가 있다.	예	아니오
90	이유도 없이 소리 지르고 떠들고 싶은 기분이 들 때가 있다.	예	아니오
91	약속을 어긴 적이 거의 없다.	예	아니오
92	우울해질 때가 많다.	예	아니오
93	사물을 비관적으로 생각할 때가 있다.	예	아니오
94	친구들로부터 싫증을 잘 낸다는 말을 듣는다.	예	아니오
95	사물을 너무 딱딱하게 생각하는 면이 있다.	예	아니오
96	다른 사람에게 훈계를 듣는 것이 싫다.	예	아니오
97	농담으로 다른 사람을 재밌게 할 때가 많다.	예	아니오
98	지금까지 꾸중을 들은 적이 한 번도 없다.	예	아니오
99	잠이 잘 오지 않아서 힘들 때가 많다.	예	아니오
100	사물을 불리한 쪽으로 생각할 때가 있다.	예	아니오
101	자기 맘대로 지내고 싶다고 생각할 때가 있다.	예	아니오
102	중요한 문제는 혼자서 생각한다.	예	아니오
103	다른 사람을 설득할 자신이 있다.	예	아니오

번호	질문	응답	
104	우두커니 있지를 못한다.	예	아니오
105	다른 사람에게 말 못할 창피한 것을 생각한 적이 있다.	예	아니오
106	무언가 불안감을 가지고 있다.	예	아니오
107	다른 사람에게 친절하다고 생각한다.	예	아니오
108	그때그때의 기분으로 행동할 때가 있다.	예	아니오
109	다른 사람과 교제하는 것이 귀찮다.	예	아니오
110	웬만한 일은 잘 극복할 수 있으리라 생각한다.	예	아니오
111	쉽게 흥분한다고 생각한다.	예	아니오
112	타인을 원망하거나 미워한 적이 없다.	예	아니오
113	작은 일에 민감하여 힘들다.	예	아니오
114	상황이 나빠지면 무기력해진다.	예	아니오
115	화를 잘 낸다.	예	아니오
116	때로는 고독한 것도 나쁘지 않다고 생각한다.	예	아니오
117	나를 따르는 사람이 많은 편이다.	예	아니오
118	화려한 복장을 좋아한다.	예	아니오
119	지금까지 감정적이 된 적은 없다.	예	아니오
120	굳이 말하자면 마음이 쉽게 산란해진다.	예	아니오
121	머리 회전이 보통 때보다 둔해질 때가 있다.	예	아니오
122	지루해지면 떠들고 싶어진다.	예	아니오
123	혼자 있으면 불안하다.	예	아니오
124	자존심이 세다는 말을 들을 때가 많다.	예	아니오
125	주위로부터 주목을 받으면 기분이 좋다.	예	아니오
126	물건을 잃어버린 적이 없다.	예	아니오
127	기질이 강하고 개성적이다.	예	아니오
128	다른 사람보다 어둡다는 말을 들은 적이 있다.	예	아니오
129	언제나 주위로부터 주목을 받고 싶다고 생각한다.	예	아니오

번호	질문	응답	
130	항상 개성적이고 싶다.	예	아니오
131	나는 자신을 신뢰하고 있다.	예	아니오
132	떠들썩한 연회를 좋아한다.	예	아니오
133	지금까지 감기에 걸린 적이 없다.	예	아니오
134	뭔가 불행한 일이 있을 것 같은 기분이 든다.	예	아니오
135	실수를 오랫동안 마음에 둘 때가 많다.	예	아니오
136	충동적으로 행동할 때가 많다.	예	아니오
137	무엇이든 털어 놓을 수 있는 상대가 없다.	예	아니오
138	결점을 다른 사람에게 지적받으면 계속해서 짜증이 난다.	예	아니오
139	집에 다른 사람을 부르는 것을 좋아한다.	예	아니오
140	열이 난 적이 없다.	예	아니오
141	큰 일이 벌어져도 별로 신경 쓰지 않는다.	예	아니오
142	지나치게 걱정을 많이 한다.	예	아니오
143	설득을 당하면 간단히 생각을 바꾸고 만다.	예	아니오
144	비록 다른 사람이 이해해 주지 않아도 상관없다.	예	아니오
145	의견이 대립되었을 때 조정을 잘한다.	예	아니오
146	몇 시간도 수다를 떨 수 있다.	예	아니오
147	남을 때린 적이 한 번도 없다.	예	아니오
148	공포심이 많은 편이라고 생각한다.	예	아니오
149	무엇을 하더라도 잘 안 된다고 느낄 때가 많다.	예	아니오
150	주위의 분위기에 좌우되기 쉽다.	예	아니오
151	사람들과 어울리는 것을 시간낭비라고 생각한다.	예	아니오
152	자신을 준수하다고 생각한다.	예	아니오
153	다른 사람을 놀리는 것을 좋아한다.	예	아니오
154	남에게 폐를 끼친 적이 없다.	예	아니오
155	신경이 예민하다.	예	아니오

번호	질문	응답	
156	자신에게 잘못이 있다고 생각해 버릴 때가 많다.	예	아니오
157	의지가 약한 편이라고 생각한다.	예	아니오
158	멋있는 사람이라는 말을 들을 때가 많다.	예	아니오
159	지적인 사람이 좋다.	예	아니오
160	다른 사람의 충고는 반드시 받아들이고 있다.	예	아니오
161	아무런 이유 없이 견딜 수 없을 때가 있다.	예	아니오
162	끙끙거리며 고민할 때가 많다.	예	아니오
163	야심가이다.	예	아니오
164	다른 사람의 의견과 달라도 자신의 의견을 꼭 표명한다.	예	아니오
165	자신과 다른 의견에 대해 비판적일 때가 많다.	예	아니오
166	항상 자극을 원하고 있다.	예	아니오
167	좋은 게 좋은 거라고 생각한다.	예	아니오
168	걱정이 머릿속에서 떠나지 않아 힘들 때가 많다.	예	아니오
169	사물을 나쁘게 생각할 때가 많다.	예	아니오
170	다른 사람의 의견에 좌우되는 편이다.	예	아니오
171	휴일은 혼자 보내고 싶다.	예	아니오
172	다른 사람이 나보다 잘 되면 울컥할 때가 많다.	예	아니오
173	혼자 있는 것보다 친구와 노는 것이 좋다.	예	아니오
174	다른 사람의 험담을 한 적이 없다.	예	아니오
175	연하보다는 연상이 편하다.	예	아니오
176	주위로부터 혼자 떨어져 있다고 느낀다.	예	아니오
177	흥미의 대상이 자주 바뀐다.	예	아니오
178	두 가지 이상의 특정한 취미가 있다.	예	아니오
179	다소의 장애는 극복할 자신이 있다.	예	아니오
180	농담을 하는 친구를 좋아한다.	예	아니오

※ 다음 질문을 읽고 해당하는 것에 ○표 하시오.

번호	질문	응답	
1	A 사람들 앞에서 잘 이야기하지 못한다. B 사람들 앞에서 이야기하는 것을 좋아한다.	A	B
2	A 엉뚱한 생각을 잘한다. B 비현실적인 것을 싫어한다.	A	B
3	A 과묵하다. B 수다스럽다.	A	B
4	A 예정에 얽매이는 것을 싫어한다. B 예정에 없는 것을 싫어한다.	A	B
5	A 혼자 생각하는 것을 좋아한다. B 다른 사람과 이야기하는 것을 좋아한다.	A	B
6	A 정해진 절차에 따르는 것을 싫어한다. B 정해진 절차가 바뀌는 것을 싫어한다.	A	B
7	A 친절한 사람 밑에서 일하고 싶다. B 이성적인 사람 밑에서 일하고 싶다.	A	B
8	A 그때그때의 기분으로 행동하는 경우가 많다. B 미리 행동을 정해두는 경우가 많다.	A	B
9	A 다른 사람과 만났을 때 이야깃거리로 고생한다. B 다른 사람과 만났을 때 이야깃거리에 부족함이 없다.	A	B
10	A 학구적이라는 인상을 주고 싶다. B 실무적이라는 인상을 주고 싶다.	A	B
11	A 친구가 돈을 빌려달라고 하면 거절하지 못한다. B 본인에게 도움이 되지 않는 돈은 거절한다.	A	B
12	A 이론이 중요하다. B 경험이 중요하다.	A	B
13	A 문장을 쓰는 것을 좋아한다. B 이야기하는 것을 좋아한다.	A	B
14	A 직감으로 판단한다. B 경험으로 판단한다.	A	B

번호	질문	응답	
15	A 다른 사람이 어떻게 생각하는지 신경 쓰인다. B 다른 사람이 어떻게 생각하든 신경 쓰이지 않는다.	A	B
16	A 틀에 박힌 일은 싫다. B 절차가 정해진 일을 좋아한다.	A	B
17	A 처음 사람을 만날 때는 노력이 필요하다. B 처음 사람을 만나도 아무렇지 않다.	A	B
18	A 꿈을 가진 사람에게 끌린다. B 현실적인 사람에게 끌린다.	A	B
19	A 어려움에 처한 사람을 보면 동정한다. B 어려움에 처한 사람을 보면 원인을 생각한다.	A	B
20	A 느긋한 편이다. B 시간에 정확한 편이다.	A	B
21	A 모임에서는 소개를 받는 편이다. B 모임에서는 소개를 하는 편이다.	A	B
22	A 굳이 말하자면 혁신적이라고 생각한다. B 굳이 말하자면 보수적이라고 생각한다.	A	B
23	A 지나치게 합리적으로 결론짓는 것은 좋지 않다. B 지나치게 온정을 표시하는 것은 좋지 않다.	A	B
24	A 융통성이 있다. B 자신의 페이스를 잃지 않는다.	A	B
25	A 사람들 앞에 잘 나서지 못한다. B 사람들 앞에 나서는 데 어려움이 없다.	A	B
26	A 상상력이 있다는 말을 듣는다. B 현실적이라는 이야기를 듣는다.	A	B
27	A 다른 사람의 의견에 귀를 기울인다. B 자신의 의견을 밀어붙인다.	A	B
28	A 틀에 박힌 일은 너무 딱딱해서 싫다. B 방법이 정해진 일은 안심할 수 있다.	A	B
29	A 튀는 것을 싫어한다. B 튀는 것을 좋아한다.	A	B

번호	질문	응답	
30	A 굳이 말하자면 이상주의자이다. B 굳이 말하자면 현실주의자이다.	A	B
31	A 일을 선택할 때는 인간관계를 중시하고 싶다. B 일을 선택할 때는 일의 보람을 중시하고 싶다.	A	B
32	A 임기응변에 능하다. B 계획적인 행동이 중요하다.	A	B
33	A 혼자 꾸준히 하는 것을 좋아한다. B 변화가 있는 것을 좋아한다.	A	B
34	A 가능성에 눈을 돌린다. B 현실성에 눈을 돌린다.	A	B
35	A 매사에 감정적으로 생각한다. B 매사에 이론적으로 생각한다.	A	B
36	A 스케줄을 짜지 않고 행동하는 편이다. B 스케줄을 짜고 행동하는 편이다.	A	B
37	A 굳이 말하자면 추상적인 것에 흥미가 있다. B 굳이 말하자면 구체적인 것에 흥미가 있다.	A	B
38	A 창조적인 일을 하고 싶다. B 실무적인 일을 하고 싶다.	A	B
39	A 신념에 입각하여 결론을 내고 싶다. B 이론에 입각하여 결론을 내고 싶다.	A	B
40	A 많은 원리를 응용하는 사람이 되고 싶다. B 하나의 원리를 구명하는 사람이 되고 싶다.	A	B
41	A 얌전하다. B 활발하다.	A	B
42	A 의논하는 것이 즐겁다. B 의논을 좋아하지 않는다.	A	B
43	A 동정적이며 눈물이 많은 편이다. B 이성적이며 냉정한 편이다.	A	B
44	A 어느 방법이 잘 되지 않으면 바로 다른 방법을 시도한다. B 한 가지 방법이 잘 되지 않아도 변경하지 않는다.	A	B

번호	질문	응답	
45	A 좀처럼 친해지지 못한다. B 금방 친해질 수 있다.	A	B
46	A 나는 독창적인 인간이다. B 나는 상식적인 인간이다.	A	B
47	A 남을 배려하는 마음이 중요하다. B 권리를 지키는 것이 중요하다.	A	B
48	A 곧잘 충동구매를 한다. B 물건을 사기 전에 사전조사를 한다.	A	B
49	A 모임에서 잘 아는 사람과만 이야기를 한다. B 모임에서 누구와도 부담 없이 이야기를 한다.	A	B
50	A 사물을 추상적으로 파악한다. B 사물을 현실적으로 파악한다.	A	B
51	A 인간관계를 중요하게 여긴다. B 일의 내용을 중요하게 여긴다.	A	B
52	A 어린 시절, 방학숙제는 마지막에 서둘러 했다. B 어린 시절, 방학숙제는 계획적으로 끝냈다.	A	B
53	A 머릿속에서 이것저것 생각하는 것은 즐겁다. B 생각만 하고 있으면 지루하다.	A	B
54	A 시원시원하다. B 우유부단하다.	A	B
55	A 남을 배려하는 마음이 없는 것은 좋지 않다. B 합리적이지 못한 것은 좋지 않다.	A	B
56	A 여행은 스케줄을 짜지 않고 떠난다. B 여행의 스케줄은 미리 짜 놓는다.	A	B
57	A 자신의 생각을 다른 사람에게 잘 전달하지 못한다. B 자신의 생각을 다른 사람에게 전달하는 것이 쉽다.	A	B
58	A 신제품은 즉시 보고 싶다. B 신제품에는 딱히 흥미를 가지지 않는다.	A	B
59	A 주장이 강하다. B 다른 사람의 주장에 동요한다.	A	B

번호	질문	응답	
60	A 혼자 자유롭게 행동하는 것을 좋아한다. B 조직적으로 행동하는 것을 좋아한다.	A	B
61	A 세상 일에 그다지 관심이 없다. B 세상 일에 무척 흥미가 있다.	A	B
62	A 일에는 독창성이 필요하다. B 일에는 경험이 중요하다.	A	B
63	A 정이 많은 타입이라고 생각한다. B 냉정한 타입이라고 생각한다.	A	B
64	A 열심히 한다. B 되는 대로 한다.	A	B
65	A 가까이 다가가기 어렵다는 말을 듣는다. B 발이 넓다는 말을 듣는다.	A	B
66	A 가능성에 관심을 둔다. B 현실에 관심을 둔다.	A	B
67	A 다른 사람의 기분을 중요하게 여긴다. B 다른 사람의 권리를 중요하게 여긴다.	A	B
68	A 전통에 얽매여서는 일을 잘 할 수 없다. B 전통을 소중하게 여기지 않으면 일을 잘 할 수 없다.	A	B
69	A 감정을 겉으로 드러내지 않는다. B 감정을 감추지 않는다.	A	B
70	A 꿈이 있는 사람이 좋다. B 상식이 있는 사람이 좋다.	A	B
71	A 다른 사람의 기분이나 감정에 민감한 편이다. B 다른 사람의 기분이나 감정에 상처를 줄 때가 있다.	A	B
72	A 자유롭다. B 조직적이다.	A	B
73	A 모임 등의 총무는 맡고 싶지 않다. B 모임 등의 총무를 자진해서 맡는다.	A	B
74	A 자기 나름대로의 절차를 곧잘 생각한다. B 정해진 절차를 준수한다.	A	B

번호	질문	응답	
75	A 친절한 사람이라는 말을 듣고 싶다. B 일을 잘하는 사람이라는 말을 듣고 싶다.	A	B
76	A 문서 작성은 쓰면서 생각한다. B 문서는 내용을 정리하고 나서 쓴다.	A	B
77	A 아무리 시간이 걸려도 일은 세심하게 해야 한다. B 다소 엉성해도 일은 빨리 끝내야 한다.	A	B
78	A 논리적으로 생각하는 것을 좋아한다. B 복잡한 것을 생각하는 데 약하다.	A	B
79	A 공상적인 꿈을 좇는 사람이 좋다. B 현실을 똑바로 직시하는 사람이 좋다.	A	B
80	A 장시간 책상에 앉아 있지 못한다. B 장시간 책상에 앉아 있어도 아무렇지 않다.	A	B
81	A 생각하고 행동한다. B 먼저 행동해 본다.	A	B
82	A 항상 새로운 방법을 생각하는 것을 좋아한다. B 종래의 방법을 지키는 것을 좋아한다.	A	B
83	A 남이 잘못하고 있어도 지적하지 못한다. B 남이 잘못하고 있다면 지적한다.	A	B
84	A 무언가를 하고 있어도 달리 재미있는 일이 없을까 궁금하다. B 무언가를 하기 시작하면 그것만 계속한다.	A	B
85	A 소극적인 편이다. B 사교적인 편이다.	A	B
86	A 개성적이라는 말을 듣는다. B 상식적이라는 말을 듣는다.	A	B
87	A 정이 많고 두터운 사람을 높이 평가한다. B 도리를 분간하는 사람을 높이 평가한다.	A	B
88	A 장래의 일은 알아서 되겠지 하고 생각한다. B 장래의 일을 이래저래 생각한다.	A	B
89	A 유행에 둔감하다. B 유행에 민감하다.	A	B

번호	질문	응답	
90	A 경험하지 못한 것을 시도하는 것은 즐겁다. B 경험하지 못한 것을 시도하는 것은 불안하다.	A	B
91	A 온정을 표시하는 사람을 좋아한다. B 합리적으로 결론을 내리는 사람을 좋아한다.	A	B
92	A 쉬는 날은 기분에 따라 행동하는 경우가 많다. B 쉬는 날은 계획적으로 행동하는 일이 많다.	A	B
93	A 교제 범위가 좁다. B 교제 범위가 넓다.	A	B
94	A 변화를 추구한다. B 안정을 추구한다.	A	B
95	A 다른 사람에게 따뜻한 사람이고 싶다. B 다른 사람에게 이성적인 사람이고 싶다.	A	B
96	A 자유가 중요하다. B 질서가 중요하다.	A	B
97	A 알뜰한 사람이라는 말을 듣고 싶다. B 손이 큰 사람이라는 말을 듣고 싶다.	A	B
98	A 조직 안에서는 독자적으로 움직이는 타입이라고 생각한다. B 조직 안에서는 우등생 타입이라고 생각한다.	A	B
99	A 협조성이 뛰어나다. B 논리성이 뛰어나다.	A	B
100	A 유연하게 행동하는 편이다. B 견실하게 행동하는 편이다.	A	B

CHAPTER 04 실전! AI면접

01 AI면접 소개

AI면접전형은 면접 과정에서의 '공정성'과 '객관적 평가'를 확립하기 위해 도입한 수단으로, 2019년 육군에서 부사관 장기복무 선발에 시범 도입하여 결과를 축적하고, 이후 부사관 및 장교 등의 간부 선발에 도입하는 것을 목표로 하고 있다. 육군에서 시행하는 AI면접은 지원자가 웹캠과 마이크가 설치된 인터넷 PC를 통해 분야별 5개 내외의 게임을 수행하는 방식으로 이루어지고 있으며, 지원자별 특성과 성향을 파악하기 위한 '상황질문'과 '핵심질문'도 이어진다. 시간은 60분 이내로, AI면접 결과는 자동으로 분석돼 선발부서에 제공되며, 육군은 2019년 부사관 장기복무 선발 등 약 1만여 명에 대해 시범 적용 후, 문제점을 보완하여 2022년 하반기부터는 면접평가 총 배점의 20%를 반영하고 있다. 공군에서도 AI면접을 진행하며, 선발점수에는 반영하지 않지만 면접자료로 활용되며, 미응시 시 불이익이 있다.

02 AI면접 진행순서

❶ 웹캠 / 음성체크 → ❷ 안면등록 → ❸ 기본질문 → ❹ 탐색질문 → ❺ 상황질문 → ❻ 심층 / 구조화 질문 → ❼ 종합평가

⇢ 기본질문, 상황질문, 탐색질문을 통해 지원자의 강점, 약점을 분석하여 심층 / 구조화 질문 제시

기본적인 질문 및
상황질문

지원자의 특성을
분석하기 위한 질문

지원자의 강점 /
약점 실시간 분석

심층 / 구조화 질문

핵심영역 01 　AI면접 개요

1. AI면접이란?

AI면접은 면접관의 역할을 하는 AI가 지원자의 표정·음성·어휘 등을 체크하여 지원자의 직무능력 및 성향, 인성 등을 평가하는 면접을 의미한다. AI면접에서는 지원자가 원하는 시간과 장소에서 인터넷 PC를 이용하여 자기소개 및 지원동기 등의 질의응답과 주어진 게임을 수행한다.

〈육군 AI면접 메인화면〉

〈면접 실시 화면〉

2. 평가 요소

종합 코멘트, 주요 및 세부역량 점수, 응답 신뢰 가능성 등을 분석하여 종합평가 점수로 도출된다.

성과능력지수	스스로 성과를 내고 지속적으로 성장하기 위해 갖춰야 하는 성과 지향적 태도 및 실행력
조직적합지수	조직에 적응하고 구성원들과 시너지를 내기 위해 갖춰야 하는 심리적 안정성
관계역량지수	타인과의 관계를 좋게 유지하기 위해 갖춰야 하는 관계 지향적 태도 및 감정 파악 능력
호감지수	대면 상황에서 자신의 감정과 의사를 적절하게 전달할 수 있는 소통 능력

핵심영역 02 　AI면접 준비

1. 면접 환경 점검

AI면접은 Windows 7 이상의 OS에 최적화되어 있다. 웹카메라와 헤드셋(또는 이어폰과 마이크)은 필수 준비물이며, 크롬 브라우저도 미리 설치해 놓는 것이 좋다. 또한, 면접 시작 전에 주변 정리정돈을 하고, 복장을 깔끔하게 해야 한다.

〈화면 전환〉

〈주변기기 체크〉

2. 면접 준비 순서

❶ 정상 접속 후 메인화면 확인

❷ 웹캠/마이크 체크 안내

❸ 응시환경 체크

❹ 주변기기 체크 및 안면 등록

❺ 웹캠, 마이크 체크 방법 안내

❻ 웹캠/마이크 체크

❼ 로그인 정보 입력 후 면접 실시

※ 상기 내용 및 이미지는 육군 홈페이지의
「육군 인공지능(AI) 면접 응시가이드」를 참고
하였습니다.

3. 이미지

AI면접은 동영상으로 녹화되므로 지원자의 표정이나 자세, 태도 등에서 나오는 전체적인 이미지가 상당히 중요하다. 특히, '상황 제시형 질문'에서는 실제로 대화하듯이 답변해야 하므로 표정과 제스처의 중요성은 더더욱 커진다. 그러므로 자연스럽고 부드러운 표정과 정확한 발음은 면접 시 기본이자 필수 요소다.

(1) 시선 처리: 눈동자가 위나 아래로 향하는 것은 피해야 한다. 대면면접의 경우 아이 콘택트(Eye Contact)가 가능하기 때문에 대화의 흐름상 눈동자가 자연스럽게 움직일 수 있지만, AI면접에서는 카메라를 보고 답변하기 때문에 다른 곳을 응시하거나, 시선이 분산되는 경우에는 불안감으로 눈빛이 흔들린다고 평가될 수 있다. 따라서 카메라 렌즈 혹은 모니터를 바라보면서 상대와 대화를 하듯이 면접을 진행하는 것이 가장 좋다. 시선 처리는 연습하는 과정에서 동영상 촬영을 하며 확인하는 것이 좋다.

(2) **입 모양**: 좋은 인상을 주기 위해서는 입꼬리가 올라가도록 미소를 짓는 것이 좋으며, 이때 입꼬리는 양쪽이 동일하게 올라가는 것이 좋다. 그러나 입만 움직이게 되면 거짓된 웃음으로 보일 수 있기에 눈과 함께 미소 짓는 연습을 해야 한다. 자연스러운 미소 짓기는 쉽지 않기 때문에 매일 재미있는 사진이나 동영상을 보거나 최근 재미있었던 일 등을 떠올리면서 자연스러운 미소를 짓는 연습을 해야 한다.

(3) **발성 · 발음**: 답변을 할 때 말을 더듬는다거나 '음…', '아…' 하는 소리를 내는 것은 감점 요인이다. 매 질문마다 답변을 생각할 시간이 주어지는데, 지원자가 자신의 의견을 체계적으로 정리하지 못한 채 답변을 시작할 때 발생하는 상황이다. 생각할 시간이 주어진다는 것은 답변에 대한 기대치가 올라간다는 것을 의미하므로 주어진 시간 동안에 빠르게 답변을 구조화하는 연습을 해야 하고, 말끝을 흐리는 습관이나 조사를 흐리는 습관을 교정해야 한다. 이때, 연습 과정을 녹음하여 체크하는 것이 좋고, 답변의 내용 또한 명료하고 체계적으로 답변할 수 있도록 연습해야 한다.

4. 답변 방식

AI면접을 보다 보면, 대부분 비슷한 유형의 질문 패턴이 반복되는 것을 알 수 있다. 따라서 대면 면접 준비방식과 동일하게 질문 리스트를 만들고 연습하는 과정이 필요하다. 특히, AI면접은 질문이 광범위하기 때문에 출제 유형 위주의 연습이 이루어져야 한다. 또한, 답변을 미리 준비해서 읽으면 결과에 부정적인 영향을 줄수도 있다. 실제 면접에서도 답변을 종이에 적어두고 읽지 않듯이, AI면접도 응시 중에 준비한 답변을 읽을수 없다.

(1) 유형별 답변 방식

- 기본 필수 질문: 지원자들에게 필수로 질문하는 유형으로 지원자만의 답변이 확실하게 준비되어 있어야 한다.
- 상황 제시형 질문: AI면접에서 주어지는 상황은 크게 8가지 유형으로 분류된다. 각 유형별로 효과적인 답변을 할 수 있도록 연습해야 한다.
- 심층 구조화 질문(개인 맞춤형 질문): 주로 지원자의 가치관에 따른 선택을 묻는 유형으로, 여러 예시를 통해 유형을 익히고, 그에 맞는 답변을 연습해야 한다.

(2) 유성(有聲) 답변 연습: AI면접을 연습할 때에는 같은 유형의 예시를 연습한다고 해도 실제 면접에서의 세부 소재는 거의 다르다고 할 수 있다. 때문에 새로운 상황이 주어졌을 때 유형을 빠르게 파악하고 답변을 구조화하는 반복 연습이 필요하며, 항상 목소리를 내어 답변하는 연습을 하는 것이 좋다.

(3) 면접에 필요한 연기: 면접은 연기가 반이라고 할 수 있다. 물론 가식적이고 거짓된 모습이 아닌, 상황에 맞는 적절한 행동과 답변에 대한 평가를 극대화시킬 수 있는 연기를 말하는 것이다. 때문에 하나의 답변에도 깊은 인상을 심어 주어야 하고, 이때 필요한 것이 연기다. 특히, AI면접에서는 답변 내용에 따른 표정 변화가 필요하며, 답변에 연기를 더하는 부분까지 연습이 되어 있어야 면접 준비가 완벽히 되었다고 말할 수 있다.

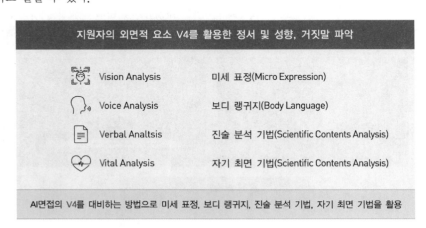

핵심영역 03 AI면접 구성

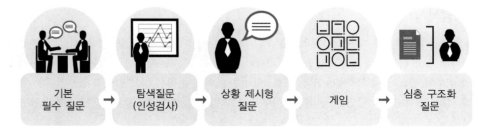

1. 기본 필수 질문 – 자기소개 및 장단점과 같은 자기PR

모든 지원자가 공통으로 받게 되는 질문으로, 기본적인 자기소개, 지원동기, 성격의 장단점 등을 질문하는 구성으로 되어 있다. 이는 대면면접에서도 높은 확률로 받게 되는 질문 유형이므로, AI면접에서도 답변한 내용을 대면면접에서도 다르지 않게 답변해야 한다.

> Q1. 자기소개를 해보세요.
> Q2. 자신의 장단점에 대해 말해주세요.

2. 탐색질문(인성검사) – 지원자의 특성을 파악하기 위한 핵심질문

인적성시험의 인성검사와 일치하는 유형으로, 정해진 시간 내에 해당 문장과 지원자의 가치관이 일치하는 정도를 빠르게 체크해야 하는 단계다.

Q1. 어떤 일에 실패했어도 반드시 도전하는 편인가요?
Q2. 사람들 앞에서만 실수할까 많이 불안해 하나요?
Q3. 본인의 능력이 뛰어나다고 생각하나요?
Q4. 평소 감정기복이 심한 편인가요?
Q5. 생활이 매우 규칙적인 편인가요?
Q6. 당신은 사회 비판적인가요?
Q7. 다른 사람의 감정을 내 것처럼 느끼나요?

3. 상황 제시형 질문 – 감정전달을 극대화할 수 있는 질문 형식

특정한 상황을 제시하여, 제시된 상황 속에서 어떻게 대응할지에 대한 답변을 묻는 유형이다. 기존의 대면면접에서는 이러한 질문에 대하여 지원자가 어떻게 행동할지에 대한 '설명'에 초점이 맞춰져 있었다면, AI면접에서는 실제로 '행동'하며, 상대방에게 이야기하듯 답변이 이루어져야 한다.

Q. 1시간 동안 줄을 서고 있는데, 거동이 불편한 노인분이 새치기를 하려고 합니다. 어떻게 이야기하겠습니까?

4. 게임

몇 가지 유형의 게임이 출제되고, 정해진 시간 내에 해결해야 하는 유형이다. 인적성 시험의 새로운 유형으로, 각 군과 기수에 따라 시행 여부가 결정된다.

5. 심층 구조화 질문(개인 맞춤형 질문)

인성검사 과정 중 지원자가 선택한 항목들에 기반한 질문에 답변을 해야 하는 유형이다. 때문에 인성검사 과정에서 인위적으로 접근하지 않는 것이 중요하고, 주로 가치관에 대하여 묻는 질문이 많이 출제되는 편이다.

경험 및 상황질문	탐침질문
더 좋은 성과를 만들기 위해 가장 중요한 것이 무엇이라고 생각합니까? ⇨	Q1. 그것을 위해 어떤 태도와 행동을 취하시겠습니까? Q2. 그 행동의 결과에 대체로 만족하시는 편인가요?

도형 옮기기 유형

(1) 기둥에 각기 다른 모양의 도형이 꽂혀져 있다. 왼쪽 기본 형태에서 도형을 한 개씩 이동시켜서 오른쪽의 완성 형태와 동일하게 만들 때 최소한의 이동 횟수를 고르시오.

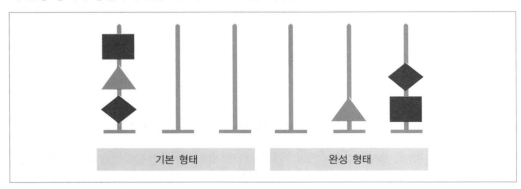

① 1회　　　　　　　　　　　　　　② 2회

③ 3회　　　　　　　　　　　　　　④ 4회

⑤ 5회

해설

왼쪽 기둥부터 1~3번이라고 칭할 때, 사각형을 3번 기둥으로 먼저 옮기고, 삼각형을 2번 기둥으로 옮긴 뒤 마름모를 3번 기둥으로 옮기면 됩니다. 따라서 정답은 ③입니다.

Solution

온라인으로 진행하게 되는 AI면접에서는 도형 이미지를 드래그하여 실제 이동 작업을 진행하게 됩니다. 문제 해결의 핵심은 '최소한의 이동 횟수'에 있는데, 문제가 주어지면 머릿속으로 도형을 이동시키는 시뮬레이션을 진행해보고 손을 움직여야 합니다. 해당 유형에 익숙해지기 위해서는 다양한 유형을 접해 보고, 가장 효율적인 이동 경로를 찾는 연습을 해야 하고, 도형의 개수가 늘어나면 다소 난도가 올라가므로 연습을 통해 유형에 익숙해지도록 해야 합니다.

(2) 두 개의 동전이 있다. 왼쪽 동전 위에 쓰인 글씨의 의미와 오른쪽 동전 위에 쓰인 색깔의 일치 여부를 판단하시오.

① 일치   ② 불일치

해설

왼쪽 동전 글씨의 '의미'와 오른쪽 동전 글씨의 '색깔' 일치 여부를 선택하는 문제입니다. 제시된 문제의 왼쪽 동전 글씨 색깔은 검정이지만 의미 자체는 노랑입니다. 또한, 오른쪽 동전 글씨 색깔은 회색이지만 의미는 파랑입니다. 따라서 노랑과 회색이 일치하지 않으므로 왼쪽 동전 글씨의 의미와 오른쪽 동전의 색깔은 불일치합니다.

Solution

빠른 시간 내에 다수의 문제를 풀어야 하기 때문에 혼란에 빠지기 쉬운 유형입니다. 풀이 방법의 한 예로 오른쪽 글씨만 먼저 보고, 색깔을 소리 내어 읽어보는 것입니다. 입으로 내뱉은 오른쪽 색깔이 왼쪽 글씨에 그대로 쓰여 있는지를 확인하는 등 본인만의 접근법 없이 상황을 판단하다 보면 실수를 할 수밖에 없기 때문에 연습을 통해 유형에 익숙해져야 합니다.

① 오른쪽 글씨만 보고, 색깔을 소리 내어 읽습니다.

② 소리 낸 단어가 왼쪽 글씨의 의미와 일치하는지를 확인합니다.

(3) A, B, C, D 4개의 상자가 있다. 시소를 활용하여 무게를 측정하고, 무거운 순서대로 나열하시오(단, 무게 측정은 최소한의 횟수로 진행해야 합니다).

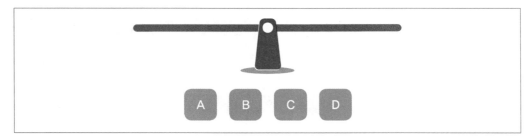

해설

온라인으로 진행하게 되는 AI면접에서는 제시된 물체의 이미지를 드래그하여 계측기 위에 올려놓고, 무게를 측정하게 됩니다. 비교적 쉬운 유형에 속하나 계측은 최소한의 횟수로만 진행해야 좋은 점수를 받을 수 있습니다. 측정의 핵심은 '무거운 물체 찾기'이므로 가장 무거운 물체부터 덜 무거운 순서로 하나씩 찾아야 하며, 이전에 진행한 측정에서 무게 비교가 완료된 물체들이 있다면, 그중 무거운 물체를 기준으로 타 물체와의 비교가 이루어져야 합니다.

Solution

① 임의로 두 개의 물체를 선정하여 무게를 측정합니다.

②·③ 더 무거운 물체는 그대로 두고, 가벼운 물체를 다른 물체와 교체하여 측정합니다.

④ 가장 무거운 물체가 선정되면, 남은 3가지 물체 중 2개를 측정합니다.

⑤ 남아 있는 물체 중 무게 비교가 안 된 상자를 최종적으로 측정합니다.

따라서 무거운 상자 순서는 'C>B>A>D'입니다.

(4) 제시된 도형이 2번째 이전 도형과 모양이 일치하면 Y를, 일치하지 않으면 N을 기입하시오.

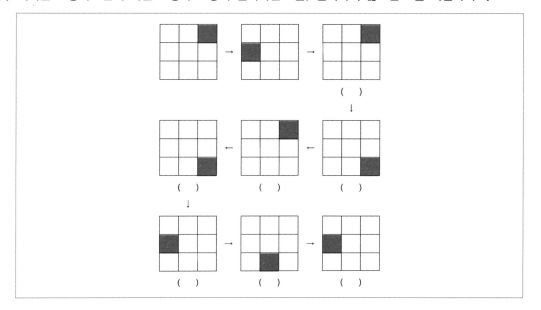

해설

n번째 이전에 나타난 도형과 현재 주어진 도형의 모양이 일치하는지에 대한 여부를 판단하는 유형입니다. 제시된 문제는 세 번째 도형부터 2번째 이전의 도형인 첫 번째 도형과 비교해 나가면 됩니다. 따라서 진행되는 순서를 기준으로 'Y → N → Y → Y → N → N → Y'입니다.

Solution

온라인 AI면접에서는 도형이 하나씩 제시되며, 화면이 넘어갈 때마다 n번째 이전 도형과의 일치 여부를 체크해야 합니다. 만약 '2번째 이전'이라는 조건이 주어졌다면 인지하고 있던 2번째 이전 도형의 모양을 떠올려 현재 도형과의 일치 여부를 판단함과 동시에 현재 주어진 도형의 모양 역시 암기해 두어야 합니다. 이는 판단과 암기가 동시에 이루어져야 하는 문항으로 난도는 상급에 속합니다. 순발력과 암기력이 동시에 필요한 어려운 유형이기에 접근조차 못하는 지원자들도 많지만, 끊임없는 연습을 통해 유형에 익숙해질 수 있습니다. 문제 풀이의 예로 여분의 종이를 활용하여 문제를 가린 상태에서 도형을 하나씩 순서대로 보면서 문제를 풀어나가는 방법이 있습니다.

(5) 도형 안에 쓰인 자음, 모음, 숫자와의 결합이 '분류코드'와 일치하면 Y를, 일치하지 않으면 N을 체크하시오.

해설

분류코드에는 짝수, 홀수, 자음, 모음 4가지가 존재합니다. 분류코드로 짝수 혹은 홀수가 제시된 경우 도형 안에 있는 자음이나 모음은 신경 쓰지 않아도 되며, 제시된 숫자가 홀수인지 짝수인지만 판단하면 됩니다. 반대로, 분류코드로 자음 혹은 모음이 제시된 경우에는 숫자를 신경 쓰지 않아도 됩니다. 제시된 문제에서 분류코드로 홀수가 제시되었지만, 도형 안에 있는 숫자 8은 짝수이므로 N이 정답입니다.

Solution

개념만 파악한다면 쉬운 유형에 속합니다. 문제는 순발력으로, 정해진 시간 내에 최대한 많은 문제를 풀어야 합니다. 계속해서 진행하다 보면 쉬운 문제도 혼동될 수 있으므로 시간을 정해 빠르게 문제를 해결하는 연습을 반복하고 실전면접에 임해야 합니다.

(6) 주어지는 인물의 얼굴 표정을 보고 감정 상태를 판단하시오.

① 무표정   ② 기쁨

③ 놀람   ④ 슬픔

⑤ 분노   ⑥ 경멸

⑦ 두려움   ⑧ 역겨움

Solution

제시된 인물의 사진을 보고 어떤 감정 상태인지 판단하는 유형의 문제입니다. AI면접에서 제시되는 표정은 크게 8가지로 '무표정, 기쁨, 놀람, 슬픔, 분노, 경멸, 두려움, 역겨움'입니다. '무표정, 기쁨, 놀람, 슬픔'은 쉽게 인지가 가능하지만, '분노, 경멸, 두려움, 역겨움'에 대한 감정은 비슷한 부분이 많아 혼동될 수 있습니다. 사진을 보고 나서 5초 안에 정답을 선택해야 하므로 깊게 고민할 시간이 없습니다. 사실 해당 유형이 우리에게 완전히 낯설지는 않은데, 우리는 일상생활 속에서 다양한 사람들을 마주하게 되며 이때 무의식적으로 상대방의 얼굴 표정을 통해 감정을 판단하기 때문입니다. 즉, 누구나 어느 정도의 연습이 되어 있는 상태이므로 사진을 보고 즉각적으로 드는 느낌이 정답일 확률이 높습니다. 따라서 해당 유형은 직관적으로 정답을 선택하는 것이 중요합니다. 다만, 대다수의 지원자가 혼동하는 표정에 대한 부분은 어느 정도의 연습이 필요합니다.

(7) 주어지는 4장의 카드 조합을 통해 대한민국 국가 대표 야구 경기의 승패 예측이 가능하다. 카드 무늬와 앞뒷면의 상태를 바탕으로 승패를 예측하시오(각 문제당 제한 시간 3초).

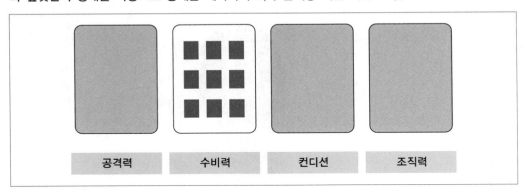

① 승리   ② 패배

Solution

계속해서 제시되는 카드 조합을 통해 정답의 패턴을 파악하는 유형입니다. 온라인으로 진행되는 AI면접에서는 답을 선택하면 곧바로 정답 여부를 확인할 수 있습니다. 이에 따라 하나씩 정답을 확인한 후, 몇 번의 시행착오 과정을 바탕으로 카드에 따른 패턴을 유추해 나갈 수 있게 됩니다. 그렇기 때문에 초반에 제시되는 카드 조합의 정답을 맞히기는 어려우며, 앞서 얻은 정보들을 잘 기억해 두는 것이 핵심입니다. 제시된 문제의 정답은 패배입니다.

육군
부사관 RNTC
ALL Pass + AI면접

2권 최종점검편

SD에듀
(주)시대고시기획

D-20 Study Plan

Start!

D-20
기초다지기
PART 1
CH 01 지적능력평가

D-19
기초다지기
CH 02 상황판단평가
핵심이론/적중문제

D-18
기초다지기
CH 03 직무성격평가
핵심이론/적중문제

추천 플랜

나의 플랜

D-7
모의평가하기
4회 최종모의고사
응시/오답정리

D-8
모의평가하기
3회 최종모의고사
응시/오답정리

D-9
보충학습하기
전 과목
이론+문제

D-10
모의평가하기
2회 최종모의고사
응시/오답정리

D-6
보충학습하기
전 과목
이론+문제

D-5
모의평가하기
5회 최종모의고사
응시/오답정리

D-4
모의평가하기
6회 고난도 모의고사
응시/오답정리

추천 플랜

나의 플랜

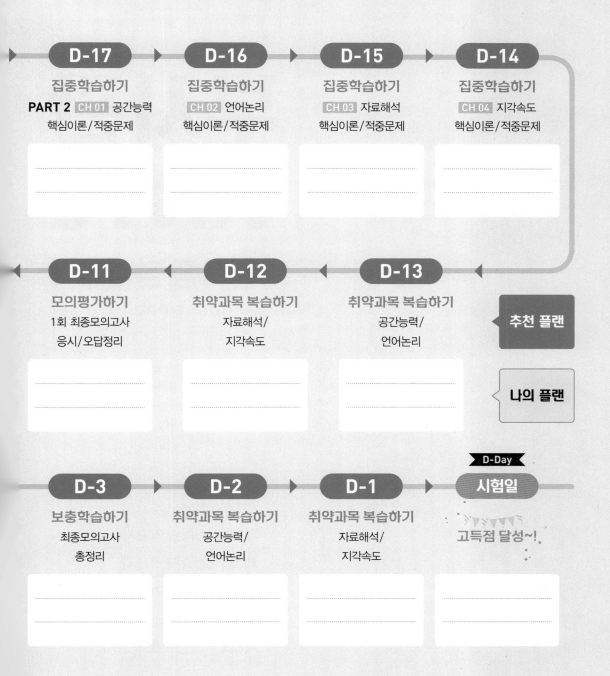

D-17

집중학습하기

PART 2 CH 01 공간능력

핵심이론/적중문제

D-16

집중학습하기

CH 02 언어논리

핵심이론/적중문제

D-15

집중학습하기

CH 03 자료해석

핵심이론/적중문제

D-14

집중학습하기

CH 04 지각속도

핵심이론/적중문제

D-11

모의평가하기

1회 최종모의고사

응시/오답정리

D-12

취약과목 복습하기

자료해석/
지각속도

D-13

취약과목 복습하기

공간능력/
언어논리

추천 플랜

나의 플랜

D-3

보충학습하기

최종모의고사
총정리

D-2

취약과목 복습하기

공간능력/
언어논리

D-1

취약과목 복습하기

자료해석/
지각속도

D-Day

시험일

고득점 달성~!

육군
부사관
RNTC

| 최종점검편 |

Non-Commissioned-Officer

육군 부사관 모집선발 필기시험

최종모의고사

【과목순서】

제1과목 공간능력	제3과목 자료해석
제2과목 언어논리	제4과목 지각속도

성명		수험번호							

제1회 최종모의고사

공간능력　18문항 / 10분 ‥‥‥‥‥‥‥‥‥‥‥‥‥‥‥‥‥‥● 정답 및 해설 p.034

[01~05] 다음에 유의하여 물음에 답하시오.

- 입체도형을 펼쳐 전개도를 만들 때, 전개도에 표시된 그림(예 ▐▌, ◪ 등)은 회전의 효과를 반영함. 즉, 본 문제의 풀이과정에서 보기의 전개도상에 표시된 "▐▌"와 "▬"은 서로 다른 것으로 취급함.
- 단, 기호 및 문자(예 ☎, ↻, ♨, K, H 등)의 회전에 의한 효과는 본 문제의 풀이과정에 반영하지 않음. 즉, 입체도형을 펼쳐 전개도를 만들 때, "☏"의 방향으로 나타나는 기호 및 문자도 보기에서는 "☎"의 방향으로 표시하며 동일한 것으로 취급함.

01 다음 입체도형의 전개도로 알맞은 것은?

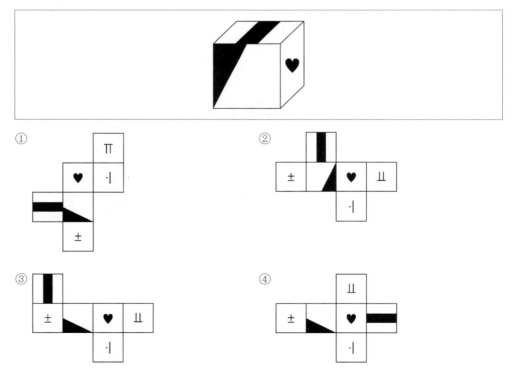

02 다음 입체도형의 전개도로 알맞은 것은?

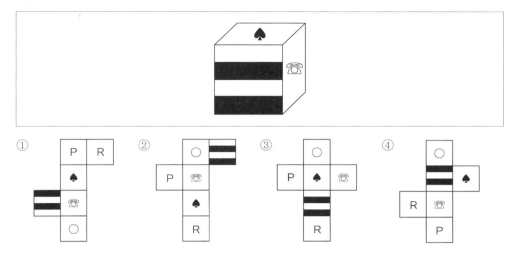

03 다음 입체도형의 전개도로 알맞은 것은?

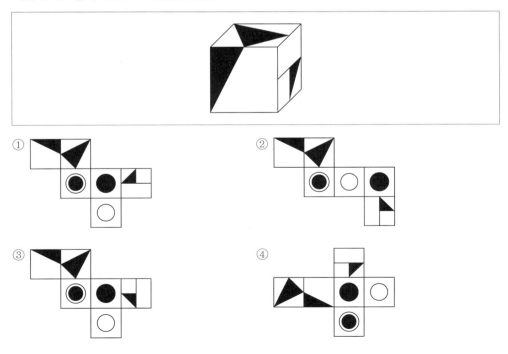

04 다음 입체도형의 전개도로 알맞은 것은?

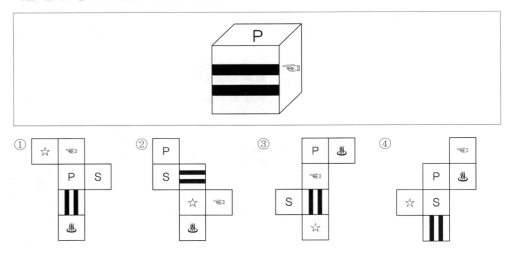

05 다음 입체도형의 전개도로 알맞은 것은?

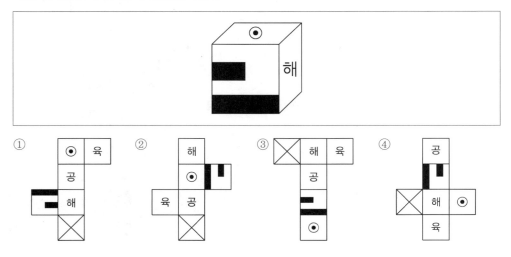

[06~10] 다음에 유의하여 물음에 답하시오.

- 전개도를 접을 때 전개도상의 그림, 기호, 문자가 입체도형의 겉면에 표시되는 방향으로 접음.
- 전개도를 접어 입체도형을 만들 때, 전개도에 표시된 그림(예 █▌, ◺ 등)은 회전 효과를 반영함. 즉, 본 문제의 풀이과정에서 보기의 전개도상에 표시된 "█▌"와 "◺"은 서로 다른 것으로 취급함.
- 단, 기호 및 문자(예 ☎, ♨, ♨, K, H)의 회전에 의한 효과는 본 문제의 풀이과정에 반영하지 않음. 즉, 전개도를 접어 입체도형을 만들 때, "☏"의 방향으로 나타나는 기호 및 문자도 보기에서는 "☎"의 방향으로 표시하며 동일한 것으로 취급함.

06 다음 전개도의 입체도형으로 알맞은 것은?

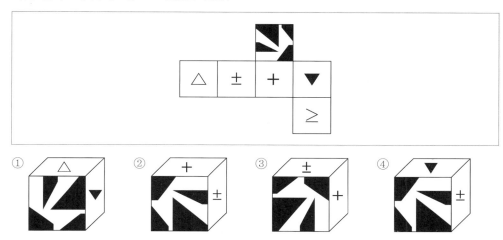

07 다음 전개도의 입체도형으로 알맞은 것은?

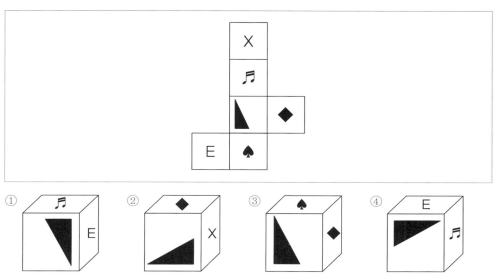

08 다음 전개도의 입체도형으로 알맞은 것은?

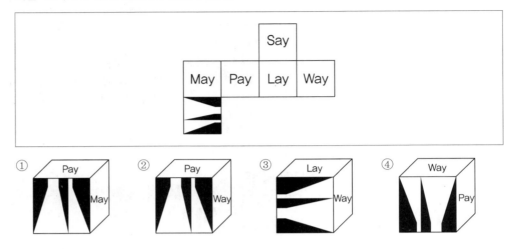

09 다음 전개도의 입체도형으로 알맞은 것은?

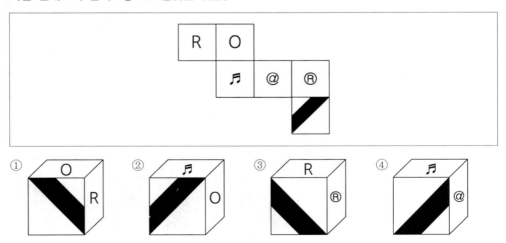

10 다음 전개도의 입체도형으로 알맞은 것은?

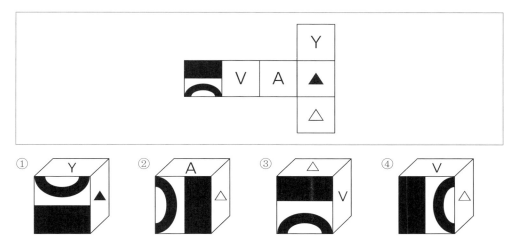

① ② ③ ④

01 최종모의고사

[11~14] 아래에 제시된 그림과 같이 쌓기 위해 필요한 블록의 수를 고르시오.

* 블록은 모양과 크기가 모두 동일한 정육면체임

11

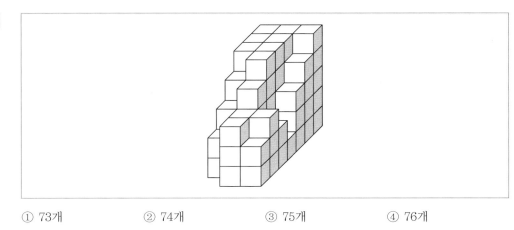

① 73개　　　　　② 74개　　　　　③ 75개　　　　　④ 76개

12

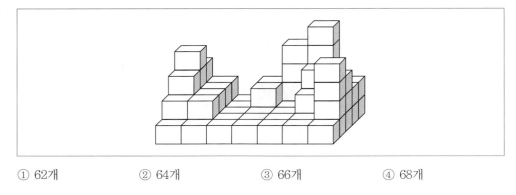

① 62개   ② 64개   ③ 66개   ④ 68개

13

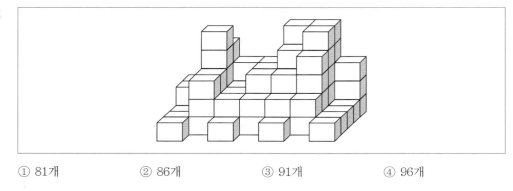

① 81개   ② 86개   ③ 91개   ④ 96개

14

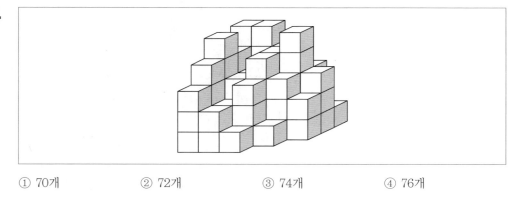

① 70개   ② 72개   ③ 74개   ④ 76개

[15~18] 아래에 제시된 블록들을 화살표 표시한 방향에서 바라봤을 때의 모양으로 알맞은 것을 고르시오.

* 블록은 모양과 크기가 모두 동일한 정육면체임
* 바라보는 시선의 방향은 블록의 면과 수직을 이루며 원근에 의해 블록이 작게 보이는 효과는 고려하지 않음

01

최종모의고사

15

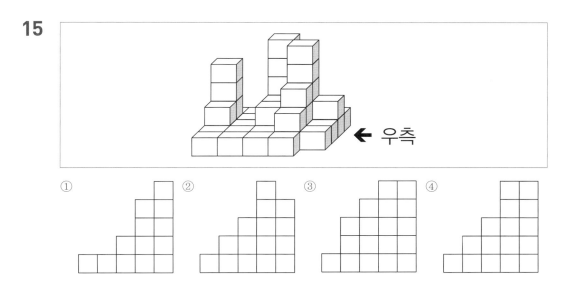

16

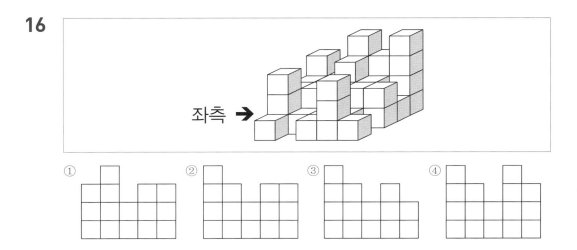

17

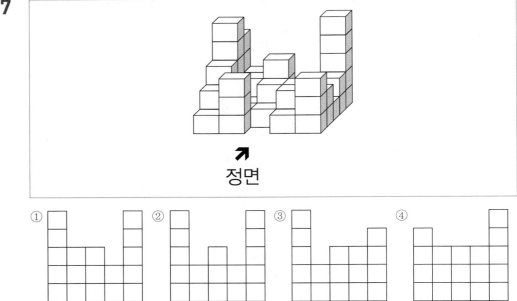

정면

① ② ③ ④

18

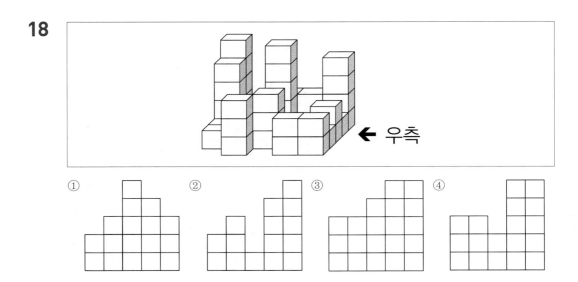

← 우측

① ② ③ ④

01 밑줄 친 단어의 문맥적 의미와 가장 유사한 것은?

> 요즈음 김 서방이 바빠서인지 걸음이 뜸하다.

① 그런 곳에 가는 게 나쁘게 느껴져 걸음을 끊어 버렸다.
② 우체국에 가는 걸음이 있거든 이 편지도 좀 부쳐 주세요.
③ 겨울이 빠른 걸음으로 다가온다.
④ 보다 나은 장래를 위하여 새로운 걸음을 내딛도록 합시다.
⑤ 나는 놀라서 한 걸음 물러섰다.

02 다음의 두 명제가 참일 때 성립하는 것은?

> • 냉면을 좋아하는 사람은 여름을 좋아한다.
> • 호빵을 좋아하는 사람은 여름을 좋아하지 않는다.

① 호빵을 좋아하는 사람은 냉면을 좋아한다.
② 여름을 좋아하는 사람은 냉면을 좋아한다.
③ 냉면을 좋아하는 사람은 호빵을 좋아한다.
④ 호빵을 좋아하는 사람은 냉면을 좋아하지 않는다.
⑤ 호빵을 좋아하지 않는 사람은 냉면을 좋아하지 않는다.

03 다음 밑줄 친 단어 중 중심 의미로 쓰인 것은?

① <u>손</u>이 부족해서 너무 힘이 드는구나.
② 오늘 <u>손</u> 없는 날이라 이사하기 좋구나.
③ <u>손</u>을 다쳐 당분간 씻기가 힘들 것 같아.
④ 반지가 맞는지 <u>손</u>에 껴볼래?
⑤ 저 <u>손</u>은 누구인데 저렇게 건방지니?

04 다음 ㉠에 들어갈 속담으로 가장 적절한 것은?

> 사건 전에 A후보는 가장 당선이 유력한 후보였다. 투표권이 있는 마을 어른 대부분이 무난한 B후보보다는 성실하고 밝은 A후보에게 호감을 갖고 있었다. 그저 그렇게 가만히 두었으면 될 것을, (㉠)며 B후보의 흉을 흘리고 다니더니 결국 사달이 났다. 완벽하자고 벌인 일에 마을 사람들이 돌아섰고, 결국 선거에서는 B후보가 당선된 것이다.

① 구복이 원수라
② 자라나는 호박에 말뚝 박는다
③ 감나무 밑에 누워도 삿갓 미사리를 댄다
④ 사공이 많으면 배가 산으로 간다
⑤ 서울에 가야 과거도 본다

05 다음 밑줄 친 단어와 비슷한 의미를 가진 것은?

> 내가 <u>비교해보니</u> 가격 차이가 얼마 나지 않는다.

① 대응   ② 상응
③ 조응   ④ 호응
⑤ 대비

06 다음 문장의 문맥상 빈칸에 들어갈 단어로 가장 적절한 것은?

> 나는 동생이 (　　) 써놓은 편지를 보고 웃음이 절로 났다.

① 티석티석
③ 괴발개발
⑤ 훨씬

② 언구럭
④ 곰비임비

07 다음 글의 설명 방식에 해당하는 것은?

> 문명은 대개 물질적인 성과와 관련된 사항을 거론할 때 사용하는 용어이다. 반면에 문화는 인간이 자연 상태에서 벗어나 일정한 목적이나 이상을 실현하려는 활동 과정 및 그 과정에서 이룩해 낸 물질적, 정신적 성과를 총칭하는 용어이다.

① 분류
③ 예시
⑤ 묘사

② 대조
④ 유추

08 다음 글의 내용을 가장 잘 설명하는 사자성어는?

> 금융그룹이 발표한 자료에 따르면 최근 수년간 자영업 창업은 감소 추세에 있고, 폐업은 증가 추세에 있다. 즉, 창업보다 폐업이 많아지고 있는데 가장 큰 이유는 영업비용이 지속적으로 느는 데 비해 영업이익은 감소하고 있기 때문이다. 특히 코로나19 상황에서 더욱 어려워지고 있다. 우리나라 자영업자 중 70%가 저부가가치 사업에 몰려 있어 산업 구조 자체를 바꾸지 않으면 이런 현상은 점점 커질 것이다. 하지만 정부는 종합 대책이라고 하면서 대출, 카드 수수료 인하, 전용 상품권 발행 등의 대책만 마련하였다. 이것은 일시적인 효과일 뿐 지나친 경쟁으로 인한 경쟁력 하락이라는 근본적 문제를 해결하지 못한다. 오히려 대출 등의 정책은 개인의 빚만 늘린 채 폐업을 하게 되는 상황을 초래할 수 있다. 저출산 고령화가 가속되고 있는 현재 근본적인 대책이 필요하다.

① 유비무환
③ 동족방뇨
⑤ 설상가상

② 근주자적
④ 세불십년

09 밑줄 친 부분의 문맥적 의미로 적절하지 않은 것은?

① 우리는 주인이 내온 저녁상에 <u>입이 벌어졌다</u>(매우 놀라다).
② 나는 동생이 혼자 그 많은 일을 다 해서 <u>혀를 내둘렀다</u>(안쓰러워하다).
③ 그녀는 <u>손이 재기</u>로 유명해서 잔치마다 불려 다닌다(일 처리가 빠르다).
④ 이 가게에는 그녀의 <u>눈에 차는</u> 물건이 없는 것 같다(마음에 들다).
⑤ 강아지에게 다가가자 어미 개가 <u>눈에 칼을 세웠다</u>(표독스럽게 노려보다).

10 다음 중 ㉠, ㉡에 들어갈 접속어가 바르게 연결된 것은?

> 평화로운 시대에 시인의 존재는 문화의 비싼 장식일 수 있다. (㉠) 시인은 조국이 비운에 빠졌거나 통일을 잃었을 때 장식의 의미를 떠나 민족의 예언가가 될 수 있고, 민족혼을 불러일으키는 선구자적 지위에 놓일 수도 있다. 예를 들면 스스로 군대를 가지지 못한 채 제정 러시아의 가혹한 탄압 아래 있던 폴란드 사람들은 시인을 민족의 재생을 예언하고 굴욕스러운 현실을 탈피하도록 격려하는 예언자로 여겼다. (㉡) 통일된 국가를 가지지 못하고 이산되어 있던 이탈리아 사람들은 시성 단테를 유일한 이탈리아로 숭앙했고, 제1차 세계대전 때 독일군의 잔혹한 압제하에 있었던 벨기에 사람들은 베르하렌을 조국을 상징하는 시인으로 추앙하였다.

	㉠	㉡
①	그러므로	따라서
②	그러므로	반대로
③	그러나	반대로
④	그러나	또한
⑤	그리고	또한

11 다음 명제들의 결론으로 적당한 것은?

> • 종이 책은 휴대가 가능하고, 값이 싸며, 읽기 쉬운 데 반해 컴퓨터는 들고 다닐 수가 없고, 값도 비싸며, 전기도 필요하다.
> • 전자 기술의 발전은 이런 문제를 해결할 것이다. 조만간 지금의 종이 책 크기만 한, 아니 더 작은 컴퓨터가 나올 것이고, 컴퓨터 모니터도 훨씬 정교하고 읽기 편해질 것이다.
> • 조그만 칩 하나에 수백 권 분량의 정보가 기록될 것이다.

① 컴퓨터는 종이 책을 대신할 것이다.
② 컴퓨터는 종이 책을 대신할 수 없다.
③ 컴퓨터도 종이 책과 함께 사라질 것이다.
④ 종이 책의 역사는 앞으로도 계속될 것이다.
⑤ 전자 기술의 발전은 종이 책의 발전과 함께 할 것이다.

12 다음 글 뒤에 이어질 내용으로 적절한 것은?

> 태초의 자연은 인간과 동등한 위치에서 상호 소통할 수 있는 균형적인 관계였다. 그러나 기술의 획기적인 발달로 인해 자연과 인간 사회 사이에 힘의 불균형이 초래되었다.
> 자연과 인간의 공생은 힘의 균형을 전제로 한다. 균형적 상태에서 자연과 인간은 긴장감을 유지하지만 한쪽에 의한 폭력적 관계가 아니기에 소통이 원활하다. 또한 일방적인 관계에서는 한쪽의 희생이 필수적이지만 균형적 관계에서는 상호 호혜적인 거래가 발생한다. 이때의 거래란 단순히 경제적인 효율을 의미하는 것이 아니다. 대자연의 환경에서 각 개체와 그 후손들의 생존은 상호 관련성이 있다. 이에 따라 자연은 인간에게 먹거리를 제공하고 인간은 자연을 위한 의식을 행함으로써 상호 이해와 화해를 도모하게 된다. 인간에게 자연이란 정복의 대상이 아닌 존중받아야 할 거래 대상인 것이다. 결국 대칭적인 관계로의 회복을 위해서는 힘의 균형이 전제되어야 한다.

① 인간과 자연이 힘의 균형을 회복하기 위한 방법
② 인간과 자연이 거래하는 방법
③ 태초의 자연이 인간을 억압해 온 사례
④ 인간 사회에서 소통의 중요성
⑤ 인간 사회의 경제적 효율성을 극대화하기 위한 방법

13 다음 글을 바탕으로 한 추론으로 옳은 것은?

> 스토리슈머는 이야기를 뜻하는 스토리(Story)와 소비자를 뜻하는 컨슈머(Consumer)가 합쳐져 '이야기를 찾는 소비자'를 지칭하는 말이다. 최근 기업들이 경기불황과 치열한 경쟁 속에서 살아남기 위해 색다른 마케팅 방안을 모색하고 있다. 단순히 이벤트나 제품을 설명하는 기존 방식에서 벗어나 소비자들이 서로 공감하는 이야기로 위로받는 심리를 반영해 마케팅에 활용하는 '스토리슈머 마케팅' 사례가 늘고 있다.
> 이는 소비자의 구매 요인이 기능에서 감성 중심으로 이동함에 따라 이야기를 소재로 하는 마케팅의 중요성이 늘어난 것을 반영한다. 특히 재미와 감성을 자극하는 콘텐츠 위주로 소비자들 사이에서 자연스럽게 스토리가 공유·확산되도록 유도할 수 있다.

① 스토리슈머 마케팅은 기존 마케팅보다 비용이 더 든다.
② 스토리슈머 마케팅은 재미있는 이야기여야만 마케팅 가치를 가진다.
③ 스토리슈머 마케팅은 제품의 기능을 더욱 강조한다.
④ 스토리슈머 마케팅은 현재 소비자들의 구매 요인을 파악한 마케팅 방안이다.
⑤ 모든 소비자는 이야기를 통해 위로받고 싶어 한다.

14 다음 〈보기〉의 문장이 들어가기에 가장 알맞은 곳은?

> 보기
>
> 세균 오염으로 인한 치명적인 결과를 초래할 수 있기 때문이다.

유기농 농법으로 키운 작물보다 유전자 변형 식품이 더 안전할 수 있다. (①) 사람들은 식품에 '자연산'이라는 표시가 있으면 무조건 안전하려니 믿는 경향이 있다. (②) 특히 유기농 식품이라면 무조건 좋다고 생각하는 사람이 많다. (③) 하지만 유기농 식품이 더 위험할 수 있다. (④) 이렇게 보면 자연식품이 안전하고 더 몸에 좋을 것이라는 생각은 편견일 가능성이 많다. (⑤) 자연 또는 천연이라는 말이 반드시 안전을 의미하지는 않는 것이다.

15 빈칸에 들어갈 문장으로 가장 적절한 것은?

(   ) 20세기 대량생산체제의 생산성 경쟁은 21세기에는 걸맞지 않은 주제다. 국경의 의미가 사라진 글로벌 시대에는 남의 제품을 모방하여 많이 만드는 것으로는 살아남지 못한다. 누가 더 차별화된 제품을 소비자의 다양한 입맛에 맞게 만들어 내느냐가 성장의 관건이다. 이를 위해서는 창의성이 무엇보다 중요하다.

① 최근 기업의 과제는 구성원의 창의성을 최대한으로 이끌어내는 것이다.
② 21세기 기업은 전보다 더욱 품질 향상에 주력해야 한다.
③ 기업이 글로벌 시대에 살아남기 위해서는 생산성을 극대화해야 한다.
④ 21세기의 기업 환경은 20세기에 비해 한결 나아지고 있다.
⑤ 때로는 모방이 창의성보다 효과를 발휘할 수 있다.

16 다음 글에서 도출한 결론을 반박하는 주장으로 가장 적합한 것은?

> 인터넷은 국경 없이 누구나 자유롭게 정보를 주고받을 수 있는 이로운 매체이다. 하지만 최근 급속히 늘고 있는 성인 인터넷 방송들 때문에 오히려 청소년에게 해로운 매체가 될 수 있다는 사실은 선진국에서도 동감하고 있다. 그러므로 인터넷 등급제를 만들어 유해한 환경으로부터 청소년들을 보호하고, 이를 어긴 사업자는 엄격한 처벌로 다스려야만 한다.

① 인터넷 등급제를 만들어 규제를 하는 것도 완전한 방법은 아니기 때문에 유해한 인터넷 내용에는 원천적으로 접속할 수 없는 조치를 취해야 한다.
② 인터넷 등급제는 정보에 대한 책임을 일방적으로 사업자에게만 지우는 조치로, 잘못하면 국민의 표현의 자유와 알 권리를 침해할 수 있다.
③ 인터넷 등급제는 미니스커트나 장발 규제와 같은 구태의연한 조치다.
④ 청소년들 스스로가 정보의 유해를 가릴 수 있는 식견을 마련할 수 있도록 가능한 한 많은 정보를 접해야 한다. 그러므로 인터넷 등급제는 좋은 방법이 아니다.
⑤ 인터넷 등급제는 IT강국으로서의 대한민국의 입지를 위축시킬 수 있으므로 실행하지 않는 것이 옳다.

17 다음 문장을 논리적 순서대로 배열한 것은?

> (A) 보통 라면은 일본에서 유래된 것으로 알려졌다. 그러나 우리가 좋아하는 라면과 일본의 라멘은 다르다. 일본의 라멘은 하나의 '요리'로 취급되며, 처음에 인스턴트 라면이 발명된 것은 라멘을 휴대하고 다니면서 어떻게 하면 쉽게 먹을 수 있을까 하는 발상에서 기인한 것이다. 그러나 한국의 라면은 그렇지 않다.
> (B) 일본의 라멘이 고기 육수를 통한 맛을 추구한다면, 한국의 인스턴트 라면에서 가장 중요한 특징은 '매운맛'이다. 한국의 라면은 매운맛을 좋아하는 한국 소비자의 입맛에 맞춰 변화되었다.
> (C) 이렇게 한국의 라면은 일본 라멘과 전혀 다른 모습을 보이면서 독자적인 영역을 만들기 시작했고, 해외에서도 라멘과 달리 마니아층을 만들고 있다.
> (D) 한국의 라면은 요리라기보다는 일종의 간식으로 취급되며, '일본 라멘의 간소화'로 인스턴트 라면과는 그 맛도 다르다. 이는 일본의 라멘이 어떠한 맛을 추구하고 있는지에 대해서 생각해 보면 알 수 있다.

① (D) − (A) − (C) − (B)
② (D) − (A) − (B) − (C)
③ (A) − (D) − (C) − (B)
④ (A) − (D) − (B) − (C)
⑤ (A) − (C) − (B) − (D)

18 다음 중 빈칸에 들어갈 접속어를 바르게 연결한 것은?

전세는 투자가치와 사용가치를 모두 지닌 주택의 사용가치만을 영유한다. ___㉠___ 전세 세입자는 계약기간 동안 계약된 주택에 거주하면서 전세금을 무이자로 대출하는 형식으로 사용가치를 지불한다. 반대로 집주인은 전세금과 매매가의 차액만을 투자함으로써 해당 주택의 자본 차익을 얻는다. ___㉡___ 매매가가 5억 원인 아파트의 경우 전세 세입자는 전세가인 3억 원으로 주거를 해결하고, 계약이 종료되면 전세금을 돌려받는다. 집주인은 2억 원으로 주택의 소유권을 획득하고, 5억 원인 아파트의 자본 차익을 얻는다. 일반적으로 이사를 하게 되거나 일시적으로 2주택이 된 경우에 실제 거주하지 않는 주택을 세입자에게 임대한다. ___㉢___ 주택 가격의 상승을 기대하고 일부러 매매가와 전세가의 차액만으로 투자하기도 하는데, 이러한 투자 행위를 갭(Gap)투자라 한다.

	㉠	㉡	㉢
①	따라서	다시 말해	그리고
②	따라서	예를 들어	그리고
③	따라서	예를 들어	그러나
④	그러나	이를 통해	그러나
⑤	그러나	이를 통해	그러므로

19 ㉠에 나타난 역사관과 같은 것은?

한국의 바람직한 미래상을 그릴 때, 완전히 백지상태를 출발점으로 삼기는 어려울 것이다. ㉠ <u>역사라는 것은 과거로부터의 연속일 수밖에 없는 까닭에, 지금까지 걸어온 길을 완전히 무시하고 새로 출발한다는 것은 가능하지도 않고 바람직하지도 않다.</u> 오랜 역사를 가진 한국의 전통 속에 살려야 할 유산이 적지 않다는 사실을 감안할 때, 우리의 미래상이 과거와 현재를 존중해야 할 이유는 더욱 뚜렷하다.

① 역사는 과거와 현재와의 끊임없는 대화이다.
② 인간은 역사의 관찰자이기 이전에 역사적 존재이다.
③ 역사는 덧붙여지는 것이 아니라 다시 쓰이는 것이다.
④ 역사를 논할 때 가정(假定)을 고려하는 것은 경계해야 한다.
⑤ 역사는 보는 이의 관점에 따라 달라지므로, 정확한 역사 인식의 자세가 필요하다.

20 다음 글에서 다루고 있는 정언적 명령과 일치하지 않는 것은?

> 칸트는 우리가 특정한 목적을 달성하기 위해 준수해야 할 일, 또는 어떤 처지가 되지 않기 위해 회피해야 할 일에 대한 것을 가언적 명령이라고 했다. 가언적 명령과 달리, 우리가 이성적 인간으로서 가지는 일정한 의무를 <u>정언적 명령</u>이라고 한다. 이는 절대적이고 무조건적인 의무이며, 이에 복종함으로써 뒤따르는 결과가 어떠하든 그와 상관없이 우리가 따라야 할 명령이다. 칸트는 이와 같은 정언적 명령들의 체계가 곧 도덕이라고 보았다.

① 언제나 진실을 말해야 한다.
② 결코 사람을 죽여서는 안 된다.
③ 감옥에 가지 않으려면 도둑질을 하면 안 된다.
④ 인간을 수단으로 다루지 말고 목적으로 다루어라.
⑤ 네 의지의 준칙이 항상 동시에 보편적인 입법의 원리로서 타당할 수 있도록 행위하라.

21 다음 글을 근거로 판단할 때, 〈보기〉에서 같이 사용하면 부작용을 일으키는 화장품의 조합으로 옳은 것만을 모두 고른 것은?

> 화장품 간에도 궁합이 있다. 같이 사용하면 각 화장품의 효과가 극대화되거나 보완되는 경우가 있는 반면 부작용을 일으키는 경우도 있다. 요즘은 화장품에 포함된 모든 성분이 표시되어 있으므로 기본 원칙만 알고 있으면 제대로 짝을 맞춰 쓸 수 있다.
> 트러블의 원인이 되는 묵은 각질을 제거하고 외부 자극으로부터 피부 저항력을 키우는 비타민B 성분이 포함된 제품을 트러블과 홍조 완화에 탁월한 비타민K 성분이 포함된 제품과 함께 사용하면 양 성분의 효과가 극대화되어 깨끗하고 건강하게 피부를 관리하는 데 도움이 된다.
> 일반적으로 세안제는 알칼리성 성분이어서 세안 후 피부는 약알칼리성이 된다. 따라서 산성에서 효과를 발휘하는 비타민A 성분이 포함된 제품을 사용할 때는 세안 후 약산성 토너로 피부를 정리한 뒤 사용해야 한다. 한편 비타민A 성분이 포함된 제품은 오래된 각질을 제거하는 기능도 있다. 그러므로 각질관리 제품과 같이 사용하면 과도하게 각질이 제거되어 피부에 자극을 주고 염증을 일으킨다.
> AHA 성분은 각질 결합을 느슨하게 해 묵은 각질이나 블랙헤드를 제거하고 모공을 축소시키지만 피부의 수분을 빼앗고 탄력을 떨어뜨리며 자외선에 약한 특성도 함께 지니고 있다. 따라서 AHA 성분이 포함된 제품을 사용할 때는 보습 및 탄력관리에 유의해야 하며, 자외선 차단제를 함께 사용해야 한다.

보기

ㄱ. 보습 기능이 있는 자외선 차단제와 AHA 성분이 포함된 모공축소 제품
ㄴ. 비타민A 성분이 포함된 주름개선 제품과 비타민B 성분이 포함된 각질관리 제품
ㄷ. 비타민B 성분이 포함된 로션과 비타민K 성분이 포함된 영양크림

① ㄱ   ② ㄴ
③ ㄷ   ④ ㄱ, ㄴ
⑤ ㄴ, ㄷ

22 다음 〈보기〉에 이어질 (가) ~ (라)의 순서로 가장 자연스러운 것은?

> **보기**
>
> 구글은 몇 년 전부터 독감 관련 검색어에 대한 연구를 실시했다.

(가) 다시 말해 독감과 관련된 단어 검색량을 보면, 실제 독감 환자 수, 독감 유행지역 등을 예측할 수 있다는 뜻이다.

(나) 그리고 이러한 패턴을 미국 질병통제예방센터 데이터와 비교해보았더니, 검색 빈도와 독감 증세를 보인 환자 수 사이에 매우 밀접한 상관관계가 있다는 사실을 발견했다.

(다) 이는 검색 빈도수가 개인의 생활을 반영한다는 평범한 사실을 보여주지만, 여기에 개인의 유전 정보와 진료 정보 등이 합쳐지면 세계 시민의 보건복지에 크게 기여할 수 있다는 것이 구글의 주장이다.

(라) 그 결과, 매년 독감 시즌마다 특정 검색어(독감 이름, 독감 예방법 등) 패턴이 눈에 띄게 증가하는 것을 발견했다.

① (가) – (나) – (라) – (다)　　　② (가) – (라) – (나) – (다)
③ (라) – (가) – (나) – (다)　　　④ (라) – (나) – (가) – (다)
⑤ (라) – (나) – (다) – (가)

23 다음 글의 주제로 가장 적절한 것은?

우유니 사막은 세계 최대의 소금 사막이자 남아메리카 중앙부 볼리비아의 포토시주(州)에 위치한 소금 호수로, '우유니 소금 사막' 혹은 '우유니 염지' 등으로 불린다. 지각변동으로 솟아오른 바다가 빙하기를 거쳐 녹기 시작하면서 거대한 호수가 생겨났다. 면적은 1만 2,000km²이며 해발고도 3,680m의 고지대에 위치한다. 물이 배수되지 않은 지형적 특성 때문에 물이 고여 얕은 호수가 되었으며, 소금으로 덮인 수면 위에 푸른 하늘과 흰 구름이 거울처럼 투명하게 반사되어 관광지로도 이름이 높다. 소금층 두께는 30cm부터 깊은 곳은 100m 이상이며 호수의 소금 매장량은 약 100억 톤 이상이다. 우기인 12월에서 3월 사이에는 20~30cm의 물이 고여 얕은 염호를 형성하는 반면, 긴 건기 동안에는 표면뿐만 아니라 사막의 아래까지 증발한다. 특이한 점은 지역에 따라 호수의 색이 흰색, 적색, 녹색 등의 다른 빛깔을 띤다는 점이다. 이는 호수마다 쌓인 침전물의 색깔과 조류의 색깔이 다르기 때문이다. 또한 소금 사막 곳곳에서는 커다란 바위부터 작은 모래까지 한꺼번에 섞인 빙하성 퇴적물들과 같은 빙하의 흔적들을 볼 수 있다.

① 우유니 사막의 기후와 식생
② 우유니 사막의 주민 생활
③ 우유니 사막의 자연지리적 특징
④ 우유니 사막 이름의 유래
⑤ 우유니 사막의 관광 상품 종류

세계적으로 저명한 미국의 신경과학자들은 '의식에 관한 케임브리지 선언'을 통해 동물에게도 의식이 있다고 선언했다. 이들은 포유류와 조류 그리고 문어를 포함한 다른 많은 생물도 인간처럼 의식을 생성하는 신경학적 기질을 갖고 있다고 주장하였다. 즉, 동물도 인간과 같이 의식이 있는 만큼 합당한 대우를 받아야 한다는 이야기이다. 그러나 이들과 달리 아직도 동물에게 의식이 있다는 데 회의적인 과학자가 많다.

인간의 동물관은 고대부터 두 가지로 나뉘어 왔다. 그리스의 철학자 피타고라스는 윤회설에 입각하여 동물에게 경의를 표해야 한다는 것을 주장했으나, 아리스토텔레스는 '동물에게는 이성이 없으므로 동물은 인간의 이익을 위해서만 존재한다.'고 주장했다. 이러한 동물관의 대립은 근세에도 이어졌다. 17세기 철학자 데카르트는 '동물은 정신을 갖고 있지 않으며, 고통을 느끼지 못하므로 심한 취급을 해도 좋다.'라고 주장한 반면, 18세기 계몽철학자 루소는 '인간불평등 기원론'을 통해 인간과 동물은 동등한 자연의 일부라는 주장을 처음으로 제기했다.

그러나 인간은 오랫동안 동물의 본성이나 동물답게 살 권리를 무시한 채로 소와 돼지, 닭 등을 사육해왔다. 오로지 더 많은 고기와 달걀을 얻기 위해 '공장식 축산' 방식을 도입한 것이다. 공장식 축산이란 가축 사육 과정이 공장에서 규격화된 제품을 생산하는 것과 같은 방식으로 이루어지는 것을 말하며, 이러한 환경에서는 소와 돼지, 닭 등이 몸조차 자유롭게 움직일 수 없는 좁은 공간에 갇혀 자라게 된다. 가축은 스트레스를 받아 면역력이 ① 떨어지게 되고, 이는 결국 항생제 대량 투입으로 이어질 수밖에 없다. 우리는 그렇게 생산된 고기와 달걀을 맛있다고 먹고 있는 것이다.

이와 같은 공장식 축산의 문제를 인식하고, 이를 개선하려는 동물 복지 운동은 1960년대 영국을 중심으로 유럽에서 처음 시작되었다. 인간이 가축의 고기 등을 먹더라도 최소한의 배려를 함으로써 항생제 사용을 줄이고, 고품질의 고기와 달걀을 생산하자는 것이다. 한국도 올해부터 먼저 산란계를 시작으로 '동물 복지 축산농장 인증제'를 시행하고 있다. 배고픔·영양불량·갈증으로부터의 자유, 두려움·고통으로부터의 자유 등의 5대 자유를 보장하는 농장만이 동물 복지 축산농장 인증을 받을 수 있다.

동물 복지는 가축뿐만이 아니라 인간의 건강을 위한 것이기도 하다. 따라서 정부와 소비자 모두 동물 복지에 좀 더 많은 관심을 가져야 한다.

24 다음 중 인간의 동물관과 관련하여 성격이 다른 하나는?

① 데카르트
② 피타고라스
③ 인간불평등 기원론
④ 동물 복지 축산농장 인증제
⑤ 의식에 관한 케임브리지 선언

25 다음 밑줄 친 ①과 같은 의미로 사용된 것은?

① 생산비와 운송비 등을 제외하면 농민들 손에 떨어지는 돈이 거의 없다.
② 주하병은 더위로 인해 기력이 없어지며 입맛이 떨어지는 여름의 대표 질환이다.
③ 아침을 자주 먹지 않으면 학교에서 시험 성적이 떨어질 수 있다는 연구 결과가 나왔다.
④ 추운 날씨 탓에 한 달째 감기가 떨어지지 않고 있다.
⑤ 만성질환자의 경우 먹던 약이 떨어져 약 복용을 중단하면 증상이 더욱 악화될 수 있다.

01 P지점에서 R지점까지 가는 모든 경우의 수는?

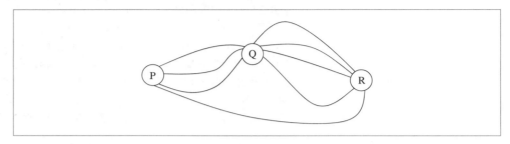

① 10가지   ② 11가지
③ 12가지   ④ 13가지

02 30% 할인해서 팔던 노트북을 이월 상품 정리 기간에 할인된 가격의 10%를 추가로 할인해서 팔기로 하였다. 이 노트북은 원래 가격에서 얼마나 할인된 가격으로 팔리는 것인가?

① 36%   ② 37%
③ 38%   ④ 39%

03 어느 펀드는 A, B, C 세 주식에 각각 30%, 20%, 50%를 투자하였다. 매입가에서 A주식이 20%, B주식이 40% 각각 오르고 C주식이 20% 내렸다면, 몇 %의 이익을 보았는가?

① 2%   ② 4%
③ 6%   ④ 8%

04 다음은 2017~2021년 4종목의 스포츠 경기에 대한 경기 수를 나타낸 자료이다. 다음 중 자료에 대한 설명으로 옳지 않은 내용은?

〈국내 연도별 스포츠 경기 수〉

(단위: 회)

구분	2017년	2018년	2019년	2020년	2021년
농구	413	403	403	403	410
야구	432	442	425	433	432
배구	226	226	227	230	230
축구	228	230	231	233	233

① 농구의 경기 수는 2018년 전년 대비 감소율이 2021년 전년 대비 증가율보다 높다.
② 2017년 농구와 배구 경기 수 차이는 야구와 축구 경기 수 차이의 90% 이상이다.
③ 2017년부터 2021년까지 야구 평균 경기 수는 축구 평균 경기 수의 2배 이하이다.
④ 2018년부터 2020년까지 경기 수가 증가하는 스포츠는 1종목이다.

05 다음과 같이 지하층이 없고 건물마다 각 층의 바닥 면적이 동일한 건물들이 완공되었다. 이 중 층수가 가장 낮은 건물은?

건물	건폐율(%)	대지면적(m²)	연면적(m²)	건축비(만 원/m²)
A	50	300	600	800
B	60	300	1,080	800
C	70	300	1,260	700
D	60	200	720	700

※ (건폐율)$=\dfrac{(건축면적)}{(대지면적)}\times100$

※ 건축면적: 건물 1층의 바닥 면적
※ 연면적: 건물의 각 층 바닥 면적의 총합

① A
② B
③ C
④ D

[06~07] 다음은 A 국가의 인구동향에 관한 자료이다. 이어지는 물음에 답하시오.

〈인구동향〉

(단위: 만 명, %)

구분	2016년	2017년	2018년	2019년	2020년
전체 인구	12,381	12,388	12,477	12,633	12,808
남녀성비	101.4	101.8	102.4	101.9	101.7
가임기 여성 비율	58.2	57.4	57.2	58.1	59.4
출산율	26.5	28.2	29.7	31.2	29.2
남성 사망률	8.3	7.4	7.2	7.5	7.7
여성 사망률	6.9	7.2	7.1	7.8	7.3

※ 남녀성비: 여자 100명당 남자 수

06 다음 〈보기〉 중 옳은 것을 모두 고른 것은?(단, 인구는 버림하여 만 명까지만 나타냄)

> 보기
>
> ㉠ 출산율은 2017년부터 2019년까지 계속 증가하였다.
> ㉡ 출산율과 남성 사망률의 차이는 2019년에 가장 크다.
> ㉢ 전체 인구는 2016년 대비 2020년에 5% 이상이 증가하였다.
> ㉣ 제시된 기간 동안 가임기 여성의 비율과 출산율의 증감 추이는 동일하다.

① ㉠, ㉡

② ㉠, ㉢

③ ㉡, ㉢

④ ㉢, ㉣

07 다음 보고서에 밑줄 친 내용 중 옳지 않은 것은 모두 몇 개인가?

> 〈보고서〉
>
> 　자료에 의하면 ㉠ 남녀성비는 2018년까지 증가하는 추이를 보이다가 2019년부터 감소했고, ㉡ 전체 인구는 계속하여 감소하였다. ㉢ 2016년에는 남성 사망률이 최고치를 기록했다. 그 밖에도 ㉣ 2016년부터 2020년 중 여성 사망률은 2020년이 가장 높았으며, 이와 반대로 ㉤ 2020년은 계속 감소하던 출산율이 증가한 해이다.

① 2개

② 3개

③ 4개

④ 5개

08 다음은 어느 기업의 팀별 성과급 지급 기준 및 영업팀의 평가표이다. 영업팀에게 지급되는 성과급의 1년 총액은?(단, 성과평가 등급이 A등급이면 직전 분기 차감액의 50%를 가산하여 지급함)

〈성과급 지급 기준〉

성과평가 점수	성과평가 등급	분기별 성과급 지급액
9.0 이상	A	100만 원
8.0 ~ 8.9	B	90만 원(10만 원 차감)
7.0 ~ 7.9	C	80만 원(20만 원 차감)
6.9 이하	D	40만 원(60만 원 차감)

〈영업팀 평가표〉

구분	1/4분기	2/4분기	3/4분기	4/4분기
유용성	8	8	10	8
안정성	8	6	8	8
서비스 만족도	6	8	10	8

※ (성과평가 점수)＝(유용성)×0.4＋(안정성)×0.4＋(서비스 만족도)×0.2

① 350만 원   ② 360만 원
③ 370만 원   ④ 380만 원

09 K 부대 수송대대는 체육대회에서 4개의 팀으로 나누어 철봉에 오래 매달리기 시합을 하였다. 각 팀별 기록에 대한 정보가 다음과 같을 때, A팀 4번 선수와 B팀 2번 선수 기록의 평균은?

〈팀별 철봉 오래 매달리기 기록〉

(단위: 초)

구분	1번 선수	2번 선수	3번 선수	4번 선수	5번 선수
A팀	32	46	42	( )	42
B팀	48	( )	36	53	55
C팀	51	30	46	45	53
D팀	36	50	40	52	42

〈정보〉

• C팀의 평균은 A팀보다 3초 길다.
• D팀의 평균은 B팀보다 2초 짧다.

① 40초   ② 41초
③ 42초   ④ 43초

10 다음은 2018년도 국가별 국방예산 그래프이다. 이를 이해한 내용으로 옳지 않은 것은?(단, 비중은 소수점 둘째 자리에서 반올림함)

① 국방예산이 가장 많은 국가와 가장 적은 국가의 예산 차이는 324억 원이다.
② 사우디아라비아의 국방예산은 프랑스의 국방예산보다 14% 이상 많다.
③ 8개 국가 국방예산 총액에서 한국이 차지하는 비중은 약 8.8%이다.
④ 영국과 일본의 국방예산 차액은 독일과 일본의 국방예산 차액의 55% 이상이다.

11 다음은 A지역 사회복무요원 소집자의 최종학력에 관한 자료이다. 이에 대한 설명 중 옳은 것은?

〈사회복무요원 소집자의 최종학력별 분포〉

(단위: 명)

구분	합계	대학교 졸업	고등학교 졸업	고등학교 중퇴	중학교 졸업
2015년	32,546	17,532	10,164	3,653	1,197
2016년	34,650	18,697	10,722	3,634	1,597
2017년	33,270	17,949	10,326	3,109	1,886
2018년	47,587	23,099	15,979	6,181	2,328
2019년	74,844	30,371	29,978	11,140	3,355

① 사회복무요원 소집자 중 고등학교 졸업자의 수는 항상 고등학교 중퇴자 수의 3배를 넘지 못한다.
② 사회복무요원 소집자는 해마다 꾸준히 증가하고 있다.
③ 사회복무요원 소집자 중 대학교 졸업자와 고등학교 졸업자의 차이는 해마다 점점 커지고 있다.
④ 전체 사회복무요원 소집자 중 고등학교 졸업자의 비중은 2019년에 가장 높다.

12 다음 자료는 지식재산권 심판청구 현황에 관한 자료이다. 이 자료를 보고 판단한 내용으로 올바르지 않은 것은?

〈지식재산권 심판청구 현황〉

(단위: 건, 개월)

구분		2019년	2020년	2021년	2022년
심판청구 건수	소계	20,990	17,124	15,188	15,883
	특허	12,238	10,561	9,270	9,664
	실용신안	906	828	559	473
	디자인	806	677	691	439
	상표	7,040	5,058	4,668	5,307
심판처리 건수	소계	19,473	16,728	15,552	16,554
	특허	10,737	9,882	9,632	9,854
	실용신안	855	748	650	635
	디자인	670	697	677	638
	상표	7,211	5,401	4,593	5,427
심판처리 기간	특허 · 실용신안	5.9	8.0	10.6	10.2
	디자인 · 상표	5.6	8.0	9.1	8.2

① 2019년부터 2022년까지 수치가 계속 증가한 항목은 하나도 없다.
② 심판청구 건수보다 심판처리 건수가 더 많은 해도 있다.
③ 2019년부터 2022년까지 건수가 지속적으로 감소한 항목은 2개이다.
④ 2021년에는 모든 항목에서 다른 해보다 건수가 적고 기간이 짧다.

13 다음 표는 제2차 세계 대전 주요 참전국의 인구에 관한 자료이다. 이 자료를 보고 빈칸에 들어갈 숫자로 옳은 것은?(단, G국의 인구 수치는 일정한 규칙성을 보임)

〈주요 참전국의 인구〉

(단위: 백만 명)

구분	1890년	1900년	1910년	1913년	1920년	1928년	1938년
A	116.8	135.6	159.3	175.1	126.6	150.4	180.6
B	62.6	75.9	91.9	97.3	105.7	119.1	138.3
C	49.2	56.0	64.5	66.9	42.8	55.4	68.5
D	39.9	43.8	49.1	51.3	55.9	62.1	72.2
E	38.3	38.9	39.5	39.7	39.0	41.0	41.9
F	37.4	41.1	44.9	45.6	44.4	45.7	47.6
G	25.6	27.8	30.0	( )	34.4	36.6	38.8

① 31.2   ② 32.2
③ 32.3   ④ 33.3

14 다음은 20대 이상 성인에게 종이책 독서에 관해 설문 조사를 한 자료이다. '읽음'을 선택한 여성과 남성의 인원은 총 몇 명인가?

〈종이책 독서 현황〉

구분		인원 수(명)	읽음(%)	읽지 않음(%)
전체		6,000	59.9	40.1
성별	남성	3,000	58.2	41.8
	여성	3,000	61.5	38.5
연령별	20대	1,070	73.5	26.5
	30대	1,071	68.9	31.1
	40대	1,218	61.9	38.1
	50대	1,190	52.2	47.8
	60대 이상	1,451	47.8	52.2

※ '읽음'과 '읽지 않음'의 비율은 소수점 이하 둘째 자리에서 반올림한 값이다.

① 3,150명
② 3,377명
③ 3,591명
④ 3,782명

15 다음은 2022년 1 ~ 7월 서울 지하철 승차 인원에 관한 자료이다. 이에 대한 설명으로 옳지 않은 것은?

〈1 ~ 7월 서울 지하철 승차 인원〉

(단위: 만 명)

구분	1월	2월	3월	4월	5월	6월	7월
1호선	818	731	873	831	858	801	819
2호선	4,611	4,043	4,926	4,748	4,847	4,569	4,758
3호선	1,664	1,475	1,807	1,752	1,802	1,686	1,725
4호선	1,692	1,497	1,899	1,828	1,886	1,751	1,725
5호선	1,796	1,562	1,937	1,910	1,939	1,814	1,841
6호선	1,020	906	1,157	1,118	1,164	1,067	1,071
7호선	2,094	1,843	2,288	2,238	2,298	2,137	2,160
8호선	548	480	593	582	595	554	566
합계	14,243	12,537	15,480	15,007	15,389	14,379	14,665

① 3월의 전체 승차 인원이 가장 많았다.
② 4호선을 제외한 7월의 호선별 승차 인원은 전월보다 모두 증가했다.
③ 8호선의 7월 승차 인원은 1월 대비 3% 이상 증가했다.
④ 3호선과 4호선의 승차 인원 차이는 5월에 가장 컸다.

16 다음은 2020년 〈K 대학 국방서비스 산업단지 인력현황〉에 대한 자료이다. 다음 〈보기〉의 병사 중 자료에 대해 옳은 설명을 한 사람을 모두 고른 것은?(단, 비율은 소수점 둘째 자리에서 반올림함)

〈K 대학 국방서비스 산업단지 인력현황〉

구분	전체		기업체		연구기관	
	인원(명)	비율(%)	인원(명)	비율(%)	인원(명)	비율(%)
연구기술직	4,116	59.6	3,242	54.1	874	95.5
사무직	1,658	24.0	1,622	27.1	36	3.9
생산직	710	10.3	710	11.9	–	–
기 타	419	6.1	414	6.9	5	0.5
합 계	6,903	100.0	5,988	100.0	915	100.0

보기

- 임 병장: 기업체의 연구기술직 인원은 사무직 인원의 2배 이상이다.
- 이 상병: 전체 연구기술직 인력 중 기업체 연구기술직 인력이 차지하는 비율은 70% 이상이다.
- 서 일병: 연구기관의 사무직 인력이 전체 사무직 인력 중 차지하는 비율은 3.9%이다.
- 김 이병: 전체 인력 중 기타로 분류된 인원은 사무직 인원의 25% 이상이다.

① 임 병장, 이 상병
② 임 병장, 서 일병
③ 이 상병, 서 일병
④ 이 상병, 김 이병

17 다음은 총무업무를 담당하는 A 병사의 통화내역이다. 국내통화가 1분당 15원, 국제통화가 1분당 40원이라면 A 병사의 통화요금은?

일시	통화내용	시간
4/5(화) 10:00	신규간부 명함 제작 관련 인쇄소 통화	10분
4/6(수) 14:00	부대 간부 진급선물 선정 관련 거래업체 통화	30분
4/7(목) 09:00	예산편성 관련 해외파병 부대 현지담당자 통화	60분
4/8(금) 15:00	부대 청소용역 관리 관련 제휴업체 통화	30분

① 3,450원
③ 3,850원
② 3,650원
④ 4,050원

18 다음은 2009년부터 2019년까지 우리나라의 유엔 정규분담률 현황에 관한 그래프이다. 다음 중 2010년과 2016년의 전년 대비 유엔 정규분담률의 증가율을 바르게 구한 것은?(단, 증가율은 소수점 둘째 자리에서 반올림함)

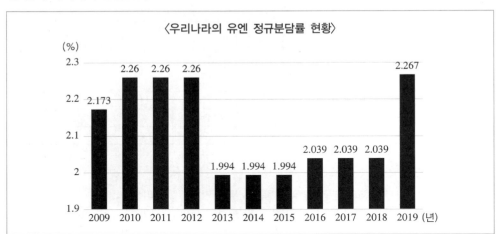

	2010년	2016년
①	4.0%	2.1%
②	4.0%	2.3%
③	4.0%	2.5%
④	3.2%	2.3%

19 다음 표는 A회사에서 사내전화 평균 통화시간을 조사한 자료이다. 평균 통화시간이 6 ~ 9분인 여자의 수는 12분 이상인 남자의 수의 몇 배인가?

〈사내전화 평균 통화시간〉		
평균 통화시간	남자	여자
3분 이하	33%	26%
3 ~ 6분	25%	21%
6 ~ 9분	18%	18%
9 ~ 12분	14%	16%
12분 이상	10%	19%
대상인원 수	600명	400명

① 1.1배   ② 1.2배
③ 1.3배   ④ 1.4배

20 다음은 소비자 동향을 조사한 자료이다. (A)+(B)+(C)−(D)의 값으로 알맞은 것은?

〈2020년 하반기 소비자 동향조사〉

[단위: CSI(소비자 동향지수)]

구분	7월	8월	9월	10월	11월	12월	평균
생활형편전망	98	98	98	98	92	92	96
향후경기전망	80	85	83	80	64	(B)	76
가계수입전망	100	100	100	99	98	97	99
소비자지출전망	106	(A)	107	107	106	99	(D)
평균	96	97	97	96	90	(C)	—

① 142

② 152

③ 162

④ 183

[01~10] 다음 〈보기〉의 왼쪽과 오른쪽 기호의 대응을 참고하여 각 문제의 대응이 같으면 답안지에 '① 맞음'을, 틀리면 '② 틀림'을 선택하시오.

> **보기**
>
> | | | | | |
> |---|---|---|---|---|
> | EH = 도미 | CK = 참돔 | WH = 조개 | RR = 꽃게 | TH = 소라 |
> | RH = 광어 | DU = 연어 | AN = 문어 | DN = 우럭 | QK = 방어 |

01	AN RH QK TH CK	— 문어 광어 방어 도미 참돔	① 맞음 ② 틀림
02	EH RR DN RH QK	— 도미 꽃게 우럭 조개 방어	① 맞음 ② 틀림
03	WH CK RH TH AN	— 조개 참돔 광어 소라 문어	① 맞음 ② 틀림
04	RH DN CK EH QK	— 광어 우럭 참돔 도미 방어	① 맞음 ② 틀림
05	WH TH CK RH EH	— 조개 소라 참돔 방어 도미	① 맞음 ② 틀림

> **보기**
>
> | | | | | |
> |---|---|---|---|---|
> | 갈비탕 = 약 | 육개장 = 돈 | 짜장면 = 칼 | 계란찜 = 등 | 비빔밥 = 양 |
> | 청국장 = 동 | 갈비찜 = 솔 | 볶음밥 = 손 | 탕수육 = 말 | 칼국수 = 개 |

06	갈비탕 볶음밥 칼국수 청국장 육개장	— 약 손 개 동 돈	① 맞음 ② 틀림
07	비빔밥 계란찜 육개장 갈비찜 칼국수	— 양 돈 등 솔 개	① 맞음 ② 틀림
08	탕수육 갈비탕 볶음밥 청국장 갈비찜	— 말 약 양 동 손	① 맞음 ② 틀림
09	계란찜 비빔밥 청국장 갈비탕 탕수육	— 등 양 동 약 말	① 맞음 ② 틀림
10	육개장 계란찜 칼국수 볶음밥 비빔밥	— 돈 등 개 손 양	① 맞음 ② 틀림

[11~20] 다음 〈보기〉의 왼쪽과 오른쪽 기호의 대응을 참고하여 각 문제의 대응이 같으면 답안지에 '① 맞음'을, 틀리면 '② 틀림'을 선택하시오.

보기

경비 = ▽	비상 = ✧	통신 = ι	도수 = ꭥ	국군 = ω
제한 = ¤	교전 = ∀	군사 = α	모스 = ◎	각개 = ρ

11	경비 군사 모스 국군 도수	– ▽ α ◎ ω ꭥ	① 맞음 ② 틀림
12	비상 교전 제한 각개 경비	– ✧ ∀ ¤ ρ ▽	① 맞음 ② 틀림
13	모스 통신 국군 교전 군사	– ◎ ρ ꭥ ∀ α	① 맞음 ② 틀림
14	제한 도수 교전 통신 각개	– ¤ ꭥ ∀ ι ρ	① 맞음 ② 틀림
15	국군 경비 모스 비상 통신	– ω α ◎ ¤ ι	① 맞음 ② 틀림

보기

왕자 = apple	왕비 = cake	왕궁 = coke	집사 = pepper	병사 = paper
공주 = bike	왕 = duck	검사 = straw	기사 = pasta	장군 = stew

16	왕궁 장군 기사 공주 왕자	– coke stew pasta bike apple	① 맞음 ② 틀림
17	왕 왕비 집사 왕궁 검사	– duck cake pepper stew straw	① 맞음 ② 틀림
18	왕자 병사 공주 장군 왕	– apple paper bike stew duck	① 맞음 ② 틀림
19	왕궁 공주 집사 기사 검사	– stew bike coke pasta straw	① 맞음 ② 틀림
20	왕비 병사 장군 왕궁 집사	– cake paper pepper coke stew	① 맞음 ② 틀림

[21~30] 다음의 〈보기〉에서 각 문제의 왼쪽에 표시된 굵은 글씨체의 기호, 문자, 숫자의 개수를 모두 세어 오른쪽에서 찾으시오.

		〈보기〉	〈개수〉
21	**2**	2653258651280974246994162369631259041321 6541313213	① 6개 ② 7개 ③ 8개 ④ 9개
22	**ㅣ**	배움은 우연히 얻어지는 것이 아니라 열성을 다해 갈구하고 부지런히 집중해야 얻을 수 있는 것이다.	① 6개 ② 7개 ③ 8개 ④ 9개
23	**4**	8766400862412349764087426581284248901561 7645164801	① 6개 ② 7개 ③ 8개 ④ 9개
24	**o**	A mind troubled by doubt cannot focus on the course to victory.	① 5개 ② 6개 ③ 7개 ④ 8개
25	**홍**	행흉홍후혜형홍홍형행후혜형홍흉혜홍행후혜홍흉행후형홍흉혜홍행형홍흉행홍	① 8개 ② 9개 ③ 10개 ④ 11개
26	**e**	To believe with certainty we must begin with doubting.	① 5개 ② 6개 ③ 7개 ④ 8개
27	**ㄴ**	살아있다는 습관이 붙어 버렸기 때문에 우리는 죽음이 모든 고민을 제거시켜주는데도 싫어한다.	① 8개 ② 9개 ③ 10개 ④ 11개
28	**6**	567892106592468010648010597585616594323610	① 5개 ② 6개 ③ 7개 ④ 8개
29	**⇧**	⇧⇧⇧⇧⇧⇧⇧⇧⇧⇧⇧⇧⇧⇧⇧⇧⇧⇧⇧⇧⇧⇧⇧⇧⇧⇧⇧⇧⇧⇧⇧⇧⇧⇧⇧⇧	① 10개 ② 11개 ③ 12개 ④ 13개
30	**a**	When you take a man as he is, you make him worse. When you take a man as he can be, you make him better.	① 10개 ② 11개 ③ 12개 ④ 13개

육군 부사관 모집선발 필기시험
최종모의고사

【과목순서】

제1과목 공간능력	제3과목 자료해석
제2과목 언어논리	제4과목 지각속도

성명		수험번호							

제2회 최종모의고사

공간능력 　18문항 / 10분 ·································· ● 정답 및 해설 p.044

[01~05] 다음에 유의하여 물음에 답하시오.

- 입체도형을 펼쳐 전개도를 만들 때, 전개도에 표시된 그림(예 ▯▯, ◩ 등)은 회전의 효과를 반영함. 즉, 본 문제의 풀이과정에서 보기의 전개도상에 표시된 "▯▯"와 "◪"은 서로 다른 것으로 취급함.
- 단, 기호 및 문자(예 ☎, 수, ♨, K, H 등)의 회전에 의한 효과는 본 문제의 풀이과정에 반영하지 않음. 즉, 입체도형을 펼쳐 전개도를 만들 때, "🔄"의 방향으로 나타나는 기호 및 문자도 보기에서는 "☎"의 방향으로 표시하며 동일한 것으로 취급함.

01 다음 입체도형의 전개도로 알맞은 것은?

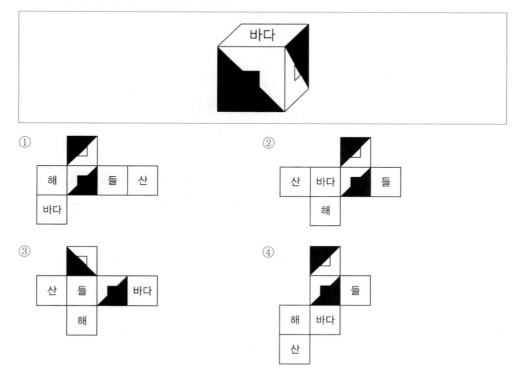

02 다음 입체도형의 전개도로 알맞은 것은?

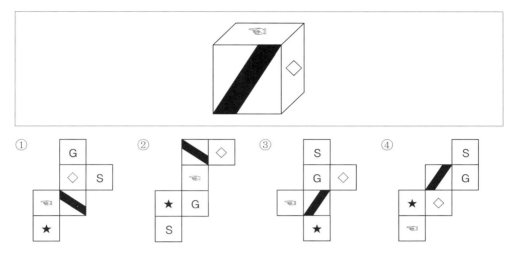

03 다음 입체도형의 전개도로 알맞은 것은?

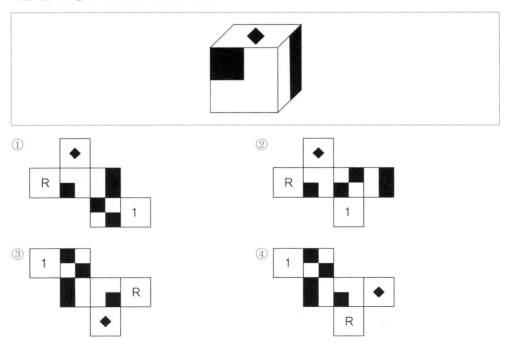

04 다음 입체도형의 전개도로 알맞은 것은?

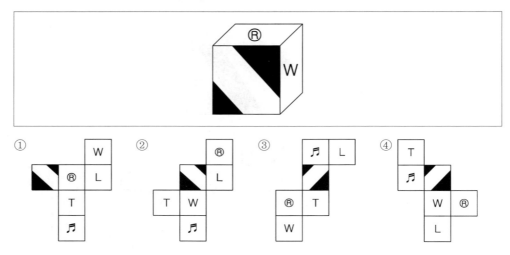

05 다음 입체도형의 전개도로 알맞은 것은?

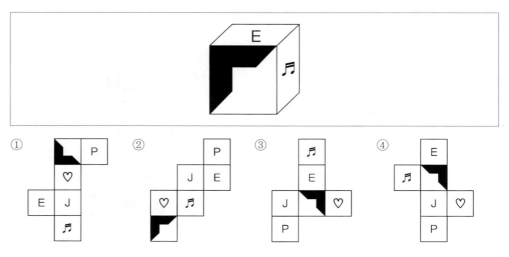

[06~10] 다음에 유의하여 물음에 답하시오.

- 전개도를 접을 때 전개도상의 그림, 기호, 문자가 입체도형의 겉면에 표시되는 방향으로 접음.
- 전개도를 접어 입체도형을 만들 때, 전개도에 표시된 그림(예 🔳, ◪ 등)은 회전 효과를 반영함. 즉, 본 문제의 풀이과정에서 보기의 전개도상에 표시된 "🔳"와 "◪"은 서로 다른 것으로 취급함.
- 단, 기호 및 문자(예 ☎, ♤, ♨, K, H)의 회전에 의한 효과는 본 문제의 풀이과정에 반영하지 않음. 즉, 전개도를 접어 입체도형을 만들 때, "☏"의 방향으로 나타나는 기호 및 문자도 보기에서는 "☎"의 방향으로 표시하며 동일한 것으로 취급함.

06 다음 전개도의 입체도형으로 알맞은 것은?

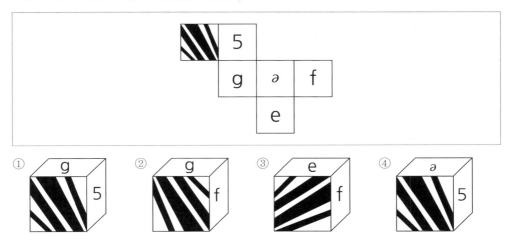

07 다음 전개도의 입체도형으로 알맞은 것은?

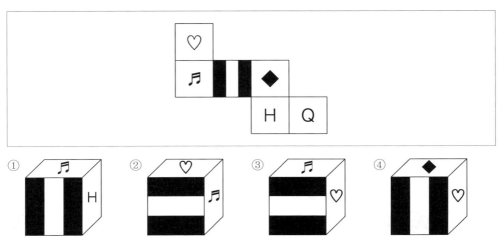

08 다음 전개도의 입체도형으로 알맞은 것은?

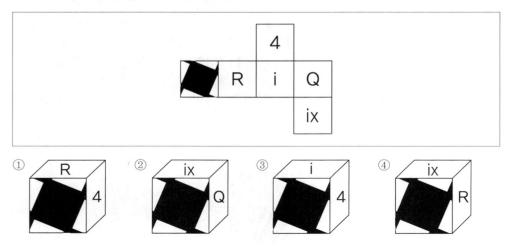

09 다음 전개도의 입체도형으로 알맞은 것은?

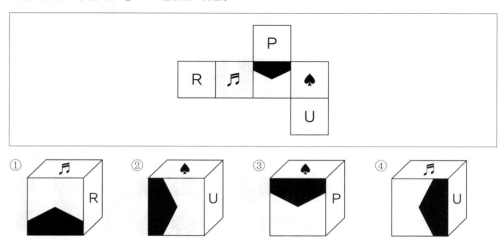

10 다음 전개도의 입체도형으로 알맞은 것은?

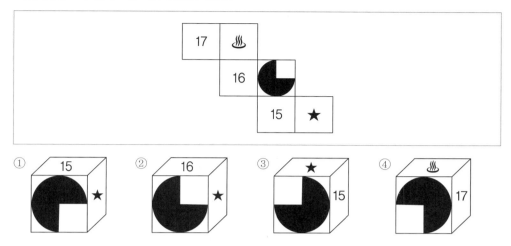

[11~14] 아래에 제시된 그림과 같이 쌓기 위해 필요한 블록의 수를 고르시오.

＊ 블록은 모양과 크기가 모두 동일한 정육면체임

11

① 90개   ② 92개   ③ 94개   ④ 96개

12

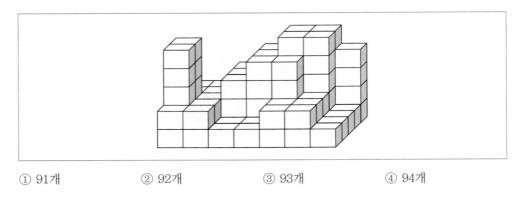

① 91개　　　② 92개　　　③ 93개　　　④ 94개

13

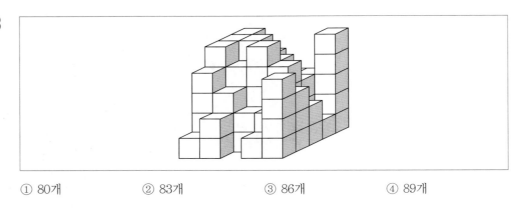

① 80개　　　② 83개　　　③ 86개　　　④ 89개

14

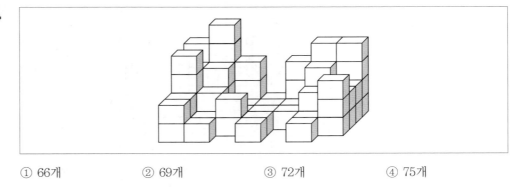

① 66개　　　② 69개　　　③ 72개　　　④ 75개

[15~18] 아래에 제시된 블록들을 화살표 표시한 방향에서 바라봤을 때의 모양으로 알맞은 것을 고르시오.

＊ 블록은 모양과 크기가 모두 동일한 정육면체임
＊ 바라보는 시선의 방향은 블록의 면과 수직을 이루며 원근에 의해 블록이 작게 보이는 효과는 고려하지 않음

15

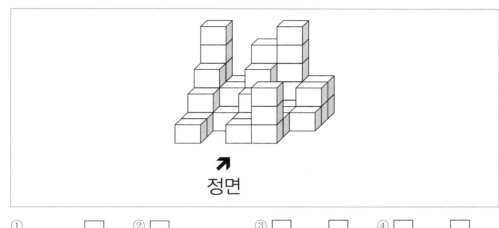

① ② ③ ④

16

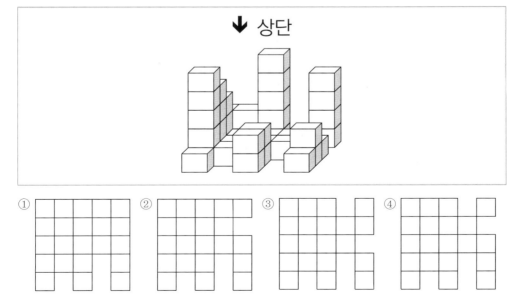

① ② ③ ④

17

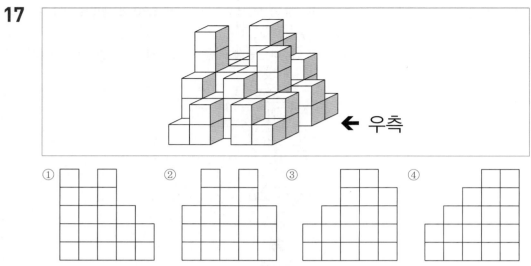

← 우측

① ② ③ ④

18

↓ 상단

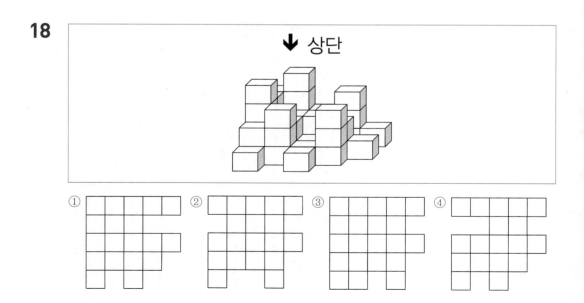

① ② ③ ④

01 다음 밑줄 친 부분과 같은 의미로 쓰인 것을 고르면?

> 요새 남부 지방에 가뭄이 <u>저서</u> 큰일이다.

① 그는 중요한 시합에서 <u>지는</u> 바람에 큰 수모를 겪어야 했다.
② 달이 서산 너머로 <u>지고</u> 난 새벽 어스름에 나는 길을 나섰다.
③ 나비가 노닐던 봄이 지나자 만개했던 개나리도 하나둘 <u>지고</u> 있다.
④ 급히 뛰어오는 바람에 처음 입은 새 옷에 주름이 <u>졌다</u>.
⑤ 해를 <u>지고</u> 집으로 돌아가는 농부의 어깨가 무겁다.

02 다음 ㉠에 들어갈 적절한 어휘는?

> A 병원은 B 법안 발의에 앞서 "정규직 근로자에 대해서는 고용안정을 보장하도록 하는 한편 비정규직 근로자에 대해서는 고용 불안정에 (㉠)하는 임금의 보전 등 대책이 마련되도록 법제화가 필요하며 관련 입법을 준비하고 있다"라고 밝혔다.

① 호응(呼應) ② 부응(副應)
③ 상응(相應) ④ 대응(對應)
⑤ 상통(相通)

03 다음 중 표준 발음이 아닌 것은?

① 급행열차[그팽녈차] ② 색연필[생년필]
③ 입원료[이붠뇨] ④ 의견란[의견난]
⑤ 홑이불[호치불]

04 다음 중 ㉠과 ㉡의 관계와 가장 유사한 것은?

> 남성적 특성과 여성적 특성을 모두 가지고 있는 사람이 남성적 특성 혹은 여성적 특성만 지니고 있는 사람에 비하여 훨씬 더 다양한 ㉠ <u>자극</u>에 대하여 다양한 ㉡ <u>반응</u>을 보일 수 있다. 이렇게 여러 개의 반응 레퍼토리를 가지고 있다는 것은 다시 말하면, 그때그때 상황의 요구에 따라 적합한 반응을 보일 수 있다는 것이며, 이는 곧 사회적 환경에 더 유연하고 효과적으로 대처할 수 있다는 것을 의미한다.

① 개인 – 사회 ② 정신 – 육체
③ 물고기 – 물 ④ 입력 – 출력
⑤ 후보자 – 당선자

05 단어의 뜻풀이가 적절하지 않은 것은?

① 중개(仲介): 제삼자로서 두 당사자 사이에서 일을 주선함
② 중재(仲裁): 분쟁에 끼어들어 쌍방을 화해시킴
③ 인수(引受): 돈을 받고 자기의 물건을 남에게 빌려줌
④ 야기(惹起): 일이나 사건 따위를 일으킴
⑤ 응수(應酬): 상대편이 한 말이나 행동을 받아서 마주 응함

06 다음 설명을 고려할 때, 중의문의 예로 가장 적절하지 않은 것은?

> 중의문은 한 문장이 둘 이상의 의미로 해석될 수 있는 문장을 말한다.

① 창윤이는 구두를 신고 있었다.
② 오늘 모임에 학생들이 다 오지 않았다.
③ 그 배는 보기가 아주 좋았다.
④ 찬영이는 현희와 곧 민정이를 만날 것이다.
⑤ 사랑하는 조국의 딸들이여!

07 다음을 읽고 바르게 추론한 것은?

> • 영주는 영국보다 독일을 더 좋아한다.
> • 영주는 프랑스를 이탈리아보다 좋아하지 않는다.
> • 영주는 독일과 프랑스 둘 다 똑같이 좋아한다.

① 영주는 영국보다 이탈리아를 더 좋아하지 않는다.
② 영주는 독일보다 이탈리아를 더 좋아한다.
③ 영주는 프랑스보다 영국을 더 좋아한다.
④ 영주는 프랑스를 좋아하지 않는다.
⑤ 영주는 이탈리아보다 프랑스를 더 좋아한다.

08 다음 중 단어 간의 의미 관계가 다른 것은?

① 연필 – 문구   ② 의자 – 가구
③ 고양이 – 동물   ④ 남풍 – 바람
⑤ 경사 – 비탈

09 다음 중 속담과 한자성어의 의미가 유사한 것끼리 짝 지어 놓은 것 중 올바르지 않은 것은?

① 쥐구멍에도 볕들 날 있다 – 새옹지마(塞翁之馬)
② 업은 아이 삼 년 찾는다 – 등하불명(燈下不明)
③ 제 도끼에 제 발등 찍힌다 – 자승자박(自繩自縛)
④ 소 잃고 외양간 고치기 – 망양보뢰(亡羊補牢)
⑤ 삼밭에 쑥대 – 근묵자흑(近墨者黑)

10 밑줄 친 단어의 문맥적 의미와 가장 유사한 것은?

> 남한테서 의심을 <u>살</u> 만한 일은 하지 마라.

① 친구에게 저녁을 <u>사다</u>.
② 나는 그 친구의 성실함을 높이 <u>산다</u>.
③ 약방에서 붕대를 <u>사다가</u> 상처 난 곳에 감았다.
④ 새로 부임한 사또는 폭정으로 백성들로부터 원한을 <u>샀다</u>.
⑤ 새로운 시도라는 점에서 그의 작품을 높이 <u>사고</u> 싶다.

11 다음 글의 밑줄 친 부분에서 알 수 있는 글쓴이의 태도로 적절한 것은?

> 아파트 이름을 영어로 짓는 게 유행이다. 정겨운 우리말을 뒷전으로 보내고 영어 이름에 매달리는 데는 영어가 왠지 더 '폼나 보인다'는 생각이 작용한 듯하다. 게다가 영어 이름을 붙이면 아파트의 가치가 높아질 것이라는 기대마저 깔려 있지 않나 싶다. 영어가 세계어가 된 마당에 아파트 이름 하나 영어로 짓는 일이 뭐 그리 대수냐고 반문할 수도 있다. 하지만 요즘의 무분별한 영어 사용은 사실 한문, 일어, 영어로 이어지는 우리의 언어사대주의와 무관하지 않을 것이다. <u>이상야릇한 영어 아파트 이름들을 끊임없이 듣노라면, 씁쓸함을 넘어 이래도 되나 싶은 맘까지 든다.</u>

① 냉담   ② 의심
③ 우려   ④ 증오
⑤ 동조

12 밑줄 친 관용 표현의 쓰임이 옳지 않은 것은?

① <u>손이 싸서</u> 일찍 끝냈구나.
② 그녀는 <u>절에 간 색시</u>같이 자발없이 나선다.
③ 그는 <u>반죽이 좋아</u> 웬만한 일에는 성을 내지 않는다.
④ 그는 살이 찌려는지 요즘은 <u>입이 달아</u> 무엇이든 잘 먹는다.
⑤ 그는 <u>입이 뜨고</u> 과묵한 사람이다.

13 다음 글의 주제문으로 가장 적절한 것은?

> 소액주주의 권익을 보호하고, 기업 경영의 투명성을 높여 궁극적으로 자본시장에서 기업의 자금 조달을 원활히 함으로써 기업의 중장기적인 가치를 제고해 나가기 위해 집단 소송제 도입이 필요하다. 즉, 집단 소송제의 도입은 국민 경제뿐만 아니라 기업 스스로의 가치 제고를 위해서도 바람직한 것이다. 현재 집단 소송제를 시행하고 있는 미국의 경우 전 세계적으로 자본시장이 가장 발달되었으며 시장의 투명성과 공정성이 높아 기업들이 높은 투자가치를 인정받고 있다.

① 집단 소송제는 시장에 의한 기업 지배 구조 개선을 가능하게 한다.
② 집단 소송제를 도입할 경우 경영의 투명성을 높여 결국 기업에 이득이 된다.
③ 기업의 투명성과 공정성은 집단 소송제의 시행 유무에 따라 판단된다.
④ 제도를 도입함으로써 제기되는 부작용은 미국의 경험과 사례로 방지할 수 있다.
⑤ 선진국 계열에 올라서기 위해서 집단 소송제를 시행해야 한다.

14 다음 ㉠ ~ ㉣에 들어갈 단어들이 순서대로 나열된 것은?

> 오늘날 사회는 (㉠)로 움직인다. 이른바 세계화라는 물결이 전 세계를 휘감으면서, 사람들은 이윤 창출을 위해 끊임없이 움직여야 한다. 이 움직임이 조금만 (㉡) 도태되기 십상이다. 그뿐만 아니라, 내가 살아남기 위해 남을 죽여야 하는 (㉢) 사회 풍토 또한 심화되고 있다. 이기는 자가 모든 몫을 가지는 소위 (㉣) 독식 체제가 견고해지고 있기 때문이다.

① 저속도 – 빨라져도 – 낙천적 – 패자
② 급속도 – 늦어져도 – 경쟁적 – 승자
③ 급속도 – 늦어져도 – 낙천적 – 승자
④ 저속도 – 늦어져도 – 경쟁적 – 승자
⑤ 급속도 – 늦어져도 – 경쟁적 – 패자

15 다음 글의 내용을 가장 잘 설명하는 속담은?

> 최근 러시아에서는 공무원들의 근무 태만을 감시하기 위해 공무원들에게 감지기를 부착시켜 놓고 인공위성 추적 시스템을 도입하는 방안을 둘러싸고 논란이 일고 있다. 전자 감시 기술은 인간의 신체 속까지 파고 들어갈 만반의 준비를 하고 있다. 어린아이의 몸에 감시 장치를 내장하면 아이의 안전을 염려할 필요는 없겠지만 그게 과연 좋기만 한 것인지, 또 그 기술이 다른 좋지 않은 목적에 사용될 위험은 없는 것인지 따져볼 일이다. 감시를 위한 것이 아니라 하더라도 전자 기술에 의한 정보의 집적은 언제든 개인의 프라이버시를 위협할 수 있다.

① 사공이 많으면 배가 산으로 간다
② 새가 오래 머물면 반드시 화살을 맞는다
③ 쇠뿔은 단김에 빼랬다
④ 일곱 번 재고 천을 째라
⑤ 달걀에도 뼈가 있다

16 다음 글에서 밑줄 친 결론을 이끌어내기 위해 추리해야 할 전제만을 〈보기〉에서 모두 고른 것은?

이미지란 우리가 세계에 대해 시각을 통해 얻은 표상을 가리킨다. 상형문자나 그림문자를 통해서 얻은 표상도 여기에 포함된다. 이미지는 세계의 실제 모습을 아주 많이 닮았으며 그러한 모습을 우리 뇌 속에 복제한 결과이다. 그런데 우리의 뇌는 시각적 신호를 받아들일 때 시야에 들어 온 세계를 한꺼번에 하나의 전체로 받아들이게 된다. 즉, 대다수의 이미지는 한꺼번에 지각된다. 예를 들어 우리는 새의 전체 모습을 한꺼번에 지각하지 머리, 날개, 꼬리 등을 개별적으로 지각한 후 이를 머릿속에서 조합하는 것이 아니다.

표음문자로 이루어진 글을 읽는 것은 이와는 다른 과정이다. 표음문자로 구성된 문장에 대한 이해는 그 문장의 개별적인 문법적 구성요소들로 이루어진 특정한 수평적 연속에 의존한다. 문장을 구성하는 개별 단어들, 혹은 각 단어를 구성하는 개별 문자들이 하나로 결합하여 비로소 의미 전체가 이해되는 것이다. 비록 이 과정이 너무도 신속하고 무의식적으로 이루어지기는 하지만 말이다. 알파벳을 구성하는 기호들은 개별적으로는 아무런 의미도 가지지 않으며 어떠한 이미지도 나타내지 않는다. 일련의 단어군은 한꺼번에 파악될 수도 있겠지만, 표음문자의 경우 대부분 언어는 개별 구성요소들이 하나의 전체로 결합하는 과정을 통해 이해된다.

남성적인 사고는 사고 대상 전체를 구성요소 부분으로 분해한 후 그들 각각을 개별화시키고 이를 다시 재조합하는 과정으로 진행된다. 그에 비해 여성적인 사고는 분해되지 않은 전체 이미지를 통해서 의미를 이해하는 특징을 지닌다. 그림 문자로 구성된 글의 이해는 여성적인 사고 과정을, 표음문자로 구성된 글의 이해는 남성적인 사고 과정을 거친다. 여성은 대체로 여성적 사고를, 남성은 대체로 남성적 사고를 한다는 점을 고려할 때 <u>표음문자 체계의 보편화는 여성의 사회적 권력을 약화하는 결과를 낳게 된다.</u>

> **보기**
>
> ㄱ. 그림문자를 쓰는 사회에서는 남성의 사회적 권력이 여성의 그것보다 우월하였다.
> ㄴ. 표음문자 체계는 기능적으로 분화된 복잡한 의사소통을 가능하도록 하였다.
> ㄷ. 글을 읽고 이해하는 능력은 사회적 권력에 영향을 미친다.

① ㄱ
② ㄴ
③ ㄷ
④ ㄱ, ㄴ
⑤ ㄴ, ㄷ

17 다음 ㉠~㉢에 들어갈 접속 부사로 가장 적절한 것은?

> 공장에서 식품을 생산하여 가능한 한 많은 먹을거리를 안정적으로 공급받기 위해 사람들이 기울여 온 노력은 지구촌에 자본주의 시대가 열린 이후 지속적으로 이어져 온 지상 과제 중 하나이다. (㉠) 오늘날 사람들은 우주 시대에 어떻게 먹을거리를 해결할 것인가라는 문제에 대해 더욱 많은 관심을 보이기도 한다. (㉡) 21세기는 먹을거리에 관한 한 '풍요의 시대'가 될 것이라는 낙관적 입장이 주류를 이루는 듯하다. (㉢) 오늘날 우리의 현실은 풍요의 시대가 '약속된 하느님의 뜻'인 것 같지 않다. 일부에서는 유전자 조작에 의해 생산된 콩이나 돼지고기를 먹은 우리가 과연 온전할 것인가에 대한 의구심이 유전자 조작 식품에 대한 반발로 이어지고 있다.

	㉠	㉡	㉢
①	그래서	그러나	그렇지만
②	그런데	그리고	심지어
③	그러나	심지어	그리고
④	심지어	그래서	하지만
⑤	하지만	그래서	그러나

18 다음 글의 내용과 일치하는 것은?

> 우리 속담에 '울다가도 웃을 일이다'라는 말이 있듯이 슬픔의 아름다움과 해학의 아름다움이 함께 존재한다면 이것은 우리네의 곡절 많은 역사 속에서 밴 미덕의 하나라고 할 만하다. 울다가도 웃을 일이라는 말은 물론 어처구니가 없을 때 하는 말이기도 하지만 애수가 아름다울 수 있고 또 익살이 세련되어 아름다울 수 있다면 그 사회의 서정과 조형미에 나타나는 표현에도 의당 이러한 것이 반영되어 있어야 한다. 이러한 고요의 아름다움과 슬픔의 아름다움이 조형 작품 위에 옮겨질 수 있다면 이것은 바로 예술에서 말하는 적조미의 세계이며 익살의 아름다움이 조형 위에 구현된다면 물론 이것은 해학미의 세계일 것이다.

① 익살은 우리 민족만이 지닌 특성이다.
② 익살은 풍속화에서 가장 잘 표현된다.
③ 익살이 조형 위에 구현된다면 적조미다.
④ 익살은 우리 민족의 삶의 정서를 반영한다.
⑤ 익살은 예술 작품을 통해서만 표현될 수 있다.

19 다음 기사문의 제목으로 가장 적절한 것은?

> 정부는 '미세먼지 저감 및 관리에 관한 특별법(이하 미세먼지 특별법)' 제정·공포안이 의결돼 2월부터 시행된다고 밝혔다. 미세먼지 특별법은 그동안 수도권 공공·행정기관을 대상으로 시범·시행한 '고농도 미세먼지 비상저감조치'의 법적 근거를 마련했다. 이로 인해 미세먼지 관련 정보와 통계의 신뢰도를 높이기 위해 국가미세먼지 정보센터를 설치하게 되고, 이에 따라 시·도지사는 미세먼지 농도가 비상저감조치 요건에 해당하면 자동차 운행을 제한하거나 대기오염물질 배출시설의 가동시간을 변경할 수 있다. 또한, 비상저감조치를 시행할 때 관련 기관이나 사업자에 휴업, 탄력적 근무제도 등을 권고할 수 있게 되었다. 이와 함께 환경부 장관은 관계 중앙행정기관이나 지방자치단체의 장, 시설운영자에게 대기오염물질 배출시설의 가동률 조정을 요청할 수도 있다.
> 미세먼지 특별법으로 시·도지사, 시장, 군수, 구청장은 어린이나 노인 등이 이용하는 시설이 많은 지역을 '미세먼지 집중관리구역'으로 지정해 미세먼지 저감사업을 확대할 수 있게 되었다. 그리고 집중관리구역 내에서는 대기오염 상시측정망 설치, 어린이 통학차량의 친환경차 전환, 학교 공기정화시설 설치, 수목 식재, 공원 조성 등을 위한 지원이 우선적으로 이뤄지게 된다.
> 국무총리 소속의 '미세먼지 특별대책위원회'와 이를 지원하기 위한 '미세먼지 개선기획단'도 설치된다. 국무총리와 대통령이 지명한 민간위원장은 위원회의 공동위원장을 맡는다. 위원회와 기획단의 존속 기간은 5년으로 설정했으며 연장하려면 만료되기 1년 전에 그 실적을 평가해 국회에 보고하게 된다.
> 아울러 정부는 5년마다 미세먼지 저감 및 관리를 위한 종합계획을 수립하고 시·도지사는 이에 따른 시행계획을 수립하고 추진실적을 매년 보고하도록 했다. 또한 미세먼지 특별법은 입자의 지름이 $10\mu m$ 이하인 먼지는 '미세먼지', $2.5\mu m$ 이하인 먼지는 '초미세먼지'로 구분하기로 확정했다.

① 미세먼지와 초미세먼지 구분 방법
② 미세먼지 특별대책위원회의 역할
③ 미세먼지 집중관리구역 지정 방안
④ 미세먼지 저감을 위한 대기오염 상시측정망의 효과
⑤ 미세먼지 특별법의 제정과 시행

20 다음 글을 서두에 배치하여 세태를 비판하는 글을 쓴다고 할 때, 이어질 비판의 내용으로 가장 적절한 것은?

> 순자(荀子)는 "군자의 학문은 귀로 들어와 마음에 붙어서 온몸으로 퍼져 행동으로 나타난다. 소인의 학문은 귀로 들어와 입으로 나온다. 입과 귀 사이에는 네 치밖에 안 되니 어찌 일곱 자나 되는 몸을 아름답게 할 수 있을 것인가?"라고 했다.

① 사치와 낭비를 일삼는 태도
② 줏대 없이 이랬다저랬다 하는 행동
③ 약삭빠르게 이익만을 추종하는 태도
④ 간에 붙었다 쓸개에 붙었다 하는 행동
⑤ 실천은 하지 않고 말만 앞세우는 현상

21 (가) ~ (라) 문단을 논리적으로 배열한 것은?

> (가) 초연결사회란 사람, 사물, 공간 등 모든 것들이 인터넷으로 서로 연결돼 모든 것에 대한 정보가 생성 및 수집되고 공유·활용되는 것을 말한다. 즉, 모든 사물과 공간에 새로운 생명이 부여되고 이들의 소통으로 새로운 사회가 열리는 것이다.
>
> (나) 최근 '초연결사회(Hyper Connected Society)'란 말을 주위에서 심심치 않게 들을 수 있다. 인터넷을 통해 사람 간의 연결은 물론 사람과 사물, 심지어 사물과 사물을 연결해 주는 등 말 그대로 '연결의 영역 초월'이 이뤄지고 있다.
>
> (다) 나아가 초연결사회는 단지 기존의 인터넷과 모바일 발전의 맥락이 아닌 우리가 살아가는 방식 전체, 즉 사회의 관점에서 미래사회의 새로운 패러다임으로 큰 변화를 가져올 전망이다.
>
> (라) 초연결사회에서는 인간 대 인간은 물론, 기기와 사물 같은 무생물 객체끼리도 네트워크를 바탕으로 상호 유기적인 소통이 가능해진다. 컴퓨터, 스마트폰으로 소통하던 과거와 달리 초연결 네트워크로 긴밀히 연결되어 오프라인과 온라인이 융합되고, 이를 통해 새로운 성장과 가치 창출의 기회가 증가할 것이다.

① (가) - (나) - (다) - (라)
② (가) - (나) - (라) - (다)
③ (나) - (가) - (다) - (라)
④ (나) - (가) - (라) - (다)
⑤ (다) - (나) - (가) - (라)

22 다음 글을 읽고 제시문의 바로 뒤에 이어질 내용으로 적절한 것은?

> 정체성이란 자신의 존재 의의를 부여해 주는 의미 체계라 할 수 있다. 그것은 대개 타인과의 관계를 통한 사회적 자아를 구성함으로써 획득할 수 있다. 거기서 얻게 되는 소속감은 개개인의 안정된 삶과 사회적 통합에 매우 중요한 심리적 자원이 된다. 그런데 세계화가 전개됨에 따라 정체성의 위기를 겪는 사람이나 집단이 점점 많아지고 있다.

① 사람, 상품, 정보 등이 국경을 자유롭게 넘나들면서 일정한 사회적·지리적 경계로 형성되어 있던 공동체적 동질성을 유지하기가 어려워졌기 때문이다.
② 정체성은 환경의 변화에 영향을 받지 않는 속성이 있기 때문이다.
③ 정체성의 위기는 쉽게 극복할 수 있기 때문에 큰 문제가 되지 않는다.
④ 우리는 정체성을 바탕으로 해방 이후에 급속한 산업화를 달성하였다.
⑤ 이러한 정체성의 위기는 개인주의를 심화시키고 있다.

해마다 12월이 되어 거리에 크리스마스트리가 장식되고 캐럴이 울려 퍼지면, 사람들의 마음은 크리스마스를 기다리는 설렘으로 가득 찬다. 증권가 역시 크리스마스가 다가옴에 따라 기대감으로 술렁이게 되는데, 그 이유는 바로 '산타랠리 현상' 때문이다.

산타랠리 현상은 크리스마스를 전후한 연말과 신년 초에 주가가 강세를 보이는 현상을 말한다. 크리스마스를 전후한 시기에는 각종 보너스가 지급되고, 선물을 하기 위한 소비가 증가한다. 따라서 완구, 외식, 호텔 등과 같은 업종의 매출이 증대되고, 기업의 매출 증대는 해당 기업의 발전 가능성을 높이게 된다. 따라서 그 기업의 주식을 매입하려는 사람들이 늘어나고, 이러한 흐름이 증시 전체의 강세로 이어지는 것이다.

산타랠리 현상처럼 해마다 일정한 시기에 따라 증시의 흐름이 좋아지거나 나빠지는 현상을 '캘린더 효과'라고 한다. 캘린더 효과는 일찍이 주식 시장이 발달한 미국에서 생겨난 용어이지만, 다른 나라에서도 쉽게 발견할 수 있는 현상이다.

앞에서 살펴본 산타랠리 현상 역시 우리나라를 비롯한 많은 나라에 동시에 적용되는 현상이다. 미국의 증시가 세계적으로 영향을 끼치기도 하고, 크리스마스에 사람들의 소비가 증가되는 것은 여러 나라에서 공통적으로 발견되는 현상이기 때문이다. 하지만 국제적인 분쟁이나 유가 상승, 장기적인 경기 침체 등의 요인으로 인해 산타랠리 현상이 일어나지 않는 경우도 있다.

산타랠리 현상 외에 캘린더 효과의 대표적인 예로 '1월 효과'를 들 수 있다. 1월이 되면 주가 상승률이 다른 달에 비해 상대적으로 높게 나타나는데, 그 요인으로는 정부의 각종 정책이 1월에 발표되고, 새해를 맞이하여 주식 분석가들이 주식 시장에 대해 낙관적인 전망을 내놓게 되며, 이로 인해 투자자들의 투자 심리가 고조되어 시중 자금이 풍부해지는 것을 꼽을 수 있다.

23 윗글의 내용과 일치하지 않는 것은?

① 보너스의 지급은 산타랠리 효과가 발생하는 요인이 된다.
② 산타랠리 효과의 수혜를 입는 특정 업종이 있을 수 있다.
③ 산타랠리 효과는 미국 이외의 모든 국가에서 일어나는 현상이다.
④ 심리적 요인 외에 다른 요인들이 복합적으로 작용하여 캘린더 효과를 낳는다.
⑤ 캘린더 효과는 증시의 흐름이 좋아지는 현상뿐 아니라 그 반대의 현상도 포함한다.

24 윗글을 고려하였을 때, 다음 중 성격이 다른 하나는?

① 유가 상승
② 보너스의 지급
③ 기업의 발전 가능성
④ 투자자들의 투자 심리 고조
⑤ 주식 시장에 대한 주식 분석가들의 낙관적 전망

25 다음 글의 빈칸에 들어갈 말을 〈보기〉에서 골라 순서에 맞게 나열한 것은?

해프닝(Happening)이란 장르는 글자 그대로 지금 여기에서 일어나고 있는 것을 보여 준다. 이것은 즉흥적으로 이루어지며, 말보다는 시각적이고 청각적인 소재들을 중요한 표현의 도구로 삼는다. 공연은 폐쇄된 극장이 아니라 화랑이나 길거리, 공원, 시장, 부엌 등과 같은 일상적인 공간에서 이루어지기 때문에 이동성이 뛰어나다. 또한 논리적으로 연결되지 않는 사건과 행동들이 파편적으로 이어져 있어 기이하고 추상적이기도 하다. 대화는 생략되거나 아예 없으며, 때로 불쑥불쑥 튀어나오는 말도 특별한 의미를 지니지 않는 경우가 많다. ___(가)___ 이러한 해프닝의 발상은 미술의 콜라주, 영화의 몽타주와 비슷하고, 삶의 부조리를 드러내는 현대 연극, 랩과 같은 대중음악과도 통한다. 우리의 삶 자체가 일회적이고, 일관된 논리에 의해 통제되지 않는다는 사실이야말로 해프닝과 삶 자체의 밀접한 관계를 보여주는 것이 아닐까.

다양한 예술 사이의 벽을 무너뜨리는 해프닝은 기존 예술에서의 관객의 역할을 변화시켰다. ___(나)___ 공연은 정해진 어느 한 곳이 아니라 이곳저곳에서 혹은 동시 다발적으로 이루어지기도 하며, 관객들은 볼거리를 따라 옮겨 다니면서 각기 다른 관점을 지닌 장면들을 보기도 한다. 이것은 관객들을 공연에 참여하게 하려는 의도라고 할 수 있다. 그렇게 함으로써 해프닝은 삶과 예술이 분리되지 않게 하고, 궁극적으로는 일상적 삶에 개입하는 의식(儀式)이 되고자 한다. 나아가 예술 시장에서 상징적 재화로 소수 사람들 사이에서 거래되는 것을 거부한다. 또 해프닝은 박물관에 완성된 작품으로 전시되고 보존되는 기존 예술의 관습에도 저항한다.

이와 같은 예술적 현상은 단순한 운동이 아니라 예술가들의 정신적 모험의 실천이라고 할 수 있다. ___(다)___ 그럼에도 불구하고 현대 사회에서 안락한 감정에 마비되어 있는 우리들을 휘저어 놓으면서 삶과 예술의 관계를 새롭게 모색하는 이러한 예술적 모험은 좀 더 다양한 모습으로 예술의 지평을 넓혀갈 것이다.

보기

㉠ 이를 통해 해프닝은 우리 삶의 고통이나 희망 등을 논리적인 말로는 더 이상 전달할 수 없다는 것을 내세운다.

㉡ 인습적인 사회 제도에 순응하는 것을 비판하고 고정된 예술의 개념을 변혁하려고 했던 해프닝은 우연적 사건, 개인의 자의식 등을 강조해서 뭐가 뭔지 알 수 없는 것이라는 비판을 듣기도 했다.

㉢ 행위자들은 관객에게 봉사하는 것이 아니라 고함을 지르거나 물을 끼얹으면서 관객들을 자극하고 희롱하기도 한다.

	(가)	(나)	(다)
①	㉠	㉡	㉢
②	㉠	㉢	㉡
③	㉡	㉢	㉠
④	㉢	㉠	㉡
⑤	㉢	㉡	㉠

01 A 부대는 주사위를 굴려 1이 나오면 당첨, 2, 3, 4가 나오면 꽝, 5 이상인 경우는 가위바위보를 통해 이겼을 때 당첨이 되는 이벤트를 하였다. 가위바위보에 비겼을 때에는 가위바위보를 한 번 더 할 수 있는 재도전의 기회가 주어지며, 재도전은 한 번만 할 수 있다. 이때 당첨될 확률은?

① $\dfrac{15}{54}$

② $\dfrac{16}{54}$

③ $\dfrac{17}{54}$

④ $\dfrac{18}{54}$

02 그릇 A에는 9%의 소금물 200g, 그릇 B에는 4%의 소금물 150g이 들어있다. 그릇 A에서 100g의 소금물을 그릇 B로 옮겼을 때, 그릇 B에 들어있는 소금물의 농도는 몇 %인가?

① 4.5%

② 5%

③ 5.5%

④ 6%

03 스마트폰을 판매하는 A대리점의 3월 전체 개통 건수는 400건이었다. 4월의 남성 고객의 개통 건수는 3월보다 10% 감소했고, 여성 고객의 개통 건수는 3월보다 15% 증가하여 4월 전체 개통 건수는 3월보다 5% 증가했다. 4월의 여성 고객의 개통 건수를 구하면?

① 276건

② 279건

③ 282건

④ 285건

04 다음은 A 국의 공공연구기관 기술이전 추세에 관한 자료이다. 이에 대한 내용으로 옳지 않은 것은?

구분		2017년	2018년	2019년	2020년	2021년	2022년
공공연구소	기술이전(건)	951	1,358	2,407	1,919	2,004	2,683
	기술료(백만 원)	61,853	74,027	89,342	102,320	74,017	91,836
	건당 기술료(백만 원)	65	54.5	37.1	53.3	36.9	34.2
대학	기술이전(건)	629	715	1,070	1,293	1,646	1,576
	기술료(백만 원)	6,877	8,003	15,071	26,466	27,650	32,687
	건당 기술료(백만 원)	10.9	11.2	14.1	20.5	18.9	20.7
전체	기술이전(건)	1,580	2,073	3,477	3,212	3,650	4,259
	기술료(백만 원)	68,730	82,030	104,413	128,786	101,667	124,523
	건당 기술료(백만 원)	43.5	39.6	30	40.1	27.9	29.2

① 건당 기술료는 매년 공공연구소가 대학에 비해 높았다.

② 2017 ~ 2022년 사이 공공연구소와 대학의 기술이전 건수는 모두 꾸준히 증가해왔다.

③ 2022년 대학 기술료는 2017년 대학 기술료의 5배 미만이다.

④ 전체 건당 기술료가 가장 높은 해는 2017년이었다.

05 다음은 200명의 시민을 대상으로 A, B, C 회사에서 생산한 자동차의 소유 현황을 조사한 결과이다. 조사 대상자 중 회사에서 생산된 어떤 자동차도 가지고 있지 않은 사람의 수는?

- 자동차를 2대 이상 가진 사람은 없다.
- A 사 자동차를 가진 사람은 B 사 자동차를 가진 사람보다 10명 많다.
- B 사 자동차를 가진 사람은 C 사 자동차를 가진 사람보다 20명 많다.
- A 사 자동차를 가진 사람 수는 C 사 자동차를 가진 사람 수의 2배이다.

① 20명

② 40명

③ 60명

④ 80명

06 원우는 7명의 친구들과 함께 부산에 놀러 가기 위해 일정한 금액을 걷었다. 여행을 다녀와 지출액을 계산해보니, 총 금액의 30%는 숙박비에 사용하고, 숙박비 사용 금액의 40%는 외식비로 사용했다. 그리고 남은 금액이 92,800원이라면, 각자가 지불한 금액은?

① 15,000원

② 18,000원

③ 20,000원

④ 22,000원

07 다음은 전통사찰 지정등록 현황에 관한 자료이다. 이에 대한 설명으로 옳은 것은?

〈연도별 전통사찰 지정등록 현황〉

(단위: 개소)

구분	2013년	2014년	2015년	2016년	2017년	2018년	2019년	2020년	2021년
지정등록	17	15	12	7	4	4	2	1	2

① 전통사찰로 지정등록되는 수는 계속 감소하고 있다.
② 2013년부터 2017년까지 전통사찰로 지정등록된 수의 평균은 11개소이다.
③ 2015년과 2019년에 지정등록된 전통사찰 수의 전년 대비 감소폭은 같다.
④ 2015년에 전통사찰로 지정등록된 수는 전년도의 2배이다.

08 출장을 가는 K 중사는 오후 2시에 출발하는 KTX를 타기 위해 오후 12시 30분에 역에 도착하였다. K 중사는 남은 시간을 이용하여 음식을 포장해오려고 한다. 역에서 음식점까지의 거리는 아래와 같으며, 음식을 포장하는 데 15분이 걸린다고 한다. K 중사가 시속 3km로 걸어서 갔다 올 때, 구입할 수 있는 음식의 종류는?

음식점	G 김밥	P 빵집	N 버거	M 만두	B 도시락
거리	2km	1.9km	1.8km	1.95km	1.7km

① 김밥 또는 빵
② 김밥 또는 햄버거
③ 빵 또는 만두
④ 햄버거 또는 도시락

09 다음은 각 기수별 ○○부사관 시험의 응시자 수 및 합격자 수에 관한 자료이다. ☆☆☆기와 ★★★기의 응시자 수 대비 합격자 수의 비율 차는?(단, 소수점 이하는 버림)

〈응시자 수 및 합격자 수〉

(단위: 명)

구분	☀☀☀기	☉☉☉기	★★★기	☆☆☆기	☆☆☆기
응시자 수	1,192	1,042	985	1,112	1,294
합격자 수	291	283	245	297	312

① 1%p
② 2%p
③ 3%p
④ 4%p

10 다음은 K 자동차 회사의 고객만족도 조사결과이다. 출고시기에 관계없이 전체 조사대상자 중에서 260명이 연비를 장점으로 선택했다면, 이 설문에 응한 총 고객 수는?

(단위: %)

구분	1 ~ 12개월 (출고시기별)	13 ~ 24개월 (출고시기별)	고객 평균
안전성	41	48	45
A/S의 신속성	19	17	18
정숙성	2	1	1
연비	15	11	13
색상	11	10	10
주행 편의성	11	9	10
차량 옵션	1	4	3
합계	100	100	100

① 2,000명
② 2,500명
③ 3,000명
④ 3,500명

11 다음은 A 국의 연령별 출산율을 나타낸 그래프이다. 이에 대한 설명으로 옳지 않은 것은?

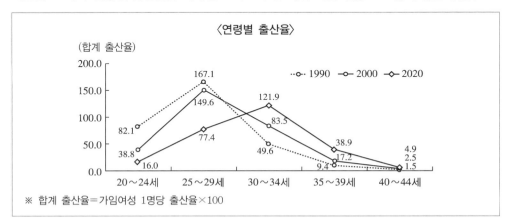

① 2020년에는 30 ~ 34세의 출산율이 가장 높았다.
② 20대의 출산율은 계속 감소하고 있는 추세이다.
③ 2000년에는 25 ~ 29세의 출산율이 가장 높았다.
④ 30세 이상의 출산율은 지속적으로 감소하고 있다.

12 민정이는 가족들과 레스토랑에서 외식을 계획 중이며, 레스토랑에서 보다 할인된 가격 혜택을 받기 위해서 통신사별 멤버십 혜택을 정리하였다. A ~ D 레스토랑에 대한 (가) ~ (다) 통신사의 혜택이 아래와 같을 때, 다음의 각 상황에서 가장 비용이 저렴한 경우는?

<통신사별 멤버십 혜택>

구분	(가) 통신사	(나) 통신사	(다) 통신사
A 레스토랑	1,000원당 100원 할인	15% 할인	15% 할인
B 레스토랑	15% 할인	20% 할인	–
C 레스토랑	20% 할인 (VIP의 경우 30% 할인)	1,000원당 200원 할인	30% 할인
D 레스토랑	–	10% 할인 (VIP의 경우 20% 할인)	1,000원당 100원 할인

① A 레스토랑에서 14만 3천 원의 금액을 사용하고, (다) 통신사의 할인을 받는다.
② B 레스토랑에서 16만 5천 원의 금액을 사용하고, (나) 통신사의 할인을 받는다.
③ C 레스토랑에서 16만 4천 원의 금액을 사용하고, (가) 통신사의 VIP 할인을 받는다.
④ D 레스토랑에서 15만 4천 원의 금액을 사용하고, (나) 통신사의 VIP 할인을 받는다.

13 날씨 자료를 수집 및 분석한 결과, 전날의 날씨를 기준으로 그 다음 날의 날씨가 변할 확률은 다음과 같았다. 만약 내일 날씨가 화창하다면, 사흘 뒤에 비가 올 확률은 얼마인가?

전날 날씨	다음 날 날씨	확률
화창	화창	25%
화창	비	30%
비	화창	40%
비	비	15%

※ 날씨는 '화창'과 '비'로만 구분하여 분석함

① 15%   ② 14%
③ 13%   ④ 12%

14 다음은 A, B, C 세 사람의 신장과 체중을 비교한 자료이다. 이에 대한 설명으로 옳은 것은?

〈A, B, C 세 사람의 신장·체중 비교〉

(단위: cm, kg)

구분	2012년		2017년		2020년	
	신장	체중	신장	체중	신장	체중
A	136	41	152	47	158	52
B	142	45	155	51	163	49
C	138	42	153	48	166	55

① 제시된 기간 동안 세 사람 모두 신장과 체중은 계속 증가하였다.
② 제시된 기간 동안 세 사람의 연도별 신장 순위와 체중 순위는 동일하다.
③ 제시된 기간 동안 B는 세 사람 중 가장 키가 크다.
④ 2012년 대비 2020년 신장이 가장 많이 증가한 사람은 C이다.

15 다음은 2006년 인구 상위 10개국과 2056년 예상 인구 상위 10개국에 관한 자료이다. 이에 대한 설명 중 옳지 않은 것은?

〈2006년과 2056년 순위별 인구〉

(단위: 백만 명)

순위	2006년		2056년	
	국가	인구	국가	인구
1	중국	1,311	인도	1,628
2	인도	1,122	중국	1,437
3	미국	299	미국	420
4	인도네시아	225	나이지리아	299
5	브라질	187	파키스탄	295
6	파키스탄	166	인도네시아	285
7	방글라데시	147	브라질	260
8	러시아	146	방글라데시	231
9	나이지리아	135	콩고	196
10	일본	128	에티오피아	145

① 2006년 대비 2056년 콩고의 인구는 50% 이상 증가할 것으로 예상된다.
② 2006년 대비 2056년 러시아의 인구는 감소할 것으로 예상된다.
③ 2006년 대비 2056년 인도의 인구는 중국의 인구보다 증가율이 낮을 것으로 예상된다.
④ 2006년 대비 2056년 미국의 인구는 중국의 인구보다 증가율이 높을 것으로 예상된다.

16 다음 빈칸에 들어갈 숫자로 적절하지 않은 것은?(단, 총 인구는 만의 자리에서, 뇌사 장기기증자 수는 소수점 이하 첫째 자리에서, 인구 백만 명당 뇌사 기증자 수는 소수점 이하 셋째 자리에서 각각 반올림함)

〈각국 인구대비 뇌사자 장기기증 비교 현황〉

구분	한국	스페인	미국	영국	이탈리아
총 인구(백만 명)	49.0	②	310.4	63.5	60.6
뇌사 장기기증자 수(명)	416	1,655	③	④	1,321
인구 백만 명당 뇌사 기증자 수(명)	①	35.98	26.63	20.83	21.80

① 8.49
③ 8,266
② 46.0
④ 1,540

17 서울에 위치한 A회사는 거래처인 B, C회사에 소포를 보내려고 한다. 서울에 위치한 B회사에는 800g의 소포를, 인천에 위치한 C회사에는 2.4kg의 소포를 보내려고 한다. 두 회사로 보낸 소포의 총 중량이 16kg 이하이고, 택배요금의 합계가 6만 원이다. 택배회사의 요금표가 다음과 같을 때, A회사는 800g 소포와 2.4kg 소포를 각각 몇 개씩 보냈는가?(단, 소포는 각 회사로 1개 이상 보냄)

〈무게당 택배 요금표〉

구분	~2kg	~4kg	~6kg	~8kg	~10kg
동일지역	4,000원	5,000원	6,500원	8,000원	9,500원
타지역	5,000원	6,000원	7,500원	9,000원	10,500원

	800g	2.4kg
①	12개	2개
②	12개	4개
③	9개	2개
④	6개	4개

18 A 사단은 여러 부대에 샘플 군복을 먼저 보내고 2주 뒤에 시제품을 보내려고 한다. 샘플 군복은 각 1.8kg으로 총 46,000원의 택배비용이 들었으며, 시제품은 각 2.5kg으로 총 56,000원의 택배비용이 들었다. 각 부대들이 동일권역과 타권역에 분포되어 있다면, A 사단이 물품을 보낸 부대의 수는?(단, 각 부대에는 하나의 샘플 군복과 하나의 시제품을 보냄)

구분	2kg 이하	4kg 이하	6kg 이하	6kg 초과
동일권역	4,000원	5,000원	7,000원	9,000원
타권역	5,000원	6,000원	8,000원	1,100원

① 4곳
② 6곳
③ 8곳
④ 10곳

19 다음은 2016 ~ 2020년 우리나라의 출생아 수 및 사망자 수에 대한 자료이다. 이에 대한 설명으로 가장 적절하지 않은 것은?

〈우리나라 출생아 수 및 사망자 수 현황〉

(단위: 명)

구분	2016년	2017년	2018년	2019년	2020년
출생아 수	436,455	435,435	438,420	406,243	357,771
사망자 수	266,257	267,692	275,895	280,827	285,534

① 출생아 수가 가장 많았던 해는 2018년이다.
② 사망자 수는 2017년부터 2020년까지 매년 증가하고 있다.
③ 2016년부터 2020년까지 사망자 수가 가장 많은 해와 가장 적은 해의 차이는 15,000명 이상이다.
④ 2018년 출생아 수는 같은 해 사망자 수의 1.7배 이상이다.

20 다음은 성별 및 연령집단별 현재 흡연율에 관한 자료이다. 이 자료를 보고 2021년 자료를 예측하였을 때, 가장 알맞은 값을 구하면?(단, 소수점 이하 둘째 자리에서 반올림함)

보기

〈성별 및 연령집단별 현재 흡연율〉

(단위: %)

구분		2012년	2013년	2014년	2015년	2016년	2017년	2018년	2019년	2020년
전체		25.3	27.7	27.2	27.5	27	25.8	24.1	24.2	22.6
성별	남자	45	47.7	46.9	48.3	47.3	43.7	42.1	43.1	39.3
	여자	5.3	7.4	7.1	6.3	6.8	7.9	6.2	5.7	5.5
연령 집단	19 ~ 29세	27.8	33.9	32.4	27.8	28.3	28	24.1	22.5	23.7
	30 ~ 39세	32	32.4	32.8	35	36.6	32.5	30.7	30	27.7
	40 ~ 49세	27	27.7	27.5	30.5	25.7	27.7	26.9	29.2	25.4
	50 ~ 59세	19.3	22.5	22.9	25.1	24.5	24.6	22	20.6	20.8
	60 ~ 69세	17	18.8	18.4	16.1	17.5	13.4	17.4	18.2	14.1
	70세 이상	12.8	16	13.2	12.6	14.3	10.9	8	10.1	9

조건

- 2021년 남성의 흡연율은 2017년 대비 2018년의 남성 흡연율의 감소 폭만큼 줄어들 것이다.
- 2021년 30 ~ 39세의 흡연율은 2020년보다 8% 증가할 것이다.
- 2021년 40 ~ 49세의 흡연율은 2018년과 2019년의 40 ~ 49세 흡연율의 평균수치가 될 것으로 예상된다.

	남성	30 ~ 39세	40 ~ 49세
①	30.2%	29.9%	25.5%
②	30.2%	29.9%	26.2%
③	37.7%	29.9%	28.1%
④	37.7%	31.3%	30.6%

30문항 / 3분 ● 정답 및 해설 p.053

[01~10] 다음 〈보기〉의 왼쪽과 오른쪽 기호의 대응을 참고하여 각 문제의 대응이 같으면 답안지에 '①
맞음'을, 틀리면 '② 틀림'을 선택하시오.

> **보기**
>
> love = 과자   water = 과실   beauty = 과시   pizza = 과정   color = 과용
>
> phone = 과제   hand = 과음   cafe = 과장   cream = 과업   noodle = 과락

01   love pizza phone cafe noodle   –   과자 과정 과제 과장 과락   ① 맞음   ② 틀림

02   color cream cafe love beauty   –   과용 과업 과장 과자 과시   ① 맞음   ② 틀림

03   hand water noodle pizza phone   –   과음 과실 과락 과용 과제   ① 맞음   ② 틀림

04   cream hand love beauty color   –   과업 과장 과자 과시 과정   ① 맞음   ② 틀림

05   phone noodle hand cream cafe   –   과제 과락 과음 과업 과장   ① 맞음   ② 틀림

> **보기**
>
> 빨강 = 517   주황 = 492   파랑 = 824   고동 = 951   황금 = 123
>
> 노랑 = 062   초록 = 328   보라 = 641   하늘 = 763   검정 = 275

06   보라 노랑 검정 황금 주황   –   641 062 275 123 492   ① 맞음   ② 틀림

07   빨강 고동 하늘 초록 검정   –   275 951 763 328 517   ① 맞음   ② 틀림

08   파랑 주황 노랑 황금 보라   –   824 062 492 123 641   ① 맞음   ② 틀림

09   초록 하늘 주황 빨강 검정   –   328 763 492 517 275   ① 맞음   ② 틀림

10   파랑 황금 주황 빨강 노랑   –   492 763 824 517 062   ① 맞음   ② 틀림

[11~20] 다음 〈보기〉의 왼쪽과 오른쪽 기호의 대응을 참고하여 각 문제의 대응이 같으면 답안지에 '①
맞음'을, 틀리면 '② 틀림'을 선택하시오.

보기

소일 = ⑤	생일 = ⑧	시일 = ⑨	제일 = ③	주일 = ⑥
수일 = ②	세일 = ④	유일 = ①	익일 = ⑦	양일 = ⓪

11	소일 유일 시일 세일 수일 – ⑤ ⑥ ⑨ ④ ①	① 맞음	② 틀림
12	주일 제일 양일 생일 익일 – ⑥ ③ ⑦ ⑧ ⓪	① 맞음	② 틀림
13	시일 생일 세일 익일 양일 – ⑨ ⑧ ④ ⑦ ⓪	① 맞음	② 틀림
14	수일 유일 주일 소일 제일 – ② ① ⑥ ⑤ ③	① 맞음	② 틀림
15	소일 주일 수일 제일 시일 – ⑤ ⑥ ① ② ⑨	① 맞음	② 틀림

보기

매력 = 인간	매수 = 인지	매정 = 인식	매화 = 인사	매점 = 인정
유리 = 국수	유화 = 국자	유연 = 국밥	유행 = 국지	유명 = 국화

16	매화 매수 유연 유명 유리 – 인사 인지 국밥 국화 국수	① 맞음	② 틀림
17	매점 매정 유화 유행 유명 – 인정 인식 국자 국지 국화	① 맞음	② 틀림
18	유행 유리 매화 매력 매수 – 국지 국수 인정 인간 국밥	① 맞음	② 틀림
19	유연 유명 유화 매정 매점 – 국밥 인정 국자 인지 인식	① 맞음	② 틀림
20	유리 유연 매력 매화 유명 – 국수 국밥 인간 인사 국화	① 맞음	② 틀림

[21~30] 다음의 〈보기〉에서 각 문제의 왼쪽에 표시된 굵은 글씨체의 기호, 문자, 숫자의 개수를 모두 세어 오른쪽에서 찾으시오.

		〈보기〉	〈개수〉
21	♻	☻☉☮☺☻☉☺☉☮☉☺☻☉☺☮☻☉☺☉☮☺♻☻☻☉☺☺☺☉☮☉☺☉☮☺☉☮☺☉☺☉♻☻☺	① 5개　② 6개　③ 7개　④ 8개
22	8	485348719388479879184867186581387867987 1314368768	① 12개　② 13개　③ 14개　④ 15개
23	ㄹ	이럴 때일수록 우리 서로 오해가 생긴다면 바로 이야 기를 나누도록 해볼까?	① 9개　② 10개　③ 11개　④ 12개
24	t	At a dinner party one should eat wisely but not too well, and talk well but not too wisely.	① 10개　② 11개　③ 12개　④ 13개
25	6	6546531654161652313641541651313654165166 54161361631	① 12개　② 13개　③ 14개　④ 15개
26	♫	♩♪♫♫♩♪♫♫♫♫♩♩♪♭♫♩♪♭♩♭♩♩♪♭♫♭ ♭♩♪♫♫♩♪♫♫♫♩♭♩♫♩♪♩♫	① 5개　② 6개　③ 7개　④ 8개
27	ㄹ	월가는 롤스로이스를 타고 다니는 사람이 지하철을 타고 다니는 사람에게 자문을 구하는 유일한 곳이다.	① 10개　② 11개　③ 12개　④ 13개
28	5	519165321591563156198561965165196516196 5166191519	① 10개　② 11개　③ 12개　④ 13개
29	e	The people I distrust most are those who want to improve our lives but have only one course of action.	① 8개　② 9개　③ 10개　④ 11개
30	◧	◨◻◪◫◨◪◻◪◨◻◪◧◫◻◪◨◪◻◪◻◧◪◪◻◨◻◨◪◪◻◨◻◻◨◪◪◨◻◫	① 8개　② 9개　③ 10개　④ 11개

배우기만 하고 생각하지 않으면 얻는 것이 없고,
생각만 하고 배우지 않으면 위태롭다.

- 공자 -

육군 부사관 모집선발 필기시험

최종모의고사

【과목순서】

제1과목 공간능력	제3과목 자료해석
제2과목 언어논리	제4과목 지각속도

성명		수험번호							

제3회 최종모의고사

공간능력 **18문항 / 10분** .... 정답 및 해설 p.054

[01~05] 다음에 유의하여 물음에 답하시오.

- 입체도형을 펼쳐 전개도를 만들 때, 전개도에 표시된 그림(예 ▌▌, ◪ 등)은 회전의 효과를 반영함. 즉, 본 문제의 풀이과정에서 보기의 전개도상에 표시된 "▌▌"와 "◪"은 서로 다른 것으로 취급함.
- 단, 기호 및 문자(예 ☎, ♤, ♨, K, H 등)의 회전에 의한 효과는 본 문제의 풀이과정에 반영하지 않음. 즉, 입체도형을 펼쳐 전개도를 만들 때, "🔊"의 방향으로 나타나는 기호 및 문자도 보기에서는 "☎"의 방향으로 표시하며 동일한 것으로 취급함.

01 다음 입체도형의 전개도로 알맞은 것은?

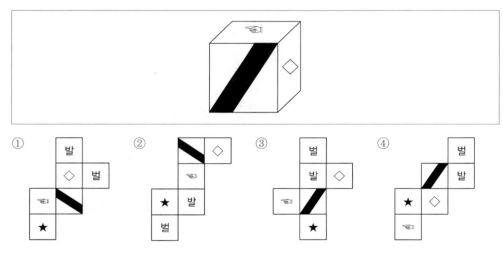

02 다음 입체도형의 전개도로 알맞은 것은?

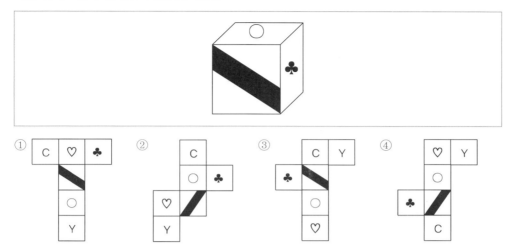

03 다음 입체도형의 전개도로 알맞은 것은?

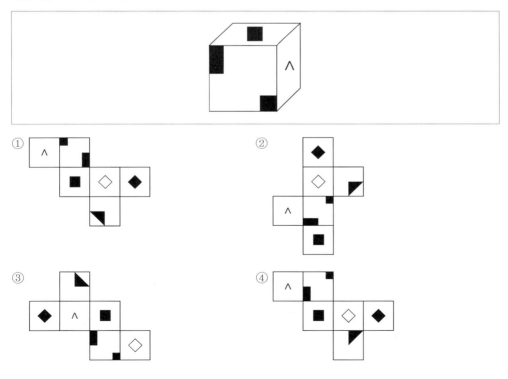

04 다음 입체도형의 전개도로 알맞은 것은?

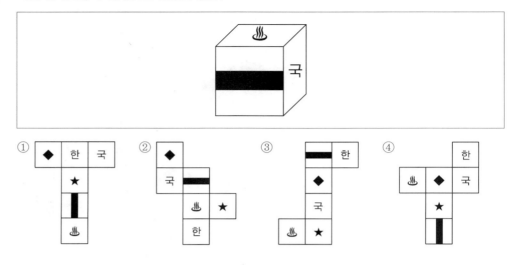

05 다음 입체도형의 전개도로 알맞은 것은?

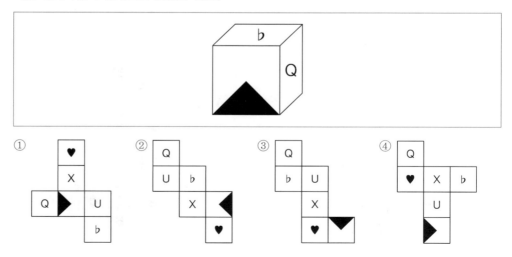

- 전개도를 접을 때 전개도상의 그림, 기호, 문자가 입체도형의 겉면에 표시되는 방향으로 접음.
- 전개도를 접어 입체도형을 만들 때, 전개도에 표시된 그림(예 $\blacksquare$, $\diagup$ 등)은 회전 효과를 반영함. 즉, 본 문제의 풀이과정에서 보기의 전개도상에 표시된 "$\blacksquare$"와 "$\blacksquare$"은 서로 다른 것으로 취급함.
- 단, 기호 및 문자(예 ☎, ♤, ♨, K, H)의 회전에 의한 효과는 본 문제의 풀이과정에 반영하지 않음. 즉, 전개도를 접어 입체도형을 만들 때, "☎"의 방향으로 나타나는 기호 및 문자도 보기에서는 "☎"의 방향으로 표시하며 동일한 것으로 취급함.

06 다음 전개도의 입체도형으로 알맞은 것은?

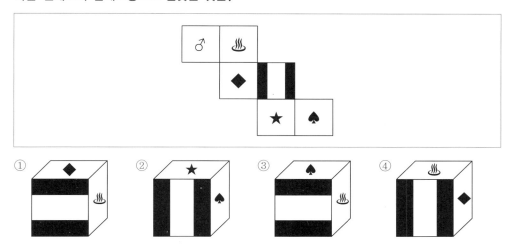

07 다음 전개도의 입체도형으로 알맞은 것은?

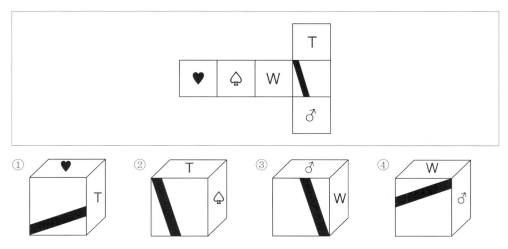

08 다음 전개도의 입체도형으로 알맞은 것은?

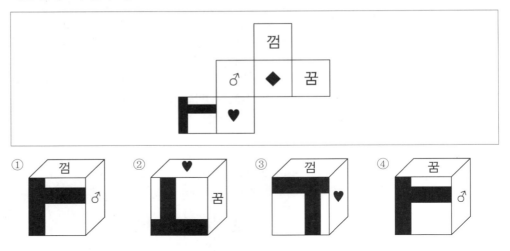

09 다음 전개도의 입체도형으로 알맞은 것은?

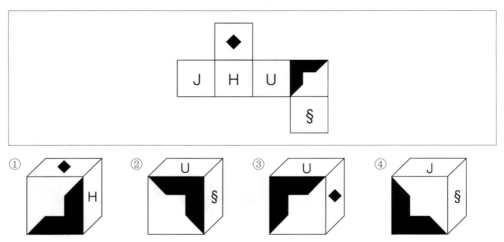

10 다음 전개도의 입체도형으로 알맞은 것은?

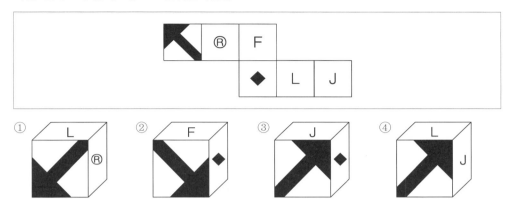

① ② ③ ④

[11~14] 아래에 제시된 그림과 같이 쌓기 위해 필요한 블록의 수를 고르시오.

＊ 블록은 모양과 크기가 모두 동일한 정육면체임

11

① 80개 ② 84개 ③ 88개 ④ 92개

12

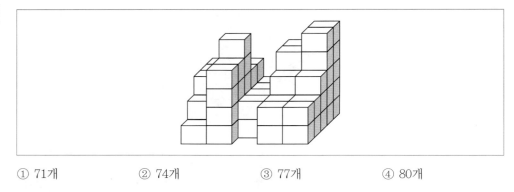

① 71개   ② 74개   ③ 77개   ④ 80개

13

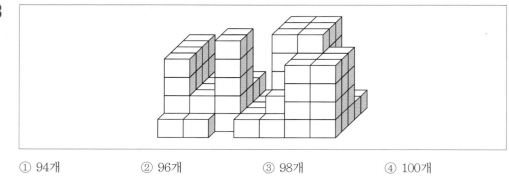

① 94개   ② 96개   ③ 98개   ④ 100개

14

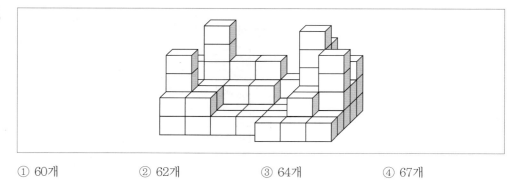

① 60개   ② 62개   ③ 64개   ④ 67개

[15~18] 아래에 제시된 블록들을 화살표 표시한 방향에서 바라봤을 때의 모양으로 알맞은 것을 고르시오.

* 블록은 모양과 크기가 모두 동일한 정육면체임

* 바라보는 시선의 방향은 블록의 면과 수직을 이루며 원근에 의해 블록이 작게 보이는 효과는 고려하지 않음

15

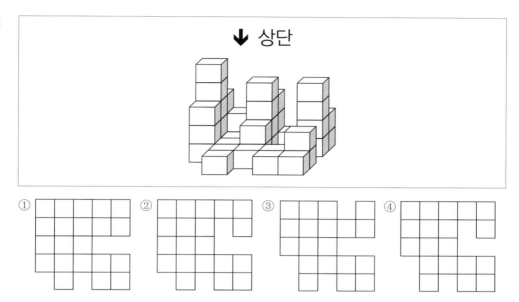

① ② ③ ④

16

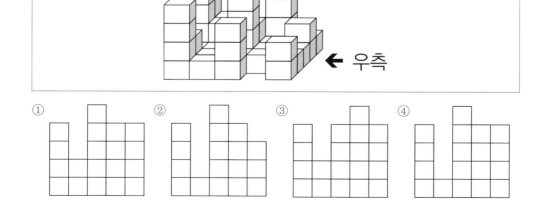

① ② ③ ④

17

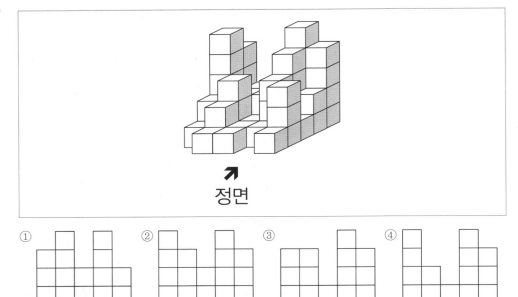

18

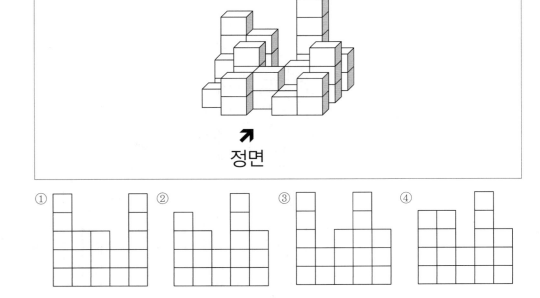

01 다음 중 특별한 나이를 나타내는 말로 옳은 것은?

① 60세 – 환갑(華甲)　　　　② 70세 – 고희(古稀)
③ 88세 – 희수(喜壽)　　　　④ 91세 – 미수(米壽)
⑤ 100세 – 백수(白壽)

02 밑줄 친 부분에 들어갈 한자어로 가장 적절한 것은?

> _____(이)란 이익과 관련된 갈등을 인식한 둘 이상의 주체들이 이를 해결할 의사를 가지고 모여서 합의에 이르기 위해 대안들을 조정하고 구성하는 공동 의사 결정 과정을 말한다.

① 협찬(協贊)　　　　② 협주(協奏)
③ 협조(協助)　　　　④ 협상(協商)
⑤ 협작(挾作)

03 다음 밑줄 친 단어와 의미가 유사한 것은?

> 흑사병은 페스트균에 의해 발생하는 급성 열성 감염병으로 쥐에 기생하는 벼룩에 의해 사람에게 전파된다. 국가 위생 건강 위원회의 자료에 따르면 중국에서는 최근에도 <u>간헐적으로</u> 흑사병 확진 판정이 나온 바 있다. 지난 2014년에는 중국 북서부에서 38세 남성이 흑사병으로 목숨을 잃었으며, 2016년과 2017년에도 각각 1건씩 발병 사례가 확인됐다.

① 근근이　　　　② 자못
③ 이따금　　　　④ 빈번히
⑤ 흔히

04 다음 문장의 밑줄 친 부분과 같은 의미로 쓰인 문장은?

> 성장소설은 유년기를 지나 성인의 세계로 입문하는 과정에서 갈등을 겪는 인물을 <u>다룬다</u>.

① 그녀는 피아노를 잘 <u>다룬다</u>.
② 이 병원은 심장 질환 수술을 전문적으로 <u>다룬다</u>.
③ 이 가게에서는 유기농 농산물만 <u>다룬다</u>.
④ 모든 신문에서 남북 회담을 특집으로 <u>다루고</u> 있다.
⑤ 모든 생명을 소중히 <u>다루는</u> 태도가 필요하다.

05 밑줄 친 부분의 뜻으로 가장 적절한 것은?

> 호돌이와 하늘이는 소꿉친구이다. 하늘이는 호돌이를 언제부턴가 친구 이상으로 좋아하고 있다. 호돌이는 하늘이의 마음을 알고 있으면서 일부러 모르는 <u>체한다</u>. 그래서 하늘이는 내일 꽃과 선물을 준비해서 고백할 생각이다.

① 가멸다   ② 슬겁다
③ 몽따다   ④ 곰삭다
⑤ 객쩍다

06 다음 중 빈칸에 공통으로 들어갈 어휘로 적절한 것은?

> • 벼슬길에 (　　　　).
> • 사전에 (　　　).
> • 기차에 (　　　).

① 타다   ② 오르다
③ 뛰어들다   ④ 나서다
⑤ 실리다

07 다음 〈사례〉에 나타난 논리적 오류는?

> **사례**
>
> A: 내가 어제 귀신과 싸워서 이겼다.
> B: 귀신이 있어야 귀신과 싸우지.
> A: 내가 봤다니까. 귀신 없는 거 증명할 수 있어?

① 성급한 일반화의 오류
② 무지에 호소하는 오류
③ 거짓 딜레마의 오류
④ 대중에 호소하는 오류
⑤ 인신공격의 오류

08 다음 글과 관련 있는 속담으로 가장 적절한 것은?

> 한국을 방문한 외국인들을 대상으로 한 설문조사에서 인상 깊은 한국의 '빨리빨리' 문화로 '자판기에 손 넣고 기다리기, 웹사이트가 3초 안에 안 나오면 창 닫기, 엘리베이터 닫힘 버튼 계속 누르기' 등이 뽑혔다. 외국인들에게 가장 큰 충격을 준 것은 바로 '가게 주인의 대리 서명'이었다. 외국인들은 가게 주인이 카드 모서리로 대충 사인을 하는 것을 보고 큰 충격을 받았다고 하였다. 외국에서는 서명을 대조하여 확인하기 때문에 대리 서명은 상상도 할 수 없다는 것이다.

① 가재는 게 편이다.
② 우물에 가 숭늉 찾는다.
③ 봇짐 내어 주며 앉으라 한다.
④ 하나를 듣고 열을 안다.
⑤ 낙숫물이 댓돌을 뚫는다.

09 다음 중 ㉠에 들어갈 관용구로 가장 적절한 것은?

> 그나마 일표를 얻지 못한 노동자들은 실망을 하고 그들을 부럽게 바라보면서 (㉠) 돌아선다.
> – 강경애, 「인간 문제」

① 머리를 빠뜨리고　　　　　　② 머리가 젖어
③ 머리를 싸고　　　　　　　　④ 머리가 빠지도록
⑤ 머리를 긁으며

10 〈보기〉의 주된 설명 방식이 사용된 것으로 가장 적절한 것은?

> **보기**
> 험난한 사막에도 여행자를 위한 오아시스가 있는 것처럼, 우리들의 힘든 인생에도 아픔을 함께해 줄 소중한 친구가 있다.

① 바이러스는 세균에 비해 크기가 작으며 핵과 이를 둘러싼 단백질이 전부여서 세포라고 할 수 없다. 먹이가 있는 곳이라면 어디에서라도 증식할 수 있는 세균과 달리, 바이러스는 살아 있는 생명체를 숙주로 삼아야만 번식을 할 수 있다.
② 식물은 뿌리, 줄기, 잎, 꽃으로 이루어져 있다. 뿌리는 식물을 지탱하는 작용을 하며, 줄기는 잎·꽃·열매를 붙이고 몸을 지탱해 준다. 잎은 흡수된 물을 잎 밖으로 증산시키며, 꽃은 열매나 씨를 만들어 대를 이어 간다.
③ 의미를 지닌 부호를 체계적으로 배열한 것을 기호라고 한다. 수학, 신호등, 언어 등이 모두 여기에 속한다. 꿀이 있음을 알리는 벌들의 춤사위도 기호라고 할 수 있는 것이다.
④ 우리말을 제대로 세우지 않고 영어를 들여오는 일은 우리 개구리들을 돌보지 않은 채 황소개구리를 들여온 우를 또다시 범하는 것이다.
⑤ 벼랑 아래는 빽빽한 소나무 숲에 가려 보이지 않았다. 새털구름이 흩어진 하늘 아래 저 멀리 논과 밭, 강을 선물 세트처럼 끼고 들어앉은 소읍의 전경은 적막해 보였다.

11 다음 ㉠ ~ ㉣에 들어갈 단어로 순서대로 바르게 나열한 것은?

> 시중에 판매 중인 손 소독제 18개 제품을 수거해 에탄올 ___㉠___ 의 표준 제조 기준 검사를 실시한 결과, 식약처 표준 제조 기준에 미달하는 제품 7개를 적발하였다. 이들 제품 중에는 변경 허가 없이 다른 소독제 ___㉡___ 을 섞거나 ___㉢___ 에 물을 혼합해 생산한 제품도 있었다. 식약처 의약외품 표준 제조 기준에 의하면 손 소독제는 54.7 ~ 70%의 에탄올을 ___㉣___ 해야 한다.

	㉠	㉡	㉢	㉣
①	함량	성분	원료	함유
②	함량	성분	원료	내재
③	함량	성질	원천	내재
④	분량	성질	원천	함유
⑤	분량	성분	원천	함유

12 다음 지문에서 추론할 수 있는 것은?

> 신화는 서사(Narrative)와 상호 규정적이다. 그런 의미에서 신화는 역사 · 학문 · 종교 · 예술과 모두 관련되지만, 그중의 어떤 하나만은 아니다. 예를 들면, '신화는 역사다.'라는 말이 하나의 전체일 수는 없다. 나머지인 학문 · 종교 · 예술 중 어느 하나라도 배제된다면 더 이상 신화가 아니기 때문이다. 신화는 이들의 복합적 총체이지만, 신화는 신화일 뿐 역사나 학문, 종교나 예술 자체일 수 없다.

① 신화는 현대 학문의 영역에서 배제되는 경향이 있다.
② 인류 역사는 신화의 시대에서 형이상학의 시대로, 그리고 실증주의 시대로 이행하였다.
③ 신화는 종교 문학에 속하는 문학의 한 장르이다.
④ 신화는 예술과 상호 관련을 맺는 예술적 상관물이다.
⑤ 신화는 학문 · 종교 · 예술의 하위요소이다.

13 다음 명제를 읽고 옳지 않은 것을 고르시오.

> • 많이 먹으면 살이 찐다.
> • 살이 찐 사람은 체내에 수분이 많다.
> • 체내에 수분이 많으면 술에 잘 취하지 않는다.
> • 윤기는 정상 몸무게인 연지보다 살이 쪘다.

① 윤기는 연지보다 많이 먹는다.
② 많이 먹으면 체내에 수분이 많다.
③ 윤기는 연지보다 술에 잘 취하지 않는다.
④ 체내에 수분이 많은 사람은 연지보다 윤기이다.
⑤ 체내에 수분이 많지 않으면 살이 찌지 않는다.

14 다음 글에 나타난 설명 방식으로 가장 적절한 것은?

> 도로신호는 교차로와 보행통로에서 도로 위를 달리는 자동차와 횡단보도를 건너는 사람의 안전을 위하여 최소한의 신호체계로만 구성되어 있다. 따라서 자동차와의 충돌이 예상될 경우 운전자나 보행자가 스스로 판단하여 멈추어야 한다. 그러나 철도신호의 경우 차량과 차량, 차량과 사람의 안전을 확보하기 위하여 신호설비(신호기, 선로전환기, 연동장치, 궤도회로, 건널목 장치, 안전설비)들이 상호 시스템으로 연결되어 있고, 이 모든 신호설비가 정상적으로 동작했을 때만 열차가 달릴 수 있도록 설계되어 있다. 만약, 여러 가지 신호설비 중에서 단 하나라도 고장이 나면 신호등은 정지신호를 현시하여 열차가 정지한다.
> 안전 측면에서도 도로신호와 철도신호는 크게 다르다. 자동차는 운전자가 마음대로 속도를 높이거나 낮출 수 있기에 앞차와의 거리를 운전자 스스로 유지해야 한다. 만약, 앞차와의 간격을 너무 좁게 하여 운전한다면 앞차가 급제동을 걸었을 경우 추돌을 피할 수 없게 된다. 그러나 철도신호체계는 기관사가 마음대로 정해진 속도 이상을 달리지 못한다. 철도신호는 앞 열차와의 간격에 따라서 제한적인 속도의 신호를 현시하는데, 기관사가 이를 어겨서 과속한다면 자동으로 제동장치가 동작하여 안전을 확보하는 시스템으로 구성되어 있다.

① 비유
② 예시
③ 비교
④ 대조
⑤ 분석

15 다음 밑줄 친 부분을 설명하기 위한 예로 가장 적절한 것은?

> "이산화탄소가 물에 녹는 현상은 물리 변화인가, 화학 변화인가?", "진한 황산을 물에 희석하여 묽은 황산을 만드는 과정은 물리 변화인가, 화학 변화인가?" 이러한 질문을 받으면 대다수의 사람은 물리 변화라고 답하겠지만, 안타깝게도 정답은 화학 변화이다. 우리는 흔히 물리 변화의 정의를 '물질의 성질은 변하지 않고, 그 상태나 모양만이 변하는 현상'으로, 화학 변화의 경우는 '어떤 물질이 원래의 성질과는 전혀 다른 새로운 물질로 변하는 현상'이라고 알고 있다. 하지만 정작 '물질의 성질'이 무엇을 의미하는지는 정확하게 알고 있지 못하다.

① 날이 더워서 얼음이 녹아 물이 되었다.
② 색종이를 접어 종이비행기를 만들었다.
③ 찬물과 더운물이 섞여 미지근하게 되었다.
④ 포도를 병에 넣어 두었더니 포도주가 되었다.
⑤ 흰색과 검은색 물감을 섞어 회색 물감을 만들었다.

16 다음 중 기사문의 내용과 상반된 입장인 것은?

> 이산화탄소 감축 목표 달성을 위해 신재생에너지를 활용·확산해야 한다는 목소리가 나왔다. 한국산업인력공단과 한국직업능력연구원은 이런 내용을 담은 'ESG(환경·사회·지배구조)를 통한 녹색기술 인력양성 대응 전략'에 대한 2021년 3분기 이슈브리프를 발간했다. 18개 산업별 인적자원개발위원회(ISC)가 발간한 이슈리포트를 토대로 만들어진 이번 이슈브리프는 친환경 산업 구조의 변화를 살펴보고, 이에 대응하기 위한 인력 양성 방안 등이 담겼다. 이슈브리프는 먼저 "세계 각국의 이산화탄소 감축 목표 달성을 위한 실행 전략의 핵심은 신재생에너지를 활용·확산하는 것이므로 다양한 분야에서 기술 개발이 필요하다."라고 강조하며 "현장 중심의 실무형 인재 양성을 위해 국가직무능력표준(NCS)을 개발·개선해야 한다."고 제안했다. 그러면서 시멘트 산업에 대해서는 "대표적인 에너지 다소비 업종 중 하나로, 업계는 친환경 원료 개발 등을 통해 온실가스 감축을 위해 노력하고 있다."라며 "재학생·재직자를 대상으로 한 탄소중립 특화 교육프로그램 등 정부 지원 교육사업을 활성화해야 한다."라고 강조했다.
>
> 이외에도 이슈브리프는 섬유 패션산업과 관련해 "정규교육과정에 친환경 섬유 교육 프로그램을 도입해야 한다."라며 "4차 산업혁명에 발맞춰 원·부자재 수급부터 생산, 최종제품 판매, 소비까지 전 과정을 분석해 제품 개발에 반영할 수 있는 인력을 양성해야 한다."라고 조언했다.

① 화석에너지 사용을 줄이고 신재생에너지로 대체할 때 이산화탄소를 감축할 수 있다.
② 신재생에너지 기술 개발과 더불어, 친환경 산업 구조에 적합한 인재를 양성하는 것도 중요하다.
③ 에너지를 많이 소비하는 산업에서는 특히나 친환경 산업 교육을 할 필요성이 있다.
④ 경쟁이 치열한 산업 분야에서는 이산화탄소 감축보다 산업 규모 성장을 우선 목표로 해야 한다.
⑤ 이산화탄소 감축 목표 달성을 위해 신재생에너지를 활용·확산해야 한다.

17 다음 주장에 대한 반박으로 가장 적절하지 않은 것은?

> 텔레비전은 어른이나 아이 모두 함께 보는 매체이다. 더구나 텔레비전을 보고 이해하는 데는 인쇄 문화처럼 어려운 문제에 대한 이해력이나 추상력이 필요 없다. 그래서 아이들은 어른들보다 텔레비전이나 컴퓨터에서 더 많은 것을 배운다. 이 때문에 오늘날의 어린이나 젊은이들에게 어른에 대한 두려움이나 존경을 찾는 것은 쉽지 않은 일이다. 전통적인 역할과 행동을 기대하는 어른들이 어린이나 젊은이의 불손, 거만, 경망, 무분별한 '반사회적' 행동에 대해 불평하게 되는 것도 이런 이유 때문일 것이다.

① 가족과 텔레비전을 함께 시청하며 나누는 대화를 통해 아이들은 사회적 행동을 기를 수 있다.
② 텔레비전의 교육적 프로그램은 아이들의 예절 교육에 도움이 된다.
③ 정보 사회를 선도하는 텔레비전은 인간의 다양한 필요성을 충족시켜준다.
④ 아이들은 텔레비전보다 학교의 선생님이나 친구들과 더 많은 시간을 보낸다.
⑤ 어린이나 젊은이의 반사회적 행동은 텔레비전이 아니라, 개방적인 사회 분위기에 더 많은 영향을 받았다.

18 다음 중 밑줄 친 부분이 뜻하는 바로 알맞은 것은?

> 어떤 운동선수가 경기에 이기기 위해 시합 전에 머리를 깎지 않는다고 하면 그런 생각은 지극히 비과학적이고 미신적이라고 단정하기 쉽다. 그러나 그 선수의 그런 결론이 오랫동안의 통계를 근거로 하고 있다면 그가 얻은 결론을 비과학적이라고는 할 수 없을 것이다. 왜 머리를 깎지 않으면 승률이 올라가는지를 밝히는 것은 과학에 맡겨진 <u>실타래</u>일 것이다.

① 해결해야 할 과제   ② 멀고 험한 과정
③ 의미 있는 작업   ④ 흥미로운 업무
⑤ 절대 풀리지 않는 일

19 다음은 어떤 글에 관한 개요이다. ㉠에 들어갈 내용으로 가장 적절한 것은?

> Ⅰ. 서론: 재활용이 어려운 포장재 쓰레기가 늘고 있다.
> Ⅱ. 본론
>   1. 포장재 쓰레기가 늘고 있는 원인
>   가. 기업들이 과도한 포장 경쟁을 벌이고 있음
>   나. 소비자들이 호화로운 포장을 선호하는 경향이 있음
>   2. 포장재 쓰레기의 양을 줄이기 위한 방안
>   가. 기업은 과도한 포장 경쟁을 자제해야 함
>   나. (㉠   )
> Ⅲ. 결론: 상품의 생산과 소비 과정에서 환경을 먼저 생각하는 자세를 지녀야 한다.

① 정부의 지속적인 감시와 계몽 활동이 필요하다.
② 상품 판매를 위한 지나친 경쟁은 자제되어야 한다.
③ 재정 상태를 고려하여 분수에 맞는 소비를 해야 한다.
④ 실속을 중시하는 합리적인 소비 생활을 해야 한다.
⑤ 환경 친화적인 상품 개발을 위한 투자가 있어야 한다.

20 다음 글의 요지로 가장 알맞은 것은?

> 옛날에 어진 인재는 보잘것없는 집안에서 많이 나왔었다. 그때에도 지금 우리나라와 같은 법을 썼다면, 범중엄이 재상 때에 이룬 공업이 없었을 것이요, 진관과 반양귀는 곧은 신하라는 이름을 얻지 못하였을 것이며, 사마양저, 위청과 같은 장수와 왕부의 문장도 끝내 세상에서 쓰이지 못했을 것이다. 하늘이 냈는데도 사람이 버리는 것은 하늘을 거스르는 것이다. 하늘을 거스르고도 하늘에 나라를 길이 유지하게 해 달라고 비는 것은 있을 수 없는 일이다.

① 인재는 많을수록 좋다.
② 인재는 하늘에서 내린다.
③ 인재를 차별 없이 등용해야 한다.
④ 인재를 적재적소에 배치해야 한다.
⑤ 인재 선발에 투자하여야 한다.

[21~22] 다음 글을 읽고, 이어지는 물음에 답하시오.

> (가) 사실 19세기 중엽은 전화 발명으로 무르익은 시기이자 전화 발명에 많은 사람이 도전한 시기이다. 이는 한 개인이 전화를 발명했다기보다 여러 사람이 전화 탄생에 기여했다는 이야기로 이어질 수 있다. 하지만 결국 최초의 공식 특허를 받은 사람은 벨이며, 벨이 만든 전화 시스템은 지금도 세계 통신망에 단단히 뿌리를 내리고 있다.
>
> (나) 그러나 벨의 특허와 관련된 수많은 소송은 무치의 죽음, 벨의 특허권 만료와 함께 종료되었다. 그레이와 벨의 특허 소송에서도 벨은 모두 무혐의 처분을 받았고, 1887년 재판에서 전화의 최초 발명자는 벨이라는 판결이 났다. 그레이가 전화의 가능성을 처음 인지한 것은 사실이지만, 전화를 완성하기 위한 후속 조치를 취하지 않았다는 것이었다.
>
> (다) 하지만 벨이 특허를 받은 이후 누가 먼저 전화를 발명했는지에 대해 치열한 소송전이 이어졌다. 여기에는 그레이를 비롯하여 안토니오 무치 등 많은 사람이 관련돼 있었다. 특히 무치는 1871년 전화에 대한 임시 특허를 신청하였지만, 돈이 없어 정식 특허로 신청하지 못했다. 2002년 미국 하원 의회에서는 무치가 10달러의 돈만 있었다면 벨에게 특허가 부여되지 않았을 것이라며 무치의 업적을 인정하기도 했다.
>
> (라) 알렉산더 그레이엄 벨은 전화를 처음 발명한 사람으로 알려져 있다. 1876년 2월 14일 벨은 설계도와 설명서를 바탕으로 전화에 대한 특허를 신청했고, 같은 날 그레이도 전화에 대한 특허 신청서를 제출했다. 1876년 3월 7일 미국 특허청은 벨에게 전화에 대한 특허를 부여했다.

21 다음 중 (가) ~ (라) 문단을 논리적 순서대로 바르게 연결한 것은?

① (가) – (라) – (다) – (나)
② (가) – (다) – (라) – (나)
③ (라) – (가) – (다) – (나)
④ (라) – (나) – (가) – (다)
⑤ (라) – (다) – (나) – (가)

22 다음 중 글의 내용과 일치하는 것은?

① 법적으로 전화를 처음으로 발명한 사람은 벨이다.
② 그레이는 벨보다 먼저 특허 신청서를 제출했다.
③ 무치는 1871년 전화에 대한 정식 특허를 신청하였다.
④ 현재 세계 통신망에는 그레이의 전화 시스템이 사용되고 있다.
⑤ 그레이는 전화의 가능성을 인지하지 못하였다.

[23~25] 다음 글을 읽고, 이어지는 물음에 답하시오.

매실은 유기산 중에서도 구연산(시트르산)의 함량이 다른 과일에 비해 월등히 많다. 구연산은 섭취한 음식을 에너지로 바꾸는 대사 작용을 돕고, 근육에 쌓인 젖산을 분해하여 피로를 풀어주며 칼슘의 흡수를 촉진하는 역할도 한다. 피로를 느낄 때, 매실 식초와 생수를 1 : 3 비율로 희석하여 마시면 피로회복에 효과가 있다.

매실의 유기산 성분은 위장 기능을 활발하게 한다고 알려졌다. 매실의 신맛은 소화기관에 영향을 주어 위장, 십이지장 등에서 소화액 분비를 촉진시켜 주어 소화불량에 효능이 있다. 소화가 안 되거나 체했을 때 매실청을 타 먹는 것도 매실의 소화액 분비 촉진 작용 때문이다. 또한 장내부를 청소하는 정장작용은 물론 장의 연동운동을 도와 변비 예방과 피부까지 맑아질 수 있다.

매실의 해독작용은 동의보감도 인정하고 있다. 매실에 함유된 피부르산은 간의 해독작용을 도와주며, 카테키산은 장 속 유해세균의 번식을 억제하는 효과가 있다. 매실의 해독작용은 숙취 해소에도 효과가 있다. 매실즙이 알콜 분해 효소의 활성을 높여주기 때문이다. 또 이질균, 장티푸스균, 대장균의 발육을 억제하는 것은 물론, 장염 비브리오균에도 항균작용을 하는 것으로 알려져 있다.

매실의 유기산 성분은 참으로 다양한 곳에서 효능을 발휘하는데 혈액을 맑게 해주고 혈액순환을 돕는다. 혈액순환이 좋아지면 신진대사가 원활해지고 이는 피부를 촉촉하고 탄력 있게 만들어 준다. 또한 매실은 인스턴트나 육류 등으로 인해 점점 몸이 산성화되어가는 체질을 중화시켜 주는 역할도 한다.

매실은 칼슘이 풍부하여 여성에게서 나타날 수 있는 빈혈이나 생리 불순, 골다공증에도 좋다고 한다. 특히 갱년기 장애를 느낄 때 매실로 조청을 만들어 꾸준히 먹는 것이 좋다. 꾸준한 복용을 추천하지만 적은 양으로도 농축된 효과가 나타나므로 중년의 불쾌한 증세에 빠른 효과를 나타낸다고 알려져 있다. 또한 매실은 체지방을 분해해주어 다이어트에도 효능이 있다.

23 다음 중 제목으로 적절한 것은?

① 알뜰살뜰, 매실청 집에서 담그는 법
② 여름철 '푸른 보약' 매실의 힘
③ 장수비법 – 제철 과일의 효과
④ 색깔의 효능: 초록색편 – 매실
⑤ 성인병 예방의 달인, 6월의 제철 식품

24 다음 중 매실의 성분과 그 효능을 연결한 것으로 옳지 않은 것은?

① 구연산 – 숙취
② 유기산 – 소화작용 촉진
③ 피부르산 – 해독작용
④ 칼슘 – 빈혈 완화
⑤ 칼슘 – 생리 불순 완화

25 한 매실음료 업체가 윗글을 근거하여 마케팅 기획안에 반영하고자 한다. 다음 중 판매 대상층으로 옳지 않은 것은?

① 매일 학교 또는 학원에서 밤늦게까지 공부하는 학생들
② 외모에 관심이 많은 20대 여성들
③ 갱년기가 걱정되는 중년 여성들
④ 스마트폰 사용, TV 시청 등으로 시력 저하가 걱정되는 청소년들
⑤ 잦은 회식으로 간 건강이 걱정되는 직장인들

01 다음은 A, B, C, D, E의 수학점수를 나타낸 것이다. 수학점수의 분산을 구하시오.

A	B	C	D	E
89	79	76	88	68

※ (편차)=(변량)−(평균), (분산)=$\dfrac{[(편차)^2의\ 합]}{(자료의\ 수)}$

① 57.4　　　　　　　　　　② 58.9
③ 61.2　　　　　　　　　　④ 64.7

02 톱니 수가 72개인 A 톱니바퀴는 B, C 톱니바퀴와 서로 맞물려 돌아가고 있다. A 톱니바퀴가 5번 도는 동안 B 톱니바퀴가 10번, C 톱니바퀴가 18번 돌았다면, B 톱니바퀴의 톱니 수와 C 톱니바퀴의 톱니 수의 합은?

① 52개　　　　　　　　　　② 56개
③ 60개　　　　　　　　　　④ 64개

03 어떤 백화점에서 20% 할인해서 팔던 옷을 할인된 가격의 30%를 추가로 할인하여 28만 원에 구매하였다면 할인받은 금액은 얼마인가?

① 14만 원　　　　　　　　　② 16만 원
③ 20만 원　　　　　　　　　④ 22만 원

04 다음은 A, B 두 국가의 지니계수에 관한 그래프이다. 다음 설명 중 옳은 것은?

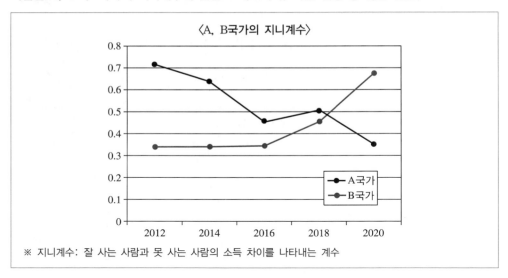

〈A, B국가의 지니계수〉

※ 지니계수: 잘 사는 사람과 못 사는 사람의 소득 차이를 나타내는 계수

① 2012년에 B국가는 A국가보다 빈부 격차가 크다.
② A국가는 소득분배가 불평등해지는 추세이다.
③ 2016년에 B국가는 A국가보다 계층 간 소득 차가 적었다.
④ 두 국가의 지니계수 차가 가장 적은 해는 2016년이다.

05 어떤 농산물 A는 날마다 가격이 다르다. 7일간의 평균 가격이 아래 표와 같을 때, 5월 10일의 가격은 얼마여야 하는가?

구분	5/7	5/8	5/9	5/10	5/11	5/12	5/13	평균
가격(원)	400	500	300	( )	400	550	300	400

① 300원   ② 350원
③ 400원   ④ 450원

06 다음은 2020년 A국가의 LPCD(Liter Per Capita Day)에 관한 자료이다. 1인 1일 사용량에서 영업용 사용량이 차지하는 비중과 1인 1일 가정용 사용량 중 하위 두 항목이 차지하는 비중을 순서대로 바르게 나열한 것은?(단, 소수점 이하 셋째 자리에서 반올림함)

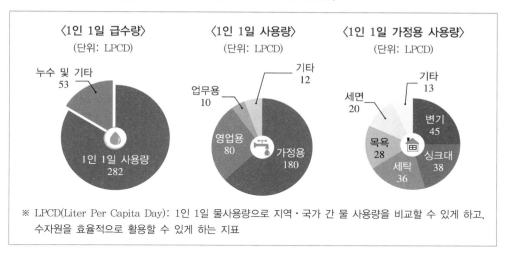

※ LPCD(Liter Per Capita Day): 1인 1일 물사용량으로 지역·국가 간 물 사용량을 비교할 수 있게 하고, 수자원을 효율적으로 활용할 수 있게 하는 지표

① 27.57%, 16.25%
② 27.91%, 19.24%
③ 28.37%, 18.33%
④ 29.72%, 19.24%

07 다음은 우리나라 초·중·고등학생의 사교육 현황을 나타낸 것이다. 한 달을 4주라고 했을 때, 사교육에 참여한 일반 고등학교 학생의 시간당 사교육비로 옳은 것은?(단, 백의 자리에서 반올림함)

〈우리나라 초·중·고등학생의 사교육 현황〉

구분		총 사교육비 (억 원)	전체 학생 1인당 연평균 사교육비 (만 원)	전체 학생 1인당 월평균 사교육비 (만 원)	참여 학생 1인당 월평균 사교육비 (만 원)	사교육 참여시간 (주당 평균)
전체		208,718	288.4	24.0	32.7	7.0
초등학교		97,080	294.3	24.5	28.3	8.2
중학교		60,396	305.8	25.5	35.3	7.7
고등학교		51,242	261.1	21.8	41.2	4.1
	일반고	47,512	317.5	26.5	61.1	4.8
	전문고	3,730	80.0	6.7	25.6	2.0

① 23,000원
② 27,000원
③ 32,000원
④ 37,000원

08 갑, 을, 병이 주사위를 던져 나온 주사위의 눈의 수만큼 점수를 획득한다고 할 때, 참이 아닌 것을 고르면?

> (가) 세 사람이 주사위를 던진 횟수는 총 10회이다.
> (나) 세 사람이 획득한 점수는 47점이다.
> (다) 갑은 가장 많은 횟수를 던졌다.
> (라) 을이 얻은 점수는 16점이다.
> (마) 병이 가장 많은 점수를 얻었다.

① 을은 주사위를 세 번 던졌다.
② 갑은 주사위를 네 번 던졌다.
③ 갑이 얻을 수 있는 최소 점수는 13점이다.
④ 을이 주사위를 던져서 얻은 점수는 모두 짝수이다.

09 다음은 주요 국가별 자국 영화 점유율을 나타낸 자료이다. 이에 대한 설명으로 옳지 않은 것은?

〈주요 국가별 자국 영화 점유율〉

(단위: %)

구분	2017년	2018년	2019년	2020년
한국	50.8	42.1	48.8	46.5
일본	47.7	51.9	58.8	53.6
영국	28	31.1	16.5	24
독일	18.9	21	27.4	16.8
프랑스	36.5	45.3	36.8	35.7
스페인	13.5	13.3	16	12.7
호주	4	3.8	5	4.5
미국	90.1	91.7	92.1	92

① 2017년 대비 2020년 자국 영화 점유율이 가장 큰 폭으로 하락한 국가는 한국이다.
② 2019년 자국 영화 점유율이 해당 국가의 4년간 통계에서 가장 높은 경우가 절반이 넘는다.
③ 자국 영화 점유율에서, 프랑스가 한국을 앞지른 해는 한 번도 없다.
④ 2019년을 제외하고 영국, 독일, 프랑스, 스페인 4개국 사이의 자국 영화 점유율 순위는 매년 동일하다.

10 다음은 국가별 디스플레이 세계시장 점유율에 관한 자료이다. 이에 대한 설명으로 옳은 것은?

〈국가별 디스플레이 세계시장 점유율〉

(단위: %)

구분	2014년	2015년	2016년	2017년	2018년	2019년	2020년
한국	45.70	47.60	50.70	44.70	42.80	45.20	45.80
대만	30.70	29.10	25.70	28.10	28.80	24.60	20.80
일본	19.40	17.90	14.60	15.50	15.00	15.40	15.00
중국	4.0	5.0	8.20	10.50	12.50	14.20	17.40
기타	0.20	0.40	0.80	1.20	0.90	0.60	1.0

① 일본의 디스플레이 세계시장 점유율은 2017년까지 계속 하락한 후 2018년부터 15%대를 유지하고 있다.
② 조사기간 중 국가별 디스플레이 세계시장 점유율은 한국이 매해 1위를 유지하고 있으며, 한국 이외의 국가 순위는 2018년까지 변하지 않았으나, 2019년부터 순위가 바뀌었다.
③ 중국의 디스플레이 세계시장의 점유율은 지속적인 성장세를 보이고 있으며, 2014년 대비 2020년의 세계시장 점유율의 증가율은 335%이다.
④ 2015 ~ 2020년 중 한국의 디스플레이 세계시장 점유율의 전년 대비 증가폭은 2019년에 가장 컸다.

11 전체가 200명인 집단을 대상으로 S, K, M 3개의 방송사 오디션 프로그램에 대한 선호도를 조사하였더니 다음과 같은 결과를 얻었다. S 방송사의 오디션 프로그램을 좋아하는 사람 중 남자의 비율로 옳은 것은?

〈결과〉

- 각 응답자는 'S 사', 'K 사', 'M 사' 중 하나로 응답하였다.
- 전체 응답자 중 여자는 60%이다.
- 여자 응답자 중 50%가 'S 사'를 선택했다.
- 'K 사'를 선택한 남자 응답자는 30명이다.
- 남자 응답자 중 'M 사'를 선택한 사람은 40%이다.
- 'M 사'를 선택한 여자 응답자는 20명이다.

① $\dfrac{1}{5}$

② $\dfrac{2}{5}$

③ $\dfrac{3}{13}$

④ $\dfrac{19}{39}$

12 다음은 주요 온실가스의 연평균 농도 변화 추이를 나타낸 자료이다. 이에 대한 설명으로 옳지 않은 것은?(단, 이산화탄소의 농도는 계속해서 증가하고 있다)

〈주요 온실가스 연평균 농도 변화 추이〉

구분	2016년	2017년	2018년	2019년	2020년	2021년	2022년
이산화탄소 농도(ppm)	387.2	388.7	389.9	391.4	392.5	394.5	395.7
오존전량(DU)	331	330	328	325	329	343	335

① 오존전량은 계속해서 증가하고 있다.
② 2022년 오존전량은 2016년 대비 4DU 증가했다.
③ 2022년 이산화탄소의 농도는 2017년 대비 7ppm 증가했다.
④ 전년 대비 2022년 오존전량의 감소율은 2.5% 미만이다.

13 다음은 상품 A, B의 1년 동안의 계절별 판매량을 나타낸 그래프이다. 이에 대한 설명으로 옳지 않은 것은?

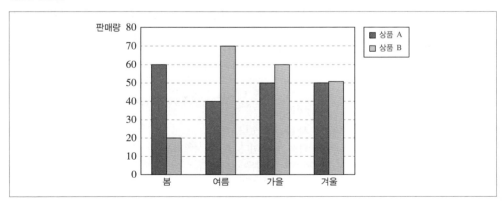

① 두 상품의 판매량의 차는 시간이 지남에 따라 감소한다.
② A와 B의 판매량의 합이 가장 적은 계절은 겨울이다.
③ A와 B의 연간 판매량은 거의 같다.
④ B는 여름에 잘 팔리는 물건이다.

14 다음은 〈가입상품별 요금 안내〉 자료이다. 다음 자료를 볼 때, 가장 비싼 가입상품의 총 요금에서 가장 싼 가입상품의 총 요금을 뺀 값으로 적절한 것은?

〈가입상품별 요금 안내〉

가입상품	인터넷 요금	기본 전화료	전화기 할부금	Wi-Fi 임대료	IPTV 요금
인터넷	22,000원				
인터넷+일반전화	20,000원	1,100원			
인터넷+인터넷전화	20,000원	1,100원	2,400원	1,650원	
인터넷+TV(베이직)	19,800원				12,100원
인터넷+TV(스마트)	19,800원				17,600원
인터넷+TV(프라임)	19,800원				19,800원
인터넷+일반전화+TV(베이직)	19,800원	1,100원			12,100원
인터넷+일반전화+TV(스마트)	19,800원	1,100원			17,600원
인터넷+일반전화+TV(프라임)	19,800원	1,100원			19,800원
인터넷+인터넷전화+TV(베이직)	19,800원	1,100원	2,400원	1,650원	12,100원
인터넷+인터넷전화+TV(스마트)	19,800원	1,100원	2,400원	1,100원	17,600원
인터넷+인터넷전화+TV(프라임)	19,800원	1,100원	2,400원		19,800원

※ 총 요금=인터넷 요금+기본 전화료+전화기 할부금+Wi-Fi 임대료+IPTV 요금

① 20,000원 ② 22,000원
③ 24,000원 ④ 28,000원

15 다음은 어느 부대에서 2022년에 실시한 유격장별 유격 훈련 건수에 관한 자료이다. 〈보기〉를 참고할 때, 2022년 하반기 B 유격장에서 실시한 유격 훈련 건수는?

〈2022년 유격장별 유격 훈련 건수〉

(단위: 건)

유격장	유격 훈련 건수
A 유격장	120
B 유격장	60

※ 2022년 실시된 유격 훈련은 A 유격장 혹은 B 유격장에서만 실시됨

보기

- 2022년 유격 훈련의 30%는 상반기에, 70%는 하반기에 실시되었다.
- 2022년 A 유격장에서 실시된 유격 훈련의 40%는 상반기에, 60%는 하반기에 실시되었다.

① 48건

② 52건

③ 54건

④ 56건

16 중소기업의 생산 관리팀에서 근무하고 있는 귀하는 총 생산 비용의 감소율을 30%로 설정하려고 한다. 1단위 생산 시 단계별 부품 단가가 아래의 자료와 같을 때, ⓐ+ⓑ의 값으로 적절한 것은?

단계	부품 1단위 생산 시 투입비용(원)	
	개선 전	개선 후
1단계	4,000	3,000
2단계	6,000	ⓐ
3단계	11,500	ⓑ
4단계	8,500	7,000
5단계	10,000	8,000

① 8,000원

② 10,000원

③ 12,000원

④ 14,000원

17 다음 빈칸에 들어갈 숫자로 올바른 것은?(단, 재범률은 소수점 이하 둘째 자리에서 반올림, 나머지는 소수점 이하 첫째 자리에서 반올림함)

구분	2015년	2016년	2017년	2018년	2019년
재범률(%)	①	22.2	22.2	22.1	25.0
4년 전 출소자 수(명)	24,151	25,802	25,725	④	23,045
4년 전 출소자 중 3년 이내 재복역자 수(명)	5,396	②	③	5,547	4,936

〈재범률〉

※ [재범률(3년 이내 재복역률)]＝(4년 전 출소자 중 3년 이내 재복역자 수)÷(4년 전 출소자 수)×100

① 22.3

③ 4,516

② 6,213

④ 26,100

18 다음 그래프를 보고 설명한 내용으로 옳지 않은 것은?

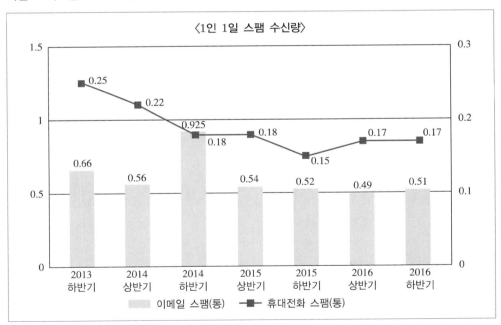

① 이메일과 휴대전화 모두 스팸 수신량이 가장 높은 시기는 2014년 하반기이다.

② 이메일 스팸 수신량이 휴대전화 스팸 수신량보다 항상 많다.

③ 이메일과 휴대전화 스팸 수신량 사이에 밀접한 관련이 있다고 보기 어렵다.

④ 이메일 스팸 총수신량의 평균은 휴대전화 스팸 총수신량 평균의 3배 이상이다.

[19~20] 다음은 2020년도 국가별 교통서비스 수입 현황을 나타낸 자료이다. 이어지는 물음에 답하시오.

〈국가별 교통서비스 수입 현황〉

(단위: 백만 달러)

구분	합계	해상	항공	기타
한국	31,571	25,160	5,635	776
인도	77,256	63,835	13,163	258
튀르키예	10,157	5,632	4,003	522
멕시코	14,686	8,550	6,136	–
미국	94,344	36,246	53,830	4,268
브라질	14,904	9,633	4,966	305
이탈리아	26,574	7,598	10,295	8,681

19 다음 중 해상 교통서비스 수입액이 많은 국가부터 차례대로 나열한 것은?

① 인도 – 한국 – 미국 – 브라질 – 멕시코 – 튀르키예 – 이탈리아
② 인도 – 한국 – 미국 – 멕시코 – 브라질 – 이탈리아 – 튀르키예
③ 인도 – 미국 – 한국 – 멕시코 – 브라질 – 이탈리아 – 튀르키예
④ 인도 – 미국 – 한국 – 브라질 – 멕시코 – 이탈리아 – 튀르키예

20 다음 중 자료에 대한 설명으로 옳지 않은 것은?

① 해상 교통서비스 수입보다 항공 교통서비스 수입이 더 높은 국가는 튀르키예와 미국이다.
② 튀르키예의 교통서비스 수입에서 항공 수입이 차지하는 비중은 45% 미만이다.
③ 전체 교통서비스 수입 금액이 첫 번째와 두 번째로 높은 국가의 차이는 17,088백만 달러이다.
④ 멕시코는 해상과 항공 교통서비스만 수입하였다.

[01~10] 다음 〈보기〉의 왼쪽과 오른쪽 기호의 대응을 참고하여 각 문제의 대응이 같으면 답안지에 '① 맞음'을, 틀리면 '② 틀림'을 선택하시오.

> **보기**
>
> GET = 우유 PET = 두유 SET = 우리 JET = 두리 HET = 모두
>
> MET = 요가 BET = 주리 RET = 주기 WET = 여가 NET = 두부

01	SET JET PET NET WET – 우리 두리 두유 두부 여가	① 맞음 ② 틀림
02	GET WET RET PET MET – 우유 여가 주기 두유 요가	① 맞음 ② 틀림
03	SET RET GET HET NET – 우리 주기 우유 여가 두부	① 맞음 ② 틀림
04	MET BET PET SET RET – 요가 주리 두리 우리 주기	① 맞음 ② 틀림
05	BET JET NET GET MET – 주리 두리 두부 우유 요가	① 맞음 ② 틀림

> **보기**
>
> KDLF = 〈 BJSL = ☎ TYCI = 〈 SPOL = ☞ XKEG = ♡
>
> PQLE = ♣ WLDO = ♨ BJEL = ♧ WTJE = ☹ MEOP = ☀

06	KDLF BJEL SPOL XKEG WLDO – 〈 ☎ ☞ ♡ ♨	① 맞음 ② 틀림
07	PQLE TYCI MEOP KDLF BJSL – ♣ 〈 ☀ 〈 ☎	① 맞음 ② 틀림
08	XKEG WTJE SPOL BJSL BJEL – ♡ ☹ ☞ ☎ ♧	① 맞음 ② 틀림
09	SPOL KDLF TYCI BJEL PQLE – ☞ 〈 〈 ♧ ♣	① 맞음 ② 틀림
10	BJSL XKEG WLDO WTJE MEOP – ☎ ♡ ♨ ☹ ☀	① 맞음 ② 틀림

[11~20] 다음 〈보기〉의 왼쪽과 오른쪽 기호의 대응을 참고하여 각 문제의 대응이 같으면 답안지에 '① 맞음'을, 틀리면 '② 틀림'을 선택하시오.

보기

적운 = f1d	난층운 = w2g	층적운 = t3k	적란운 = z4u	고적운 = o5m
층운 = q6b	권적운 = x7p	고층운 = d8a	권운 = y9f	권층운 = b0s

11	권층운 적란운 층적운 층운 난층운	b0s z4u t3k q6b w2g	① 맞음 ② 틀림
12	적운 권운 고적운 난층운 권적운	f1d y9f o5m w2g x7p	① 맞음 ② 틀림
13	층운 고층운 적운 고적운 권운	w2g d8a f1d o5m t3k	① 맞음 ② 틀림
14	층적운 난층운 권층운 권적운 적란운	t3k w2g b0s x7p z4u	① 맞음 ② 틀림
15	적운 권운 층운 고적운 난층운	f1d d8a t3k o5m w2g	① 맞음 ② 틀림

보기

L3v = 명	O5u = 영	G7f = 준	W8w = 중	D2x = 존
S6s = 말	B3h = 동	Q0d = 도	U1x = 글	Z4q = 금

16	B3h D2x S6s G7f U1x	동 존 말 존 글	① 맞음 ② 틀림
17	D2x L3v U1x B3h G7f	존 명 글 동 준	① 맞음 ② 틀림
18	D2x O5u B3h U1x Z4q	존 영 동 글 금	① 맞음 ② 틀림
19	G7f W8w S6s Q0d O5u	준 중 말 동 영	① 맞음 ② 틀림
20	L3v Q0d Z4q W8w S6s	명 도 글 중 말	① 맞음 ② 틀림

[21~30] 다음의 〈보기〉에서 각 문제의 왼쪽에 표시된 굵은 글씨체의 기호, 문자, 숫자의 개수를 모두 세어 오른쪽에서 찾으시오.

		〈보기〉	〈개수〉
21	6	26532536512309742463941623654131649841561369631 25304	① 6개 ② 7개 ③ 8개 ④ 9개
22	ㅇ	진정한 청렴이란 아무도 알아주지 않을 것을 알면서도 옳은 일을 하는 것이다.	① 12개 ② 13개 ③ 14개 ④ 15개
23	1	9021635481230369756413203585168748231321	① 6개 ② 7개 ③ 8개 ④ 9개
24	d	Integrity without knowledge is weak and useless, and knowledge without integrity is dangerous and dreadful.	① 5개 ② 6개 ③ 7개 ④ 8개
25	아	야아요어아의여어아야아어오으아야아이아야예아야야어여어으아어오우의유어아	① 10개 ② 11개 ③ 12개 ④ 13개
26	o	Waste no more time talking about great souls and how they should be. Become one yourself.	① 9개 ② 10개 ③ 11개 ④ 12개
27	ㄱ	무언가를 열렬히 원한다면 그것을 얻기 위해 전부를 걸만큼의 배짱을 가져라.	① 4개 ② 5개 ③ 6개 ④ 7개
28	8	09548747489245124984568643877894664598734351687 58326	① 6개 ② 7개 ③ 8개 ④ 9개
29	Ȼ	Ȼ ƕ Ɛ ƫɓ Ȼ ƕ Ȝ ƫɓ Ɛ ƕ ƫɓ Ȼ Ȝ Ɛ ƕ ƫɓ Ȼ Ȼ ƫɓ ƕ Ȝ ƫɓ Ɛ ƕ Ȝ Ɛ Ȼ ƫɓ Ȝ Ȼ Ȼ ƕ Ɛ Ȝ ƫɓ	① 5개 ② 6개 ③ 7개 ④ 8개
30	h	Light is not less necessary than fresh air to health.	① 4개 ② 5개 ③ 6개 ④ 7개

우리가 해야 할 일은 끊임없이 호기심을 갖고
새로운 생각을 시험해보고 새로운 인상을 받는 것이다.

- 월터 페이터 -

육군 부사관 모집선발 필기시험

최종모의고사

【과목순서】

제1과목 공간능력	제3과목 자료해석
제2과목 언어논리	제4과목 지각속도

성명		수험번호							

제4회 최종모의고사

QR코드 접속을 통해
풀이시간 측정, 자동 채점
그리고 결과 분석까지!

공간능력 18문항 / 10분 ·· 정답 및 해설 p.064

[01~05] 다음에 유의하여 물음에 답하시오.

- 입체도형을 펼쳐 전개도를 만들 때, 전개도에 표시된 그림(예 ▌, ◢ 등)은 회전의 효과를 반영함. 즉, 본 문제의 풀이과정에서 보기의 전개도상에 표시된 "▌"와 "▬"은 서로 다른 것으로 취급함.
- 단, 기호 및 문자(예 ☎, ♤, ♨, K, H 등)의 회전에 의한 효과는 본 문제의 풀이과정에 반영하지 않음. 즉, 입체도형을 펼쳐 전개도를 만들 때, "๒"의 방향으로 나타나는 기호 및 문자도 보기에서는 "☎"의 방향으로 표시하며 동일한 것으로 취급함.

01 다음 입체도형의 전개도로 알맞은 것은?

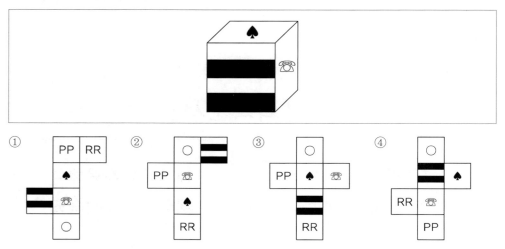

02 다음 입체도형의 전개도로 알맞은 것은?

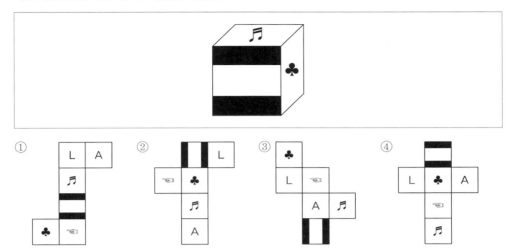

03 다음 입체도형의 전개도로 알맞은 것은?

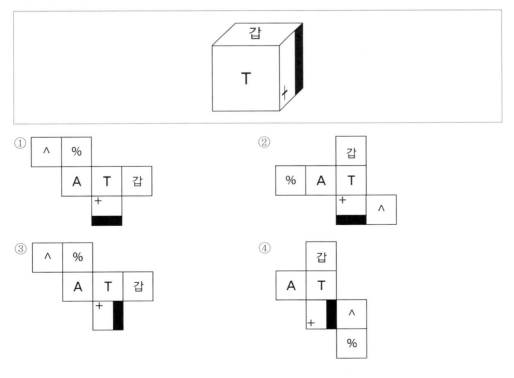

04 다음 입체도형의 전개도로 알맞은 것은?

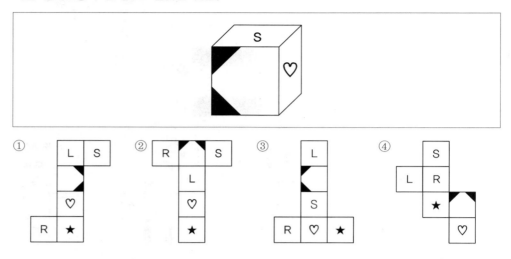

05 다음 입체도형의 전개도로 알맞은 것은?

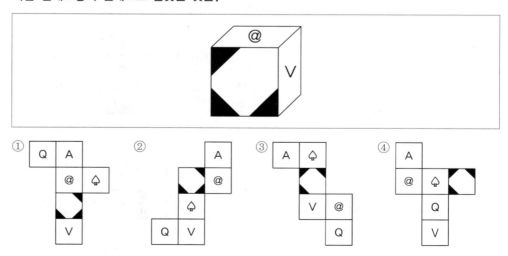

- 전개도를 접을 때 전개도상의 그림, 기호, 문자가 입체도형의 겉면에 표시되는 방향으로 접음.
- 전개도를 접어 입체도형을 만들 때, 전개도에 표시된 그림(예 ▮, ◪ 등)은 회전 효과를 반영함. 즉, 본 문제의 풀이과정에서 보기의 전개도상에 표시된 "▮"와 "▬"은 서로 다른 것으로 취급함.
- 단, 기호 및 문자(예 ☎, ♤, ♨, K, H)의 회전에 의한 효과는 본 문제의 풀이과정에 반영하지 않음. 즉, 전개도를 접어 입체도형을 만들 때, "🔄"의 방향으로 나타나는 기호 및 문자도 보기에서는 "🔂"의 방향으로 표시하며 동일한 것으로 취급함.

06 다음 전개도의 입체도형으로 알맞은 것은?

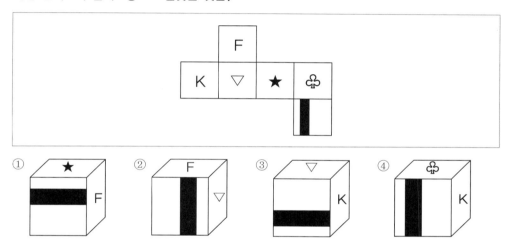

07 다음 전개도의 입체도형으로 알맞은 것은?

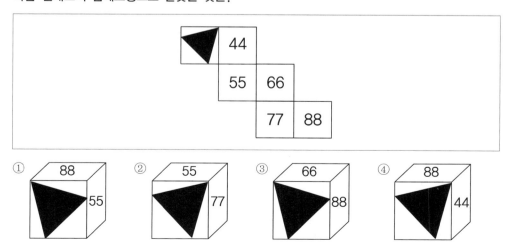

08 다음 전개도의 입체도형으로 알맞은 것은?

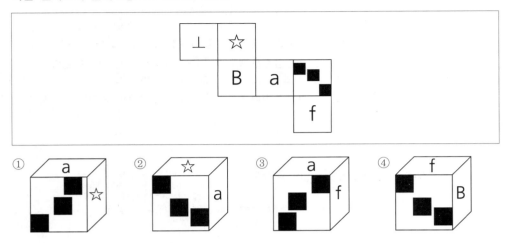

09 다음 전개도의 입체도형으로 알맞은 것은?

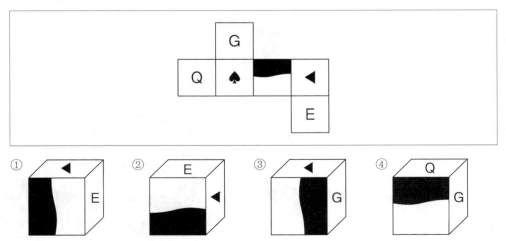

10 다음 전개도의 입체도형으로 알맞은 것은?

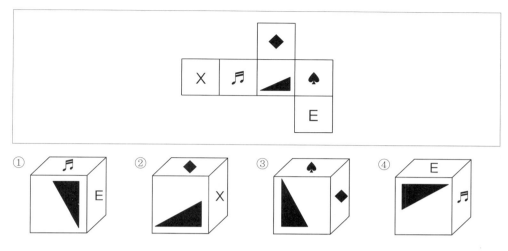

[11~14] 아래에 제시된 그림과 같이 쌓기 위해 필요한 블록의 수를 고르시오.

※ 블록은 모양과 크기가 모두 동일한 정육면체임

11

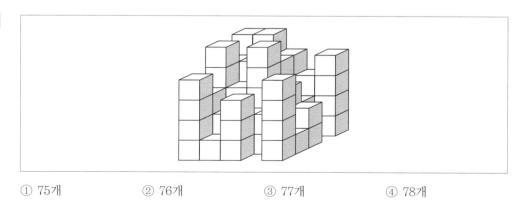

① 75개　　　　② 76개　　　　③ 77개　　　　④ 78개

12

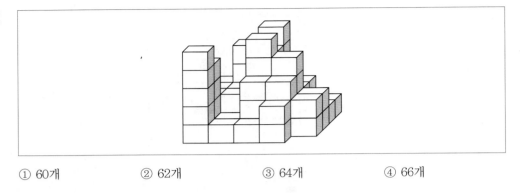

① 60개   ② 62개   ③ 64개   ④ 66개

13

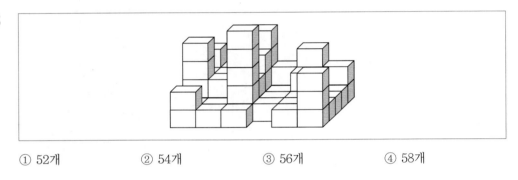

① 52개   ② 54개   ③ 56개   ④ 58개

14

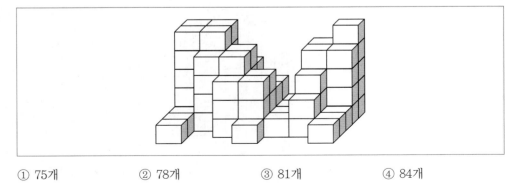

① 75개   ② 78개   ③ 81개   ④ 84개

[15~18] 아래에 제시된 블록들을 화살표 표시한 방향에서 바라봤을 때의 모양으로 알맞은 것을 고르시오.

＊ 블록은 모양과 크기가 모두 동일한 정육면체임
＊ 바라보는 시선의 방향은 블록의 면과 수직을 이루며 원근에 의해 블록이 작게 보이는 효과는 고려하지 않음

15

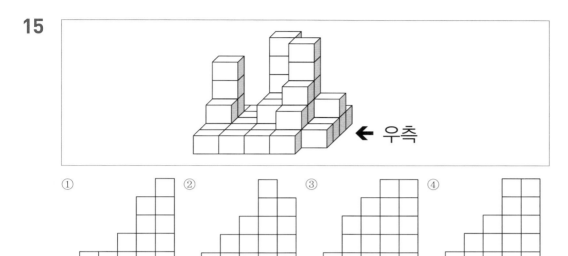

16

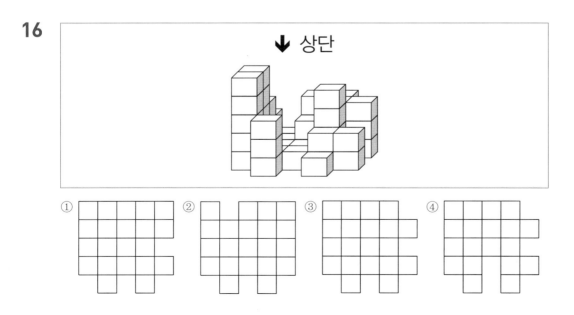

17

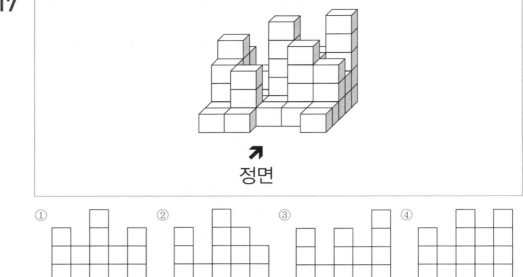

정면

① ② ③ ④

18

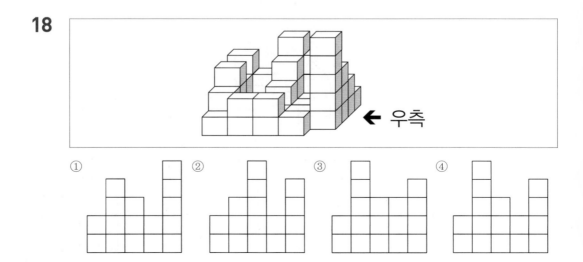

우측

① ② ③ ④

01 〈보기〉의 빈칸에 공통으로 들어갈 단어의 기본형으로 가장 적절한 것은?

> **보기**
> • 우리 팀 선수들은 서로 마음을 (　　　　).
> • 그는 가뭄 때 자기 논에만 물꼬를 (　　　　).
> • 비가 와서 야구장 가기는 (　　　　).

① 주다   ② 열다
③ 내다   ④ 트다
⑤ 그르다

02 다음 밑줄 친 단어와 바꿔 사용할 수 있는 것은?

> 국가대표팀을 이끌었던 감독은 경기를 마친 뒤 선수들을 향한 애정을 드러내 눈길을 끌었다. 감독은 결승 경기 이후 진행된 인터뷰에서 "선수들이 여기까지 올라온 건 충분히 자긍심을 가질 만한 결과다."라고 이야기했다. 이어 감독은 동고동락한 선수들과의 일을 <u>떠올리다</u> 감정이 벅차 말을 잇지 못하기도 했다. 한편 경기에서 최선을 다한 선수들을 향한 뜨거운 응원은 계속 이어지고 있다.

① 회상하다   ② 연상하다
③ 상상하다   ④ 남고하다
⑤ 예상하다

03 다음 빈칸에 들어갈 사자성어로 가장 적절한 것은?

> _____은/는 중국 노(魯)나라 왕이 바닷새를 궁 안으로 데려와 술과 육해진미를 권하고 풍악과 무희 등으로 융숭한 대접을 했지만, 바닷새는 어리둥절하여 슬퍼하며 아무것도 먹지 않아 사흘 만에 죽었다는 일화에서 유래하였다. 장자는 노나라 왕의 이야기를 통해 아무리 좋은 것이라도 상대방의 입장을 고려하지 않으면 실패할 수밖에 없다는 것을 비유적으로 표현하였다.

① 노심초사(勞心焦思)　　　　　　　② 견강부회(牽强附會)
③ 설참신도(舌斬身刀)　　　　　　　④ 이청득심(以聽得心)
⑤ 경전하사(鯨戰蝦死)

04 다음 밑줄 친 단어와 가장 가까운 의미로 사용된 것은?

> 울던 아기가 기저귀를 <u>가니</u> 울음을 그쳤다.

① 어젯밤 그의 이 <u>가는</u> 소리에 잠을 설쳤다.
② 여자는 이를 <u>갈며</u> 복수를 다짐했다.
③ 붓글씨를 쓰기 위해 벼루에 먹을 <u>갈았다</u>.
④ 타이어를 <u>갈</u> 때가 된 것 같다.
⑤ 내년 농사를 위해 밭을 <u>갈아엎었다</u>.

05 다음 문장에서 밑줄 친 단어는 어떤 의미로 사용되었는가?

> 돈을 아끼는 것도 좋지만 중고차를 살 때는 꼼꼼히 따져 봤어야 했다. 싼 게 비지떡이라고들 하지만 내가 하자 있는 제품을 살 줄은 몰랐다. 오늘만 해도 브레이크가 말을 <u>듣지</u> 않아서 하마터면 사고가 날 뻔 했다.

① 약 따위가 효험을 나타내다.
② 기계·장치 따위가 정상적으로 움직이다.
③ 어떤 것을 무엇으로 이해하거나 받아들이다.
④ 다른 사람의 말을 받아들여 그렇게 하다.
⑤ 다른 사람에게서 일정한 내용을 가진 말을 전달받다.

06 청소년의 올바른 스마트폰 사용을 촉구하는 표어를 작성하려고 한다. 다음 조건이 모두 충족된 것은?

> • 조건1: 스마트폰의 역기능을 비유를 통해 언급할 것
> • 조건2: 대구와 대조의 방법을 사용할 것

① 스마트폰은 당신 인생의 나침반이 될 것입니다
　 스마트한 인생, 이제 바로 시작할 때입니다
② 스마트폰에 빠져 있는 당신, 인생에 출구는 없습니다
　 미래의 스마트한 삶은 적절한 스마트폰 사용으로부터
③ 스마트폰 중독은 여러분 인생에 절망의 늪이 됩니다
　 스마트폰 해방은 여러분 인생에 희망의 샘이 됩니다
④ 현재의 스마트한 삶을 스마트폰에서 찾은 당신
　 미래의 스마트한 삶도 스마트폰에서 찾을 당신
⑤ 스마트폰은 여러분에게 삼시세끼와도 같습니다
　 스마트폰은 여러분에게 비만과 같은 부작용도 일으킵니다

07 다음 제시된 문장을 논리적 순서대로 배열한 것은?

> (가) 상품의 가격은 기본적으로 수요와 공급의 힘으로 결정된다. 시장에 참여하고 있는 경제 주체들은 자신이 가진 정보를 기초로 하여 수요와 공급을 결정한다.
> (나) 이런 경우에는 상품의 가격이 우리의 상식으로는 도저히 이해하기 힘든 수준까지 일시적으로 뛰어오르는 현상이 나타날 가능성이 있다. 이런 현상은 특히 투기의 대상이 되는 자산의 경우 자주 나타나는데, 우리는 이를 '거품 현상'이라고 부른다.
> (다) 그러나 현실에서는 사람들이 서로 다른 정보를 갖고 시장에 참여하는 경우가 많다. 어떤 사람은 특정한 정보를 갖고 있는데 거래 상대방은 그 정보를 갖고 있지 못한 경우도 있다.
> (라) 일반적으로 거품 현상이란 것은 어떤 상품—특히 자산—의 가격이 지속해서 급격히 상승하는 현상을 가리킨다. 이와 같은 지속적인 가격 상승이 일어나는 이유는 애초에 발생한 가격 상승이 추가적인 가격 상승의 기대로 이어져 투기 바람이 형성되기 때문이다.
> (마) 이들이 똑같은 정보를 함께 갖고 있으며 이 정보가 아주 틀린 것이 아닌 한, 상품의 가격은 어떤 기본적인 수준애서 크게 벗어나지 않을 것이라고 예상 할 수 있다.

① (마) – (가) – (다) – (라) – (나)
② (라) – (가) – (다) – (나) – (마)
③ (가) – (다) – (나) – (라) – (마)
④ (가) – (마) – (다) – (나) – (라)
⑤ (라) – (다) – (가) – (나) – (마)

08 다음 ㉠ ~ ㉢에 순서대로 들어갈 가장 알맞은 것은?

> 맥주의 맛을 유지하는 데에는 거품의 역할이 중요하다. 맥주의 거품은 맥아와 홉이 효모 발효 과정에서 발생하는 탄산가스와 결합하면서 만들어진다. 콜라 등 일반 탄산음료 내의 탄산가스는 음료를 잔에 따르는 과정에서 바로 공기 중으로 날아간다. (㉠) 맥주 내의 탄산가스는 공기 중으로 바로 날아가지 않는다. (㉡) 맥아의 단백질과 홉의 폴리페놀이 거품을 이루어 탄산가스를 둘러싸면서 탄산가스가 공기 중으로 날아가는 것을 막아주기 때문이다. (㉢) 맥주의 거품은 맥주와 공기 사이에서 둘의 접촉을 막아 탄산이 지속적으로 올라올 수 있게 돕기도 한다.

	㉠	㉡	㉢
①	그러나	그리고	한편
②	그러나	왜냐하면	또한
③	그러므로	왜냐하면	그러나
④	그러므로	그러나	그래서
⑤	즉	그러나	그런데

09 다음 글의 제목으로 적절한 것은?

> 사회보장제도는 사회구성원에게 생활의 위험이 발생했을 때 사회적으로 보호하는 대응체계를 가리키는 포괄적 용어로 크게 사회보험, 공공부조, 사회서비스가 있다. 예를 들면 실직자들이 구직활동을 포기하고 다시 노숙자가 되지 않도록 지원하는 것 등이 있다.
>
> 사회보험은 보험의 기전을 이용하여 일반주민들을 질병, 상해, 폐질, 실업, 분만 등으로 인한 생활의 위협으로부터 보호하기 위하여 국가가 법에 의하여 보험가입을 의무화하는 제도로 개인적 필요에 따라 가입하는 민간보험과 차이가 있다.
>
> 공공부조는 극빈자, 불구자, 실업자 또는 저소득계층과 같이 스스로 생계를 영위할 수 없는 계층의 생활을 그들이 자립할 수 있을 때까지 국가가 재정기금으로 보호하여 주는 일종의 구빈제도이다.
>
> 사회서비스는 복지사회를 건설할 목적으로 법률이 정하는 바에 의하여 특정인에게 사회보장 급여를 국가재정부담으로 실시하는 제도로 군경, 전상자, 배우자 사후, 고아, 지적 장애아 등과 같은 특별한 사유가 있는 자나 노령자 등이 해당된다.

① 사회보험제도와 민간보험제도의 차이
② 사회보장제도의 의의
③ 우리나라의 사회보장제도
④ 사회보장제도의 대상자
⑤ 사회보장제도와 소득보장의 차이점

10 다음 (가)와 (나)의 내용상 관계를 가장 잘 표현한 것은?

> (가) 20세기 후반, 복잡한 시스템에 관한 연구에 몰두하던 일련의 물리학자들은 기존의 경제학 이론으로는 설명할 수 없었던 경제 현상을 이해하기 위해 물리적인 접근을 시도하기 시작했다. 보이지 않는 손과 시장의 균형, 완전한 합리성 등 신고전 경제학은 숨 막힐 정도로 정교하고 아름답지만, 불행히도 현실 경제는 왈라스나 애덤 스미스가 꿈꿨던 '한 치의 오차도 없이 맞물려 돌아가는 톱니바퀴'가 아니다. 물리학자들은 인간 세상의 불합리함과 혼잡함에 관심을 가지고 그것이 만들어 내는 패턴들과 열린 가능성에 주목했다.
>
> (나) 우리가 주류 경제학이라고 부르는 것은 왈라스 이후 체계가 잡힌 신고전 경제학을 말한다. 이 이론에 의하면, 모든 경제주체는 완전한 합리성으로 무장하고 있으며, 항상 최선의 선택을 하며, 자신의 효용이나 이윤을 최적화한다. 개별 경제주체의 공급곡선과 수요곡선을 합하면 시장에서의 공급곡선과 수요곡선이 얻어진다. 이 두 곡선이 만나는 점에서 가격과 판매량이 동시에 결정된다. 더 나아가 모든 주체가 합리적 판단을 하기 때문에 모든 시장은 동시에 균형에 이르게 된다.

① (나)는 (가)의 한 부분에 대한 부연 설명이다.
② (나)는 (가)를 수학적으로 다시 설명한 것이다.
③ (나)는 실제 상황을, (가)는 가정된 상황을 서술한 것이다.
④ (가)보다 (나)가 경제 공황을 더 잘 설명한다.
⑤ (가)로부터 (나)가 필연적으로 도출된다.

11 다음 글의 내용과 일치하는 것은?

> 사람들은 고급문화가 오랫동안 사랑을 받는 것이고, 대중문화는 일시적인 유행에 그친다고 생각하고 있다. 그러나 이러한 판단은 근거가 확실치 않다. 예컨대, 모차르트의 음악은 지금껏 연주되고 있지만, 비슷한 시기에 활동했고 당대에는 비슷한 평가를 받았던 살리에리의 음악은 현재 아무도 연주하지 않는다. 모르긴 해도 그렇게 사라진 예술가가 한둘이 아니지 않을까. 그런가 하면 1950~1960년대 엘비스 프레슬리와 비틀즈의 음악은 지금까지도 매년 가장 많은 저작권료를 발생시킨다. 이른바 고급문화의 유산들이 수백 년간 역사 속에서 형성된 것인 데 반해 우리가 대중문화라 부르는 문화 산물은 그 역사가 고작 100년을 넘지 않았다.

① 비틀즈의 음악은 오랫동안 사랑을 받고 있으니 고급문화라고 할 수 있다.
② 살리에리는 모차르트와 같은 시대에 살며 대중음악을 했던 인물이다.
③ 많은 저작권료를 받는 작품이라면 고급문화로 인정해야 한다.
④ 대중문화가 일시적인 유행에 그칠지 여부는 아직 판단하기 곤란하다.
⑤ 대중문화는 고급문화보다 사람들에게 사랑받기 힘들 것이다.

12 다음 기사의 주된 내용 전개 방식으로 적절한 것은?

> 비만은 더 이상 개인의 문제가 아니다. 세계보건기구(WHO)는 비만을 질병으로 분류하고, 총 8종의 암(대장암·자궁내막암·난소암·전립선암·신장암·유방암·간암·담낭암)을 유발하는 주요 요인으로 제시하고 있다. 기대수명이 늘어가는 시대 속에서 삶의 질 향상을 위해서라도 국가적으로 적극적인 비만 관리가 필요해진 것이다.
>
> 이러한 비만을 예방하기 위한 국가적인 대책을 살펴보면 우선 비만을 유발하는 과자, 빵, 탄산음료 등 고열량·저영양·고카페인 함유 식품의 판매 제한 모니터링이 강화되어야 하며 과음과 폭식 등 비만을 조장·유발하는 문화와 환경도 개선되어야 한다. 특히 과음은 식사량과 고열량 안주 섭취를 늘려 지방간, 간경화 등 건강 문제와 함께 복부 비만의 위험을 높이는 주요 요인이다. 따라서 회식과 접대 문화, 음주 행태 개선을 위한 가이드라인을 마련하고 음주 폐해 예방 캠페인을 추진하는 것도 하나의 방법이다.
>
> 다음으로 건강관리를 위해 운동을 권장하는 것도 중요하다. 수영, 스케이트, 볼링, 클라이밍 등 다양한 스포츠를 즐기는 문화와 비만 환자를 위한 체계적인 체력 관리 및 건강증진을 위한 운동프로그램의 조성이 필요하다.

① 다양한 관점들을 제시한 뒤, 예를 들어 설명하고 있다.
② 시간에 따른 현상의 변화 과정에 대해 설명하고 있다.
③ 서로 다른 관점을 비교·분석하고 있다.
④ 주장을 제시하고, 여러 가지 근거를 들어 설득하고 있다.
⑤ 문제점을 제시하고, 그에 대한 해결방안을 제시하고 있다.

13 다음 문장을 순서에 알맞게 배열한 것은?

> (가) 고전 소설에서 공간은 산속이나 동굴 등 특정 현실 공간에 초현실 공간이 겹쳐진 것으로 설정되기도 한다.
> (나) 한편 어떤 인물이 꿈을 꿀 때, 그는 현실의 어떤 공간에서 잠을 자고 있지만, 그의 정신은 꿈속 공간을 경험한다.
> (다) 이 경우, 특정 현실 공간이 꿈에 나타나면 이 꿈속 공간은 특정 현실 공간에 근거하면서도 초현실 공간의 성격을 지니기도 한다.
> (라) 이 경우, 초현실 공간이 특정 현실 공간에 겹쳐지거나 특정 현실 공간에서 사라지는 것은 보통 초월 존재의 등·퇴장과 관련된다.

① (가) – (나) – (다) – (라)
② (가) – (라) – (나) – (다)
③ (나) – (라) – (다) – (가)
④ (가) – (다) – (나) – (라)
⑤ (나) – (가) – (라) – (다)

14 다음 글의 내용과 일치하는 것은?

> 뉴턴은 빛이 눈에 보이지 않는 작은 입자라고 주장하였고, 이것은 그의 권위에 의지하여 오랫동안 정설로 여겨졌다. 그러나 19세기 초에 토마스 영의 겹실틈 실험은 빛의 파동성을 증명하였다. 겹실틈 실험은 먼저 한 개의 실틈을 거쳐 생긴 빛이 다음에 설치된 두 개의 겹실틈을 지나가게 하여 스크린에 나타나는 무늬를 관찰하는 것이다. 이때 빛이 파동이냐 입자이냐에 따라 결괏값이 달라진다. 즉, 빛이 입자라면 일자 형태의 띠가 두 개 나타나야 하는데, 실험 결과 스크린에는 예상과 다른 무늬가 나타났다. 마치 두 개의 파도가 만나면 골과 마루가 상쇄와 간섭을 일으키듯이, 보강 간섭이 일어난 곳은 밝아지고 상쇄 간섭이 일어난 곳은 어두워지는 간섭무늬가 연속적으로 나타난 것이다.
>
> 그러나 19세기 말부터 빛의 파동성으로는 설명할 수 없는 몇 가지 실험적 사실이 나타났다. 1905년에 아인슈타인은 빛은 광량자라고 하는 작은 입자로 이루어졌다는 광량자설을 주장하였다. 빛의 파동성은 명백한 사실이었으므로 이것은 빛이 파동이면서 동시에 입자인 이중적인 본질을 가지고 있다는 것을 의미하는 것이었다.

① 뉴턴의 가설은 그의 권위에 의해 현재까지도 정설로 여겨진다.
② 겹실틈 실험은 한 개의 실틈을 거쳐 생긴 빛이 다음 설치된 두 개의 겹실틈을 지나가게 해서 그 틈을 관찰하는 것이다.
③ 겹실틈 실험 결과, 일자 형태의 띠가 두 개 나타났으므로 빛은 입자이다.
④ 토마스 영의 겹실틈 실험은 빛의 파동성을 증명하였지만, 이는 아인슈타인에 의해서 거짓으로 판명 났다.
⑤ 아인슈타인의 광량자설은 뉴턴과 토마스 영의 가설을 모두 포함한다.

15 다음의 주제문을 뒷받침해 주는 문장으로 가장 적절한 것은?

> 인간은 일상생활에서 다양한 역할을 수행한다.

① 인간은 사회 속에서 여러 사람과 더불어 살아가고 있기 때문에 개인의 행동은 사회에 영향을 끼칠 수밖에 없다.
② 학생은 공부를, 직장인은 맡은 바 일을 충실히 하고, 선생님은 수업을 잘 가르치며 각자 그 사회의 일원으로 생활한다.
③ 인간은 다양한 역할을 수행하는 과정에서 많은 역할적 갈등을 겪기도 한다.
④ 인간은 생활 속에서 때로는 화를 내며 상대를 미워하기도 하고, 때로는 웃으며 상대를 이해하기도 한다.
⑤ 인간의 본성은 공격적이고 이기적이므로 인간은 공황 상태에 쉽게 빠진다.

16 제시된 글의 다음에 와야 하는 내용으로 가장 적절한 것은?

지금처럼 정보통신기술이 발달하지 않았던 시절에 비둘기는 '전서구'라고 불리며 먼 곳까지 소식을 전해주었다. 비둘기는 다리에 편지를 묶어 날려 보내면 아무리 멀리 있어도 자기의 집을 찾아오는 습성이 있는 것으로 알려져 있다.

이러한 비둘기의 습성에 관해 많은 과학자들이 연구한 결과, 비둘기가 자기장을 이용해 집을 찾는다는 것을 밝혀냈다. 비둘기에게 불투명한 콘텍트렌즈를 끼워 시야를 가리고 먼 곳에서 날려 집을 찾아오는지에 대한 실험을 했을 때, 비둘기는 정확하게 집을 찾아왔다. 또한, 비둘기의 머리에 코일을 감아 전기를 통하게 한 후, 지구 자기의 N극 위치와 같이 N극이 비둘기 아래쪽에 형성되도록 한 비둘기는 집을 잘 찾아 갔지만, 머리 위쪽에 형성되도록 한 비둘기는 엉뚱한 방향으로 날아가 집을 찾지 못했다.

① 비둘기의 서식 환경
② 비둘기가 자기장을 느끼는 원인
③ 비둘기와 태양 사이의 관계
④ 비둘기가 철새가 아닌 이유
⑤ 비둘기가 자기장을 느끼지 못하게 하는 방법

17 다음 글의 밑줄 친 부분의 이론과 가장 적합한 속담은?

1962년 스탠포드 대학의 심리학 교수 필립 짐바르도는 매우 흥미로운 실험을 했다. 슬럼가의 한 골목에 보존상태가 동일한 모델의 차량 보닛을 열어둔 채 주차해 놓고, 1주일 동안 차량의 변화를 관찰하는 것이 주 내용이다.

두 차량의 차이점은 한 대는 보닛을 열어두었고, 다른 한 대는 보닛을 열어두고 차량의 유리창을 일부 훼손한 상태로 주차를 한 것이었다. 첫 번째 보닛만 열어둔 차량은 1주일간 특별한 변화 없이 그 상태를 유지했으나, 두 번째 차량은 방치 10분 만에 Battery가 없어지고, 타이어도 도난을 당하게 되었다. 이후 차량에 낙서와 쓰레기가 투기되었고, 1주 후에는 폐차에 가까운 상태가 되어버렸던 것이다.

두 차량의 차이는 유리창의 작은 결함뿐이었으나, 그 작은 차이로 인하여 결과는 완전히 다른 상태가 되어버린 것이다. 작은 결함이나 틈으로 인해서도 급격하게 상태가 나빠질 수 있음에 대한 심리실험의 결과이다. '깨진 유리창 이론(Broken Window Theory)'이란 깨진 유리창처럼 어쩌면 사소해 보이는 일들을 방치해 둔다면 그 지점을 중심으로 범죄가 확산되기 시작한다는 이론으로, 사소한 무질서를 방치하면 큰 문제로 이어질 가능성이 높다는 의미를 담고 있다.

이런 이론은 사회 심리학에서 가장 많이 적용되고 있으며, 비즈니스와 리더십 등에서도 실제로 적용되고 있다고 한다. 시장에서 발생한 사소한 실수나, 결함으로 인하여 비즈니스 자체가 위험에 빠질 수도 있다고 저자는 설명하고 있다.

① 비 온 뒤에 땅이 굳어진다
② 발 없는 말이 천 리 간다
③ 거미도 줄을 쳐야 벌레를 잡는다
④ 호미로 막을 것을 가래로 막는다
⑤ 팥으로 메주를 쑨대도 곧이듣는다

18 다음 내용으로부터 도출될 수 있는 사실은?

> 일본어에 양기화혼(洋技和魂)이란 말이 있다. 서양 문화를 수입하는 방법을 말해 주기 위해 만든 개념이다. 실용적 목적을 위해서 서양의 여러 가지 필요한 지식과 기술을 도입하되 삶에 대한 태도나 여러 가지 가치관만은 전통적으로 내려온 일본적인 것을 보존하고 지켜 나가자는 것이다.
>
> 그러나 객관적 세계에 대한 지식이나 구체적 문제를 해결해 주는 기술은 그러한 것을 가능케 하는 사고방식 내지 가치관과 완전히 분리할 수 없다. 그것들은 나무와 나무가 뿌리를 박고 있는 흙의 관계처럼 얽혀 있기 때문이다. 문화를 생각과 삶의 양식이라 한다면 한편으로는 문화를, 그리고 다른 한편으로는 지식이나 과학 기술을 서로 완전히 분리할 수 없다는 말이다.

① 서양의 문화를 수용한다는 것과 우리의 문화적 독자성을 유지한다는 것은 서로 양립할 수 없는 개념이다.
② '양기화혼'이라는 말에서 엿볼 수 있듯이 일본은 서양 문화를 주체적으로 수용했기 때문에 근대화에 성공하였다.
③ 서양의 과학 기술뿐만 아니라 그 속에 내포되어 있는 사고방식이나 가치관까지도 함께 받아들이는 것이 바람직하다.
④ 문화란 독특한 생활양식의 소산이기 때문에 두 문화의 우열을 논하는 것은 바람직하지 못하다.
⑤ 문화적 주체성 없이 서양의 문화를 수용하는 것은 문화 사대주의일 뿐이다.

19 다음 (가) ~ (라)를 문맥에 맞게 배열한 것은?

> 20세기 한국 지성인의 지적 행위는 그들이 비록 한국인이라는 동양 인종의 피를 받고 있음에도 불구하고 대체적으로 서양이 동양을 해석하는 그러한 틀 속에서 이루어졌다.
>
> (가) 그러나 그 역방향 즉 동양이 서양을 해석하는 행위는 실제적으로 부재해 왔다. 이러한 부재 현상의 근본 원인은 매우 단순한 사실에 기초한다.
> (나) 동양이 서양을 해석한다고 할 때에 그 해석학적 행위의 주체는 동양이어야만 한다.
> (다) '동양은 동양이다.'라는 토톨러지(Tautology)나 '동양은 동양이어야 한다.'라는 당위 명제가 성립하기 위해서는 동양인인 우리가 동양을 알아야 한다.
> (라) 그럼에도 우리는 동양을 너무도 몰랐다. 동양이 왜 동양인지, 왜 동양이 되어야만 하는지 아무도 대답을 할 수가 없었다.
>
> 동양은 버려야 할 그 무엇으로서만 존재 의미를 지녔다. 즉, 서양의 해석이 부재한 것이 아니라 서양을 해석할 동양이 부재했다.

① (가) – (나) – (다) – (라) ② (가) – (다) – (나) – (라)
③ (나) – (다) – (라) – (가) ④ (다) – (라) – (가) – (나)
⑤ (라) – (가) – (나) – (다)

20 다음 글의 주장에 대한 반박으로 가장 적절한 것은?

이솝 우화로 잘 알려진 '토끼와 거북이' 이야기는 우리에게 느려도 꾸준히 노력하면 승리한다는 교훈을 준다. 그런데 이 이야기에는 '정의로운 삶'과 관련하여 생각해 볼 문제점이 있다. 거북이는 토끼가 경주 중간에 잠을 잤기 때문에 승리할 수 있었다. 토끼의 실수를 거북이가 놓치지 않고 기회로 삼았던 것이다. 겉으로는 꾸준히 노력하면 성공한다고 말하지만, 속으로는 타인의 허점이나 실수를 기회로 삼아야 한다는 것을 말하고 있다고 볼 수 있다. 이런 내용은 우리도 모르는 사이에 '상대의 실수를 놓치지 말고 이용하라.'는 생각을 하게 만들 수 있다. 과연 거북이의 승리를 정의롭다고 말할 수 있을까?

① 사소한 실수가 뜻밖의 결과로 이어질 수 있으므로 매사에 조심해야 한다.
② 절차와 관계없이 결과가 공정하지 않은 경쟁은 정당하지 않다.
③ 주어진 조건이 동일한 환경에서 이루어진 경쟁에서 승리할 때 비로소 정의로운 승리라고 말할 수 있다.
④ 상대를 배려하지 않고 자신에게 유리한 방법으로만 경쟁하여 승리한다면, 그 승리는 정의롭다고 말할 수 없다.
⑤ 절차적 정의에 따라 절차를 제대로 따른다면 어떤 결과가 나오더라도 그 결과는 공정하다고 말할 수 있다.

21 세계, 작가, 독자, 작품은 상호 관련성을 지닌다. 다음 밑줄 친 부분이 의미하는 창작 의의로 가장 적절한 것은?

체호프가 살았던 당시의 러시아는 참으로 암울한 분위기였다. 정치적 탄압은 가중되고, 양심적 지식인들은 설 자리를 잃었다. 문화계도 황폐해지고, 대중들은 저급한 통속극에 빠져 있었다. 체호프는 좋은 작품으로 병든 문화를 치유시켜야겠다고 마음먹었다. 「벚꽃 동산」을 비롯한 뛰어난 희곡들을 창작하고 공연하게 된 것은 그의 이런 결심의 결과였다. 저급한 통속극에 빠져 있던 러시아 관객들은 체호프의 연극에서 신선한 충격과 감동을 받고, 새로운 길을 찾았다.

① 창작은 실생활에 많은 도움을 준다.
② 창작의 희열은 다른 무엇과도 바꿀 수 없다.
③ 창작은 공동체 문화를 가치 있는 것으로 만든다.
④ 창작은 문학의 본질에 대한 이해를 가능하게 한다.
⑤ 창작을 통해 인간은 자아를 발견하게 된다.

22 다음 제시된 단락을 읽고, 이어질 단락을 논리적 순서대로 알맞게 배열한 것은?

> 봄에 TV를 켜면 황사를 조심하라는 뉴스를 볼 수 있다. 많은 사람이 알고 있듯이, 황사는 봄에 중국으로부터 바람에 실려 날아오는 모래바람이다. 그러나 황사를 단순한 모래바람으로 치부할 수는 없다.

(가) 물론 황사도 나름대로 장점은 존재한다. 황사에 실려 오는 물질들이 알칼리성이기 때문에 토양의 산성화를 막을 수 있다. 그러나 이러한 장점만으로 황사를 방지하지 않아도 된다는 것은 아니다.

(나) 그러므로 황사에는 중국에서 발생하는 매연이나 화학물질 모두 함유되어 있다. TV에서 황사를 조심하라는 것은 단순히 모래바람을 조심하라는 것이 아니라 중국 공업지대의 유해 물질을 조심하라는 것과 같은 말이다.

(다) 황사는 중국의 내몽골자치구나 고비 사막 등의 모래들이 바람에 실려 중국 전체를 돌고 나서 한국 방향으로 넘어오게 된다. 중국 전체를 돈다는 것은, 중국 대기의 물질을 모두 흡수한다는 것이다.

(라) 개인적으로는 황사 마스크를 쓰고 외출 후에 손발을 청결히 하는 등 황사 피해에 대응할 수 있겠지만, 국가적으로는 쉽지 않다. 국가적으로는 모래바람이 발생하지 않도록 나무를 많이 심고, 공장지대의 매연을 제한하여야 하기 때문이다.

① (다) - (가) - (나) - (라)
② (나) - (다) - (가) - (라)
③ (다) - (나) - (가) - (라)
④ (다) - (나) - (라) - (가)
⑤ (나) - (가) - (다) - (라)

23 다음 글을 읽고 올바르게 이해한 것은?

세계 식품 시장의 20%를 차지하는 할랄식품(Halal Food)은 '신이 허용한 음식'이라는 뜻으로 이슬람 율법에 따라 생산, 처리, 가공되어 무슬림들이 먹거나 사용할 수 있는 식품을 말한다. 이런 기준이 적용된 할랄식품은 엄격하게 생산되고 유통과정이 투명하기 때문에 일반 소비자들에게도 좋은 평을 얻고 있다.

할랄식품 시장은 최근들어 급격히 성장하고 있는데 이의 가장 큰 원인은 무슬림 인구의 증가이다. 무슬림은 최근 20년 동안 5억 명 이상의 인구증가를 보이고 있어서 많은 유통업계들이 할랄식품을 위한 생산라인을 설치하는 등의 노력을 하고 있다.

그러나 할랄식품을 수출하는 것은 쉬운 일이 아니다. 신이 '부정한 것'이라고 하는 모든 것으로부터 분리돼야 하기 때문이다. 또한, 국제적으로 표준화된 기준이 없다는 것도 할랄식품 시장의 성장을 방해하는 요인이다. 세계 할랄 인증 기준만 200종에 달하고 수출업체는 각 무슬림 국가마다 별도의 인증을 받아야 한다. 전문가들은 이대로라면 할랄 인증이 무슬림 국가들의 수입장벽이 될 수 있다고 지적한다.

① 할랄식품은 무슬림만 먹어야 하는 식품이다.
② 할랄식품의 이미지 때문에 소비자들에게 인기가 좋다.
③ 할랄식품 시장의 급격한 성장으로 유통업계에서 할랄식품을 위한 생산라인을 설치 중이다.
④ 표준화된 할랄 인증 기준을 통과하면 무슬림 국가에 수출이 가능하다.
⑤ 할랄식품은 그 자체가 브랜드이기 때문에 큰 걸림돌 없이 지속적인 성장이 가능하다.

동양 사상이라 해서 언어와 개념을 무조건 무시하는 것은 결코 아니다. 만약 그렇다면 동양 사상은 경전이나 저술을 통해 언어화되지 않고 순전히 침묵 속에서 전수되어 왔을 것이다. 물론 이것은 사실이 아니다. 동양 사상도 끊임없이 언어적으로 다듬어져 왔으며 논리적으로 전개되어 왔다. 흔히 동양 사상은 신비적이라고 말하지만, 이것은 동양 사상의 한 면만을 특정 지우는 것이지 결코 동양의 철인(哲人)들이 사상을 전개함에 있어 논리를 무시했다거나 항시 어떤 신비적인 체험에 호소해서 자신의 주장들을 폈다는 것을 뜻하지는 않는다.

그러나 역시 동양 사상은 신비주의적임에 틀림없다. 거기서는 지고(至高)의 진리란 언제나 언어화될 수 없는 어떤 신비한 체험의 경지임이 늘 강조되어 왔기 때문이다. (㉠) 엉뚱하게 들리겠지만, 동양 사상의 정수(精髓)는 말로써 말이 필요 없는 경지를 가리키려는 데에 있다고 해도 과언이 아니다. 말이 스스로를 부정하고 초월하는 경지를 나타내고자 하는 것이야말로 동양 철학이 지닌 가장 특징적인 정신이다.

동양에서는 인식의 주체를 심(心)이라는 매우 애매하면서도 포괄적인 말로 이해해 왔다. 심(心)은 물(物)과 항시 자연스러운 교류를 하고 있으며, 이성은 단지 심(心)의 일면일 뿐인 것이다. 동양은 이성의 오만이라는 것을 모른다. 지고의 진리, 인간을 살리고 자유롭게 하는 생동적 진리는 언어적 지성을 넘어선다는 의식이 있었기 때문일 것이다. 언어는 언제나 마음을 미처 다 담지 못하며, 둘 사이에는 항시 괴리가 있다는 생각이 동양인들의 의식의 저변에 깔려 있는 것이다.

24 윗글의 핵심적인 내용으로 가장 적절한 것은?

① 동양 사상은 언어적 개념을 등한시하는 경향이 있다.
② 언어에 능통하지 않으면 동양 사상을 이해할 수 없다.
③ 인식의 주체를 심(心)으로 표현하는 동양 사상은 이성적이라 할 수 없다.
④ 동양 사상에서는 언어는 마음을 따르므로 진리는 마음속에 있다고 주장한다.
⑤ 동양 사상은 서양 사상에 비해 신비주의적인 요소가 많다.

25 윗글의 ㉠에 들어갈 말로 가장 적절한 것은?

① 언어는 언제든지 변화할 수 있으므로 신빙성이 부족하다.
② 인식의 주체는 물(物)에서 시작해 심(心)으로 연결된다.
③ 최고의 진리는 언어 이전, 혹은 언어 이후의 무언(無言)의 진리이다.
④ 언어는 추상적인 특징이 강하기 때문에 이성적이라 할 수 없다.
⑤ 여전히 언어의 진위(眞僞) 여부에 대한 확신은 서지 않고 있다.

자료해석　**20문항 / 25분**

[01~02] 다음은 제품가격과 재료비에 따른 분기별 수익과 제품 1톤당 소요되는 재료에 대한 자료이다. 이어지는 질문에 답하시오.

〈제품가격과 재료비에 따른 분기별 수익〉

(단위: 천 원/t)

구분	2020년	2021년			
	4분기	1분기	2분기	3분기	4분기
제품가격	627	597	687	578	559
재료비	178	177	191	190	268
수익	449	420	496	388	291

※ (제품가격)=(재료비)+(수익)

〈제품 1톤당 소요되는 재료〉

철광석	원료탄	철 스크랩
1.6	0.5	0.15

01　제시된 자료에 대한 해석 중 적절하지 않은 것은?

① 2021년 1~4분기의 수익 중 2분기에만 직전분기 대비 증가했다.
② 2021년 4분기 제품가격은 전년 동분기보다 68,000원 감소했다.
③ 2021년에 소요한 재료비용은 826,000원이다.
④ 2021년의 전체 수익은 2,044,000원이다.

02　2022년 1분기의 재료별 톤당 단가가 철광석 70,000원, 원료탄 250,000원, 철 스크랩 200,000원일 때 2022년 1분기의 수익을 2021년 4분기와 동일하게 유지하기 위해 제품가격을 얼마로 책정해야 하는가?

① 558,000원　　　　　　　② 559,000원
③ 560,000원　　　　　　　④ 578,000원

03 다음 그림과 같이 원뿔 모양의 그릇에 일정한 속도로 물을 채우고 있다. 그릇 높이의 반을 채울 때까지 20분이 걸렸다면 그릇을 가득 채울 때까지 추가로 걸리는 시간으로 옳은 것은?

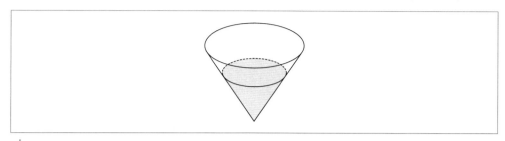

① 1시간 40분
② 2시간
③ 2시간 20분
④ 2시간 40분

04 다음 자료는 어느 금요일과 토요일 A 씨 부부의 전체 양육 활동 유형 9가지에 대한 참여시간을 조사한 자료이다. 이에 대한 설명으로 옳지 않은 것은?

〈금요일과 토요일의 양육 활동 유형별 참여시간〉

(단위: 분)

유형		위생	식사	가사	정서	취침	배설	외출	의료간호	교육
금요일	아내	48	199	110	128	55	18	70	11	24
	남편	4	4	2	25	3	1	5	1	1
토요일	아내	48	234	108	161	60	21	101	10	20
	남편	8	14	9	73	6	2	24	1	3

① 토요일에 남편의 참여시간이 가장 많았던 유형은 정서활동이다.
② 아내의 총 양육 활동 참여시간은 금요일에 비해 토요일에 감소하였다.
③ 남편의 양육 활동 참여시간은 금요일에는 총 46분이었고, 토요일에는 총 140분이었다.
④ 아내의 양육 활동 유형 중 금요일에 비해 토요일에 참여시간이 가장 많이 감소한 것은 교육활동이다.

05 어느 지역의 배추 유통과정은 다음과 같다. 소비자가 소매상으로부터 배추를 구입하였을 때의 가격은 협동조합이 산지에서 구입하였을 때의 가격 대비 몇 % 상승할 것인가?

판매처	구매처	판매가격
산지	협동조합	재배 원가에 10% 이윤을 붙임
협동조합	도매상	산지에서 구매한 가격에 20% 이윤을 붙임
도매상	소매상	협동조합으로부터 구매한 가격이 판매가의 80%
소매상	소비자	도매상으로부터 구매한 가격에 20% 이윤을 붙임

① 20%
③ 60%
② 40%
④ 80%

06 다음은 연도별 근로자 수 변화 추이에 관한 자료이다. 이에 대한 설명으로 옳지 않은 것은?

〈연도별 근로자 수 변화 추이〉

(단위: 천 명)

구분	전체	남성	비중	여성	비중
2017년	14,290	9,061	63.4%	5,229	36.6%
2018년	15,172	9,467	62.4%	5,705	37.6%
2019년	15,536	9,633	62.0%	5,902	38.0%
2020년	15,763	9,660	61.3%	6,103	38.7%
2021년	16,355	9,925	60.7%	6,430	39.3%

① 매년 남성 근로자 수가 여성 근로자 수보다 많다.
② 2017년 대비 2021년 근로자 수의 증가율은 여성이 남성보다 높다.
③ 2017~2021년 동안 남성 근로자 수와 여성 근로자 수의 차이는 매년 증가한다.
④ 2021년 여성 근로자 수는 전년보다 약 5.4% 증가하였다.

07 다음은 어느 도시의 버스노선 변동사항에 관한 자료이다. 〈보기〉를 참고하여 A, B, C, D에 들어갈 노선을 바르게 짝 지은 것은?

〈버스노선 변동사항〉

구분	기존 요금	변동 요금	노선 변동사항
A	1,800원	2,100원	–
B	2,400원	2,400원	–
C	1,600원	1,800원	연장운행
D	2,100원	2,600원	–

보기

• 노선 A, B, C, D는 6, 42, 2000, 3100번 중 하나이다.
• 변동 후 요금이 가장 비싼 노선은 2000번이다.
• 요금 변동이 없는 노선은 42번이다.
• 연장운행을 하기로 결정한 노선은 6번이다.

	A	B	C	D
①	6	42	2000	3100
②	6	42	3100	200
③	3100	6	42	2000
④	3100	42	6	2000

08 다음은 한 연구소에서 임의로 만든 2020년 연간방송 편성비율이다. 2TV의 재방송 시간 중 교양프로그램에 35%를 할애했다면 교양프로그램의 총 방영시간으로 옳은 것은?

〈연간방송 편성비율〉

(단위: 분, %)

매체	연간 유형별 방송시간과 편성비율									
	보도		교양		오락		본방송		재방송	
	시간	비율	시간	비율	시간	비율	시간	비율	시간	비율
1TV	141,615	32.2	227,305	51.7	70,440	16.0	397,075	90.4	42,285	9.6
2TV	32,400	7.4	208,085	47.8	194,835	44.8	333,320	76.6	102,000	23.4
1라디오	234,527	44.8	280,430	53.6	8,190	1.6	449,285	85.9	73,862	14.1
2라디오	34,548	7.2	224,928	46.7	222,314	46.1	459,785	95.4	22,005	4.6
3라디오	111,327	24.3	285,513	62.4	60,915	13.3	310,695	67.9	147,060	32.1
1FM	85	0.02	231,114	44.0	294,264	56.0	460,260	87.6	65,203	12.4
2FM	82	0.02	0	0.0	523,358	100.0	523,440	100.0	0	0.0
한민족1	71,868	16.4	311,792	71.2	54,340	12.4	302,160	69.0	135,840	31.0
한민족2	44,030	14.3	237,250	77.3	25,550	8.3	230	0.1	306,600	99.9
국제방송 (5개채널)	729,060	22.9	1,832,670	57.6	620,590	19.5	364,150	11.4	2,818,170	88.6

① 250,475분　　　　　　　　② 302,479분
③ 243,785분　　　　　　　　④ 384,211분

09 다음 그래프 A와 B는 각각 외국인 근로자의 출신 국가 비율과 직업군 비율을 나타낸 것이다. 이에 대한 설명으로 옳지 않은 것은?

① 스리랑카 출신 외국인 근로자의 비율이 가장 낮다.
② 필리핀 근로자의 직업 중 두 번째로 높은 비율을 차지하는 것은 농업이다.
③ 필리핀 근로자 수는 베트남 근로자 수보다 많다.
④ 외국인 근로자가 가장 많이 종사하는 직종은 음식업이다.

10 다음은 20대 5명이 일주일에 각각의 SNS를 이용한 시간을 측정한 결과표이다. 이에 대한 〈보기〉의 설명 중 옳은 것만을 모두 고르면?

〈SNS별 이용시간〉

(단위: 시간)

SNS＼환자	찬영	민정	현희	선홍	창윤	평균
A	5	4	6	5	5	5
B	4	4	5	5	6	4.8
C	6	5	4	7	x	5.6
D	6	4	5	5	6	y

보기

㉠ 평균 이용시간이 긴 SNS부터 순서대로 나열하면 C, D, A, B 순이다.
㉡ '민정'과 '창윤'의 SNS 이용시간 차이는 C가 B보다 크다.
㉢ B와 D의 이용시간 차이가 가장 큰 사람은 '찬영'이다.
㉣ C의 평균 이용시간보다 C의 이용시간이 긴 사람은 2명이다.

① ㉠, ㉡
② ㉠, ㉢
③ ㉠, ㉢, ㉣
④ ㉡, ㉣

11 다음은 미국 영화산업의 수익원에 대해 2000년도와 2020년도 두 차례에 걸쳐 조사한 표이다. 이에 대한 설명으로 옳지 않은 것은?

<미국 영화산업의 수익원>

구분	2000년		2020년	
	백만 달러	%	백만 달러	%
미국 내 영화관	1,183	29.6	3,100	15.2
미국 외 영화관	911	22.8	2,900	14.2
소계	2,904	52.4	6,000	29.4
홈비디오	280	7	7,800	38.2
유료 케이블	240	6	1,600	7.8
네트워크 TV	430	10.8	300	1.5
신디케이션	150	3.8	800	3.9
해외 TV	100	2.5	1,400	6.9
텔레비전용 영화	700	17.5	2,500	12.3
소계	1,900	47.6	14,400	70.6
합계	3,994	100	20,400	100

① 20년간 미국 영화산업에서 해외시장은 경제적으로 더욱 중요해졌다.
② 20년간 미국의 경우 홈비디오를 통한 영화감상이 눈에 띄게 증가했다.
③ 20년간 영화관을 제외한 미디어들은 수익 규모가 5배 증가하였다.
④ 20년간 영화관은 미국 영화산업의 주요한 수익원 중 하나였다.

12 다음 〈표〉는 2022년 '갑'국 국회의원선거의 당선자 수에 관한 자료이다. 이에 대한 〈보기〉의 설명 중 옳은 것만을 모두 고르면?

〈2022년 '갑'국 국회의원선거의 당선자 수〉

권역＼정당	A	B	C	D	E	합
가	48	( )	0	1	7	65
나	2	( )	( )	0	0	( )
기타	55	98	2	1	4	160
전체	105	110	25	2	11	253

※ '갑'국의 정당은 A ~ E만 존재함

보기

ㄱ. E정당 전체 당선자 중 '가'권역 당선자가 차지하는 비중은 60% 이상이다.

ㄴ. 당선자 수의 합은 '가'권역이 '나'권역의 3배 이상이다.

ㄷ. C정당 전체 당선자 중 '나'권역 당선자가 차지하는 비중은 A정당 전체 당선자 중 '가'권역 당선 자가 차지하는 비중의 2배 이상이다.

ㄹ. B정당 당선자 수는 '나'권역이 '가'권역보다 많다.

① ㄱ, ㄴ
② ㄱ, ㄷ
③ ㄴ, ㄷ
④ ㄴ, ㄷ, ㄹ

13 다음은 노인 취업률 추이에 관한 그래프이다. 이 자료에서 전년 대비 비취업률의 증감률이 가장 큰 연도는?

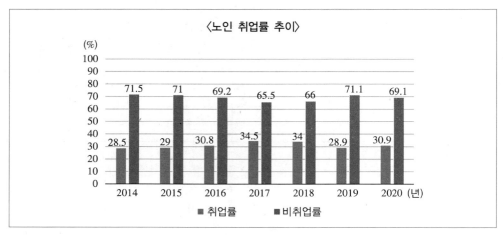

① 2015년
③ 2018년
② 2017년
④ 2019년

14 다음은 치료감호소 수용자 현황에 관한 자료이다. (가) ~ (라)에 해당하는 수를 모두 더한 값은?

〈치료감호소 수용자 현황〉

(단위: 명)

구분	약물	성폭력	심신장애자	합계
2014년	89	77	520	686
2015년	(가)	76	551	723
2016년	145	(나)	579	824
2017년	137	131	(다)	887
2018년	114	146	688	(라)
2019년	88	174	688	950

① 1,524
③ 1,751
② 1,639
④ 1,763

15 A 유전자와 아동기 가정폭력 경험 수준이 청소년의 반사회적 인격장애와 품행장애 발생에 미치는 영향을 조사하기 위해 청소년을 A 유전자 보유 여부에 따라 2개 집단(미보유, 보유)으로 구성한 다음, 각 집단을 아동기 가정폭력 경험 수준에 따라 다시 3개 집단(낮음, 중간, 높음)으로 구분하였다. 이에 대한 설명 중 옳지 않은 것은?

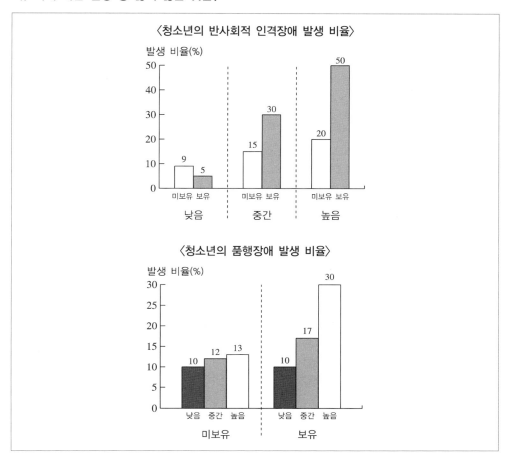

① 청소년의 반사회적 인격장애 발생 비율은 A 유전자 보유 집단과 미보유 집단 각각, 아동기 가정폭력 경험 수준이 높아질수록 높다.
② 청소년의 반사회적 인격장애 발생 비율은 아동기 가정폭력 경험 수준에 따른 집단 각각, A 유전자 미보유 집단이 A 유전자 보유 집단에 비해 낮다.
③ 청소년의 품행장애 발생 비율은 아동기 가정폭력 경험 수준 집단 각각, A 유전자 미보유 집단이 A 유전자 보유 집단보다 높지 않다.
④ 청소년의 품행장애 발생 비율은 A 유전자 보유 집단 중 아동기 가정폭력 경험 수준이 높은 집단이 월등히 높다.

[16~17] 다음은 A 시 가구의 형광등을 LED 전구로 교체할 경우의 기대효과를 분석한 자료이다. 다음 자료를 보고 물음에 답하시오.

A 시의 가구 수 (세대)	적용비율 (%)	가구당 교체개수 (개)	필요한 LED 전구 수 (천 개)	교체비용 (백만 원)	연간 절감 전력량 (만 kWh)	연간 절감 전기요금 (백만 원)
600,000	30	3	540	16,200	3,942	3,942
		4	720	21,600	5,256	5,256
		5	900	27,000	6,570	6,570
	50	3	900	27,000	6,570	6,570
		4	1,200	36,000	8,760	8,760
		5	1,500	45,000	10,950	10,950
	80	3	1,440	43,200	10,512	10,512
		4	1,920	56,600	14,016	14,016
		5	2,400	72,000	17,520	17,520

※ (1kWh당 전기요금) = (연간 절감 전기요금) ÷ (연간 절감 전력량)

16 〈보기〉의 설명 중 옳은 것을 모두 고른 것은?

> **보기**
>
> ㉠ A 시의 50% 가구가 형광등 3개를 LED 전구로 교체한다면 교체비용은 270억 원이 소요된다.
> ㉡ A 시의 30%의 가구가 형광등 5개를 LED 전구로 교체한다면 연간 절감 전기요금은 50% 가구의 형광등 3개를 LED 전구로 교체한 것과 동일하다.
> ㉢ A 시에 적용된 전기요금은 1kWh당 100원이다.
> ㉣ A 시의 모든 가구가 형광등 5개를 LED 전구로 교체하려면 전구 240만 개가 필요하다.

① ㉠, ㉡   ② ㉡, ㉢
③ ㉢, ㉣   ④ ㉠, ㉡, ㉢

17 A 시의 80% 가구가 형광등 5개를 전구로 교체할 때와 50% 가구가 형광등 5개를 LED 전구로 교체할 때의 3년 후 절감액의 차로 옳은 것은?

① 18,910백만 원
② 19,420백만 원
③ 19,710백만 원
④ 19,850백만 원

18 다음은 관측망별 연평균 자외선(자외선 복사량)에 관한 자료이다. 이에 대한 설명 중 옳은 것은?

〈관측망별 연평균 자외선(자외선 복사량)〉

(단위: mW/cm^2)

구분	2016년	2017년	2018년	2019년	2020년	2021년
안면도	123.6	117.5	115.1	115.0	111.1	122.6
강릉	100.3	102.3	114.7	107.9	93.4	96.6
목포	106.9	133.8	134.8	129.0	114.1	108.6
포항	122.5	121.9	127.6	124.8	108.7	126.6
고산	108.3	145.1	140.1	124.9	124.7	122.5

① 2020년 연평균 자외선 복사량이 가장 높은 지역은 고산으로 이 지역의 6년간 평균 자외선 복사량은 127.6mW/cm^{2}이다.

② 5개 지역 모두 2018년에 자외선 복사량 수치가 가장 높게 관측되었다.

③ 자외선 복사량이 가장 낮게 관측된 곳은 2020년 강릉이고, 가장 높게 관측된 곳은 2018년 고산이다.

④ 2018년 연평균 자외선 복사량이 가장 낮았던 지역은 강릉으로 이 지역의 6년간 평균 자외선 복사량은 100mW/cm^2 미만이다.

19 다음은 지역별 마약류 단속에 관한 자료이다. 이에 대한 설명으로 옳은 것은?

<지역별 마약류 단속 건수>

(단위: 건, %)

구분	대마	마약	향정신성의약품	합계	비중
서울	49	18	323	390	22.1
인천·경기	55	24	552	631	35.8
부산	6	6	166	178	10.1
울산·경남	13	4	129	146	8.3
대구·경북	8	1	138	147	8.3
대전·충남	20	4	101	125	7.1
강원	13	0	35	48	2.7
전북	1	4	25	30	1.7
광주·전남	2	4	38	44	2.5
충북	0	0	21	21	1.2
제주	0	0	4	4	0.2
전체	167	65	1,532	1,764	100.0

※ 수도권은 서울과 인천·경기를 합한 지역임
※ 마약류는 대마, 마약, 향정신성의약품으로만 구성됨

① 대마 단속 전체 건수는 마약 단속 전체 건수의 3배 이상이다.
② 수도권의 마약류 단속 건수는 마약류 단속 전체 건수의 50% 이상이다.
③ 마약 단속 건수가 없는 지역은 5곳이다.
④ 향정신성의약품 단속 건수는 대구·경북 지역이 광주·전남 지역의 4배 이상이다.

20 다음은 국가별·연령대별 스포츠브랜드 선호 비율을 나타낸 표이다. 이에 대한 〈보기〉의 설명 중 옳은 것을 모두 고른 것은?

〈국가별·연령별 스포츠브랜드 선호 비율〉

(단위: %)

국가별	스포츠브랜드	연령대		
		30대 이하	40 ~ 50대	60대
A 국	N 사	10	25	50
	S 사	30	35	40
	P 사	60	40	10
B 국	N 사	10	20	35
	S 사	20	30	35
	P 사	70	50	30

보기

㉠ A 국, B 국 모두 S 사 선호 비율은 연령대가 높은 집단일수록 높다.
㉡ 40 ~ 50대에서 스포츠브랜드 선호 비율 순위는 A 국과 B 국이 같다.
㉢ 연령대가 높은 집단일수록 N 사 선호 비율은 B 국보다 A 국에서 더 큰 폭으로 증가한다.
㉣ 30대 이하에서는 P 사를 선호하는 B 국의 인원 수가 A 국의 인원 수보다 많다.

① ㉠, ㉡
② ㉠, ㉢
③ ㉠, ㉡, ㉢
④ ㉠, ㉡, ㉣

[01~10] 다음 〈보기〉의 왼쪽과 오른쪽 기호의 대응을 참고하여 각 문제의 대응이 같으면 답안지에 '①
맞음'을, 틀리면 '② 틀림'을 선택하시오.

> **보기**
>
> | | | | | |
> |---|---|---|---|---|
> | 딸기 = soup | 귤 = desk | 리치 = note | 메론 = cup | 포도 = east |
> | 바나나 = sour | 키위 = coffee | 수박 = paper | 사과 = pizza | 배 = door |

01	딸기 귤 수박 사과 배	– soup desk paper pizza door	① 맞음 ② 틀림
02	귤 리치 바나나 수박 사과	– desk note soup paper pizza	① 맞음 ② 틀림
03	포도 바나나 귤 메론 딸기	– door sour desk note soup	① 맞음 ② 틀림
04	배 사과 딸기 리치 바나나	– door pizza soup note sour	① 맞음 ② 틀림
05	사과 포도 메론 키위 딸기	– door east cup coffee desk	① 맞음 ② 틀림

> **보기**
>
> | | | | | |
> |---|---|---|---|---|
> | 10 = ☆ | 40 = ◪ | 55 = ★ | 6 = ● | 16 = ❖ |
> | 60 = ◎ | 34 = ◇ | 15 = ◆ | 66 = ◈ | 43 = ◤ |

06	10 15 66 16 6	– ☆ ◈ ◆ ❖ ●	① 맞음 ② 틀림
07	60 40 55 43 34	– ◎ ◪ ★ ◤ ◇	① 맞음 ② 틀림
08	16 6 60 55 66	– ❖ ● ◎ ★ ◈	① 맞음 ② 틀림
09	15 34 10 40 16	– ◆ ◇ ★ ◤ ◈	① 맞음 ② 틀림
10	43 60 6 55 15	– ◤ ◎ ● ★ ◆	① 맞음 ② 틀림

---보기---

aowl = ☉	dpqj = ☂	gurp = ♨	fuvb = ☀	sptq = ♡
skft = ☼	widj = ☺	blsd = ☆	dmsa = ☏	tkfk = ☎

11	sptq blsd widj dpqj skft – ♡ ☆ ☺ ☂ ☼	① 맞음 ② 틀림
12	tkfk aowl gurp dmsa fuvb – ☎ ☉ ♨ ☏ ☀	① 맞음 ② 틀림
13	blsd widj dmsa tkfk sptq – ☆ ☺ ☂ ☏ ♡	① 맞음 ② 틀림
14	dpqj gurp skft aowl sptq – ☂ ♨ ☼ ☉ ♡	① 맞음 ② 틀림
15	fuvb dmsa tkfk blsd widj – ☼ ☏ ☎ ☆ ♡	① 맞음 ② 틀림

---보기---

주왕산 = 탁구	팔공산 = 축구	소백산 = 수영	지리산 = 사격	북한산 = 양궁
설악산 = 승마	한라산 = 유도	계룡산 = 농구	속리산 = 요트	덕유산 = 권투

16	팔공산 속리산 덕유산 북한산 한라산 – 축구 수영 권투 양궁 요트	① 맞음 ② 틀림
17	설악산 북한산 소백산 주왕산 설악산 – 승마 양궁 수영 탁구 승마	① 맞음 ② 틀림
18	한라산 주왕산 지리산 설악산 계룡산 – 유도 탁구 사격 승마 농구	① 맞음 ② 틀림
19	속리산 북한산 덕유산 팔공산 주왕산 – 요트 양궁 농구 사격 탁구	① 맞음 ② 틀림
20	지리산 소백산 한라산 계룡산 설악산 – 탁구 수영 유도 농구 권투	① 맞음 ② 틀림

[21~30] 다음의 〈보기〉에서 각 문제의 왼쪽에 표시된 굵은 글씨체의 기호, 문자, 숫자의 개수를 모두 세어 오른쪽에서 찾으시오.

		〈보기〉	〈개수〉
21	**8**	8784831284846866564851315846879898153218 46813321456	① 11개 ② 12개 ③ 13개 ④ 14개
22	**ⓒ**	ⒶⒷⒹⒸⒷⒶⒹⒸⒹⒷⒶⒸⒷⒹⒶⒸⒶⒷⒹⒸⒶⒸ ⒹⒷⒶⒸⒶⒷⒹⒸⒶⒷⒸⒹⒷⒶ	① 6개 ② 7개 ③ 8개 ④ 9개
23	**◫**	◍○⊙⊙⊖◎◫○⊖⊙⊖◫○◫○◎○○⊙⊖◫○⊖○◫ ⊙○◎◎◫⊖○○○⊙⊖◫◫○	① 5개 ② 6개 ③ 7개 ④ 8개
24	**s**	When one wants to create a path of one's own liking in life, one has to make many turns and overcome many obstacles.	① 5개 ② 6개 ③ 7개 ④ 8개
25	**어**	어아요어아의여어아야아야어우으아야아이아야예아 야야어여어으아어오우의유어아왜	① 5개 ② 6개 ③ 7개 ④ 8개
26	**e**	Autumn is a second spring when every leaf is a flower.	① 5개 ② 6개 ③ 7개 ④ 8개
27	**ㄴ**	모든 어린이는 예술가이다. 문제는 어떻게 하면 이들 이 커서도 예술가로 남을 수 있게 하느냐이다.	① 8개 ② 9개 ③ 10개 ④ 11개
28	**5**	4875122358959621572415368515178065965125 4685356795146	① 10개 ② 11개 ③ 12개 ④ 13개
29	**ㅜ**	분할주의 기법은 상호 침투를 통해 대상의 연속적인 움직임을 효과적으로 표현하였다.	① 1개 ② 2개 ③ 3개 ④ 4개
30	**h**	As the soil, however rich it may be, cannot be productive without cultivation, so the mind without culture can never produce good fruit.	① 4개 ② 5개 ③ 6개 ④ 7개

육군 부사관 모집선발 필기시험
최종모의고사

【과목순서】

제1과목 공간능력	제3과목 자료해석
제2과목 언어논리	제4과목 지각속도

성명		수험번호							

육군 부사관 모집선발 필기시험

제5회 최종모의고사

QR코드 접속을 통해
풀이시간 측정, 자동 채점
그리고 결과 분석까지!

공간능력 18문항 / 10분

정답 및 해설 p.074

[01~05] 다음에 유의하여 물음에 답하시오.

- 입체도형을 펼쳐 전개도를 만들 때, 전개도에 표시된 그림(예 ◨, ◪ 등)은 회전의 효과를 반영함. 즉, 본 문제의 풀이과정에서 보기의 전개도상에 표시된 "◨"와 "⊟"은 서로 다른 것으로 취급함.
- 단, 기호 및 문자(예 ☎, ♤, ♨, K, H 등)의 회전에 의한 효과는 본 문제의 풀이과정에 반영하지 않음. 즉, 입체도형을 펼쳐 전개도를 만들 때, "☎"의 방향으로 나타나는 기호 및 문자도 보기에서는 "☎"의 방향으로 표시하며 동일한 것으로 취급함.

01 다음 입체도형의 전개도로 알맞은 것은?

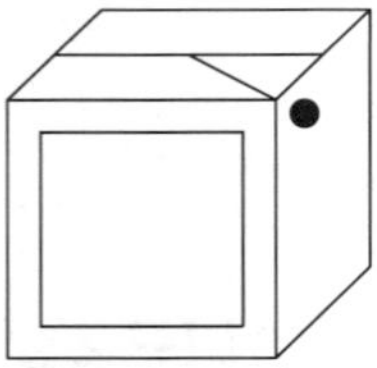

①
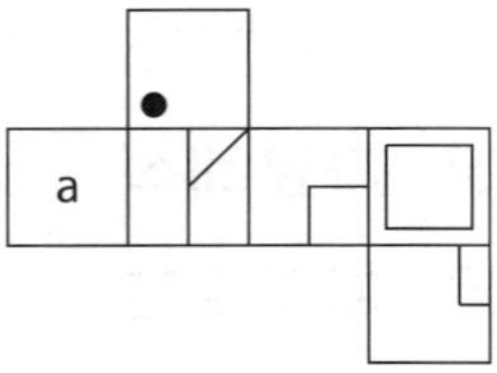

②
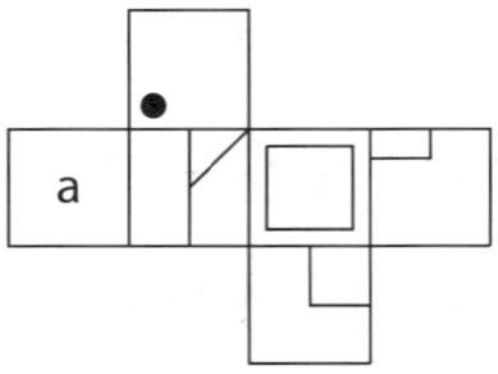

③
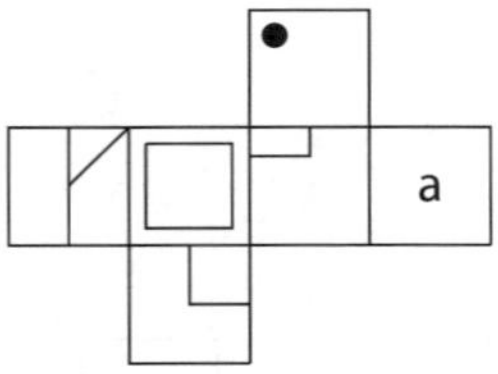

④
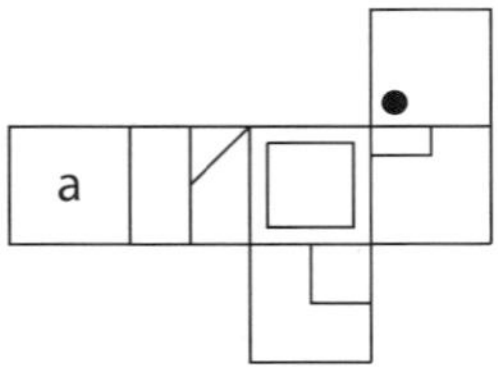

02 다음 입체도형의 전개도로 알맞은 것은?

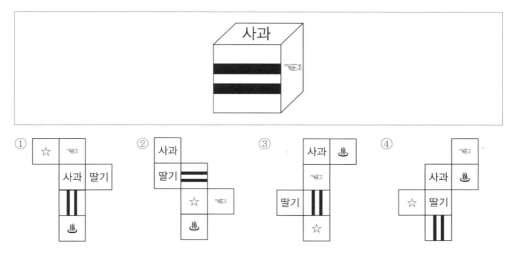

03 다음 입체도형의 전개도로 알맞은 것은?

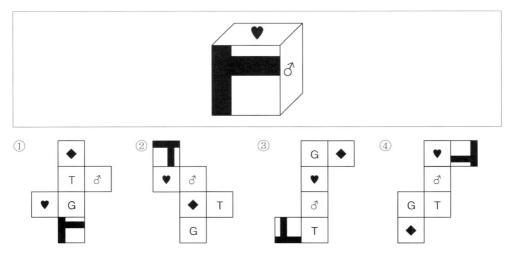

04 다음 입체도형의 전개도로 알맞은 것은?

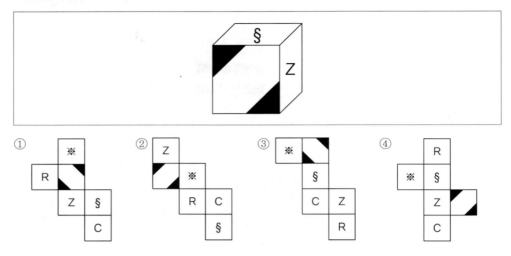

05 다음 입체도형의 전개도로 알맞은 것은?

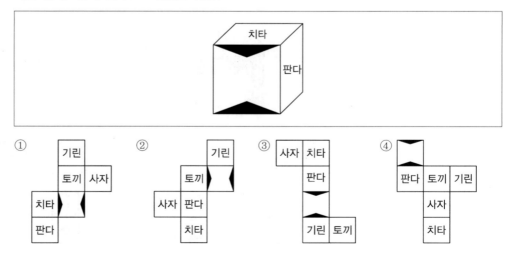

- 전개도를 접을 때 전개도상의 그림, 기호, 문자가 입체도형의 겉면에 표시되는 방향으로 접음.
- 전개도를 접어 입체도형을 만들 때, 전개도에 표시된 그림(예 📗, ◻ 등)은 회전 효과를 반영함. 즉, 본 문제의 풀이과정에서 보기의 전개도상에 표시된 "📗"와 "◼"은 서로 다른 것으로 취급함.
- 단, 기호 및 문자(예 ☎, ♤, ♨, K, H)의 회전에 의한 효과는 본 문제의 풀이과정에 반영하지 않음. 즉, 전개도를 접어 입체도형을 만들 때, "🔄"의 방향으로 나타나는 기호 및 문자도 보기에서는 "☎"의 방향으로 표시하며 동일한 것으로 취급함.

06 다음 전개도의 입체도형으로 알맞은 것은?

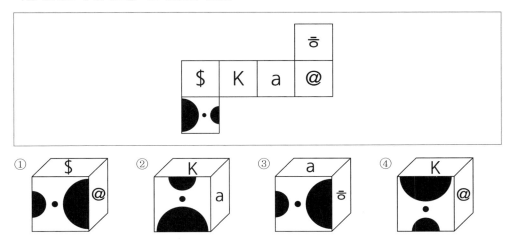

07 다음 전개도의 입체도형으로 알맞은 것은?

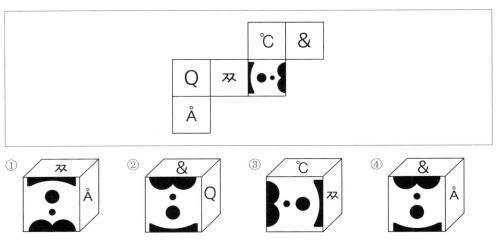

05 최종모의고사

08 다음 전개도의 입체도형으로 알맞은 것은?

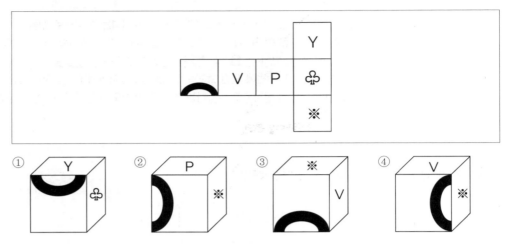

09 다음 전개도의 입체도형으로 알맞은 것은?

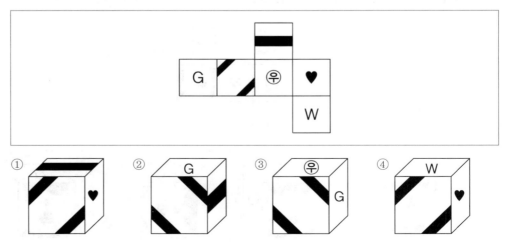

10 다음 전개도의 입체도형으로 알맞은 것은?

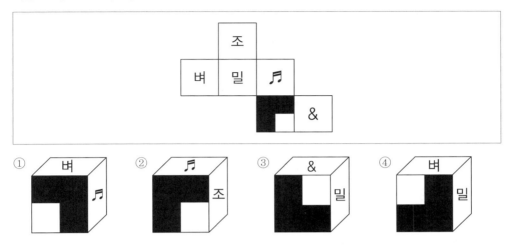

① ② ③ ④

05 최종모의고사

[11~14] 아래에 제시된 그림과 같이 쌓기 위해 필요한 블록의 수를 고르시오.

※ 블록은 모양과 크기가 모두 동일한 정육면체임

11

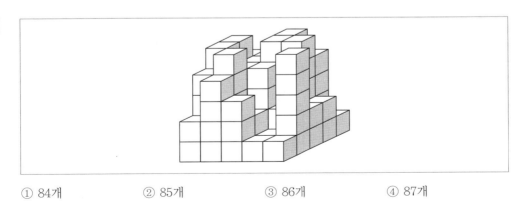

① 84개 ② 85개 ③ 86개 ④ 87개

12

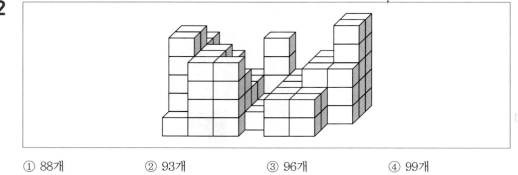

① 88개   ② 93개   ③ 96개   ④ 99개

13

① 110개   ② 112개   ③ 114개   ④ 116개

14

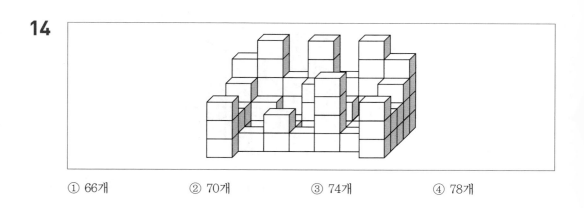

① 66개   ② 70개   ③ 74개   ④ 78개

[15~18] 아래에 제시된 블록들을 화살표 표시한 방향에서 바라봤을 때의 모양으로 알맞은 것을 고르시오.

* 블록은 모양과 크기가 모두 동일한 정육면체임
* 바라보는 시선의 방향은 블록의 면과 수직을 이루며 원근에 의해 블록이 작게 보이는 효과는 고려하지 않음

15

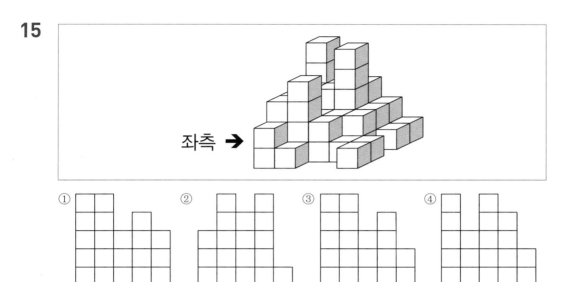

① ② ③ ④

16

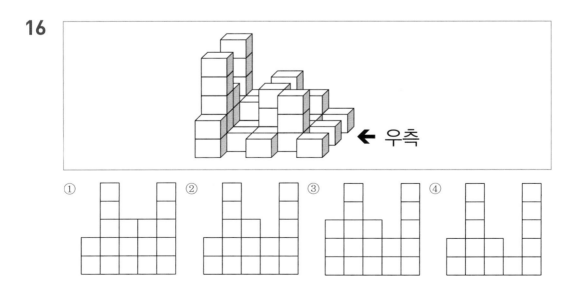

① ② ③ ④

17

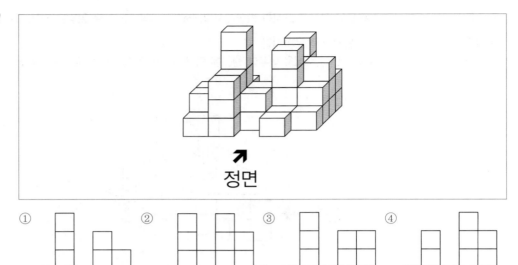

정면

① ② ③ ④

18

↓ 상단

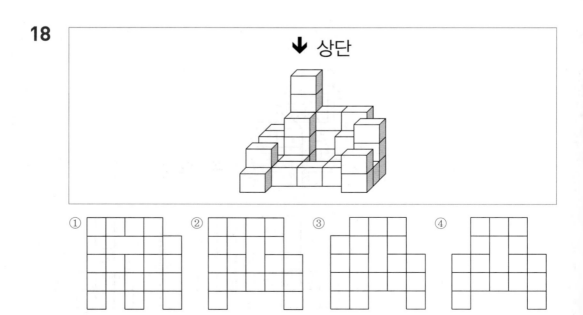

① ② ③ ④

01 밑줄 친 단어의 문맥적 의미와 가장 유사한 것은?

> 길을 가다가 밤이 너무 깊어서 근처 여관으로 <u>들었다</u>.

① 한국어는 교착어에 <u>든다</u>.
② 하반기에 <u>들자</u> 경기가 서서히 회복되기 시작했다.
③ 노란 봉지에 어머니의 약이 <u>들었다</u>.
④ 어제 우리는 작은 방으로 <u>들기로</u> 집주인과 계약했다.
⑤ 다음 달에 시부모 제삿날이 <u>들어</u> 있다.

02 밑줄 친 단어를 적절하게 바꿔 쓴 것은?

> • 그의 신속한 ㉠ <u>판단(으)</u>로 상처를 치료할 수 있었다.
> • 어머니의 사랑은 감히 ㉡ <u>헤아릴 수 없다</u>.

	㉠	㉡
①	대비	가늠할 수 없다
②	처치	가름할 수 없다
③	처치	예상할 수 없다
④	대응	가름할 수 없다
⑤	대응	가늠할 수 없다

03 다음 명제가 모두 참일 때, 반드시 참인 명제는?

- 갑과 을 앞에 감자칩, 쿠키, 비스킷이 놓여 있다.
- 세 가지의 과자 중에는 각자 좋아하는 과자가 반드시 있다.
- 갑은 감자칩과 쿠키를 싫어한다.
- 을이 좋아하는 과자는 갑이 싫어하는 과자이다.

---

① 갑은 좋아하는 과자가 없다.
② 갑은 비스킷을 싫어한다.
③ 을은 비스킷을 싫어한다.
④ 갑과 을이 같이 좋아하는 과자가 있다.
⑤ 갑과 을이 같이 싫어하는 과자가 있다.

04 다음 중 밑줄 친 사자성어와 뜻이 다른 것은?

　이번 달도 이렇게 마무리 되었습니다. 우리는 이번에 매우 소중한 경험을 하였습니다. 경쟁사의 대두로 인해 모든 주력 상품들의 판매가 저조해 지고 있는 가운데 모두 거래처를 찾아가 한 번, 두 번으로 안 되면 될 때까지 계속해서 <u>십벌지목(十伐之木)</u> 끝에 위기를 넘기고 오히려 전보다 더 높은 수익을 얻었습니다. 모두 너무나 감사합니다.

---

① 반복무상(反覆無常)
② 마부작침(磨斧作針)
③ 우공이산(愚公移山)
④ 적진성산(積塵成山)
⑤ 철저성침(鐵杵成針)

05 다음 중 ㉠에 들어갈 말로 가장 적절한 것은?

> 한 민족이 지닌 문화재는 그 민족 역사의 누적일 뿐 아니라 그 누적된 민족사의 정수로서 이루어진 혼의 상징이니, 진실로 살아 있는 민족적 신상(神像)은 이를 두고 달리 없을 것이다. 더구나 국보로 선정된 문화재는 우리 민족의 성력(誠力)과 정혼(精魂)의 결정으로 그 우수한 질과 희귀한 양에서 무비(無比)의 보(寶)가 된 자이다. 그러므로 국보 문화재는 곧 민족 전체의 것이요, 민족을 결속하는 정신적 유대로서 민족의 힘의 원천이라 할 것이다.
> 로마는 하루아침에 만들어지지 않는다는 말도 그 과거 문화의 존귀함을 말하는 것이요, (㉠)는 말도 국보 문화재가 얼마나 힘 있는가를 밝힌 예증이 된다.

① 구르는 돌에는 이끼가 끼지 않는다
② 지식은 나눌 수 있지만 지혜는 나눌 수 없다
③ 사람은 겪어 보아야 알고 물은 건너 보아야 안다
④ 그 무엇을 내놓는다고 해도 셰익스피어와는 바꾸지 않는다
⑤ 아름다운 시작보다 아름다운 끝을 선택하라

06 다음 밑줄 친 부분과 같은 의미로 쓰인 것은?

> 대한민국 국군은 연평도 포격 당시 전군에 비상을 <u>걸었다</u>.

① 그녀는 4년 만에 금메달을 목에 <u>걸었다</u>.
② 자신의 일에 나를 <u>걸고</u> 넘어지는 그가 미웠다.
③ 그가 아들에게 <u>거는</u> 기대가 크다는 것은 모두가 아는 사실이다.
④ 차는 발동을 <u>걸고</u> 있었으며 그들이 올라타자 차는 무섭게 쿨렁이기 시작했다.
⑤ 게임이 풀리지 않아 감독은 작전 타임을 <u>걸었다</u>.

07 다음 글을 바탕으로 한 편의 글을 쓴다고 할 때, 이어질 내용으로 가장 적절한 것은?

> 국립공원 안에 심어 놓은 나무를 대량으로 제거하고 다른 종류의 나무를 심는 정책이 추진되고 있다. 국립공원 조성 당시 조속한 산림녹화를 위해 단일 수종으로 이루어진 숲을 만들어 숲의 건강성이 악화되었기 때문이다. 단일 수종으로만 이루어진 숲은 외부에서 위험이 가해졌을 때 이를 이겨 내는 힘이 약하다.

① 공통성을 중요시하는 삶
② 다양성을 중요시하는 삶
③ 전체성을 중요시하는 삶
④ 창조성을 중요시하는 삶
⑤ 협동성을 중요시하는 삶

08 제시된 단락을 읽고, 이어질 단락을 논리적 순서대로 배열한 것을 고르시오.

> 초콜릿은 많은 사람이 좋아하는 간식이다. 어릴 때 초콜릿을 많이 먹으면 이가 썩는다는 부모님의 잔소리를 안 들어본 사람은 별로 없을 것이다. 그러면 초콜릿은 어떻게 등장하게 된 것일까?

> (A) 한국 또한 초콜릿의 열풍을 피할 수는 없었는데, 한국에 초콜릿이 전파된 것은 개화기 이후 서양 공사들에 의해서였다고 전해진다. 일제강점기 이후 한국의 여러 제과회사는 다양한 변용을 통해 다채로운 초콜릿 먹거리를 선보이고 있다.
>
> (B) 초콜릿의 원료인 카카오 콩의 원산지는 남미로 전해진다. 대항해 시대 이전, 즉 유럽인들이 남미에 진입하기 이전의 카카오 콩은 예식의 예물로 선물하기도 하고 의약품의 대용으로 사용되는 등 진귀한 대접을 받는 물품이었다.
>
> (C) 유럽인들이 남미로 진입한 이후, 여타 남미산 작물이 그러하였던 것처럼 카카오 콩도 유럽으로 전파되어 선풍적인 인기를 끌게 된다. 다만, 남미에서 카카오 콩에 첨가물을 넣지 않았던 것과 달리 유럽에서는 설탕을 넣어 먹었다고 한다.
>
> (D) 카카오 콩에 설탕을 넣어 먹은 것이 바로 우리가 간식으로 애용하는 초콜릿의 원형이라고 할 수 있다. 설탕과 카카오 콩의 결합물로 만들어진 초콜릿은 이후 세계를 풍미하는 간식의 대표 주자가 된다.

① (B) − (C) − (D) − (A)   ② (B) − (D) − (C) − (A)
③ (B) − (D) − (A) − (C)   ④ (C) − (B) − (D) − (A)
⑤ (C) − (B) − (A) − (D)

09 다음 밑줄 친 관용 표현의 쓰임이 적절하지 않은 것은?

① 학생들은 쉬는 시간마다 <u>난장을 치고</u> 논다.
② 그녀는 말이 없는 편인데, 항상 <u>달다 쓰다 말이 없어서</u> 답답하다.
③ 그들은 부정한 방법으로 <u>한몫 잡고</u> 해외로 도주했다.
④ 그는 승진을 위해서 <u>간이라도 꺼내어 줄 것</u>이다.
⑤ 그와 나는 <u>눈 위의 혹</u>처럼 막역한 사이이다.

10 다음 제시된 낱말의 대응 관계로 볼 때, 빈칸에 들어가기에 알맞은 것은?

> 흉내 : 시늉 = 권장(勸獎) : (   )

① 권려(勸勵)
② 조성(造成)
③ 권감(權減)
④ 형성(形成)
⑤ 권략(權略)

11 다음 글의 내용과 일치하지 않는 것은?

> 엘리스에 따르면 인간의 심리적 문제는 개인의 비합리적인 신념의 산물이다. 엘리스가 말하는 비합리적 신념의 공통적 특성은 다음과 같다. 첫째, 당위적 사고이다. 이러한 사고방식은 스스로에게 너무나 많은 것을 요구하게 하고, 세상이 자신의 당위에서 조금만 벗어나 있어도 그것을 참지 못하는 경직된 사고를 유발하게 된다. 둘째, 지나친 과장이다. 이는 문제 상황을 지나치게 과장함으로써 문제에 대한 차분하고 객관적인 접근을 가로막는다. 셋째, 자기 비하이다. 이러한 사고방식은 자신의 부정적인 측면을 기초로 자신의 인격 전체를 폄하하는 부정적 사고방식을 낳게 된다.

① 당위적 사고는 경직된 사고를 유발한다.
② 지나친 과장은 객관적 사고를 가로막는다.
③ 비합리적 신념에는 공통적 특징들이 존재한다.
④ 심리적 문제가 비합리적인 신념의 원인이 된다.
⑤ 자기 비하는 자신의 인격 전체를 부정하게 만든다.

12 밑줄 친 단어와 같은 의미로 쓰인 것이 아닌 것은?

> 고대 그리스의 조각 작품들을 살펴보면, 조각 전체의 자세 및 동작이 기하학적 균형을 바탕으로 나타나있음을 알 수 있다. 세부적인 묘사에 치중된 (가) 기교보다는 기하학을 바탕으로 한 전체적인 균형과 (나) 절제된 표현이 고려된 것이다. 그런데 헬레니즘기의 조각으로 넘어가면서 초기의 (다) 근엄하고 정적인 모습이나 기하학적인 균형을 중시하던 입장에서 후퇴하는 현상들이 보이게 된다. 형태들을 보다 더 (라) 완숙한 모습으로 나타내기 위해 사실적인 묘사나 장식적인 측면들에 주목하게 된 것이라 할 수 있다. 하지만 그 안에서도 여전히 기하학적인 균형을 찾아볼 수 있으며 개별적인 것들을 포괄하는 보편적인 질서인 이데아를 (마) 구현하고자 하는 고대 그리스 사람들의 생각을 엿볼 수 있다.

① (가): 그는 당대의 쟁쟁한 바이올리니스트 중에서도 기교가 뛰어나기로 유명하다.
② (나): 수도사들은 욕망을 절제하고 청빈한 삶을 산다.
③ (다): 방에 들어서니 할아버지가 근엄한 표정으로 앉아 계셨다.
④ (라): 몇 년 사이에 아주 어른이 되어 예전의 완숙한 모습은 찾아볼 수가 없다.
⑤ (마): 그는 정의 구현을 위해 판사가 되기로 마음먹었다.

13 다음 글의 예시로 적절하지 않은 것은?

> 현대사회는 익명성을 바탕으로 많은 사람과 소통할 수 있다. 그러나 바로 그 환경 때문에 대면 접촉을 통한 소통이 점차 경시되고 있으며 접촉 범위는 넓어졌으나 소통의 깊이 면에서는 예전과 큰 차이를 보인다. 이러한 상황에서 사람 간의 소통은 동일한 사회적 기반을 갖추고 있지 않는 한 제대로 이루어지지 않고 있다. 특히 우리 사회는 집단 간 소통이 큰 문제로 부각되고 있다. 그로 인해 같은 집단 내 공감과 대화가 활발할 뿐 다른 집단 간의 대화는 종종 싸움으로 번져 서로에 대한 비방으로 끝이 나는 경우가 많다.

① 가만히 앉아서 우리의 피땀으로 제 주머니만 불리는 돼지 같은 경영자들!
② 요즘 젊은 애들은 배가 불러서 그래. 우리는 더 힘든 상황에서도 열심히 일했는데 말이야.
③ 저 임대 아파트 애들은 게으르고 더러우니까 함께 놀지 마라.
④ A지역에 국가 산업 단지가 들어온다고? 로비라도 했나? 이번 정부는 A지역만 챙기는군.
⑤ 이번에 B기업에서 낸 신제품 봤어? 무리하게 할인을 해서라도 저 제품을 꺾자고.

14 다음 밑줄 친 ㉠의 내용을 약화하는 진술로 가장 적절한 것은?

> 침팬지, 오랑우탄, 피그미 침팬지 등 유인원도 자신이 다른 개체의 입장이 됐을 때 어떤 생각을 할지 미루어 짐작해 보는 능력이 있다는 연구 결과가 나왔다. 그동안 다른 개체의 입장에서 생각을 미루어 짐작해 보는 능력은 사람에게만 있는 것으로 여겨져 왔다. 연구팀은 오랑우탄 40마리에게 심리테스트를 위해 제작한 영상을 보여 주었다. 그들은 '시선 추적기'라는 특수 장치를 이용하여 오랑우탄들의 시선이 어디를 주목하는지 조사하였다. 영상에는 유인원의 의상을 입은 두 사람 A와 B가 싸우는 장면이 보인다. A와 싸우던 B가 건초더미 뒤로 도망친다. 화가 난 A가 문으로 나가자 B는 이 틈을 이용해 옆에 있는 상자 뒤에 숨는다. 연구팀은 몽둥이를 든 A가 다시 등장하는 장면에서 피험자 오랑우탄들의 시선이 어디로 향하는지를 분석하였다. 이 장면에서 오랑우탄 40마리 중 20마리는 건초더미 쪽을 주목했다. B가 숨은 상자를 주목한 오랑우탄은 10마리였다. 이 결과를 토대로 연구팀은 피험자 오랑우탄 20마리는 B가 상자 뒤에 숨었다는 사실을 모르는 A의 입장이 되어 건초더미를 주목했다는 ㉠ 해석을 제시하였다. 이 실험으로 오랑우탄에게도 다른 개체의 생각을 미루어 짐작하는 능력이 있는 것으로 볼 수 있으며, 이러한 점은 사람과 유인원의 심리 진화 과정을 밝히는 실마리가 될 것으로 보인다.

① 상자를 주목한 오랑우탄들은 A보다 B와 외모가 유사한 개체들임이 밝혀졌다.

② 사람 40명을 피험자로 삼아 같은 실험을 하였더니 A의 등장 장면에서 30명이 건초더미를 주목하였다.

③ 새로운 오랑우탄 40마리를 피험자로 삼고 같은 실험을 하였더니 A의 등장 장면에서 21마리가 건초더미를 주목하였다.

④ 오랑우탄 20마리는 단지 건초더미가 상자보다 자신들에게 가까운 곳에 있었기 때문에 건초더미를 주목한 것임이 밝혀졌다.

⑤ 건초더미와 상자 중 어느 쪽도 주목하지 않은 나머지 오랑우탄 10마리는 영상 속의 유인원이 가짜라는 것을 알고 있었다.

15 다음 글에서 〈보기〉가 들어갈 위치로 가장 적절한 곳은?

(가) 자연계는 무기적인 환경과 생물적인 환경이 상호 연관되어 있으며 그것은 생태계로 불리는 한 시스템을 이루고 있음이 밝혀진 이래, 이 이론은 자연을 이해하기 위한 가장 기본이 되는 것으로 받아들여지고 있다. (나) 그동안 인류는 더 윤택한 삶을 누리기 위하여 산업을 일으키고 도시를 건설하며 문명을 이룩해 왔다. (다) 이로써 우리의 삶은 매우 윤택해졌으나 우리의 생활환경은 오히려 훼손되고 있으며 환경오염으로 인한 공해가 누적되고 있고, 우리 생활에서 없어서는 안 될 각종 자원도 바닥이 날 위기에 놓이게 되었다. (라) 따라서 우리는 낭비되는 자원, 그리고 날로 황폐해져 가는 자연에 대하여 우리가 해야 할 시급한 임무가 무엇인지를 깨닫고, 이를 실천하기 위해 우리 모두의 지혜와 노력을 모아야만 한다. (마)

> **보기**
>
> 만약 우리가 이 위기를 슬기롭게 극복해내지 못한다면 인류는 머지않아 파멸에 이르게 될 것이다.

① (가)　　　　　　　　　　　　　　② (나)
③ (다)　　　　　　　　　　　　　　④ (라)
⑤ (마)

16 다음 문장을 알맞게 배열한 것은?

(가) 그렇지만 그러한 위험을 감수하면서 기술 혁신에 도전했던 기업가와 기술자의 노력 덕분에 산업의 생산성은 지속적으로 향상되었고, 지금 우리는 그 혜택을 누리고 있다.
(나) 산업 기술은 적은 비용으로 더 많은 생산이 가능하도록 제조 공정의 효율을 높이는 방향으로 발전해 왔다.
(다) 기술 혁신의 과정은 과다한 비용 지출이나 실패의 위험이 도사리고 있는 험난한 길이기도 하다.
(라) 이러한 기술 발전은 제조 공정의 일부를 서로 결합함으로써 대폭적인 비용 절감을 가능하게 하는 기술 혁신을 통하여 이루어진다.

① (나) – (라) – (다) – (가)　　　　　② (나) – (다) – (가) – (라)
③ (다) – (나) – (가) – (라)　　　　　④ (다) – (라) – (가) – (나)
⑤ (가) – (라) – (나) – (다)

17 다음 글의 ㉠에 올 내용으로 가장 적절한 것은?

> 음식은 나라마다 특성이 있으며, 식사 예법 또한 일률적이지 않다. 요리에 필요한 재료와 조미료가 특히 다르며, 음식에 대한 사고 또한 다르다. 일본인은 시각으로 먹고, 인도인은 촉각으로 먹으며, 프랑스인은 미각으로 먹는다. 조용조용 소리 없이 먹는 경우가 대부분이어서 청각이 동원되는 예가 흔치 않지만, 우리의 경우는 다르다. 가령, 우리 여름철 음식의 대명사격인 냉면은 스파게티 가락들을 포크에 돌돌 말아 먹듯 젓가락에 말아 먹어서는 제맛이 나지 않는다. 젓가락으로 휘휘 둘러서 적당량을 입 끝에 댄 다음 후루룩 입 안에 넣어야 제맛이다. 청각이 동원되어야 하는 음식으로는 총각김치와 오이소박이도 빼놓을 수 없다. (㉠   )

① 조용조용 먹지 않는다고 홍보하는 것은 따라서 문제가 있다.
② 음식의 특성이 바로 식사 예법을 결정한다.
③ 먹다 보면 소리가 요란할 수밖에 없는 음식들이 있다.
④ '빨리빨리'의 사고방식을 여기에서도 확인할 수 있다.
⑤ 음식의 재료에 따라 먹는 방법이 달라진다.

18 다음 〈보기〉에 제시한 주제문에 대한 뒷받침 문장으로 가장 적절하지 않은 것은?

> **보기**
> 육교는 교통난 해소를 위해 도심 곳곳에 설치되었지만, 육교가 설치됨으로써 몇 가지 문제점이 나타났다. (   )

① 물이 얼어 보행자가 미끄러지는 사고, 음주 후 보행자가 방향 감각을 상실하여 추락하는 사고가 발생한다.
② 계단을 오르내리는 시간 때문에 횡단보도에 비해 보행 시간이 오래 걸린다.
③ 고령자, 임산부, 장애인이 계단을 오르내리기가 어렵다.
④ 육교의 보행을 원치 않는 사람들이 무단횡단을 하다가 사고를 당하는 경우가 있다.
⑤ 보행자의 안전한 횡단을 추구하다 보니 운전자의 운전 속도가 느려져 차량의 흐름이 원활하지 않다.

[19~21] 다음 글을 읽고 물음에 답하시오.

요즘 3차원 프린터가 주목받고 있다. 약 30년 전에 이 프린터가 처음 등장했을 때에는 가격이 비싸 전문가들이 산업용으로만 사용해 왔다. 그러나 3차원 프린터의 가격이 떨어지고 생산량이 증가하면서 일반 가정에서도 접할 수 있게 되었다. 3차원 프린터는 일반 프린터와 작동 방식과 결과물에 차이가 있다. 일반 프린터는 잉크를 종이 표면에 분사하여 인쇄하는 방식이기 때문에 2차원의 이미지 제작만 가능하다. 그러나 3차원 프린터는 특수 물질이나 금속 가루 등 다양한 재료를 쏘아 층층이 쌓아 올리는 방식이기 때문에 자동차 모형, 스마트폰 케이스 등과 같은 실물도 만들 수 있다.

3차원 프린터의 장점은 시제품* 제작과 같이 소규모로 제품을 생산해야 하는 상황에서 ㉠ 빛을 발한다. 3차원 프린터와 입체 도면만 있으면 빠른 시간 안에 적은 비용으로 시제품을 만들 수 있기 때문이다. 또한 3차원 프린터를 사용하면 제품을 쉽게 수정할 수 있다. 제품 디자인을 변경하거나 생산한 제품에서 오류를 발견하였을 경우, 컴퓨터로 도면만 수정하면 바로 제품을 다시 만들 수 있다. 이렇게 제작 과정이 간단할 뿐 아니라 비용과 시간을 대폭 절약할 수 있기 때문에 여러 회사들이 3차원 프린터를 이용해 다양한 시제품과 모형을 생산하고 있다.

이러한 3차원 프린터는 여러 분야에 다양하게 활용될 수 있다. 의료 분야에서는 3차원 프린터를 활용하여 인공 턱, 인공 귀, 의족 등과 같이 인간의 신체에 이식할 수 있는 복잡하고 정교한 인공물을 생산한다. 우주 항공 분야에서도 국제 우주 정거장에서 필요한 실험 장비나 건축물 등을 3차원 프린터를 활용하여 제작할 계획이다. 지구에서 힘들게 물건을 운반할 필요 없이 3차원 데이터를 전송하면 바로 우주에서 제작이 가능하기 때문이다.

3차원 프린터의 적용 분야는 앞으로의 기술 발전에 따라 무한히 확대될 수 있을 것이다. 지금도 3차원 프린터는 자동차, 패션, 영화, 건축, 로봇 등 그 적용 분야를 넓혀 가고 있다.

* 시제품: 시험 삼아 만들어 본 제품

19 다음 중 '3차원 프린터'에 대한 글쓴이의 관점으로 가장 적절한 것은?

① 일반 가정에서의 사용이 늘어남에 따라 산업 관련 전문가들의 사용은 줄어들 것이다.
② 일반 프린터와 작동 방식에 차이가 있어서 시장 규모가 커지는 데 제약이 있을 것이다.
③ 제품에 오류가 발견되면 도면을 수정하지 않고도 제품을 쉽게 재생산할 수 있을 것이다.
④ 재료를 층층이 쌓아 올려 제품을 생산하므로 정교한 제품 생산에는 적합하지 않을 것이다.
⑤ 빠른 시간 내에 적은 비용으로 시제품을 생산할 수 있으므로 다양한 분야에서 활용될 것이다.

20 ㉠의 문맥적 의미로 가장 적절한 것은?

① 다양해진다
② 정확해진다
③ 복잡해진다
④ 새로워진다
⑤ 두드러진다

21 〈자료〉는 앞 글을 읽은 학생이 작성한 메모이다. 글의 목적에 맞게 글을 쓰기 위한 계획으로 적절하지 않은 것은?

자료

- 글의 목적: 3차원 프린터 활용 동아리 가입 권유
- ㉠ 예상 독자: 우리 학교 신입생
- ㉡ 글의 종류: 복도 게시판에 붙일 홍보문
- 내용: ㉢ 동아리의 주요 활동
　　　　㉣ 동아리의 가입 방법
---

① ㉠을 고려할 때, ㉢에 신입생들의 흥미를 끌 수 있는 내용을 넣어야겠어.
② ㉠을 고려할 때, ㉣에는 지원서를 제출하는 장소를 그림으로 그려서 알려 주어야겠어.
③ ㉡을 고려할 때, 우리 동아리 홍보문이 눈에 띄도록 인상적인 제목을 만들어야겠어.
④ ㉢에 동아리에서 제작한 우수 작품을 소개하여 활동 사례를 보여 주어야겠어.
⑤ ㉣에는 우리 학교 동아리의 종류를 다양하게 제시해야겠어.

22 다음 중 해외여행 전 감염병 예방을 위한 행동으로 적절한 것은?

　　최근 5년간 해외여행객은 꾸준히 증가하여 지난해 약 4,900만 명이 입국하였다. 이 중 발열 및 설사 등 감염병 증상을 동반하여 입국한 사람은 약 26만 명에 달했다. 따라서 국민들의 해외 감염병 예방에 대한 각별한 주의가 필요하다.
　　건강한 해외여행을 위해서는 여행 전 반드시 질병관리본부 홈페이지를 방문하여 해외감염병 발생 상황을 확인한 후 필요한 예방접종, 예방약, 예방물품 등을 준비해야 한다. 해외여행 중에는 스스로 위생을 지키기 위해 30초 이상 손 씻기, 안전한 음식 섭취하기 등 해외감염병 예방수칙을 준수해야 한다. 이 밖에도 해외여행지에서 만난 동물과의 접촉을 피해야 한다. 입국 시에는 건강상태 질문서를 작성해 검역관에게 제출하고, 귀가 후 발열, 설사 등 감염병 증상이 의심되면 의료기관을 방문하기 전에 질병관리본부의 콜센터 1339로 신고하여 안내를 받아야 한다.
---

① 손을 씻을 때 30초 이상 씻는다.
② 건강상태 질문서를 작성하여 검역관에게 제출한다.
③ 되도록 깨끗한 곳에서 안전한 음식을 먹는다.
④ 질병관리본부 홈페이지에서 해외감염병 발생 상황을 확인한다.
⑤ 질병관리본부 콜센터로 전화하여 여행 지역을 미리 신고한다.

23 다음 글에 언급된 내용으로 적절하지 않은 것은?

> 최근 세계적으로 사막화가 빠른 속도로 진행되고 있다. 이러한 사막화가 인류에게 심각한 위협이라는 인식을 전 세계가 공유해야만 한다. 유엔의 조사 결과, 이대로 가면 지구 육지 면적의 3분의 1이 사막화될 것으로 예상된다.
>
> 사막화란 건조 지대에서 일어나는 토지 황폐화 현상으로, 지구 온난화를 비롯한 지구 환경의 변화 때문에 발생한다. 과도한 경작으로 땅을 혹사시키거나 무분별한 벌목으로 삼림을 파괴하는 인간의 잘못된 활동에 의해서도 일어날 수 있다. 사막화는 많은 나라에서 진행되기 때문에 심각한 문제이다. 그중 특히 심각한 곳은 아프리카이고 중동이나 호주, 중국도 심각한 수준이다.
>
> 사막화의 피해는 눈에 띌 정도로 뚜렷하게 나타난다. 우선 생산력을 잃은 토지에서 식물이 자랄 수 없게 되고 농경이 불가능해진다. 이것은 식량 생산의 감소를 의미한다. 또한 식수가 부족하게 될 것이다. 최근 중동 지역이나 호주같은 나라들은 이 문제를 해결하기 위해 바닷물을 담수화 과정을 거쳐 식수로 만들고 있다.

① 사막화가 심한 지역　　　　② 사막화를 막는 방안
③ 사막화 진행 이유　　　　　④ 사막화의 정의
⑤ 사막화 피해 현상

[24~25] 다음 글을 읽고, 이어지는 물음에 답하시오.

(가) 제도를 중시하는 경제학자들은, 지리적 조건이 직접적인 원인이라면 경제 성장에 더 유리한 지리적 조건을 가진 나라가 예나 지금이나 소득 수준이 더 높아야 하지만 그렇지 않은 예가 많다는 사실에 주목하였다. 이들은 '지리적 조건과 소득 수준 사이의 상관관계'와 함께 이러한 '소득 수준의 역전 현상'을 동시에 설명하려면, 제도가 경제 성장의 직접적인 원인이고 지리적 조건은 제도의 발달 방향에 영향을 주는 간접적인 경로를 통해 경제 성장과 관계를 맺는 것으로 보아야 한다고 주장한다. 다시 말해 지리적 조건은 지금의 경제 성장의 직접적인 원인이 아니라는 것이다. 오히려 지리적 조건은 과거에 더 잘 살던 지역에서는 경제 성장에 불리한 방향으로, 더 못살던 지역에서는 유리한 방향으로 제도가 발달하게 된 '제도의 역전'이라는 역사적 과정에 영향을 끼쳤다는 것이다.

(나) 많은 경제학자는 제도 발달이 경제 성장의 중요한 원인이라고 생각해 왔다. (㉠) 재산권 제도가 발달하면 투자나 혁신에 대한 보상이 잘 이루어져 경제 성장에 도움이 된다는 것이다. (㉡) 이를 입증하기는 쉽지 않다. 제도의 발달 수준과 소득 수준 사이에 상관관계가 있다 하더라도, 제도는 경제 성장에 영향을 줄 수도 있지만 경제 성장으로부터 영향을 받을 수도 있으므로 그 인과관계를 판단하기 어렵기 때문이다.

(다) 그런데 최근에 각국의 소득 수준이 위도나 기후 등의 지리적 조건과 밀접한 상관관계를 가진다는 통계적 증거들이 제시되었다. 제도와 달리 지리적 조건은 소득 수준의 영향을 받지 않는다. (㉢) 지리적 조건이 사람들의 건강이나 생산성 등과 같은 직접적인 경로를 통해 경제 성장에 영향을 끼친다는 해석이 설득력을 얻게 되었다.

(라) 이제 지리적 조건의 직접적인 영향을 강조하는 학자들도 간접적인 경로의 존재를 인정하게 되었다. 하지만 직접적인 경로가 경제 성장에서 더욱 중요하고 지속적인 영향을 끼친다는 입장에는 변함이 없다.

24 내용의 흐름이 자연스럽게 연결된 것은?

① (가) – (다) – (나) – (라)
② (가) – (나) – (라) – (다)
③ (나) – (가) – (라) – (다)
④ (나) – (다) – (가) – (라)
⑤ (라) – (나) – (다) – (가)

25 ㉠~㉢에 들어갈 접속어가 순서대로 연결된 것은?

	㉠	㉡	㉢
①	예를 들어	즉	따라서
②	예를 들어	따라서	그러나
③	예를 들어	그러나	이 때문에
④	그러나	예를 들어	즉
⑤	그러나	다시 말해	따라서

01 다음은 A기업의 주요 경영지표이다. 다음 중 자료에 대한 설명으로 옳은 것은?

〈A기업 경영지표〉

(단위: 억 원)

구분	공정자산총액	부채총액	자본총액	자본금	매출액	당기순이익
2016년	2,610	1,658	952	434	1,139	170
2017년	2,794	1,727	1,067	481	2,178	227
2018년	5,383	4,000	1,383	660	2,666	108
2019년	5,200	4,073	1,127	700	4,456	−266
2020년	5,242	3,378	1,864	592	3,764	117
2021년	5,542	3,634	1,908	417	4,427	65

① 자본총액은 꾸준히 증가하고 있다.
② 직전 해의 당기순이익과 비교했을 때, 당기순이익이 가장 많이 증가한 해는 2017년이다.
③ 공정자산총액과 부채총액의 차가 가장 큰 해는 2021년이다.
④ 2016 ~ 2019년 사이에 자본총액 중 자본금이 차지하는 비중은 계속 증가하고 있다.

02 X 부대에서 진급대상자 중 2명을 진급시키려고 한다. 진급의 조건은 동료평가에서 '하'를 받지 않고 합산점수가 높은 순이다. 합산점수는 100점 만점의 점수로 환산한 진급시험 성적, 영어 성적, 체력 평가의 수치를 합산한다. 진급시험의 만점은 100점, 영어 성적의 만점은 500점, 체력 평가의 만점은 200점이라고 할 때, 진급 대상자에 해당되는 2명은?

구분	진급시험 성적	영어 성적	동료 평가	체력 평가
A	80	400	중	120
B	80	350	상	150
C	65	500	상	120
D	70	400	중	100
E	95	450	하	185
F	75	400	중	160
G	80	350	중	190
H	70	300	상	180
I	100	400	하	160
J	75	400	상	140
K	90	250	중	180

① B, K
② A, C
③ E, I
④ G, F

03 A, B, C 세 사람이 동시에 같은 문제를 풀려고 한다. A가 문제를 풀 확률은 $\dfrac{1}{4}$, B가 문제를 풀 확률은 $\dfrac{1}{3}$, C가 문제를 풀 확률은 $\dfrac{1}{2}$일 때, 한 사람만 문제를 풀 확률은?

① $\dfrac{2}{9}$

② $\dfrac{1}{4}$

③ $\dfrac{5}{12}$

④ $\dfrac{11}{24}$

04 가로, 세로의 길이가 각각 20cm, 15cm인 직사각형이 있다. 가로의 길이를 줄여서, 직사각형의 넓이를 반 이하로 줄이려 한다. 가로의 길이는 최소 몇 cm 이상 줄여야 하는가?

① 8cm

② 10cm

③ 12cm

④ 14cm

05 다섯 가지 커피에 대한 소비자 선호도 조사를 정리한 자료이다. 조사는 541명의 동일한 소비자를 대상으로 1차와 2차 구매를 통해 이루어졌다. 자료에 대한 설명으로 옳은 것을 〈보기〉에서 모두 고른 것은?

〈커피에 대한 소비자 선호도 조사〉

(단위: 명)

1차 구매	2차 구매					총계
	A	B	C	D	E	
A	93	17	44	7	10	171
B	9	46	11	0	9	75
C	17	11	155	9	12	204
D	6	4	9	15	2	36
E	10	4	12	2	27	55
총계	135	82	231	33	60	541

보기

㉠ 많은 소비자들이 취향에 맞는 커피를 꾸준히 선택하고 있다.
㉡ 1차에서 A를 구매한 소비자가 2차 구매에서 C를 구입하는 경우가 그 반대의 경우보다 더 적다.
㉢ 전체적으로 C를 구입하는 소비자가 제일 많다.

① ㉠

② ㉡

③ ㉠, ㉢

④ ㉠, ㉡, ㉢

[06~07] 다음은 국유재산 종류별 규모 현황이다. 이어지는 물음에 답하시오.

〈국유재산 종류별 규모 현황〉

(단위: 억 원)

국유재산 종류	2016년	2017년	2018년	2019년	2020년
총계	9,384,902	9,901,975	10,444,088	10,757,551	10,817,553
토지	4,374,692	4,485,830	4,670,080	4,630,098	4,677,016
건물	580,211	616,824	652,422	677,188	699,211
공작물	2,615,588	2,664,379	2,756,345	2,821,660	2,887,831
입목죽	108,049	110,789	80,750	128,387	88,025
선박·항공기	21,775	20,882	23,355	23,178	25,524
기계·기구	4,124	4,096	6,342	9,252	10,524
무체재산	10,432	10,825	11,334	11,232	11,034
유가증권	1,670,031	1,988,350	2,243,460	2,456,556	2,418,389

06 다음 중 2018년에 국유재산의 규모가 10조 원을 넘는 국유재산 종류의 개수로 옳은 것은?

① 4개   ② 5개

③ 6개   ④ 7개

07 다음 〈보기〉의 설명 중 자료에 대한 설명으로 옳은 것을 모두 고른 것은?

> **보기**
>
> ㉠ 2018년과 2020년에 국유재산 종류별로 규모가 큰 순서는 동일하다.
> ㉡ 2016년과 2017년에 규모가 가장 작은 국유재산은 동일하다.
> ㉢ 2017년 국유재산 중 건물과 무체재산, 유가증권 규모의 합계가 260조 원보다 크다.
> ㉣ 2016년부터 2019년까지 국유재산 중 선박·항공기와 기계·기구의 전년 대비 증감 추이는 동일하다.

① ㉡, ㉢   ② ㉡, ㉣

③ ㉠, ㉡, ㉢   ④ ㉠, ㉢, ㉣

08 다음은 A 국의 병역 자원 현황에 관한 자료이다. 총 자원자 수에 대해 2013년과 2014년의 평균과 2019년과 2020년의 평균의 차이는?

〈병역 자원 현황〉

(단위: 만 명)

구분	2013년	2014년	2015년	2016년	2017년	2018년	2019년	2020년
징·소집 대상	135	128	126	122	127	130	133	127
보충역 복무자 등	16	14	11	9	8	8	8	8
병력동원 대상	675	664	646	687	694	687	654	676
합계	826	806	783	818	829	825	795	811

① 10만 명
② 11만 명
③ 12만 명
④ 13만 명

09 길이가 1cm씩 일정하게 길어지는 사각형 n개의 넓이를 모두 더하면 255cm² 가 된다. n개의 사각형을 연결했을 때 전체 둘레는?(단, 정사각형 한 변의 길이는 자연수임)

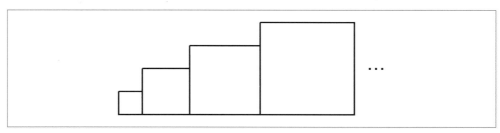

① 80cm
② 84cm
③ 88cm
④ 92cm

10 다음은 게임산업의 국가별 수출·수입액 현황에 관한 자료이다. 2020년 전체 수출액 중 가장 높은 비중을 차지하는 지역의 수출액 비중과 2020년 전체 수입액 중 가장 높은 비중을 차지하는 지역의 수입액 비중의 차를 구한 것은?(단, 각 비중은 소수점 이하 둘째 자리에서 반올림함)

〈게임산업 국가별 수출·수입액 현황〉

(단위: 천 달러)

구분		A 국	B 국	C 국	D 국	E 국	기타	합계
수출액	2018년	986	6,766	3,694	2,826	6,434	276	20,982
	2019년	1,241	7,015	4,871	3,947	8,054	434	25,562
	2020년	1,492	8,165	5,205	4,208	9,742	542	29,354
수입액	2018년	118	6,388	–	348	105	119	7,078
	2019년	112	6,014	–	350	151	198	6,825
	2020년	111	6,002	–	334	141	127	6,715

① 52.2%p ② 53.4%p
③ 54.6%p ④ 56.2%p

11 국방부에서 병사들에게 자기계발 교육비용을 일부 지원하기로 하였다. K 부대 정보통신대대 소속 A ~ E 5명의 병사들이 아래 자료와 같이 교육프로그램을 신청하였을 때, 국방부에서 정보통신대대 병사들에게 지원하는 총 교육비용은?

〈자기계발 수강료 및 지원 금액〉

구분	영어회화	컴퓨터 활용	세무회계
수강료	7만 원	5만 원	6만 원
지원 금액 비율	50%	40%	80%

〈신청한 교육프로그램〉

구분	영어회화	컴퓨터 활용	세무회계
A	○		○
B	○	○	○
C		○	○
D	○		
E		○	

① 307,000원 ② 308,000원
③ 309,000원 ④ 310,000원

12 A 사는 최근 미세먼지와 황사로 인해 실내 공기 질이 많이 안 좋아졌다는 건의가 들어와 내부 검토 후 예산 400만 원으로 공기청정기 40대를 구매하기로 하였다. 다음 두 업체 중 어느 곳에서 공기청정기를 구매하는 것이 유리하며 얼마나 더 저렴한가?

업체	할인 정보	가격
S 전자	• 8대 구매 시, 2대 무료 증정 • 구매 금액 100만 원당 2만 원 할인	8만 원/대
B 마트	• 20대 이상 구매: 2% 할인 • 30대 이상 구매: 5% 할인 • 40대 이상 구매: 7% 할인 • 50대 이상 구매: 10% 할인	9만 원/대

※ 1,000원 단위 이하는 절사한다.

① S 전자, 82만 원　　　　　　　② S 전자, 148만 원
③ B 마트, 12만 원　　　　　　　④ B 마트, 20만 원

13 다음은 연도별 기온 추이를 표로 나타낸 것이다. 〈보기〉 중 옳지 않은 것을 모두 고르면?

〈연도별 기온 추이〉

(단위: ℃)

구분	2016년	2017년	2018년	2019년	2020년
연평균	13.3	12.9	12.7	12.4	12.3
봄	12.5	12.6	10.8	(가)	12.2
여름	23.7	23.3	24.9	24.0	24.7
가을	15.2	14.8	14.5	15.3	13.7
겨울	1.9	0.7	-0.4	-0.4	-1.0

보기

㉠ (가)에 들어갈 숫자는 10.7이다.
㉡ 2020년 봄 평균 기온은 2018년보다 1.4℃ 상승했다.
㉢ 2020년 가을 평균 기온이 전년도에 비해 하강한 정도는 여름 평균 기온이 상승한 정도에 미치지 못한다.
㉣ 연평균 기온은 계속해서 하강하고 있다.
㉤ 2016년부터 2020년까지 봄 평균 기온은 등락을 반복하고 있다.

① ㉠, ㉢　　　　　　　　② ㉡, ㉢
③ ㉢, ㉤　　　　　　　　④ ㉣, ㉤

14 다음은 여성경제활동인구 및 참가율에 관한 자료이다. 이에 대한 설명으로 옳지 않은 것은?

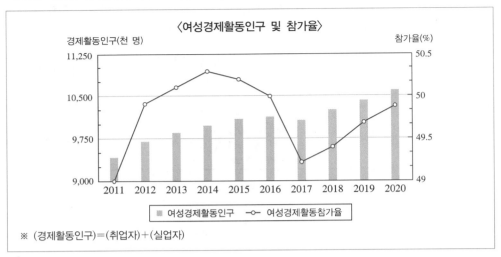

〈여성경제활동인구 및 참가율〉

① 2015년 이후 여성경제활동인구가 약 1천만 명을 넘어섰다.
② 2017년 이후 여성취업자의 수가 증가하였다.
③ 지난 10년간 여성경제활동참가율은 약 50% 수준에서 정체된 상황을 보였다.
④ 여성경제활동참가율이 전년보다 가장 많이 감소한 해의 여성경제활동인구는 전년보다 감소하였다.

15 다음은 학교급별 사교육 참여 실태를 조사한 자료이다. 이에 대한 설명으로 옳지 않은 것은?

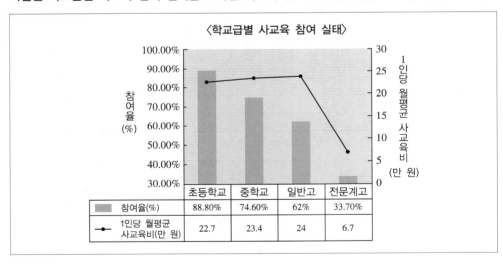

〈학교급별 사교육 참여 실태〉

	초등학교	중학교	일반고	전문계고
참여율(%)	88.80%	74.60%	62%	33.70%
1인당 월평균 사교육비(만 원)	22.7	23.4	24	6.7

① 전문계고 학생 1인당 월평균 사교육비는 6만 7천 원이다.
② 1인당 월평균 사교육비는 일반고 학생이 가장 많다.
③ 초등학생 200명당 170명 이상이 사교육을 받는다.
④ 사교육을 받는 중학생의 수는 사교육을 받는 고등학생의 수보다 많다.

16 A 자동차 회사는 2022년까지 자동차 엔진마다 시리얼 번호를 부여할 계획이며, 부여방식은 아래와 같다. 다음 중 1997 ~ 2000년, 2014 ~ 2018년에 생산된 엔진의 시리얼 번호가 아닌 것은?

첫째 자리 수=제조년												
1997년	1998년	1999년	2000년	2001년	2002년	2003년	2004년	2005년	2006년	2007년	2008년	2009년
V	W	X	Y	1	2	3	4	5	6	7	8	9
2010년	2011년	2012년	2013년	2014년	2015년	2016년	2017년	2018년	2019년	2020년	2021년	2022년
A	B	C	D	E	F	G	H	J	K	L	M	N

둘째 자리 수=제조월											
1월	2월	3월	4월	5월	6월	7월	8월	9월	10월	11월	12월
A	C	E	G	J	L	N	Q	S	U	W	Y
B	D	F	H	K	M	P	R	T	V	X	Z

※ 셋째 자리 수부터 여섯째 자리 수까지는 엔진이 생산된 순서의 번호이다.

① FN4568
② HH2314
③ WS2356
④ DU6548

17 다음은 개인정보 침해신고 상담 건수에 관한 자료이다. 이에 대한 설명으로 옳은 것은?

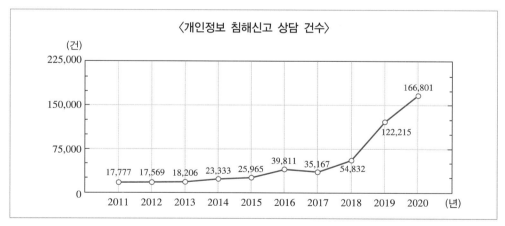

〈개인정보 침해신고 상담 건수〉

① 전년 대비 개인정보 침해신고 상담 건수의 증가량이 가장 많았던 해는 2019년으로 2018년보다 67,383건 증가하였다.
② 2018년 개인정보 침해신고 상담 건수는 전년 대비 약 45.9% 증가하였다.
③ 개인정보 침해신고 상담 건수는 지속적으로 증가하고 있다.
④ 2019년 개인정보 침해신고 상담 건수는 2011년 상담 건수의 10배를 초과했다.

18 다음은 J 시의 학부모를 대상으로 자녀 유학에 관한 견해를 설문조사한 결과이다. 조사대상이 1,500명이라고 할 때, '외국의 학력을 더 인정하는 풍토 때문'이라고 답변한 학부모 수와 '외국어 습득에 용이'라고 답변한 학부모 수의 차이는?(단, 소수점 이하는 버림)

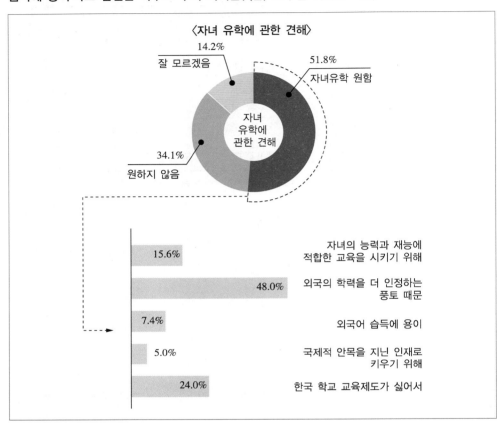

① 310명   ② 315명

③ 320명   ④ 325명

[19~20] 다음은 연도별 국내 크루즈 입국자 수에 대한 자료이다. 이를 보고 이어지는 물음에 답하시오.

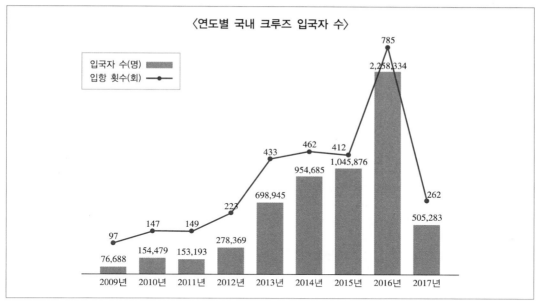

19 다음 〈보기〉의 내용 중 옳은 것을 모두 고르면?

> 보기

> ㄱ. 2010 ~ 2017년 동안 입국자 수의 전년 대비 증감량이 두 번째로 높은 해는 입항 횟수의 전년 대비 증감량이 가장 크다.
> ㄴ. 입항 횟수는 2011년 대비 2015년에 150% 이상 증가하였다.
> ㄷ. 입항 횟수당 입국자 수는 2014년이 2011년의 2배 이상이다.
> ㄹ. 2013년 대비 2015년의 입국자 수 증가율은 60% 이상이다.

① ㄱ, ㄴ   ② ㄱ, ㄷ
③ ㄴ, ㄷ   ④ ㄴ, ㄹ

20 다음 중 입항 횟수당 입국자 수가 가장 적은 해는?

① 2013년   ② 2014년
③ 2015년   ④ 2016년

지각속도 30문항 / 3분

[01~10] 다음 〈보기〉의 왼쪽과 오른쪽 기호의 대응을 참고하여 각 문제의 대응이 같으면 답안지에 '①
맞음'을, 틀리면 '② 틀림'을 선택하시오.

> **보기**
>
> 황색 = dive   풀색 = lake   분백색 = light   자금색 = cut   감청색 = word
> 취벽색 = bite   유색 = off   담묵색 = book   감색 = up   하늘색 = street

01	자금색 황색 취벽색 감색 하늘색 － book dive bite up street	① 맞음 ② 틀림
02	유색 담묵색 분백색 감색 풀색 － off book light up lake	① 맞음 ② 틀림
03	황색 풀색 감청색 자금색 담묵색 － dive lake word cut book	① 맞음 ② 틀림
04	감청색 유색 풀색 감색 자금색 － word up lake street cut	① 맞음 ② 틀림
05	분백색 황색 취벽색 담묵색 감색 － light dive bite book up	① 맞음 ② 틀림

> **보기**
>
> BAT = 소유   SAT = 경유   RAT = 고유   JAT = 정유   YAT = 공유
> GAT = 예가   TAT = 양가   QAT = 유가   WAT = 여가   NAT = 요가

06	SAT QAT JAT NAT GAT － 경유 유가 정유 요가 예가	① 맞음 ② 틀림
07	YAT TAT BAT RAT WAT － 공유 양가 정유 고유 여가	① 맞음 ② 틀림
08	GAT JAT SAT QAT NAT － 예가 소유 경유 유가 양가	① 맞음 ② 틀림
09	RAT YAT WAT BAT JAT － 고유 공유 여가 소유 정유	① 맞음 ② 틀림
10	SAT GAT TAT QAT NAT － 경유 정유 양가 요가 유가	① 맞음 ② 틀림

[11~20] 다음 〈보기〉의 왼쪽과 오른쪽 기호의 대응을 참고하여 각 문제의 대응이 같으면 답안지에 '①
맞음'을, 틀리면 '② 틀림'을 선택하시오.

> **보기**
>
> | B2v = 걊 | C5u = 겂 | J7f = 놂 | Y8w = 긇 | P2x = 댊 |
> |---|---|---|---|---|
> | S6s = 돐 | T3h = 됢 | O0d = 랋 | U1x = 몋 | K4q = 볇 |

11	T3h P2x S6s J7f U1x – 됢 댊 놂 긇 몋	① 맞음 ② 틀림
12	P2x B2v U1x T3h J7f – 댊 걊 몋 됢 놂	① 맞음 ② 틀림
13	P2x C5u T3h U1x K4q – 댊 겂 됢 볇 걊	① 맞음 ② 틀림
14	J7f Y8w S6s O0d C5u – 놂 긇 돐 랋 겂	① 맞음 ② 틀림
15	B2v O0d K4q Y8w S6s – 걊 랋 볇 긇 돐	① 맞음 ② 틀림

> **보기**
>
> | ← = 해 | ↓ = 달 | ↗ = 강 | ↔ = 오름 | ↘ = 하천 |
> |---|---|---|---|---|
> | ↑ = 바다 | → = 산 | ↙ = 하늘 | ↕ = 구름 | ↓ = 별 |

16	↔ ← ↗ ↓ ↘ – 오름 해 강 달 하천	① 맞음 ② 틀림
17	↓ ↙ → ↔ ↑ – 달 하천 산 오름 바다	① 맞음 ② 틀림
18	↗ → ↓ ↓ ↘ – 강 산 별 달 하천	① 맞음 ② 틀림
19	↑ ← ↘ ↕ → – 바다 해 하천 구름 산	① 맞음 ② 틀림
20	↗ ↓ ↑ ↙ ↕ – 강 달 바다 하늘 오름	① 맞음 ② 틀림

[21~30] 다음의 〈보기〉에서 각 문제의 왼쪽에 표시된 굵은 글씨체의 기호, 문자, 숫자의 개수를 모두 세어 오른쪽에서 찾으시오.

		〈보기〉	〈개수〉
21	2	58962152124889512754621865249865257512 35247851268954528	① 11개 ② 12개 ③ 13개 ④ 14개
22	∃	∀∉干∃Σ∄∃∀干Σ∃∄∀∃干∃∀Σ∃干∄Σ干∀干Σ∃∀∃	① 7개 ② 8개 ③ 9개 ④ 10개
23	ㄹ	누구나 자유롭게 정보를 주고받을 수 있는 인터넷이 오히려 청소년에게 해로운 매체가 될 수 있다는 사실은 선진국에서도 동감하고 있다.	① 5개 ② 6개 ③ 7개 ④ 8개
24	l	절망으로부터 도망칠 유일한 피난처는 자아를 세상에 내동댕이치는 일이다.	① 5개 ② 6개 ③ 7개 ④ 8개
25	☷	䷀䷁䷂䷃䷄䷅䷆䷇䷈䷉䷊䷋䷌䷍䷎䷏䷐䷑䷒䷓䷔䷕䷖䷗䷘䷙䷚䷛䷜䷝	① 5개 ② 7개 ③ 9개 ④ 11개
26	r	The French are famous for their sauces, the Italians for their pasta, and the Germans for their sausages.	① 3개 ② 5개 ③ 7개 ④ 9개
27	ㅇ	해야 할 일은 해야 한다. 어떠한 고난과 장애와 위험, 그리고 압력이 있더라도 그것은 모든 인간 도덕의 기본인 것이다.	① 15개 ② 16개 ③ 17개 ④ 18개
28	1	78451454545148414154641245641221451278 5618451345165716891	① 10개 ② 11개 ③ 12개 ④ 13개
29	⇆	⇆⇄ㄹ⇆↑↑ㄱ⇆⇆⇄⇆ㄹ↓↑⇆⇆⇄⇆⇇ ⇆⇇⇄ㄱ⇆⇆⇆⇆⇆⇆⇄⇆⇇⇆⇆⇆⇆	① 8개 ② 10개 ③ 12개 ④ 14개
30	ㅎ	칸트는 우리가 특정한 목적을 달성하기 위해 준수해야 할 일, 또는 어떤 처지가 안 되기 위해 회피해야 할 일에 대한 것을 가언적 명령이라고 했다.	① 7개 ② 9개 ③ 11개 ④ 13개

육군 부사관 모집선발 필기시험

고난도 모의고사

【과목순서】

제1과목 공간능력	제3과목 자료해석
제2과목 언어논리	제4과목 지각속도

성명		수험번호							

제6회 고난도 모의고사

QR코드 접속을 통해
풀이시간 측정, 자동 채점
그리고 결과 분석까지!

공간능력   18문항 / 10분 ··· ● 정답 및 해설 p.084

[01~05] 다음에 유의하여 물음에 답하시오.

- 입체도형을 펼쳐 전개도를 만들 때, 전개도에 표시된 그림(예 ▯, ▭ 등)은 회전의 효과를 반영함. 즉, 본 문제의 풀이과정에서 보기의 전개도상에 표시된 "▯"와 "▬"은 서로 다른 것으로 취급함.
- 단, 기호 및 문자(예 ☎, ♤, ♨, K, H 등)의 회전에 의한 효과는 본 문제의 풀이과정에 반영하지 않음. 즉, 입체도형을 펼쳐 전개도를 만들 때, "☏"의 방향으로 나타나는 기호 및 문자도 보기에서는 "☎"의 방향으로 표시하며 동일한 것으로 취급함.

01   다음 입체도형의 전개도로 알맞은 것은?

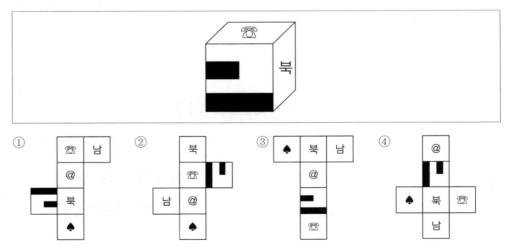

02 다음 입체도형의 전개도로 알맞은 것은?

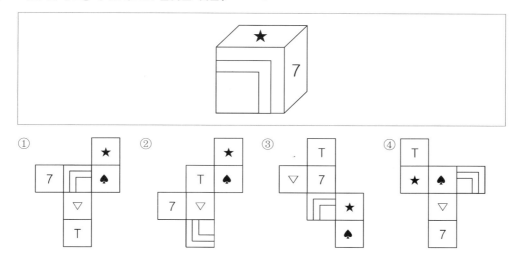

03 다음 입체도형의 전개도로 알맞은 것은?

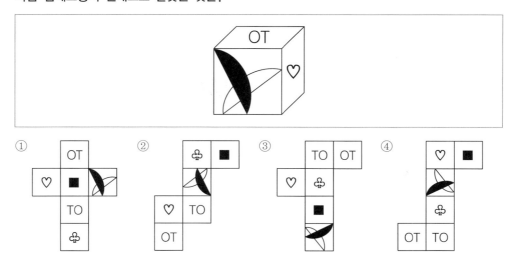

04 다음 입체도형의 전개도로 알맞은 것은?

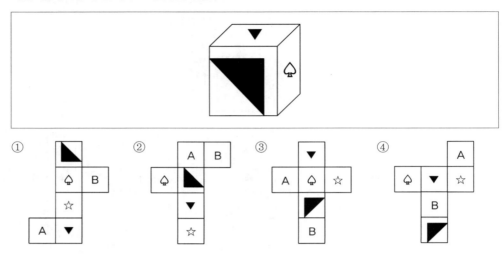

05 다음 입체도형의 전개도로 알맞은 것은?

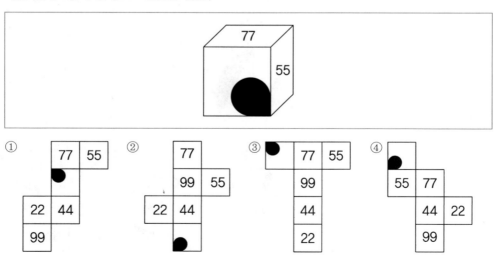

- 전개도를 접을 때 전개도상의 그림, 기호, 문자가 입체도형의 겉면에 표시되는 방향으로 접음.
- 전개도를 접어 입체도형을 만들 때, 전개도에 표시된 그림(예 ▌, ◪ 등)은 회전 효과를 반영함. 즉, 본 문제의 풀이과정에서 보기의 전개도상에 표시된 "▌"와 "◪"은 서로 다른 것으로 취급함.
- 단, 기호 및 문자(예 ☎, ♤, ♨, K, H)의 회전에 의한 효과는 본 문제의 풀이과정에 반영하지 않음. 즉, 전개도를 접어 입체도형을 만들 때, "🔄"의 방향으로 나타나는 기호 및 문자도 보기에서는 "☎"의 방향으로 표시하며 동일한 것으로 취급함.

06 다음 전개도의 입체도형으로 알맞은 것은?

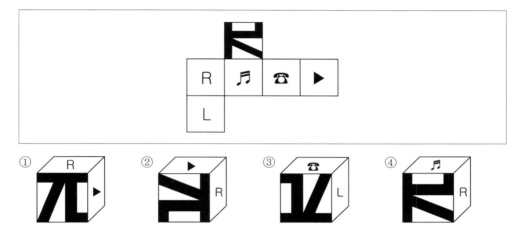

07 다음 전개도의 입체도형으로 알맞은 것은?

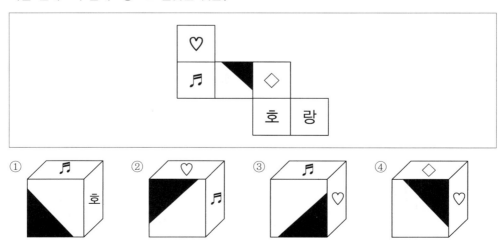

08 다음 전개도의 입체도형으로 알맞은 것은?

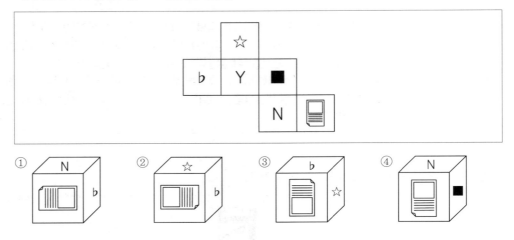

09 다음 전개도의 입체도형으로 알맞은 것은?

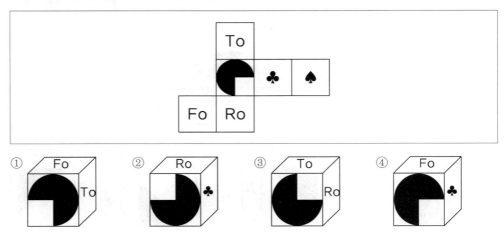

10 다음 전개도의 입체도형으로 알맞은 것은?

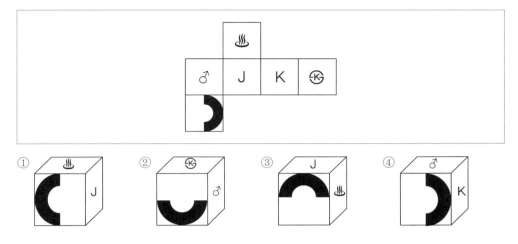

[11~14] 아래에 제시된 그림과 같이 쌓기 위해 필요한 블록의 수를 고르시오.

＊ 블록은 모양과 크기가 모두 동일한 정육면체임

11

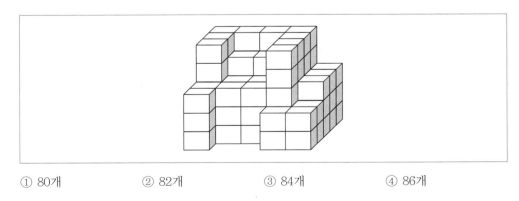

① 80개   ② 82개   ③ 84개   ④ 86개

12

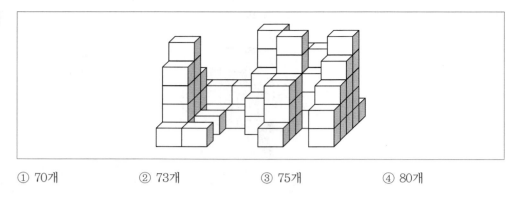

① 70개   ② 73개   ③ 75개   ④ 80개

13

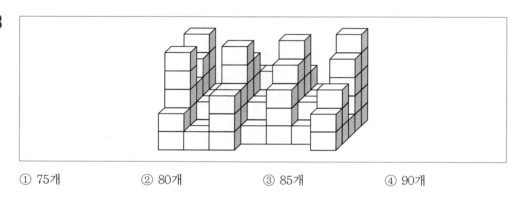

① 75개   ② 80개   ③ 85개   ④ 90개

14

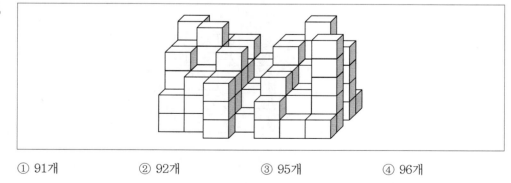

① 91개   ② 92개   ③ 95개   ④ 96개

[15~18] 아래에 제시된 블록들을 화살표 표시한 방향에서 바라봤을 때의 모양으로 알맞은 것을 고르시오.

* 블록은 모양과 크기가 모두 동일한 정육면체임
* 바라보는 시선의 방향은 블록의 면과 수직을 이루며 원근에 의해 블록이 작게 보이는 효과는 고려하지 않음

15

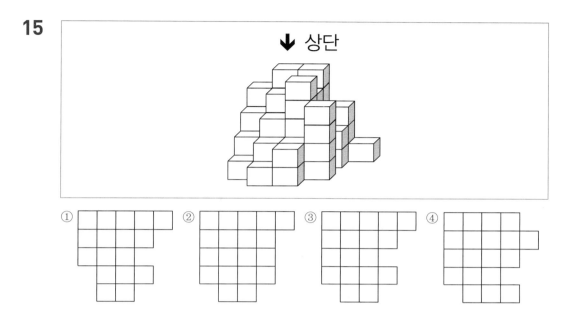

16

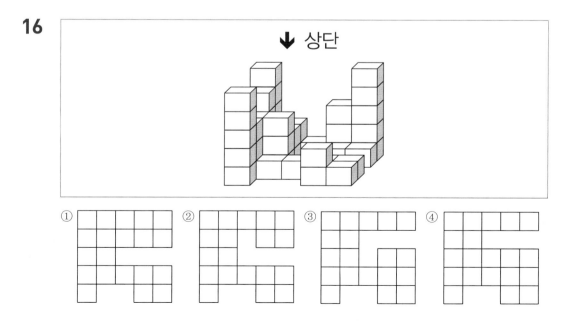

17

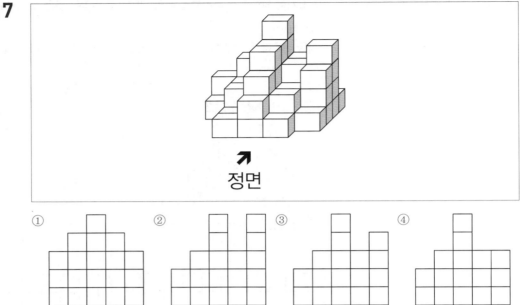

정면

18

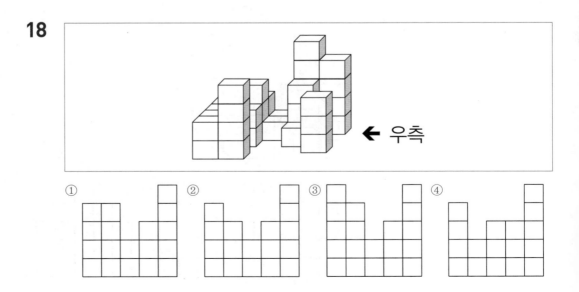

우측

01 다음 밑줄 친 단어를 바꾸어 사용할 수 없는 것은?

- 그가 하는 이야기는 ㉠ 당착이 심하여 도무지 이해할 수가 없었다.
- 용하다고 소문난 점쟁이는 눈빛부터 ㉡ 용인과 달랐다.
- 마산만은 숱한 ㉢ 매립으로 인해 대부분의 해변이 사라졌다.
- 앞으로 국내에 6개월 이상 ㉣ 체류하는 외국인은 건강보험에 가입해야 한다.
- 공정경제 문화 정착을 위해 공공기관부터 공정경제의 ㉤ 모범이 되어야 한다.

① ㉠ – 모순
② ㉡ – 범인
③ ㉢ – 굴착
④ ㉣ – 체재
⑤ ㉤ – 귀감

02 다음 중 ㉠과 ㉡의 관계와 가장 유사한 것은?

국경 없이 누구나 자유롭게 정보를 주고받을 수 있는 ㉠ 인터넷이 최근 급속히 늘고 있는 ㉡ 성인 인터넷 방송처럼 오히려 청소년에게 해로운 매체가 될 수 있다는 사실은 선진국에서도 많은 이들이 동감하고 있다. 그러므로 인터넷 등급제를 만들어 유해한 환경으로부터 청소년들을 보호하고, 이를 어긴 사업자는 엄격한 처벌로 다스려야만 한다.

① 책 – 동화책
② 고등어 – 삼치
③ 해 – 달
④ 곰 – 호랑이
⑤ 꽃 – 꿀벌

03 다음 밑줄 친 한자성어의 사용이 올바른 것은?

① 철수는 마침내 입사시험에 합격해 <u>금의야행(錦衣夜行)</u>하는 기분으로 고향에 갔다.

② 비록 외래문화가 잘못 들어왔다 하더라도 그것을 우리 방식으로 고쳐 발전시킨다면 <u>부화뇌동(附和雷同)</u>이 될 것이다.

③ 지금은 그녀가 너의 비위를 맞추지만 언제라도 널 배신할 수 있는 <u>구밀복검(口蜜腹劍)</u> 같은 사람이다.

④ 좋은 친구는 곁에 많이 있을수록 좋은 법이라 <u>과유불급(過猶不及)</u>이라고 할 수 있다.

⑤ 지현이는 노력 끝에 처음으로 반에서 꼴찌를 면해서 <u>결자해지(結者解之)</u>의 기쁨을 맛볼 수 있었다.

04 다음 글에서 ㉠~㉤의 수정 방안으로 적절하지 않은 것은?

> 동양의 산수화에는 자연의 다양한 모습을 대하는 화가의 개성 혹은 태도가 ㉠ <u>드러나</u> 있는데, 이를 표현하는 기법 중의 하나가 준법이다. 준법(皴法)이란 점과 선의 특성을 활용하여 산, 바위, 토파(土坡) 등의 입체감, 양감, 질감, 명암 등을 나타내는 기법으로 산수화 중 특히 수묵화에서 발달하였다.
>
> 수묵화는 선의 예술이다. 수묵화에서는 먹(墨)만을 사용하기 때문에 대상의 다양한 모습이나 질감을 ㉡ <u>표현하는데</u> 한계가 있다. ㉢ <u>거친 선, 부드러운 선, 곧은 선, 꺾은 선 등 다양한 선을 활용하여 대상에 대한 느낌, 분위기를 표현한다.</u> 이 과정에서 선들이 지닌 특성과 효과 등이 점차 유형화되어 발전된 것이 준법이다.
>
> 준법 가운데 보편적으로 쓰이는 것에는 피마준, 수직준, 절대준, 미점준 등이 있다. 일정한 방향과 간격으로 선을 여러 개 그어 산의 등선을 표현하여 부드럽고 차분한 느낌을 주는 것이 피마준이다. 반면 수직준은 선을 위에서 아래로 죽죽 내려 그어 강하고 힘찬 느낌을 주어 뾰족한 바위산을 표현할 때 주로 사용한다. 절대준은 수평으로 선을 긋다가 수직으로 꺾어 내리는 것을 반복하여 마치 'ㄱ'자 모양이 겹쳐진 듯 표현한 것이다. 이는 주로 모나고 거친 느낌을 주는 지층이나 바위산을 표현할 때 쓰인다. 미점준은 쌀알 같은 타원형의 작은 점을 연속적으로 ㉣ <u>찍혀</u> 주로 비 온 뒤의 습한 느낌이나 수풀을 표현할 때 사용한다.
>
> ㉤ <u>준법은 화가가 자연에 대해 인식하고 표현하는 수단이다.</u> 화가는 준법을 통해 단순히 대상의 외양뿐만 아니라 대상에 대한 자신의 느낌, 인식의 깊이까지 화폭에 그려내는 것이다.

① ㉠ – 문맥의 흐름을 고려하여 '들어나'로 고친다.

② ㉡ – 띄어쓰기가 올바르지 않으므로 '표현하는 데'로 고친다.

③ ㉢ – 문장을 자연스럽게 연결하기 위해 문장 앞에 '그래서'를 추가한다.

④ ㉣ – 목적어와 서술어의 호응 관계를 고려하여 '찍어'로 고친다.

⑤ ㉤ – 필요한 문장 성분이 생략되었으므로 '표현하는' 앞에 '인식의 결과를'을 추가한다.

05 다음 제시된 문장을 논리적 순서대로 배열한 것은?

전 세계적으로 온난화 기체 저감을 위한 습지 건설 기술은 아직 보고된 바가 없으며 관련 특허도 없다.

(가) 동남아시아 등에서 습지를 보존하고 복원하는 데 국내 개발 기술을 활용하면
(나) 이산화탄소를 고정하고 메탄을 배출하지 않는 인공 습지를 개발하면
(다) 기존의 목적에 덧붙여 온실가스를 제거하는 새로운 녹색 성장 기술로 사용할 수 있으며
(라) 기술 이전에 따른 별도 효과도 기대할 수 있을 것이다.

① (가) – (나) – (다) – (라)
② (가) – (다) – (나) – (라)
③ (나) – (가) – (다) – (라)
④ (나) – (다) – (가) – (라)
⑤ (가) – (라) – (나) – (다)

06 다음 중 밑줄 친 부분과 뜻이 가장 가까운 것은?

어려운 처지의 남을 돕는 삶이야말로 떳떳하고 보람된 삶의 중요한 한 모습이다. 하지만 오늘날의 산업사회에서는 상부상조가 집단 내에서의 안정을 보장하기 위한 소극적 형태로 <u>그릇되어</u> 받아들여졌고, 심지어는 집단적 이기주의로 나타나고 있다.

① 격하(格下)되어
② 왜곡(歪曲)되어
③ 비하(卑下)되어
④ 도태(陶胎)되어
⑤ 변화(變化)되어

07 다음 빈칸에 들어갈 알맞은 단어를 순서대로 올바르게 나열한 것은?

> 부디 오늘 새롭게 탄생하는 '문화예술연수원'이 우리가 (   )해 온 문화 강국의 이상을 실현시키는 신호탄이 되기를 간절히 기원하며, '문화예술연수원'이 미래 지향적인 교육 프로그램의 연구와 개발을 통해 문화예술 전문인력을 체계적으로 (   )하는 터전이 될 수 있도록 모든 문화 예술인이 지혜를 모아줄 것을 당부드립니다. 끝으로 어려운 여건 속에서도 연수원이 성공리에 준공될 수 있도록 애써 주신 한국문화예술진흥원 관계자 여러분과 공사 현장 관계자 여러분의 노고에 (   )와 감사의 말씀을 드리며, '문화예술연수원'의 무한한 발전을 기원합니다. 감사합니다.

① 기대, 배양, 위로   ② 소망, 성장, 하례
③ 염원, 양성, 하례   ④ 기대, 양성, 위로
⑤ 염원, 성장, 격려

08 다음 글의 내용으로 보아 밑줄 친 ㉠과 ㉡의 관계를 바르게 설명한 것은?

> 플라톤은 최선의 세계를 만들기 위해서는 무엇보다 먼저 이 세계에 있는 모든 대상이 지닌 성질을 정확하게 인식해야 한다고 보았다. 그러나 대상은 규정되어 있지 않다. 인간뿐만 아니라 신(神)도 마음대로 어쩌지 못하는, 그 자신만의 고유한 성질을 지니고 있다. 따라서 인간의 이성은 그 대상을 인식하기 위하여, 우선 ㉠ 명확히 설명할 수 있는 부분을 오려 내어 하나의 고정치로 확정지어야 한다. 대상의 바로 이런 고정화된 모습을 '플라톤의 이데아(Idea)'라 부른다. 플라톤의 이데아는 초기 작품에서는 '개별적 사물의 공통된 모습'으로, 원숙기의 작품에서는 '진정한 존재, 영원불변한 어떤 실체'로 규정된다. '개별적 사물의 공통된 모습'은 무엇을 의미하는가? 인간을 예로 들어 보자. 우리는 인간이 무엇인가를 규정하기 위하여 학생·농부·사업가·정치가 등과 같은 특정의 사람에 대해서가 아니라, 그러한 사람들 모두에 공통적인, 즉 일반적인 인간에 대해서 살펴보게 된다. 따라서 '개별적 사물의 공통된 모습'으로서의 이데아에 대한 규정은 보편적 개념을 통한 규정이고, 그러한 규정은 대상을 단순히 감각적 차원에서 한 번만 경험하고 흘려보내는 일시적인 것이 아니라, 이성적 차원에서 ㉡ 개념 체계의 좌표를 통해 파악하고 정리해 두려는 학문적 인식의 출발점이 된다.

① ㉠은 ㉡의 전제이다.
② ㉠은 ㉡의 구성 요소이다.
③ ㉡은 ㉠의 원인이다.
④ ㉡은 ㉠의 수단이다.
⑤ ㉠은 ㉡과 병렬 관계이다.

09 다음 글에서 〈보기〉의 문장이 들어갈 위치로 가장 적절한 것은?

기억이 착오를 일으키는 프로세스는 인상적인 사물을 받아들이는 단계부터 이미 시작된다. (가) 감각적인 지각의 대부분은 무의식 중에 기록되고 오래 유지되지 않는다. (나) 대개는 수 시간 안에 사라져 버리며, 약간의 본질만이 남아 장기 기억이 된다. 무엇이 남을지는 선택에 의해서, 그 사람의 견해에 따라서도 달라진다. (다) 분주하고 정신이 없는 장면을 보여 주고, 나중에 그 모습에 관해서 이야기하게 해보자. (라) 어느 부분에 주목하고, 또 어떻게 그것을 해석했는지에 따라 즐겁기도 하고 무섭기도 하다. (마) 단순히 정신 사나운 장면으로만 보이는 경우도 있다. 기억이란 원래 일어난 일을 단순하게 기록하는 것이 아니다.

> **보기**
>
> 일어난 일에 대한 묘사는 본 사람이 무엇을 중요하게 판단하고, 무엇에 흥미를 느꼈느냐에 따라 크게 다르다.

① (가)　　　　　　　　　　　② (나)
③ (다)　　　　　　　　　　　④ (라)
⑤ (마)

10 다음은 가상의 신문 기사 일부이다. 이 글을 도입부로 하는 글의 본론에서 논의될 내용으로 적절하지 않은 것은?

기업 인력의 고령화가 가속화되고 있다. 최근 한 조사에 따르면, 2020년 38.5세였던 근로자의 평균 연령은 2021년 42세로 약 3.5세 증가했다. 같은 기간 20대 전반 근로자의 비중은 크게 감소했으며 40대, 50대, 60대의 비중은 모두 높아졌다. 전문가에 따르면, 이러한 고령 인력의 증가는 기업의 경쟁력을 약화시킬 수 있다. 왜냐하면 고령 근로자는 대부분 다른 근로자들에 비해 높은 봉급을 받으므로 인력이 고령화되면 기업의 인력 관리 및 유지를 위한 비용이 증대되기 때문이다. 따라서 기업은 인력 구조 고령화의 대책을 마련하기 위해 고심하고 있다.

① 기업은 좋은 퇴직 조건을 제시하며 고령의 근로자 중 퇴직 희망자를 받는다.
② 기업은 고령 근로자 퇴직 전후의 창업 및 전직을 지원하는 서비스를 마련한다.
③ 기업은 퇴직한 고령의 근로자를 대상으로 한 계약직 자문 위원제를 도입하여 활용한다.
④ 기업은 일정 연령이 되면 임금을 삭감하고, 대신 정년은 보장하는 제도인 임금 피크제를 도입한다.
⑤ 기업은 고령의 근로자를 위한 복지 혜택을 늘리고 이를 위해 필요한 예산을 확보한다.

11 다음 밑줄 친 결론을 이끌어내기 위해 추가해야 할 전제는?

> 만약 국제적으로 테러가 증가한다면, A국의 국방비 지출은 늘어날 것이다. 그런데 A국 앞에 놓인 선택은 국방비 지출을 늘리지 않거나 증세 정책을 실행하는 것이다. 그러나 A국이 증세 정책을 실행한다면, 세계 경제는 반드시 침체한다. 그러므로 <u>세계 경제는 결국 침체하고 말 것이다.</u>

① 국제적으로 테러가 증가한다.
② A국이 감세 정책을 실행한다.
③ A국의 국방비 지출이 늘어나지 않는다.
④ 만약 A국이 증세 정책을 실행한다면, A국의 국방비 지출은 늘어날 것이다.
⑤ 만약 A국의 국방비 지출이 늘어난다면, 국제적으로 테러는 증가하지 않을 것이다.

12 다음 〈보기〉는 설명문의 일종이다. 두괄식 설명문으로 구성하고자 할 때 논리적 전개에 가장 부합하게 배열한 것은?

> **보기**
>
> (가) 문장을 구성하는 기본적인 언어 단위를 어절이라 한다. 띄어 쓴 문장 성분을 각각 어절이라고 하는데, 하나의 어절이 하나의 문장 성분이 되는 것은 문장 구성의 기본적인 성질이다.
> (나) 문장은 인간의 생각을 완결된 형태로 담을 수 있는 언어 단위이다. 문장은 일정한 구성 성분으로 이루어지는데, 맥락을 통해서 알 수 있을 경우에는 문장 성분을 생략할 수도 있다.
> (다) 띄어 쓴 어절이 몇 개 모여서 하나의 문장 성분이 되는 경우가 있다. '그 남자가 아주 멋지다.'라는 문장에서 '그 남자가'와 '아주 멋지다'는 각각 두 어절로 이루어져서 주어와 서술어 역할을 하고 있다.
> (라) 두 개 이상의 어절이 모여서 하나의 문장 성분을 이룬 것을 구(句)라고 한다. 절은 주어와 서술어를 갖고 있다는 점에서 구와 구별되지만, 독립적으로 사용되지 못한다는 점에서 문장과 구별된다.

① (가) – (나) – (라) – (다)
② (가) – (라) – (다) – (나)
③ (나) – (가) – (라) – (다)
④ (나) – (가) – (다) – (라)
⑤ (나) – (다) – (가) – (라)

13 다음의 문장과 같은 진술 방식을 가진 것은?

> 건강은 단지 질병에 걸리지 않거나 허약하지 않은 상태뿐만 아니라, 육체적·정신적·사회적으로 온전히 행복한 상태를 말한다.

① 설명은 독자에게 정보를 제공하고, 사물이나 상황을 분석해 보여주는 진술 방식이다.
② 문장은 주로 서양에서 가문·단체 및 국가의 계보·권위를 상징하는 장식적인 마크로서 발달하였다.
③ 무궁화는 '영원히 피고 또 피어서 지지 않는 꽃'이라는 뜻을 지니고 있다.
④ 태극기는 흰색 바탕, 가운데의 태극 문양과 네 모서리의 건곤감리(乾坤坎離) 4괘(四卦)로 구성되어 있다.
⑤ 바구니 안에 든 것 중에 빨간 것은 사과, 노란 것은 바나나이다.

14 다음 제시된 문장을 논리적 순서에 맞게 배열한 것은?

> ㉠ 논리적 사고란 사물을 사리에 맞게 차근차근 따지고 앞뒤를 가려 모순 없이 여러 가지를 생각하는 것을 말한다.
> ㉡ 사물을 논리적으로 따져 생각할 수 있는 논리적 사고력은 일상생활과 과학 연구에 있어서 중요한 도구가 될 뿐만 아니라, 인류의 문화를 발전시키는 창조력의 원천이 된다.
> ㉢ 오늘날 인류가 이룩한 문명과 인류가 누리는 풍부하고 윤택한 생활도 논리적 사고력에 그 바탕을 두고 있다.
> ㉣ 예를 들면, 컴퓨터의 복잡한 원리도 인간의 이러한 능력을 체계적으로 탐구하는 논리학에서 온 것이다.
> ㉤ 오늘날에 있어서 논리의 역할은 많은 지식과 정보를 보다 신속하고 정확하게 다룰 수 있게 하는 데 있다고 할 수 있다.

① ㉠ - ㉡ - ㉢ - ㉣ - ㉤
② ㉠ - ㉢ - ㉡ - ㉣ - ㉤
③ ㉡ - ㉠ - ㉢ - ㉤ - ㉣
④ ㉤ - ㉣ - ㉡ - ㉠ - ㉢
⑤ ㉤ - ㉡ - ㉠ - ㉢ - ㉣

15 다음 글의 빈칸에 들어갈 내용으로 가장 적절한 것은?

다른 사람의 증언은 얼마나 신뢰할 만할까? 증언의 신뢰성은 두 가지 요인에 의해서 결정된다. 첫 번째 요인은 증언하는 사람이다. 만약 증언하는 사람이 거짓말을 자주 해서 신뢰하기 어려운 사람이라면 그의 말의 신뢰성은 떨어질 수밖에 없다. 두 번째 요인은 증언 내용이다. 만약 증언 내용이 우리의 상식과 상당히 동떨어져 있어 보인다면 증언의 신뢰성은 떨어질 수밖에 없다. 그렇다면 이 두 요인이 서로 대립하는 경우는 어떨까? 가령 매우 신뢰할 만한 사람이 기적이 일어났다고 증언하는 경우에 우리는 그 증언을 얼마나 신뢰해야 하는가?

이 질문에는 (   )는 원칙을 적용해서 답할 수 있다. 이 원칙을 기적에 대한 증언에 적용시키기 위해서는 먼저 기적에 대해서 생각해 볼 필요가 있다. 기적이란 자연법칙을 위반한 사건이 다. 여기서 자연법칙이란 지금까지 우주의 전체 역사에서 일어났던 모든 사건들이 따랐던 규칙이다. 그렇다면 자연법칙을 위반하는 사건 즉 기적은 아직까지 한 번도 일어나지 않은 사건이다. 한편 우리는 충분히 신뢰할 만한 사람이 자신의 의지와 무관하게 거짓을 말하는 경우를 이따금 관찰할 수 있다. 따라서 그런 사건이 일어날 확률은 매우 신뢰할 만한 사람이 거짓 증언을 할 확률보다 작을 수밖에 없다. 결국 우리는 기적이 일어났다는 증언을 신뢰해서는 안 된다.

① 어떤 사람이 참인 증언을 할 확률이 그 증언 내용이 실제로 일어날 확률보다 작은 경우에만 증언을 신뢰해야 한다.
② 어떤 사람이 거짓 증언을 할 확률이 그 증언 내용이 실제로 일어날 확률보다 작은 경우에만 증언을 신뢰해야 한다.
③ 어떤 사람이 거짓 증언을 할 확률이 그 증언 내용이 실제로 일어나지 않을 확률보다 작은 경우에만 증언을 신뢰해야 한다.
④ 어떤 사람이 제시한 증언 내용이 일어날 확률이 그것이 일어나지 않을 확률보다 더 큰 경우에만 그 증언을 신뢰해야 한다.
⑤ 어떤 사람이 제시한 증언 내용이 일어날 확률이 그것이 일어나지 않을 확률보다 더 작은 경우에만 그 증언을 신뢰해야 한다.

16 다음 빈칸에 들어갈 내용으로 가장 적절한 것은?

> 어떻게 그 공이 세 가지가 있다고 말하는가. 그 하나는 직통(直通)이요 다른 하나는 합통(合通)이요 또 다른 하나는 추통(推通)이다. 직통(直通)이라는 것은 많은 여러 물건을 일일이 취하되 순수하고 섞이지 않는 것이다. 합통(合通)이라는 것은 두 물건을 화합하여 아울러서 거두되 그렇고 그렇지 않는 것을 분별한다. 추통(推通)이라는 것은 이 물건으로써 전 물건에 합하고 또 다른 물건에 유추하는 것이다. 직통(直通)은 모두 참되고 오류가 없으니 하나의 사물이 스스로 하나의 사물이 되기 때문이다. 합통(合通)과 추통(推通)은 참도 있고 오류도 있으니 이것으로써 저것에 합하고, 맞는 것도 있고 맞지 않는 것도 있다. (   ) 더욱 많으면 맞지 않는 경우가 있기 때문이다.
>
> — 최한기, 「기학」

① 이것으로 저것에 합하는 것은 참이고, 이것으로 저것을 분별하는 것은 거짓이니
② 이것으로써 저것에 합하고 또 다른 것을 유추하는 데는 위험이 더욱 많으니
③ 이것으로써 저것에 합하는 것은 맞지 않는 것보다 맞는 것이 더욱 많으니
④ 무릇 추통은 다만 사람만이 가능하니 유추하는 데는 위험이 더욱 많으니
⑤ 무릇 추통은 다만 사람은 가능하지만 금수는 추통을 하지 못하니

17 다음 밑줄 친 부분을 바르게 고쳐 쓴 것은?

> 우리는 주변에서 금력과 권력 및 사회적 지위를 추구함에 여념이 없는 생활 태도를 흔히 볼 수 있다. 현대의 자본주의 사회에서 돈의 위력이 너무나 크다는 사실은 돈 내지 재산을 매우 매력적인 추구의 대상으로 만들었고, 전통적인 관존민비의 관념과 권력 숭배 경향이 아직도 혼재하고 있다. 금력과 권력은 본래 영역이 다른 두 가지 목표이기는 하나 우리나라 현실 안에서는 밀접한 관계를 가졌고, 또 금력 추구의 심리와 권력 추구의 심리는 사회적으로 우월해지고자 하는 욕구에 바탕을 두었다는 공통점을 가지고 있다. 사회적 지위에 대한 추구도 그 심리적 바탕은 사회적 우월에 대한 욕구라고 볼 수 있다.

① 우리나라의 고질적인 계층 차별 관념은 관존민비 사상으로 대표되고 있다.
② 권력 추구의 본능은 전통적인 관존민비의 관념을 더욱 공고히 하는 역할을 맡고 있다.
③ 관존민비 사상은 아직도 우리 사회를 움직이는 중심 기둥의 역할을 하고 있다.
④ 전통적으로 이어져 내려온 관존민비의 관념 때문에 아직도 권력은 많은 사람에게 선망의 대상이 되고 있다.
⑤ 관존민비 사상과 권력 숭배 경향은 현대사회에서 뿌리 뽑아야 할 악습이다.

18 다음 글의 제목으로 적절한 것은?

성인과 아동을 위한 단기 심리요법만이 공인되고 있는 현 보건 체제에서 획기적인 연구가 이루어졌다. 아동 정신분석을 50년간 관찰하고 임상기록한 연구인데 이 연구에서는 장기 집중 심리요법의 효능에 대해 보고하고 있다. 아동 정신분석학자들은 집중 장기요법이 단기요법보다 훨씬 더 효과적이라는 사실을 밝혀냈다. 이들은 현대적인 진단 평가 방법을 사용해 40년간 아동 800여 명을 치료한 것에 대한 보고서를 체계적으로 검증했다. 극심한 정서 불안을 보이는 유아들은 6개월 이상의 정신분석요법에 가장 반응이 좋았다. 이러한 집중 치료가 단기요법이나 약물 혼합요법보다 효과적인 것으로 드러났다. 또한 장기요법만으로도 큰 호전을 보였다. 치료 기간이 1 ~ 2년인 경우, 조사 어린이의 51%가 병세의 호전을 보였으며, 3년 이상 지속된 경우에는 74%가 병세의 호전을 보였다. 또한 연구에 의하면 유아기를 지난 어린이나 사춘기 연령에서는 자주 치료를 받을 때 가장 효과가 좋았다. 장기요법 이후 미취학 아동의 74%의 병세가 상당히 호전되었고, 6 ~ 12세 어린이의 67%, 사춘기 연령의 58%가 집중 정신분석요법으로 현저하게 호전되었다.

① 현 보건체제에서 공인되지 않은 장기 심리요법
② 정신분석 분야의 모든 치료법
③ 장기 집중 심리요법의 효과
④ 현대 진단 평가 방법의 획기적인 발전
⑤ 단기 심리요법의 활성화

19 다음 글을 근거로 판단할 때 옳은 것은?

1896년 『독립신문』 창간을 계기로 여러 가지의 애국가 가사가 신문에 게재되기 시작했는데, 어떤 곡조에 따라 이 가사들을 노래로 불렀는지는 명확하지 않다. 다만 대한제국이 서구식 군악대를 조직해 1902년 '대한제국 애국가'라는 이름의 국가(國歌)를 만들어 나라의 주요 행사에 사용했다는 기록은 남아 있다. 오늘날 우리가 부르는 애국가의 노랫말은 외세의 침략으로 나라가 위기에 처해 있던 1907년을 전후하여 조국애와 충성심을 북돋우기 위하여 만들어졌다.

1935년 해외에서 활동 중이던 안익태는 오늘날 우리가 부르고 있는 국가를 작곡하였다. 대한민국 임시정부는 이 곡을 애국가로 채택해 사용했으나 이는 해외에서만 퍼져 나갔을 뿐, 국내에서는 광복 이후 정부수립 무렵까지 애국가 노랫말을 스코틀랜드 민요에 맞춰 부르고 있었다. 그러다가 1948년 대한민국 정부가 수립된 이후 현재의 노랫말과 함께 안익태가 작곡한 곡조의 애국가가 정부의 공식 행사에 사용되고 각급 학교 교과서에도 실리면서 전국적으로 애창되기 시작하였다.

애국가가 국가로 공식화되면서 1950년대에는 대한뉴스 등을 통해 적극적으로 홍보가 이루어졌다. 그리고 「국기게양 및 애국가 제창 시의 예의에 관한 지시(1966)」 등에 의해 점차 국가의례의 하나로 간주되었다.

1970년대 초에는 공연장에서 본공연 전에 애국가가 상영되기 시작하였다. 이후 1980년대 중반까지 주요 방송국에서 국기강하식에 맞춰 애국가를 방송하였다. 주요 방송국의 국기강하식 방송, 극장에서의 애국가 상영 등은 1980년 대 후반 중지되었으며 음악회와 같은 공연 시 애국가 연주도 이때 자율화되었다.

오늘날 주요 행사 등에서 애국가를 제창하는 경우에는 부득이한 경우를 제외하고 4절까지 제창하여야 한다. 애국가는 모두 함께 부르는 경우에는 전주곡을 연주한다. 다만, 약식 절차로 국민의례를 행할 때 애국가를 부르지 않고 연주만 하는 의전행사(외국에서 하는 경우 포함)나 시상식·공연 등에서는 전주곡을 연주해서는 안 된다.

① 1940년에 해외에서는 안익태가 만든 애국가 곡조를 들을 수 없었다.
② 1990년대 초반에는 국기강하식 방송과 극장에서의 애국가 상영이 의무화되었다.
③ 오늘날 우리가 부르는 애국가의 노랫말은 1896년 『독립신문』에 게재되지 않았다.
④ 시상식에서 애국가를 부르지 않고 연주만 하는 경우에는 전주곡을 연주할 수 있다.
⑤ 안익태가 애국가 곡조를 작곡한 해로부터 대한민국 정부 공식 행사에 사용될 때까지 채 10년이 걸리지 않았다.

20 다음 ㉠ ~ ㉣에 대한 고쳐쓰기 방안으로 가장 적절하지 않은 것은?

　　현재 리셋 증후군이 인터넷 중독의 한 유형으로 ㉠ 꼽혀지고 있다. 리셋 증후군 환자들은 현실에서 잘못을 하더라도 버튼만 누르면 해결될 수 있다고 생각해서 아무런 죄의식이나 책임감 없이 행동한다. ㉡ 리셋 증후군이라는 말은 1990년 일본에서 처음 생겨났는데, 국내에선 1990년대 말부터 쓰이기 시작했다. 리셋 증후군 환자들은 현실과 가상을 구분하지 못하여 게임에서 실행했던 일을 현실에서 저지르고 뒤늦게 후회하는 경우가 많다. 특히, 이러한 특성을 지닌 청소년들은 무슨 일이든지 쉽게 포기하고 책임감 없는 행동을 하며, 마음에 들지 않는 사람이 있으면 ㉢ 막다른 골목으로 몰 듯 관계를 쉽게 끊기도 한다.

　　리셋 증후군은 행동 양상이 명확히 나타나지 않는 편이라 쉽게 판별하기 어렵고 진단도 쉽지 않다. ㉣ 이와 같이 예방을 위해 지속적으로 주위 사람들과 대화를 ㉤ 공유하고, 현실과 인터넷 공간을 구분하는 능력을 길러야 한다.

---

① 불필요한 이중 피동 표현이므로 어법에 맞게 ㉠을 '꼽고'로 수정한다.

② ㉡은 리셋 증후군에 대한 소개이므로, 글의 맥락상 첫 번째 문장 뒤로 옮긴다.

③ 앞뒤 문맥을 고려할 때 ㉢은 '칼로 무를 자르듯'으로 수정한다.

④ 앞 문장과의 연결을 고려하여 ㉣을 '그러므로'로 수정한다.

⑤ ㉤은 문맥상 '나누고'로 수정한다.

21 다음 글의 논증에 대한 비판으로 적절하지 않은 것은?

> 진화론자들은 지구상에서 생명의 탄생이 30억 년 전에 시작됐다고 추정한다. 5억 년 전 캄브리아기 생명폭발 이후 다양한 생물종이 출현했다. 인간 종이 지구상에 출현한 것은 길게는 100만 년 전이고 짧게는 10만 년 전이다. 현재 약 180만 종의 생물종이 보고되어 있다. 멸종된 것을 포함해서 5억 년 전 이후 지구상에 출현한 생물종은 1억 종에 이른다. 5억 년을 100년 단위로 자르면 500만 개의 단위로 나눌 수 있다. 이것은 새로운 생물종이 평균적으로 100년 단위마다 약 20종이 출현한다는 것을 의미한다. 하지만 지난 100년간 생물학자들은 지구상에서 새롭게 출현한 종을 찾아내지 못했다. 이는 한 종에서 분화를 통해 다른 종이 발생한다는 진화론이 거짓이라는 것을 함축한다.

① 100년마다 20종이 출현한다는 것은 다만 평균일 뿐이다. 현재의 신생 종 출현 빈도는 그보다 훨씬 적을 수 있지만 언젠가 신생 종이 훨씬 많이 발생하는 시기가 올 수 있다.

② 5억 년 전 이후부터 지구상에 출현한 생물종이 1,000만 종 이하일 수 있다. 그러면 100년 내에 새로 출현하는 종의 수는 2종 정도이므로 신생 종을 발견하기 어려울 수 있다.

③ 생물학자는 새로 발견한 종이 신생 종인지 아니면 오래 전부터 존재했던 종인지 판단하기 어렵다. 따라서 신생종의 출현이나 부재로 진화론을 검증하려는 시도는 성공할 수 없다.

④ 30억 년 전에 생물이 출현한 이후 5차례의 대멸종이 일어났으나 대멸종은 매번 규모가 달랐다. 21세기 현재, 알려진 종 중 사라지는 수가 크게 늘고 있어 우리는 인간에 의해 유발된 대멸종의 시대를 맞이하는 것으로 볼 수 있다.

⑤ 생물학자들이 발견한 몇몇 종은 지난 100년 내에 출현한 종이라고 판단할 이유가 있다. DNA의 구성에 따라 계통수를 그렸을 때 본줄기보다는 곁가지 쪽에 배치될수록 늦게 출현한 종임을 알 수 있기 때문이다.

맹사성은 고려 시대 말 문과에 급제하여 정계에 진출해 조선이 세워진 후 황희 정승과 함께 조선 전기의 문화 발전에 큰 공을 세운 인물이다. 맹사성은 성품이 맑고 깨끗하며, 단정하고 묵직해서 재상으로 지내면서 재상으로서의 품위를 지켰다. 또 그는 청렴하고 검소하여 늘 ㉠ 남루한 행색으로 다녔는데, 이로 인해 한 번은 어느 고을 수령의 야유를 받았다. 나중에서야 맹사성의 실체를 알게 된 수령이 후사가 두려워 도망을 가다가 관인을 못에 빠뜨렸고, 후에 그 못을 인침연(印沈淵)이라 불렸다는 일화가 남아 있다.

조선 시대의 학자 서거정은 『필원잡기』에서 이런 맹사성이 평소에 어떻게 살았는가를 소개했다. 서거정의 소개에 따르면 맹사성은 음률을 ㉡ 깨우쳐서 항상 하루에 서너 곡씩 피리를 불곤 했다. 그는 혼자 문을 닫고 조용히 앉아 피리 불기를 계속할 뿐 ㉢ 사사로운 손님을 받지 않았다. 일을 보고하러 오는 등 꼭 만나야 할 손님이 오면 잠시 문을 열어 맞이할 뿐 그밖에는 오직 피리를 부는 것만이 그의 삶의 전부였다. 일을 보고하러 오는 사람은 동구 밖에서 피리 소리를 듣고 맹사성이 방 안에 있다는 것을 알 정도였다.

맹사성은 여름이면 소나무 그늘 아래에 앉아 피리를 불고, 겨울이면 방 안 부들자리에 앉아 피리를 불었다. 서거정의 표현에 의하면 맹사성의 방에는 '오직 부들자리와 피리만 있을 뿐 다른 물건은 없었다.'고 한다. 당시 한 나라의 정승까지 ㉣ 맡고 있었던 사람의 방이었건만 그곳에는 온갖 ㉤ 요란한 장신구나 수많은 장서가 쌓여 있지 않고 오직 피리 하나만 있었던 것이다.

옛 왕조의 끝과 새 왕조의 시작이라는 격동기를 살면서 급격한 변화를 경험해야 했던 맹사성이 방에 오직 부들자리와 피리만을 두면서 생각한 것은 무엇일까? 그는 어떤 생각을 하며 어떤 삶을 살아갔을까? 피리 소리만 남겨둔 채 늘 비우는 방과같이 늘 마음을 비우려 노력했던 것은 아닐까.

22 다음 중 글의 내용과 일치하는 것은?

① 맹사성은 조선 전기 과거에 급제하여 조선의 문화 발전에 큰 공을 세웠다.
② 맹사성은 자신을 야유한 고을 수령의 뒤를 쫓다 인침연에 빠졌다.
③ 맹사성은 자신의 평소 생활 모습을 『필원잡기』에 담았다.
④ 맹사성은 혼자 문을 닫고 앉아 일체의 손님을 받지 않았다.
⑤ 맹사성은 여름과 겨울에 자리를 달리하며 피리를 불었다.

23 다음 중 밑줄 친 ㉠~㉤의 의미가 잘못 연결된 것은?

① ㉠ – 옷 따위가 낡아 해지고 차림새가 너저분한
② ㉡ – 깨달아 알아서
③ ㉢ – 보잘것없이 작거나 적은
④ ㉣ – 어떤 일에 대한 책임을 지고 담당하고
⑤ ㉤ – 정도가 지나쳐 어수선하고 야단스러운

　　1908년에 아레니우스(S. Arrhenius)는 지구 밖에 있는 생명의 씨앗이 날아와 지구 생명의 기원이 되었다는 대담한 가설인 '포자설'을 처음으로 주장했다. 그러나 당시 이 주장은 검증할 방법이 없었으므로 과학적 이론으로 받아들여지지 않았다. 그 후 DNA의 이중 나선 구조를 밝혀 노벨상을 받은 크릭(F. Crick)이 1981년에 출판한 『생명의 출현』에서 '포자설'을 받아들였지만, 그의 아내조차 그가 상을 받은 이후 약간 이상해진 것이 아니냐고 말할 정도였다. 지구 밖에 생명이 있다고 믿을 만한 분명한 근거는 아직까지 없다. 그럼에도 불구하고 일부 과학자들은 외계 생명의 존재를 사실로 인정하려 한다. 그들은 천문학자들이 스펙트럼으로 별 사이에 있는 성운에서 메탄올과 같은 간단한 유기 분자를 발견하자, 이것이 외계 생명의 증거라고 하였다. 그러나 별 사이 공간은 거의 진공 상태이므로 생명이 존재하기 어렵다. 외계 생명의 가능성을 지지하는 또 한 가지 증거는 운석에서 유기 분자가 추출되었다는 것이다. 1969년에 호주의 머치슨에 떨어진 운석 조각에서 모두 74종의 아미노산이 검출된 데에서도 알 수 있듯이, 유기 분자가 운석에 실려 외계에서 지구로 온다는 것은 분명한 사실이다.

　　한편, 이와는 달리 운석이 오히려 지구상의 생명을 멸종시켰다는 가설도 있다. 한때 지구의 주인이었던 공룡이 중생대 말에 갑자기 멸종했는데, 이에 대해 1980년에 알바레즈(W. Alvarez)는 운석 충돌을 그 원인으로 추정했다. 이때 그는 중생대와 신생대 사이의 퇴적층인 K·T층이 세계 여러 곳에서 발견된다는 점에 주목했다. 이 K·T층에는 이리듐이 많이 포함되어 있었기 때문이다. 이리듐은 지구의 표면에 거의 없는 희귀 원소로, 운석에는 상대적으로 많이 포함되어 있다. 이를 바탕으로 그는 중생대 말에 지름 약 10km 크기의 운석이 지구에 떨어졌고, 그에 따라 엄청나게 많은 먼지가 발생하면서 수십 년 동안 햇빛을 차단한 나머지 기온이 급강하했으며, 이로 말미암아 공룡을 비롯한 대부분의 생명이 멸종되었다고 주장하였다.

　　화석 연구를 통하여 과학자들은 지구 역사상 여러 번에 걸쳐 대규모의 멸종이 있었음을 알아내었다. 예컨대 고생대 말에 삼엽충과 푸줄리나가 갑자기 사라졌다. 이러한 대규모 멸종의 원인에 관해서는 여러 가설이 있는데, 운석의 충돌도 그중 하나일 가능성을 배제할 수 없다. 오늘날에는 (가) 생명의 원천이 되는 유기물이 운석을 통하여 외계에서 왔을 가능성과 운석으로 인해 지구상의 생명이 멸종되었을 가능성을 그대로 받아들이려는 학자들이 많다. 하지만 지구상 유기물의 생성 과정에 대해서는 의견이 일치하지 않고 있다. 그렇기에 세이건(C. Sagan)은 외계에서 온 유기물과 지구에서 만들어진 유기물이 모두 생명의 탄생에 기여했을 것이라는 절충적인 견해를 제시하기도 했다. 결정적인 증거가 발견되기까지 생명의 기원을 설명하는 가설은 앞으로도 계속해서 다양하게 제기될 것이다.

24 다음 중 밑줄 친 (가)를 처음 주장한 학자는?

① 아레니우스   ② 세이건
③ 크릭   ④ 머치슨
⑤ 알바레즈

25 다음 중 제시문을 읽고 추측할 수 없는 사실은?

① 유기물이 존재한다고 꼭 생명체가 존재하는 것은 아니다.
② 20세기 이전에는 생명체가 지구에서 자생적으로 탄생했다는 것이 일반적인 견해였다.
③ 삼엽충의 존재는 화석을 통해서 추측할 수 있다.
④ 신생대는 중생대 이전의 시대를 말할 것이다.
⑤ 알바레즈에 의하면 중생대 말에 기온이 급감했을 것이다.

01 산타 할아버지가 크리스마스를 맞아 선물을 배달하고 있다. 3일 전 알아본 집 A ~ G의 가족구성원과 나이는 아래와 같고, 다음 〈조건〉에 맞춰 선물을 배달할 때 5번째로 배달하는 집은 어디인가?

A	B	C	D	E	F	G
아버지(47)	아버지(45)	아버지(46)	아버지(45)	아버지(45)	아버지(42)	아버지(40)
어머니(42)	어머니(41)	어머니(38)	어머니(44)	어머니(36)	어머니(39)	어머니(42)
아들(9)	딸(2)	아들(2)	아들(11)	아들(4)	딸(7)	딸(10)
딸(3)			딸(8)	아들(2)	딸(2)	아들(4)
			딸(3)			아들(2)

> **조건**
>
> 산타 할아버지가 선물을 배달하는 우선순위는 다음과 같다.
> (1) 집에서 가장 어린 사람의 나이가 적을수록 먼저 배달한다.
> (2) 집에서 10세 이하 아동이 많은 집에 먼저 배달한다.
> (3) 부모의 나이를 합친 숫자가 적을수록 먼저 배달한다.
> (4) 부모 중 나이가 어린 사람과 자녀 중 나이가 많은 사람의 나이 차가 적을수록 먼저 배달한다.

① A   ② C
③ E   ④ F

02 다음은 A 도서관에서 특정 시점에 구입한 도서 10,000권에 대한 5년간의 대출현황을 조사한 자료이다. 이에 대한 설명 중 옳지 않은 것은?

<도서 10,000권의 5년간 대출현황>

(단위: 권)

구분	구입~1년	구입~3년	구입~5년
0회	5,302	4,021	3,041
1회	2,912	3,450	3,921
2회	970	1,279	1,401
3회	419	672	888
4회	288	401	519
5회	109	177	230
합계	10,000	10,000	10,000

① 구입 후 1년 동안 도서의 절반 이상이 대출되었다.
② 도서의 약 40%가 구입 후 3년 동안 대출되지 않았으며, 도서의 약 30%가 구입 후 5년 동안 대출되지 않았다.
③ 구입 후 1년 동안 1회 이상 대출된 도서의 60% 이상이 단 1회 대출되었다.
④ 구입 후 1년 동안 도서의 평균 대출횟수는 약 0.78회이다.

03 한국은 뉴욕보다 16시간 빠르고, 런던은 한국보다 8시간 느릴 때, 다음의 비행기가 현지에 도착할 때의 시간(㉠·㉡)으로 모두 옳은 것은?

구분	출발 일자	출발 시간	비행 시간	도착 시간
뉴욕행 비행기	6월 6일	22:20	13시간 40분	㉠
런던행 비행기	6월 13일	18:15	12시간 15분	㉡

	㉠	㉡
①	6월 6일 09시	6월 13일 09시 30분
②	6월 6일 20시	6월 13일 22시 30분
③	6월 7일 09시	6월 14일 09시 30분
④	6월 7일 13시	6월 14일 15시 30분

04 다음 상황을 근거로 판단할 때, 짜장면 한 그릇의 가격은?

> - A 중식당의 각 테이블별 주문 내역과 그 총액은 아래 표와 같다.
> - 각 테이블에서는 음식을 주문 내역별로 한 그릇씩 주문하였다.
>
> | 테이블 | 주문 내역 | 총액(원) |
> |:---:|:---:|:---:|
> | 1 | 짜장면, 탕수육 | 17,000 |
> | 2 | 짬뽕, 깐풍기 | 20,000 |
> | 3 | 짜장면, 볶음밥 | 14,000 |
> | 4 | 짬뽕, 탕수육 | 18,000 |
> | 5 | 볶음밥, 깐풍기 | 21,000 |

① 4,000원　　　　　　　　　② 5,000원
③ 6,000원　　　　　　　　　④ 7,000원

05 다음 그림과 같이 집에서 학교까지 가는 경우의 수는 3가지, 학교에서 도서관까지 가는 경우의 수는 5가지, 도서관에서 학교를 거치지 않고 집까지 가는 경우의 수는 1가지이다. 집에서 학교를 거쳐 도서관을 갔다가 다시 학교로 돌아오는 경우의 수는 몇 가지인가?

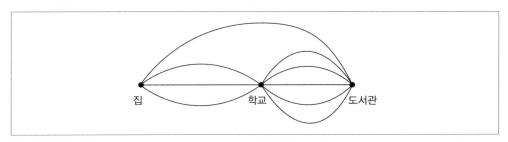

① 10가지　　　　　　　　　② 13가지
③ 30가지　　　　　　　　　④ 75가지

06 최근 ○○고속도로의 어느 한 구간에서 교통사고 발생이 잦아 이를 예방하기 위해 규제 표지판을 설치하려 한다. 구간이 시작되는 지점에서 A지점까지의 거리는 70km이고 A지점에서 구간이 끝나는 지점까지의 거리는 42km이다. 해당구간에 같은 간격으로 표지판의 개수가 최소가 되도록 설치할 때, 필요한 표지판의 개수는?(단, 구간의 양 끝과 A지점에는 표지판을 반드시 설치하고 표지판의 너비는 고려하지 않음)

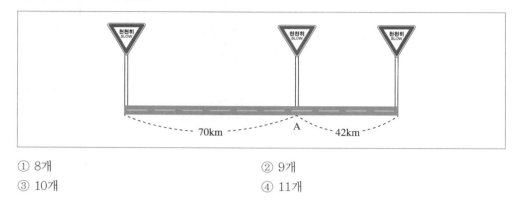

① 8개 ② 9개
③ 10개 ④ 11개

07 40명의 학생을 대상으로 영어와 수학 시험을 실시한 뒤 두 시험의 결과를 다음의 자료로 정리하였다. 그런데 ⓐ와 ⓑ는 잉크가 번져서 숫자가 보이지 않는 상황이다. ⓐ와 ⓑ에 들어갈 숫자를 바르게 연결한 것은?(단, 두 시험의 평균점수는 동일함)

수학＼영어	1점	2점	3점	4점	5점
1점	4			1	
2점		3	2		
3점	1	5	5	7	2
4점		2	ⓐ		
5점		ⓑ		2	3

	ⓐ	ⓑ
①	1	3
②	2	1
③	1	2
④	3	0

08 다음은 시·도별 합계출산율에 대한 자료이다. ㉠과 ㉡에 들어갈 수치로 옳은 것은?(단, 각 수치는 지역별 일정한 규칙으로 매년 변화함)

〈시·도별 합계출산율〉

(단위: 명)

구분	2016년	2017년	2018년	2019년	2020년
서울특별시	0.96	0.98	1.00	0.94	0.83
부산광역시	1.04	1.14	1.25	1.24	㉠
대구광역시	1.12	1.16	1.21	1.18	1.06
인천광역시	1.19	1.21	1.22	1.14	1.00
광주광역시	1.17	1.19	1.20	1.16	1.05
대전광역시	1.23	1.25	1.27	1.19	1.07
울산광역시	1.39	1.43	1.48	1.41	1.26
세종특별자치시	1.33	1.35	1.89	1.82	1.66
경기도	1.22	1.24	1.27	1.19	1.06
강원도	1.24	1.26	1.31	1.23	1.12
충청북도	1.36	1.37	1.41	1.35	1.23
충청남도	1.44	1.46	1.48	1.39	1.27
전라북도	1.24	1.29	㉡	1.38	1.32
전라남도	1.51	1.52	1.54	1.46	1.32
경상북도	1.37	1.40	1.46	1.39	1.25
경상남도	1.36	1.40	1.43	1.35	1.22
제주특별자치도	1.42	1.48	1.49	1.43	1.30

	㉠	㉡
①	1.22	1.28
②	1.22	1.42
③	1.32	1.42
④	1.32	1.35

09 다음은 인천광역시 지역별 홈페이지에 게재된 글의 성격을 분석한 자료이다. 그 해석이 바르게 된 것은?

〈지역별 게시글의 성격〉

(단위: 건, %)

구분		게시글의 성격										계	
		문의		청원		문제 지적		정책 제안		기타			
		N	%	N	%	N	%	N	%	N	%		
지역	시 본청	123	36.1	87	25.5	114	33.4	10	2.9	7	2.1	341	33.1
	중구	20	37.7	17	32.1	13	24.5	1	1.9	2	3.8	53	5.1
	동구	14	43.8	9	28.1	7	21.9	–	–	2	6.3	32	3.1
	남구	22	24.7	25	28.1	32	36.0	7	7.9	3	3.4	89	8.6
	연수구	6	16.7	15	41.7	14	38.9	1	2.8	–	–	36	3.5
	남동구	21	22.8	31	33.7	39	42.4	–	–	1	1.1	92	8.9
	부평구	29	28.7	28	27.7	41	40.6	1	1.0	2	2.0	101	9.8
	계양구	13	15.3	40	47.1	30	35.3	2	2.4	–	–	85	8.2
	서구	50	32.5	34	22.1	65	42.2	–	–	5	3.2	154	14.9
	강화군	17	44.7	8	21.1	8	21.1	3	7.8	2	5.3	38	3.7
	옹진군	6	60.6	–	–	3	30.0	1	10.0	–	–	10	1.1
계		321	31.1	294	28.5	366	35.5	26	2.6	24	2.3	1,031	100

① 전체 게시글의 빈도는 문의, 문제지적, 청원, 정책제안, 기타의 순서로 많다.

② 전체에서 문의의 비중이 가장 높은 지역은 강화군이다.

③ 시 본청을 제외하고 정책제안이 가장 많은 곳은 남구이다.

④ 시 본청을 제외하고 청원에서 연수구가 차지하는 비중이 가장 높다.

10 다음 글을 근거로 판단할 때, 상황에서 제한보호구역으로 지정해야 하는 지역은?

제1조(통제보호구역과 제한보호구역의 지정)
① 다음 각 호 중 어느 하나에 해당하는 경우 통제보호구역으로 지정한다.
  1. 민간인통제선 이북(以北)지역
  2. 제1호 외의 지역에 위치한 특별군사시설의 최외곽경계선으로부터 500미터 이내의 지역
② 통제보호구역이 아닌 지역으로 다음 각 호 중 어느 하나에 해당하는 경우 제한보호구역으로 지정한다.
  1. 특별군사시설이 아닌 군사시설로서 군폭발물시설·군방공기지·군사격장·군훈련장의 경우, 당해 군사시설의 최외곽경계선으로부터 1킬로미터 이내의 지역
  2. 특별군사시설이 아닌 군사시설로서 취락지역에 위치하는 제1호 이외의 군사시설의 경우, 당해 군사시설의 최외곽경계선으로부터 500미터 이내의 지역

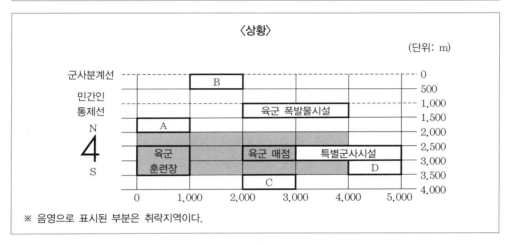

〈상황〉

※ 음영으로 표시된 부분은 취락지역이다.

① A

② B

③ C

④ D

11 다음은 조사연도별 '갑'국 병사의 계급별 월급과 군내매점에서 판매하는 주요품목 가격에 관한 자료이다. 이에 대한 설명으로 옳은 것은?

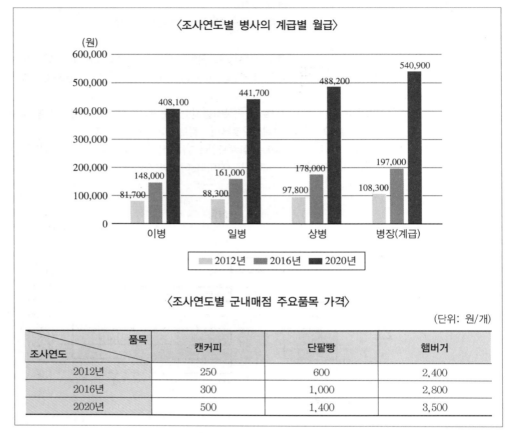

〈조사연도별 병사의 계급별 월급〉

〈조사연도별 군내매점 주요품목 가격〉

(단위: 원/개)

조사연도 \ 품목	캔커피	단팥빵	햄버거
2012년	250	600	2,400
2016년	300	1,000	2,800
2020년	500	1,400	3,500

① 이병 월급은 2020년이 2012년보다 500% 이상 증액되었다.

② 2012년 대비 2016년 상병 월급 증가율은 2016년 대비 2020년 상병 월급 증가율보다 더 높다.

③ 군내매점 주요품목 각각의 2012년 대비 2016년 가격인상률은 2016년 대비 2020년 가격인상률보다 낮다.

④ 일병이 한 달 월급만을 사용하여 군내매점에서 해당 연도 가격으로 140개의 단팥빵을 구매하고 남은 금액은 2016년이 2012년보다 15,000원 이상 더 많다.

12 다음 자료를 바탕으로 가능한 해석과 추론으로 알맞은 것은?

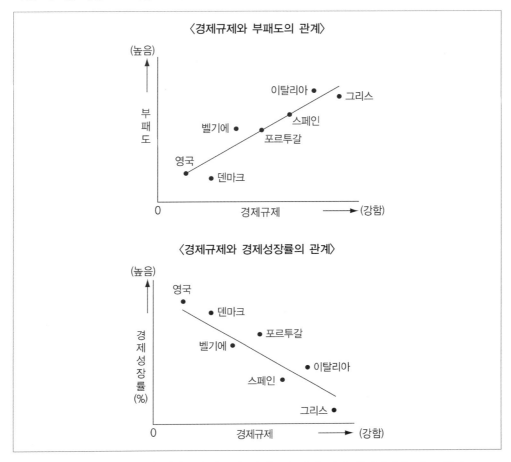

① 조사 대상 국가들을 보면 경제규제 수준은 부패도와 강한 양의 상관관계를 갖고 있다.
② 조사 대상 국가들의 부패도와 경제성장률은 강한 양의 상관관계를 보일 것이다.
③ 모든 정부는 경제에 규제를 가할수록 부패도를 향상시키고 경제성장률은 둔화시키므로, 경제에 대한 규제를 하지 말아야 한다.
④ 영국은 부패도가 가장 낮고 경제성장률은 가장 높다.

[13~14] 다음은 동일제품의 A 사와 B 사의 원재료 · 재공품 및 제품의 가격을 비교한 자료이다. 이어지는 물음에 답하시오.

〈A 사 · B 사 가격 비교〉

(단위: 원)

구분		2016년	2017년	2018년	2019년	2020년
원재료	A 사	2,290	2,320	2,410	2,550	2,860
	B 사	2,100	2,250	2,280	2,460	2,680
재공품	A 사	11,830	12,210	12,840	13,350	13,960
	B 사	10,520	10,810	11,820	12,780	13,330
제품	A 사	35,430	35,820	36,210	36,660	37,210
	B 사	36,730	36,990	37,290	37,680	37,990

※ 원재료는 A 사 · B 사가 다른 업체로부터 구매한 가격이고, 재공품과 제품은 A 사 · B 사에서 판매하는 가격이다.
※ 순이익 원재료 가격만 고려한다.
  • (재공품 판매 시 순이익)＝(재공품 판매가)－(원재료 구매가)
  • (제품 판매 시 순이익)＝(제품 판매가)－(원재료 구매가)

13 다음 중 자료에 대한 해석으로 옳은 것은?

① 2017년 B 사의 제품 판매 순이익은 그해 원재료 가격의 15배 이상이다.
② 원재료는 B 사가 A 사보다 저렴하게 판매한다.
③ 2020년 A 사는 재공품 30개 판매보다 제품 10개 판매 시의 매출이 더 높다.
④ 2016년 A 사의 재공품 판매 순이익보다 2018년 B 사의 재공품 판매 순이익이 더 크다.

14 다음 ㉠, ㉡에 들어갈 내용으로 옳은 것은?(단, 소수점 이하는 버림)

> A 사의 2016년 대비 2020년 제품가격 증가율은 (㉠)이고, B 사의 2016년 대비 2020년 제품가격 증가율은 (㉡)이다.

	㉠	㉡
①	5%	3%
②	3%	1%
③	1%	3%
④	3%	5%

15 다음은 '갑'연구소에서 제습기 A ~ E의 습도별 연간소비전력량을 측정한 자료이다. 이에 대한 〈보기〉의 설명 중 옳은 것만을 모두 고르면?

〈제습기 A ~ E의 습도별 연간소비전력량〉

(단위: kWh)

습도 제습기	40%	50%	60%	70%	80%
A	550	620	680	790	840
B	560	640	740	810	890
C	580	650	730	800	880
D	600	700	810	880	950
E	660	730	800	920	970

보기

ㄱ. 습도가 70%일 때 연간소비전력량이 가장 적은 제습기는 A이다.

ㄴ. 각 습도에서 연간소비전력량이 많은 제습기부터 순서대로 나열하면, 습도 60%일 때와 습도 70%일 때의 순서는 동일하다.

ㄷ. 습도가 40%일 때 제습기 E의 연간소비전력량은 습도가 50%일 때 제습기 B의 연간소비전력량보다 많다.

ㄹ. 제습기 각각에서 연간소비전력량은 습도가 80%일 때 40%일 때의 1.5배 이상이다.

① ㄱ, ㄴ

② ㄱ, ㄷ

③ ㄴ, ㄹ

④ ㄱ, ㄷ, ㄹ

16 다음은 2019년 A 학과와 B 학과의 면접성공률에 대한 자료이다. 이에 대한 〈보기〉의 설명 중 옳지 않은 것을 모두 고르면?

〈A 학과와 B 학과의 취업 현황〉

(단위: 회)

구분 ＼ 학과	A 학과	B 학과
서류 합격 횟수	110	50
최종 합격 횟수	44	15

※ (면접성공률)$=\dfrac{(최종 \ 합격 \ 횟수)}{(서류 \ 합격 \ 횟수)}\times100$

보기

㉠ A 학과의 면접성공률은 40%이고 A 학과와 B 학과를 합한 전체 면접성공률은 35% 이하이다.

㉡ 2020년 B 학과에서 서류 합격 횟수가 10회이고 최종 합격 횟수가 6회라면, 해당 연도 B 학과의 면접성공률은 2019년 면접성공률의 2배이다.

㉢ 서류 합격 횟수와 최종 합격 횟수는 A 학과가 B 학과에 비해 각각 2배, 3배 이상이다.

① ㉠

② ㉡

③ ㉠, ㉢

④ ㉠, ㉡, ㉢

17 다음 자료를 참고할 때, 하루 동안 고용할 수 있는 최대 인원은?

총 예산	본예산	500,000원
	예비비	100,000원
고용비	1인당 수당	50,000원
	산재보험료	(수당)×0.504%
	고용보험료	(수당)×1.3%

① 8명

② 9명

③ 10명

④ 11명

[18~19] 다음은 A 국 각 주요 공항들의 2020년 6월과 8월의 요일별 일 평균 화물수송현황에 대한 자료이다. 다음 자료를 보고 물음에 답하시오.

〈2020년 6월 요일별 일평균 화물수송현황〉

구분	2020년 06월							
	a 공항		b 공항		c 공항		d 공항	
	운항편수 (편)	화물량 (톤)	운항편수 (편)	화물량 (톤)	운항편수 (편)	화물량 (톤)	운항편수 (편)	화물량 (톤)
일요일	1,080	10,949	400	603	320	490	486	621
월요일	1,018	8,336	405	673	304	476	474	750
화요일	1,025	10,203	400	722	292	455	473	738
수요일	1,069	11,700	400	740	308	511	470	726
목요일	1,062	10,905	395	720	311	486	476	718
금요일	1,070	11,399	409	730	304	489	480	722
토요일	1,055	11,059	401	643	322	476	486	620
합계	7,379	74,551	2,810	4,831	2,161	3,383	3,345	4,895

〈2020년 8월 요일별 일평균 화물수송현황〉

구분	2020년 08월							
	a 공항		b 공항		c 공항		d 공항	
	운항편수 (편)	화물량 (톤)	운항편수 (편)	화물량 (톤)	운항편수 (편)	화물량 (톤)	운항편수 (편)	화물량 (톤)
일요일	1,120	10,832	393	677	316	510	490	697
월요일	1,047	8,097	402	726	307	524	476	808
화요일	1,065	10,197	403	788	306	519	480	856
수요일	1,101	11,506	387	785	308	569	446	804
목요일	1,092	11,037	340	676	294	501	388	(나)
금요일	1,101	10,924	409	789	305	545	(가)	838
토요일	1,102	11,292	402	706	324	542	494	709
합계	7,628	73,885	2,736	5,147	2,160	3,710	3,268	5,368

18 다음 〈보기〉의 설명 중 옳은 것을 모두 고른 것은?

> **보기**
>
> ㉠ d 공항의 월요일 일평균 수송화물량은 2020년 6월 대비 2020년 8월에 15% 이상 증가하였다.
> ㉡ a 공항은 2020년 6월과 8월을 통틀어 모든 요일에서 일평균 운항편수뿐 아니라 수송화물량이 가장 많다.
> ㉢ 2020년 8월 중 b 공항의 운항편수 당 화물량은 화요일이 목요일보다 크다.
> ㉣ 2020년 6월 토요일 일평균 운항편수가 가장 많은 공항의 운항편수는 가장 적은 공항의 운항편수의 3배 이상이다.

① ㉠, ㉡
③ ㉡, ㉢

② ㉠, ㉢
④ ㉡, ㉣

19 (가)와 (나)의 곱으로 알맞은 것은?

① 324,064
③ 323,076

② 325,376
④ 329,004

20 다음은 〈공원별 위법행위 단속현황〉에 대한 자료이다. 이에 대한 설명으로 옳은 것은?

〈공원별 위법행위 단속현황〉

(단위: 건)

구분	고발	과태료	범칙금	기타	합계
지리산	5	190	–	–	195
지리산 북부	1	49	–	–	50
지리산 남부	2	77	–	–	79
경주	1	18	–	–	19
계룡산	4	91	–	–	95
한려해상	2	11	–	–	13
한려동부	1	227	–	–	228
설악산	4	335	–	–	339
속리산	0	191	–	–	191
한라산	0	99	–	–	99
내장산	0	20	–	–	20
내장산백암	0	30	–	–	30
가야산	1	15	–	–	16
덕유산	8	114	–	–	122
오대산	0	124	–	–	124
주왕산	0	6	–	–	6
태안해안	2	42	–	–	44
다도해해상	8	8	–	–	16
다도해서부	3	25	–	–	28
치악산	9	45	–	–	54
월악산	3	117	–	–	120
북한산	7	399	–	–	406
북한산도봉	5	209	–	–	214
소백산	4	10	–	–	14
소백산북부	1	33	–	–	34
월출산	1	7	–	–	8
변산반도	4	8	–	–	12
무등산	4	120	–	–	124
무등산동부	3	3	–	–	6
태백산	2	68	–	–	70
총계	85	2,691	0	0	2,776

① 고발 건수가 가장 적은 공원은 태백산이다.

② 월악산의 과태료 건수는 계룡산 과태료 건수보다 40% 이상 많다.

③ 총 단속 건수가 가장 많은 공원은 과태료 단속 건수도 가장 많다.

④ 고발 건수가 4건 이상인 공원은 8곳이다.

[01~10] 다음 〈보기〉의 왼쪽과 오른쪽 기호의 대응을 참고하여 각 문제의 대응이 같으면 답안지에 '①
맞음'을, 틀리면 '② 틀림'을 선택하시오.

> **보기**
>
> | Ⅳ = smile | Ⅲ = rabbit | Ⅷ = play | Ⅹ = shark | Ⅵ = draw |
> |---|---|---|---|---|
> | Ⅰ = task | Ⅸ = tension | Ⅱ = angel | Ⅶ = monitor | Ⅴ = wind |

01	Ⅸ Ⅶ Ⅵ Ⅰ Ⅷ – tension monitor draw task play	① 맞음 ② 틀림
02	Ⅲ Ⅱ Ⅹ Ⅴ Ⅳ – rabbit tension shark wind draw	① 맞음 ② 틀림
03	Ⅰ Ⅶ Ⅸ Ⅷ Ⅲ – task monitor angel shark rabbit	① 맞음 ② 틀림
04	Ⅵ Ⅳ Ⅴ Ⅱ Ⅲ – draw smile wind angel rabbit	① 맞음 ② 틀림
05	Ⅴ Ⅹ Ⅳ Ⅷ Ⅸ – wind shark smile play tension	① 맞음 ② 틀림

> **보기**
>
> | AA = 경비 | HH = 소집 | XX = 특기 | WW = 군사 | GG = 보안 |
> |---|---|---|---|---|
> | JJ = 제한 | UU = 구역 | CC = 이념 | DD = 체조 | FF = 부호 |

06	AA CC HH DD UU – 경비 이념 제한 군사 구역	① 맞음 ② 틀림
07	GG WW XX JJ FF – 보안 군사 특기 제한 부호	① 맞음 ② 틀림
08	WW HH CC GG XX – 군사 소집 이념 보안 특기	① 맞음 ② 틀림
09	CC UU FF AA DD – 이념 보안 부호 경비 제한	① 맞음 ② 틀림
10	JJ GG HH WW XX – 경비 구역 소집 군사 특기	① 맞음 ② 틀림

90

[11~20] 다음 〈보기〉의 왼쪽과 오른쪽 기호의 대응을 참고하여 각 문제의 대응이 같으면 답안지에 '① 맞음'을, 틀리면 '② 틀림'을 선택하시오.

> **보기**
>
> | ⊙ = cat | 🐄 = cow | ♣ = horse | ↑ = tiger | ♫ = bear |
> | ☯ = dog | ★ = swan | ☆ = pig | ☿ = lion | ♡ = fox |

11	↑ ♫ ⊙ ♡ ☿ — horse bear cat fox lion	① 맞음 ② 틀림
12	☆ ♣ ♡ ♫ ⊙ — pig horse fox bear cat	① 맞음 ② 틀림
13	★ 🐄 ↑ ♣ ☿ — swan cow tiger horse fox	① 맞음 ② 틀림
14	☯ ⊙ 🐄 ☆ ♡ — cat dog cow pig fox	① 맞음 ② 틀림
15	☆ ↑ ☯ ★ ♡ — pig tiger dog swan fox	① 맞음 ② 틀림

> **보기**
>
> | 898 = ☆ | 574 = ★ | 543 = ☎ | 786 = ⌂ | 109 = ♦ |
> | 464 = ♠ | 148 = ☏ | 288 = ▲ | 374 = ◇ | 296 = ♧ |

16	543 109 786 288 898 — ☎ ♦ ⌂ ▲ ☆	① 맞음 ② 틀림
17	148 786 574 374 109 — ☏ ⌂ ★ ◇ ♦	① 맞음 ② 틀림
18	543 464 148 296 898 — ☎ ♠ ☏ ♧ ★	① 맞음 ② 틀림
19	786 109 543 288 464 — ⌂ ♦ ☎ ▲ ♠	① 맞음 ② 틀림
20	148 574 464 374 296 — ☏ ★ ♠ ◇ ♦	① 맞음 ② 틀림

[21~30] 다음의 〈보기〉에서 각 문제의 왼쪽에 표시된 굵은 글씨체의 기호, 문자, 숫자의 개수를 모두 세어 오른쪽에서 찾으시오.

	〈보기〉	〈개수〉
21 ▶	▶△▶▽◆▽◇▶▲◇▶▽◆▶▼▷△▶▽▽◇▼▽ △▶△▼▽▶△▶▽◆▼◇△◆▶▶◇▼▽▶◇◆ ▼▽▶◆▶	① 12개 ② 13개 ③ 14개 ④ 15개
22 h	He'll be remembered by great affection by everyone here and I'm sure that's the case with the fans, too.	① 5개 ② 6개 ③ 7개 ④ 8개
23 셉	셰셉슝솟스셉슝솟셰스슝셉솟셰셉슝스슝셰솟셉슝셰 솟스셉슝셰스	① 4개 ② 5개 ③ 6개 ④ 7개
24 5	15290998756475327553854839251152935093746473833450928342974 52385	① 10개 ② 11개 ③ 12개 ④ 13개
25 ㅇ	타인을 그대로 인정하고 자신의 의견을 바꿀 수 있는 유연한 마음의 소유자는 참 귀하다.	① 12개 ② 13개 ③ 14개 ④ 15개
26 재	젤지제재절자쟈재게절겔쟈자지재쟁쟈쟁재절자쟈 졸조쟈쟈재절자지재쟈절자지재절쟈자절지쟈쟈재절	① 10개 ② 11개 ③ 12개 ④ 13개
27 r	Friend's remarks, leaving the matter of his pulchritude to one side, it was said that he is a fair and reasonable man.	① 7개 ② 8개 ③ 9개 ④ 10개
28 ㅅ	사람은 시간 분배와 사는 곳, 그리고 사귀는 사람을 바꾸지 않으면 사람은 바뀌지 않는다. 가장 무의미한 것은 결의를 새로이 하는 것이다.	① 7개 ② 8개 ③ 9개 ④ 10개
29 의	૪의ᄝ૪의ᄫ૪의ᄼ૪ᄢᄑᄝ의ᄫᄑᄫᄼ의ᄝᄫᄝ의 ᄫ의ᄑᄼ૪ᄝ૪의ᄝᄼᄫᄫᄼ૪의ᄑᄼᄫᄝᄫ의ᄫᄑᄼ ᄑ૪의૪의	① 9개 ② 10개 ③ 11개 ④ 12개
30 9	15651910468256158052749896 7482063	① 3개 ② 4개 ③ 5개 ④ 6개

부사관 초급간부 선발 필기시험 답안카드

고사장

성명

수험번호

① ② ③ ④ ⑤ ⑥ ⑦ ⑧ ⑨ ⓪

감독위원 확인

(인)

※ 실전처럼 각 과목별 응시시간에 맞춰 풀어보시길 바랍니다.

언어논리(20문)						자료해석(25문)					공간능력(10문)					지각속도(3문)			
1	① ② ③ ④ ⑤					1	① ② ③ ④				1	① ② ③ ④				1	① ② ③ ④		
2	① ② ③ ④ ⑤					2	① ② ③ ④				2	① ② ③ ④				2	① ② ③ ④		
3	① ② ③ ④ ⑤					3	① ② ③ ④				3	① ② ③ ④				3	① ② ③ ④		
4	① ② ③ ④ ⑤					4	① ② ③ ④				4	① ② ③ ④				4	① ② ③ ④		
5	① ② ③ ④ ⑤					5	① ② ③ ④				5	① ② ③ ④				5	① ② ③ ④		
6	① ② ③ ④ ⑤					6	① ② ③ ④				6	① ② ③ ④				6	① ② ③ ④		
7	① ② ③ ④ ⑤					7	① ② ③ ④				7	① ② ③ ④				7	① ② ③ ④		
8	① ② ③ ④ ⑤					8	① ② ③ ④				8	① ② ③ ④				8	① ② ③ ④		
9	① ② ③ ④ ⑤					9	① ② ③ ④				9	① ② ③ ④				9	① ② ③ ④		
10	① ② ③ ④ ⑤					10	① ② ③ ④				10	① ② ③ ④				10	① ② ③ ④		
11	① ② ③ ④ ⑤					11	① ② ③ ④				11	① ② ③ ④				11	① ② ③ ④		
12	① ② ③ ④ ⑤					12	① ② ③ ④				12	① ② ③ ④				12	① ② ③ ④		
13	① ② ③ ④ ⑤					13	① ② ③ ④				13	① ② ③ ④				13	① ② ③ ④		
14	① ② ③ ④ ⑤					14	① ② ③ ④				14	① ② ③ ④				14	① ② ③ ④		
15	① ② ③ ④ ⑤					15	① ② ③ ④				15	① ② ③ ④				15	① ② ③ ④		
16	① ② ③ ④ ⑤					16	① ② ③ ④				16	① ② ③ ④				16	① ② ③ ④		
17	① ② ③ ④ ⑤					17	① ② ③ ④				17	① ② ③ ④				17	① ② ③ ④		
18	① ② ③ ④ ⑤					18	① ② ③ ④				18	① ② ③ ④				18	① ② ③ ④		
19	① ② ③ ④ ⑤					19	① ② ③ ④										19	① ② ③ ④		
20	① ② ③ ④ ⑤					20	① ② ③ ④										20	① ② ③ ④		
21	① ② ③ ④ ⑤																21	① ② ③ ④		
22	① ② ③ ④ ⑤																22	① ② ③ ④		
23	① ② ③ ④ ⑤																23	① ② ③ ④		
24	① ② ③ ④ ⑤																24	① ② ③ ④		
25	① ② ③ ④ ⑤																25	① ② ③ ④		
																26	① ② ③ ④		
																27	① ② ③ ④		
																28	① ② ③ ④		
																29	① ② ③ ④		
																30	① ② ③ ④		

※ 본 답안카드는 마킹연습용 모의 답안지입니다.

부사관 초급간부선발 필기시험 답안카드

언어논리(20문)

번호	1	2	3	4	5
1	①	②	③	④	⑤
2	①	②	③	④	⑤
3	①	②	③	④	⑤
4	①	②	③	④	⑤
5	①	②	③	④	⑤
6	①	②	③	④	⑤
7	①	②	③	④	⑤
8	①	②	③	④	⑤
9	①	②	③	④	⑤
10	①	②	③	④	⑤
11	①	②	③	④	⑤
12	①	②	③	④	⑤
13	①	②	③	④	⑤
14	①	②	③	④	⑤
15	①	②	③	④	⑤
16	①	②	③	④	⑤
17	①	②	③	④	⑤
18	①	②	③	④	⑤
19	①	②	③	④	⑤
20	①	②	③	④	⑤
21	①	②	③	④	⑤
22	①	②	③	④	⑤
23	①	②	③	④	⑤
24	①	②	③	④	⑤
25	①	②	③	④	⑤

자료해석(25문)

번호	1	2	3	4
1	①	②	③	④
2	①	②	③	④
3	①	②	③	④
4	①	②	③	④
5	①	②	③	④
6	①	②	③	④
7	①	②	③	④
8	①	②	③	④
9	①	②	③	④
10	①	②	③	④
11	①	②	③	④
12	①	②	③	④
13	①	②	③	④
14	①	②	③	④
15	①	②	③	④
16	①	②	③	④
17	①	②	③	④
18	①	②	③	④
19	①	②	③	④
20	①	②	③	④

공간능력(10문)

번호	1	2	3	4
1	①	②	③	④
2	①	②	③	④
3	①	②	③	④
4	①	②	③	④
5	①	②	③	④
6	①	②	③	④
7	①	②	③	④
8	①	②	③	④
9	①	②	③	④
10	①	②	③	④
11	①	②	③	④
12	①	②	③	④
13	①	②	③	④
14	①	②	③	④
15	①	②	③	④
16	①	②	③	④
17	①	②	③	④
18	①	②	③	④

지각속도(3분)

번호	1	2	3	4
1	①	②		
2	①	②		
3	①	②		
4	①	②		
5	①	②		
6	①	②		
7	①	②		
8	①	②		
9	①	②		
10	①	②		
11	①	②		
12	①	②		
13	①	②		
14	①	②		
15	①	②		
16	①	②		
17	①	②		
18	①	②		
19	①	②		
20	①	②		
21	①	②	③	④
22	①	②	③	④
23	①	②	③	④
24	①	②	③	④
25	①	②	③	④
26	①	②	③	④
27	①	②	③	④
28	①	②	③	④
29	①	②	③	④
30	①	②	③	④

※ 본 답안지는 미정영연습용 모의 답안지입니다.

고 사 장

성 명

수 험 번 호

	⓪	①	②	③	④	⑤	⑥	⑦	⑧	⑨
	⓪	①	②	③	④	⑤	⑥	⑦	⑧	⑨
	⓪	①	②	③	④	⑤	⑥	⑦	⑧	⑨
	⓪	①	②	③	④	⑤	⑥	⑦	⑧	⑨
	⓪	①	②	③	④	⑤	⑥	⑦	⑧	⑨
	⓪	①	②	③	④	⑤	⑥	⑦	⑧	⑨
	⓪	①	②	③	④	⑤	⑥	⑦	⑧	⑨

감독위원 확인

(인)

※ 실전처럼 각 과목별 응시시간에 맞춰 풀어보시길 바랍니다.

부사관 초급간부선발 필기시험 답안카드

고사장

성 명

수험번호

⓪	⓪	⓪	⓪	⓪	⓪	
①	①	①	①	①	①	①
②	②	②	②	②	②	②
③	③	③	③	③	③	③
④	④	④	④	④	④	④
⑤	⑤	⑤	⑤	⑤	⑤	⑤
⑥	⑥	⑥	⑥	⑥	⑥	⑥
⑦	⑦	⑦	⑦	⑦	⑦	⑦
⑧	⑧	⑧	⑧	⑧	⑧	⑧
⑨	⑨	⑨	⑨	⑨	⑨	⑨

감독위원 확인

(인)

※ 실전처럼 각 과목별 응시시간에
맞춰 풀어보시길 바랍니다.

언어논리(20문)

1	① ② ③ ④ ⑤
2	① ② ③ ④ ⑤
3	① ② ③ ④ ⑤
4	① ② ③ ④ ⑤
5	① ② ③ ④ ⑤
6	① ② ③ ④ ⑤
7	① ② ③ ④ ⑤
8	① ② ③ ④ ⑤
9	① ② ③ ④ ⑤
10	① ② ③ ④ ⑤
11	① ② ③ ④ ⑤
12	① ② ③ ④ ⑤
13	① ② ③ ④ ⑤
14	① ② ③ ④ ⑤
15	① ② ③ ④ ⑤
16	① ② ③ ④ ⑤
17	① ② ③ ④ ⑤
18	① ② ③ ④ ⑤
19	① ② ③ ④ ⑤
20	① ② ③ ④ ⑤
21	① ② ③ ④ ⑤
22	① ② ③ ④ ⑤
23	① ② ③ ④ ⑤
24	① ② ③ ④ ⑤
25	① ② ③ ④ ⑤

자료해석(25문)

1	① ② ③ ④
2	① ② ③ ④
3	① ② ③ ④
4	① ② ③ ④
5	① ② ③ ④
6	① ② ③ ④
7	① ② ③ ④
8	① ② ③ ④
9	① ② ③ ④
10	① ② ③ ④
11	① ② ③ ④
12	① ② ③ ④
13	① ② ③ ④
14	① ② ③ ④
15	① ② ③ ④
16	① ② ③ ④
17	① ② ③ ④
18	① ② ③ ④
19	① ② ③ ④
20	① ② ③ ④

공간능력(10문)

1	① ② ③ ④
2	① ② ③ ④
3	① ② ③ ④
4	① ② ③ ④
5	① ② ③ ④
6	① ② ③ ④
7	① ② ③ ④
8	① ② ③ ④
9	① ② ③ ④
10	① ② ③ ④
11	① ② ③ ④
12	① ② ③ ④
13	① ② ③ ④
14	① ② ③ ④
15	① ② ③ ④
16	① ② ③ ④
17	① ② ③ ④
18	① ② ③ ④

지각속도(3문)

1	① ② ③ ④
2	① ② ③ ④
3	① ② ③ ④
4	① ② ③ ④
5	① ② ③ ④
6	① ② ③ ④
7	① ② ③ ④
8	① ② ③ ④
9	① ② ③ ④
10	① ② ③ ④
11	① ② ③ ④
12	① ② ③ ④
13	① ② ③ ④
14	① ② ③ ④
15	① ② ③ ④
16	① ② ③ ④
17	① ② ③ ④
18	① ② ③ ④
19	① ② ③ ④
20	① ② ③ ④
21	① ② ③ ④
22	① ② ③ ④
23	① ② ③ ④
24	① ② ③ ④
25	① ② ③ ④
26	① ② ③ ④
27	① ② ③ ④
28	① ② ③ ④
29	① ② ③ ④
30	① ② ③ ④

※ 본 답안카드는 마킹연습용 모의 답안카드입니다.

부사관 초급간부선발 필기시험 답안카드

언어논리(20문)

번호	①	②	③	④	⑤
1	①	②	③	④	⑤
2	①	②	③	④	⑤
3	①	②	③	④	⑤
4	①	②	③	④	⑤
5	①	②	③	④	⑤
6	①	②	③	④	⑤
7	①	②	③	④	⑤
8	①	②	③	④	⑤
9	①	②	③	④	⑤
10	①	②	③	④	⑤
11	①	②	③	④	⑤
12	①	②	③	④	⑤
13	①	②	③	④	⑤
14	①	②	③	④	⑤
15	①	②	③	④	⑤
16	①	②	③	④	⑤
17	①	②	③	④	⑤
18	①	②	③	④	⑤
19	①	②	③	④	⑤
20	①	②	③	④	⑤
21	①	②	③	④	⑤
22	①	②	③	④	⑤
23	①	②	③	④	⑤
24	①	②	③	④	⑤
25	①	②	③	④	⑤

자료해석(25문)

번호	①	②	③	④
1	①	②	③	④
2	①	②	③	④
3	①	②	③	④
4	①	②	③	④
5	①	②	③	④
6	①	②	③	④
7	①	②	③	④
8	①	②	③	④
9	①	②	③	④
10	①	②	③	④
11	①	②	③	④
12	①	②	③	④
13	①	②	③	④
14	①	②	③	④
15	①	②	③	④
16	①	②	③	④
17	①	②	③	④
18	①	②	③	④
19	①	②	③	④
20	①	②	③	④

공간능력(10문)

번호	①	②	③	④
1	①	②	③	④
2	①	②	③	④
3	①	②	③	④
4	①	②	③	④
5	①	②	③	④
6	①	②	③	④
7	①	②	③	④
8	①	②	③	④
9	①	②	③	④
10	①	②	③	④
11	①	②	③	④
12	①	②	③	④
13	①	②	③	④
14	①	②	③	④
15	①	②	③	④
16	①	②	③	④
17	①	②	③	④
18	①	②	③	④

지각속도(3문)

번호	①	②	③	④
1	①	②		
2	①	②		
3	①	②		
4	①	②		
5	①	②		
6	①	②		
7	①	②		
8	①	②		
9	①	②		
10	①	②		
11	①	②		
12	①	②		
13	①	②		
14	①	②		
15	①	②		
16	①	②		
17	①	②		
18	①	②		
19	①	②		
20	①	②		
21	①	②	③	④
22	①	②	③	④
23	①	②	③	④
24	①	②	③	④
25	①	②	③	④
26	①	②	③	④
27	①	②	③	④
28	①	②	③	④
29	①	②	③	④
30	①	②	③	④

※ 본 답안지는 마킹연습용 모의 답안지입니다.

교 사 장

성 명

수 험 번 호

⓪	①	②	③	④	⑤	⑥	⑦	⑧	⑨
⓪	①	②	③	④	⑤	⑥	⑦	⑧	⑨
⓪	①	②	③	④	⑤	⑥	⑦	⑧	⑨
⓪	①	②	③	④	⑤	⑥	⑦	⑧	⑨
⓪	①	②	③	④	⑤	⑥	⑦	⑧	⑨
⓪	①	②	③	④	⑤	⑥	⑦	⑧	⑨
⓪	①	②	③	④	⑤	⑥	⑦	⑧	⑨

감독위원 확인

인

※ 실전처럼 각 과목별 응시시간에
맞춰 풀어보시길 바랍니다.

부사관 초급간부 선발 필기시험 답안카드

고 사 장

성 명

수 험 번 호

0	0	0	0	0	0	0
1	1	1	1	1	1	1
2	2	2	2	2	2	2
3	3	3	3	3	3	3
4	4	4	4	4	4	4
5	5	5	5	5	5	5
6	6	6	6	6	6	6
7	7	7	7	7	7	7
8	8	8	8	8	8	8
9	9	9	9	9	9	9

감독위원 확인

(인)

※ 실전처럼 각 과목별 응시시간에 맞춰 풀어보시길 바랍니다.

언어논리(20문)

번호	답
1	① ② ③ ④
2	① ② ③ ④
3	① ② ③ ④
4	① ② ③ ④
5	① ② ③ ④
6	① ② ③ ④
7	① ② ③ ④
8	① ② ③ ④
9	① ② ③ ④
10	① ② ③ ④
11	① ② ③ ④
12	① ② ③ ④
13	① ② ③ ④
14	① ② ③ ④
15	① ② ③ ④
16	① ② ③ ④
17	① ② ③ ④ ⑤
18	① ② ③ ④ ⑤
19	① ② ③ ④ ⑤
20	① ② ③ ④ ⑤
21	① ② ③ ④ ⑤
22	① ② ③ ④ ⑤
23	① ② ③ ④ ⑤
24	① ② ③ ④ ⑤
25	① ② ③ ④ ⑤

자료해석(25문)

번호	답
1	① ② ③ ④
2	① ② ③ ④
3	① ② ③ ④
4	① ② ③ ④
5	① ② ③ ④
6	① ② ③ ④
7	① ② ③ ④
8	① ② ③ ④
9	① ② ③ ④
10	① ② ③ ④
11	① ② ③ ④
12	① ② ③ ④
13	① ② ③ ④
14	① ② ③ ④
15	① ② ③ ④
16	① ② ③ ④
17	① ② ③ ④
18	① ② ③ ④
19	① ② ③ ④
20	① ② ③ ④

공간능력(10문)

번호	답
1	① ② ③ ④
2	① ② ③ ④
3	① ② ③ ④
4	① ② ③ ④
5	① ② ③ ④
6	① ② ③ ④
7	① ② ③ ④
8	① ② ③ ④
9	① ② ③ ④
10	① ② ③ ④
11	① ② ③ ④
12	① ② ③ ④
13	① ② ③ ④
14	① ② ③ ④
15	① ② ③ ④
16	① ② ③ ④
17	① ② ③ ④
18	① ② ③ ④

지각속도(3문)

번호	답
1	① ② ③ ④
2	① ② ③ ④
3	① ② ③ ④
4	① ② ③ ④
5	① ② ③ ④
6	① ② ③ ④
7	① ② ③ ④
8	① ② ③ ④
9	① ② ③ ④
10	① ② ③ ④
11	① ② ③ ④
12	① ② ③ ④
13	① ② ③ ④
14	① ② ③ ④
15	① ② ③ ④
16	① ② ③ ④
17	① ② ③ ④
18	① ② ③ ④
19	① ② ③ ④
20	① ② ③ ④
21	① ② ③ ④
22	① ② ③ ④
23	① ② ③ ④
24	① ② ③ ④
25	① ② ③ ④
26	① ② ③ ④
27	① ② ③ ④
28	① ② ③ ④
29	① ② ③ ④
30	① ② ③ ④

부사관 초급간부선발 필기시험 답안카드

언어논리(20분)

문번	답란
1	① ② ③ ④ ⑤
2	① ② ③ ④ ⑤
3	① ② ③ ④ ⑤
4	① ② ③ ④ ⑤
5	① ② ③ ④ ⑤
6	① ② ③ ④ ⑤
7	① ② ③ ④ ⑤
8	① ② ③ ④ ⑤
9	① ② ③ ④ ⑤
10	① ② ③ ④ ⑤
11	① ② ③ ④ ⑤
12	① ② ③ ④ ⑤
13	① ② ③ ④ ⑤
14	① ② ③ ④ ⑤
15	① ② ③ ④ ⑤
16	① ② ③ ④ ⑤
17	① ② ③ ④ ⑤
18	① ② ③ ④ ⑤
19	① ② ③ ④ ⑤
20	① ② ③ ④ ⑤
21	① ② ③ ④ ⑤
22	① ② ③ ④ ⑤
23	① ② ③ ④ ⑤
24	① ② ③ ④ ⑤
25	① ② ③ ④ ⑤

자료해석(25분)

문번	답란
1	① ② ③ ④
2	① ② ③ ④
3	① ② ③ ④
4	① ② ③ ④
5	① ② ③ ④
6	① ② ③ ④
7	① ② ③ ④
8	① ② ③ ④
9	① ② ③ ④
10	① ② ③ ④
11	① ② ③ ④
12	① ② ③ ④
13	① ② ③ ④
14	① ② ③ ④
15	① ② ③ ④
16	① ② ③ ④
17	① ② ③ ④
18	① ② ③ ④
19	① ② ③ ④
20	① ② ③ ④

공간능력(10분)

문번	답란
1	① ② ③ ④
2	① ② ③ ④
3	① ② ③ ④
4	① ② ③ ④
5	① ② ③ ④
6	① ② ③ ④
7	① ② ③ ④
8	① ② ③ ④
9	① ② ③ ④
10	① ② ③ ④
11	① ② ③ ④
12	① ② ③ ④
13	① ② ③ ④
14	① ② ③ ④
15	① ② ③ ④
16	① ② ③ ④
17	① ② ③ ④
18	① ② ③ ④

지각속도(3분)

문번	답란
1	① ②
2	① ②
3	① ②
4	① ②
5	① ②
6	① ②
7	① ②
8	① ②
9	① ②
10	① ②
11	① ②
12	① ②
13	① ②
14	① ②
15	① ②
16	① ②
17	① ②
18	① ②
19	① ②
20	① ②
21	① ② ③ ④
22	① ② ③ ④
23	① ② ③ ④
24	① ② ③ ④
25	① ② ③ ④
26	① ② ③ ④
27	① ② ③ ④
28	① ② ③ ④
29	① ② ③ ④
30	① ② ③ ④

고 사 장

성 명

수 험 번 호

| ⓪ ① ② ③ ④ ⑤ ⑥ ⑦ ⑧ ⑨ |
| ⓪ ① ② ③ ④ ⑤ ⑥ ⑦ ⑧ ⑨ |
| ⓪ ① ② ③ ④ ⑤ ⑥ ⑦ ⑧ ⑨ |
| ⓪ ① ② ③ ④ ⑤ ⑥ ⑦ ⑧ ⑨ |
| ⓪ ① ② ③ ④ ⑤ ⑥ ⑦ ⑧ ⑨ |
| ⓪ ① ② ③ ④ ⑤ ⑥ ⑦ ⑧ ⑨ |
| ⓪ ① ② ③ ④ ⑤ ⑥ ⑦ ⑧ ⑨ |

감독위원 확인

인

부사관 초급간부선발 필기시험 답안카드

	언어논리(20문)	자료해석(25문)	공간능력(10문)	지각속도(3문)
1	① ② ③ ④ ⑤	① ② ③ ④	① ② ③ ④	① ② ③ ④
2	① ② ③ ④ ⑤	① ② ③ ④	① ② ③ ④	① ② ③ ④
3	① ② ③ ④ ⑤	① ② ③ ④	① ② ③ ④	① ② ③ ④
4	① ② ③ ④ ⑤	① ② ③ ④	① ② ③ ④	① ② ③ ④
5	① ② ③ ④ ⑤	① ② ③ ④	① ② ③ ④	① ② ③ ④
6	① ② ③ ④ ⑤	① ② ③ ④	① ② ③ ④	① ② ③ ④
7	① ② ③ ④ ⑤	① ② ③ ④	① ② ③ ④	① ② ③ ④
8	① ② ③ ④ ⑤	① ② ③ ④	① ② ③ ④	① ② ③ ④
9	① ② ③ ④ ⑤	① ② ③ ④	① ② ③ ④	① ② ③ ④
10	① ② ③ ④ ⑤	① ② ③ ④	① ② ③ ④	① ② ③ ④
11	① ② ③ ④ ⑤	① ② ③ ④	① ② ③ ④	① ② ③ ④
12	① ② ③ ④ ⑤	① ② ③ ④	① ② ③ ④	① ② ③ ④
13	① ② ③ ④ ⑤	① ② ③ ④	① ② ③ ④	① ② ③ ④
14	① ② ③ ④ ⑤	① ② ③ ④	① ② ③ ④	① ② ③ ④
15	① ② ③ ④ ⑤	① ② ③ ④	① ② ③ ④	① ② ③ ④
16	① ② ③ ④ ⑤	① ② ③ ④	① ② ③ ④	① ② ③ ④
17	① ② ③ ④ ⑤	① ② ③ ④	① ② ③ ④	① ② ③ ④
18	① ② ③ ④ ⑤	① ② ③ ④	① ② ③ ④	① ② ③ ④
19	① ② ③ ④ ⑤	① ② ③ ④		① ② ③ ④
20	① ② ③ ④ ⑤	① ② ③ ④		① ② ③ ④
21	① ② ③ ④ ⑤			① ② ③ ④
22	① ② ③ ④ ⑤			① ② ③ ④
23	① ② ③ ④ ⑤			① ② ③ ④
24	① ② ③ ④ ⑤			① ② ③ ④
25	① ② ③ ④ ⑤			① ② ③ ④
26				① ② ③ ④
27				① ② ③ ④
28				① ② ③ ④
29				① ② ③ ④
30				① ② ③ ④

부사관 초급간부선발 필기시험 답안카드

언어논리(20분)	자료해석(25분)	공간능력(10분)	지각속도(3분)
1	1	1	1
2	2	2	2
3	3	3	3
4	4	4	4
5	5	5	5
6	6	6	6
7	7	7	7
8	8	8	8
9	9	9	9
10	10	10	10
11	11	11	11
12	12	12	12
13	13	13	13
14	14	14	14
15	15	15	15
16	16	16	16
17	17	17	17
18	18	18	18
19	19		19
20	20		20
21			21
22			22
23			23
24			24
25			25
			26
			27
			28
			29
			30

고 사 장

성 명

수 험 번 호

감독위원 확인

인

※ 실제처럼 각 과목별 응시시간에

육군
부사관 RNTC
ALL Pass + AI면접

3권 정답 및 해설

SD에듀
(주)시대고시기획

육군 부사관 / RNTC 고득점 Chart

↻ 이렇게 활용해 봅시다!

▶ 과목별 수험시간에 맞춰 실전과 같이 최종모의고사를 풀어보세요!

★ 시간이 남더라도 다른 과목을 풀면 안 됩니다.

▶ 모의고사마다 과목별 문제의 맞힌 개수를 그래프에 표시하세요!

★ 그래프 추이를 통해 고득점으로 향하고 있는지 수시로 점검합니다.

1. 공간능력

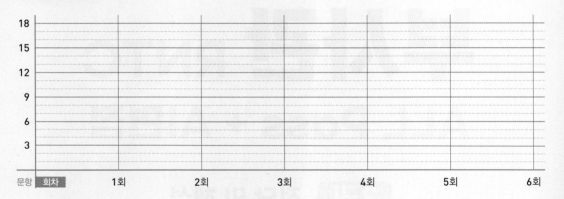

2. 언어논리

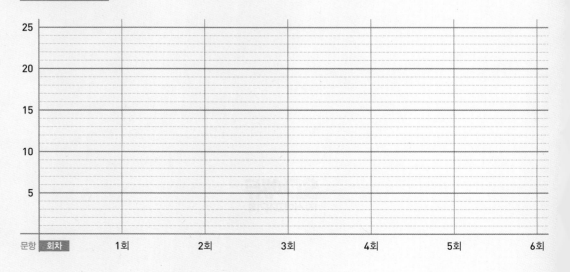

3. 자료해석

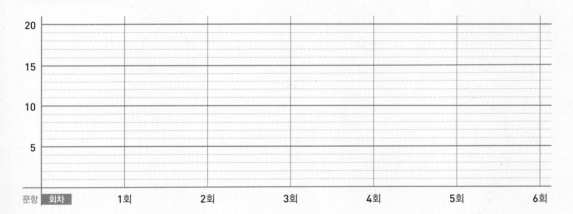

4. 지각속도

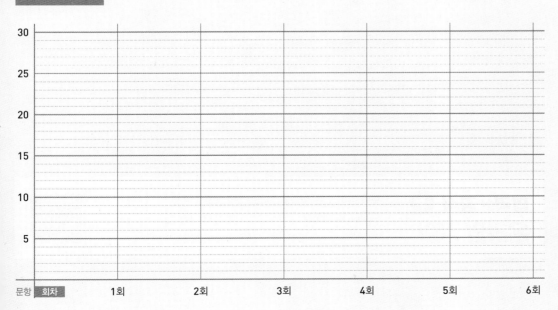

육군
부사관
RNTC

| 정답 및 해설편 |

Non-Commissioned-Officer

PART 1

부사관 1차 ALL PASS

CHAPTER 01 지적능력평가

01	④	02	④	03	④	04	④	05	③
06	③	07	①	08	①	09	④	10	①
11	②	12	③						

01 정답 ④

오답해설

①·②·③·⑤는 상하 관계로 왼쪽은 하위어, 오른쪽은 상위어이다.

02 정답 ④

정답해설

제시문과 ④의 '책'은 '종이를 여러 장 묶어 맨 물건'이라는 뜻으로 쓰였다.

오답해설

① 말뚝으로 만든 우리나 울타리
② 책망(責望)
③ 책임(責任)
⑤ 물결에 둑이 넘어지지 않게 하기 위하여 둑 앞에 말뚝을 듬성듬성 박고 대쪽으로 얽어 놓은 장

03 정답 ④

제시된 글에서는 편리성, 경제성, 객관성 등을 이유로 인공지능 면접을 지지하고 있다. 따라서 객관성보다 면접관의 생각이나 견해가 회사 상황에 맞는 인재를 선발하는 데 적합하다는 논지로 반박하는 것은 옳다.

오답해설

② 인공 지능 면접에 필요한 기술과 인간적 공감의 관계는 제시된 글에서 주장한 내용이 아니므로 반박의 근거로도 적당하지 않다.
①·③·⑤ 제시된 글의 주장에 반박하는 것이 아니라 제시된 글의 주장을 강화하는 근거에 해당한다.

Level UP

1. 주장, 관점, 의도, 근거 등 문제를 풀기 위한 글의 핵심을 파악한다. 이후 글의 주장 및 근거의 어색한 부분을 찾아 반박할 주장과 근거를 생각해본다.
2. 제시된 지문이 지나치게 길 경우 선택지를 먼저 파악하여 홀로 글의 주장이 어색하거나 상반된 의견을 제시하고 있는 답은 없는지 확인한다.
3. 반론 유형을 풀기 어렵다면 지문과 일치하는 선택지부터 지워나가는 소거법을 활용한다. 함정도 피하고 쉽게 풀 수 있다.
4. 문제를 풀 때 지나치게 시간에 쫓기거나 집중력이 떨어진 상황이라면 제시문의 처음 문장 혹은 마지막 문장을 읽어 글이 주장하는 바를 빠르게 파악하는 것도 좋은 방법이다. 단, 처음 문장에서 글쓴이의 주장과 반대되는 사례를 먼저 언급하는 경우도 있으므로 이 경우에는 마지막 문장과 비교하여 어느 의견이 글쓴이의 주장에 가까운지 구분하도록 한다.

04 정답 ④

빈자리가 있는 버스는 없으므로 한 대에 45명씩 n대 버스에 나누어 탈 때와 한 대에 40명씩 $(n+2)$대 버스에 나누어 탈 때의 전체 학생 수는 같아야 한다.

$45n = 40(n+2) \rightarrow 5n = 80 \rightarrow n = 16$

따라서 이 학교의 학생 수는 $16 \times 45 = 720$명이다.

05 정답 ③

역사 분야의 남학생 비율은 13%이므로, 여학생 비율의 2배인 $8 \times 2 = 16\%$보다 낮다.

오답해설

① 여학생은 철학 분야(2%)보다 예술 분야(4%)를 더 선호한다.
② 과학 분야는 남학생 비율(10%)이 여학생 비율(4%)보다 높다.
④ 동화 분야의 여학생 비율은 12%로, 남학생 비율의 2배인 $7 \times 2 = 14\%$보다 낮다.

06 정답 ③

징집병 급여는 2018년에 가장 높은 인상률(20%)을 보이는 것을 확인할 수 있다.

🔍 오답해설

① 2018년 일병의 급여는 105,200원이다.

② 2017년 상병의 급여는 전년 대비 $\frac{97.0-93.3}{93.3} \times 100 ≒$ 4.0% 인상되었으므로 옳지 않은 설명이다.

④ 2015년 대비 2018년 병장 급여의 인상률은 $\frac{129.0-97.5}{97.5}$ $\times 100 ≒ 32.3\%$이므로 옳지 않은 설명이다.

07 정답 ①

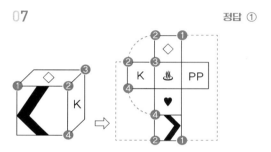

08 정답 ①

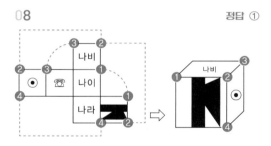

09 정답 ④

1층: 5+5+5+4+4=23개
2층: 5+4+5+4+2=20개
3층: 5+4+5+3+0=17개
4층: 5+4+2+0+0=11개
5층: 4+2+0+0+0=6개
∴ 23+20+17+11+6=77개

10 정답 ①

정면에서 바라보았을 때, 4층 - 5층 - 4층 - 4층 - 5층으로 구성되어 있다.

11 정답 ②

earth early element exist exercise → earth early edge exist exercise

12 정답 ③

노을에 빛나는 은모래같이 호수는 한포기 화려한 꽃밭이 되고 (4개)

CHAPTER 02 상황판단평가

01 ⓐ ⑤ / ⓑ ⑦

- 이 문제는 상관인 중대장과의 사적인 시간으로 업무에 지장을 초래하는 상황에서 어떻게 판단할지 묻는 것이다.
- 우선 중대장에게 애로사항을 말하여 해결할 수 있도록 한다. 그래도 해결이 안 되고 상황이 지속된다면 대대장에게 도움을 요청하는 것이 바람직하다.
- 피해야 할 문항은 7번이다. 스스로 능동적인 문제해결 자세를 가지지 않고 무조건적으로 회피하려고만 하는 자세는 옳지 않다.

02 ⓐ ①, ⑦ / ⓑ ⑤, ④

- 이 문제는 병력관리 시 상황조치를 어떻게 할 것인가를 묻는 것이다. 위 상황에서 해당 직책은 부소대장으로 판단된다.
- 부소대장은 병력관리의 직접적 책임이 있는 해당 소대장에게 즉각 상황을 설명해 주어야 한다. 자신에게 병사가 부탁을 했다는 것은 신뢰를 갖고 있다는 것이므로 소대장과 어떻게 대응할 것인지 상의해 조치하는 것이 바람직하다.
- 반드시 피해야 할 문항은 5번이다. 이는 간부로서 가장 무책임한 행동이며 해당 병사의 사고발생을 초래할 수 있다.

03 ⓐ ⑤ / ⓑ ④

- 임무수행에 관한 것으로 위험요인을 제거 후 임무수행하는 것이 바람직하며, 소대장의 경험이 부족하다면 대안을 마련하고 임무수행을 할 수 있다. 대안 없이 임무를 수행하고 종료 후 문제 제기를 하는 것도 바람직하지 않다.
- 상급자의 지시에 무조건적으로 거절하는 것은 항명으로 비칠 수 있으므로 바람직하지 않다. 임무수행 상 제한사항을 확인하고 극복할 수 없다면 중대장에게 보고하고 결심을 받는 것이 효과적이다.
- 부소대장이 중대장에게 직접 연락해 지침을 받는 것은 지휘계통에 위배되는 행위이다.

04 ⓐ ⑥, ⑤ / ⓑ ⑦

- 이 문제는 지휘통솔과 관련된 문제로 어떤 방식으로 관계개선을 해서 병사들을 통솔할 것인지를 알아보는 것이다.
- 위 상황은 야전부대에서 흔히 발생하고 있는 문제이다. 무조건 계급을 앞세워 자신의 위치를 찾아 통솔하려고 해서는 안 된다. 우선 병사들에게 다가가서 병사가 해결하지 못하는 애로사항을 해결해 주려고 노력하면 자연스럽게 신뢰도가 쌓이고 따르게 될 것이다. 조급하게 생각지 말고 진정성을 갖고 간부로서 병사를 위해 능동적으로 노력하여 해결하는 것이 올바른 조치이다.
- 반드시 피해야 할 문항은 7번이다. 스스로 극복하려는 노력 없이 회피하려고만 하는 것은 그 어느 조직에서도 환영받을 수 없다.

05 ⓐ ① / ⓑ ③

- 의사소통에 관한 것으로 토의 시에는 타인을 배려하는 마음이 필요하다. 무조건 자신의 주장이 옳은 것은 아니며, 타인의 의견을 경청하는 자세도 좋은 방법 중 하나이다.
- 공개적으로 비난하는 것은 가장 안 좋은 방법 중 하나이다.
- 다른 사람들 앞에서 K 부사관에 대하여 이야기하는 것은 좋은 방법이 아니다.

06 ⓐ ① / ⓑ ④

직속상관인 중대장이 동시에 여러 임무를 부여했기 때문에 직접 중대장에 일의 경중도를 묻고 정확한 지시사항을 하달받고 일을 해야 한다. 현장작업 책임자는 부소대장이기 때문에 현장상황과 중대장의 지시사항에 대한 의견을 개진하고 임무를 조율하는 것 또한 원활한 임무수행의 방법이다. 야근을 해서 배수로 보수 업무를 하는 것은 효율적인 임무수행이 아니다.

07   ⓐ ⑤ / ⓑ ⑦

- 내무 부조리(병영 악폐습)에 관한 사항으로 위 상황에서 모든 병사는 선의의 피해자의 입장이다. 따라서 일방적으로 처벌하거나 단속한다면 음성적으로 지속될 수 있다. 그것보다는 현재를 기준으로 악습이 발생하지 않도록 하는 방법이 최선이다.(일부인원 손해 감수)
- 또한 조용히 처리한다면 또 다른 부조리를 양산할 수 있다.
- 이미 전역한 병사들까지 파악해서 조치하는 것은 현실적으로 어려운 문제이다.
- 지휘자로서 권한 범위 내 처리할 수 있는 사항이다. 물론 보고하면 좋겠지만 보고하지 않더라도 소대에서 해결할 수 있는 문제이다. '사건'보다는 관행적으로 이루어지고 있는 '부패'라고 생각하면 된다.

08   ⓐ ① / ⓑ ②

- 의사소통에 관한 상황으로 중대장으로부터 임무를 부여받았고 대대 대표로 하는 교육이니 만큼 소속감과 일체감을 통해 중대원들을 설득하는 것이 바람직하다.
- 일체감과 소속감에 역행하는 행동으로 오히려 중대원들의 반발을 사서 지원을 받기 어렵다.

09   ⓐ ④ / ⓑ ③

- 보호 및 관심병사 지도 문제이다. 이러한 병사는 분대장 또는 부소대장이 직접 지도하고 관리해야 한다. 해당 분대장에게 A 일병의 문제를 잘 알려주고 경험이 많은 부소대장으로서 A 일병을 옆에서 지도하는 식으로 관심을 가져준다.
- A 일병의 문제를 가지고 분대장을 질책하면 안 된다. 분대장의 문제가 아닌 A 일병의 문제이다. 분대장은 임무 외 추가적으로 A 일병을 관리하고 지도하는 것이므로 분대장을 격려하여 관심병사를 잘 지도할 수 있는 여건을 부여해야 한다.

10   ⓐ ②, ① / ⓑ ⑥, ⑦

- 이 문제는 부조리에 대한 도덕성과 공명성, 책임감 등을 알아볼 수 있다. 이는 혼자서 절대 해결할 수 없는 문제이므로 도움을 요청해야 한다. 비리와 관련 없는 선임 간부에게 상황을 설명하고 혹시 자신이 잘못 알거나 오해가 있는 부분이 있는지를 확인한다. 그리고 선임 간부와 어떻게 대응해야 할 지 도움을 청하여 대처하는 것이 바람직하다. 이후 상급부대에 보고하여 조치해도 무방하다.
- 반드시 피해야 할 문항으로는 5번(비리에 대한 도덕성 부재), 6번(조직 내 조치가능 사항을 외부에 노출하여 또 다른 문제 야기), 7번(비리에 대한 회피 / 자신만의 안위 우선) 등이다.

11   ⓐ ① / ⓑ ⑦

- 이 문제는 직속상관의 부조리와 관련된 것이다. 중대장의 지시는 위법한 지시이기 때문에 그 자리에서 규정에 어긋난 잘못된 행위라고 단호하게 거절하는 것이 바람직하다.
- 반드시 피해야 할 문항은 7번이다. 이는 같이 부조리에 가담하는 것으로 군용물 절도죄로 처벌받는 행위이다.

12   ⓐ ① / ⓑ ④

- 이 문제는 사고 조치 관련 중요 사항이므로 지체 없이 즉각 중대장에게 보고하여 규정에 의거 처리해야 한다.
- 반드시 피해야 할 문항은 4번이다. 자칫 시간이 지체되거나 모른 척하고 넘어간다면 더 큰 사고를 야기할 수 있는 사안이며 구타사고 은닉죄로 처벌받을 수 있다.

13   ⓐ ① / ⓑ ⑥

- 교육의 효과를 높이는 가장 좋은 방법은 자발적인 참여, 동기 부여를 통한 방법이다. 그리고 흥미를 유발시키는 것이다.
- 교육의 효과를 높이기 위해 상을 주는 것은 이해가 되나 잘못한 경우 개인의 기본권을 제한하면 불만이 쌓이게 되고 수준향상을 위한 동기유발이 될 수 없다.
- 특히 여건이 안 좋다고 측정을 포기하는 행위는 가장 선택하지 말아야 할 행동이다.

14   ⓐ ① / ⓑ ④

- 이 문제는 사고조치에 관한 것이다. 성추행 사건 발견 즉시 규정대로 상급부대에 보고하여 조치하여야 한다.
- 필요시 가해자와 피해자를 분리시켜 피해자의 안정을 취하게 하고 2차 사고가 발생하지 않도록 조치하여야 한다.
- 반드시 피해야 할 문항은 4번이다. 이런 행동은 오히려 성추행을 조장하거나 더 큰 2차 사고 발생을 야기시키는 행동이다.

15   ⓐ ② / ⓑ ④

이 상황에서 가장 먼저 취해야 할 행동으로 소대장에게 자신의 상황을 설명하고 도움을 요청하는 것이 가장 중요하다. 소대장 입장에서는 소대의 업무를 분석 후 조정을 통해 다른 부소대장에게 부여할 수 있고, 업무를 조정해 줄 것이다. 지휘관 입장에서 가장 싫어하는 행위는 스스로 업무를 포기한다거나 책임을 다하지 않는 것이다. 업무의 우선순위를 조정할 수 있는 분야도 결국 상급자인 소대장의 결정이 있어야 한다.

우리는 삶의 모든 측면에서 항상 '내가 가치있는 사람일까?'
'내가 무슨 가치가 있을까?'라는 질문을 끊임없이 던지곤 합니다.
하지만 저는 우리가 날 때부터 가치있다 생각합니다.

– 오프라 윈프리 –

육군
부사관
RNTC
| 정답 및 해설편 |
Non-Commissioned-Officer

PART 2

지적능력평가 ALL PASS

CHAPTER 01 공간능력

01	③	02	②	03	①	04	①	05	①
06	④	07	④	08	④	09	①	10	①
11	④	12	④	13	②	14	④	15	③
16	③	17	①	18	②	19	①	20	①
21	③	22	③	23	②	24	②	25	①
26	①	27	②	28	④	29	①	30	④
31	①	32	①	33	①						

01 　　　　　　　　　　　　정답 ③

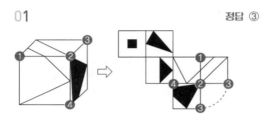

02 　　　　　　　　　　　　정답 ②

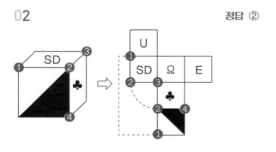

03 　　　　　　　　　　　　정답 ①

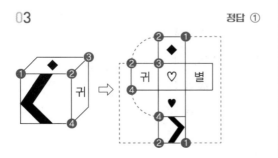

04 　　　　　　　　　　　　정답 ①

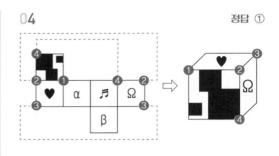

05 　　　　　　　　　　　　정답 ①

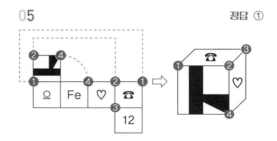

06 　　　　　　　　　　　　정답 ④

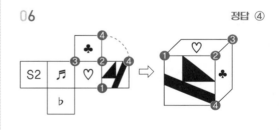

07 　　　　　　　　　　　　정답 ④

1층: 5+2+4+5+3+2=21개
2층: 3+2+3+5+1+2=16개
3층: 2+1+2+4+0+2=11개
4층: 1+1+0+2+0+1=5개
5층: 1+0+0+1+0+0=2개
∴ 21+16+11+5+2=55개

08 정답 ④

1층: $5+5+5+5+5=25$개
2층: $3+4+4+5+4=20$개
3층: $3+4+4+5+4=20$개
4층: $0+3+3+0+3=9$개
5층: $0+3+3+0+3=9$개
∴ $25+20+20+9+9=83$개

09 정답 ①

1층: $5+5+5+5+5=25$개
2층: $4+4+5+3+2=18$개
3층: $3+3+0+3+1=10$개
4층: $2+1+0+2+0=5$개
5층: $1+1+0+1+0=3$개
∴ $25+18+10+5+3=61$개

10 정답 ①

정면에서 바라보았을 때, 4층 – 5층 – 3층 – 5층 – 3층으로 구성되어 있다.

11 정답 ④

상단에서 바라보았을 때, 4층 – 3층 – 3층 – 1_2층으로 구성되어 있다.

12 정답 ④

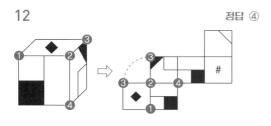

13 정답 ②

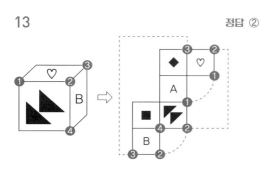

14 정답 ④

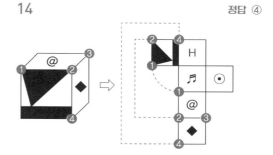

15 정답 ③

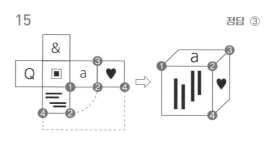

16 정답 ③

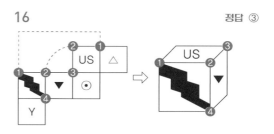

17 정답 ①

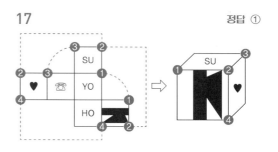

18 정답 ②

1층: $4+4+4+4+4=20$개
2층: $4+3+3+4+1=15$개
3층: $2+3+3+3+1=12$개
4층: $2+1+2+3+1=9$개
∴ $20+15+12+9=56$개

19
정답 ①

1층: 5+4+5+5+3=22개
2층: 5+4+5+4+2=20개
3층: 4+4+5+2+0=15개
4층: 3+2+2+1+0=8개
5층: 1+1+1+0+0=3개
∴ 22+20+15+8+3=68개

20
정답 ①

1층: 5+5+4+4+5+5+5=33개
2층: 5+4+4+4+5+5+2=29개
3층: 5+3+2+4+5+4+0=23개
4층: 4+1+0+3+4+3+0=15개
5층: 3+0+0+2+3+1+0=9개
∴ 33+29+23+15+9=109개

21
정답 ③

정면에서 바라보았을 때, 4층 – 5층 – 5층 – 3층 – 2층으로
구성되어 있다.

22
정답 ③

우측에서 바라보았을 때, 4층 – 3층 – 5층 – 3층 – 5층으로
구성되어 있다.

23
정답 ②

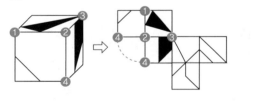

24
정답 ②

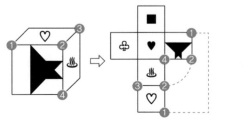

25
정답 ①

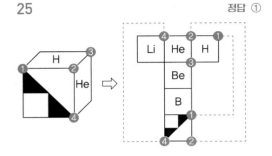

26
정답 ①

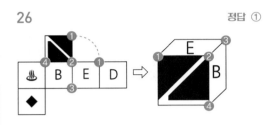

27
정답 ②

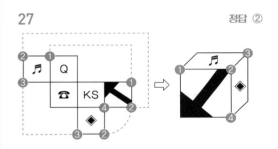

28
정답 ④

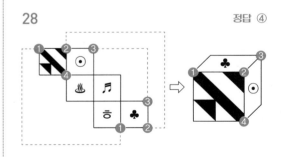

29 정답 ①

1층: 6+6+6+6+6+4+6=40개
2층: 6+3+6+6+5+3+5=34개
3층: 5+3+5+4+5+3+2=27개
4층: 3+1+3+1+3+1+1=13개
∴ 40+34+27+13=114개

30 정답 ④

1층: 5+5+5+5+4=24개
2층: 4+5+5+4+3=21개
3층: 2+5+4+3+1=15개
4층: 2+0+2+0+1=5개
5층: 0+0+2+0+1=3개
∴ 24+21+15+5+3=68개

31 정답 ①

1층: 5+4+5+5+5+5+5=34개
2층: 5+2+3+2+5+5+4=26개
3층: 4+0+2+0+4+4+2=16개
4층: 3+0+1+0+4+4+1=13개
5층: 3+0+1+0+4+3+1=12개
∴ 34+26+16+13+12=101개

32 정답 ①

정면에서 바라보았을 때, 4층 – 5층 – 4층 – 4층 – 5층으로
구성되어 있다.

33 정답 ①

상단에서 바라보았을 때, 5층 – 4층 – 5층 – 4층 – 2_1층으
로 구성되어 있다.

CHAPTER 02 언어논리

01	①	02	①	03	①	04	③	05	⑤
06	①	07	③	08	④	09	②	10	②
11	②	12	④	13	①	14	①	15	④
16	①	17	④	18	④	19	⑤	20	⑤
21	②	22	④	23	④	24	③	25	①
26	①	27	②	28	②	29	③	30	②
31	④	32	③	33	③	34	③	35	⑤
36	④	37	④	38	②	39	③	40	③
41	④	42	④	43	④	44	①	45	②
46	④	47	③	48	③	49	⑤	50	⑤

01 어휘

01
정답 ①

🔍정답해설

유의어끼리 묶인 것은 '도모 - 계획'이다.
- 도모: 어떤 일을 이루기 위하여 대책과 방법을 세움
- 계획: 앞으로 할 일의 절차, 방법, 규모 따위를 미리 헤아려 작정함. 또는 그 내용

🔍오답해설

② • 비극: 인생의 슬프고 애달픈 일을 당하여 불행한 경우를 이르는 말
  • 희극: 남의 웃음거리가 될 만한 일이나 사건
③ • 상이: 서로 다름
  • 동일: 어떤 것과 비교하여 똑같음
④ • 지양: 더 높은 단계로 오르기 위하여 어떠한 것을 하지 아니함
  • 지향: 어떤 목표로 뜻이 쏠리어 향함. 또는 그 방향이나 그쪽으로 쏠리는 의지
⑤ • 성은: 임금의 큰 은혜
  • 망극: 임금이나 어버이의 은혜가 한이 없음

02
정답 ①

🔍정답해설

제시된 낱말은 반의관계 '시비(옳고 그름), 영고(번성과 쇠퇴), 성쇠(성하고 쇠퇴함)'로, 이와 같은 것은 ① 길흉(운이 좋고 나쁨) – 화복(재앙과 복)이다.

🔍오답해설

②·③·④·⑤의 낱말은 유의관계를 이룬다.
② 돌연(예기치 못한 사이에 급히) – 변이(예상하지 못한 사태)
③ 간단(단순하고 간략함) – 명료(분명하고 뚜렷함)
④ 선남(착한 남자, 성품이 어진 사람) – 선녀(착한 여자, 성품이 어진 사람)
⑤ 당착(말이나 행동 따위의 앞뒤가 맞지 않음) – 모순(어떤 사실의 앞뒤 또는 두 사실이 이치상 어긋나서 서로 맞지 않음을 이르는 말)

03
정답 ①

🔍정답해설

제시문의 '기쁨에 찬'에서 '차다'는 '감정이나 기운 따위가 가득하다.'라는 뜻으로, ①이 이와 같은 의미로 쓰였다.

🔍오답해설

② 수갑 따위를 팔목이나 발목에 끼우다.
③ 발로 힘 있게 밀어젖히다.
④ 일정한 공간에 사람·사물·냄새 따위가 더 들어갈 수 없이 가득하다.
⑤ 몸에 닿은 물체나 대기의 온도가 낮다.

04
정답 ③

🔍정답해설

반어와 역설은 모순된 표현이라는 공통점이 있지만 다음과 같은 차이를 갖는다.
- 반어법: 문장이 모순되거나 어색한 부분이 없음
- 역설법: 문장 자체가 모순되거나 어색함
ㄱ. 공부를 10분이나 하다니, 그러다 1등 하는 것 아니니?
  → 문장이 어색하지 않음, 반어법
ㄴ. 일등을 향한 너의 고요한 외침은 나를 눈물 짓게 하였다.
  → '고요한 외침'이 모순되고 어색함, 역설법

ㄷ. (저금을 안 하는 친구에게) 그러다 금방 부자 되겠다.
→ 문장이 어색하지 않음, 반어법
ㄹ. 내 인생을 망치러 온 나의 구원자 → '망치다'와 '구원자'
가 모순되고 어색함, 역설법

05 　　　　　　　　　　　　　　　　정답 ⑤

🔍 정답해설

〈보기〉의 '지키다'는 '어떠한 상태나 태도 따위를 그대로 계속
유지하다.'의 뜻으로 사용되었다.

🔍 오답해설

① 길목이나 통과 지점 따위를 주의를 기울여 살피다.
②·④ 규정, 약속, 법, 예의 따위를 어기지 아니하고 그대로
실행하다.
③ 재산, 이익, 안전 따위를 잃거나 침해당하지 아니하도록
보호하거나 감시하여 막다.

06 　　　　　　　　　　　　　　　　정답 ①

🔍 정답해설

밑줄 친 '거리낌'이 '마음에 걸려서 꺼림칙하게 생각됨'이라는
의미로 사용되었으므로, '어렵게 여겨 꺼림'이라는 의미를 가
진 ① 기탄(忌憚)이 적절하다.

🔍 오답해설

② 오해(誤解): 그릇되게 해석하거나 뜻을 잘못 앎
③ 지장(支障): 일하는 데 거치적거리거나 방해가 되는 장애
④ 경황(景況): 정신적·시간적인 여유나 형편
⑤ 여과(濾過): 주로 부정적인 요소를 걸러 내는 과정을 비유
적으로 이르는 말

07 　　　　　　　　　　　　　　　　정답 ③

🔍 정답해설

'많은 사람이 줄을 지어 길게 늘어선 모양'이라는 뜻의 단어는
'장사진'이다. '회자(膾炙)'는 '뭇 사람의 입에 오르내리다.'
라는 뜻을 가지고 있다.

08 　　　　　　　　　　　　　　　　정답 ④

🔍 정답해설

아비규환: 여러 사람이 비참한 지경에 빠져 울부짖는 참상을
비유적으로 이르는 말

🔍 오답해설

① 천우신조: 하늘이 돕고 신령이 도움. 또는 그런 일
② 마부위침: 도끼를 갈아서 바늘을 만든다는 뜻으로, 아무
리 어려운 일이라도 끊임없이 노력하면 반드시 이룰 수 있
음을 이르는 말

③ 과유불급: 정도를 지나침은 미치지 못함과 같다는 뜻으
로, 중용(中庸)이 중요함을 이르는 말
⑤ 금의환향: 단옷을 입고 고향에 돌아온다는 뜻으로, 출세를
하여 고향에 돌아가거나 돌아옴을 비유적으로 이르는 말

09 　　　　　　　　　　　　　　　　정답 ②

🔍 정답해설

青出於藍(청출어람): 제자·후배·손아랫사람 등이 더 뛰어
나게 발전함을 뜻한다.

🔍 오답해설

① 갑남을녀(甲男乙女): 평범한 사람들을 이르는 말
③ 온고지신(溫故知新): 옛것을 익히고 그것을 미루어서 새
것을 앎
④ 타산지석(他山之石): 본이 되지 않은 남의 말이나 행동도
자신의 지식과 인격을 수양하는 데에 도움이 될 수 있음
⑤ 악방봉뢰(惡傍逢雷): 나쁜 짓을 한 사람과 함께 있다가
죄 없이 벌을 받게 됨

10 　　　　　　　　　　　　　　　　정답 ②

🔍 정답해설

㉠은 스스로 돌아온 것이므로 '귀국(歸國)'이 적절하고, ㉡은
어떤 정세나 사건에 대하여 알맞은 조치를 취한다는 뜻인 '대
처(對處)'가 적절하다.

🔍 오답해설

• 소환(召還): 국제법에서, 본국에서 외국에 파견한 외교 사
절이나 영사를 불어들이는 일
• 대비(對備): 앞으로 일어날지도 모르는 어떠한 일에 대응하
기 위하여 미리 준비함. 또는 그런 준비
• 옹호(擁護): 두둔하고 편들어 지킴

11 　　　　　　　　　　　　　　　　정답 ②

🔍 정답해설

괄호에 들어갈 속담으로 적절한 것은 '기다리는 마음이 매우
간절함'의 뜻인 ②이다.

🔍 오답해설

① 임자 없는 용마(龍馬): 쓸데없고 보람 없게 된 처지
③ 잔솔밭에서 바늘 찾기: 애써 해봐야 헛일
④ 냉수 먹고 이 쑤시기: 실속은 없으면서 무엇이 있는 체함
⑤ 나중 난 뿔이 우뚝하다: 나중에 생긴 것이 먼저 것보다 훨
씬 나음

12 정답 ④

정답해설

얼굴을 깎다: (어떤 사람이 다른 사람의) 체면을 잃게 만들다.

13 정답 ①

정답해설

제시문의 '틈'은 '사람들 사이에 생기는 거리'라는 뜻으로, ①이 이와 같은 의미로 쓰였다.

오답해설

② 어떤 일을 하다가 생각 따위를 다른 데로 돌릴 수 있는 시간적인 여유
③ 어떤 행동을 할 만한 기회
④ 벌어져 사이가 난 자리
⑤ 어떤 일을 하다가 생각 따위를 다른 데로 돌릴 수 있는 시간적인 여유

02 어법

14 정답 ①

정답해설

위와 아래의 대립이 없는 것은 '웃–'으로 적는다.

오답해설

② 웃목 → 윗목, ③ 웃니 → 윗니, ④ 웃마을 → 윗마을, ⑤ 웃사람 → 윗사람

15 정답 ④

정답해설

한글 맞춤법 제51항 "부사의 끝음절이 분명히 '이'로만 나는 것은 '–이'로 적고, '히'로만 나거나 '이'나 '히'로 나는 것은 '–히'로 적는다."라는 규정에 따라 '나지막히'는 '나지막이'로 바꿔야 한다.

16 정답 ①

오답해설

두음 법칙에 따라 ② 남존여비, ③ 은닉, ④ 닢, ⑤ 연도로 써야 한다.

17 정답 ④

정답해설

'ㄴ'은 'ㄹ'의 앞이나 뒤에서 [ㄹ]로 발음한다는 규정에 따라 [날ː로]로 발음해야 한다.

18 정답 ④

정답해설

'채, 마리'는 단위를 나타내는 의존 명사이므로 앞 말과 띄어 써야 한다. '집 한채와 소 한마리 → 집 한 채와 소 한 마리'로 띄어 쓰는 것이 올바르다.

19 정답 ⑤

정답해설

'장관겸부총리'는 붙여쓰기를 허용하는 말이 아니므로 '장관 겸 부총리'로 띄어 써야 한다.

20 정답 ⑤

정답해설

'바야흐로'라는 부사와 서술어의 호응이 어색하지 않고 맞춤법도 틀린 부분이 없다.

오답해설

① 5년 만에 돌아온 고향에 도착하여 <u>배웅나온</u> 가족들과 인사하는데 눈물을 참을 수 없었다. → 마중
② 우리 많이 늦었어. 빨리 <u>옷과 가방을 메렴</u>. → 옷을 입고 가방을 메렴.
③ 나는 <u>피자를 오빠는 우유를 마셨다</u>. → 피자를 먹고 오빠는 우유를 마셨다.
④ 이 가게는 거기보다 <u>맛과 가격 모두 저렴하다</u>. → 맛이 좋고 가격이 저렴하다.

21 정답 ③

정답해설

'Accessory'의 올바른 표기는 '액세서리'이다. 'Acc'의 발음 [æ]를 외래어 표기법에 따라 적으면 '애'가 된다. 따라서 'Accessory'를 외래어 표기법에 따라 적으면 '액세서리'가 된다.

22 　　　　　　　　　　　　　　정답 ④

'과일이나 야채를 짜낸 즙'을 뜻하는 외래어 'Juice'는 외래어 표기법에 따라 'ㅈ, ㅉ, ㅊ' 다음에 'ㅑ, ㅕ, ㅛ, ㅠ, ㅒ, ㅖ'를 쓰는 것을 인정하지 않으므로 '주스'로 써야 한다. 또한, 'Carol'은 '캐롤'이 아닌 '캐럴'로 적어야 한다.

23 　　　　　　　　　　　　　　정답 ②

'오늘은 하루 종일 축구 경기를 볼 예정이다.'로 고쳐야 한다.

03 독해력

24 　　　　　　　　　　　　　　정답 ③

이 문장은 아버지의 농구 실력이 축구 실력보다 뛰어나다는 의미 하나로만 해석된다.

① 어머니의 그림이 계속 생각난다.
  • 어머니가 그린 그림
  • 어머니가 소유한 그림
  • 어머니를 그린 그림
② 예쁜 승아와 태리가 만났다.
  • 승아가 예쁘다.
  • 승아와 태리 둘 다 예쁘다.
④ 아버지는 웃으면서 들어오는 나에게 인사했다.
  • 아버지가 웃고 있는 상황
  • 내가 웃으면서 들어오고 있는 상황
⑤ 나는 어제 누나와 누나의 친구를 만났다.
  • 나, 누나, 누나의 친구가 한꺼번에 만났다.
  • 나는 어제 누나와 누나의 친구를 따로 만났다.

25 　　　　　　　　　　　　　　정답 ①

빈칸 앞에서는 문학이 보여주는 세상은 실제의 세상 그 자체가 아니라고 했고, 괄호 뒤에서는 문학 작품 안에 있는 세상이나 실제로 존재하는 세상의 본질은 다를 바가 없다고 하였다. 따라서 괄호 안에는 앞의 내용과 뒤의 내용이 상반되는 접속부사 '그러나'가 적절하다.

26 　　　　　　　　　　　　　　정답 ①

대중문화가 주로 젊은 세대를 중심으로 한 문화라고 한 다음, 대중문화라고 해서 반드시 젊은 사람들을 중심으로 이루어지는 것은 아니라고 말함으로써 글의 핵심이 불분명해졌다.

27 　　　　　　　　　　　　　　정답 ②

바다거북에게 장애가 되는 요인(갈증)이 오히려 목표를 이루게 한다(바다로 향하게 함)는 것이 제시문을 포함한 이어질 내용의 주제이다.

28 　　　　　　　　　　　　　　정답 ②

안목의 중요성을 나타내는 속담을 찾으면 ② 눈 뜬 장님이다. 무엇을 보고도 제대로 알지 못하는 사람을 뜻한다.

① 눈으로 우물 메우기: 눈으로 우물을 메우면 눈이 녹아서 다 허사가 되듯 헛되이 애만 쓰는 일
③ 눈 먼 고양이 달걀 어루듯 한다: 그리 귀중한 것도 아닌데 제 혼자만 귀중한 줄 알고 좋아함
④ 눈 가리고 아웅: 얕은수로 남을 속이려 하는 것
⑤ 잔솔밭에서 바늘 찾기: 아무리 노력해도 어떤 것을 찾을 확률이 거의 없는 일

29 　　　　　　　　　　　　　　정답 ⑤

뜻하는 성과를 얻으려면 그에 마땅한 일을 하여야 한다는 말인 ⑤가 정답이다.

① 우물에서 숭늉 찾기: 모든 일에는 질서와 차례가 있는 법인데 일의 순서도 모르고 성급하게 덤빔
② 빈 수레가 요란하다: 실속 없는 사람이 겉으로 더 떠들어 댐
③ 참새 그물에 기러기 걸린다: 정작 하려고 하는 일은 되지 않고 다른 일이 된 경우를 비유적으로 이르는 말
④ 호랑이 없는 골에 토끼가 왕 노릇 한다: 뛰어난 사람이 없는 곳에서 보잘것없는 사람이 득세함

30 정답 ②

제시문의 핵심 내용을 보면 '반대는 필수불가결한 것이다.', '자유의지를 가진 국민의 범국가적 화합은 정부의 독단과 반대당의 혁명적 비타협성을 무력화시키는 정치 권력의 충분한 균형에 의존하고 있다.', '그 균형이 더 이상 존재하지 않는다면 민주주의는 사라지고 만다.'로 요약할 수 있다. 이 내용을 토대로 주제를 찾는다면 ②가 제목으로 가장 적절하다.

31 정답 ④

서양에서 아리스토텔레스가 강요한 중용과 동양의 중용을 번갈아 설명하며 그 차이점에 대해 설명하고 있다.

① 아리스토텔레스의 중용은 글의 주제인 서양과 우리의 중용에 대한 차이점을 말하기 위해 언급한 것일 뿐이다.
② 우리는 의학에 있어서도 중용관에 입각했다는 것을 말하기 위해 부연 설명한 것이다.
③ 중용을 바라보는 서양과 우리의 차이점을 말하고 있다.
⑤ 서양과 대비해서 우리의 중용관이 균형에 신경 쓰고 있다는 내용을 담고 있지만, 전체적으로 보았을 때 서양과 우리의 차이에 대해 쓰인 글이다.

32 정답 ⑤

제시문은 빛의 본질에 관한 뉴턴, 토마스 영, 아인슈타인의 가설을 서술한 글이다. ⑤ 빛은 광량자라고 하는 작은 입자로 이루어졌다는 아인슈타인의 광량자설은 빛이 파동이면서 동시에 입자인 이중적인 본질을 가지고 있다는 것을 의미하는 것으로, 뉴턴의 입자설과 토마스 영의 파동설을 모두 포함한다.

① 뉴턴의 가설은 그의 권위에 의해 오랫동안 정설로 여겨졌지만, 토마스 영의 겹실틈 실험에 의해 다른 가설이 생겨났다.
② 겹실틈 실험은 한 개의 실틈을 거쳐 생긴 빛이 다음 설치된 두 개의 겹실틈을 지나가게 해서 스크린에 나타나는 무늬를 관찰하는 것이다.
③ 일자 형태의 띠가 두 개 나타나면 빛은 입자임이 맞으나, 겹실틈 실험 결과 보강 간섭이 일어난 곳은 밝아지고 상쇄 간섭이 일어난 곳은 어두워지는 간섭무늬가 연속적으로 나타났다.
④ 토마스 영의 겹실틈 실험은 빛의 파동성을 증명하였고, 이는 명백한 사실이었으므로 아인슈타인은 빛이 파동이면서 동시에 입자인 이중적인 본질을 가지고 있다는 것을 증명하였다.

33 정답 ③

전지적 작가 시점으로 등장인물의 행동이나 심리 등을 서술자가 직접 자유롭게 서술하고 있다.

① 배경에 대한 묘사로 사건의 분위기를 조성하지는 않는다.
② 등장인물 중 성격의 변화가 나타난 인물은 존재하지 않는다.
④ 과장과 희화화 수법은 나타나지 않는다.
⑤ 과거와 현재가 교차되는 부분은 찾을 수 없다.

34 정답 ③

제시문은 '가을 하늘을 들여다보니 얼굴(눈썹)에 파란 물감이 듦 → (가) 그 얼굴(볼)을 만지니 손에 파란 물감이 듦 → 다시 손바닥을 들여다보니 손금도 물들어 파란 강물로 흐름 → 그 강물에 순이의 얼굴이 어리고 소년은 황홀해짐'의 내용 흐름을 보인다. 따라서 (가)는 '다시' 손바닥을 들여다보기 전인 ③에 들어가는 것이 적절하다.

35 정답 ⑤

노화로 인한 신체적 장애는 어쩔 수 없는 현상으로 이를 해결하기 위해서는 헛된 자존심으로 부추기는 것이 아닌 노인들에 대한 사회적 배려와 같은 인식이 필요하다는 문맥으로 이어져야 한다.

전략 TIP

'문장 삽입' 유형의 경우, 제시문 전체를 읽는 것보다 각 번호의 앞뒤 문장을 우선 읽는 것이 좋습니다.

36 정답 ④

시대착오란 '시대의 趨勢(추세)를 따르지 아니하는 착오'를 의미한다. ④는 상황에 따른 적절한 대응으로 볼 수 있으며, 시대착오와는 거리가 멀다.

① 출신 고교를 확인하는 학연에 얽매이는 모습을 보여줌으로써 시대착오의 모습을 보여주고 있다.
② 승진을 통해 지위가 높아지면 고급 차를 타야 한다는 시대착오의 모습을 보여주고 있다.
③ 두발 규제를 학생들의 효율적인 생활지도의 방법으로 보는 시대착오의 모습을 보여주고 있다.
⑤ 창의적 업무 수행을 위해 직원들의 복장을 획일적으로 통일해야 한다는 점에서 시대착오의 모습을 보여주고 있다.

04 논리력

37 정답 ④

정답해설

논리의 흐름에 따라 순서를 배열해 보면, '문화 변동은 수용 주체의 창조적 · 능동적 측면과 관련되어 이루어짐 → ⓒ 수용 주체의 창조적 · 능동적 측면은 외래문화 요소의 수용을 결정지음 → ⓒ 즉, 문화의 창조적 · 능동적 측면은 내부의 결핍 요인을 자체적으로 극복하려 노력하나, 그렇지 못할 경우 외래 요소를 수용함 → ㄱ 결핍 부분에 유용한 부분만을 선별적으로 수용함 → 다시 말해 외래문화는 수용 주체의 내부 요인에 따라 수용 여부가 결정됨'과 같이 된다.

38 정답 ②

정답해설

제시문은 A 병원 내과 교수팀의 난치성 결핵균에 대한 치료성적이 세계 최고 수준으로 인정받았으며, 이로 인해 많은 결핵 환자에게 큰 희망을 주었다는 내용의 글이다. 따라서 '(C) 난치성 결핵균에 대한 치료성적이 우리나라가 세계 최고 수준임 → (B) A 병원 내과 교수팀이 난치성 결핵의 치료 성공률을 세계 최고 수준으로 높임 → (D) 현재 치료 성공률이 80%에 이름 → (A) 이는 난치성 결핵 환자들에게 큰 희망을 줌' 순으로 연결되어야 한다.

39 정답 ③

정답해설

제시문은 '국어 순화'에 대한 '(가) 우리말 다듬기의 개념: 잡스러운 것을 없애는 것+복잡한 것을 단순하게 하는 것 → (라) 우리말 다듬기 중 잡스러운 것을 없애는 예: 외국어, 비속한 말, 틀린 말의 재정비 → (나) 우리말 다듬기 중 복잡한 것을 단순하게 하는 예 → (다) 우리말 다듬기의 최종적인 개념 정리: 고운 말, 바른 말(라)+쉬운 말(나)'의 순서가 옳다.

40 정답 ③

정답해설

방사능 비상사태의 조치를 이야기하는 ⓒ, '이러한 조치'로 인한 부작용을 말하는 ⓒ, 부작용에 대한 예를 드는 ㄱ, 따라서 보호 조치의 기본 원칙의 기준이 조치에 의한 '이로움'이 되어야 한다는 ㄹ로, ⓒ-ⓒ-ㄱ-ㄹ의 순서가 되어야 한다.

41 정답 ②

정답해설

빈칸 뒤에서 민화는 필력보다 소재와 그것에 담긴 뜻이 더 중요한 그림이라고 설명하고 있다. 이를 통해 민화는 작품의 기법보다 작품의 의미를 중시했음을 알 수 있다. 따라서 빈칸에 들어갈 문장은 ②가 가장 적절하다.

42 정답 ④

정답해설

빈칸의 뒤에 나오는 내용을 살펴보면 양안시에 대해 설명하면서 양안시차를 통해 물체와의 거리를 파악한다고 하였으므로 빈칸에 거리와 관련된 내용이 나왔음을 짐작해 볼 수 있다. 따라서 빈칸에 들어갈 내용은 ④이다.

43 정답 ④

정답해설

철수와 민종이의 몸무게와 하늘이와 숙희의 몸무게를 비교하는 것은 불가능하다. 따라서 네 사람의 몸무게가 같은지는 알 수 없다.

44 정답 ①

정답해설

ⓐ: 독자층 고려
ⓑ: 독자층에 따른 차별화된 접근방식
ⓒ: 해결책 제시

45 정답 ②

정답해설

'커피를 좋아한다'를 A, '홍차를 좋아한다'를 B, '우유를 좋아한다'를 C, '녹차를 좋아한다'를 D라고 하고 이 명제들이 참이라고 하였을 때, 이와 같은 명제들의 대우는 항상 참이다. C → B의 명제가 참일 때 대우 명제는 ~B → ~C로 참이라는 것이 성립된다.
∴ A → ~B → ~C → D의 논리적 구조에서 A → D가 성립되므로 '커피를 좋아하는 사람은 녹차를 좋아한다'가 올바른 명제이다.

46 정답 ④

'바이올린을 좋아한다'를 A, '플루트를 좋아한다'를 B, '콘트라베이스를 좋아한다'를 C라고 하면 전제는 '~A → ~B'이므로 그 대우인 'B → A'도 성립한다. 'C → A'라는 결론을 얻기 위해서는 'C → B' 혹은 '~B → ~C'가 필요하다.

47 정답 ③

하나의 전제에서 추리하는 것을 '직접 추리'라고 한다. 이때 어떤 명제가 참일 경우 그에 대한 대우 명제는 항상 참이다.
- 명제: $p → q$
- 대우 명제: $\sim q → \sim p$

48 정답 ③

제시문은 '분할'의 오류이다. 전체의 속성을 부분에 적용하는 오류를 범하고 있다.

① 타당한 삼단논법으로 연역 추리이다.
② 결합(합성)의 오류를 범하고 있다.
④ 성급한 일반화의 오류를 범하고 있다.
⑤ 무지에 호소하는 오류를 범하고 있다.

49 정답 ⑤

제시문과 ⑤는 결합·합성의 오류를 범하고 있다. 결합·합성의 오류는 어떤 집합의 모든 원소가 어떠한 성질을 가지고 있으므로, 그 집합 자체도 그 성질을 가지고 있다고 추론할 때 발생한다.

50 정답 ⑤

과거에 비해 현재는 여론 조사 결과의 공표 금지 기간이 대폭 줄어들었다고 했다. 이는 국민의 알 권리를 보장하기 위한 조치이므로 공표 금지 기간이 길어질수록 국민의 알 권리가 약화된다는 것을 알 수 있다.

CHAPTER 03 자료해석

01	④	02	②	03	①	04	④	05	②
06	①	07	②	08	④	09	②	10	③
11	③	12	④	13	③	14	②	15	②
16	③	17	④	18	②	19	④	20	①
21	①	22	③	23	④	24	①	25	③
26	②	27	④	28	①	29	③	30	①

01 기초수리 · 응용수리

01 정답 ④

정답해설

현재 A의 나이를 x살이라고 하면 B의 나이는 $(44-x)$살이므로 $x+10=3(44-x+10)$

$x+10=162-3x$

$4x=152$

$\therefore x=38$

따라서 현재 A의 나이는 38살이다.

02 정답 ②

정답해설

한 달에 이용하는 횟수를 x번이라고 하면 A 이용권의 비용은 $(50,000+1,000x)$원, B 이용권의 비용은 $(20,000+5,000x)$원이므로

$50,000+1,000x<20,000+5,000x$ $\therefore x>7.5$

따라서 한 달에 최소 8번을 이용해야 한다.

03 정답 ①

정답해설

두 기업 A, B의 작년 상반기 매출액을 각각 a억 원, b억 원이라고 하자.

• 작년 상반기 매출액의 합이 70억 원이므로

$a+b=70$ … ㉠

• 두 기업 A, B의 매출액의 증가량이 각각 $0.1a$억 원, $0.2b$억 원이므로 $0.1a:0.2b=2:3 \rightarrow 3a=4b$ … ㉡

㉠과 ㉡을 연립하면 $a=40$, $b=30$이다.

$\therefore$ 두 기업 A, B의 올해 상반기 매출액의 합

$=1.1a+1.2b=1.1\times40+1.2\times30=80$(억 원)

다른풀이

작년 상반기 A 기업의 매출액을 x억 원이라고 하면 B 기업의 매출액은 $(70-x)$억 원이므로 올해 상반기 두 기업 A, B의 매출액의 증가량은 각각 $0.1x$억 원, $0.2(70-x)$억 원이다.

$0.1x:0.2(70-x)=2:3$ $\therefore x=40$

작년 상반기 두 기업 A, B의 매출액이 각각 40억 원, 30억 원이므로 올해 상반기 매출액의 합은

$1.1\times40+1.2\times30=44+36=80$(억 원)이다.

04 정답 ④

정답해설

세종이가 쉰 기간을 x일이라고 하면 일을 마무리하는 데 45일이 걸렸으므로 두 사람이 같이 일한 기간은 $(45-x)$일이다.

전체 일의 양을 1이라고 할 때, 현진이와 세종이가 하루에 할 수 있는 일의 양은 각각 $\dfrac{1}{60}$, $\dfrac{1}{80}$이므로

$\left(\dfrac{1}{60}+\dfrac{1}{80}\right)\times(45-x)+\dfrac{1}{60}x=1$ $\therefore x=25$

따라서 세종이는 25일 동안 쉬었다.

05 정답 ②

정답해설

순서별로 블록의 개수를 확인한 후, 규칙을 찾으면 다음과 같다.

5개　7개　10개　14개　19개　?개

　　+2　　+3　　+4　　+5　　+6

$\therefore$ 6번째에 필요한 블록의 수 $=19+6=25$(개)

06   정답 ①

정답해설

- 홀수 번째 수는 2, 200, 2000, …으로 앞의 항에 10을 곱하는 규칙이다.
- 짝수 번째 수는 512, 256, 64, …로 앞의 항을 2^1, 2^2, …으로 나누는 규칙이다.

괄호 안에 알맞은 수는 짝수 번째 수이므로 $64 \div 2^3 = 8$이다.

07   정답 ②

정답해설

- 같은 면이 나올 확률: $\dfrac{1}{2}$
- 다른 면이 나올 확률: $\dfrac{1}{2}$

$\therefore$ (기댓값)$=500 \times \dfrac{1}{2} - 100 \times \dfrac{1}{2} = 250 - 50 = 200$(원)

08   정답 ②

정답해설

평균 50점과 60점을 기록한 병사 수를 각각 x명, 90점을 받은 병사 수를 y명이라고 하면

$x + x + 5 + 4 + y + 1 = 15$

$\dfrac{50x + 60x + 70 \times 5 + 80 \times 4 + 90y + 100}{15} = 72$,

즉 $\begin{cases} 2x + y = 5 \\ 11x + 9y = 31 \end{cases}$

두 식을 연립하여 풀면 $x = 2$, $y = 1$

따라서 헌병대에서 사격점수 평균 60점을 기록한 병사는 2명이다.

09   정답 ②

정답해설

두 톱니바퀴 A, B가 같은 톱니에서 처음으로 다시 맞물릴 때까지 돌아간 톱니 수는 72와 48의 최소공배수와 같다.

$$
\begin{array}{r}
2\,)\underline{\;72\quad 48\;} \\
2\,)\underline{\;36\quad 24\;} \\
2\,)\underline{\;18\quad 12\;} \\
3\,)\underline{\;\;9\quad\;\; 6\;} \\
3\quad\;\; 2
\end{array}
$$

(최소공배수)$=2 \times 2 \times 2 \times 3 \times 3 \times 2 = 144$(개)

따라서 A 톱니바퀴는 $144 \div 72 = 2$(번), B 톱니바퀴는 $144 \div 48 = 3$(번) 회전해야 한다.

10   정답 ③

정답해설

간부 A, B, C, D의 나이를 각각 a, b, c, d살이라고 하자.

$b + c = (a + d) - 5 \cdots$ ㉠

$a = c + 2 \cdots$ ㉡

$a = d - 5 \cdots$ ㉢

㉡에서 간부 C는 $30 - 2 = 28$(살)이고, ㉢에서 간부 D는 $30 + 5 = 35$(살)임을 알 수 있다.

㉠에 간부 A, C, D의 나이를 대입하면

$b + 28 = (30 + 35) - 5$

$\therefore b = 32$

따라서 간부 B의 나이는 32살이다.

---

02 자료해석

11   정답 ③

정답해설

(이윤)$=$ {(판매 가격)$-$(생산 단가)}$\times$(판매량)이므로 표를 완성하면

메뉴	월간 판매량 (개)	생산 단가 (원)	판매 가격 (원)	이윤 (원)
핫바	500	3,500	4,000	250,000
샌드위치	300	5,500	6,000	150,000
컵밥	400	4,000	5,000	400,000
햄버거	200	6,000	7,000	200,000

따라서 S 병장은 컵밥을 고르는 것이 가장 유리하다.

12   정답 ④

정답해설

A, B, C, D의 순서로 색을 칠한다면 A에 4가지 색을 칠할 수 있고, B가 A와 이웃하고 있으므로 3가지, C는 A, B와 이웃하고 있으므로 2가지, D는 A, C와 이웃하고 있으므로 2가지를 각각 칠할 수 있다.

$\therefore 4 \times 3 \times 2 \times 2 = 48$(가지)

13   정답 ③

정답해설

기록이 30m 이상 35m 미만인 사람이 13명이고, 35m 이상 40m 미만인 사람이 12명이므로

$\therefore$ (30m 이상 40m 미만인 사람 수)$=13 + 12 = 25$(명)

14

Q 정답해설

㉠ 일상생활에 대해 '만족'한다는 응답이 작년보다 6.1%p 상승했고, 삶의 질이 '선진국 진입 수준'이라는 응답은 작년보다 13.9%p 상승했다. 또한, 생활형편에 대해 '나아졌다'와 '어려워졌다'는 응답이 작년보다 각각 6.4%p 상승, 16.6%p 하락했다. 이를 통해 작년보다 경제 상황이 개선되었음을 유추할 수 있다.

㉡ 주관적 계층의식의 조사에서 중류층이라고 생각하는 사람이 78.9%이다.

Q 오답해설

㉢ 제시된 자료만으로는 빈부 격차의 증감에 대해서 알 수 없다.

15
정답 ②

Q 정답해설

그래프는 전년 대비 증감률을 나타내므로 2009년 강북의 주택전세가격을 1이라고 하면 2010년에는 전년 대비 약 5% 증가하여 1.05이고, 2011년에는 전년 대비 약 10% 증가하여 $1.05 \times 1.1 = 1.155$라고 할 수 있다.

따라서 2011년 강북의 주택전세가격은 2009년 대비 약 $(1.155 - 1) \times 100 = 15.5(\%)$ 증가했다고 볼 수 있다.

Q 오답해설

① 전국 주택전세가격의 증감률이 2008년부터 2017년까지 모두 (+) 값을 가지므로 매년 증가했다고 볼 수 있다.

③ 2014년 이후 서울의 주택전세가격 증가율은 전국 평균 증가율보다 높다.

④ 강남 지역의 주택전세가격 중 증가율이 가장 높은 시기는 ▲가 가장 높은 위치에 있는 2011년이다.

16
정답 ③

Q 정답해설

뇌혈관 질환으로 사망할 확률은 남성이 10만 명당 54.7명, 여성이 10만 명당 58.3명으로 남성이 여성보다 낮다.

17
정답 ④

Q 정답해설

• 두 번째 조건에서 2011년부터 2019년까지의 연도별 합계출산율 순위 중 2011년도가 두 번째로 높으므로 (ㄱ)은 합계출산율이 가장 높은 2012년의 1.297명보다 적고, 합계출산율이 세 번째로 높은 2015년의 1.239명보다 많아야 한다.

⇨ $1.239 < (ㄱ) < 1.297$

• 세 번째 조건에서 2013년부터 2015년까지의 출생성비가 동일하므로 (ㄴ)=105.3이다.

• 연도별 전년 대비 출생아 수의 감소 인원을 알아보면 다음과 같다.

2016년: $438,420 - 406,243 = 32,177(명)$

2017년: $406,243 - 357,771 = 48,472(명)$

2018년: $357,771 - 326,882 = 30,889(명)$

첫 번째 조건에서 출생아 수는 전년 대비 감소하는 추세이고, 2019년도의 전년 대비 감소한 출생아 수가 가장 적으므로 $326,882 - 295,610 = 31,272(명)$,

$326,882 - 302,676 = 24,206(명)$에서 (ㄷ)이 될 수 있는 수는 302,676이다.

따라서 (ㄱ), (ㄴ), (ㄷ)에 알맞은 수를 바르게 나열한 것은 ④이다.

18
정답 ②

Q 정답해설

㉠ • (2016년 서울 인구와 경기 인구의 차)
$= 10,463 - 10,173 = 290(천 명)$

• (2022년 서울 인구와 경기 인구의 차)
$= 11,787 - 10,312 = 1,475(천 명)$

따라서 서울 인구와 경기 인구의 차는 2016년보다 2022년에 더 컸다.

㉢ 2022년에는 22천 명이 증가해 다른 해보다 2배 이상 증가하였다.

Q 오답해설

㉡ 대구도 2022년 인구가 2016년보다 감소했다.

㉣ 대구의 인구는 2016년부터 감소하다가 2022년에 다시 증가했다.

19
정답 ④

Q 정답해설

• (2020년 상반기 보훈분야의 전체 명세서 건수)
$= 38 + 1,902 = 1,940(건)$

• (2021년 상반기 보훈분야의 전체 명세서 건수)
$= 30 + 1,728 = 1,758(건)$

∴ (전년 동기 대비 2021년 상반기 보훈분야의 전체 명세서 건수)$= \dfrac{1,940 - 1,758}{1,940} \times 100 ≒ 9(\%)$

20
정답 ①

Q 정답해설

2021년 상반기 입원 진료비 중 두 번째로 비싼 분야는 의료급여 분야이다.

• (2020년 상반기 의료급여 분야 입원 진료비)
$= 24,012(억 원)$

- (2021년 상반기 의료급여 분야 입원 진료비)
  $=25,666$(억 원)
- ∴ (2020년 상반기 의료급여 분야 입원 진료비의 전년 대비
  증가액)$=25,666-24,012=1,654$(억 원)

21
정답 ①

정답해설
ㄱ. 〈연도별 지하수 평균수위〉 자료를 통해 확인할 수 있다.
ㄴ. 2020년 지하수 온도가 가장 높은 곳은 영양입암 관측소이
고 온도는 27.1℃이다. 2020년 지하수 평균 수온과의 차
이는 $27.1-14.4=12.7$℃이다.

오답해설
ㄷ. 2020년 지하수 전기전도도가 가장 높은 곳은 양양손양 관
측소이고 전기전도도는 38,561.0μS/cm이다. 38,561.0
$\div516\doteqdot74.730$이므로 2020년 지하수 전기전도도가 가장
높은 곳의 지하수 전기전도도는 평균 전기전도도의 76배
미만이다.

22
정답 ④

정답해설
사망자가 30명 이상인 사고를 제외한 나머지 사고는 A, C,
D, F이다. 네 사고를 화재규모와 복구비용이 큰 순으로 각각
나열하면 다음과 같다.
- 화재규모: $A-D-C-F$
- 복구비용: $A-D-C-F$
따라서 ④가 옳은 설명이다.

오답해설
① 터널길이가 긴 순으로, 사망자가 많은 순으로 사고를 각각
  나열하면 다음과 같다.
  - 터널길이: $A-D-B-C-F-E$
  - 사망자 수: $E-B-C-D-A-F$
  따라서 터널길이와 사망자 수는 관계가 없다.
② 화재규모가 큰 순으로, 복구기간이 긴 순으로 사고를 각각
  나열하면 다음과 같다.
  - 화재규모: $A-D-C-E-B-F$
  - 복구기간: $B-E-F-A-C-D$
  따라서 화재규모와 복구기간의 길이는 관계가 없다.
③ 사고 A를 제외하고 복구기간이 긴 순으로, 복구비용이 큰
  순으로 사고를 나열하면 다음과 같다.
  - 복구기간: $B-E-F-C-D$
  - 복구비용: $B-E-D-C-F$
  따라서 옳지 않은 설명이다.

23
정답 ④

정답해설
A, B, E 구의 1인당 소비량을 각각 a, b, e라고 하자.
제시된 조건을 식으로 나타내면 다음과 같다.
- 첫 번째 조건에서 $a+b=30$ … ㉠
- 두 번째 조건에서 $a+12=2e$ … ㉡
- 세 번째 조건에서 $e=b+6$ … ㉢
㉢을 ㉡에 대입하면
$a+12=2(b+6) \rightarrow a-2b=0$ … ㉣
㉠과 ㉣을 연립방정식으로 풀면
$a=20$, $b=10$, $e=16$
A～E 구의 변동계수를 구하면 다음과 같다.
- A 구: $\dfrac{5}{20}\times100=25(\%)$
- B 구: $\dfrac{4}{10}\times100=40(\%)$
- C 구: $\dfrac{6}{30}\times100=20(\%)$
- D 구: $\dfrac{4}{12}\times100\doteqdot33.33(\%)$
- E 구: $\dfrac{8}{16}\times100=50(\%)$
∴ 변동계수가 3번째로 큰 구: D 구

24
정답 ①

정답해설
ㄱ. 전체 구매액 중 50대 이상 연령대의 구매액 비중은 할인
  점이 가장 큰 것을 쉽게 알 수 있다.
ㄴ. 전체 구매액 중 여성의 구매액 비중이 남성보다 큰 유통
  업태는 오픈마켓과 할인점이다. 오픈마켓의 40세 이상
  구매액 비중은 약 67%, 할인점의 40세 이상 구매액 비중
  은 약 70%로 두 유통업태의 40세 이상 구매액 비중은 모
  두 60% 이상이다.

오답해설
ㄷ. 각 유통업태의 연령별 구매액 비중 그래프를 보고 소셜커
  머스, 오픈마켓, 할인점에서는 50대 이상이 20대 이하보
  다 큰 비중을 차지한다는 것을 알 수 있다. 그러나 일반유
  통의 경우에는 50대 이상이 20대 이하보다 작은 비중을
  차지한다.
ㄹ. 40세 미만의 구매액 비중이 50% 미만인 유통업태는 소셜
  커머스, 오픈마켓, 할인점이다. 오픈마켓과 할인점은 여
  성의 구매액 비중이 남성보다 크지만, 소셜커머스의 경우
  여성의 구매액 비중이 남성보다 작다.

25
정답 ③

🔍 **정답해설**

기타를 제외한 4개국의 2019년 대비 2020년 해외이주민 수의 감소율을 구하면 다음과 같다.

- 미국: $\dfrac{2,487-2,434}{2,487} \times 100 \fallingdotseq 2.13(\%)$

- 캐나다: $\dfrac{336-225}{336} \times 100 \fallingdotseq 33.04(\%)$

- 호주: $\dfrac{122-107}{122} \times 100 \fallingdotseq 12.3(\%)$

- 뉴질랜드: $0(\%)$

따라서 2019년 대비 2020년 해외이주민 수의 감소율이 가장 큰 나라는 캐나다이다.

🔍 **오답해설**

① 전체 해외이주민 수는 2013년까지 감소하다 2014년에 증가, 2015년에 감소, 2016년에 다시 증가한 뒤 2017년부터 지속적으로 감소했다.

② • (2017년 기타를 제외한 4개국 해외이주민 수의 합)
 $=10,843+1,375+906+570=13,694$(명)

 • (2020년 기타를 제외한 4개국 해외이주민 수의 합)
 $=2,434+225+107+96=2,862$(명)

 2017년 대비 2020년의 4개국 해외이주민 수의 합은 $\dfrac{13,694-2,862}{13,694} \times 100 \fallingdotseq 79.1(\%)$ 감소하였으므로 80% 미만 감소한 것이다.

④ 호주의 연도별 전년 대비 해외이주민 수의 증감폭을 구하면 다음과 같다.

 • 2013년: $1,846-1,835=11$(명)
 • 2014년: $1,749-1,846=-97$(명)
 • 2015년: $1,608-1,749=-141$(명)
 • 2016년: $1,556-1,608=-52$(명)
 • 2017년: $906-1,556=-650$(명)
 • 2018년: $199-906=-707$(명)
 • 2019년: $122-199=-77$(명)
 • 2020년: $107-122=-15$(명)

 따라서 호주의 전년 대비 해외이주민 수의 감소폭이 가장 큰 해는 2018년이다.

26
정답 ②

🔍 **정답해설**

경증 환자 중 남자 환자의 비율은 $\dfrac{31}{50}$ 이고, 중증 환자 중 남자 환자의 비율은 $\dfrac{34}{50}$ 가 되므로 경증 환자의 비율이 더 낮다.

🔍 **오답해설**

① 전체 여자 환자가 35명이고, 그중 중증 여자 환자가 16명이므로 비율로 나타내면 $\dfrac{16}{35}$ 이다.

③ 50세 이상 환자가 60명이고, 50세 미만 환자가 40명이므로 50세 이상 환자 수는 50세 미만 환자 수의 $60 \div 40=1.5$(배)이다.

④ 전체 당뇨병 환자가 100명이고 중증인 여자 환자가 16명이므로 중증인 여자 환자는 전체의 16%이다.

27
정답 ④

🔍 **정답해설**

품목별 전년 동월 평균가격 대비 2022년 10월 평균가격의 증감률을 구하면 다음과 같다.

- 거세우 1등급: $\dfrac{17,895-14,683}{14,683} \times 100 \fallingdotseq 21.9\%$

- 거세우 2등급: $\dfrac{16,534-13,612}{13,612} \times 100 \fallingdotseq 21.5\%$

- 거세우 3등급: $\dfrac{14,166-12,034}{12,034} \times 100 \fallingdotseq 17.7\%$

- 비거세우 1등급: $\dfrac{18,022-15,059}{15,059} \times 100 \fallingdotseq 19.7\%$

- 비거세우 2등급: $\dfrac{16,957-13,222}{13,222} \times 100 \fallingdotseq 28.2\%$

- 비거세우 3등급: $\dfrac{14,560-11,693}{11,693} \times 100 \fallingdotseq 24.5\%$

∴ 전년 동월 평균가격 대비 2022년 10월 평균가격의 증감률이 가장 큰 품목: 비거세우 2등급

🔍 **오답해설**

① 제시된 자료를 통해 거세우 각 등급에서의 2022년 10월 평균가격이 비거세우 같은 등급의 2022년 10월 평균가격보다 모두 낮은 것을 알 수 있다.

② 거세우의 모든 등급과 비거세우의 1·2등급의 경우 전월 평균가격이 2022년 10월 평균가격보다 높다. 그러나 비거세우 3등급의 경우 전월 평균 가격이 14,344원, 2022년 10월 평균가격이 14,560원으로 전월 평균 가격이 2022년 10월 평균가격보다 낮다.

③ 2022년 10월 평균가격, 전년 동월 평균가격, 직전 3개년 동월 평균가격은 비거세우 1등급이 다른 모든 품목에 비해 높다. 그러나 전월 평균가격의 경우 거세우 1등급의 가격이 비거세우 1등급의 가격보다 높다.

28
정답 ①

🔍 **정답해설**

VR의 전체 특허출원건수는 $697+640+276+231+202+194+184+140+1,193=3,757$건이다.

VR 특허출원건수 중 상위 세 분야는 '산업', '게임', '기타'이고, 세 분야의 특허출원건수의 합은
$697+640+1,193=2,530$건이다.

∴ VR 전체 특허출원건수에서 상위 세 분야가 차지하는 비중
: $\dfrac{2,530}{3,757} \times 100 \fallingdotseq 67.34(\%)$

29
정답 ③

정답해설

자기계발 과목에 따라 해당되는 지원 금액과 신청 인원은 다음과 같다.

구분	지원 금액	신청 인원
영어회화	70,000원×0.5=35,000원	3명
컴퓨터 활용	50,000원×0.4=20,000원	3명
세무회계	60,000원×0.8=48,000원	3명

각 교육프로그램마다 3명씩 지원했으므로
∴ 총 지원비: (35,000+20,000+48,000)×3=309,000(원)

30
정답 ①

정답해설

제시된 선그래프가 가파르게 증가한 구간은 2018 ~ 2019년이다. 즉, 전년 대비 개인정보 침해신고 상담 건수의 증가량이 가장 많았던 해는 2019년이다.
∴ 전년 대비 2019년의 상담 건수의 증가량
: 122,215−54,832=67,383(건)

오답해설

② 2018년 개인정보 침해신고 상담 건수의 전년 대비 증가율
: $\dfrac{54,832-35,167}{35,167}\times100 \fallingdotseq 55.9(\%)$

③ 개인정보 침해신고 상담 건수는 2012년과 2017년에는 감소하였다.

④ 17,777×10=177,770>122,215이므로 2019년 개인정보 침해신고 상담 건수는 2011년 상담 건수의 10배 미만이다.

CHAPTER 04 지각속도

실전테스트 01

01	①	02	①	03	②	04	②	05	①
06	②	07	①	08	②	09	①	10	①
11	①	12	②	13	②	14	②	15	①
16	①	17	②	18	②	19	①	20	②
21	④	22	①	23	②	24	③	25	②
26	②	27	④	28	②	29	③	30	③

03 정답 ②

alarm ask age art attack → alarm ask <u>aim</u> art attack

04 정답 ②

area again age attack arm → area again age <u>alarm</u> arm

06 정답 ②

♙ ♛ ♖ ♙ ♕ → ♙ ♛ ♖ ♙ ♕

08 정답 ②

♛ ♙ ♕ ♗ ♖ → ♛ ♙ ♗ ♕ ♖

12 정답 ②

※ ☆ ● ♫ ▲ → ※ ▽ ● ♫ ▲

14 정답 ②

∬ □ ◆ ※ ▽ → ∬ ◆ □ ※ ▽

17 정답 ②

v0u d9g s7x u1y d9m → v0u d9g s7x u1y <u>n3k</u>

18 정답 ②

i2z u1y v0u w5f s7x → i2z <u>l4s</u> v0u w5f s7x

20 정답 ②

n3k l4s s7x v0u w5f → n3k l4s s7x <u>i2z</u> w5f

21 정답 ④

제한이란 <u>개인</u>의 재산<u>권</u> 사용 또는 <u>그</u>로 인한 수<u>익</u>을 한정하는 <u>것</u>을 의미한다. (5개)

22 정답 ①

<u>8</u>94132659<u>8</u>9<u>8</u>44655615698<u>8</u>4561654648<u>8</u>99<u>8</u>4465665
44<u>8</u> (8개)

23 정답 ②

Autum<u>n</u> is a seco<u>n</u>d spring whe<u>n</u> every leaf is a flower.
(4개)

24 정답 ③

⇨⇨⇨⇨⇨⇨⇨⇨⇨⇨⇨⇨⇨⇨⇨⇨⇨⇨⇨⇨
⇨⇨⇨⇨⇨⇨⇨⇨⇨⇨ (8개)

25 정답 ②

51<u>6</u>1511<u>6</u>849<u>6</u>1521321<u>6</u>84987984l<u>6</u>549874185415<u>6</u>5<u>6</u>9
8549 (7개)

26
정답 ②

Wh<u>e</u>n I was young<u>er</u>, I could r<u>e</u>m<u>e</u>mb<u>er</u> anything, wh<u>e</u>th<u>er</u> it had happ<u>e</u>n<u>e</u>d or not. (9개)

27
정답 ④

모<u>든</u> 어린<u>이는</u> 예술가이다. <u>문제는</u> 어떻게 하<u>면</u> 이들이 커서도 예술가로 <u>남</u>을 수 있게 하<u>느냐</u>이다. (11개)

28
정답 ②

✂📖🗂📖✂📖📑💻📖📖🗄📑📖✂📑📖✂📖🗄📖📖🗂📑✂ (6개)

29
정답 ③

98<u>6</u>49<u>6</u>451<u>6</u>3<u>6</u>218<u>66</u>915<u>6</u>153<u>6</u>898<u>6</u>5144<u>6</u>4<u>6</u>341<u>6</u>84<u>6</u>9<u>6</u>318 (14개)

30
정답 ③

무언<u>가</u>를 열렬히 원한다면 <u>그것</u>을 얻<u>기</u> 위해 전부를 <u>걸</u>만큼의 배짱을 <u>가</u>져라. (6개)

01	①	02	①	03	①	04	②	05	②
06	②	07	①	08	①	09	②	10	①
11	①	12	①	13	①	14	②	15	②
16	①	17	②	18	①	19	②	20	②
21	③	22	④	23	①	24	③	25	①
26	④	27	④	28	①	29	③	30	④

04
정답 ②

내 경 선 상 안 → <u>안</u> 경 선 상 <u>내</u>

05
정답 ②

경 위 안 래 와 → 경 <u>상</u> 안 래 와

06
정답 ②

meet mark mind mean mess → meet <u>match</u> mind mean mess

09
정답 ②

mess manage meet miss mean → mess manage meet <u>move</u> mean

14
정답 ②

▷ ☆ ▥ ⌅ ▽ → ▷ ☆ ▥ ⌅ <u>▼</u>

15
정답 ②

▼ ▷ ◀ ▽ ☆ → ▼ <u>▽</u> ◀ <u>▷</u> ☆

17
정답 ②

◁ ▽ ▛ △ ◢ → ◁ ▽ ▛ <u>▲</u> ◢

19
정답 ②

▽ ▲ △ ▛ ▶ → ▽ ▲ △ <u>◣</u> ▶

20
정답 ②

▛ ◁ ▲ ▽ ▼ → ▛ <u>▶</u> ▲ ▽ ▼

26 · PART 2 정답 및 해설

21 정답 ③

절망으로부터 도망칠 유일한 피난처는 자아를 세상에 내동댕이치는 일이다. (7개)

22 정답 ④

812845295024894632516213823458024894685110249465870 (9개)

23 정답 ①

I believe I can soar. I see me running through that open door. (5개)

24 정답 ③

(7개)

25 정답 ①

착착찿착찬찿찿추찿축춤찿차충축챙찿찬찿착첵찿채책챈찿차챙찿충찬찿체춤찿 (10개)

26 정답 ④

489606027894526823165755026258306220611623662450983664 (12개)

27 정답 ④

만안양장점 옆 석수양장점의 치마는 만안양장점의 치마보다 비싸고 (14개)

28 정답 ①

(8개)

29 정답 ②

89657245801727136774589273125573215375120275548793127 (11개)

30 정답 ④

Let us make one point, that we meet each other with a smile, when it is difficult to smile. Smile at each other, make time for each other in your family. (18개)

실전테스트 03

01	②	02	②	03	①	04	①	05	①
06	①	07	②	08	②	09	①	10	②
11	②	12	②	13	①	14	①	15	②
16	①	17	②	18	①	19	②	20	②
21	④	22	④	23	③	24	②	25	②
26	④	27	③	28	①	29	③	30	

01 정답 ②

☺ ✿ ⊙ ☎ ★ → ☺ ☆ ⊙ ☎ ♡

02 정답 ②

★ ✁ ⊙ ♡ ☎ → ★ ✁ ✿ ♡ ☎

07 정답 ②

53 31 38 94 15 → 53 31 37 94 15

08 정답 ②

46 37 53 40 24 → 40 37 53 46 24

10 정답 ②

24 40 46 67 15 → 15 40 46 67 24

11 정답 ②

qw jk gh kl er → qw as gh kl er

12 정답 ②

ty er jk df kl → ty qw jk df ui

15 정답 ②

ui jk kl df er → kl jk ui df er

17 정답 ②

밤 포도 대추 모과 은행 → 밤 포도 도토리 모과 은행

PART 2 지각능력평가 ALL PASS

20　　　　　　　　　　　　　　**정답 ②**

석류 감 대추 도토리 배　→　석류 감 대추 도토리 은행

21　　　　　　　　　　　　　　**정답 ④**

02<u>3</u>451206<u>3</u>126<u>3</u>12450<u>3</u>20615042<u>03</u><u>3</u>215624<u>3</u> (6개)

22　　　　　　　　　　　　　　**정답 ④**

내 <u>경험으로</u> 미루<u>어</u> 보건데, 단점<u>이</u> <u>없</u>는 사람<u>은</u> 장점도 거의
<u>없</u>다. (9개)

23　　　　　　　　　　　　　　**정답 ③**

685<u>7</u>95<u>7</u>0494<u>7</u>0027234<u>7</u>516<u>7</u>289<u>7</u>0345<u>7</u>362539099812
3342345344 (8개)

24　　　　　　　　　　　　　　**정답 ②**

A <u>t</u>rouble shared is a <u>t</u>rouble halved. Whenever you are
in <u>t</u>rouble, <u>t</u>alks <u>tog</u>e<u>t</u>her. (6개)

25　　　　　　　　　　　　　　**정답 ②**

ÄÏÜĖ<u>Ọ</u>Ü<u>Ọ</u>ÜÄÜĖ<u>Ọ</u>ÜĖ<u>Ọ</u>ÄÏ<u>Ọ</u>ÏÏĖ<u>Ọ</u>ÄÜÏ<u>Ọ</u>Ü<u>Ọ</u>Ï (8개)

26　　　　　　　　　　　　　　**정답 ④**

광과관가간<u>광</u>곽괄곽<u>광광</u>쾅<u>광</u>과괄갈관과곽괄<u>광</u>관곽<u>광</u>가교쾅
콰<u>광</u>쾅<u>광</u>강 (8개)

27　　　　　　　　　　　　　　**정답 ③**

<u>88</u>123<u>8</u>49056746374<u>88</u>234261526450<u>8</u>0990456<u>8</u>37923
3<u>8</u>452618758 (10개)

28　　　　　　　　　　　　　　**정답 ①**

He surely w<u>as</u> h<u>a</u>ppy th<u>a</u>t he won the comp<u>a</u>ny <u>awa</u>rd.
(6개)

29　　　　　　　　　　　　　　**정답 ③**

콩 심<u>은</u> 데 콩 <u>나</u>고 팥 심<u>은</u> 데 팥 <u>난</u>다더니 <u>너는</u> <u>누</u>구 닮아서
그러<u>는</u>지 몰라 (12개)

30　　　　　　　　　　　　　　**정답 ②**

Th<u>e</u> m<u>e</u>mory chips w<u>ere</u> sold to compani<u>e</u>s lik<u>e</u> D<u>e</u>ll
and Appl<u>e</u>. (8개)

실전테스트 04

01	②	02	①	03	①	04	①	05	②
06	②	07	①	08	②	09	①	10	②
11	②	12	①	13	②	14	①	15	①
16	①	17	②	18	②	19	②	20	①
21	③	22	③	23	①	24	④	25	②
26	②	27	②	28	②	29	④	30	①

01 정답 ②
메이 마리 마네 레미 체리 → 메이 <u>체리</u> 마네 레미 <u>세리</u>

05 정답 ②
메이 큐브 미미 세리 쥬쥬 → <u>레미</u> 큐브 미미 세리 쥬쥬

06 정답 ②
해군 해병대 사단 대대 중대 → <u>연대</u> 해병대 사단 대대 중대

08 정답 ②
사단 해병대 공군 소대 연대 → 사단 <u>중대</u> 공군 소대 연대

10 정답 ②
소대 대대 공군 해병대 해군 → <u>육군</u> 대대 공군 <u>중대</u> 해군

11 정답 ②
동 물 말 개 양 → 동 <u>칡</u> 말 개 양

13 정답 ②
물 개 칡 등 돈 → 물 개 칡 <u>돈</u> <u>등</u>

17 정답 ②
◉ ◑ ♨ ◐ ☎ → ◉ ◑ ◐ ♨ ◐ <u>▶</u>

18 정답 ②
▶ ☎ ■ ◈ ◉ → ▶ ☎ ■ ◈ <u>♨</u>

19 정답 ②
■ ☎ ◐ ▶ ▣ → ■ <u>◀</u> <u>◉</u> ▶ ▣

21 정답 ③
모<u>든</u> 언행을 칭찬<u>하는</u> 자보다 결점을 <u>친</u>절하게 말해주<u>는</u> <u>친</u>구를 가까이하라 (9개)

22 정답 ③
1<u>2</u>895742800453<u>22</u>6<u>2</u>486<u>22</u>79575642<u>8922</u>4111058574857<u>2</u>88 (11개)

23 정답 ①
This all<u>o</u>ws y<u>o</u>u t<u>o</u> replace existing gr<u>o</u>up members. (4개)

24 정답 ④
4839<u>5</u>483<u>5</u>0481<u>2</u>0<u>5</u>098378<u>5</u>64320<u>45</u>89093<u>5</u>84<u>5</u>2300<u>5</u>2178 (8개)

25 정답 ②
<u>±</u>=÷<u>±</u>×<u>=</u>÷<u>±</u>±×÷<u>±</u>=÷<u>±</u>±×=÷<u>±</u>±=×÷<u>±</u>÷<u>±</u>=<u>±</u>±÷×<u>±</u>=÷<u>±</u>± (7개)

26 정답 ②
457<u>0</u>6968<u>0</u>47436<u>0</u>7<u>0</u>525<u>0</u>17<u>0</u>36448<u>0</u>8<u>0</u>574<u>0</u>39745758<u>0</u>63<u>0</u>4<u>0</u>7 (12개)

27 정답 ②
소수<u>슈</u><u>슈</u>쇼셔사샤시세쉬<u>슈</u>쉐셔소셔<u>슈</u> 쉬<u>슈</u> 쉐쇼<u>슈</u>시소쉐셔셔소<u>슈</u>샤시쇼사<u>슈</u>쇼셔시<u>슈</u> 쉬<u>슈</u>셔<u>슈</u> (11개)

28 정답 ②
fghjd<u>k</u>yeuh<u>k</u>fgw<u>k</u>gddffhe<u>k</u>ugipqp<u>k</u>asx<u>k</u>cdvcfbnzmxnsdg<u>k</u> (7개)

29 정답 ④
인간<u>의</u> 감정은 누군<u>가</u>를 <u>만날</u> 때<u>나</u> 헤어질 때 <u>가장</u> 순수하며 <u>가장</u> 빛난다. (13개)

30 정답 ①
T<u>o</u> <u>o</u>pen a gr<u>o</u>up member's calendar fr<u>o</u>m a gr<u>o</u>up calendar. (5개)

01	②	02	①	03	①	04	①	05	②
06	②	07	①	08	①	09	②	10	②
11	②	12	①	13	①	14	①	15	②
16	②	17	①	18	①	19	②	20	②
21	③	22	③	23	④	24	②	25	②
26	①	27	②	28	②	29	④	30	②

01 정답 ②

담묵색 분백색 하늘색 풀색 자금색 → 담묵색 <u>강청색</u> 하늘색 풀색 자금색

05 정답 ②

풀색 강청색 담묵색 취벽색 감색 → <u>유색</u> 강청색 담묵색 <u>분백색</u> 감색

06 정답 ②

play pass part post push → play pass part <u>past</u> push

09 정답 ②

pack past port pass part → pack past <u>point</u> pass part

10 정답 ②

pass port play part pure → pass <u>part</u> play <u>port</u> pure

11 정답 ②

☉ ♨ ▽ ☏ ♤ → ☉ ♨ ▽ ☏ <u>☾</u>

15 정답 ②

☾ ↑ ▥ ☉ ♤ → <u>♨</u> ↑ ▥ <u>☾</u> ♤

16 정답 ②

복 보 부 바 베 → 복 <u>불</u> 부 바 베

19 정답 ②

보 비 배 버 복 → 보 <u>베</u> 배 버 <u>보</u>

20 정답 ②

베 북 비 부 북 → 베 북 비 부 <u>복</u>

21 정답 ③

4<u>2</u>569982758513<u>2</u>00145657485452846312058826894<u>2</u>
<u>2</u> (8개)

22 정답 ③

객<u>겍</u>켐켁<u>겍</u>객객객<u>겍</u>겜<u>겍</u>객 객객객 캑켐 켁켁 <u>겍</u>겜<u>겍</u>겐 갬겜켐켁<u>겍</u>
객캑켐<u>겍</u>객객객객객<u>겍</u> (8개)

23 정답 ④

0<u>9</u>154<u>99</u>789457<u>9</u>8234422<u>59</u>678<u>9</u>513204534836<u>59</u>1209
(9개)

24 정답 ②

Le<u>t</u> no one ever come <u>t</u>o you wi<u>t</u>hou<u>t</u> leaving be<u>tt</u>er and happier. (6개)

25 정답 ②

하늘<u>이</u> 말해놓<u>은</u> 화<u>이</u>니 다시 바랄 게 <u>없</u>구나. (5개)

26 정답 ①

◑○○◎◐●◐♧♤♡◑○◎●◐◆♪◑◐○♤●♤◑♡♤◑♧
●♤◎◉ (5개)

27 정답 ②

If I h<u>a</u>d to live my life <u>a</u>g<u>a</u>in, I'd m<u>a</u>ke the s<u>a</u>me mist<u>a</u>kes, only sooner. (6개)

28 정답 ②

0148<u>5</u>97<u>5</u>63<u>5</u>2112<u>5</u>489<u>5</u>972<u>5</u>1935100<u>5</u>246<u>5</u>87230212
(9개)

29 정답 ④

Catl<u>e</u>tt h<u>e</u>ard th<u>e</u> stori<u>e</u>s of slav<u>e</u>s from h<u>e</u>r grandmoth<u>e</u>r.
(7개)

30 정답 ②

갈라진 두 길이 있었지, 그리고 <u>나</u>는 사람들이 덜 <u>다</u>닌 길을 택했고, 그것이 모든 것을 <u>바</u>꾸어 놓았네. (8개)

실전테스트 06

01	①	02	②	03	①	04	①	05	②
06	①	07	②	08	①	09	②	10	①
11	②	12	①	13	①	14	②	15	①
16	①	17	①	18	②	19	②	20	②
21	④	22	③	23	②	24	①	25	①
26	②	27	②	28	①	29	④	30	①

02 정답 ②
☎ ⊠ 🖙 ♡ ⓐ → ☂ ⊠ 🖙 ♡ ☮

05 정답 ②
★ ☎ ◼ 🖙 ♡ → ★ ☎ ⊠ 🖙 ☉

07 정답 ②
term tone time take turn → tone term time take turn

09 정답 ②
talk turn true type take → talk turn trap type take

11 정답 ②
⇓ ⇒ ← ⇌ ⇑ → ⇓ ⇒ ← ⇧ ⇑

14 정답 ②
↕ ⇓ ← ⇓ ⇒ → ↕ ⇧ ← ⇓ ⇒

18 정답 ②
24 92 36 47 70 → 24 08 36 47 65

19 정답 ②
92 83 65 70 59 → 92 83 24 70 59

21 정답 ④
19282427849429585960023647587298567260218925 6
0 (9개)

22 정답 ③
지금 적극적으로 실행되는 괜찮은 계획이 다음 주의 완벽한
계획보다 괜찮다. (6개)

23 정답 ②
90871324565734657890312990936867357639539604 9
5866 (7개)

24 정답 ①
A freight train leaves town every morning, going
south. (4개)

25 정답 ①
◑◉◎◔◑◔◕◑◑◐◔◎◐◑◔◑◑◕◐◎◔◐◔◑◑◐◔◕
◑◔◕◑◯◑◑◔◑◔◐◐◑◎ (9개)

26 정답 ②
난나냐낭나냠녇남난남난나남난나난남남나난나나난넌넘난남
난나난남나 (6개)

27 정답 ②
90261586482103646758861584203945214808226231
(7개)

28 정답 ①
Our team handed in an outstanding proposal to the
committee. (6개)

29 정답 ④
오늘 누군가가 그늘에 앉아 쉴 수 있는 이유는 오래 전에 누군
가가 나무를 심었기 때문이다. (14개)

30 정답 ①
Are you having problems again with your team? (5개)

01	②	02	①	03	①	04	①	05	②
06	①	07	②	08	①	09	②	10	②
11	①	12	①	13	②	14	②	15	①
16	②	17	①	18	②	19	①	20	②
21	③	22	①	23	④	24	②	25	④
26	①	27	①	28	④	29	④	30	①

01 　　　　　　　　　　　　　정답 ②

◉ ♠ ☎ ◑ ⚘ → ◉ ♠ ☎ ◐ ⚘

05 　　　　　　　　　　　　　정답 ②

☏ ♠ ◐ ◈ ☎ → ☏ ⚘ ◐ ▣ ☎

07 　　　　　　　　　　　　　정답 ②

도미 꽃게 우럭 광어 방어 → 도미 꽃게 우럭 <u>연어</u> 방어

09 　　　　　　　　　　　　　정답 ②

광어 우럭 참돔 도미 방어 → <u>연어</u> 우럭 참돔 도미 방어

10 　　　　　　　　　　　　　정답 ②

조개 소라 참돔 도미 문어 → 조개 소라 참돔 도미 <u>광어</u>

13 　　　　　　　　　　　　　정답 ②

만장굴 용두암 애월 함덕 억새 → <u>해안</u> 용두암 애월 함덕 억새

14 　　　　　　　　　　　　　정답 ②

애월 일출봉 억새 해안 바람 → 애월 <u>함덕 오름</u> 해안 바람

16 　　　　　　　　　　　　　정답 ②

☆ ▽ ♡ ◎ △ → ☆ ▽ ⚘ ◎ △

18 　　　　　　　　　　　　　정답 ②

◎ ◇ ▽ ○ □ → ◎ <u>☆</u> ▽ ○ □

20 　　　　　　　　　　　　　정답 ②

▽ ⚘ ○ □ △ → ▽ ⚘ ○ □ <u>♡</u>

21 　　　　　　　　　　　　　정답 ③

65189<u>2</u>0345698<u>7</u>2056184<u>2</u>0631594<u>6</u>2587130<u>2</u> (5개)

22 　　　　　　　　　　　　　정답 ①

☁☢☺☀☂☀☈⊙☺☝☢☝☀⊙☀☈⊙☢☁☢☺☝☀⊙☀☂☈
☀⊙☀☝☁☁☢☺☀☈☀☺☁☺☝☀☈☈☈⊙ (9개)

23 　　　　　　　　　　　　　정답 ④

<u>쿄</u>쿄코쿄<u>쿄</u>켜쿠퀴쿠<u>쿄</u>쿄캬캐<u>쿄</u>커쿄<u>쿄</u>켜케<u>쿄</u>켁쿄칵키쿄킴<u>쿄</u>큐크쿄
크캬캐<u>쿄</u> (12개)

24 　　　　　　　　　　　　　정답 ②

<u>1</u>131589917089685714872318598140961961868687625364768980791 (10개)

25 　　　　　　　　　　　　　정답 ④

사<u>람</u>이란 서<u>로</u> 마주보는 것이 아니<u>라</u> 둘이서 똑같은 방향을 보는 것이<u>라</u>고 인생은 우<u>리</u>에게 알<u>려</u> 주었다. (10개)

26 　　　　　　　　　　　　　정답 ①

⊓♋♯♋⚹⚘♋⊓♯⊓♯♋♋❀⊓♂♋♋⊓♯⊙♋⚹⚹⊓♋♋❀❀⊓
♂♋⚹⚹♂♯⚹⚹♋♋ (11개)

27 　　　　　　　　　　　　　정답 ①

<u>I</u> heard the dog bark<u>i</u>ng h<u>i</u>s head off early <u>i</u>n the morn<u>i</u>ng. (5개)

28 　　　　　　　　　　　　　정답 ④

A tall man wh<u>o</u> l<u>o</u>oks like a l<u>o</u>t <u>o</u>f the <u>o</u>ther tall men ar<u>o</u>und here has a questi<u>o</u>n mark <u>o</u>ver his head. (9개)

29 　　　　　　　　　　　　　정답 ④

<u>교</u>육이란 화를 내<u>거</u>나 자신<u>감</u>을 잃지 않<u>고</u> <u>거</u>의 모든 <u>것</u>에 <u>귀</u> <u>기</u>울일 수 있는 능력이다. (10개)

30 　　　　　　　　　　　　　정답 ①

H<u>o</u>wever, they are poisonous so people should s<u>w</u>im a<u>w</u>ay <u>w</u>hen they see one in the <u>w</u>ater. (5개)

육군 부사관 RNTC

| 정답 및 해설편 |

Non-Commissioned-Officer

PART 3

최종모의고사

제 1 회 최종모의고사

공간능력

01	①	02	③	03	④	04	②	05	④
06	②	07	④	08	③	09	④	10	④
11	②	12	③	13	①	14	①	15	④
16	②	17	①	18	④				

01 정답 ①

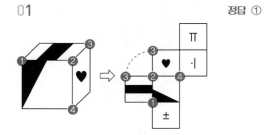

02 정답 ③

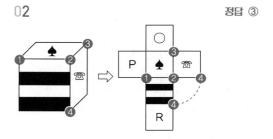

03 정답 ④

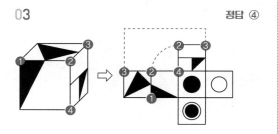

04 정답 ②

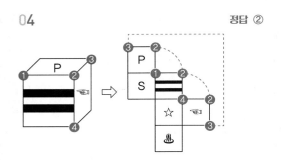

05 정답 ④

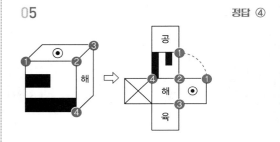

06 정답 ②

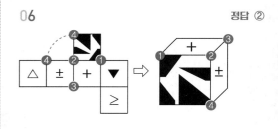

07 정답 ④

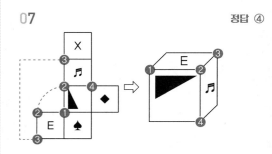

08   정답 ③

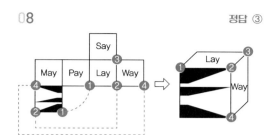

09   정답 ④

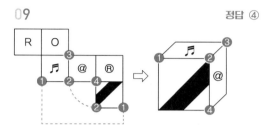

10   정답 ④

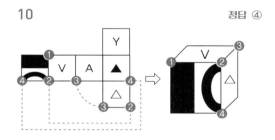

11   정답 ②

1층: $6+7+7=20$개
2층: $6+7+6=19$개
3층: $5+7+4=16$개
4층: $4+5+2=11$개
5층: $3+4+1=8$개
$\therefore$ $20+19+16+11+8=74$개

12   정답 ③

1층: $5+5+5+5+5+5+5=35$개
2층: $4+4+0+2+1+3+4=18$개
3층: $3+0+0+0+1+2+2=8$개
4층: $1+0+0+0+1+1+1=4$개
5층: $0+0+0+0+0+1+0=1$개
$\therefore$ $35+18+8+4+1=66$개

13   정답 ①

1층: $5+4+5+4+5+4+5=32$개
2층: $2+4+4+4+4+4+1=23$개
3층: $0+4+1+3+3+3+1=15$개
4층: $0+2+0+0+2+3+0=7$개
5층: $0+1+0+0+1+2+0=4$개
$\therefore$ $32+23+15+7+4=81$개

14   정답 ①

1층: $5+5+5+4+3=22$개
2층: $5+5+4+3+2=19$개
3층: $5+3+4+3+1=16$개
4층: $4+1+3+1+0=9$개
5층: $2+1+0+1+0=4$개
$\therefore$ $22+19+16+9+4=70$개

15   정답 ④

우측에서 바라보았을 때, 1층 - 2층 - 3층 - 5층 - 5층으로
구성되어 있다.

16   정답 ②

좌측에서 바라보았을 때, 4층 - 3층 - 2층 - 3층 - 3층으로
구성되어 있다.

17   정답 ①

정면에서 바라보았을 때, 5층 - 3층 - 3층 - 2층 - 5층으로
구성되어 있다.

18   정답 ④

우측에서 바라보았을 때, 3층 - 3층 - 2층 - 5층 - 5층으로
구성되어 있다.

01	①	02	④	03	③	04	③	05	⑤
06	③	07	②	08	③	09	②	10	④
11	①	12	①	13	④	14	④	15	①
16	②	17	④	18	③	19	②	20	③
21	②	22	④	23	③	24	①	25	③

01

정답 ①

🔍 정답해설

제시문과 ① 모두 '내왕하는 일'이라는 의미로 쓰였다.

🔍 오답해설

② 나아가는 기회
③ 일정한 방향으로 나아가는 움직임
④ 행동이나 활동 또는 결정을 비유적으로 이르는 말
⑤ (수량을 나타내는 말 뒤에 쓰여) 두 발을 번갈아 옮겨 놓는 횟수를 세는 단위

전략 TIP

문맥에 맞는 적절한 단어를 찾는 유형은 보통 출제 오류를 피하려고 '국립국어원 표준국어대사전'의 예문을 그대로 사용하지만, 우리 시험의 비공개 특성상 문제의 오류가 있는 경우도 종종 있으니 소거법으로 선지를 하나씩 지워나가면서 푸는 것이 좋습니다.

02

정답 ④

🔍 정답해설

냉면을 좋아하는 사람은 여름을 좋아하고, 여름을 좋아하는 사람은 호빵을 싫어한다.
따라서 이의 대우 명제인 ④가 적절하다.

03

정답 ③

🔍 정답해설

손의 사전적 중심 의미는 '사람의 팔목 끝에 달린 부분. 손등, 손바닥, 손목으로 나뉘며 그 끝에 다섯 개의 손가락이 있어 무엇을 만지거나 잡거나 한다'로 우리가 일반적으로 알고 있는 손을 뜻한다.

🔍 오답해설

① 일을 하는 사람 → 주변 의미
② 민간신앙에서 뜻하는 귀신 → 주변 의미
④ '손가락'의 뜻 → 주변 의미
⑤ '손님'의 뜻 → 주변 의미

04

정답 ③

🔍 정답해설

감나무 밑에 누워도 삿갓 미사리를 댄다: 감나무 밑에 누워서 절로 떨어지는 감을 얻어먹으려 하여도 그것을 받기 위하여서는 삿갓 미사리를 입에 대고 있어야 한다는 뜻으로, 의당 자기에게 올 기회나 이익이라도 그것을 놓치지 않으려는 노력이 필요함을 이르는 말

🔍 오답해설

① 구복이 원수: 입으로 먹고 배를 채우는 일이 원수 같다는 뜻으로, 먹고살기 위하여 괴로운 일이나 아니꼬운 일도 참아야 한다는 말
② 자라나는 호박에 말뚝 박는다: 한창 잘되어 가는 것을 훼방 놓고 방해하는 심술 사나운 마음이나 행동을 비유적으로 이르는 말
④ 사공이 많으면 배가 산으로 간다: 주관하는 사람 없이 여러 사람이 자기주장만 내세우면 일이 제대로 되기 어려움을 비유적으로 이르는 말
⑤ 서울에 가야 과거도 본다: 서울에 가야 과거를 보든지 말든지 한다는 뜻으로, 우선 목적지에 가 봐야 어떤 일이 이루어지든지 말든지 한다는 것을 비유적으로 이르는 말

05

정답 ⑤

🔍 정답해설

'대비'는 '두 가지의 차이를 밝히기 위하여 서로 맞대어 비교함. 또는 그런 비교'라는 뜻으로 제시문의 '비교'와 비슷한 의미를 갖는다.

🔍 오답해설

① 대응: 어떤 두 대상이 주어진 어떤 관계에 의하여 서로 짝이 되는 일
② 상응: 서로 기맥이 통함
③ 조응: 둘 이상의 사물이나 현상 또는 말과 글의 앞뒤 따위가 서로 일치하게 대응함
④ 호응: 서로 기맥이 통함

06

정답 ③

🔍 정답해설

괴발개발은 '글씨를 함부로 이리저리 갈겨 써 놓은 모양'을 뜻한다.

🔍 오답해설

① 티석티석: 거죽이나 면이 매우 거칠게 일어나 번지럽지 못한 모양
② 언구럭: 교묘한 말로 떠벌리며 남을 농락하는 짓
④ 곰비임비: 물건이 거듭 쌓이거나 일이 계속 일어남을 나타내는 말
⑤ 훨찐: '문 따위가 한껏 매우 시원스럽게 열린 모양' 또는 '넓고 멀리 아주 시원스럽게 트인 모양'

07　　　　　　　　　　　　　정답 ②

🔍 **정답해설**

문명과 문화의 차이점(본문 중 '반면에~')을 중심으로 설명하고 있기 때문에 '대조'의 설명 방식을 사용하고 있다.

🔍 **오답해설**

① 분류: 일정한 기준을 정한 뒤에 그 기준에 따라 같은 것끼리 묶어서 설명하는 방법
③ 예시: 내용과 관련된 구체적인 예를 보여주는 방법
④ 유추: 다른 사물도 그와 같은 성질 또는 관계를 가질 것이라고 추리하는 것
⑤ 묘사: 어떤 대상을 그림을 그리듯이 설명하는 방법

08　　　　　　　　　　　　　정답 ③

🔍 **정답해설**

동족방뇨(凍足放尿)는 '언 발에 오줌누기'라는 뜻으로 그때 상황만 모면하고자 바로 뒤에 올 결과는 생각을 안 하여, 일시적인 효과만 있고 결과는 나빠지는 것을 말한다.

🔍 **오답해설**

① 유비무환(有備無患): 준비가 되어 있다면 근심이 없다는 뜻
② 근주자적(近朱者赤): 주위환경이 중하다는 뜻
④ 세불십년(勢不十年): 권력은 오래가지 못하고 변한다는 뜻
⑤ 설상가상(雪上加霜): 난처한 일이나 불행한 일이 잇따라 일어난다는 뜻

09　　　　　　　　　　　　　정답 ②

🔍 **정답해설**

'혀를 내둘렀다'는 어떤 일에 무척 놀라고 감탄했다는 뜻으로 사용된다.

10　　　　　　　　　　　　　정답 ④

🔍 **정답해설**

㉠ 평화로운 시대에는 시인의 존재가 문화의 비싼 장식으로 여겨지지만, 조국이 비운에 빠졌거나 통일을 잃었을 때 시인이 민족의 예언가 또는 선구자가 될 수 있다고 하였으므로 역접의 의미인 '그러나'가 적절하다.
㉡ 과거에 탄압받던 폴란드 사람들이 시인을 예언자로 여겼던 사례를 제시하고 있으며 불행한 시절 이탈리아와 벨기에 사람들이 시인을 조국 그 자체로 여겼다고 말하고 있다. 따라서 ㉡의 빈칸에는 '거기에다 더'의 의미를 지닌 '또한'이 적절하다.

11　　　　　　　　　　　　　정답 ①

🔍 **정답해설**

제시된 명제들은 전자 기술이 발전하여 조그만 칩 하나에 수백 권 분량의 정보가 기록될 것이라고 서술하고 있다. 따라서 명제들의 결론으로 ①이 가장 적절하다.

12　　　　　　　　　　　　　정답 ①

🔍 **정답해설**

태초의 자연은 인간과 균형적인 관계로, 서로 소통하고 공생할 수 있었다. 그러나 기술의 발달로 인간은 자연을 정복하고 폭력을 행사했다. 이는 인간과 자연 양쪽에게 해가 되는 일이므로 힘의 균형을 통해 대칭적인 관계를 회복해야 한다는 것이 제시된 글의 중심 내용이다. 따라서 뒤에 올 내용으로는 그 대칭적인 관계를 회복하기 위한 방법이 적절하다.

전략 TIP ☆

어떤 대상을 설명하는 글은 대부분 첫 문단에 무엇을 설명할 것인지 소개합니다. 따라서 글의 도입부를 유의해서 읽는 것이 좋습니다.

13　　　　　　　　　　　　　정답 ④

🔍 **정답해설**

스토리슈머는 소비자의 구매 요인이 기능에서 감성 중심으로 이동함에 따라 이야기를 소재로 하는 마케팅의 중요성이 늘어난 것을 반영한다. 따라서 스토리슈머는 현재 소비자들의 구매 요인을 파악한 마케팅 방안이라는 것을 추론할 수 있다.

14　　　　　　　　　　　　　정답 ④

🔍 **정답해설**

제시문은 유기농 식품에 대한 사람들의 편견에 대해 서술하고 있다. 〈보기〉의 문장은 그러한 선입견에 대한 근거이므로, 사람들이 유기농 식품에 대해 갖는 긍정적인 선입견이 사실은 더 위험할 수 있다는 주장 뒤에 나와야 한다. 따라서 ④ 위치에 들어가는 것이 알맞다.

15　　　　　　　　　　　　　정답 ①

🔍 **정답해설**

글로벌 시대에는 남의 것을 모방하는 것이 아닌 창의적인 개발(창의성)이 중요하다고 말하고 있다.

16   정답 ②

언론매체에 대한 사전 검열은 표현의 자유와 개인의 알권리를 침해할 가능성이 있으므로 적절한 반박은 ②이다.

17   정답 ④

제시된 글은 일본의 라멘과 한국 라면의 차이점을 서술하고 있다. '한국의 라면은 그렇지 않다'라고 서술하는 (A) 뒤에는 한국의 라면에 대한 설명이 나와야 하므로 (D)가 적합하다. 또한 '일본의 라멘이 어떠한 맛을 추구하고 있는지에 대해서 생각해보면 알 수 있다'라고 서술하는 (D) 뒤에는 일본의 라멘 맛에 관해서 서술하는 (B)가 적절하고, 그 뒤를 이어 라면의 독자성에 관해서 서술하는 (C)가 제일 마지막에 오는 것이 타당하다. 따라서 (A) – (D) – (B) – (C)가 옳다.

18   정답 ③

- ㉠ 앞의 문장은 전세 세입자가 전세금을 무이자로 대출하는 형식으로 사용가치를 지불한다는 내용의 근거가 되므로 ㉠에는 '따라서'가 적절하다.
- ㉡ 뒤의 문장은 앞 문장에서 언급하는 전세 세입자와 집주인의 전세 계약 원리를 예시를 통해 이야기하므로 ㉡에는 '예를 들어'가 적절하다.
- ㉢ 뒤의 문장에서는 일반적으로 이루어지는 임대와 달리 주택 가격의 상승을 기대하고 투자하는 갭투자에 관해 이야기하므로 ㉢에는 역접의 접속어인 '그러나'가 적절하다.

19   정답 ①

㉠에 이어지는 '오랜 역사를 가진 한국의 전통 속에 살려야 할 유산이 적지 않다는 사실을 감안할 때, 우리의 미래상이 과거와 현재를 존중해야 할 이유는 더욱 뚜렷하다'라는 내용을 고려하면 ㉠은 과거의 역사적인 사실을 오늘의 교훈으로 삼아야 한다는 입장임을 알 수 있다.

20   정답 ③

감옥에 가지 않기 위해서라는 것은 특정한 명령을 달성하기 위한 것이므로 가언적 명령에 해당한다.

21   정답 ②

ㄴ. 비타민A 성분이 포함된 제품은 오래된 각질을 제거하는 기능이 있으며, 비타민B 성분 역시 묵은 각질을 제거하는 기능이 있다. 따라서 이 둘을 같이 사용할 경우 과도하게 각질이 제거되어 피부에 자극을 주고 염증을 일으키게 된다.

- ㄱ. AHA 성분은 피부의 수분을 빼앗고 자외선에 약한 특성을 지니고 있기 때문에 이를 보완하기 위해 보습 기능이 있는 자외선 차단제를 사용하는 것이 도움이 된다. 따라서 부작용을 일으키는 것과는 거리가 멀다.
- ㄷ. 첫 번째 예시에서 비타민B 성분이 포함된 제품을 비타민K 성분이 포함된 제품과 함께 사용하면 양 성분의 효과가 극대화된다고 하였으므로 부작용을 일으키는 것과는 거리가 멀다.

22   정답 ④

〈보기〉는 구글의 독감 관련 검색어 연구를 소개하고 있다.

- (라): '그 결과'로 문장이 시작하며, 독감 시즌마다 특정 검색어 패턴이 눈에 띄게 증가한다고 설명하고 있다. 이는 〈보기〉에서 소개한 구글의 독감 관련 검색어 연구의 결과에 해당한다.
- (나): '그리고 이러한 패턴'을 통해 (나) 앞에 패턴에 대한 내용이 설명되었음을 알 수 있다. 따라서 (나)는 (라)의 '특정 검색어 패턴' 뒤에 위치하는 것이 적절하다.
- (가): 독감 관련 단어 검색량을 통해 독감 환자 수와 유행 지역을 예측할 수 있다는 것은 '독감 관련 검색어 연구의 결과'에 해당한다. 그런데 '다시 말해'로 문장이 시작하고 있으므로 (가) 앞에 독감 관련 검색어 연구의 결과에 관한 내용[(라) → (나)]이 있었음을 알 수 있다.
- (다): 연구 결과에 대한 구글의 주장이자, 글의 결론이다.

23 정답 ③

정답해설

제시문은 우유니 사막의 위치와 형성, 특징 등 우유니 사막의 자연지리적 특징에 관해 서술하고 있다.

오답해설

① 우유니 사막에 우기와 건기가 있다는 정보가 제시되어 있기는 하나 구체적인 기후 정보와 식생에 대해서는 언급되어 있지 않다.
② 우유니 사막이 관광지로 유명하다는 정보 이외에 주민 생활의 단서가 될 정보는 제시되지 않았다.
④ 우유니 사막이 세계 최대의 소금 사막이자 소금 호수이기 때문에 '우유니 소금 사막'이나 '우유니 염지'로 불린다고는 했지만 이는 우유니 사막 이름의 유래라고 보기엔 빈약하며, 글의 중심이 되는 내용이라고 볼 수 없다.
⑤ 지형적 특성 때문에 관광지로 이름이 높아졌다고는 언급했지만 구체적인 관광 상품 종류에 대해서는 언급되어 있지 않다.

24 정답 ①

정답해설

17세기 철학자인 데카르트는 '동물은 정신을 갖고 있지 않으며, 고통을 느끼지 못하므로 심한 취급을 해도 좋다.'라고 주장하였다.

오답해설

② 피타고라스는 윤회설에 입각하여 동물에게 경의를 표해야 함을 주장하였다.
③ 루소는 '인간불평등 기원론'을 통해 인간과 동물은 동등한 자연의 일부임을 주장하였다.
④ 동물 복지 축산농장 인증제는 공장식 축산 방식의 문제를 개선하기 위한 동물 복지 운동의 일환으로 등장하였다.
⑤ 미국의 신경과학자들은 '의식에 관한 케임브리지 선언'을 통해 동물에게도 의식이 있다고 선언했다.

25 정답 ③

정답해설

㉠과 ③의 '떨어지다'는 '값, 기온, 수준, 형세 따위가 낮아지거나 내려가다.'의 의미이다.

오답해설

① 이익이 남다.
② 입맛이 없어지다.
④ 병이나 습관 따위가 없어지다.
⑤ 뒤를 대지 못하여 남아 있는 것이 없게 되다.

자료해석

01	④	02	②	03	②	04	④	05	①
06	①	07	②	08	②	09	④	10	④
11	④	12	④	13	②	14	③	15	④
16	④	17	①	18	②	19	②	20	②

01 정답 ④

정답해설

- P → Q → R: $3 \times 4 = 12$(가지)
- P → R: 1가지
∴ P지점에서 R지점까지 가는 모든 경우의 수
: $12 + 1 = 13$(가지)

02 정답 ②

정답해설

원래 가격을 x라고 하면 최종 할인된 가격은 $x \times 0.7 \times 0.9 = 0.63x$이므로 노트북은 37% 할인되었다.

03 정답 ②

정답해설

전체 투자 금액을 a원이라고 하면 A, B, C주식에 투자한 금액은 각각 $0.3a$, $0.2a$, $0.5a$이다.
- A주식 최종 가격: $0.3a(1+0.2) = 0.36a$
- B주식 최종 가격: $0.2a(1+0.4) = 0.28a$
- C주식 최종 가격: $0.5a(1-0.2) = 0.4a$
세 주식의 최종 가격 총합은 $0.36a + 0.28a + 0.4a = 1.04a$이다.
이때, 이익은 $1.04a - a = 0.04a$(원)이므로,
∴ 이익률: 4%

04 정답 ④

정답해설

2018년부터 2020년까지 경기 수가 증가하는 스포츠는 배구와 축구 2종목이다.

오답해설

① 농구의 전년 대비 2018년 경기 수 감소율은 $\dfrac{413-403}{413}$ $\times 100 ≒ 2.4\%$이며, 전년 대비 2021년 경기 수 증가율은 $\dfrac{410-403}{403} \times 100 ≒ 1.7\%$이다. 따라서 전년 대비 2018년 경기 수 감소율이 더 높다.

② 2017년 농구와 배구의 경기 수 차이는 $413-226=187$ (회)이고, 야구와 축구의 경기 수 차이는 $432-228=204$(회)이다.

따라서 $\frac{187}{204}\times100 ≒ 91.7\%$이므로 90% 이상이다.

③ 5년 동안의 종목별 스포츠 경기 수 평균은 다음과 같다.

- 농구: $\frac{413+403+403+403+410}{5}=406.4$회

- 야구: $\frac{432+442+425+433+432}{5}=432.8$회

- 배구: $\frac{226+226+227+233+230}{5}=227.8$회

- 축구: $\frac{228+230+231+233+233}{5}=231.0$회

따라서 야구 평균 경기 수는 축구 평균 경기 수의 약 1.87 배로 2배 이하이다.

05   정답 ①

🔍 **정답해설**

건물마다 각 층의 바닥 면적이 동일하다고 하였으므로 건물의 층수는 연면적을 건축면적으로 나누어 구한다. 건축면적은 제시된 자료의 건폐율 식으로 구할 수 있다.

- A건물: $\frac{(건축면적)}{300}\times100=50 \rightarrow (건축면적)=150$

  $\rightarrow$ 건물의 층수 $=\frac{600}{150}=4$층

- B건물: $\frac{(건축면적)}{300}\times100=60 \rightarrow (건축면적)=180$

  $\rightarrow$ 건물의 층수 $=\frac{1,080}{180}=6$층

- C건물: $\frac{(건축면적)}{300}\times100=70 \rightarrow (건축면적)=210$

  $\rightarrow$ 건물의 층수 $=\frac{1,260}{210}=6$층

- D건물: $\frac{(건축면적)}{200}\times100=60 \rightarrow (건축면적)=120$

  $\rightarrow$ 건물의 층수 $=\frac{720}{120}=6$층

∴ A건물이 4층으로 층수가 가장 낮다.

06   정답 ①

🔍 **정답해설**

㉠ 출산율은 2019년까지 계속 증가하였으며, 2020년에는 감소하였다.

㉡ 출산율과 남성 사망률의 차이는 2016년부터 2020년까지 각각 18.2%p, 20.8%p, 22.5%p, 23.7%p, 21.5%p로, 2019년이 가장 크다.

🔍 **오답해설**

㉢ 2016년 대비 2020년의 전체 인구의 증감률은

$\frac{12,808-12,381}{12,381}\times100 ≒ 3.4\%$이다.

㉣ 가임기 여성의 비율과 출산율은 서로 증감 추이가 다르다.

구분	2017년	2018년	2019년	2020년
가임기 여성 비율	-0.8%p	-0.2%p	$+0.9$%p	$+1.3$%p
출산율	$+1.7$%p	$+1.5$%p	$+1.5$%p	-2%p

07   정답 ②

🔍 **정답해설**

㉡ 전체 인구는 계속하여 증가하고 있다.

㉣ 여성 사망률이 가장 높았던 해는 7.8%로, 2019년이다.

㉤ 2020년은 계속 증가하던 출산율이 감소한 해이다.

🔍 **오답해설**

㉢ 남성 사망률은 2016년이 8.3%로 가장 높았다.

08   정답 ②

🔍 **정답해설**

성과급 지급 기준에 따라 영업팀의 성과를 평가하면 다음과 같다.

구분	성과평가 점수	성과평가 등급	성과급 지급액
1/4분기	$8\times0.4+8\times0.4$ $+6\times0.2=7.6$	C	80만 원
2/4분기	$8\times0.4+6\times0.4$ $+8\times0.2=7.2$	C	80만 원
3/4분기	$10\times0.4+8\times0.4$ $+10\times0.2=9.2$	A	$100+10$ $=110$만 원
4/4분기	$8\times0.4+8\times0.4$ $+8\times0.2=8.0$	B	90만 원

∴ 영업팀에게 1년간 지급된 성과급의 총액
: $80+80+110+90=360$(만 원)

09

정답해설

A팀은 C팀의 평균보다 3초 짧고, B팀은 D팀의 평균보다 2초 길다. 각 팀의 평균을 구하면 다음과 같다.

구분	평균
A팀	$45-3=42$(초)
B팀	$44+2=46$(초)
C팀	$\dfrac{51+30+46+45+53}{5}=45$(초)
D팀	$\dfrac{36+50+40+52+42}{5}=44$(초)

A팀의 4번 선수의 기록을 a초, B팀의 2번 선수의 기록을 b초로 가정한다.

- A팀의 4번 선수의 기록: $\dfrac{32+46+42+a+42}{5}=42$

  $\rightarrow a+162=210 \rightarrow a=48$(초)

- B팀의 2번 선수의 기록: $\dfrac{48+b+36+53+55}{5}=46$

  $\rightarrow b+192=230 \rightarrow b=38$(초)

$\therefore$ 두 선수의 평균 기록: $\dfrac{48+38}{2}=43$(초)

전략 TIP

평균을 계산할 때 계산의 편의를 위해 임의의 기준을 잡고 그에 대한 가감의 수치로만 계산해도 됩니다. 45초를 평균이라 가정하면,

C팀: $(6-15+1+0+8)\div5=0$

$\therefore$ 평균: $45-0=45$(초)

D팀: $(-9+5+5+7-3)\div5=-1$

$\therefore$ 평균: $45-1=44$(초)

10
정답 ④

정답해설

독일과 일본의 국방예산 차액은 $461-411=50$억 원이고, 영국과 일본의 차액은 $487-461=26$억 원이다. 따라서 영국과 일본의 차액은 독일과 일본의 차액의 $\dfrac{26}{50}\times100=52\%$를 차지한다.

오답해설

① 국방예산이 가장 많은 국가는 러시아(692억 원)이며, 가장 적은 국가는 한국(368억 원)으로 두 국가의 예산 차액은 $692-368=324$억 원이다.

② 사우디아라비아의 국방예산은 프랑스의 국방예산보다 $\dfrac{637-557}{557}\times100≒14.4\%$ 많다.

③ 8개 국가 국방예산 총액은 $692+637+487+461+411+368+559+557=4{,}172$억 원이며, 한국이 차지하는 비중은 $\dfrac{368}{4{,}172}\times100≒8.8\%$이다.

11
정답 ④

정답해설

연도별 사회복무요원 소집자 중 고등학교 졸업자의 비중을 구하면 다음과 같다.

- 2015년: $\dfrac{10{,}164}{32{,}546}\times100≒31.23\%$

- 2016년: $\dfrac{10{,}722}{34{,}650}\times100≒30.94\%$

- 2017년: $\dfrac{10{,}326}{33{,}270}\times100≒31.04\%$

- 2018년: $\dfrac{15{,}979}{47{,}587}\times100≒33.58\%$

- 2019년: $\dfrac{29{,}978}{74{,}844}\times100≒40.05\%$

$\therefore$ 사회복무요원 소집자 중 고등학교 졸업자 수가 차지하는 비중은 2019년에 가장 높았다.

오답해설

① 연도별 사회복무요원 소집자 중 고등학교 중퇴자 수의 3배를 계산하면 다음과 같다.

- 2015년: $3{,}653\times3=10{,}959$명
- 2016년: $3{,}634\times3=10{,}902$명
- 2017년: $3{,}109\times3=9{,}327$명
- 2018년: $6{,}181\times3=18{,}543$명
- 2019년: $11{,}140\times3=33{,}420$명

2017년의 경우 사회복무요원 소집자 중 고등학교 졸업자 수는 고등학교 중퇴자 수의 3배 이상이다.

② 제시된 자료를 보면 2017년 전체 사회복무요원 소집자 수는 전년보다 감소했음을 알 수 있다.

③ 연도별 사회복무요원 소집자 중 대학교 졸업자 수와 고등학교 졸업자 수의 차이를 구하면 다음과 같다.

- 2015년: $17{,}532-10{,}164=7{,}368$명
- 2016년: $18{,}697-10{,}722=7{,}975$명
- 2017년: $17{,}949-10{,}326=7{,}623$명
- 2018년: $23{,}099-15{,}979=7{,}120$명
- 2019년: $30{,}371-29{,}978=393$명

$\therefore$ 사회복무요원 소집자 중 대학교 졸업자 수와 고등학교 졸업자 수의 차이는 2016년에만 전년보다 증가하였고 이후로는 계속 감소했다.

12
정답 ④

정답해설

실용신안과 디자인은 2021년보다 2022년에 심판청구 건수와 심판처리 건수가 적고, 심판처리 기간은 모든 분야에서 2021년보다 2022년이 짧다.

오답해설

① 표를 통해 쉽게 확인할 수 있다.

② 2021년과 2022년에는 심판처리 건수가 더 많았다.

③ 실용신안의 심판청구 건수와 심판처리 건수가 이에 해당한다.

13　정답 ②

Q 정답해설

제시된 문제는 제시된 수치를 통해 나타나는 규칙성을 이해할 수 있는지 평가하는 문제로, G국의 인구 수치를 살펴보면 2.2씩 증가하고 있다. 따라서 빈칸에 적합한 숫자는 30.0+2.2 =32.2이다.

14　정답 ③

Q 정답해설

- 읽음을 선택한 총 남성의 수는 $3,000 \times 0.582$
- 읽음을 선택한 총 여성의 수는 $3,000 \times 0.615$

∴ $3,000 \times (0.582+0.615)=3,000 \times 1.197=3,591$명이다.

15　정답 ④

Q 정답해설

3호선과 4호선의 7월 승차 인원은 같으므로, 1~6월 승차 인원만 비교하면 다음과 같다.

- 1월: $1,692-1,664=28$만 명
- 2월: $1,497-1,475=22$만 명
- 3월: $1,899-1,807=92$만 명
- 4월: $1,828-1,752=76$만 명
- 5월: $1,886-1,802=84$만 명
- 6월: $1,751-1,686=65$만 명

∴ 3호선과 4호선의 승차 인원 차이는 3월에 가장 컸다.

Q 오답해설

③ 8호선의 1월 대비 7월의 승차 인원 증감률은

$$\frac{566-548}{548} \times 100 ≒ 3.3\%이다.$$

16　정답 ④

Q 정답해설

- 이 상병: 전체 연구기술직 인력 중 기업체 연구기술직 인력이 차지하는 비율은 $\frac{3,242}{4,116} \times 100 ≒ 78.8\%$이므로 옳은 설명이다.
- 김 이병: 기타로 분류된 인원은 419명으로, 사무직 인원 1,658명의 25%인 415명보다 많으므로 옳은 설명이다.

Q 오답해설

- 임 병장: 기업체의 연구기술직 인원은 3,242명으로 사무직 인원의 2배인 3,244명 미만이므로 옳지 않은 설명이다.
- 서 일병: 연구기관의 사무직 인력은 36명으로, 전체 사무직 인력 1,658명 중 약 2.2%를 차지하므로 옳지 않은 설명이다.

17　정답 ①

Q 정답해설

국내통화시간은 4월 5일에 10분, 6일에 30분, 8일에 30분으로 총 70분이고, 국제통화시간은 7일에 60분이다.

∴ 통화요금은 $(70 \times 15)+(60 \times 40)=3,450$(원)이다.

18　정답 ②

Q 정답해설

- 2010년 전년 대비 유엔 정규분담률의 증가율

: $\frac{2.26-2.173}{2.173} \times 100=\frac{0.087}{2.173} \times 100 ≒ 4.0\%$

- 2016년 전년 대비 유엔 정규분담률의 증가율

: $\frac{2.039-1.994}{1.994} \times 100=\frac{0.045}{1.994} \times 100 ≒ 2.3\%$

19　정답 ②

Q 정답해설

- 평균 통화 시간이 6~9분인 여자의 수: $400 \times \frac{18}{100}=72$(명)
- 평균 통화 시간이 12분 이상인 남자의 수

: $600 \times \frac{10}{100}=60$(명)

∴ 평균 통화시간이 6~9분인 여자의 수는 12분 이상인 남자의 수의 $\frac{72}{60}=1.2$배이다.

20　정답 ②

Q 정답해설

- $97 \times 4=98+85+100+$(A)
  (A): $388-283=105$
- $76 \times 6=80+85+83+80+64+$(B)
  (B): $456-392=64$
- (C): $\frac{92+64+97+99}{4}=\frac{352}{4}=88$
- (D): $\frac{106+105+107+107+106+99}{6}=\frac{630}{6}=105$

따라서 (A)+(B)+(C)-(D)=105+64+88-105=152이다.

42 • PART 3 정답 및 해설

지각속도

01	②	02	②	03	①	04	①	05	②
06	①	07	②	08	②	09	①	10	①
11	①	12	①	13	②	14	①	15	②
16	①	17	②	18	①	19	②	20	②
21	③	22	④	23	④	24	④	25	③
26	②	27	④	28	③	29	④	30	②

01 정답 ②
문어 광어 방어 도미 참돔 → 문어 광어 방어 <u>소라</u> 참돔

02 정답 ②
도미 꽃게 우럭 조개 방어 → 도미 꽃게 우럭 <u>광어</u> 방어

05 정답 ②
조개 소라 참돔 방어 도미 → 조개 소라 참돔 <u>광어</u> 도미

07 정답 ②
양 돈 등 솔 개 → 양 <u>등</u> 돈 솔 개

08 정답 ②
말 약 양 동 손 → 말 약 <u>손</u> 동 <u>솔</u>

13 정답 ②
◎ ρ ♧ ∀ α → ◎ <u>ƚ</u> <u>ω</u> ∀ α

15 정답 ②
ω α ◎ ⌑ ƚ → ω <u>▽</u> ◎ <u>♎</u> ƚ

17 정답 ②
duck cake pepper stew straw → duck cake pepper <u>coke</u> straw

19 정답 ②
stew bike coke pasta straw → <u>coke</u> bike <u>pepper</u> pasta straw

20 정답 ②
cake paper pepper coke stew → cake paper <u>stew</u> coke <u>pepper</u>

21 정답 ③
<u>2</u>653<u>2</u>586512809741469941<u>6</u>23696312590413<u>2</u>165413
13<u>2</u>13 (8개)

22 정답 ④
배움은 우연<u>히</u> 얻어<u>지</u>는 것<u>이</u> 아니라 열성을 다해 갈구하고
부<u>진</u>런<u>히</u> 집중해야 얻을 수 <u>있</u>는 것<u>이</u>다. (9개)

23 정답 ④
87664008624123497640874<u>2</u>658128<u>4</u>24890156176451
6<u>4</u>801 (9개)

24 정답 ④
A mind tr<u>o</u>ubled by d<u>o</u>ubt cann<u>o</u>t f<u>o</u>cus <u>o</u>n the c<u>o</u>urse
t<u>o</u> vict<u>o</u>ry. (8개)

25 정답 ③
행흥<u>홍</u>후혜형<u>홍</u>흥<u>홍</u>형행후혜형<u>홍</u>흥혜<u>홍</u>행후혜<u>홍</u>흥행후형<u>홍</u>
흥혜<u>홍</u>행형<u>홍</u>흥행흥 (10개)

26 정답 ②
To b<u>e</u>li<u>e</u>v<u>e</u> with c<u>e</u>rtainty w<u>e</u> must b<u>e</u>gin with doubting.
(6개)

27 정답 ④
살아있다<u>는</u> 습관이 붙어 버렸기 때문에 우리<u>는</u> 죽음이 모<u>든</u>
고민을 제거시켜주<u>는</u>데도 싫어<u>한</u>다. (11개)

28 정답 ③
5<u>6</u>789210<u>6</u>592468010<u>6</u>4801059758<u>56</u>1<u>6</u>594323<u>6</u>10
(7개)

29 정답 ④
⇧⇧⇧⇧⇧⇧⇧⇧⇧⇧⇧⇧⇧⇧⇧⇧⇧⇧⇧⇧⇧⇧⇧
⇧⇧⇧⇧⇧⇧⇧ (13개)

30 정답 ②
When you t<u>a</u>ke <u>a</u> m<u>a</u>n <u>a</u>s he is, you m<u>a</u>ke him worse.
When you t<u>a</u>ke <u>a</u> m<u>a</u>n <u>a</u>s he c<u>a</u>n be, you m<u>a</u>ke him
better. (11개)

제2회 최종모의고사

공간능력

01	②	02	①	03	③	04	④	05	①
06	③	07	③	08	②	09	②	10	③
11	①	12	③	13	①	14	①	15	③
16	④	17	③	18	①				

01 정답 ②

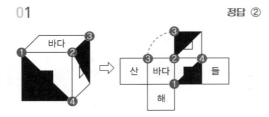

02 정답 ①

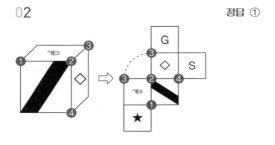

03 정답 ③

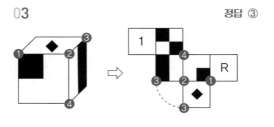

04 정답 ④

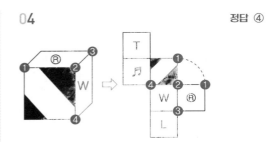

05 정답 ①

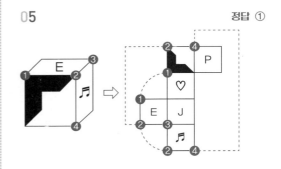

06 정답 ③

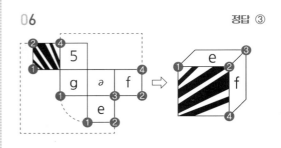

07 정답 ③

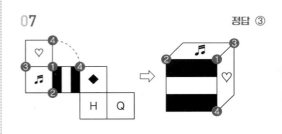

08 정답 ②

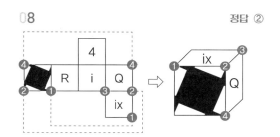

09 정답 ②

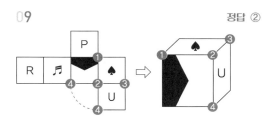

10 정답 ③

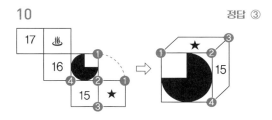

11 정답 ①

1층: $5+5+4+4+5+5+5=33$개
2층: $4+5+3+3+3+4+4=26$개
3층: $3+4+0+2+2+3+3=17$개
4층: $2+1+0+0+2+3+2=10$개
5층: $2+0+0+0+0+1+1=4$개
∴ $33+26+17+10+4=90$개

12 정답 ③

1층: $5+5+5+5+5+5+5=35$개
2층: $5+5+3+3+5+5+1=27$개
3층: $2+0+3+3+3+2+1=14$개
4층: $2+0+0+3+3+2+1=11$개
5층: $2+0+0+0+2+2+0=6$개
∴ $35+27+14+11+6=93$개

13 정답 ①

1층: $5+5+4+5+5=24$개
2층: $4+5+4+4+4=21$개
3층: $4+4+3+3+3=17$개
4층: $4+3+2+1+2=12$개
5층: $3+1+1+0+1=6$개
∴ $24+21+17+12+6=80$개

14 정답 ①

1층: $5+5+4+5+3+5+4=31$개
2층: $5+3+2+0+1+3+4=18$개
3층: $3+2+1+0+1+2+2=11$개
4층: $2+1+0+0+0+1+1=5$개
5층: $0+1+0+0+0+0+0=1$개
∴ $31+18+11+5+1=66$개

15 정답 ③

정면에서 바라보았을 때, 5층 – 2층 – 4층 – 5층 – 2층으로 구성되어 있다.

16 정답 ④

상단에서 바라보았을 때, 5층 – 4층 – 5층 – 2층 – 1_3층으로 구성되어 있다.

17 정답 ③

우측에서 바라보았을 때, 2층 – 3층 – 5층 – 5층 – 4층으로 구성되어 있다.

18 정답 ①

상단에서 바라보았을 때, 5층 – 4층 – 5층 – 1_2층 – 1_1층으로 구성되어 있다.

01	④	02	③	03	⑤	04	④	05	③
06	④	07	②	08	⑤	09	⑤	10	④
11	②	12	②	13	②	14	②	15	④
16	③	17	④	18	④	19	⑤	20	⑤
21	④	22	①	23	②	24	①	25	②

01 정답 ④

정답해설

제시문과 ④ 모두 '어떤 현상이나 상태가 이루어지다.'라는 의미로 쓰였다.

오답해설

① 내기나 시합, 싸움 따위에서 재주나 힘을 겨루어 상대에게 꺾이다.
② 해나 달이 서쪽으로 넘어가다.
③ 꽃이나 잎 따위가 시들어 떨어지다.
⑤ 무엇을 뒤쪽에 두다.

02 정답 ③

정답해설

문맥상 '서로 응하거나 어울림'을 의미하는 ③이 적절하다.

오답해설

① 호응(呼應): 부름에 응답한다는 뜻으로, 부름이나 호소 따위에 대답하거나 응함
② 부응(副應): 어떤 요구나 기대 따위에 좇아서 응함
④ 대응(對應): 어떤 일이나 사태에 맞추어 태도나 행동을 취함
⑤ 상통(相通): 서로 막힘이 없이 길이 트임

03 정답 ⑤

정답해설

'홑이불'의 '이'는 형식형태소가 아니므로 구개음화가 일어나지 않아 [혼이불] → [혼니불] → [혼니불]로 발음된다.

Level UP

구개음화
'ㄷ, ㅌ'이 형식형태소 'ㅣ' 모음을 만나면 구개음 'ㅈ, ㅊ'으로 바뀌는 현상

04 정답 ④

정답해설

자극과 반응은 조건과 결과의 관계이다.

오답해설

① 개별과 집합의 관계
② 대등 관계이자 상호 보완 관계
③ 존재와 생존의 조건 관계
⑤ 미확정과 확정의 관계

05 정답 ③

정답해설

'돈을 받고 자기의 물건을 남에게 빌려주다'는 임계(賃繼)이다. '인수(引受)'란 '일정한 대가를 지불하고 물건을 빌리다'라는 뜻을 가진다.

06 정답 ④

정답해설

중의문의 예로 적절하지 않은 것을 고르라는 발문은 '중의성이 없는 문장'을 고르라는 뜻이다. ④가 만약 '찬영이는 현희와 민정이를 만날 것이다'라고 제시되었다면, 찬영이가 현희와 함께 민정이를 만난다는 것인지, 찬영이가 현희와 민정이를 모두 만난다는 것인지 불분명한 문장이 된다. 하지만 ④는 '곧'이라는 부사를 적절히 사용했으므로 이러한 모호성을 해결했다고 볼 수 있다.

오답해설

① '-고 있다' 구문은 동작의 진행과 완료된 상태의 두 가지 의미를 지닌다는 점에서 중의성이 있다. 창윤이가 현재 구두를 신고 있는 행위가 진행되고 있는 것인지, 아니면 이미 구두를 신은 상태인지가 불분명하다.
② 학생들이 전혀 오지 않은 것인지, 일부가 오지 않은 것인지 불분명하다.
③ '배'라는 단어가 여러 뜻을 지닌 동음이의어이기 때문에 생기는 어휘적 중의성을 지닌 문장이다.
⑤ '사랑하는'이 수식하는 대상이 '조국'인지 '딸들'인지 불분명하다.

07 정답 ②

정답해설

주어진 명제를 기호를 활용하여 나타내면 이탈리아>독일=프랑스>영국 순으로 좋아한다. 따라서 영주는 독일보다 이탈리아를 더 좋아한다.

08 정답 ⑤

🔍 **정답해설**

기울어짐을 뜻하는 경사와 비탈은 유의관계이다.

🔍 **오답해설**

①·②·③·④ 왼쪽은 하위어, 오른쪽은 상위어로 상하 관계이다.

09 정답 ⑤

🔍 **정답해설**

'삼밭에 쑥대'라는 속담은 쑥이 삼밭에서 자라면 삼대처럼 곧아진다는 뜻으로 좋은 환경에서 자라면 좋은 영향을 받게 된다는 의미를 가지고 있다. '근묵자흑'이란 먹을 가까이하면 검어진다, 즉 나쁜 무리와 어울리면 그 영향을 받게 된다는 뜻이므로 제시된 속담과는 반대의 의미이다.

🔍 **오답해설**

① • 쥐구멍에도 볕들 날 있다: 몹시 고생을 하는 삶도 운수가 터질 날이 있다는 말
   • 새옹지마(塞翁之馬): 인생의 길흉화복은 늘 바뀌어 변화가 많음을 이르는 말
② • 업은 아이 삼 년 찾는다: 무엇을 몸에 지니거나 가까이 두고도 까맣게 잊어버리고 엉뚱한 데에 가서 오래도록 찾아 헤매는 경우를 이르는 말
   • 등하불명(燈下不明): 가까이 있는 것이나, 가까이에서 일어나는 일을 도리어 잘 모를 수 있다는 말
③ • 제 도끼에 발등 찍힌다: 자기가 한 일이 도리어 자기에게 해가 됨
   • 자승자박(自繩自縛): 자기가 자기를 망치게 한다는 뜻
④ • 소 잃고 외양간 고치기: 일이 이미 잘못된 뒤에는 손을 써도 소용이 없음
   • 망양보뢰(亡羊補牢): 이미 어떤 일을 실패한 뒤에 뉘우쳐도 소용이 없음

10 정답 ④

🔍 **정답해설**

제시문과 ④ 모두 '다른 사람에게 어떤 감정을 가지게 하다.'라는 의미로 쓰였다.

🔍 **오답해설**

① 음식 따위를 함께 먹기 위하여 값을 치르다.
②·⑤ 다른 사람의 태도나 어떤 일의 가치를 인정하다.
③ 값을 치르고 어떤 물건이나 권리를 자기 것으로 만든다.

11 정답 ③

🔍 **정답해설**

글쓴이는 정겨운 우리말을 뒷전으로 보내고 영어 이름에 매달리는 요즘의 세태에 대해 염려(우려)하고 있다.

12 정답 ②

🔍 **정답해설**

'절에 간 색시'는 '남이 시키는 대로 따라 하는 사람' 또는 '아무리 싫어도 남이 시키는 대로 따라 하지 아니할 수 없는 처지에 있는 사람'을 이르는 말이다. 따라서 '행동이 가볍고 참을성이 없이'라는 뜻인 '자발없이'와는 어울리지 않는다.

🔍 **오답해설**

① 손이 싸다(=손이 빠르다): 일 처리가 빠르다.
③ 반죽(이) 좋다: 노여움이나 부끄러움을 타지 아니하다.
④ 입이 달다: 입맛이 당기어 음식이 맛있다.
⑤ 입이 뜨다: 입이 무거워 말수가 적다.

13 정답 ②

🔍 **정답해설**

제시된 글은 집단 소송제의 중요성과 필요성에 대하여 역설하는 글이다. 집단 소송제를 통하여 기업 경영의 투명성을 높여, 궁극적으로 기업의 가치 제고를 이룬다는 것이 글의 주제이다. 따라서 글의 주제문으로 적절한 것은 ②이다.

14 정답 ②

🔍 **정답해설**

• 이른바 세계화라는 물결이 전 세계를 휘감으면서 사람들은 끊임없이 움직여야 한다는 두 번째 문장의 진술로 보아, '급속도'라는 말이 ㉠에 알맞다.
• 앞의 맥락을 고려할 때, 조금만 늦어져도 도태되는 것일 테니, ㉡에는 '늦어져도'가 알맞다.
• ㉢은 내가 살아남기 위해 남을 죽여야 하는 풍토를 낙천적 풍토라고 하지는 않고 경쟁적 풍토라고 부르므로 '경쟁적'이라는 말이 답이 된다.
• ㉣의 경우 이기는 자가 모든 몫을 가진다고 쓰여 있으므로 '승자'가 알맞다.

02

최종모의고사

15 정답 ④

정답해설

제시된 글의 주제는 '모든 일에는 신중해야 함'이다. 이를 가장 잘 설명하는 속담은 무슨 일이든 낭패를 보지 않기 위해서는 신중하게 생각하여 행동해야 함을 이르는 말로 '일곱 번 재고 천을 째라'이다.

오답해설

① 사공이 많으면 배가 산으로 간다: 주관하는 사람 없이 여러 사람이 자기주장만 내세우면 일이 제대로 되기 어려움
② 새가 오래 머물면 반드시 화살을 맞는다: 편하고 이로운 곳에 오래 머물며 안일함에 빠지면 반드시 화를 당함
③ 쇠뿔은 단김에 빼랬다: 어떤 일이든지 하려고 생각했으면 한창 열이 올랐을 때 망설이지 말고 곧 행동으로 옮겨야 함
⑤ 달걀에도 뼈가 있다: 늘 일이 잘 안되던 사람이 모처럼 좋은 기회를 만났지만, 그 일마저 역시 잘 안됨

16 정답 ③

정답해설

여성적인 사고는 분해되지 않은 전체 이미지를 통해서 의미를 이해하는 특징을 가지며, 남성적인 사고는 사고 대상 전체를 구성요소 부분으로 분해한 후 그들 각각을 개별화하고 이를 다시 재조합하는 과정으로 진행된다고 하였다. 따라서 글쓴이는 여성들은 그림문자를, 남성들은 표음문자를 이해하는 데 유리하므로, 표음문자 체계의 보편화는 여성의 사회적 권력을 약화하는 결과를 낳았다고 주장하고 있다. 이 결론이 나오기 위해서는 'ㄷ. 글을 읽고 이해하는 능력은 사회적 권력에 영향을 미친다.'라는 전제가 필요하다.

오답해설

ㄱ. 그림문자를 쓰는 사회에서는 여성적인 사고를 필요로 하기 때문에 여성들의 사회적 권력이 남성보다 우월하였을 것이라고 추측할 수 있다.
ㄴ. 표음문자 체계가 기능적으로 복잡한 의사소통을 가능하게 하였는지는 제시되어 있지 않다.

17 정답 ④

정답해설

㉠ 앞 문장에는 자본주의 시대에 먹을거리 문제를 해결하기 위한 사람들의 노력이, 뒤 문장에는 우주 시대에 먹을거리 문제를 해결하려는 사람들의 관심이 제시되어 있다. 따라서 화제 전환을 나타내는 접속어 '그런데'나 '더욱 심하다 못하여 나중에는'을 뜻하는 부사 '심지어'가 들어가야 적절하다.

㉡ 앞의 두 문장에는 식량 문제를 해결하기 위한 사람들의 꾸준한 관심과 노력이, 뒤 문장에는 식량 문제에 대한 낙관적 전망이 제시되어 있다. 즉, 앞뒤 문장이 원인과 결과로 이어지고 있으므로 '그래서'가 들어가야 적절하다.

㉢ 앞 문장에는 식량 문제에 대한 낙관적 전망이, 뒤 문장에는 낙관적이지 않은 식량 문제의 현실(유전자 조작 식품)이 제시되어 있다. 즉, 앞뒤 문장이 상반되게 이어지고 있으므로 '그렇지만, 하지만, 그러나'가 들어가야 적절하다.

18 정답 ④

정답해설

④의 내용은 글 전체를 통해서 확인할 수 있다. 나머지는 본문의 내용과 어긋나거나 본문에서 확인할 수 없다.

19 정답 ⑤

정답해설

기사문은 미세먼지 특별법 제정과 시행 내용에 대해 설명하고 있다. 따라서 ⑤가 기사의 제목으로 가장 적절하다.

20 정답 ⑤

정답해설

먼저 행동으로 나타나는 '군자의 학문'을 언급한 다음, 실천하지 않는 '소인의 학문'을 비판하는 내용이 이어질 것으로 예상할 수 있다.

21 정답 ④

정답해설

최근 대두되고 있는 '초연결사회'에 대해 언급하는 (나) 문단이 가장 먼저 온 뒤 '초연결사회'를 설명하는 (가) 문단이 오는 것이 적절하다. 그 뒤를 이어 초연결 네트워크를 통해 긴밀히 연결되는 '초연결사회'의 모습이 언급된 (라) 문단이, 마지막으로 이러한 초연결사회가 가져올 변화에 대한 전망을 얘기하는 (다) 문단이 오는 것이 적절하다.

22 정답 ①

정답해설

제시문은 정체성의 정의와 세계화 시대의 정체성 위기에 대하여 설명하고 있다. 지문의 끝부분에서 세계화가 전개됨에 따라 정체성의 위기가 발생하고 있다는 내용을 언급하고 있으므로 그 다음에는 정체성 위기와 원인에 대한 내용이 이어지는 것이 적절하다.

23

🔍 정답해설

3문단에서 캘린더 효과가 미국에서 생겨난 용어라고 밝히고 있으며, 4문단에서 산타랠리 현상 역시 많은 나라에 동시에 적용되는 현상이라고 진술하고 있다. 따라서 미국이 예외라는 ③은 제시문의 내용과 일치하지 않는다.

🔍 오답해설

①·② 2문단에서 언급되었다.

④ 마지막 문단에서 언급되었다.

⑤ 3문단에서 캘린더 효과의 정의를 통해 언급되었다.

24

정답 ①

🔍 정답해설

산타랠리 효과는 미국을 포함한 여러 나라에서 쉽게 발견할 수 있는 현상이며, 4문단의 마지막 문장에서 산타랠리 현상을 일어나지 않게 하는 요인으로 유가 상승을 언급하였다. 따라서 ①은 산타랠리 현상 또는 캘린더 효과를 일으키는 요인인 ②·③·④·⑤와 그 성격이 다르다.

🔍 오답해설

②·③ 2문단에서 산타랠리 현상을 일으키는 요인으로 언급되었다.

④·⑤ 마지막 문단에서 캘린더 효과를 일으키는 요인으로 언급되었다.

25

정답 ②

🔍 정답해설

• (가): 앞 내용을 살펴보면 해프닝 장르에서는 대화가 없으며, 의미 없는 말을 불쑥불쑥 내뱉는다고 하고 있으므로, 그 이유를 설명하는 ㉠이 가장 적절하다.

• (나): 앞 문장에서 해프닝이 관객의 역할을 변화시켰다고 하였으므로, 그 예시가 되는 ㉢이 가장 적절하다.

• (다): 뒤 문장에서 '그럼에도 불구하고'로 이어지며 해프닝의 의의를 설명하고 있으므로, 빈칸에는 해프닝의 비판점에 대하여 설명하는 ㉡이 가장 적절하다.

자료해석

01	③	02	④	03	①	04	②	05	③
06	③	07	②	08	④	09	②	10	①
11	④	12	③	13	④	14	④	15	③
16	④	17	①	18	④	19	④	20	②

01

정답 ③

🔍 정답해설

이벤트에 당첨될 확률은 다음과 같다.

• 처음 주사위를 던져 1이 나올 경우: $\frac{1}{6}$

• 처음 주사위를 던져 5, 6이 나오고, 가위바위보에 이길 경우: $\frac{2}{6} \times \frac{1}{3}$

• 처음 주사위를 던져 5, 6이 나오고, 가위바위보에 비겨서 재도전할 때 이길 경우: $\frac{2}{6} \times \frac{1}{3} \times \frac{1}{3}$

$\therefore$ 당첨 확률 $= \frac{1}{6} + \frac{2}{6} \times \frac{1}{3} + \frac{2}{6} \times \frac{1}{3} \times \frac{1}{3} = \frac{17}{54}$

02

정답 ④

🔍 정답해설

9% 소금물 200g에 들어있는 소금의 양은 $\frac{9}{100} \times 200 = 18(g)$ 이므로, 100g에 들어있는 소금의 양은 9(g)이다. 또한 4% 소금물 150g에 들어있는 소금의 양은 $\frac{4}{100} \times 150 = 6(g)$이다.

따라서 그릇 B에 들어있는 소금물의 농도는 $\frac{9+6}{100+150} \times 100 = 6(\%)$이다.

03

정답 ①

🔍 정답해설

3월의 남성 고객 개통 건수를 x건, 여성 고객 개통 건수를 y건이라고 하자.

3월 전체 개통 건수는

$x + y = 400$ … ㉠

4월 전체 개통 건수는

$(1-0.1)x + (1+0.15)y = 400(1+0.05)$ … ㉡

이를 정리하면 다음과 같다.

$x + y = 400$ … ㉠

$0.9x + 1.15y = 420$ … ㉡

㉠, ㉡을 연립하면 $x = 160$, $y = 240$이다.

따라서 4월 여성 고객의 개통 건수는 $1.15 \times 240 = 276$(건)이다.

04

정답해설

2020년 공공연구소의 기술이전 건수와 2022년 대학의 기술이전 건수는 전년도에 비해 감소했다.

오답해설

① 공공연구소의 건당 기술료가 대학의 건당 기술료보다 낮은 해는 한 번도 없었다.
③ $32,687 \div 6,877 \fallingdotseq 4.75$(배)
④ 전체 건당 기술료는 2017년에 43.5백만 원으로 가장 높았다는 것을 알 수 있다.

전략 TIP

2017년 대학 기술료의 대략적인 수치를 5배 하여 2022년의 수치와 비교해봅니다.
$6,800 \times 5 = 34,000 > 32,687$
∴ 5배 미만이다.

05
정답 ③

정답해설

A 사, B 사, C 사 자동차를 가진 사람의 수를 각각 a명, b명, c명이라 하자.
두 번째, 세 번째, 네 번째 조건을 식으로 나타내면 다음과 같다.
• 두 번째 조건: $a = b + 10$ ⋯ ㉠
• 세 번째 조건: $b = c + 20$ ⋯ ㉡
• 네 번째 조건: $a = 2c$ ⋯ ㉢
㉠에 ㉢을 대입하면 $2c = b + 10$ ⋯ ㉣
㉡과 ㉣을 연립하여 풀면 $b = 50$, $c = 30$이고, 구한 c의 값을 ㉢에 대입하면 $a = 60$이다.
첫 번째 조건에 따르면 자동차를 2대 이상 가진 사람은 없으므로,
∴ 세 회사에서 생산된 어떤 자동차도 가지고 있지 않은 사람의 수: $200 - (60 + 50 + 30) = 60$(명)

06
정답 ③

정답해설

각자 낸 돈을 x원이라고 하면, 총 금액은 $8x$원이다.
$8x - \{(8x \times 0.3) + (8x \times 0.3 \times 0.4)\} = 92,800$
$\rightarrow 8x - (2.4 + 0.96x) = 92,800$
$\rightarrow 4.64x = 92,800$
∴ $x = 20,000$

전략 TIP

암산의 편의성을 위해 중간 계산 과정에서
$\{(8x \times 0.3) + (8x \times 0.3 \times 0.4)\} = 8x(0.3 + 0.12)$
$= 8x \times 0.42 = 3.36x$로 계산할 수 있습니다.

07
정답 ②

정답해설

$(17 + 15 + 12 + 7 + 4) \div 5 = 11$(개소)

오답해설

① 2021년 전통사찰 지정등록 수는 2020년보다 증가했다.
③ 2015년 전년 대비 지정등록 감소폭은 3개소, 2019년은 2개소이다.
④ 2015년은 전년도(2014년)에 비해 오히려 감소했다.

08
정답 ④

정답해설

음식점까지의 거리를 $x$km라 하면, 역에서 음식점까지 왕복하는 데 걸리는 시간과 음식을 포장하는 데 걸리는 시간이 1시간 30분 이내여야 하므로(K 중사의 속력 $= 30$km/h)
• $\dfrac{x}{3} \times 2 + \dfrac{15}{60} \leq \dfrac{90}{60}$
양변에 60을 곱하면
• $40x \leq 75 \rightarrow x \leq \dfrac{75}{40} = 1.875$

즉, 역과 음식점 사이 거리는 1.875km 이내여야 하므로
∴ K 중사가 구입할 수 있는 음식: N 버거 또는 B 도시락

전략 TIP

중간 계산 과정에서 약분하여 식을 줄이면 계산하기 편리합니다.

09
정답 ②

정답해설

• ☆☆☆기 응시자 수 대비 합격자 수의 비율
: $\dfrac{297}{1,112} \times 100 \fallingdotseq 26\%$
• ★★★기 응시자 수 대비 합격자 수의 비율
: $\dfrac{245}{985} \times 100 \fallingdotseq 24\%$

따라서 ☆☆☆기와 ★★★기의 응시자 수 대비 합격자 수의 비율의 차는 2%p이다.

10
정답 ①

정답해설

설문에 응한 총 고객 수를 x명이라고 하자.
연비를 장점으로 선택한 260명의 고객은 전체의 13%이므로
$\dfrac{13}{100}x = 260$
∴ $x = 260 \times \dfrac{100}{13} = 2,000$(명)

11
정답 ④

정답해설

20대의 출산율이 계속 감소하고 있는 데 반해, 30대와 40 ~ 44세의 출산율은 지속적으로 증가하고 있다.

- 20 ~ 24세: $82.1 \xrightarrow{-} 38.8 \xrightarrow{-} 16.0$

- 25 ~ 29세: $167.1 \xrightarrow{-} 149.6 \xrightarrow{-} 77.4$

- 30 ~ 34세: $49.6 \xrightarrow{+} 83.5 \xrightarrow{+} 121.9$

- 35 ~ 49세: $9.4 \xrightarrow{+} 17.2 \xrightarrow{+} 38.9$

- 40 ~ 44세: $1.5 \xrightarrow{+} 2.5 \xrightarrow{+} 4.9$

12
정답 ③

정답해설

① $143,000-(143,000\times0.15)=121,550$원
② $165,000-(165,000\times0.2)=132,000$원
③ $164,000-(164,000\times0.3)=114,800$원
④ $154,000-(154,000\times0.2)=123,200$원
∴ 가장 비용이 저렴한 경우는 ③이다.

13
정답 ④

정답해설

내일 날씨가 화창하고 사흘 뒤 비가 올 모든 경우는 다음과 같다.

구분	내일	모레	사흘
경우 1	화창	화창	비
경우 2	화창	비	비

- 경우 1의 확률: $0.25\times0.3=0.075$
- 경우 2의 확률: $0.3\times0.15=0.045$
∴ $(0.075+0.045)\times100=12(\%)$이다.

14
정답 ④

정답해설

2012년 대비 2020년 신장의 증가량은 A가 22cm, B가 21cm, C가 28cm로 C가 가장 많이 증가하였다.

오답해설

① B의 2020년 체중은 2017년에 비해 감소하였다.
② 2020년의 신장 순위는 C, B, A 순이지만, 체중 순위는 C, A, B로 동일하지 않다.
③ 2020년에 세 사람 중 가장 키가 큰 사람은 C이다.

15
정답 ③

정답해설

- 2006년 대비 2056년 인도 인구의 예상 증가율
 : $\dfrac{1,628-1,122}{1,122}\times100 ≒ 45.10\%$

- 2006년 대비 2056년 중국 인구의 예상 증가율
 : $\dfrac{1,437-1,311}{1,311}\times100 ≒ 9.61\%$

∴ 2006년 대비 2056년 인도 인구는 중국의 인구보다 증가율이 높을 것으로 예상된다.

오답해설

① 제시된 자료를 보면, 콩고는 2006년 인구 상위 10개국 안에 들지 못했다. 즉, 2006년 콩고의 인구는 10위인 일본의 인구보다 적음을 추론할 수 있다. 2006년 콩고의 인구를 일본과 같은 128백만 명이라고 가정했을 때, 2006년 대비 2056년 콩고 인구의 증가율은 $\dfrac{196-128}{128}\times100 ≒ 53.1\%$이고 콩고의 인구 증가율은 이보다 더 클 것이므로 옳은 설명이다.

② 제시된 자료를 보면, 러시아는 2056년 예상인구 상위 10개국 안에 들지 못했다. 즉, 2056년 러시아의 예상 인구는 10위인 에티오피아의 예상 인구 145백만 명보다 적음을 추론할 수 있다. 따라서 러시아는 2006년보다 인구가 감소할 것이라고 예상할 수 있다.

④ • 2006년 대비 2056년 미국 인구의 예상 증가율
 : $\dfrac{420-299}{299}\times100 ≒ 40.47\%$

 • 2006년 대비 2056년 중국 인구의 예상 증가율
 : 약 9.61%
 ∴ 미국의 예상 증가율 > 중국의 예상 증가율

16
정답 ④

정답해설

영국의 뇌사 장기기증자 수를 x명이라고 하면
$\dfrac{x}{63.5}=20.83 \rightarrow x=20.83\times63.5 ≒ 1,323$(∵ 소수점 이하 첫째 자리에서 반올림)

오답해설

① 한국의 인구 백만 명당 뇌사 기증자 수는
$\dfrac{416}{49} ≒ 8.49$(∵ 소수점 이하 셋째 자리에서 반올림)

② 스페인의 총 인구를 x백만 명이라고 하면
$\dfrac{1,655}{x}=35.98 \rightarrow x=\dfrac{1,655}{35.98} ≒ 46.0$(∵ 만의 자리에서 반올림)

③ 미국의 뇌사 장기기증자 수를 x명이라고 하면
$\dfrac{x}{310.4}=26.63 \rightarrow x=26.63\times310.4 ≒ 8,266$(∵ 소수점 이하 첫째 자리에서 반올림)

17 정답 ①

🔍 정답해설

800g 소포의 개수를 x, 2.4kg 소포의 개수를 y라 하면
$800 \times x + 2,400 \times y \leq 16,000 \rightarrow x + 3y \leq 20 \cdots \text{㉠}$
B회사는 동일지역, C회사는 타지역이므로
$4,000 \times x + 6,000 \times y = 60,000 \rightarrow 2x + 3y = 30$
$\rightarrow 3y = 30 - 2x \cdots \text{㉡}$
㉡을 ㉠에 대입하면
$x + 30 - 2x \leq 20 \rightarrow x \geq 10 \cdots \text{㉢}$
따라서 ㉡, ㉢을 동시에 만족하는 x, y값은 $x=12$, $y=2$이다.

18 정답 ④

🔍 정답해설

동일권역, 타권역에 있는 부대의 수를 각각 x곳, y곳이라 하면,

〈1.8kg인 샘플 군복의 택배 가격〉
동일권역은 4,000원, 타권역은 5,000원이므로
• $4,000x + 5,000y = 46,000 \cdots \text{㉠}$

〈2.5kg인 시제품의 택배 가격〉
동일권역은 5,000원, 타권역은 6,000원이므로
• $5,000x + 6,000y = 56,000 \cdots \text{㉡}$
㉠, ㉡을 연립하여 풀면, $x=4$, $y=6$
∴ A 사단이 물품을 보낸 부대의 수는 $4+6=10$(곳)이다.

전략 TIP ⭐

㉠, ㉡을 연립하여 풀 때 두 식을 1,000으로 나누고 '㉡-㉠'을 하면 '$x+y=10$'으로 x, y 값을 각각 계산하지 않아도 답을 구할 수 있습니다.

19 정답 ④

🔍 정답해설

2018년 출생아 수는 같은 해 사망자 수의 $\frac{438,420}{275,895} \fallingdotseq 1.59$ 배로, 1.7배 미만이다.

🔍 오답해설

③ 사망자 수가 가장 많은 해는 2020년, 가장 적은 해는 2016년이다.
　　∴ 두 해의 사망자 수 차이는 $285,534 - 266,257$
　　　$= 19,277$(명)으로, 15,000명 이상이다.

전략 TIP ⭐

• 사망자 수의 어림수 270,000의 1.7배를 출생아 수와 비교해봅니다.
　270,000×1.7=459,000(명)>438,420(명)
• 두 해의 수치를 일의 자리까지 계산하지 않더라도 어림수로 계산하여 알 수 있습니다.
　285,000-266,000=19,000(명)>15,000(명)

20 정답 ③

🔍 정답해설

• 2021년 남성의 흡연율: 2017년 대비 2018년 남성 흡연율의 감소 폭을 구하면 $42.1-43.7=(-)1.6\%$이므로, 2021년 남성의 흡연율은 $39.3-1.6=37.7\%$
• 2021년 30 ~ 39세의 흡연율: 2021년 30 ~ 39세의 흡연율을 $x\%$라 하면, $\frac{x-27.7}{27.7} \times 100 = 8\%$
　$x = \frac{8}{100} \times 27.7 + 27.7 \fallingdotseq 29.9\%$
• 2021년 40 ~ 49세의 흡연율: $\frac{26.9+29.2}{2} \fallingdotseq 28.1\%$

지각속도

01	①	02	①	03	②	04	②	05	①
06	①	07	②	08	②	09	①	10	②
11	②	12	②	13	①	14	①	15	②
16	①	17	①	18	②	19	②	20	①
21	④	22	③	23	③	24	①	25	③
26	④	27	③	28	②	29	③	30	③

03 정답 ②

과음 과실 과락 과용 과제 → 과음 과실 과락 <u>과정</u> 과제

04 정답 ②

과업 과장 과자 과시 과정 → 과업 <u>과음</u> 과자 과시 <u>과용</u>

07 정답 ②

275 951 763 328 517 → <u>517</u> 951 763 328 <u>275</u>

08 정답 ②

824 062 492 123 641 → 824 <u>492</u> <u>062</u> 123 641

10 정답 ②

492 763 824 517 062 → <u>824</u> <u>123</u> <u>492</u> 517 062

11 정답 ②

⑤ ⑥ ⑨ ④ ① → ⑤ <u>①</u> ⑨ ④ <u>②</u>

12 정답 ②

⑥ ③ ⑦ ⑧ ⓪ → ⑥ ③ <u>⓪</u> ⑧ <u>⑦</u>

15 정답 ②

⑤ ⑥ ① ② ⑨ → ⑤ ⑥ <u>②</u> <u>③</u> ⑨

18 정답 ②

국지 국수 인정 인간 국밥 → 국지 국수 <u>인사</u> 인간 <u>인지</u>

19 정답 ②

국밥 인정 국자 인지 인식 → 국밥 <u>국화</u> 국자 <u>인식</u> <u>인정</u>

21 정답 ④

☺☮☺☺☺◑☺☮☺◉☺☺☺●☺◉☺◑●☺☺◑☺◉☺☺☺●☺◑ ☺◑☺☺◑☺◑☺☺●☺ (8개)

22 정답 ③

4<u>8</u>534<u>8</u>7193<u>88</u>479<u>8</u>791<u>8</u>4<u>8</u>671<u>8</u>65<u>8</u>13<u>8</u>7<u>8</u>679<u>8</u>7131436 <u>8</u>768 (14개)

23 정답 ③

이럴 때일수록 우<u>리</u> 서로 오해가 생긴다면 바로 이야기를 나 누도록 해볼까? (11개)

24 정답 ①

A<u>t</u> a dinner par<u>t</u>y one should ea<u>t</u> wisely bu<u>t</u> no<u>t</u> <u>t</u>oo well, and <u>t</u>alk well bu<u>t</u> no<u>t</u> <u>t</u>oo wisely. (10개)

25 정답 ③

<u>6</u>54<u>6</u>531<u>6</u>541<u>6</u>1<u>6</u>52313<u>6</u>41541<u>6</u>51313<u>6</u>541<u>6</u>51<u>6</u>654<u>6</u>1 3<u>6</u>1631 (14개)

26 정답 ④

♪♪♫♫♪♪♫♫♫♫♪♪♭♫♪♭♫♪♫♪♫♪♫♪♭♫♭♭♪♪ ♫♫♪♪♫♪♫♫♫♪♭♫♪♪♫♫ (8개)

27 정답 ③

월가는 롤스로이스를 타고 다니는 사람이 지하철을 타고 다 니는 사<u>람</u>에게 자문을 구하는 유일한 곳이다. (12개)

28 정답 ②

<u>5</u>191<u>6</u>532<u>15</u>91<u>5</u>631<u>5</u>6198<u>5</u>6196<u>5</u>16<u>5</u>196<u>5</u>16196<u>5</u>16619 1<u>5</u>19 (11개)

29 정답 ③

Th<u>e</u> p<u>e</u>opl<u>e</u> I distrust most ar<u>e</u> thos<u>e</u> who want to improv<u>e</u> our liv<u>e</u>s but hav<u>e</u> only on<u>e</u> cours<u>e</u> of action. (10개)

30 정답 ③

▮▯◪◪◪◩◩◧▯◧◪◩◧▯◪◩◪◪◧◩▯◪◩▯◪◩◪◩◪▯◧ ▮◩▮◧◪◩▯◪◩▯◧◩ (10개)

제3회 최종모의고사

공간능력

01	①	02	③	03	①	04	②	05	④
06	①	07	③	08	②	09	④	10	④
11	①	12	①	13	④	14	④	15	④
16	①	17	④	18	②				

01 정답 ①

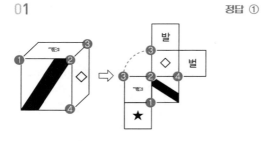

02 정답 ③

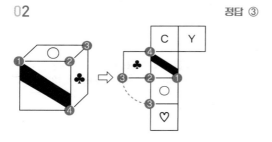

03 정답 ①

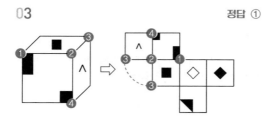

04 정답 ②

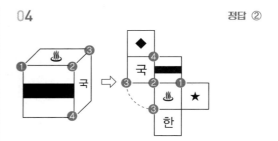

05 정답 ④

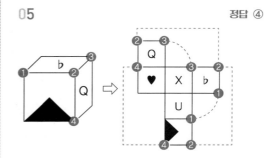

06 정답 ①

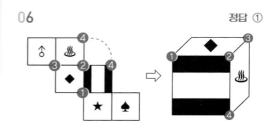

07 정답 ③

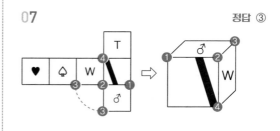

08

정답 ②

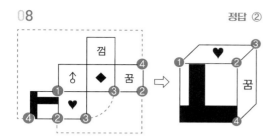

09

정답 ④

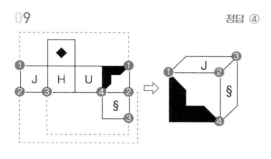

10

정답 ④

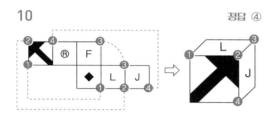

11

정답 ①

1층: 4+5+5+4+3=21개
2층: 4+4+5+3+3=19개
3층: 3+4+5+3+2=17개
4층: 3+4+4+2+2=15개
5층: 2+1+3+0+2=8개
∴ 21+19+17+15+8=80개

12

정답 ①

1층: 5+5+4+5+5=24개
2층: 4+5+4+5+5=23개
3층: 3+5+0+3+3=14개
4층: 0+3+0+2+2=7개
5층: 0+1+0+0+2=3개
∴ 24+23+14+7+3=71개

13

정답 ④

1층: 5+5+4+5+5+5+5=34개
2층: 4+4+4+0+4+5+3=24개
3층: 4+0+2+0+3+5+3=17개
4층: 4+0+2+0+3+5+3=17개
5층: 0+0+2+0+3+3+0=8개
∴ 34+24+17+17+8=100개

14

정답 ④

1층: 4+4+4+4+5+5+5=31개
2층: 4+4+2+2+1+4+3=20개
3층: 2+1+1+1+0+2+2=9개
4층: 1+1+0+0+0+2+1=5개
5층: 0+1+0+0+0+1+0=2개
∴ 31+20+9+5+2=67개

15

정답 ④

상단에서 바라보았을 때, 3층 – 5층 – 4층 – 1_2층 – 2_2층
으로 구성되어 있다.

16

정답 ①

우측에서 바라보았을 때, 4층 – 2층 – 5층 – 4층 – 4층으로
구성되어 있다.

17

정답 ④

정면에서 바라보았을 때, 5층 – 3층 – 2층 – 5층 – 4층으로
구성되어 있다.

18

정답 ②

정면에서 바라보았을 때, 4층 – 3층 – 2층 – 5층 – 3층으로
구성되어 있다.

01	②	02	④	03	③	04	④	05	③
06	②	07	②	08	②	09	①	10	④
11	①	12	④	13	①	14	④	15	④
16	④	17	②	18	①	19	④	20	③
21	⑤	22	①	23	②	24	①	25	④

01 정답 ②

🔍 **오답해설**

① 60세: 육순(六旬)[화갑(華甲)이나 환갑(還甲)은 61세를 가리킴]
③ 88세: 미수(米壽)[희수(喜壽)는 77세를 가리킴]
④ 91세: 망백(望百)
⑤ 100세: 상수(上壽)[백수(白壽)는 99세를 가리킴]

02 정답 ④

🔍 **정답해설**

밑줄 친 부분에 들어갈 가장 적절한 한자어는 '어떤 목적에 부합되는 결정을 하기 위하여 여럿이 서로 의논함'을 뜻하는 '협상(協商)'이다.

🔍 **오답해설**

① 협찬(協贊): '힘을 합하여 도움' 또는 '어떤 일 따위에 재정적으로 도움을 줌'
② 협주(協奏): 독주 악기와 관현악이 합주하면서 독주 악기의 기교가 돋보이게 연주함. 또는 그런 연주
③ 협조(協助): 힘을 보태어 도움
⑤ 협작(挾作): 옳지 아니한 방법으로 남을 속임

03 정답 ③

🔍 **정답해설**

• 간헐적(間歇的): 얼마 동안의 시간 간격을 두고 되풀이하여 일어나는
• 이따금: 얼마쯤씩 있다가 가끔

🔍 **오답해설**

① 근근이: 어렵사리 겨우
② 자못: 생각보다 매우
④ 빈번히: 번거로울 정도로 도수(度數)가 잦게
⑤ 흔히: 보통보다 더 자주 있거나 일어나서 쉽게 접할 수 있게

04 정답 ④

🔍 **정답해설**

제시문과 ④의 '다루다'는 '어떤 것을 소재나 대상으로 삼다.'는 의미이다.

🔍 **오답해설**

① 기계나 기구 따위를 사용하다.
② 일거리를 처리하다.
③ 어떤 물건을 사고파는 일을 하다.
⑤ 사람이나 짐승 따위를 부리거나 상대하다.

05 정답 ③

🔍 **정답해설**

'몽따다'는 '알고 있으면서 일부러 모르는 체하다.'라는 의미의 고유어이다.

🔍 **오답해설**

① 가멸다: 재산이나 자원 따위가 넉넉하고 많다.
② 슬겁다: '집이나 세간 따위가 겉으로 보기보다는 속이 꽤 너르다' 또는 '마음씨가 너그럽고 미덥다'
④ 곰삭다: '젓갈 따위가 오래되어서 푹 삭다' 또는 '두 사람의 사이가 스스럼없이 가까워지다'
⑤ 객쩍다: 행동이나 말, 생각이 쓸데없고 싱겁다.

06 정답 ②

🔍 **정답해설**

• 벼슬길에 오르다: 벼슬을 얻게 되다.
• 사전에 오르다: 사전에 실리다.
• 기차에 오르다: 기차에 타다.

07 정답 ②

🔍 **정답해설**

무지에 호소하는 오류는 어떤 주장에 대해 증명할 수 없거나 결코 알 수 없음을 들어 거짓이라고 반박하는 오류이다. 따라서 귀신이 없다는 것을 증명할 수 없으니 귀신이 있다는 주장은 무지에 호소하는 오류이다.

🔍 **오답해설**

① 성급한 일반화의 오류: 제한된 정보, 부적합한 증거, 대표성을 결여한 사례를 근거로 일반화하는 오류이다.
③ 거짓 딜레마의 오류: 어떠한 문제 상황에서 제3의 선택지가 있음에도 두 가지 선택지가 있는 것처럼 상대에게 둘 중 하나를 강요하는 오류이다.
④ 대중에 호소하는 오류: 많은 사람이 그렇게 행동하거나 생각한다는 것을 내세워 군중심리를 자극하는 오류이다.
⑤ 인신공격의 오류: 주장을 제시한 자의 비일관성이나 도덕성의 문제를 이유로 제시된 주장을 잘못이라고 판단하는 오류이다.

08
정답 ②

정답해설

모든 일에는 지켜야 할 질서와 차례가 있음에도 불구하고 이를 무시한 채 무엇이든지 빠르게 처리하려는 한국의 '빨리빨리' 문화는 일의 순서도 모르고 성급하게 덤빔을 비유적으로 이르는 ②와 가장 관련이 있다.

오답해설

① 모양이나 형편이 서로 비슷하고 인연이 있는 것끼리 서로 잘 어울리고, 사정을 보아주며 감싸 주기 쉬움을 비유적으로 이르는 말
③ 속으로는 가기를 원하면서 겉으로는 만류하는 체한다는 뜻으로, 속생각은 전혀 다르면서도 말로만 그럴듯하게 인사치레함을 비유적으로 이르는 말
④ 한마디 말을 듣고 여러 가지 사실을 미루어 알아낼 정도로 매우 총기가 있다는 말
⑤ 작은 힘이라도 꾸준히 계속하면 큰일을 이룰 수 있음을 비유적으로 이르는 말

09
정답 ①

정답해설

노동자들이 실망을 했다는 내용이므로 '몹시 실망하거나 낙담한다'는 의미의 '머리를 빠뜨리고'가 적절하다.

오답해설

② 머리가 젖다: 어떤 사상이나 인습 따위에 물들다.
③ 머리를 싸다: 있는 힘껏, 마음을 다하여
④ 머리가 빠지다: 일이 복잡해 계속 신경이 쓰이다.
⑤ 머리(를) 긁다: 수줍거나 무안해서 어쩔 줄 모를 때 그 어색함을 무마하려고 머리를 긁적이다.

10
정답 ④

정답해설

〈보기〉와 ④ 모두 '같은 종류의 것 또는 비슷한 것에 기초하여 다른 사물을 미루어 추측하는 방법'인 '유추'의 방식이 사용되었다.

오답해설

① '대조'의 방식으로 바이러스와 세균의 차이를 서술하고 있다.
② '분석'의 방식으로 식물의 구성 요소를 설명하고 있다.
③ '정의'의 방식으로 기호의 개념을 설명하고 있다. 또한 기호의 '예시'로 수학, 신호, 벌들의 춤사위 등을 들고 있다.
⑤ '묘사'의 방식으로 소음의 전경을 그림 그리듯 설명하고 있다. 또한 '선물 세트'로 '비유'하고 있다.

11
정답 ①

정답해설

㉠ 함량(含量): 물질이 어떤 성분을 포함하고 있는 분량
㉡ 성분(成分): 유기적인 통일체를 이루고 있는 것의 한 부분
㉢ 원료(原料): 어떤 물건을 만드는 데 들어가는 재료
㉣ 함유(含有): 물질이 어떤 성분을 포함하고 있음

오답해설

• 분량(分量): 수효, 무게 따위의 많고 적음이나 부피의 크고 작은 정도
• 성질(性質): 사물이나 현상이 가지고 있는 고유의 특성
• 원천(源泉): 사물의 근원
• 내재(內在): 어떤 사물이나 범위의 안에 들어 있음. 또는 그런 존재

12
정답 ④

정답해설

제시된 글에서 신화는 역사·학문·종교·예술과 모두 관련된다고 하였다. 그러므로 신화는 예술과 상호 관련을 맺는다는 ④가 맞는 추론이다.

13
정답 ①

정답해설

명제들을 통해서 많이 먹으면 살이 찌고 체내에 수분이 많으며, 술에 잘 취하지 않음을 알 수 있다. 그리고 윤기는 연지보다 살이 쪘음을 알 수 있다. 즉, 윤기는 연지보다 살이 쪘지만 많이 먹는지의 여부는 알 수 없다.

오답해설

② 첫 번째 명제와 두 번째 명제로 추론할 수 있다.
③ 네 번째 명제, 두 번째 명제, 세 번째 명제로 추론할 수 있다.
④ 네 번째 명제와 두 번째 명제로 추론할 수 있다.
⑤ 두 번째 명제의 대우를 통해 추론할 수 있다.

14
정답 ④

정답해설

도로신호와 철도신호의 차이점을 드러내고 있으므로 둘 이상의 대상에서 차이점을 중심으로 설명하는 '대조'의 설명 방식이 사용되었다.

오답해설

① 비유: 현상이나 사물을 다른 비슷한 현상이나 사물에 빗대어 설명하는 것
② 예시: 사물이나 대상에 대하여 구체적인 예를 들어 설명하는 것

③ 비교: 둘 이상의 대상에서 공통점과 차이점을 찾아 설명하는 것
⑤ 분석: 큰 개념이나 대상을 작은 대상으로 나누어 자세하게 설명하는 것

15   정답 ④

Q 정답해설

화학 변화는 어떤 물질이 원래의 성질과는 전혀 다른 물질로 변화하는 현상으로, ④의 예가 가장 적절하다.

Q 오답해설

①·②·③·⑤는 물질의 성질은 변하지 않고, 그 상태가 모양만 변했으므로 물리 변화이다.

16   정답 ④

Q 정답해설

제시문에서는 신재생에너지를 통한 이산화탄소 감축 등 환경보호를 더 중요한 목표로 본다. 따라서 산업 규모 성장을 우선 목표로 해야 한다는 주장은 제시문의 주장에 부합하지 않는다.

Q 오답해설

① 신재생에너지가 이산화탄소 감축 목표 달성을 위해 필요하다고 하였다.
② 친환경 산업 구조의 변화를 살펴보고 인력을 양성을 해야 한다고 언급하였다.
③ 시멘트 산업을 예시로 들며, 에너지 다소비 산업에 대한 정부 지원교육사업이 활성화되어야 한다고 언급하였다.
⑤ 서두에 언급된 내용이다.

17   정답 ③

Q 정답해설

제시문에서는 아이들이 어른보다 텔레비전을 통해서 더 많은 것을 배우므로 어른에 대한 두려움이나 존경을 찾기 어렵다고 주장한다. 이러한 주장의 반박으로 아이들은 텔레비전보다 학교의 선생님이나 친구들과 더 많은 시간을 보내고, 텔레비전이 아이들에게 부정적 영향만 끼치는 것은 아니며, 아이들의 그러한 행동에 영향을 미치는 다른 요인이 있다는 내용이 적절하다. 따라서 텔레비전이 인간의 필요성을 충족시킨다는 ③은 주장에 대한 반박으로 적절하지 않다.

18   정답 ①

Q 정답해설

왜 머리를 깎지 않으면 승률이 올라가는지를 밝히는 것이 과학에 맡겨졌다고 했으므로 실타래는 과학이 해결해야 할 과제를 의미하는 것으로 볼 수 있다.

19   정답 ④

Q 정답해설

㉠은 'Ⅱ. 본론 1. 나.'에서 제시한 원인에 대한 방안이므로, 호화로운 포장보다는 ④ 실속을 중시하는 합리적인 소비 생활을 해야 한다는 내용이 적절하다.

20   정답 ③

Q 정답해설

제시된 글은 허균의 「유재론」으로 중국의 사례와 대비해서 우리나라에서 인재를 버리는 것은 하늘을 거스르는 것임을 밝히고, 인재를 차별 없이 등용할 것을 강한 어조로 촉구하고 있다.

21   정답 ⑤

Q 정답해설

전화를 처음 발명한 사람으로 알려진 알렉산더 그레이엄 벨이 특허를 받았음을 이야기하는 (라) 문단이 첫 번째 문단으로 적절하며, 다음으로 벨이 특허를 받은 뒤 치열한 소송전이 이어졌다는 (다) 문단이 오는 것이 적절하다. 이후 벨은 그레이와의 소송에서 무혐의 처분을 받으며 마침내 전화기의 발명자는 벨이라는 판결이 났다는 (나) 문단과 지금도 벨의 전화 시스템이 세계 통신망에 뿌리를 내리고 있다는 (가) 문단이 차례로 오는 것이 적절하다.

전략 TIP ★

'글의 전개 순서' 유형의 경우, 가장 처음에 올 문장은 맨 앞에 접속어가 있을 수 없습니다. 이 문제의 경우 접속어가 없는 문장은 '(라)' 하나로 선지에서 한 번에 찾을 수 있습니다. 그렇지 않은 쉬운 문제는 선지를 한두 개 정도는 소거할 수도 있습니다.

22   정답 ①

Q 정답해설

누가 먼저 전화를 발명했는지에 대한 치열한 소송이 있었지만, (나) 문단의 1887년 전화의 최초 발명자는 벨이라는 판결에 따라 법적으로 전화를 처음으로 발명한 사람은 벨임을 알 수 있다.

Q 오답해설

② 벨과 그레이는 1876년 2월 14일 같은 날 특허를 신청했으며, 누가 먼저 제출했는지는 글을 통해 알 수 없다.
③ 무치는 1871년 전화에 대한 임시 특허만 신청하였을 뿐, 정식 특허로 신청하지 못하였다.
④ 벨이 만들어낸 전화 시스템이 현재 세계 통신망에 뿌리를 내리고 있다.
⑤ 소송 결과 그레이가 전화의 가능성을 처음 인지하긴 하였으나, 전화를 완성하기 위한 후속 조치를 취하지 않았다고 판단되었다.

23

정답 ②

🔍 **정답해설**

제시된 글은 매실이 가진 다양한 효능을 설명하고 있으므로, 이것을 아우를 수 있는 ②가 제목으로 적절하다.

🔍 **오답해설**

④ 매실이 초록색이기는 하지만 제시문에서 매실의 색과 관련된 효능은 언급하지 않으므로 적절하지 않다.

24

정답 ①

🔍 **정답해설**

구연산은 섭취한 음식을 에너지로 바꾸는 대사 작용을 돕고, 근육에 쌓인 젖산을 분해하여 피로를 풀어주며 칼슘의 흡수를 촉진하는 역할을 한다. 숙취에 도움이 되는 성분은 피부르산이다.

25

정답 ④

🔍 **정답해설**

매실이 시력 강화에 도움이 된다는 내용은 제시문에 나와 있지 않다.

🔍 **오답해설**

① 매실이 피로회복에 효과가 있다는 사실과 연관 지어 판매할 수 있다.
② 매실이 피부를 촉촉하고 탄력 있게 만들어주며, 다이어트에도 효과가 있음을 들어 판매할 수 있다.
③ 매실을 조청으로 만들어 먹으면 갱년기 장애 극복에 도움을 주며, 중년의 불쾌한 증세에 빠른 효과가 있음을 들어 판매할 수 있다.
⑤ 매실의 피부르산이 간의 해독작용을 돕는다는 것과 연관 지어 판매할 수 있다.

자료해석

01	③	02	②	03	④	04	③	05	②
06	③	07	③	08	④	09	③	10	③
11	③	12	①	13	②	14	②	15	③
16	②	17	①	18	①	19	④	20	①

01

정답 ③

🔍 **정답해설**

- 5명의 수학점수 평균은 $\dfrac{89+79+76+88+68}{5}=80$이다.
- 편차는 '(변량)−(평균)'이므로 각각 $9, -1, -4, 8, -12$ 임을 알 수 있다.

$\therefore$ 분산: $\dfrac{9^2+(-1)^2+(-4)^2+8^2+(-12)^2}{5}=61.2$

02

정답 ②

🔍 **정답해설**

B 톱니바퀴와 C 톱니바퀴의 톱니 수를 각각 b개, c개라 하면, A 톱니바퀴는 B, C 톱니바퀴와 서로 맞물려 돌아가므로, A, B, C 톱니바퀴의 (톱니 수)×(회전 수)의 값은 같다.
즉, $72\times5=10b=18c$
- $10b=360 \rightarrow b=36$
- $18c=360 \rightarrow c=20$
$\therefore b+c=56$(개)

03

정답 ④

🔍 **정답해설**

옷의 정가를 x원이라고 하면,
$x(1-0.2)(1-0.3)=280,000$
$\rightarrow 0.56x=280,000 \rightarrow x=500,000$
$\therefore$ 할인받은 금액은 $500,000-280,000=220,000$(원)이다.

04

정답 ③

🔍 **정답해설**

2016년에 지니계수는 B 국가가 A 국가보다 낮다. 따라서 2016년에 B 국가는 A 국가보다 계층 간 소득 차가 적었다.

🔍 **오답해설**

① 2012년에 지니계수는 B 국가가 A 국가보다 낮으므로 B 국가가 A 국가보다 빈부의 격차가 더 적다.
② A 국가의 지니계수가 점점 작아지고 있으므로 소득차이가 점점 적어지고 있음을 알 수 있다.
④ 제시된 그래프를 보면, 두 국가의 지니계수 차이가 가장 작은 해는 2018년임을 알 수 있다.

05 정답 ②

정답해설

5월 10일의 가격을 x원이라고 하고, x값을 포함하여 평균을 구하면 $\dfrac{400+500+300+x+400+550+300}{7}=400$과 같으므로

$x+2,450=2,800$(원)

$\therefore x=2,800-2,450=350$(원)

06 정답 ③

정답해설

• 1인 1일 사용량에서 영업용 사용량이 차지하는 비중

$: \dfrac{80}{282}\times100≒28.37(\%)$

• 1인 1일 가정용 사용량 중 하위 두 항목이 차지하는 비중

$: \dfrac{20+13}{180}\times100≒18.33(\%)$

07 정답 ③

정답해설

사교육에 참여한 학생의 시간당 사교육비

$=\dfrac{\text{참여 학생 1인당 월평균 사교육비}}{\text{한 달간 사교육 참여시간}}$

$=\dfrac{\text{참여 학생 1인당 월평균 사교육비}}{\text{사교육 참여시간(주당 평균)}\times4}$

$=\dfrac{61.1}{4.8\times4}≒3.2(\text{만 원})$

08 정답 ④

정답해설

(라)에 의하면 을이 5점, 5점, 6점을 획득할 경우도 있다.

오답해설

① · ② 을이 주사위를 두 번 던지면 16점을 얻을 수 없다. 따라서 을은 최소 3번 주사위를 던졌다. 이때, 갑이 가장 많은 횟수를 던졌는데 3번 던졌다고 가정하면 (가)에 의해, 을과 병 중 한 명이 4번을 던졌다는 뜻이 된다. 이는 모순이므로 갑이 4번을 던져야 한다.

따라서 갑은 4번, 을은 3번, 병은 3번

③ 병이 최대로 얻을 수 있는 점수는 18점이다. 이때, 갑이 얻을 수 있는 최소 점수는 $47-18-16=13$점이다.

09 정답 ③

정답해설

2018년에는 프랑스의 자국 영화 점유율이 한국보다 높다.

오답해설

① 2017년 대비 2020년 자국 영화 점유율이 하락한 국가는 한국, 영국, 독일, 프랑스, 스페인이고, 이 중 한국이 4.3%p로 가장 큰 폭으로 하락하였다.

② 8개국 중 일본, 독일, 스페인, 호주, 미국 5개국이 해당하므로 절반이 넘는다.

④ 4개 국가 사이에는 2019년을 제외하고 프랑스, 영국, 독일, 스페인 순서로 자국 영화 점유율 순위가 동일하다.

10 정답 ③

정답해설

제시된 자료에 의하면 중국의 디스플레이 세계시장 점유율은 계속 증가하고 있다.

$\therefore$ 2014년 대비 2020년의 세계시장 점유율의 증가율

$: \dfrac{17.40-4.0}{4.0}\times100=335(\%)$

오답해설

① 제시된 자료에 의하면 일본의 디스플레이 세계시장 점유율은 2016년까지 하락한 후 2017년에 소폭 상승한 뒤 이후 15%대를 유지하고 있다.

② 디스플레이 세계시장 점유율은 한국이 매년 1위를 유지하고 있는 것은 맞다. 그러나 한국 이외의 국가 순위는 2015년까지 대만 – 일본 – 중국 – 기타 순을 유지하다가 2016년에 대만 – 중국 – 일본 – 기타 순으로 바뀌었다.

④ 연도별 한국의 디스플레이 세계시장 점유율의 전년 대비 증가폭을 구하면 다음과 같다.

• 2015년 : $47.6\%-45.7\%=1.9\%p$

• 2016년 : $50.7\%-47.6\%=3.1\%p$

• 2017년 : $44.7\%-50.7\%=-6\%p$

• 2018년 : $42.8\%-44.7\%=-1.9\%p$

• 2019년 : $45.2\%-42.8\%=2.4\%p$

• 2020년 : $45.8\%-45.2\%=0.6\%p$

따라서 한국의 디스플레이 세계시장 점유율의 전년 대비 증가폭은 2016년이 가장 컸다.

11 정답 ③

정답해설

제시된 결과를 이용해 성별·방송사별 응답자 수를 구하면 다음과 같다.

구분	전체 응답자 수	'S 사' 응답자 수	'K 사' 응답자 수	'M 사' 응답자 수
남자	$200 \times \dfrac{40}{100}$ $=80$(명)	18명	30명	$80 \times \dfrac{40}{100}$ $=32$(명)
여자	$200 \times \dfrac{60}{100}$ $=120$(명)	$120 \times \dfrac{50}{100}$ $=60$(명)	40명	20명

즉, S 방송사의 오디션 프로그램을 좋아하는 사람은 $18+60$ $=78$명이다.

$\therefore$ S 방송사의 오디션 프로그램을 좋아하는 사람 중 남자의 비율은 $\dfrac{18}{78} = \dfrac{3}{13}$ 이다.

12 정답 ①

정답해설

오존전량의 증감추이는 '감소 – 감소 – 감소 – 증가 – 증가 – 감소'이므로 옳지 않은 설명이다.

오답해설

② 2022년 오존전량은 2016년 대비 $335-331=4$(DU) 증가했다.

③ 2022년 이산화탄소의 농도는 2017년 대비 $395.7-388.7=7$(ppm) 증가했다.

④ 전년 대비 2022년 오존전량의 감소율은 $\dfrac{343-335}{343} \times 100 ≒ 2.33$(%)이므로 2.5% 미만이다.

13 정답 ②

정답해설

A와 B의 판매량의 합이 가장 적은 계절은 봄(80)이다.

오답해설

③ 사계절의 판매량을 각각 더하면 A의 경우 2000이고, B의 경우 2000이 약간 넘는 것을 알 수 있다.

④ 여름에 B의 판매량이 가장 많다.

14 정답 ②

정답해설

가입상품별 총 요금을 구하면 아래와 같다.

- 인터넷: 22,000(원)
- 인터넷+일반전화: $20,000+1,100=21,100$(원)
- 인터넷+인터넷전화: $20,000+1,100+2,400+1,650$ $=25,150$(원)
- 인터넷+TV(베이직): $19,800+12,100=31,900$(원)
- 인터넷+TV(스마트): $19,800+17,600=37,400$(원)
- 인터넷+TV(프라임): $19,800+19,800=39,600$(원)
- 인터넷+일반전화+TV(베이직)
  : $19,800+1,100+12,100=33,000$(원)
- 인터넷+일반전화+TV(스마트)
  : $19,800+1,100+17,600=38,500$(원)
- 인터넷+일반전화+TV(프라임)
  : $19,800+1,100+19,800=40,700$(원)
- 인터넷+인터넷전화+TV(베이직)
  : $19,800+1,100+2,400+1,650+12,100=37,050$(원)
- 인터넷+인터넷전화+TV(스마트)
  : $19,800+1,100+2,400+1,100+17,600=42,000$(원)
- 인터넷+인터넷전화+TV(프라임)
  : $19,800+1,100+2,400+19,800=43,100$(원)

$\therefore$ $43,100-21,100=22,000$(원)

전략 TIP

모든 상품을 계산하지 않고 가장 싼 가입상품으로 추측되는 '인터넷', '인터넷+일반전화'와 가장 비싼 가입상품으로 추측되는 '인터넷+인터넷전화+TV(스마트)', '인터넷+인터넷전화+TV(프라임)'만 선별 계산하면 시간을 단축할 수 있습니다.

15 정답 ③

정답해설

주어진 정보를 토대로 자료를 정리하면 다음과 같다.

구분	상반기	하반기	합계
A 유격장	48건	72건	120건
B 유격장	6건	54건	60건
합계	54건	126건	180건

$\therefore$ 2022년 하반기 B 유격장에서 실시된 유격 훈련 건수는 54건이다.

16 정답 ②

정답해설

개선 전 부품 1단위 생산 시 투입비용은 총 40,000원이었다. 생산 비용 감소율이 30%이므로 개선 후 총 비용은 $40,000 \times (1-0.3)=28,000$(원)이어야 한다. 그러므로 ⓐ+ⓑ$=10,000$(원)이다.

17

🔍정답해설

주어진 식에 따라 $\dfrac{5,396}{24,151} \times 100 ≒ 22.3$이다.

🔍오답해설

② $\dfrac{x}{25,802} \times 100 = 22.2$이므로

$x = \dfrac{22.2 \times 25,802}{100} ≒ 5,728$이다.

③ $\dfrac{x}{25,725} \times 100 = 22.2$이므로

$x = \dfrac{22.2 \times 25,725}{100} ≒ 5,711$이다.

④ $\dfrac{5,547}{x} \times 100 = 22.1$이므로

$x = \dfrac{5,547 \times 100}{22.1} ≒ 25,100$이다.

18

정답 ①

🔍정답해설

이메일 스팸 수신량이 가장 높은 시기는 2014년 하반기이지만, 휴대전화 스팸 수신량이 가장 높은 시기는 2013년 하반기이다.

🔍오답해설

② 제시된 자료를 통해 모든 기간 이메일 스팸 수신량이 휴대전화 스팸 수신량보다 많음을 확인할 수 있다.

③ 이메일 스팸 수신량의 증가·감소 추이와 휴대전화 스팸 수신량의 증가·감소 추이가 일치하지 않으므로 서로 밀접한 관련이 있다고 보기 어렵다.

④ 이메일 스팸 총수신량의 평균은 0.6이고 휴대전화 스팸 총수신량의 평균은 약 0.19이다.

따라서 $\dfrac{0.6}{0.19} ≒ 3.16$으로 3배 이상이다.

19

정답 ④

🔍정답해설

해상 교통서비스 수입액이 많은 국가부터 차례대로 나열하면 ④이다.

전략 TIP ⤴

선지에서 인도가 1위로 동일하므로 2위가 한국인지, 미국인지 찾고, 브라질과 멕시코 중 4위인 국가를 찾으면 빠르게 정답을 구할 수 있습니다.

20

정답 ①

🔍정답해설

해상 교통서비스 수입보다 항공 교통서비스 수입액이 더 높은 국가는 미국과 이탈리아이다.

🔍오답해설

② 튀르키예의 교통서비스 수입에서 항공 수입이 차지하는

비중은 $\dfrac{4,003}{10,157} \times 100 ≒ 39.5\%$이다.

③ 전체 교통서비스 수입액이 첫 번째(미국)와 두 번째(인도)로 높은 국가의 차이는 $94,344 - 77,256 = 17,088$백만 달러이다.

전략 TIP ⤴

튀르키예의 전체 교통서비스 수입액을 어림수로 10,000백만 달러라고 하면 항공 수입이 차지하는 비중이 45%가 되려면 그 금액은 4,500백만 달러가 되어야 합니다. (여기서, 실제 전체 교통서비스 수입액이 어림수보다 크므로 45%를 만족하는 항공 수입액도 4,500백만 달러보다 크다) 4,500>4,003이므로 비중이 45% 미만이 됩니다.

지각속도

01	①	02	①	03	②	04	②	05	①
06	②	07	①	08	①	09	②	10	①
11	①	12	①	13	②	14	①	15	②
16	②	17	①	18	①	19	②	20	②
21	④	22	④	23	①	24	④	25	①
26	①	27	③	28	④	29	②	30	②

03 정답 ②

우리 주기 우유 여가 두부 → 우리 주기 우유 <u>모두</u> 두부

04 정답 ②

요가 주리 두리 우리 주기 → 요가 주리 <u>두유</u> 우리 주기

06 정답 ②

〈 ☎ ☛ ♡ ♨ → 〈 <u>♨</u> ☛ ♡ <u>♨</u>

09 정답 ②

☛ ⟨ 〈 ♨ ♨ → ☛ <u>〈</u> ⟨ ♨ ♨

13 정답 ②

w2g d8a f1d o5m t3k → <u>q6b</u> d8a f1d o5m <u>y9f</u>

15 정답 ②

f1d d8a t3k o5m w2g → f1d <u>y9f</u> <u>q6b</u> o5m w2g

16 정답 ②

동 춘 맡 존 글 → 동 <u>존</u> 맡 <u>춘</u> <u>글</u>

19 정답 ②

춘 중 맡 동 영 → 춘 중 맡 <u>도</u> 영

20 정답 ②

명 도 글 중 맡 → 명 도 <u>글</u> 중 맡

21 정답 ④

2<u>6</u>53253<u>6</u>5123097424<u>6</u>3941<u>6</u>23<u>6</u>54131<u>6</u>498415<u>6</u>13<u>6</u>9<u>6</u>3125304 (9개)

22 정답 ④

진<u>정</u>한 <u>청렴이</u>란 <u>아</u>무도 <u>알</u>아주지 <u>않</u>을 것을 <u>알</u>면서도 <u>옳</u>은 <u>일을</u> 하는 것<u>이</u>다. (15개)

23 정답 ①

902<u>1</u>63548<u>1</u>2303697564<u>1</u>3203585<u>1</u>6874823<u>1</u>32<u>1</u> (6개)

24 정답 ④

Integrity without knowle<u>d</u>ge is weak an<u>d</u> useless, an<u>d</u> knowle<u>d</u>ge without integrity is <u>d</u>angerous an<u>d</u> <u>d</u>readful. (8개)

25 정답 ①

야<u>아</u>요어<u>아</u>의여어<u>아</u>야<u>아</u>야어오으<u>아</u>야<u>아</u>이<u>아</u>야예<u>아</u>야어 여어으<u>아</u>어오우의유어<u>아</u> (10개)

26 정답 ①

Waste n<u>o</u> m<u>o</u>re time talking ab<u>o</u>ut great s<u>o</u>uls and h<u>o</u>w they sh<u>o</u>uld be. Bec<u>o</u>me <u>o</u>ne y<u>o</u>urself. (9개)

27 정답 ③

무언<u>가</u>를 열렬히 원한다면 <u>그것</u>을 얻<u>기</u> 위해 전부를 <u>걸</u>만큼의 배짱을 <u>가</u>져라. (6개)

28 정답 ④

0954<u>8</u>7474<u>8</u>92451249<u>8</u>456<u>8</u>643<u>8</u>77<u>8</u>9466459<u>8</u>7343516<u>8</u>75<u>8</u>326 (9개)

29 정답 ②

Ⱡ ɦ Ⱡ ℔ Ɛ ℔ Ⱡ ɦ Ⱡ ℔ Ɛ ℔ Ⱡ ℔ Ɛ Ɛ ℔ Ⱡ ɦ ℔ Ⱡ ℔ Ⱡ ɦ ℔ Ⱡ Ⱡ ℔ ℔ Ɛ ℔ Ɛ Ɛ ℔ Ɛ Ⱡ ɦ Ⱡ ℔ Ɛ ℔ Ⱡ Ɛ ℔ (6개)

30 정답 ②

Lig<u>h</u>t is not less necessary t<u>h</u>an fres<u>h</u> air to <u>h</u>ealt<u>h</u>. (5개)

제4회 최종모의고사

공간능력

01	③	02	③	03	①	04	④	05	③
06	④	07	④	08	①	09	①	10	④
11	①	12	②	13	③	14	③	15	④
16	③	17	④	18	③				

01   정답 ③

02   정답 ③

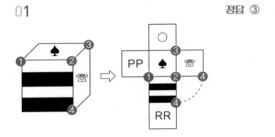

03   정답 ①

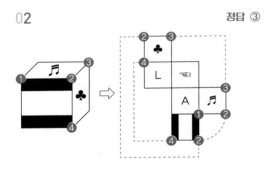

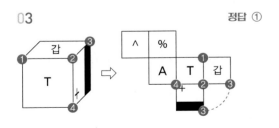

04   정답 ④

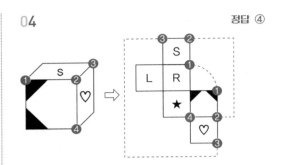

05   정답 ③

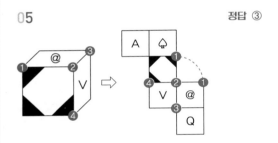

06   정답 ④

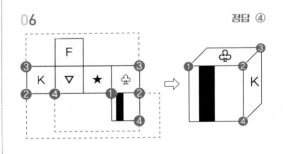

07   정답 ④

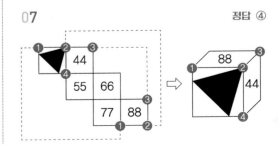

08

정답 ①

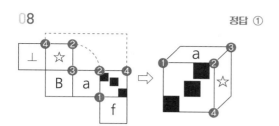

09

정답 ①

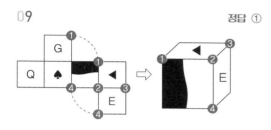

10

정답 ④

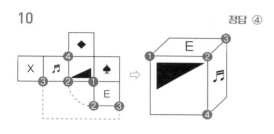

11

정답 ①

1층: $5+5+5+4+4=23$개
2층: $5+4+5+4+3=21$개
3층: $5+3+4+2+2=16$개
4층: $4+2+3+0+2=11$개
5층: $2+1+1+0+0=4$개
∴ $23+21+16+11+4=75$개

12

정답 ②

1층: $5+5+5+5+4=24$개
2층: $5+3+4+5+2=19$개
3층: $2+1+4+2+0=9$개
4층: $2+1+3+1+0=7$개
5층: $1+0+2+0+0=3$개
∴ $24+19+9+7+3=62$개

13

정답 ③

1층: $5+5+5+4+5+5=29$개
2층: $4+3+4+1+2+2=16$개
3층: $2+0+3+0+1+1=7$개
4층: $1+0+2+0+0+0=3$개
5층: $0+0+1+0+0+0=1$개
∴ $29+16+7+3+1=56$개

14

정답 ③

1층: $5+3+4+5+4+4+5=30$개
2층: $2+3+4+4+0+4+2=19$개
3층: $2+3+4+2+0+3+2=16$개
4층: $2+3+2+0+0+2+2=11$개
5층: $2+2+0+0+0+0+1=5$개
∴ $30+19+16+11+5=81$개

15

정답 ④

우측에서 바라보았을 때, 1층 − 2층 − 3층 − 5층 − 5층으로
구성되어 있다.

16

정답 ③

상단에서 바라보았을 때, 4층 − 5층 − 4층 − 5층 − 1_1층으
로 구성되어 있다.

17

정답 ④

정면에서 바라보았을 때, 4층 − 3층 − 5층 − 4층 − 5층으로
구성되어 있다.

18

정답 ③

우측에서 바라보았을 때, 2층 − 5층 − 3층 − 3층 − 4층으로
구성되어 있다.

01	④	02	①	03	④	04	④	05	②
06	③	07	④	08	④	09	④	10	①
11	④	12	⑤	13	②	14	⑤	15	②
16	②	17	④	18	①	19	①	20	⑤
21	③	22	③	23	③	24	④	25	③

01
정답 ④

🔍 정답해설

괄호 안에 공통으로 들어갈 수 있는 단어는 '트다'이다. '트다'는 '서로 스스럼없이 사귀는 관계가 되다.', '막혀 있던 것을 거두고 통하게 하다.', '더 기대할 것이 없는 상태가 되다.'라는 의미를 가지고 있다.

🔍 오답해설

① '다른 사람에게 정이나 마음을 베풀거나 터놓다.'의 의미로 쓰일 경우, 첫 번째 문장에서만 쓰일 수 있다.
② '자기의 마음을 다른 사람에게 터놓거나 다른 사람의 마음을 받아들이다.'와 '닫히거나 잠긴 것을 트거나 벗기다.'의 의미로 쓰일 때, 첫 번째 문장과 두 번째 문장에서만 쓰일 수 있다.
③ '길, 통로, 창문 따위가 생기다.'의 의미일 때, 두 번째 문장에서만 쓰일 수 있다.
⑤ '어떤 상태나 조건이 좋지 않게 되다.'의 의미일 때, 세 번째 문장에서만 쓰일 수 있다.

02
정답 ①

🔍 정답해설

제시문의 '떠올리다'는 '기억을 되살려내거나 잘 구상되지 않던 생각을 나게 하다.'라는 의미를 가지고 있다.
① '회상하다'는 '지난 일을 돌이켜 생각하다.'의 의미를 지니므로 제시문의 '떠올리다'와 바꿔 사용할 수 있다.

🔍 오답해설

② 연상하다: 하나의 관념이 다른 관념을 불러일으키다.
③ 상상하다: 실제로 경험하지 않은 현상이나 사물에 대하여 마음속으로 그려 보다.
④ 남고하다: 고적(古跡)을 찾아보고 당시의 일을 회상하다.
⑤ 예상하다: 어떤 일을 직접 당하기 전에 미리 생각하여 두다.

03
정답 ④

🔍 정답해설

이청득심(以聽得心): 귀를 기울이면 상대방의 마음을 얻을 수 있다는 뜻으로, 장자는 중국 노나라 왕의 일화를 통해 경청의 중요성을 이야기하였다.

🔍 오답해설

① 노심초사(勞心焦思): 마음속으로 애를 쓰고 생각이 많아 속이 탄다는 뜻으로, 어떤 일에 대한 걱정과 우려로 몹시 불안한 상태를 의미
② 견강부회(牽强附會): 이치에 맞지 않는 말을 억지로 끌어다 붙여 자기주장의 조건에 맞도록 함을 비유하는 말
③ 설참신도(舌斬身刀): 혀는 몸을 베는 칼이라는 뜻으로, 항상 말조심해야 한다는 것을 의미
⑤ 경전하사(鯨戰蝦死): 고래 싸움에 새우가 죽는다는 뜻으로, 강자들의 권력 다툼 사이에서 약자가 해를 입는 것을 의미하는 말

04
정답 ④

🔍 정답해설

제시문의 '갈다'는 '이미 있는 사물을 다른 것으로 바꾸다.'라는 뜻으로 ④가 이와 같은 의미로 쓰였다.

🔍 오답해설

① 윗니와 아랫니를 맞대고 문질러 소리를 내다.
② 몹시 화가 나거나 분을 참지 못하여 독한 마음을 먹고 벼르다.
③ 먹을 풀기 위하여 벼루에 대고 문지르다.
⑤ 쟁기나 트랙터 따위의 농기구나 농기계로 땅을 파서 뒤집다.

05
정답 ②

🔍 정답해설

제시문에서 '듣다'는 '자동차의 브레이크 장치가 제대로 작동하다.'의 의미로 쓰였다.

06
정답 ③

🔍 정답해설

• 조건1: '스마트폰 중독'이라는 스마트폰의 역기능을 '절망의 늪'에 비유하여 언급하고 있다.
• 조건2: "스마트폰 ○○은 여러분 인생에 ~이 됩니다."라는 통사구조를 반복하여 대구를 사용하고 있다. 또한, '중독'과 '해방', '절망의 늪'과 '희망의 샘'이 대조를 이루고 있다.

07

정답해설

제시문은 가격을 결정하는 요인과 이를 통해 일반적으로 할 수 있는 예상을 언급한다. 하지만 현실적인 여러 요인으로 인해 '거품 현상'이 나타나기도 하며, '거품 현상'이란 구체적으로 무엇인지를 설명하는 글이다. 따라서 (가) 수요와 공급에 의해 결정되는 가격 → (마) 상품의 가격에 대한 일반적인 예상 → (다) 현실적인 가격 결정 요인 → (나) 이로 인해 예상치 못하게 나타나는 '거품 현상' → (라) '거품 현상'에 대한 구체적인 설명 순서로 배열해야 한다.

08
정답 ②

정답해설

㉠ 뒤의 문장에서는 공기 중으로 날아가는 일반 탄산음료의 탄산가스와 달리 맥주의 탄산가스는 바로 날아가지 않는다고 이야기하므로 ㉠에는 역접의 접속어인 '그러나'가 알맞다. 다음으로 ㉡ 뒤의 문장의 '~ 때문이다'를 통해 ㉡에는 이와 호응하는 '왜냐하면'이 알맞은 것을 알 수 있다. 마지막으로 ㉢ 뒤의 문장에서는 앞에서 언급한 맥주 거품의 역할에 대해 추가로 이야기하므로 ㉢에는 '또한'이 알맞다.

09
정답 ②

정답해설

제시된 글은 사회보장제도가 무엇인지 정의하고 있으므로 제목으로는 사회보장제도의 의의가 가장 적절하다.

오답해설

① 두 번째 문단에서만 사회보험과 민간보험의 차이점을 언급하고 있다.
③ 우리나라만의 사회보장에 대한 설명은 아니다.
④ 대상자를 언급하고 있지만 글 내용의 일부로 글의 전체적인 제목으로는 적절하지 않다.
⑤ 소득보장에 대해서는 언급하고 있지 않다.

10
정답 ①

정답해설

(가)는 20세기 후반의 물리학자들이 기존의 신고전 경제학 이론으로는 설명할 수 없었던 경제 현상들(불합리함과 혼잡함에 기반한 현상들)에 관심을 가졌다는 내용이고, (나)는 합리성에 바탕을 둔 신고전 경제학을 자세하게 풀이한 내용이다. 따라서 (나)는 (가)의 일부 내용을 부연 설명하고 있다.

11
정답 ④

정답해설

지문의 첫 번째 문장에서 '대중문화는 일시적인 유행에 그친다고 생각하고 있다.'고 했지만, '그러나 이러한 판단은 근거가 확실치 않다.'고 서술하고 있다.

12
정답 ⑤

정답해설

기사의 첫 문단에서 비만을 질병으로 분류하고, 비만이 각종 암을 유발하는 주요 요인인 점을 언급하며 비만의 문제점을 제시하고 있다. 두 번째 문단에서 이에 대한 해결방안으로 고열량·저영양·고카페인 함유 식품의 판매 제한 모니터링 강화, 과음과 폭식 등 비만을 조장·유발하는 문화와 환경 개선, 운동의 권장 등을 제시하고 있음을 알 수 있다.

13
정답 ②

정답해설

이 글은 고전 소설의 현실 공간과 초현실 공간에 대해 설명하고 있다. (라)는 초현실 공간과 현실 공간이 겹쳐지는 것, 즉 (가)에 대한 부연 설명이고, (다)는 꿈속 공간에 대한 것, 즉 (나)에 대한 부연 설명이다. 즉, (가) − (라) − (나) − (다)이다.

14
정답 ⑤

정답해설

제시문은 빛의 본질에 관한 뉴턴, 토마스 영, 아인슈타인의 가설을 서술한 글이다. ⑤ 빛은 광량자라고 하는 작은 입자로 이루어졌다는 아인슈타인의 광량자설은 빛이 파동이면서 동시에 입자인 이중적인 본질을 가지고 있다는 것을 의미하는 것으로, 뉴턴의 입자설과 토마스 영의 파동설을 모두 포함한다.

오답해설

① 뉴턴의 가설은 그의 권위에 의해 오랫동안 정설로 여겨졌지만, 토마스 영의 겹실틈 실험에 의해 다른 가설이 생겨났다.
② 겹실틈 실험은 한 개의 실틈을 거쳐 생긴 빛이 다음 설치된 두 개의 겹실틈을 지나가게 해서 스크린에 나타나는 무늬를 관찰하는 것이다.
③ 일자 형태의 띠가 두 개 나타나면 빛은 입자임이 맞으나, 겹실틈 실험 결과 보강 간섭이 일어난 곳은 밝아지고 상쇄 간섭이 일어난 곳은 어두워지는 간섭무늬가 연속적으로 나타났다.
④ 토마스 영의 겹실틈 실험은 빛의 파동성을 증명하였고, 이는 명백한 사실이었으므로 아인슈타인은 빛이 파동이면서 동시에 입자인 이중적인 본질을 가지고 있다는 것을 증명하였다.

15 정답 ②

인간이 어떤 다양한 역할을 수행하는지에 대한 내용이 뒤에 나와야 하므로, 학생·직장인·선생님 각각의 역할 수행이 나타난 ②가 적절하다.

Level UP

뒷받침 문장의 요건
- 중심 문장과 직접적인 연관이 있어야 하며, 구체적이 어야 한다.
- 타당한 근거 및 이유, 적절한 예시, 구체적인 사실, 정확한 자료 등이 나와야 한다.

16 정답 ②

제시문은 실험결과를 통해 비둘기가 자기장을 가지고 있다는 것을 설명하는 글이다. 따라서 이 글의 다음 내용으로는 비둘기가 자기장을 느끼는 원인에 대해 설명하는 글이 나와야 한다.

① · ③ · ④ 제시문의 자기장에 대한 설명과 연관이 없는 주제이다.
⑤ 비둘기가 자기장을 느끼는 원인에 대한 설명이 제시되어 있지 않으므로 적절하지 않다.

17 정답 ④

'깨진 유리창 이론'은 사소한 무질서를 방치하면 큰 문제로 이어질 가능성이 있다는 이론이므로, '커지기 전에 처리하였으면 쉽게 해결되었을 일을 방치하여 두었다가 나중에 큰 힘을 들이게 된 경우'를 의미하는 '호미로 막을 것을 가래로 막는다'가 가장 적합하다.

① 비 온 뒤에 땅이 굳어진다: 비에 젖어 질척거리던 흙도 마르면서 단단하게 굳어진다는 뜻으로, 어떤 시련을 겪은 뒤에 더 강해짐
② 발 없는 말이 천 리 간다: 말은 비록 발이 없지만 천 리 밖까지도 순식간에 퍼진다는 뜻으로, 말을 삼가야 함
③ 거미도 줄을 쳐야 벌레를 잡는다: 무슨 일이든지 거기 필요한 준비가 있어야 그 결과를 얻을 수 있음
⑤ 팥으로 메주를 쑨대도 곧이듣는다: 지나치게 남의 말을 무조건 믿는 사람

18 정답 ①

물질과 정신을 분리해서 생각하는 것은 근본적으로 불가능하다는 것을 주장하고 있다.

19 정답 ①

제시문은 동양이 서양을 해석하는 행위가 부재한 현상의 원인을 밝힌 글이다.
- 첫 문단: 20세기 한국 지성인들은 대체로 서양이 동양을 해석하는 틀 속에서 지적 행위를 해 옴
- (가): 그러나 동양이 서양을 해석하는 행위는 부재했는데, 그 원인은 매우 단순
- (나) · (다) · (라): 원인 분석
- 마지막 문단: 결론

20 정답 ⑤

제시문에서는 토끼와 거북이의 경주에서 거북이는 토끼의 실수를 이용하여 승리하였기 때문에 거북이의 승리가 정의롭지 않다고 주장한다. 따라서 이러한 주장에 대한 반박으로는 공정한 절차에 따라 도출된 결과라면 그 결과는 공정하다는 내용의 ⑤가 가장 적절하다.

③ 토끼와 거북이는 모두 동일한 조건에서 경주를 진행하였다.
④ 거북이가 자신에게 유리한 방법으로 경쟁하였다고 볼 수 없다.

21 정답 ③

체호프가 좋은 작품으로 병든 문화를 치유시켜야겠다고 한 것과 관객들이 신선한 충격과 감동을 받고 새로운 길을 찾은 것으로 보아 창작은 공동체 문화를 가치 있는 것으로 만든다고 볼 수 있다.

22 정답 ③

제시된 글은 황사의 정의와 위험성, 그리고 대응책에 대하여 설명하고 있다. 따라서 황사를 단순한 모래바람으로 치부할 수는 없다.'는 단락의 뒤에는 (다) 중국의 전역을 거쳐 대기 물질을 모두 흡수하고 한국으로 넘어오는 황사 → (나) 매연과 화학물질 등 유해물질이 포함된 황사 → (가) 황사의 장점과 방지의 강조 → (라) 황사의 개인적·국가적 대응책의 순서로 나열하는 것이 적절하다.

23

정답 ③

🔍 **정답해설**

할랄식품 시장의 확대로 많은 유통업계들이 할랄식품을 위한 생산라인을 설치 중이다.

🔍 **오답해설**

①·② 할랄식품은 엄격하게 생산·유통되기 때문에 일반 소비자들에게도 평이 좋다.

④ 세계 할랄 인증 기준은 200종에 달하고 수출하는 국가마다 별도의 인증을 받아야 한다.

⑤ 표준화되지 않은 할랄 인증 기준은 무슬림 국가들의 '수입 장벽'이 될 수 있다.

24

정답 ④

🔍 **정답해설**

마지막 단락에서 '이성은 단지 심(心)의 일면일 뿐인 것이다', '인간을 살리고 자유롭게 하는 생동적 진리는 언어적 지성을 넘어선다는 의식이 있었기 때문일 것이다'라는 부분을 보면, 동양 사상은 마음이 언어를 초월하는 존재라고 인식한다는 것을 알 수 있다. 따라서 제시문의 핵심적인 내용으로 ④가 가장 적절하다.

25

정답 ③

🔍 **정답해설**

㉠ 뒤에 나오는 '동양 사상의 정수(精髓)는 말로써 말이 필요 없는 경지를 가리키려는 데에 있다'는 표현은, 진정한 진리는 말이 아닌 마음 안에 있고 결국 마음은 언어를 초월한다는 것을 의미한다. 따라서 이 내용 앞에 올 문장은 언어를 통하지 않는 진리에 대한 내용이어야 한다.

자료해석

01	④	02	①	03	③	04	②	05	④
06	③	07	④	08	③	09	②	10	②
11	③	12	②	13	④	14	④	15	②
16	④	17	③	18	①	19	②	20	③

01

정답 ④

🔍 **정답해설**

2021년의 전체 수익: $420,000 + 496,000 + 388,000 + 291,000 = 1,595,000$(원)

🔍 **오답해설**

① 제시된 자료에서 확인할 수 있다.

② • 2020년 4분기 제품가격: 627,000(원)
  • 2021년 4분기 제품가격: 559,000(원)
  따라서 2021년 4분기 제품가격의 전년 동분기 대비 감소폭은 $627,000 - 559,000 = 68,000$(원)

③ 2021년에 소요한 재료비용: $177,000 + 191,000 + 190,000 + 268,000 = 826,000$(원)

02

정답 ①

🔍 **정답해설**

• 2022년 1분기의 재료비는 $(1.6 \times 70,000) + (0.5 \times 250,000) + (0.15 \times 200,000) = 267,000$(원)이다.

• 2022년 1분기의 수익은 2021년 4분기 수익과 동일해야 하므로 책정해야 할 제품 가격은 $291,000 + 267,000 = 558,000$(원)이다.

03

정답 ③

🔍 **정답해설**

• 가득 채운 원뿔그릇: A
• 반을 채운 원뿔그릇: B

A와 B의 닮음비는 $2 : 1$ → 부피비는 $2^3 : 1^3 = 8 : 1$

B에서 물이 더 채워져야 하는 부피는 $8 - 1 = 7$(배)이므로

∴ 그릇을 가득 채울 때까지 추가로 걸리는 시간
  : $20 \times 7 = 140$(분) $=$ 2시간 20분

Level UP

닮음비가 $a : b$일 때 넓이비는 $a^2 : b^2$이고, 부피비는 $a^3 : b^3$이다.

04

정답 ②

🔍 **정답해설**

아내의 총 양육 활동 참여시간은 금요일에 663분이고, 토요일에 763분으로 금요일에 비해 증가하였다.

🔍 **오답해설**

① 토요일에 남편의 참여시간이 가장 많았던 양육 활동 유형은 73분인 정서활동이다.
③ 남편의 양육 활동 참여시간을 요일별로 합하면 금요일에는 총 46분이었고, 토요일에는 총 140분이었다.
④ 아내의 양육 활동 유형 중 금요일에 비해 토요일에 참여시간이 감소한 것은 가사, 의료간호, 교육활동이며, 이 중 가장 많이 감소한 것은 교육활동이다.

05

정답 ④

🔍 **정답해설**

협동조합이 산지에서 구매한 배추 가격을 a원이라고 하고, 판매처별 배추가격을 구하면 다음과 같다.

• 협동조합: $a\left(1+\dfrac{20}{100}\right)=1.2a$

• 도매상: 도매상의 판매가를 x원이라고 하면 $\dfrac{80}{100}x=1.2a$

 → $x=1.5a$

• 소매상: $1.5a\left(1+\dfrac{20}{100}\right)=1.8a$

즉, 상승한 배추가격은 $1.8a-a=0.8a$이다.

∴ 협동조합의 최초 배추 구매가격 대비 유통과정에서 상승한 배추가격의 비율: $\dfrac{0.8a}{a}\times100=80\%$

06

정답 ③

🔍 **정답해설**

2017~2021년의 남성 근로자 수와 여성 근로자 수 차이를 구하면 다음과 같다.
• 2017년: $9,061-5,229=3,832$천 명
• 2018년: $9,467-5,705=3,762$천 명
• 2019년: $9,633-5,902=3,731$천 명
• 2020년: $9,660-6,103=3,557$천 명
• 2021년: $9,925-6,430=3,495$천 명

즉, 2017~2021년 동안 남성과 여성의 차이는 매년 감소한다.

🔍 **오답해설**

① 제시된 자료를 통해 알 수 있다.
② 2017년 대비 2021년 근로자 수의 증가율은 다음과 같다.

• 남성: $\dfrac{9,925-9,061}{9,061}\times100≒9.54\%$

• 여성: $\dfrac{6,430-5,229}{5,229}\times100≒22.97\%$

따라서 여성의 증가율이 더 높다.

④ 2020년 대비 2021년 여성 근로자 수의 증가율

 : $\dfrac{6,430-6,103}{6,103}\times100≒5.36\%$

07

정답 ④

🔍 **정답해설**

• 변동 후 요금이 가장 비싼 노선은 D이므로 D가 2000번이다.
• 요금 변동이 없는 노선은 B이므로 B가 42번이다.
• 연장운행을 하기로 결정한 노선은 C로 C가 6번이다.
• A가 남은 번호인 3100번이다.

08

정답 ③

🔍 **정답해설**

2TV에서 방영한 교양프로그램의 시간은 208,085(분)이고, 재방송 시간 중 교양프로그램에 할애한 시간은 102,000(분)×0.35=35,700(분)이다.

∴ 208,085(분)+(102,000(분)×0.35)=243,785(분)

따라서 교양프로그램의 총 방영시간은 243,785(분)이다.

09

정답 ②

🔍 **정답해설**

전체 외국인 근로자의 직업 중 두 번째로 높은 비율을 차지하는 것은 농업이지만 필리핀 근로자의 직업 중 두 번째로 높은 비율을 차지하는지는 알 수 없다.

🔍 **오답해설**

① · ③ 외국인 근로자의 출신 국가 비율이 높은 순으로 나열하면 몽골(37%), 필리핀(21%), 베트남과 중국(16%), 스리랑카(10%)이다.
④ 외국인 근로자가 많이 종사하는 직종 순으로 나열하면 음식업(40%), 농업(30%), 건축업(20%), 상업(10%)이다.

10

정답 ②

🔍 **정답해설**

㉠ $y=\dfrac{6+4+5+5+6}{5}=5.2$(시간)이므로, 평균 이용시간이 긴 SNS부터 순서대로 나열하면 'C(5.6), D(5.2), A(5), B(4.8)'의 순이다.
㉢ '찬영'의 B와 D의 이용시간 차이는 2시간이고, 나머지 사람은 이용시간의 차이가 없다.

$\textcircled{\scriptsize{ㄴ}}$ $\dfrac{6+5+4+7+x}{5}=5.6 \rightarrow x=6$시간이므로, C에 대한 '민정'과 '창윤'의 이용시간 차이는 1시간이고, B는 2시간이다. 따라서 B에 대한 이용시간이 더 크다.

$\textcircled{\scriptsize{ㄹ}}$ C의 평균 이용시간(5.6)보다 C의 이용시간이 긴 사람은 '찬영(6), 선홍(7), 창윤(6)'으로, 총 3명이다.

11 정답 ③

20년간 영화관을 제외한 미디어들은 수익 규모가 14,400÷1,900≒7.6(배) 증가하였다.

① 미국 외 영화관 수입과 해외 TV를 통해 벌어들이는 달러 수익이 크게 증가하였다.

② 영화관에서 영화를 감상하는 비율은 줄어들고, 홈비디오를 통한 영화감상 비율이 크게 증가하였다.

④ 20년간 미국의 영화관 수익금액이 증가한 데 반해 수익률은 낮아졌지만 그 비율이 30%에 이르며 두 번째로 큰 비중을 차지하므로 미국 영화관은 여전히 미국 영화산업의 주요한 수익원이다.

전략 TIP

2000년의 영화관 외 미디어 수익 1,900을 5배하면 1,900×5=9,500으로 2020년의 수익금액(14,400)이 더 커 5배 이상이 됩니다.

12 정답 ②

정당 권역	A	B	C	D	E	합
가	48	(9)	0	1	7	65
나	2	(3)	(23)	0	0	(28)
기타	55	98	2	1	4	160
전체	105	110	25	2	11	253

ㄱ. E정당 전체 당선자 중 '가'권역 당선자가 차지하는 비중은 60% 이상이다. E정당은 전체 11명이 당선되었고 그 중 '가'권역에서는 7명이 당선되었으므로 $\dfrac{7}{11}\times100=63.6\%$, 따라서 60% 이상이다.

ㄷ. C정당 전체 당선자 중 '나'권역 당선자가 차지하는 비중은 $\dfrac{23}{25}\times100=92$이고 A정당 전체 당선자 중 '가'권역 당선자가 차지하는 비중은 $\dfrac{48}{105}\times100≒45.7$이므로 2배 이상이다.

ㄴ. '가'권역의 당선자 수의 합은 65이고 '나'권역의 당선자 수의 합은 28이므로 당선자 수의 합은 '가'권역이 '나'권역의 3배 미만이다.

ㄹ. B 정당의 당선자 수 중 '나'권역은 3명이고 '가'권역은 9명이므로 '가'권역이 더 많다.

13 정답 ④

선택지에 해당되는 연도마다 비취업률의 증감률을 구하면 다음과 같다.

- 2015년: $\dfrac{71.0-71.5}{71.5}\times100≒-0.7(\%)$
- 2017년: $\dfrac{65.5-69.2}{69.2}\times100≒-5.3(\%)$
- 2018년: $\dfrac{66.0-65.5}{65.5}\times100≒0.8(\%)$
- 2019년: $\dfrac{71.1-66.0}{66.0}\times100≒7.7(\%)$

따라서 조사한 직전 연도 대비 노인 비취업률의 증감률이 가장 큰 연도는 2019년이다.

14 정답 ④

- (가)=723−(76+551)=96
- (나)=824−(145+579)=100
- (다)=887−(137+131)=619
- (라)=114+146+688=948
- ∴ (가)+(나)+(다)+(라)=96+100+619+948=1,763

15 정답 ②

아동기 가정폭력 경험 수준이 낮은 집단에서는, A 유전자 미보유 집단이 A 유전자 보유 집단에 비해 반사회적 인격장애 발생 비율이 높다.

① 첫 번째 그래프에서, A 유전자 보유 집단과 미보유 집단 모두 아동기 가정폭력 경험 수준이 높아질수록 반사회적 인격장애 발생 비율이 증가한다.

③ 두 번째 그래프에서, 아동기 가정폭력 경험 수준이 낮은 집단은 A 유전자 미보유·보유 집단의 품행장애 발생 비율이 같고, 중간·높음의 집단은 A 유전자를 보유한 쪽의 발생 비율이 높다(A 유전자 미보유 집단이 더 작거나 같다).

④ 두 번째 그래프에서, A 유전자 보유 집단 중에서는 아동기 가정폭력 경험 수준이 높을수록 품행장애 발생 비율이 증가하며(A 유전자 미보유 그룹도 동일), 높음 그룹의 비율이 월등히 높다.

16 정답 ④

🔍정답해설
㉠ 제시된 자료를 통해 확인할 수 있다.
㉡ 각 6,570백만 원으로 동일하다.
㉢ A 시의 30% 가구가 형광등 3개를 교체했을 때를 기준으로 1kWh당 전기요금을 계산하면 3,942백만 원÷3,942만kWh=100원이다(적용비율에 따른 가구동 교체개수별로 모두 동일).

🔍오답해설
㉣ A 시의 가구 수는 600,000가구이므로 모든 가구가 형광등 5개를 LED 전구로 교체할 때 필요한 전구의 수는 600,000×5=3,000,000(개)다.

17 정답 ③

🔍정답해설
∴ $(17,520-10,950)×3=19,710$(백만 원)

18 정답 ①

🔍정답해설
2020년 연평균 자외선 복사량이 가장 높은 지역은 고산지역이다.
고산지역의 6년간 평균 자외선 복사량은
$$\frac{108.3+145.1+140.1+124.9+124.7+122.5}{6}=\frac{765.6}{6}$$
$=127.6$이다.

🔍오답해설
② 강릉, 목포, 포항지역의 경우 2018년에 자외선 복사량 수치가 가장 높았다. 그러나 안면도 지역의 경우 2016년, 고산지역의 경우 2017년에 자외선 복사량 수치가 가장 높았다.
③ 자외선 복사량이 가장 낮게 관측된 곳은 2020년 강릉이고, 가장 높게 관측된 곳은 2017년 고산이다.
④ 2018년 연평균 자외선 복사량이 가장 낮았던 지역은 강릉이다.
강릉지역의 6년간 자외선 복사량의 평균은
$$\frac{100.3+102.3+114.7+107.9+93.4+96.6}{6}=\frac{615.2}{6}$$
≒102.5이다.

19 정답 ②

🔍정답해설
제시된 자료에 의하면 수도권은 서울과 인천·경기를 합한 지역을 의미한다. 따라서 전체 마약류 단속 건수 중 수도권의 마약류 단속 건수의 비중은 22.1+35.8=57.9%이다.

🔍오답해설
① • 대마 단속 전체 건수: 167건
　• 마약 단속 전체 건수: 65건
　65×3=195>167이므로 옳지 않은 설명이다.
③ 마약 단속 건수가 없는 지역은 강원, 충북, 제주로 3곳이다.
④ • 대구·경북 지역의 향정신성의약품 단속 건수: 138건
　• 광주·전남 지역의 향정신성의약품 단속 건수: 38건
　38×4=152>138이므로 옳지 않은 설명이다.

20 정답 ③

🔍정답해설
㉠ 연령대가 높아질수록 S 사 선호 비율은 A 국이 30% → 35% → 40%로, B 국이 20% → 30% → 35%로 높아지고 있다.
㉡ 40~50대의 스포츠브랜드 선호 비율 순위는 A 국과 B 국 모두 'P 사 – S 사 – N 사'의 순으로 동일하다.
㉢ 연령대가 높은 집단일수록 N 사의 선호 비율은 A 국과 B 국 모두에서 점차 증가하고 있는데, B 국보다는 A 국의 증가폭이 더 크다.

구분	30대 이하		40~ 50대		60대
A 국	10%	→ +15%p	25%	→ +25%p	50%
B 국	10%	→ +10%p	20%	→ +15%p	35%

🔍오답해설
㉣ 30대 이하에서는 P 사를 선호하는 비율이 B 국이 더 높으나 A 국과 B 국의 인원수가 제시되어 있지 않아 그 수를 비교할 수는 없다.

지각속도

01	①	02	②	03	②	04	①	05	②
06	②	07	①	08	①	09	②	10	①
11	①	12	①	13	②	14	①	15	②
16	②	17	①	18	①	19	②	20	②
21	③	22	④	23	④	24	②	25	④
26	②	27	④	28	④	29	④	30	③

02   정답 ②

desk note soup paper pizza → desk note <u>sour</u> paper pizza

03   정답 ②

doos sour desk note soup → <u>east</u> sour desk <u>cup</u> soup

05   정답 ②

door east cup coffee desk → <u>pizza</u> east cup coffee <u>soup</u>

06   정답 ②

☆ ◈ ◆ ❖ ● → ☆ <u>◆</u> <u>◈</u> ❖ ●

09   정답 ②

◆ ◇ ★ ◪ ◈ → ◆ ◇ <u>☆</u> <u>◪</u> ❖

13   정답 ②

☆ ☺ ☂ ☏ ♡ → ☆ ☺ <u>☏</u> <u>☎</u> ♡

15   정답 ②

☼ ☏ ☎ ☆ ♡ → <u>☀</u> ☏ ☎ ☆ <u>☺</u>

16   정답 ②

축구 수영 권투 양궁 요트 → 축구 <u>요트</u> 권투 양궁 <u>유도</u>

19   정답 ②

요트 양궁 농구 사격 탁구 → 요트 양궁 <u>권투</u> <u>축구</u> 탁구

20   정답 ②

탁구 수영 유도 농구 권투 → <u>사격</u> 수영 유도 농구 <u>승마</u>

21   정답 ③

<u>8</u>7<u>8</u>4<u>8</u>312<u>8</u>4<u>8</u>46<u>8</u>665648513158468798<u>8</u>15321<u>8</u>46<u>8</u>13 321456 (13개)

22   정답 ④

Ⓐ Ⓑ Ⓓ Ⓒ Ⓑ Ⓐ Ⓓ Ⓒ Ⓓ Ⓑ Ⓐ Ⓒ Ⓑ Ⓓ Ⓐ Ⓒ Ⓐ Ⓑ Ⓓ Ⓒ Ⓐ Ⓒ Ⓓ Ⓑ Ⓐ Ⓒ Ⓐ Ⓑ Ⓓ Ⓒ Ⓐ Ⓑ Ⓒ Ⓓ Ⓑ Ⓐ (9개)

23   정답 ④

◍ ⊙ ◉ ⊙ ◉ ◎ ◍ ⊙ ◉ ◍ ◍ ⊙ ◎ ◉ ◎ ◉ ◉ ◎ ◍ ◉ ⊙ ◍ ◉ ◉ ◎ ⊙ ◍ ◎ ◉ ◉ ◉ ◉ ⊙ ◍ ◍ ◉ ◎ (8개)

24   정답 ②

When one want<u>s</u> to create a path of one'<u>s</u> own liking in life, one ha<u>s</u> to make many turn<u>s</u> and overcome many ob<u>s</u>tacles. (6개)

25   정답 ④

<u>어</u>아요<u>어</u>아의여<u>어</u>아야아야<u>어</u>우으아야아이아야예아야야<u>어</u>여<u>어</u>으아<u>어</u>오우의유<u>어</u>아왜 (8개)

26   정답 ②

Autumn is a s<u>e</u>cond spring wh<u>e</u>n <u>e</u>v<u>e</u>ry l<u>e</u>af is a flow<u>e</u>r. (6개)

27   정답 ④

모<u>든</u> 어린이<u>는</u> 예술가이다. <u>문</u>제<u>는</u> 어떻게 하면 이들이 커서도 예술가로 <u>남</u>을 수 있게 하<u>느</u>냐이다. (11개)

28   정답 ④

487<u>5</u>122<u>3</u>58<u>9</u>5962157241<u>5</u>368<u>5</u>1517806<u>5</u>96512546853 56795146 (13개)

29   정답 ④

<u>분</u>할주의 기법은 상호 침투를 통해 대상의 연속적인 움직임을 효과적으로 표현하였다. (4개)

30   정답 ③

As <u>t</u>he soil, however ric<u>h</u> it may be, cannot be productive wi<u>th</u>out cultivation, so <u>t</u>he mind wi<u>th</u>out culture can never produce good fruit. (6개)

제5회 최종모의고사

공간능력

01		02		03		04		05	
01	③	02	②	03	③	04	①	05	②
06	②	07	④	08	④	09	②	10	④
11	①	12	②	13	③	14	②	15	③
16	②	17	①	18	②				

01   정답 ③

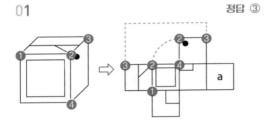

02   정답 ②

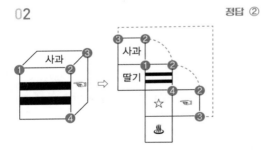

03   정답 ③

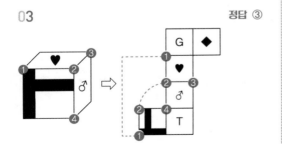

04   정답 ①

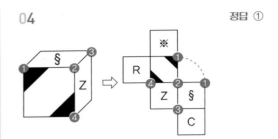

05   정답 ②

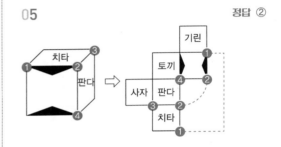

06   정답 ②

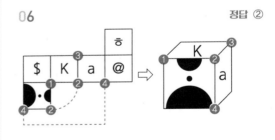

07   정답 ④

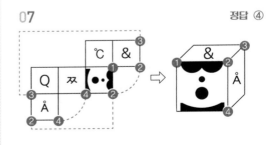

08

정답 ④

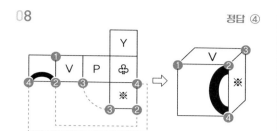

09

정답 ②

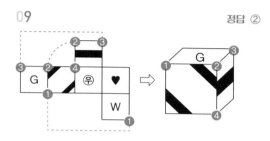

10

정답 ④

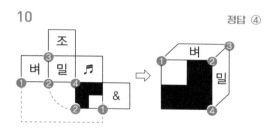

11

정답 ①

1층: 5+5+5+5+5=25개
2층: 5+5+5+3+3=21개
3층: 4+5+4+2+1=16개
4층: 4+5+3+2+1=15개
5층: 2+1+2+1+1=7개
∴ 25+21+16+15+7=84개

12

정답 ②

1층: 5+5+5+4+5+5+3=32개
2층: 4+5+5+1+5+5+3=28개
3층: 4+5+2+1+0+3+3=18개
4층: 4+3+1+1+0+0+2=11개
5층: 2+0+0+0+0+0+2=4개
∴ 32+28+18+11+4=93개

13

정답 ③

1층: 5+5+5+5+5+5+5=35개
2층: 4+5+4+5+4+5+3=30개
3층: 4+5+4+3+0+5+2=23개
4층: 3+5+4+3+0+4+2=21개
5층: 0+2+0+1+0+2+0=5개
∴ 35+30+23+21+5=114개

14

정답 ②

1층: 5+3+4+3+4+4+5=28개
2층: 5+2+2+2+3+1+5=20개
3층: 3+1+1+2+2+1+3=13개
4층: 1+1+0+1+1+1+1=6개
5층: 0+1+0+1+0+1+0=3개
∴ 28+20+13+6+3=70개

15

정답 ③

좌측에서 바라보았을 때, 5층 – 5층 – 3층 – 4층 – 2층으로 구성되어 있다.

16

정답 ②

우측에서 바라보았을 때, 2층 – 5층 – 3층 – 2층 – 5층으로 구성되어 있다.

17

정답 ①

정면에서 바라보았을 때, 2층 – 5층 – 2층 – 4층 – 3층으로 구성되어 있다.

18

정답 ②

상단에서 바라보았을 때, 5층 – 4층 – 1_1층 – 4층 – 3층으로 구성되어 있다.

01	④	02	⑤	03	③	04	①	05	④
06	⑤	07	②	08	①	09	⑤	10	①
11	④	12	④	13	⑤	14	④	15	④
16	①	17	③	18	①	19	⑤	20	⑤
21	⑤	22	④	23	②	24	④	25	③

01　　　　　　정답 ④

Q 정답해설

제시문과 ④ 모두 '방이나 집 따위에 있거나 거처를 정해 머무르게 되다.'의 의미로 쓰였다.

Q 오답해설

①·⑤ 어떤 범위나 기준, 또는 일정한 기간 안에 속하거나 포함되다.
② 어떠한 시기가 되다.
③ 안에 담기거나 그 일부를 이루다.

02　　　　　　정답 ⑤

Q 정답해설

㉠ 대응하다: 어떤 일이나 사태에 맞추어 태도나 행동을 취하다.
㉡ 가늠하다: 사물을 어림잡아 헤아리다.

Q 오답해설

• 대비하다: 앞으로 일어날지도 모르는 어떠한 일에 대응하기 위하여 미리 준비하다.
• 처치하다: 상처나 헌데 따위를 치료하다.
• 가름하다: 승부나 등수 따위를 정하다.
• 예상하다: 어떤 일을 직접 당하기 전에 미리 생각하여 두다.

03　　　　　　정답 ③

Q 정답해설

명제가 참이면 이의 대우 명제도 참이다. 즉, '을이 좋아하는 과자는 갑이 싫어하는 과자이다.'가 참이면 '갑이 좋아하는 과자는 을이 싫어하는 과자이다.'도 참이다. 따라서 갑은 비스킷을 좋아하고, 을은 비스킷을 싫어한다.

04　　　　　　정답 ①

Q 정답해설

• 십벌지목(十伐之木): '열 번 찍어 아니 넘어가는 나무가 없다.'로 어떤 어려운 일이라도 여러 번 계속하여 끊임없이 노력하면 기어이 이루어 내고야 만다는 뜻
• 반복무상(反覆無常): 언행이 이랬다저랬다 하며 일정하지 않거나 일정한 주장이 없음을 이르는 말

Q 오답해설

② 마부작침(磨斧作針): 도끼를 갈아 바늘을 만든다는 뜻으로, 아무리 어려운 일이라도 끈기 있게 노력하면 이룰 수 있음을 비유하는 말
③ 우공이산(愚公移山): 우공이 산을 옮긴다는 말로, 남이 보기엔 어리석은 일처럼 보이지만 한 가지 일을 끝까지 밀고 나가면 언젠가는 목적을 달성할 수 있다는 뜻
④ 적진성산(積塵成山): 티끌 모아 태산
⑤ 철저성침(鐵杵成針): 철 절굿공이로 바늘을 만든다는 뜻으로, 아주 오래 노력하면 성공한다는 말을 나타냄

05　　　　　　정답 ④

Q 정답해설

제시문은 국보 문화재의 힘, 중요도에 대해 강조하고 있다. 따라서 ㉠은 국보 문화재의 중요성을 담고 있어야 한다. ④는 '셰익스피어'를 국보 문화재로 보고, 셰익스피어가 힘(중요도)이 있기 때문에 바꿀 수 없다는 의미이므로 ㉠에 어울린다.

Q 오답해설

① 구르는 돌에는 이끼가 끼지 않는다: 사람이 쉬지 않고 활동해야만 발전이 있다는 의미
② 지식은 나눌 수 있지만 지혜는 나눌 수 없다: 비록 지혜가 있는 자도 입을 열지 않고 다물고만 있으면 벙어리나 귀머거리가 손짓, 발짓으로 말하는 것보다 못하다는 의미
③ 사람은 겪어 보아야 알고 물은 건너 보아야 안다: 사람은 겉만 보고는 알 수 없으며, 서로 오래 겪어 보아야 알 수 있음을 의미
⑤ 아름다운 시작보다 아름다운 끝을 선택하라: 시작보다 끝의 아름다움이 중요하다는 의미

06　　　　　　정답 ⑤

Q 정답해설

제시문과 ⑤의 '걸다'는 '긴급하게 명령하거나 요청하다.'의 의미이다.

① 벽이나 못 따위에 어떤 물체를 떨어지지 않도록 매달아 올려놓거나 달려 있게 하다.
② 다른 사람이나 문제 따위가 관련이 있음을 주장하다.
③ 앞으로의 일에 대한 희망 따위를 품거나 기대하다.
④ 사람이 기구나 기계에 무엇을 쓸 수 있도록 차려놓다.

07   정답 ②

⊘ 정답해설

제시된 지문에서 단일 수종으로만 이루어진 숲은 외부의 위험에 견뎌내는 힘이 약하다고 지적하고 있으므로 다양성을 강조하는 내용이 이어지는 것이 적절하다.

08   정답 ①

⊘ 정답해설

제시된 단락의 마지막 문장을 통해 이어질 내용이 초콜릿의 기원임을 유추할 수 있으므로 역사적 순서에 따라 나열하면 (B) - (C) - (D)가 되고, 그러한 초콜릿이 한국에서 전파되어 유행하였다는 내용은 각론에 해당하므로 (A)는 마지막에 위치한다.

09   정답 ⑤

⊘ 정답해설

눈 위의 혹: 몹시 미워서 눈에 거슬리는 사람을 비유하는 말

⊘ 오답해설

① 난장을 치다: 함부로 마구 떠들다.
② 달다 쓰다 말이 없다: 아무런 반응도 나타내지 않다.
③ 한몫 잡다: 단단히 이득을 취하다.
④ 간을 꺼내어 주다: 비위를 맞추기 위해 중요한 것을 아낌 없이 주다.

10   정답 ①

⊘ 정답해설

'흉내'와 '시늉'은 유의어이므로, '권장'의 유의어인 '권려'가 들어가야 한다.

⊘ 오답해설

② 조성(造成): '무엇을 만들어서 이룸' 또는 '분위기나 정세 따위를 만듦'
③ 권감(權減): 임시로 감원함

④ 형성(形成): 어떤 형상을 이룸
⑤ 권략(權略): 임기응변의 꾀나 모략

11   정답 ④

⊘ 정답해설

심리적 문제는 개인의 비합리적인 신념의 '산물'이라고 하였으므로, 심리적 문제는 비합리적인 신념의 '원인'이 아닌 '결과'이다.

12   정답 ④

⊘ 정답해설

'완숙하다'는 '사람이나 동물이 완전히 성숙한 상태이다'라는 뜻으로, ④의 문맥에는 '미숙'이 적절하다.

13   정답 ⑤

⊘ 정답해설

⑤는 경쟁사 간의 갈등으로, 다른 사회적 기반을 가진 집단 사이의 갈등이 아니다.

⊘ 오답해설

① 노사 갈등   ② 세대 갈등
③ 빈부 갈등   ④ 지역 갈등

14   정답 ④

⊘ 정답해설

㉠에서는 오랑우탄이 건초더미를 주목한 연구 결과를 통해 유인원도 다른 개체의 생각을 미루어 짐작하는 능력이 있다고 주장한다. 오랑우탄이 건초더미를 주목한 것은 B가 상자 뒤에 숨었다는 사실을 모르는 A의 입장이 되었기 때문이라는 것이다. 그러나 오랑우탄이 단지 건초더미가 자신에게 가까운 곳에 있었기 때문에 주목한 것이라면, 다른 개체의 입장이 아닌 자신의 입장에서 생각한 것이 되므로 ㉠은 약화된다.

⊘ 오답해설

① 외모의 유사성은 제시문에 나타난 연구 내용과 관련이 없다.
② 사람에게 동일한 실험을 한 후 비슷한 결과가 나왔다는 것은 사람도 유인원처럼 다른 개체의 생각을 미루어 짐작하는 능력이 있다는 것이므로 오히려 ㉠을 강화할 수 있다.
③ 새로운 오랑우탄을 대상으로 동일한 실험을 한 후 비슷한 결과가 나왔다는 것은 ㉠을 강화할 수 있다.
⑤ 제시문에서는 나머지 오랑우탄 10마리에 대해 언급하고 있지 않다.

15 　　　　　정답 ④

〈보기〉에서 '~이 위기'를 통해 (라)의 앞부분에서는 위기 상황을 제시하고, 뒷부분에서는 인류의 각성을 촉구하는 내용을 다루고 있다. 각성의 당위성을 이끌어내는 내용인 〈보기〉가 (라)에 들어가면 앞뒤의 내용을 논리적으로 연결할 수 있다.

16 　　　　　정답 ①

🔍정답해설

(라)의 '이러한 기술 발전'은 (나)의 내용에 해당하고, (가)의 '그러한 위험'은 (다)의 내용에 해당한다. 내용상 기술 혁신에 대해 먼저 설명하고 그 위험성에 대해 나와야 하므로, 가장 알맞은 순서는 (나) – (라) – (다) – (가)이다.

17 　　　　　정답 ③

🔍정답해설

필자는 음식과 식사 예법의 특성을 나라별로 '오감' 중의 하나를 들어 이야기하면서, 청각이 동원되는 경우는 많지 않지만 우리의 경우 다르다는 것을 예를 들어 설명하고 있다. 따라서 우리 음식과 식사 예법의 특성으로 '청각'이 동원될 수밖에 없는 이유를 '가령'으로 시작해서 ⊙까지의 글에서 밝혀야 한다. 따라서 ③이 가장 적절하다.

🔍오답해설

① 제시문의 '식사 예법', '조용조용 소리 없이 먹는 경우가 대부분'이라는 말들을 통해서 소리 내어 먹는 것이 식사 예법에 어긋난다는 주장과 이 글이 관련되었다는 생각을 떠올리게 한다. 그러나 논리적 전개와 문맥상 '소리를 내어 먹을 수밖에 없는 음식'에 대한 논증이 우선되어야, 이를 바탕으로 '소리 내어 먹는 것이 식사 예법에 어긋나는 일인지'에 대한 논의를 할 수 있다. 따라서 제시문에서는 아직 청각이 동원될 수밖에 없는 음식에 대해서 논하고 있으므로, ①은 논리 전개의 순서를 뛰어넘는 것이 된다.

18 　　　　　정답 ⑤

🔍정답해설

〈보기〉의 주제문을 뒷받침하기 위해서는 '육교'의 문제점에 관한 내용이 나와야 한다. ⑤는 '횡단보도'와 관련된 내용이므로 뒷받침 문장으로 적절하지 않다.

🔍오답해설

①·②·③·④ 모두 육교의 문제점이라 할 수 있다.

19 　　　　　정답 ⑤

🔍정답해설

1문단을 통해 3차원 프린터의 가격이 떨어지고 생산량이 증가하였으며, 4문단을 통해 앞으로 3차원 프린터의 적용 분야는 무한히 확대될 것이라는 전망을 알 수 있다.

🔍오답해설

① 일반 가정에서의 사용이 늘었다고 해서 전문가들의 사용이 줄어들 것이라는 설명은 나타나지 않는다.
② 3차원 프린터는 일반 프린터와 작동 방식에 차이가 있어 3차원의 실물을 만들 수 있으며, 앞으로도 3차원 프린터의 적용 분야는 넓어질 것이라고 설명하고 있다.
③ 2문단의 세 번째에서 네 번째 문장을 통해 도면을 수정하여 제품을 다시 만든다는 것을 알 수 있다.
④ 3문단의 두 번째 문장을 통해 3차원 프린터가 인간의 신체에 이식할 수 있을 정도로 복잡하고 정교한 인공물을 생산할 수 있음을 알 수 있다.

20 　　　　　정답 ⑤

🔍정답해설

⊙의 '빛을 발하다'는 '제 능력이나 값어치를 드러내다'라는 의미의 관용구이다. 또한 문맥적으로도 '3차원 프린터가 소규모 제품 생산에 특화되어 있다'는 의미로 쓰이고 있으므로 '두드러진다'의 의미로 쓰이고 있다.

21 　　　　　정답 ⑤

🔍정답해설

학교 신입생을 대상으로 3차원 프린터 동아리를 홍보하고 가입을 권유하는 것이므로 학교 내 동아리의 종류를 제시할 필요가 없다. 또한 동아리 가입 방법을 설명하는데 동아리의 종류를 제시하는 것은 어울리지 않는다.

22 　　　　　정답 ④

🔍정답해설

해외여행 전에는 반드시 질병관리본부 홈페이지를 방문하여 해외 감염병 발생 상황을 확인하고, 필요한 예방접종과 예방약 등을 미리 준비한다.

🔍오답해설

①·③ 해외여행 중 지켜야 할 감염병 예방 행동이다.
② 해외여행을 마치고 입국 시에 지켜야 할 감염병 예방 행동이다.
⑤ 질병관리본부의 콜센터로 여행 지역을 미리 신고하는 것이 아니라 입국 후 감염병 증상이 의심될 경우 이를 신고하여야 한다.

23

정답 ②

🔍 **정답해설**

제시문은 사막화 현상의 위험성에 대해 서술하고 있다. 그러나 사막화를 막는 방안에 대한 언급은 찾아볼 수 없다.

🔍 **오답해설**

① 둘째 문단 마지막 문장에 아프리카, 중동, 호주, 중국 등이 언급되어 있다.
③ 둘째 문단 첫 번째 문장과 세 번째 문장에 언급되어 있다.
④ 둘째 문단 첫 번째 문장에 언급되어 있다.
⑤ 세 번째 문단 첫 번째 문장에서 네 번째 문장에 걸쳐 언급되어 있다.

24

정답 ④

🔍 **정답해설**

'(나) 제도의 발달과 경제 성장의 관계 → (다) 지리적 조건과 경제 성장의 관계 → (가) (다)에 대한 반론 → (라) 결론' 순으로 오는 것이 자연스럽다.

25

정답 ③

🔍 **정답해설**

제도의 발달과 경제 성장의 관계에 대한 예가 제시되므로 첫 번째 괄호에는 '예를 들어'가 적절하고, 두 번째 괄호에는 앞 문장과 반대되는 내용이 진술되고 있기 때문에 '그러나'가 와야 한다. 세 번째 괄호에는 앞 문장을 받아 부연하고 있기 때문에 '이 때문에'가 적절하다.

자료해석

01	③	02	④	03	④	04	②	05	③
06	①	07	③	08	④	09	④	10	④
11	③	12	①	13	③	14	②	15	④
16	④	17	①	18	②	19	③	20	①

01

정답 ③

🔍 **정답해설**

2016년부터 공정자산총액과 부채총액의 차를 순서대로 나열하면 952, 1,067, 1,383, 1,127, 1,864, 1,908억 원이다. 따라서 차가 가장 큰 해는 2021년이다.

🔍 **오답해설**

① 2019년에는 자본총액이 전년 대비 감소했다.
② 직전 해에 비해 당기순이익이 가장 많이 증가한 해는 2020년이다.
④ 2016 ~ 2019년의 자본총액 중 자본금의 비율을 구하면 다음과 같다.

- 2016년: $\dfrac{434}{952} \times 100 = 45.6\%$

- 2017년: $\dfrac{481}{1,067} \times 100 = 45.1\%$

- 2018년: $\dfrac{660}{1,383} \times 100 = 47.7\%$

- 2019년: $\dfrac{700}{1,127} \times 100 = 62.1\%$

따라서 2017년에는 자본금의 비중이 감소했다.

02

정답 ④

🔍 **정답해설**

진급시험 성적은 100점 만점이므로 제시된 점수를 그대로 반영하고, 영어 성적은 5로 나누고, 체력 평가의 경우는 2로 나누어서 반영한 후 합산점수가 가장 큰 두 사람을 선발한다. 합산점수는 다음과 같다.

구분	A	B	C	D	E	F	G	H	I	J	K
합산 점수	220	225	225	200	277.5	235	245	220	260	225	230

합산점수가 가장 높은 E와 I는 동료 평가에서 '하'를 받았으므로 진급대상에서 제외된다.
∴ 다음 순위자인 G, F가 진급대상자가 된다(동료 평가 '중').

03

정답 ④

🔍 정답해설

- A만 문제를 풀 확률: $\dfrac{1}{4} \times \dfrac{2}{3} \times \dfrac{1}{2} = \dfrac{2}{24}$

- B만 문제를 풀 확률: $\dfrac{3}{4} \times \dfrac{1}{3} \times \dfrac{1}{2} = \dfrac{3}{24}$

- C만 문제를 풀 확률: $\dfrac{3}{4} \times \dfrac{2}{3} \times \dfrac{1}{2} = \dfrac{6}{24}$

∴ 한 사람만 문제를 풀 확률: $\dfrac{2}{24} + \dfrac{3}{24} + \dfrac{6}{24} = \dfrac{11}{24}$

04

정답 ②

🔍 정답해설

줄여야 하는 가로의 길이를 $x$cm라고 하자. 이때 줄인 후의 가로의 길이는 $(20-x)$cm이다.

직사각형의 넓이의 반은 $20 \times 15 \div 2 = 150$cm^2 이므로 $15(20-x) \leq 150 \rightarrow 15x \geq 150 \rightarrow x \geq 10$이다.

∴ 가로의 길이를 최소 10cm 이상 줄여야 한다.

05

정답 ③

🔍 정답해설

㉠ 2차 구매 시 1차와 동일한 커피를 구매하는 사람들이 다른 커피를 구매하는 사람들보다 최소한 1.5 ~ 2배 이상 높은 것으로 나타났다(A ~ E 각각의 1차 커피차 구매자 중 2차 동일 커피 구매자는 A: 54%, B: 61%, C: 76%, D: 76%, E: 49% 비중 차지).

㉢ 전체 구매자들(541명) 중 1차에서 C를 구매한 사람들이 37.7%(204명)로 가장 많았고, 2차에서 C를 구매한 사람들도 중 42.7%(231명)로 가장 많았다.

🔍 오답해설

㉡ 1차에서 A를 구매한 뒤 2차에서 C를 구매한 사람들은 44명, 반대로 1차에서 C를 구매한 뒤 2차에서 A를 구매한 사람들은 17명이므로 전자의 경우가 더 많다.

06

정답 ①

🔍 정답해설

2018년에 국유재산의 규모가 10조 원을 넘는 것은 '토지, 건물, 공작물, 유가증권'으로, 총 4개이다.

07

정답 ③

🔍 정답해설

㉠ 2018년과 2020년에 국유재산 종류별로 규모가 큰 순서는 '토지 – 공작물 – 유가증권 – 건물 – 입목죽 – 선박·항공기 – 무체재산 – 기계·기구' 순으로 동일하다.

㉡ 2016년과 2017년에 규모가 가장 작은 국유재산은 '기계·기구'로 동일하다.

㉢ 2017년 국유재산 중 건물과 무체재산, 유가증권 규모의 합계는 $616,824 + 10,825 + 1,988,350 = 2,615,999$억 원으로 260조 원보다 크다.

🔍 오답해설

㉣ 2016년부터 2018년까지는 선박·항공기와 기계·기구의 전년 대비 증감 추세가 감소(−), 증가(+)로 동일하다. 그러나, 2018년 대비 2019년에 선박·항공기는 감소하였으나, 기계·기구는 증가하였다.

08

정답 ④

🔍 정답해설

- 2013 · 2014년의 평균: $\dfrac{826+806}{2} = 816$(만 명)

- 2019 · 2020년의 평균: $\dfrac{795+811}{2} = 803$(만 명)

∴ 2013 · 2014년의 평균과 2019 · 2020년 평균의 차
: $816 - 803 = 13$(만 명)

09

정답 ③

🔍 정답해설

가장 큰 정사각형의 한 변의 길이를 $a$cm라고 하자. 가장 큰 정사각형의 넓이가 255cm^{2}를 넘으면 안 되므로 $a < 16$cm 이다. 다음으로 가장 큰 $a$cm 정사각형과 그 다음으로 큰 $(a-1)$cm 정사각형의 넓이를 더했을 때, 255cm^{2}를 넘지 않아야 한다.

$15^2 + 14^2 = 225 + 196 = 421$cm^2 → ×
$14^2 + 13^2 = 196 + 169 = 365$cm^2 → ×
$13^2 + 12^2 = 169 + 144 = 313$cm^2 → ×
$12^2 + 11^2 = 144 + 121 = 265$cm^2 → ×
$11^2 + 10^2 = 121 + 100 = 221$cm^2 → ○

이런 방법으로 개수를 늘리면서 a, $(a-1)$, $(a-2)$, …의 넓이 합을 구하면 다음과 같다.

$11^2 + 10^2 + 9^2 = 121 + 100 + 81 = 302$cm^2 → ×
$10^2 + 9^2 + 8^2 + 7^2 = 100 + 81 + 64 + 49 = 294$cm^2 → ×
$9^2 + 8^2 + 7^2 + 6^2 + 5^2 = 81 + 64 + 49 + 36 + 25 = 255$cm^2
→ ○

정사각형의 한 변의 길이는 각각 5, 6, 7, 8, 9cm이다.
이 사각형의 둘레를 구하면 세로 길이는 9cm이고, 가로 길이는 $5+6+7+8+9 = 35$cm이다.
따라서 $(35+9) \times 2 = 44 \times 2 = 88$cm이다.

10

🔍 **정답해설**

2020년 게임산업 수출액 중 가장 높은 비중을 차지하는 지역은 E 국이다. 2020년 전체 수출액 대비 E 국의 수출액이 차지하는 비중을 구하면,

- $\dfrac{9,742}{29,354} \times 100 \fallingdotseq 33.2(\%)$

2020년 게임산업 수입액 중 가장 높은 비중을 차지하는 지역은 B 국이다. 2020년 전체 수입액 대비 B 국의 수입액이 차지하는 비중을 구하면,

- $\dfrac{6,002}{6,715} \times 100 \fallingdotseq 89.4(\%)$

∴ 구하는 값은 $89.4 - 33.2 = 56.2(\%p)$이다.

11

정답 ③

🔍 **정답해설**

자기계발 과목에 따라 해당되는 지원 금액과 신청 인원은 다음과 같다.

구분	지원 금액	신청 인원
영어회화	70,000원×0.5=35,000원	3명
컴퓨터 활용	50,000원×0.4=20,000원	3명
세무회계	60,000원×0.8=48,000원	3명

각 교육프로그램마다 3명씩 지원했으므로

∴ 총 지원비: $(35,000+20,000+48,000) \times 3 = 309,000$원

12

정답 ①

🔍 **정답해설**

〈S 전자〉

- 8대 구매 시 2대 무료 증정 → 32대 구매 시 8대 증정
- 40대 구매 시 가격: $80,000 \times 32 = 2,560,000$(원)
- 100만 원당 2만 원 할인: $2,560,000 - 40,000$
  $= 2,520,000$(원)
- 총 구매 가격: 2,520,000(원)

〈B 마트〉

- 40대 구매 시 가격: $90,000 \times 40 = 3,600,000$(원)
- 40대 이상 구매 시 7% 할인: $3,600,000 \times 0.93$
  $= 3,348,000$(원)
- 총 구매 가격: 3,348,000원

∴ B 마트에 비해 S 전자가 820,000원 더 저렴하다.

13

정답 ③

🔍 **정답해설**

ⓒ 2020년 가을 평균 기온 변화량은 1.6℃이고, 여름 평균 기온 변화량은 0.7℃이다.

ⓜ 2017년부터 2019년까지 봄 평균 기온은 계속해서 하강하고 있다.

🔍 **오답해설**

ⓙ $[(가)+24.0+15.3-0.4] \div 4 = 12.4$
  → $38.9+(가)=49.6$이므로 (가)=10.7이다.

ⓛ·ⓡ 표를 보면 알 수 있는 내용이다.

14

정답 ②

🔍 **정답해설**

2018년 이후 여성경제활동인구는 지속해서 증가하였다. 그러나 경제활동인구 수는 취업자 수와 실업자 수의 합이므로 여성취업자의 수가 증가했는지는 정확히 알 수 없다.

🔍 **오답해설**

③ 2011 ~ 2020년 여성경제활동참가율은 49%에서 약 50.3% 사이의 수치를 보이므로, 50% 수준에서 정체된 상황을 보인다고 할 수 있다.

④ 여성경제활동참가율이 전년보다 가장 많이 감소한 해는 2017년으로, 이 해에 여성경제활동인구는 2016년보다 감소하였다.

15

정답 ④

🔍 **정답해설**

주어진 자료에서 중학생과 고등학생 각각의 전체 인원수가 구체적으로 나와 있지 않으므로 알 수 없다.

🔍 **오답해설**

① 전문계 고등학생 1인당 월평균 사교육비는 6만 7천 원으로 학교급별 1인당 월평균 사교육비가 가장 적다.

② 1인당 월평균 사교육비는 일반고 학생이 24만 원으로 가장 많다.

③ $200 \times \dfrac{88.8}{100} = 177.6$(명)이므로 옳은 설명이다.

16
정답 ④

🔍 정답해설

DU6548 → 2013년 10월에 생산된 엔진이다.

🔍 오답해설

① FN4568 → 2015년 7월에 생산된 엔진이다.
② HH2314 → 2017년 4월에 생산된 엔진이다.
③ WS2356 → 1998년 9월에 생산된 엔진이다.

전략 TIP

첫째 자리 수로 제외되는 해의 것을 판별할 수 있습니다.

17
정답 ①

🔍 정답해설

제시된 선그래프가 가파르게 증가한 구간은 2018 ~ 2019년이다. 즉, 전년 대비 개인정보 침해신고 상담 건수의 증가량이 가장 많았던 해는 2019년이다.
∴ 전년 대비 2019년의 상담 건수의 증가량
 : $122,215 - 54,832 = 67,383$(건)

🔍 오답해설

② 2018년 개인정보 침해신고 상담 건수의 전년 대비 증가율
 : $\frac{54,832 - 35,167}{35,167} \times 100 \fallingdotseq 55.9(\%)$
③ 개인정보 침해신고 상담 건수는 2012년과 2017년에 감소하였다.
④ $17,777 \times 10 = 177,770 > 122,215$이므로 2019년 개인정보 침해신고 상담 건수는 2011년 상담 건수의 10배 미만이다.

18
정답 ②

🔍 정답해설

• '자녀 유학을 원함'에 응답한 학부모의 수
 : $1,500 \times \frac{51.8}{100} = 777$(명)
• '외국의 학력을 더 인정하는 풍토 때문'이라고 응답한 학부모의 수: $777 \times \frac{48}{100} \fallingdotseq 372$(명)(∵ 소수점 이하 버림)
• '외국어 습득에 용이'라고 응답한 학부모의 수
 : $777 \times \frac{7.4}{100} \fallingdotseq 57$(명)(∵ 소수점 이하 버림)
∴ 두 응답자 수의 차이: $372 - 57 = 315$(명)

19
정답 ③

🔍 정답해설

ㄴ. 입항 횟수는 2011년 대비 2015년에 $\frac{412 - 149}{149} \times 100$ $\fallingdotseq 176.5\%$ 증가하였다.

ㄷ. 2014년 입항 횟수당 입국자 수는 $\frac{954,685}{462} \fallingdotseq 2,066$명/회이므로 2011년 입항 횟수당 입국자 수의 2배인 $\frac{153,193}{149} \times 2 \fallingdotseq 2,056$명/회보다 많다.

🔍 오답해설

ㄱ. 입국자 수를 나타낸 막대그래프에서 전년 대비 높이 차이가 많이 나는 해는 2013년, 2016년, 2017년이다. 각 해의 입국자 수와 입항 횟수의 전년 대비 증감량을 구하면 다음과 같다.

구분	입국자 수(명)	입항 횟수(회)
2013년	$698,945 - 278,369$ $= 420,576$	$433 - 223 = 210$
2016년	$2,258,334 - 1,045,876$ $= 1,212,458$	$785 - 412 = 373$
2017년	$\lvert 505,283 - 2,258,334 \rvert$ $= 1,753,051$	$\lvert 262 - 785 \rvert$ $= 523$

따라서 입국자 수의 전년 대비 증감량이 두 번째로 큰 해는 2016년이고, 입항 횟수의 전년 대비 증감량이 가장 큰 해는 2017년이다.

ㄹ. 2013년 대비 2015년의 입국자 수의 증가율은 $\frac{1,045,876 - 698,945}{698,945} \times 100 \fallingdotseq 49.6\%$로 60% 이하이다.

20
정답 ①

🔍 정답해설

• 2013년: $\frac{698,945}{433} \fallingdotseq 1,614$명/회
• 2014년: $\frac{954,685}{462} \fallingdotseq 2,066$명/회
• 2015년: $\frac{1,045,876}{412} \fallingdotseq 2,539$명/회
• 2016년: $\frac{2,258,334}{785} \fallingdotseq 2,877$명/회

따라서 2013년의 입국 횟수당 입국자 수가 가장 적다.

지각속도

01	②	02	①	03	①	04	②	05	①
06	①	07	②	08	②	09	①	10	②
11	②	12	①	13	②	14	①	15	①
16	①	17	②	18	①	19	①	20	②
21	①	22	②	23	④	24	③	25	③
26	④	27	③	28	④	29	②	30	③

01 　　정답 ②

book dive bite up street　→　<u>cut</u> dive bite up street

04 　　정답 ②

word up lake street cut　→　word <u>off</u> lake <u>up</u> cut

07 　　정답 ②

공유 양가 정유 고유 여가　→　공유 양가 <u>소유</u> 고유 여가

08 　　정답 ②

예가 소유 경유 유가 양가　→　예가 <u>정유</u> 경유 유가 <u>요가</u>

10 　　정답 ②

경유 정유 양가 요가 유가　→　경유 <u>예가</u> 양가 <u>유가</u> 요가

11 　　정답 ②

뙭 댎 뇲 눯 멫　→　뙭 댎 <u>둄</u> 눯 멫

13 　　정답 ②

댎 겗 뙹 뵀 걒　→　댎 겗 뙹 <u>멫</u> <u>뵀</u>

17 　　정답 ②

달 하천 산 오름 바다　→　달 <u>하늘</u> 산 오름 바다

20 　　정답 ②

강 달 바다 하늘 오름　→　강 <u>별</u> 바다 하늘 <u>구름</u>

21 　　정답 ①

5896<u>2</u>15<u>2</u>1<u>2</u>488951<u>2</u>75462<u>1</u>865<u>2</u>49865<u>2</u>5751<u>2</u>35<u>2</u>4785
1<u>2</u>68954528 (11개)

22 　　정답 ②

∀∉∓ヨΣ∉ヨ∀∓Σ<u>ヨ</u>∉∨<u>ヨ</u>∓<u>ヨ</u>∉Σ<u>ヨ</u>∓∉Σ∓∀
∓<u>ヨ</u>Σ∀<u>ヨ</u> (8개)

23 　　정답 ④

누구나 자유<u>롭</u>게 정보를 주고받을 수 있는 인터넷이 오히<u>려</u>
청소년에게 해<u>로</u>운 매체가 <u>될</u> 수 있다는 사<u>실</u>은 선진국에서
도 동감하고 있다. (8개)

24 　　정답 ③

절망으로부터 도망<u>칠</u> 유<u>일</u>한 피난처는 자아를 세상에 내동댕
<u>이치</u>는 <u>일이</u>다. (7개)

25 　　정답 ③

☴☲☴☳☲☴☲☴☶☴☲☴☶☴☲☴☲☴☲☴☶☴☲
☴☲☴☲☴☲☴☳☴☲☴☲☴☶☴☲☴☲☴☲ (9개)

26 　　정답 ④

The F<u>r</u>ench a<u>r</u>e famous fo<u>r</u> thei<u>r</u> sauces, the Italians
fo<u>r</u> thei<u>r</u> pasta, and the Ge<u>r</u>mans fo<u>r</u> thei<u>r</u> sausages.
(9개)

27 　　정답 ③

해<u>야</u> 할 <u>일</u>은 해<u>야</u> 한다. <u>어</u>떠한 고난과 <u>장애</u>와 <u>위험</u>, 그리고
<u>압력</u>이 <u>있</u>더라도 그것은 모든 <u>인</u>간 도덕의 기본<u>인</u> 것<u>이</u>다. (17개)

28 　　정답 ④

7845<u>1</u>454545<u>1</u>484<u>1</u>4<u>1</u>5464<u>1</u>24564<u>1</u>22<u>1</u>45<u>1</u>27856<u>1</u>845<u>1</u>
345<u>1</u>657<u>1</u>6891 (13개)

29 　　정답 ②

ⴄⴄⵕⴄ↿↾ⵕⴄⵕⴄⵕⴄⵕⴄⴄ↓↿↾ⴄⴄⵕⵕⴄⵕⴄ↼ⴄⵕ↼
ⴄⵕⴄⵕⴄⵕⴄ↼ⵕⴄ↼ⴄⵕⴄⵕ (10개)

30 　　정답 ③

칸트는 우리가 특정<u>한</u> 목적을 달성하기 위해 준수<u>해</u>야 할 일,
또는 어떤 처지가 안 되기 위<u>해</u> 회피<u>해</u>야 할 일에 대<u>한</u> 것을
가언적 명령이라고 <u>했</u>다. (11개)

제6회 고난도 모의고사

공간능력

01	④	02	②	03	④	04	②	05	④
06	①	07	③	08	②	09	①	10	②
11	④	12	①	13	④	14	③	15	③
16	②	17	③	18	②				

01 정답 ④

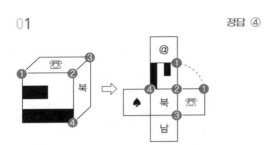

02 정답 ②

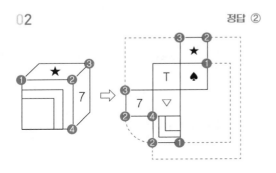

03 정답 ④

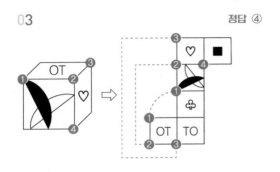

04 정답 ②

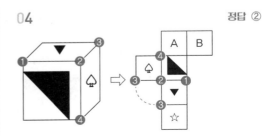

05 정답 ④

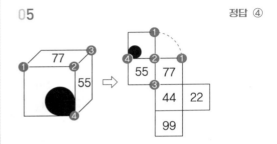

06 정답 ①

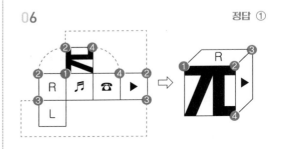

07 정답 ③

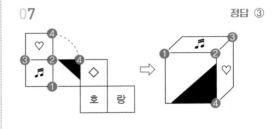

08

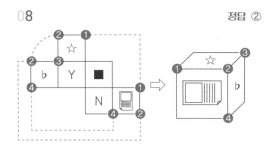

정답 ②

09

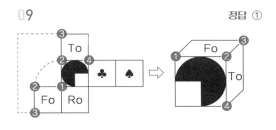

정답 ①

10

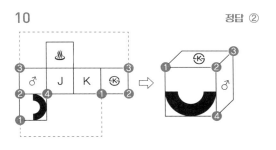

정답 ②

11

정답 ④

1층: $5+4+4+5+5=23$개
2층: $5+4+4+5+5=23$개
3층: $5+4+4+4+3=20$개
4층: $3+2+2+4+0=11$개
5층: $3+1+1+4+0=9$개
∴ $23+23+20+11+9=86$개

12

정답 ①

1층: $5+3+2+3+5+2+5=25$개
2층: $4+1+1+3+4+2+4=19$개
3층: $3+0+0+2+4+2+3=14$개
4층: $2+0+0+1+2+1+2=8$개
5층: $1+0+0+1+1+0+1=4$개
∴ $25+19+14+8+4=70$개

13

정답 ④

1층: $5+5+5+4+4+4+5=32$개
2층: $5+3+5+3+4+3+4=27$개
3층: $4+0+5+1+4+0+3=17$개
4층: $3+0+2+0+2+0+2=9$개
5층: $2+0+1+0+1+0+1=5$개
∴ $32+27+17+9+5=90$개

14

정답 ③

1층: $4+4+5+4+5+5+4=31$개
2층: $4+4+5+3+5+4+2=27$개
3층: $3+4+5+1+4+2+2=21$개
4층: $3+2+2+0+2+1+2=12$개
5층: $1+1+0+0+0+1+1=4$개
∴ $31+27+21+12+4=95$개

15

정답 ③

상단에서 바라보았을 때, 4층 – 5층 – 5층 – 2_1층 – 1층으로 구성되어 있다.

16

정답 ②

상단에서 바라보았을 때, 5층 – 4층 – 1_1층 – 2_2층 – 2_2층으로 구성되어 있다.

17

정답 ③

정면에서 바라보았을 때, 2층 – 3층 – 5층 – 3층 – 4층으로 구성되어 있다.

18

정답 ②

우측에서 바라보았을 때, 4층 – 3층 – 2층 – 3층 – 5층으로 구성되어 있다.

언어논리

01	③	02	①	03	③	04	①	05	④
06	②	07	④	08	①	09	④	10	⑤
11	①	12	④	13	①	14	①	15	②
16	②	17	④	18	③	19	③	20	①
21	④	22	⑤	23	③	24	①	25	④

01　　　　　　　　　　　　　　　　　　정답 ③

🔍 정답해설

• 매립(埋立): 우묵한 땅이나 하천, 바다 등을 돌이나 흙 따위로 채움
• 굴착(掘鑿): 땅이나 암석 따위를 파고 뚫음

🔍 오답해설

① • 당착(撞着): 말이나 행동 따위의 앞뒤가 맞지 않음
　• 모순(矛盾): 어떤 사실의 앞뒤, 또는 두 사실이 이치상 어긋나서 서로 맞지 않음
② • 용인(庸人): 평범한 사람
　• 범인(凡人): 평범한 사람
④ • 체류(滯留): 객지에 가서 머물러 있음
　• 체재(滯在): 객지에 가서 머물러 있음
⑤ • 모범(模範): 본받아 배울 만한 대상
　• 귀감(龜鑑): 거울로 삼아 본받을 만한 모범

02　　　　　　　　　　　　　　　　　　정답 ①

🔍 정답해설

제시문에서 인터넷은 국경 없이 누구나 자유롭게 정보를 주고받을 수 있는 기능과 함께 성인 인터넷 방송과 같은 청소년에게 해로운 매체가 될 수 있는 가능성을 동시에 내포하고 있다. 즉 ㉠은 ㉡의 의미를 포함한다. 따라서 '책'과 '동화책'의 관계와 유사하다.

03　　　　　　　　　　　　　　　　　　정답 ③

🔍 정답해설

지금은 듣기 좋은 말만 하며 비위를 맞추지만 언제라도 등을 돌릴 수 있기 때문에 이를 경계한다는 문장에 '겉으로는 꿀맛 같은 말을 하며 친한 척하지만, 속으로는 음해할 생각을 하거나 돌아서서 헐뜯는.'는 의미인 '구밀복검(口蜜腹劍)'이 적절하다.

🔍 오답해설

① 금의야행(錦衣夜行): 비단옷을 입고 밤길을 간다는 뜻으로, 자랑삼아 하지 않으면 생색이 나지 않음을 이르거나 아무 보람이 없는 일을 함을 이르는 말

② 부화뇌동(附和雷同): 우레 소리에 맞추어 천지 만물이 함께 울린다는 뜻으로 자기 생각이나 주장 없이 남의 의견에 동조한다는 말
④ 과유불급(過猶不及): 모든 사물이 정도를 지나치면 미치지 못한 것과 같다는 뜻으로, 중용이 중요함을 가리키는 말
⑤ 결자해지(結者解之): 맺은 사람이 풀어야 한다는 뜻으로, 자기가 저지른 일은 자기가 해결하여야 함

04　　　　　　　　　　　　　　　　　　정답 ①

🔍 정답해설

문맥의 흐름상 '겉에 나타나 있거나 눈에 띄다.'의 의미를 지닌 '드러나다'의 쓰임은 적절하다. 한편, '들어나다'는 사전에 등록되어 있지 않은 단어로 '드러나다'의 잘못된 표현이다.

05　　　　　　　　　　　　　　　　　　정답 ④

🔍 정답해설

제시문은 '온난화 기체 저감을 위한 습지 건설 기술'에 대한 내용으로 (나) 인공 습지 개발 가정 → (다) 그에 따른 기술적 성과 → (가) 개발 기술의 활용 → (라) 기술 이전에 따른 기대 효과 순서로 배열해야 한다.

06　　　　　　　　　　　　　　　　　　정답 ②

🔍 정답해설

제시문은 오늘날 상부상조가 소극적 형태로 잘못 받아들여졌다고 했으므로 '사실과 다르게 해석하거나 그릇되게 함'을 의미하는 왜곡(歪曲)이 '그릇되다'와 가장 가깝다.

🔍 오답해설

① 격하(格下): 자격이나 등급 따위를 낮춤
③ 비하(卑下): 자기를 낮춤 또는 남을 업신여기어 낮춤
④ 도태(陶胎): 여럿 중에서 불필요하거나 부적당한 것을 줄여 없앰
⑤ 변화(變化): 사물의 성질, 상태 따위가 바뀌어 달라짐

07　　　　　　　　　　　　　　　　　　정답 ④

🔍 정답해설

• 기대(期待): 어떤 일이 이루어지기를 바라고 기다림
• 양성(養成): 실력이나 역량 따위를 길러서 발전시킴
• 위로(慰勞): 따뜻한 말이나 행동으로 괴로움을 덜어 주거나 슬픔을 달래 줌

08 정답 ①

제시된 정보 사이의 논리적 관계를 파악하는 문제이다. ㉠은 대상의 고유한 성질을 인식하기 위해 대상을 고정화하여 이데아로 규정하는 것을 의미한다. ㉡이 속한 문장 전체를 보면 이데아에 대한 규정은 대상을 이성적 차원에서 ㉡과 같이 인식하는 출발점이 된다고 했으므로 ㉠은 ㉡이 이루어지기 위한 출발점, 즉 ㉡처럼 인식하기 위한 전제에 해당한다고 볼 수 있다.

09 정답 ④

정답해설

제시된 문장의 '묘사(描寫)'는 '어떤 대상이나 현상 따위를 있는 그대로 언어로 서술하거나 그림으로 그려서 나타내는 것'이다. 보기의 앞에는 어떤 대상이나 현상이 나와야 하므로 '분주하고 정신없는 장면'이 적절하다. 또한 보기에서의 묘사는 '본 사람이 무엇을 중요하게 판단하고, 무엇에 흥미를 느꼈느냐에 따라 크게 다르다.'고 했으므로 보기 뒤에는 '어느 부분에 주목하고, 또 어떻게 그것을 해석했는지에 따라 즐겁기도 하고 무섭기도 하다.'가 적절하다. 따라서 (라)에 문장이 들어가야 한다.

10 정답 ⑤

정답해설

본론에는 인력 고령화에 대한 기업의 대책이 논의되어야 한다. 그런데 제시문(서론)에서 인력이 고령화되면 인력 관리 및 유지를 위한 기업의 비용이 증대된다는 것을 문제점으로 지적하였다. ⑤와 같이 고령의 근로자를 위한 복지 혜택을 늘리고 이를 위해 필요한 예산을 확보하면, 기업의 인력 관리 및 유지를 위한 비용이 증대되게 된다. 따라서 ⑤는 기업 인력 고령화의 대책이라고 할 수 없다.

오답해설

본론에는 ①~④와 같이 인력 고령화에 대한 대책이 제시되어야 한다.
① 좋은 퇴직 조건을 제시하면 고령의 근로자 중 퇴직을 희망하는 사람이 많아질 수 있다.
② 퇴직 후의 생계를 걱정하는 고령 근로자에게 퇴직 전후의 창업 및 전직 지원 서비스는 퇴직에 대한 대비를 할 수 있게 한다.
③ 퇴직한 근로자 대상으로 한 계약직 자문 위원제 도입은, 퇴직 후에도 회사와 관련되어 일을 할 수 있게 해주며, 기업의 입장에서도 이 제도를 활용한다면 인력 유지를 위한 비용은 절약하면서 퇴직 근로자의 노하우를 활용할 수 있다.
④ 일정 연령이 되면 임금을 삭감하는 대신 정년을 보장하면, 기업 입장에서는 인력 유지를 위한 비용을 절약할 수 있고, 근로자 입장에서는 오랫동안 생계를 위한 일을 할 수 있다.

11 정답 ①

주어진 논증을 정리하면 다음과 같다.
ⅰ) 테러 증가 → 국방비 증가○
ⅱ) 국방비 증가× 또는 증세
ⅲ) 증세 → 침체
∴ 침체

이와 같은 결론을 얻기 위해서 논증을 역으로 분석해보면, 세계 경제가 침체한다는 결론이 나오기 위해서는 A국이 증세 정책을 실행한다는 조건이 필요하다. 그런데 두 번째 조건에서 증세 정책의 실행을 필연적으로 이끌어 내기 위해서는 국방비 지출이 늘어나야 함을 알 수 있다. 그리고 첫 번째 조건에서 국방비 지출 증가가 있기 위해서는 국제적으로 테러가 증가한다는 전제가 주어져야 함을 확인할 수 있다.

12 정답 ④

정답해설

〈보기〉의 중심 내용은 '문장은 일정한 구성 성분으로 이루어진다'는 것이다. 두괄식 설명문은 중심 내용이 맨 앞에 오는 구성이므로, 중심 내용을 담은 (나)를 첫 번째에 배치해야 한다. 그 다음은 문장 구성의 기본 단위인 '어절 → 구 → 절'을 설명한 순서로 배열한다.
• (나): 글의 중심 내용
• (가): '어절'에 관한 설명
• (다): '구'에 관한 설명
• (라): (다)에서 설명한 것을 '구'라고 정의하고, '절'에 관한 설명을 이어감

13 정답 ①

정답해설

①은 정의의 진술 방식을 사용한 문장이다. ②·③·④·⑤는 정의와 그 형식이 유사하기는 하지만 개념을 규정하고 있지 않으므로, 정의가 아니라 지정(확인)의 진술 방식을 사용한 문장이다.

14 정답 ①

정답해설

㉠에서처럼 중심 소재인 '논리적 사고'에 대한 정의로 글이 시작되는 것이 자연스럽다. ㉢의 '~ 생활도'로 보아 그 앞에 유사한 내용, 즉 ㉡의 '논리적 사고력이 인류의 문화를 발전시킨다'는 내용이 와야 한다. ㉤의 '지식과 정보를 보다 신속하고 정확하게 ~'는 ㉣의 컴퓨터와 밀접하며, 또 컴퓨터는 ㉢의 '인류의 풍부하고 윤택한 생활'과 밀접하다. 이를 정리하면 ㉠ - ㉡ - ㉢ - ㉣ - ㉤의 순서가 된다.

15 정답 ②

제시문 마지막 부분에서 '그런 사건이 일어날 확률'은 '매우 신뢰할 만한 사람이 거짓 증언을 할 확률'보다 작으므로 신뢰할 수 없다고 언급하고 있다. 즉, 이를 뒤집어서 생각하면 사건이 일어날 확률이 거짓 증언을 할 확률보다 크다면 신뢰해야 한다는 것이므로 빈칸에 들어갈 원칙은 ②가 가장 적절하다.

16 정답 ②

합통과 추통은 참도 있지만 오류도 있다고 말하고 있다. 그리고 빈칸 다음 문장에 '더욱 많으면 맞지 않는 경우가 있기 때문'이라는 이유를 제시하고 있으므로, 앞 문장에는 합통 또는 추통으로 분별 또는 유추하는 것에 위험이 많다고 말하는 ②가 적절하다.

17 정답 ④

제시문은 금력과 권력을 대응시키면서 논지를 전개하고 있다. 따라서 밑줄 친 부분에는 권력에 대한 진술이 있어야 한다. 또한 그 앞부분을 고려할 때 원인과 결과의 의미 구조를 지녀야 한다. 그런데 밑줄 친 부분은 전통적인 관존민비의 관념과 권력 숭배 경향을 언급하고 있다. 따라서 이들 개념을 이용하여 인과 관계를 보여 주면서, 뒷문장과 자연스럽게 연결되는 ④가 적절하다.

18 정답 ③

이 글은 장기 집중 심리요법의 효능, 장기요법을 통한 호전 등을 언급하고 있으므로 글의 제목으로는 ③이 적절하다.

19 정답 ③

오늘날 우리가 부르는 애국가의 노랫말은 외세의 침략으로 나라가 위기에 처해 있던 1907년을 전후하여 조국애와 충성심을 북돋우기 위하여 만들어졌다고 하였다. 따라서 1896년 『독립신문』에는 게재될 수 없었다.

① 1935년 안익태가 작곡한 애국가는 대한민국 임시정부가 애국가로 채택해 사용했으나 이는 해외에서만 퍼져나가 있었다. 따라서 옳지 않은 내용이다.

② 주요 방송국의 국기강하식 방송, 극장에서의 애국가 상영 등은 1980년대 후반 중지되었으므로 옳지 않은 내용이다.

④ 약식 절차로 국민의례를 행할 때 애국가를 부르지 않고 연주만 하는 의전행사나 시상식·공연 등에서는 전주곡을 연주해서는 안 된다고 하였으므로 옳지 않은 내용이다.

⑤ 안익태가 애국가 곡조를 작곡한 해는 1935년인데 이것이 현재의 노랫말과 함께 정부의 공식 행사에 사용된 것은 1948년이므로 10년 이상의 간격이 존재한다. 따라서 옳지 않은 내용이다.

20 정답 ①

'꼽혀지다'는 피동 접사 '-히'에 다시 통사적 피동문의 표현인 '-어지다'가 결합한 것으로, 불필요한 이중 피동 표현으로 볼 수 있다. 첫 번째 문장의 주어는 '리셋 증후군'이므로 서술어에는 피동사인 '꼽히다'를 써서, '리셋 증후군이 ~ 한 유형으로 꼽히고 있다'로 고치는 것이 적절하다.

② ⓒ은 '리셋 증후군'이라는 말이 언제 생겼는지 설명한 것이다. 맥락상 리셋 증후군을 처음 제시하고 있는 첫 문장 뒤로 옮겨, 제시된 리셋 증후군이 언제, 어디서 생겨났는지를 설명하는 것으로 이어지는 것이 자연스럽다.

③ '막다른 골목'은 '더는 어떻게 할 수 없는 절박한 경우'를 비유적으로 이르는 말로, ⓒ 뒤의 '관계를 쉽게 끊기도 한다'와 자연스럽게 이어지지 않는다. 한편, '칼로 무를 자르듯'의 '자르다'는 '동강을 내거나 끊어 내다'라는 의미로 쓰이므로, ③의 수정은 적절하다.

④ ⓔ의 앞에는 리셋 증후군은 판별이나 진단이 어렵다고 나와 있고, ⓔ의 뒤에는 예방하는 방법이 제시되어 있다. 따라서 ⓔ에는 앞의 내용이 뒤의 내용의 이유나 원인, 근거가 될 때 쓰는 '그러므로'를 쓰는 것이 자연스럽다.

⑤ '대화를 공유한다'는 어색한 표현이므로, '대화를 나누다'라고 수정하는 것이 문맥상 더 자연스럽다.

21 정답 ④

제시문의 논증은 진화론에 대한 비판인데 ④는 대멸종을 다루고 있어 이 둘은 서로 연관되지 않는다. 따라서 이것이 논증에 대한 비판이라고 보기는 어렵다.

① 제시된 논증은 지난 100년간 지구상에서 새롭게 출현한 종이 없기 때문에 진화론이 거짓이라는 것인데 언젠가 신생 종이 훨씬 많이 발생하는 시기가 온다는 것은 논증을 약화시키게 된다.

② 제시된 논증은 5억 년 전 캄브리아기 생명폭발 이후 지구
상에 출현한 생물종이 1억 종에 이른다고 하였고, 이를 통
해 100년 단위마다 약 20종이 새롭게 출현한다고 하였다.
그런데 5억 년 전 이후부터 지구상에 출현한 생물종이
1,000만 종 이하라면 100년 단위마다 새로 출현하는 종
이 2종 정도에 불과하여 신생 종의 발견이 어려울 가능성
이 있으므로 논증을 약화시키게 된다.
③ 제시된 논증은 지난 100년간 새롭게 출현한 종을 찾아내
지 못했기 때문에 진화론이 거짓이라고 하였는데, 만약 발
견된 종이 신생 종인지 그렇지 않은지를 판단하기 어렵다
면 논증 자체가 성립하지 않게 되므로 논증을 약화시키게
된다.
⑤ 생물학자들이 발견한 몇몇 종이 지난 100년 내에 출현한
것이라면 제시된 논증의 핵심 내용을 흔드는 것이므로 논
증을 약화시키게 된다.

22 　　　　　　　　　　　　　　　　정답 ⑤

🔍 정답해설

맹사성은 여름이면 소나무 그늘 아래에 앉아 피리를 불고, 겨
울이면 방 안 부들자리에 앉아 피리를 불었다.

🔍 오답해설

① 맹사성은 고려 시대 말 과거에 급제하여 조선이 세워진 후
조선 전기의 문화 발전에 큰 공을 세웠다.
② 맹사성의 행색을 야유한 고을 수령이 스스로 도망을 가다
관인을 인침연에 빠뜨렸다.
③ 『필원잡기』의 저자는 서거정으로, 맹사성의 평소 생활 모
습이 담겨있다.
④ 사사로운 손님은 받지 않았으나, 꼭 만나야 할 손님이 오
면 잠시 문을 열어 맞이하였다.

23 　　　　　　　　　　　　　　　　정답 ③

🔍 정답해설

• 사사(私私)롭다 : 공적이 아닌 개인적인 범위나 관계의 성
질이 있다.
• 사소(些少)하다 : 보잘것없이 작거나 적다.

24 　　　　　　　　　　　　　　　　정답 ①

🔍 정답해설

1908년에 아레니우스(S. Arrhenius)는 지구 밖에 있는 생명
의 씨앗이 날아와 지구 생명의 기원이 되었다는 대담한 가설
인 '포자설'을 처음으로 주장하였다.

25 　　　　　　　　　　　　　　　　정답 ④

🔍 정답해설

중생대와 신생대 사이의 K·T층을 통해 중생대 말에 운석이
떨어졌음을 추측할 수 있으므로, 신생대는 중생대 이후의 시
대를 말할 것이다.

🔍 오답해설

① 외계에 유기 분자가 존재하기는 하지만 외계 생명이 존재
한다는 분명한 근거는 없다.
② 20세기 초 아레니우스가 발표한 포자설은 매우 대담한 가
설이었다.
③ 화석 연구를 통하여 과학자들은 삼엽충의 멸종을 추측해
냈다.
⑤ 알바레즈는 중생대 말에 운석 충돌로 인해 발생한 먼지
가 수십 년 동안 햇빛을 차단하여 기온이 급강하했다고
보았다.

자료해석

01	②	02	①	03	②	04	③	05	④
06	②	07	④	08	②	09	③	10	①
11	④	12	①	13	①	14	①	15	②
16	③	17	④	18	④	19	①	20	③

01

정답 ②

🔍 정답해설

각 조건에 해당하는 숫자를 표로 정리해 보면 다음과 같다.

구분	A	B	C	D	E	F	G
(1)-소	3	2	2	3	2	2	2
(2)-대	2	1	1	2	2	2	3
(3)-대	89	86	84	89	81	81	82
(4)-소	33	39	36	33	32	32	30

위 표를 토대로 배달 순서를 나타내면 다음과 같다.

$G \rightarrow E \cdot F \rightarrow B \rightarrow C \rightarrow D \cdot A$

그러므로 5번째로 배달하는 집은 C이다.

02

정답 ①

🔍 정답해설

구입 후 1년 동안 대출된 도서의 수는 $10,000-5,302=4,698$권이다.

$10,000÷2=5,000>4,698$이므로 옳지 않은 설명이다.

🔍 오답해설

② 구입 후 3년 동안 4,021권이, 5년 동안 3,041권이 대출되지 않았으므로 옳은 설명이다.

③ 구입 후 1년 동안 1회 이상 대출된 도서는 4,698권이고, 이 중 2,912권이 1회 대출되었다.

$\dfrac{2,912}{4,698} \times 100 ≒ 61.98\%$이므로 옳은 설명이다.

④ $(5,302×0+2,912×1+970×2+419×3+288×4$

$+109×5)÷10,000=\dfrac{7,806}{10,000}≒0.78$

03

정답 ②

🔍 정답해설

㉠ 뉴욕행 비행기는 한국에서 6월 6일 22시 20분에 출발하고, 13시간 40분 동안 비행하기 때문에 현지에 도착하는 시간은 6월 7일 12시이다. 한국 시간은 뉴욕보다 16시간 빠른 시차가 나기 때문에 현지 도착 시간은 6월 6일 20시이다.

㉡ 런던행 비행기는 한국에서 6월 13일 18시 15분에 출발하고, 12시간 15분 동안 비행하기 때문에 현지에 6월 14일 6시 30분에 도착한다. 한국 시간이 런던보다 8시간이 빠르므로, 현지에 도착하는 시간은 6월 13일 22시 30분이 된다.

04

정답 ③

🔍 정답해설

• 각 테이블의 메뉴구성을 살펴보면 전체 메뉴는 5가지이며 각 두 그릇씩 주문이 되었다는 것을 알 수 있다. 즉, 1번부터 5번 테이블까지의 주문 총액을 2로 나누어주면 전체 메뉴의 총합을 알 수 있다는 것이다. 실제로 구해보면 테이블 1 ～ 5까지의 총합은 90,000원이며 이것을 2로 나눈 45,000원이 전체 메뉴의 총합이 됨을 알 수 있다.

• 테이블 1부터 3까지만 따로 떼어놓고 본다면 다른 것은 모두 한 그릇씩이지만 짜장면만 두 그릇이 됨을 알 수 있다. 이를 다르게 생각하면 테이블 1 ～ 3까지의 총합(51,000원)과 45,000원의 차이가 바로 짜장면 한 그릇의 가격이 된다는 것이다. 따라서 짜장면 한 그릇의 가격은 6,000원임을 알 수 있다.

05

정답 ④

🔍 정답해설

집 → 학교 → 도서관 → 학교의 순서이므로 $3×5×5=75$가지이다.

06

정답 ②

🔍 정답해설

• A지점에 반드시 표지판 설치 → 설치 간격 : $\overline{BA}$와 $\overline{AC}$의 공약수

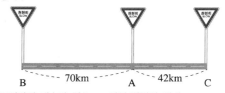

• 표지판의 개수가 최소 → 설치 간격이 최대

• 70과 42를 소인수분해하면 $70=2×5×7$, $42=2×3×7$이므로 70과 42의 최대공약수는 $2×7=14$

• 표지판을 설치해야 하는 전체 구간은 $70+42=112$(km) 간격의 수는 $112÷14=8$

이때, 구간의 양 끝에 설치해야 하므로 필요한 표지판의 개수는 $8+1=9$(개)이다.

07

🔍 정답해설

ⓐ와 ⓑ에 들어갈 수를 각각 x, y라 하자.

시험을 본 학생 수는 40명이므로 $37+x+y=40$

→ $x+y=3$ … ㉠

두 과목의 평균점수는 같으므로, 두 과목의 총점도 같다.

• 수학 총점

$=(1 \times 5)+(2 \times 5)+(3 \times 20)+\{4(2+x)\}+\{5(5+y)\}$

$=4x+5y+108$

• 영어 총점

$=(1 \times 5)+\{2(10+y)\}+\{3(7+x)\}+(4 \times 10)+(5 \times 5)$

$=3x+2y+111$

$4x+5y+108=3x+2y+111$

→ $x+3y=3$ … ㉡

㉠과 ㉡을 연립하여 풀면 $x=3$, $y=0$

∴ ⓐ: 3, ⓑ: 0이다.

08

🔍 정답해설

• 2017년부터 2020년까지 전년도 대비 시·도별 매년 합계 출산율 증감 추이를 보면 '증가 – 증가 – 감소 – 감소'로 모두 같다.

∴ ㉠은 1.24보다 작고, ㉡은 1.29와 1.38보다 커야 하므로, 빈칸 ㉠, ㉡에 들어갈 적절한 수치는 ②이다.

09

🔍 정답해설

시 본청을 제외하고 정책 제안이 가장 많은 곳은 남구이다(총 7건).

🔍 오답해설

① 전체 게시글 빈도는 문제 지적(35.5%), 문의(31.1%), 청원(28.5%), 정책 제안(2.6%), 기타(2.3%)의 순으로 많다.

② 문의의 비중이 가장 높은 지역은 옹진군(60.6%)이다. 강화군은 두 번째로 높다.

④ 시 본청을 제외한 청원 294건 중 비중이 가장 높은 지역은 계양구(40건)이다. 연수구는 두 번째로 높다.

10

🔍 정답해설

• A: 제2항 제1호의 군훈련장의 최외곽경계선으로부터 1킬로미터 이내의 지역에 해당하므로 제한보호구역으로 지정한다.

🔍 오답해설

• B: 제1항 제1호의 민간인통제선 이북지역에 해당하므로 통제보호구역으로 지정한다.

• C: 제1항과 제2항 모두에 해당하지 않으므로 통제보호구역 또는 제한보호구역으로 지정하지 않는다.

• D: 제1항 제2호의 특별군사시설의 최외곽경계선으로부터 500미터 이내의 지역에 해당하므로 통제보호구역으로 지정한다.

11

🔍 정답해설

연도	월급	단팥빵 구매액	남은 금액
2016년	161,000	140,000	21,000
2012년	88,300	84,000	4,300

2016년과 2012년 남은 금액의 차이는 $21,000-4,300=16,700$(원)으로 15,000원보다 크다.

🔍 오답해설

① 이병 월급은 2012년 81,700원에서 2020년 408,100원으로 5배 이상 증가하였으므로 400% 이상 증액되었다. 따라서 옳지 않은 내용이다.

② 증가율을 직접 구할 필요 없이 배수만으로도 판단이 가능하다. 상병의 2016년 월급은 2012년에 비해 2배에 미치지 못하게 증가하였으나 2020년 월급은 2016년에 비해 2배 이상 증가하였다. 따라서 옳지 않은 내용이다.

③ 단팥빵의 경우 매 기간별로 400원씩 동일한 액수만큼 증가하고 있으므로 보다 적은 값에서 같은 금액만큼 증가한 2016년의 2012년 대비 증가율이 더 높다. 따라서 옳지 않은 내용이다.

12

🔍 오답해설

② 경제규제는 부패도와 강한 양의 상관관계, 경제성장률과는 음의 상관관계이다. 따라서 부패도와 경제성장률은 음의 상관관계를 보일 것이다.

③ 그림은 상호관련성만을 보여주고 있으므로 정확한 인과관계는 판단할 수 없다.

④ 부패도는 덴마크가 가장 낮다.

제6회 고난도 모의고사 • **91**

13　　정답 ①

🔍**정답해설**

2017년 B 사의 제품 판매 시 순이익은 $36,990-2,250=$ $34,740$(원)으로, 원재료 가격의 $34,740\div2,250≒15.44$배이다.

🔍**오답해설**

② 제시된 자료상 '원재료는 다른 업체로부터 구매한 가격'이라고 명시되어 있다. 즉, B사가 A사 보가 더 낮은 가격에 원재료를 구매하였다.

③ 2020년 A 사 재공품 30개 판매가는 $13,960\times30$ $=418,800$(원), 제품 10개 판매가는 $37,210\times10$ $=372,100$(원)으로, '재공품' 판매 시의 매출이 더 높다.

④ 2016년 A 사의 재공품 판매 시 순이익은 $11,830-2,290$ $=9,540$(원), 2018년 B 사의 재공품 판매 시 순이익은 $11,820-2,280=9,540$(원)으로, 두 재공품 판매 순이익이 같다.

14　　정답 ①

🔍**정답해설**

- A 사: $\dfrac{37,210-35,430}{35,430}\times100≒5(\%)$

- B 사: $\dfrac{37,990-36,730}{36,730}\times100≒3(\%)$

15　　정답 ②

🔍**정답해설**

ㄱ. 습도가 70%일 때 연간소비전력량이 가장 적은 제습기는 A(790kWh)임을 알 수 있으므로 옳은 내용이다.

ㄷ. 습도가 40%일 때 제습기 E의 연간소비전력량은 660kWh이고, 습도가 50%일 때 제습기 B의 연간소비전력량은 640kWh이므로 옳은 내용이다.

🔍**오답해설**

ㄴ. 제습기 D와 E를 비교하면, 60%일 때 D(810kWh)가 E(800kWh)보다 소비전력량이 더 많은 반면, 70%일 때에는 E(920kWh)가 D(880kWh)보다 더 많다. 따라서 순서가 다르므로 옳지 않은 내용이다.

ㄹ. 제습기 E의 경우 습도가 40%일 때의 연간전력소비량은 660kWh이어서 이의 1.5배는 990kWh로 계산되는 반면, 습도가 80%일 때의 연간전력소비량은 970kWh이므로 1.5배보다 작다. 따라서 옳지 않은 내용이다.

16　　정답 ③

🔍**정답해설**

㉠ A 학과의 면접성공률은 $\dfrac{44}{110}\times100=40(\%)$, A 학과와 B 학과를 합한 전체 면접성공률은 $\dfrac{59}{160}\times100≒37(\%)$이므로 옳지 않은 설명이다.

㉢ 서류 합격 횟수는 A 학과가 B 학과의 2.2배, 최종 합격 횟수는 약 2.9배이므로 옳지 않은 설명이다.

🔍**오답해설**

㉡ 2020년 B 학과의 면접성공률은 $\dfrac{6}{10}\times100=60(\%)$, 2019년 B 학과의 면접성공률은 $\dfrac{15}{50}\times100=30(\%)$이므로 옳은 설명이다.

17　　정답 ④

🔍**정답해설**

- (하루 1인당 고용비)
  =(1인당 수당)+(산재보험료)+(고용보험료)
  $=50,000+50,000\times0.00504+50,000\times0.013$
  $=50,000+252+650=50,902$(원)

- (하루에 고용할 수 있는 인원 수)
  =[(본예산)+(예비비)]÷(하루 1인당 고용비)
  $=600,000\div50,902≒11.8$(명)

따라서 하루 동안 고용할 수 있는 최대 인원은 11명이다.

18　　정답 ④

🔍**정답해설**

㉡ a 공항은 2020년 6월과 8월을 통틀어 모든 요일에서 일평균 운항편수뿐 아니라 수송화물량이 4개 공항 중 가장 많으므로 옳은 설명이다.

㉣ 2020년 6월 토요일 일평균 운항편수가 가장 많은 공항은 a 공항으로 그 운항편수는 1,055편이며, 가장 적은 공항은 c 공항으로 그 운항편수는 322편이다. 따라서 c 공항 운항 편수의 3배인 966편보다 a 공항의 운항편수가 크므로 옳은 설명이다.

🔍**오답해설**

㉠ d 공항의 월요일 일평균 수송화물량은 2020년 6월에 750톤이며, 2020년 8월에 808톤으로 6월 대비 7.7% 증가하였으므로 옳지 않은 설명이다.

㉢ 2020년 8월 중 b 공항의 운항편수 당 화물량은 화요일에 $\dfrac{788}{403}≒1.96$(톤/편)이고 목요일에 $\dfrac{676}{340}≒1.99$(톤/편)이므로 화요일이 목요일보다 작다. 따라서 옳지 못한 설명이다.

19

- (가): d 공항의 전체 요일 운항편수 합계에서 금요일을 제외한 나머지 요일 운항편수의 합을 빼면 494편이다.
- (나): d 공항의 전체 요일 화물량의 합계에서 목요일을 제외한 나머지 요일 화물량의 합을 빼면 656톤이다.

∴ 494×656＝324,064

20
정답 ③

정답해설

총 단속 건수가 가장 많은 공원은 북한산(406건)이며, 이의 과태료 단속 건수도 399건으로 가장 많다.

오답해설

① 고발 건수가 가장 적은 곳은 0건인 속리산, 한라산, 내장산, 내장산백암, 오대산, 주왕산이다.
② 월악산의 과태료 건수는 117건으로 계룡산 과태료 건수인 91건보다 약 28.6% 많다.
④ 고발 건수가 4건 이상인 공원은 11곳(지리산, 계룡산, 설악산, 덕유산, 다도해상, 치악산, 북한산, 북한산도봉, 소백산, 변산반도, 무등산)이다.

전략 TIP

계룡산의 과태료 건수의 40%는 36건으로, 월악산의 과태료 건수가 계룡산 대비 40% 이상이 되려면 91+36=127건 이상이 되어야 한다. 월악산의 과태료 건수는 117건으로 127건보다 적으므로 40% 미만이 된다.

지각속도

01	①	02	②	03	②	04	①	05	①
06	②	07	①	08	①	09	②	10	②
11	②	12	①	13	②	14	②	15	①
16	①	17	①	18	②	19	①	20	①
21	③	22	②	23	③	24	③	25	②
26	①	27	①	28	④	29	④	30	①

02
정답 ②

rabbit tension shark wind draw → rabbit angel shark wind smile

03
정답 ②

task monitor angel shark rabbit → task monitor tension play rabbit

06
정답 ②

경비 이념 제한 군사 구역 → 경비 이념 소집 체조 구역

09
정답 ②

이념 보안 부호 경비 제한 → 이념 구역 부호 경비 체조

10
정답 ②

경비 구역 소집 군사 특기 → 제한 보안 소집 군사 특기

11
정답 ②

horse bear cat fox lion → tiger bear cat fox lion

13
정답 ②

swan cow tiger horse fox → swan cow tiger horse lion

14
정답 ②

cat dog cow pig fox → dog cat cow pig fox

제6회 고난도 모의고사 • 93

18   정답 ②

☎ ♠ ☏ ♤ ★ → ☎ ♠ <u>☏</u> ♤ <u>☆</u>

20   정답 ②

☎ ★ ♠ ◇ ◆ → ☎ ★ ♠ ◇ <u>♤</u>

21   정답 ③

<u>▶</u>△<u>▶</u>▽◆<u>▶</u>△◇<u>▶</u>▽◆<u>▶</u>△<u>▶</u>▽▼◇▽▽△<u>▶</u>△
▼▽<u>▶</u>△<u>▶</u>▽◆▼◇△◆<u>▶▶</u>◇▽▼<u>▶</u>◇◆▼<u>▶</u>◆<u>▶</u> (14개)

22   정답 ②

<u>H</u>e'll be remembered by great affection by everyone
<u>h</u>ere and I'm sure t<u>h</u>at's t<u>h</u>e case wit<u>h</u> t<u>h</u>e fans, too.
(6개)

23   정답 ③

셰<u>셸</u>슝솟스<u>셸</u>슝솟셰스슝<u>셸</u>솟셰<u>셸</u>슝스슝셰솟<u>셸</u>슝셰솟스<u>셸</u>
슝슝셰스 (6개)

24   정답 ③

1<u>5</u>290998756475327<u>5</u>538<u>5</u>4839<u>2</u>511<u>5</u>2935093746473
33<u>45</u>0928342974<u>5</u>238<u>5</u> (12개)

25   정답 ②

타<u>인</u>을 그대로 <u>인정</u>하고 자신<u>의</u> <u>의견</u>을 바꿀 수 <u>있는</u> <u>유연</u>한
마<u>음의</u> 소유자는 참 귀하다. (13개)

26   정답 ①

젤지제<u>재</u>절자쟈<u>재</u>게절겔쟈자지<u>재</u>젱쟈쨍<u>재</u>절자<u>재</u>쟈졸조쟈
쟈<u>재</u>절자지<u>재</u>쟈절자지<u>재</u>절쟈절<u>재</u>지쟈<u>재</u>절 (10개)

27   정답 ①

<u>Fr</u>iend's <u>r</u>ema<u>r</u>ks, leaving the matte<u>r</u> of his pulch<u>r</u>itude
to one side, it was said that he is a fai<u>r</u> and <u>r</u>easonable
man. (7개)

28   정답 ④

<u>사</u>람은 <u>시</u>간 분배와 <u>사</u>는 곳, 그리고 <u>사</u>귀는 <u>사</u>람을 바꾸지
않으면 <u>사</u>람은 바뀌지 않는다. 가장 무의미한 <u>것</u>은 결의를 <u>새</u>
로이 하는 <u>것</u>이다. (10개)

29   정답 ④

૪<u>의</u>Ᏸ<u>의</u>Ψ૪<u>의</u>ΥΥΠᏰ<u>의</u>ΨΠΨΥ<u>의</u>ᏰΨᏰ<u>의</u>Ψ<u>의</u>Π
ΥᏰ૪<u>의</u>ᏰΥΨΠᏰΥ<u>의</u>ΠΥΨᏰ<u>의</u>ΨΠΥΠ૪<u>의</u>૪<u>의</u>
(12개)

30   정답 ①

15651<u>9</u>104682561580527<u>498</u><u>9</u>67482063 (3개)

2024 SD에듀 육군 부사관 RNTC ALL Pass+AI면접

개정17판2쇄 발행	2024년 01월 15일 (인쇄 2024년 01월 16일)
초 판 발 행	2008년 05월 20일 (인쇄 2008년 04월 29일)
발 행 인	박영일
책 임 편 집	이해욱
편 저	부사관수험기획실
편 집 진 행	박종옥 · 주민경
표 지 디 자 인	조혜령
편 집 디 자 인	차성미 · 곽은슬
발 행 처	(주)시대고시기획
출 판 등 록	제10-1521호
주 소	서울시 마포구 큰우물로 75 [도화동 538 성지 B/D] 9F
전 화	1600-3600
팩 스	02-701-8823
홈 페 이 지	www.sdedu.co.kr

I S B N	979-11-383-6324-2 (13390)
정 가	29,000원